Research and Appreciation of Triangle Inequality

三角不等式研究与欣赏

邓寿才 著

$$\sum_1^5 k^5 x_k = a^3$$

$$\sum_1^5 k^3 x_k = a^2$$

$$\sum_1^5 k x_k = a$$

哈尔滨工业大学出版社
HARBIN INSTITUTE OF TECHNOLOGY PRESS

内容简介

本书共分三章,即预备知识,三角不等式,名题欣赏与研究,详细介绍了各种类型的三角不等式,并对这些常见不等式进行了推广与拓展,同时还介绍了研究三角不等式的常用方法.最后列举了三角不等式名题欣赏与研究.

本书适合高中、大学师生及广大数学爱好者研读。

图书在版编目(CIP)数据

三角不等式研究与欣赏/邓寿才著. ——哈尔滨:
哈尔滨工业大学出版社,2020.10
ISBN 978-7-5603-9033-8

Ⅰ.①三… Ⅱ.①邓… Ⅲ.①三角-不等式-研究
Ⅳ.①O124

中国版本图书馆 CIP 数据核字(2020)第 160498 号

策划编辑　刘培杰　张永芹
责任编辑　刘春雷
封面设计　孙茵艾
出版发行　哈尔滨工业大学出版社
社　　址　哈尔滨市南岗区复华四道街 10 号　邮编 150006
传　　真　0451-86414749
网　　址　http://hitpress.hit.edu.cn
印　　刷　哈尔滨博奇印刷有限公司
开　　本　787 mm×1 092 mm　1/16　印张 30　字数 518 千字
版　　次　2020 年 10 月第 1 版　2020 年 10 月第 1 次印刷
书　　号　ISBN 978-7-5603-9033-8
定　　价　68.00 元

序　言

我们知道,代数、几何、三角是数学的三大基石,因此她们是数学家庭中的共父同母的三姐妹,她们千丝万缕,变化万千,丰富多彩,令人羡慕,却又美妙无限,趣味无穷,令人陶醉,令人神往!

而不等式是数学界人们目前研究和欣赏的热门分支之一,其中从内容上可大致将不等式分为代数不等式、几何不等式、三角不等式(三角的内容又可大概分为三角计算、三角等式、三角方程、三角不等式),而三角不等式又是三角知识的一个重要内容,并且是中学数学奥林匹林克和初等数学研究的一个热门分支。但是,当你走遍全国的所有大书店时发现目前还没有专门讲述三角不等式的专著,为了弥补这一空缺,笔者于2014年春先收集资料,并将那些分散在"天涯海角"的"儿女"(三角不等式及其相关研究结论)"呼唤回家""欢聚一堂",然后对她们进行"培训操练""编排节目"(见目录),让她们"翩翩起舞",让她们"放声歌唱",让她们展示魅力和风采(见优美精彩内容)……她们表演的主题是《三角不等式研究与欣赏》。

邓寿才

2014年冬初审于成都

2019年春复审于北京

目录

预 备 知 识

在工作或劳动时,我们通常需要劳动工具. 同样,在证明研究、创建三角不等式和几何不等式时,我们通常需要一系列相关的定理、公式,才能让我们在解答试题和研究中如鱼得水、轻松自然.

第 1 节　三角恒等式

1. 加法公式

$$\sin(\alpha \pm \beta) = \sin \alpha \cos \beta \pm \cos \alpha \sin \beta$$

$$\tan(\alpha \pm \beta) = \frac{\tan \alpha \pm \tan \beta}{1 \mp \tan \alpha \tan \beta}$$

$$\cos(\alpha \pm \beta) = \cos \alpha \cos \beta \mp \sin \alpha \sin \beta$$

$$\sin^2\alpha + \cos^2\alpha = 1,\ \tan \alpha \cdot \cot \alpha = 1$$

2. 和差与积互化公式

$$\sin \alpha + \sin \beta = 2\sin \frac{\alpha + \beta}{2}\cos \frac{\alpha - \beta}{2}$$

$$\sin \alpha - \sin \beta = 2\cos \frac{\alpha + \beta}{2}\sin \frac{\alpha - \beta}{2}$$

$$\cos \alpha + \cos \beta = 2\cos \frac{\alpha + \beta}{2}\cos \frac{\alpha - \beta}{2}$$

$$\cos \alpha - \cos \beta = -2\sin \frac{\alpha + \beta}{2}\sin \frac{\alpha - \beta}{2}$$

$$\tan \alpha \pm \tan \beta = \frac{\sin(\alpha \pm \beta)}{\cos \alpha \cos \beta}$$

$$\cot \alpha \pm \cot \beta = \pm \frac{\sin(\alpha \pm \beta)}{\sin \alpha \sin \beta}$$

$$\sin \alpha \sin \beta = \frac{1}{2}\left[\cos(\alpha - \beta) - \cos(\alpha + \beta)\right]$$

$$\cos \alpha\cos \beta = \frac{1}{2}\left[\cos(\alpha + \beta) + \cos(\alpha - \beta)\right]$$

$$\sin \alpha\cos \beta = \frac{1}{2}\left[\sin(\alpha + \beta) + \sin(\alpha - \beta)\right]$$

$$\cos \alpha\sin \beta = \frac{1}{2}\left[\sin(\alpha + \beta) - \sin(\alpha - \beta)\right]$$

3. 倍角公式

$$\sin 2\alpha = 2\sin \alpha\cos \alpha = \frac{2\tan \alpha}{1 + \tan^2\alpha}$$

$$\cos 2\alpha = \cos^2\alpha - \sin^2\alpha$$
$$= 2\cos^2\alpha - 1 = 1 - 2\sin^2\alpha$$
$$= \frac{1 - \tan^2\alpha}{1 + \tan^2\alpha}$$

$$\tan 2\alpha = \frac{2\tan \alpha}{1 - \tan^2\alpha}$$

$$\cot 2\alpha = \frac{\cot^2\alpha - 1}{2\cot \alpha}$$

$$\sin 3\alpha = -4\sin^3\alpha + 3\sin \alpha$$
$$\cos 3\alpha = 4\cos^3\alpha - 3\cos \alpha$$

4. 半角公式（下列公式中根号前所取符号与等号左边符号一致）

$$\sin \frac{\alpha}{2} = \pm\sqrt{\frac{1 - \cos \alpha}{2}}$$

$$\cos \frac{\alpha}{2} = \pm\sqrt{\frac{1 + \cos \alpha}{2}}$$

$$\tan \frac{\alpha}{2} = \pm\sqrt{\frac{1 - \cos \alpha}{1 + \cos \alpha}} = \frac{1 - \cos \alpha}{\sin \alpha} = \frac{\sin \alpha}{1 + \cos \alpha}$$

$$\cot \frac{\alpha}{2} = \pm\sqrt{\frac{1 + \cos \alpha}{1 - \cos \alpha}} = \frac{1 + \cos \alpha}{\sin \alpha} = \frac{\sin \alpha}{1 - \cos \alpha}$$

5. 配方公式

$$1 \pm \sin \alpha = \left(\cos \frac{\alpha}{2} \pm \sin \frac{\alpha}{2}\right)^2$$

$$\tan^2\alpha + \cot^2\alpha = (\tan \alpha \pm \cot \alpha)^2 \mp 2$$

6. 降幂公式

$$\sin^2\alpha = \frac{1}{2}(1 - \cos 2\alpha)$$

$$\cos^2\alpha = \frac{1}{2}(1 + \cos 2\alpha)$$

$$\sin^3\alpha = \frac{1}{4}(3\sin\alpha - \sin 3\alpha)$$

$$\cos^3\alpha = \frac{1}{4}(3\cos\alpha + \cos 3\alpha)$$

7. 正弦定理与余弦定理

$$\frac{a}{\sin A} = \frac{b}{\sin B} = \frac{c}{\sin C}$$
$$a^2 = b^2 + c^2 - 2bc\cos A$$
$$b^2 = c^2 + a^2 - 2ca\cos B$$
$$c^2 = a^2 + b^2 - 2ab\cos C$$

8. △ABC 的角间关系式

在 △ABC 中,从 $A + B + C = \pi$ 出发,运用和积互化公式、倍角公式和各种技巧,能推证出三角形内角之间的近百个恒等式或不等式来,以下为几例

$$\sin A + \sin B + \sin C = 4\cos\frac{A}{2}\cos\frac{B}{2}\cos\frac{C}{2}$$

$$\sin 2A + \sin 2B + \sin 2C = 4\sin A\sin B\sin C$$

$$\sin 3A + \sin 3B + \sin 3C = -4\cos\frac{3A}{2}\cos\frac{3B}{2}\cos\frac{3C}{2}$$

$$\sin 4A + \sin 4B + \sin 4C = -4\sin 2A\sin 2B\sin 2C$$

一般地,有推广结论:

定理 1 设 $k \in \mathbf{N}$,在 △ABC 中,有
$$\sin kA + \sin kB + \sin kC$$
$$= \begin{cases} 4\sin\dfrac{k\pi}{2}\cos\dfrac{kA}{2}\cos\dfrac{kB}{2}\cos\dfrac{kC}{2} & (\text{当 } k = 4n \pm 1 \text{ 时}) \\ -4\cos\dfrac{k\pi}{2}\sin\dfrac{kA}{2}\sin\dfrac{kB}{2}\sin\dfrac{kC}{2} & (\text{当 } k = 4n - 1 \pm 1 \text{ 时}) \end{cases}$$

如果我们设 $k \equiv r(\bmod 4)$,其中 $r \in \{0, 1, 2, 3\}$,并记

$$f(k, r) = \frac{1 + (-1)^{r-1}}{2}\sin\frac{k\pi}{2} + \frac{1 - (-1)^{r-1}}{2}\cos\frac{k\pi}{2}$$

$$g(k, r) = \prod\sin\left[\frac{1 + (-1)^{r-1}}{2}\cdot\frac{\pi}{2} + \frac{kA}{2}\right]$$

那么上述三角公式可统一成

$$\sum\sin kA = 4(-1)^{r-1}f(k, r)\cdot g(k, r) \tag{1}$$

相应地,有

$$\cos A + \cos B + \cos C = 1 + 4\sin\frac{A}{2}\sin\frac{B}{2}\sin\frac{C}{2}$$

$$\cos 2A + \cos 2B + \cos 2C = -1 - 4\cos A\cos B\cos C$$

$$\cos 3A + \cos 3B + \cos 3C = 1 - 4\sin\frac{3A}{2}\sin\frac{3B}{2}\sin\frac{3C}{2}$$

$$\cos 4A + \cos 4B + \cos 4C = -1 + 4\cos 2A\cos 2B\cos 2C$$

一般地,有:

定理 2 设 $k \in \mathbf{N}$,在 $\triangle ABC$ 中,有

$$\cos kA + \cos kB + \cos kC$$

$$= \begin{cases} 1 + 4\sin\dfrac{k\pi}{2}\sin\dfrac{kA}{2}\sin\dfrac{kB}{2}\sin\dfrac{kC}{2} & (\text{当 } k = 4n \pm 1 \text{ 时}) \\[3mm] -1 - 4\cos\dfrac{k\pi}{2}\cos\dfrac{kA}{2}\cos\dfrac{kB}{2}\cos\dfrac{kC}{2} & (\text{当 } k = 4n - 1 \pm 1 \text{ 时}) \end{cases}$$

仍然设

$$k \equiv r \pmod 4, \quad r \in \{0,1,2,3\}$$

$$t(k,r) = \prod \cos\left[\frac{1 + (-1)^{r-1}}{2} \cdot \frac{\pi}{2} - \frac{kA}{2}\right]$$

则上述公式可统一成

$$\sum \cos kA = (-1)^{r-1}[1 + 4t(k,r)] \tag{2}$$

有趣的是,由公式

$$-1 - 4\cos A\cos B\cos C$$

$$= \cos 2A + \cos 2B + \cos 2C$$

$$= 2(\cos^2 A + \cos^2 B + \cos^2 C) - 3$$

$$\Rightarrow \cos^2 A + \cos^2 B + \cos^2 C + 2\cos A\cos B\cos C = 1$$

相应地,还有三角公式和相关定理,它们在不等式证明中有重要的应用

$$\begin{cases} \tan A + \tan B + \tan C = \tan A\tan B\tan C \\[2mm] \tan\dfrac{A}{2}\tan\dfrac{B}{2} + \tan\dfrac{B}{2}\tan\dfrac{C}{2} + \tan\dfrac{C}{2}\tan\dfrac{A}{2} = 1 \end{cases}$$

$$\begin{cases} \cot\dfrac{A}{2} + \cot\dfrac{B}{2} + \cot\dfrac{C}{2} = \cot\dfrac{A}{2}\cot\dfrac{B}{2}\cot\dfrac{C}{2} \\[2mm] \cot A\cot B + \cos B\cot C + \cot C\cot A = 1 \end{cases}$$

现在我们来证明定理 1. 定理 2 同理可证,故略.

证明 (1)当 $k = 4n \pm 1(r = 1$ 或 $3)$时

$$\sin kA + \sin kB + \sin kC$$

$$= 2\sin\left(\frac{kA + kB}{2}\right)\cos\left(\frac{kA - kB}{2}\right) + \sin kC$$

$$= \pm 2\sin\left[2n\pi \pm \left(\frac{\pi}{2} \mp \frac{kC}{2}\right)\right]\cos\left(\frac{kA - kB}{2}\right) + \sin kC$$

$$= \pm 2\cos\frac{kC}{2}\cos\left(\frac{kA - kB}{2}\right) + 2\sin\frac{kC}{2}\cos\frac{kC}{2}$$

$$= \pm 2\cos\frac{kC}{2}\left(\cos\frac{kA - kB}{2} + \cos\frac{kA + kB}{2}\right)$$

$$= \pm 4\cos\frac{kC}{2}\cos\frac{kA}{2}\cos\frac{kB}{2}$$

$$= 4\sin\frac{k\pi}{2}\cos\frac{kA}{2}\cos\frac{kB}{2}\cos\frac{kC}{2}$$

（2）当 $k = 4n - 1 \pm 1$（$r = 0$ 或 2）时，同理可得

$$\sin kA + \sin kB + \sin kC$$

$$= -4\cos\frac{k\pi}{2}\sin\frac{kA}{2}\sin\frac{kB}{2}\sin\frac{kC}{2}$$

此外，仍设 $n \in \mathbf{N}$，则有

$$\tan\left(\frac{n\pi}{2} - \theta\right) = (-1)^{n-1} \cdot (\cot\theta)^{(-1)^{n-1}} = (-1)^{n-1} \cdot (\tan\theta)^{(-1)^{n}}$$

如果设 $n \in \mathbf{N}_+$，且 $n \equiv r \pmod 4$，则有

$$\sum\left(\tan\frac{nA}{2}\tan\frac{nB}{2}\right)^{(-1)^{n-1}} = 1 \qquad (3)$$

自然，式（3）是一个有趣的公式，但是必须满足 $A, B, C \neq \dfrac{2k\pi}{n}$ 或 $\dfrac{(2k \pm 1)\pi}{n}$，其中 $k \in \mathbf{N}_+$，否则式（3）无意义.

此外，还有其他公式

$$\sin 3\alpha = 3\sin\alpha - 4\sin^3\alpha = 4\sin\left(\frac{\pi}{3} - \alpha\right)\sin\alpha\sin\left(\frac{\pi}{3} + \alpha\right)$$

$$\cos 3\alpha = 4\cos^3\alpha - 3\cos\alpha = 4\cos\left(\frac{\pi}{3} - \alpha\right)\cos\alpha\cos\left(\frac{\pi}{3} + \alpha\right)$$

$$\tan 3\alpha = \tan\left(\frac{\pi}{3} - \alpha\right)\tan\alpha\tan\left(\frac{\pi}{3} + \alpha\right)$$

$$\sin^2\alpha - \sin^2\beta = \sin(\alpha + \beta)\sin(\alpha - \beta)$$

$$\cos^2\alpha - \cos^2\beta = -\sin(\alpha + \beta)\sin(\alpha - \beta)$$

$$a\sin x + b\cos x = \sqrt{a^2 + b^2}\sin(x + \theta)，其中 \tan\theta = \frac{b}{a}(a \neq 0)$$

9. 特殊三角公式

$$\sin A + \sin B - \sin C = 4\sin\frac{A}{2}\sin\frac{B}{2}\cos\frac{C}{2}$$

$$\sin 2A + \sin 2B - \sin 2C = 4\cos A\cos B\sin C$$

$$\cos A + \cos B - \cos C = -1 + 4\cos\frac{A}{2}\cos\frac{B}{2}\sin\frac{C}{2}$$

$$\cos 2A + \cos 2B - \cos 2C = 1 - 4\sin A\sin B\sin C$$

$$\sin^2 A + \sin^2 B + \sin^2 C = 2 + 2\cos A\cos B\cos C$$

$$\sin^3 A + \sin^3 B + \sin^3 C$$

$$= 3\cos\frac{A}{2}\cos\frac{B}{2}\cos\frac{C}{2} + \cos\frac{3A}{2}\cos\frac{3B}{2}\cos\frac{3C}{2}$$

$$\cos^2 A + \cos^2 B + \cos^2 C = 1 - 2\cos A\cos B\cos C$$

$$\cos^3 A + \cos^3 B + \cos^3 C$$

$$= 1 + 3\sin\frac{A}{2}\sin\frac{B}{2}\sin\frac{C}{2} - \sin\frac{3A}{2}\sin\frac{3B}{2}\sin\frac{3C}{2}$$

$$\sin^2\frac{A}{2} + \sin^2\frac{B}{2} + \sin^2\frac{C}{2} = 1 - 2\sin\frac{A}{2}\sin\frac{B}{2}\sin\frac{C}{2}$$

$$\sin^2 2A + \sin^2 2B + \sin^2 2C = 2 - 2\cos 2A\cos 2B\cos 2C$$

下述等式供大家练习:

$(1)(a+b)\cos C + (b+c)\cos A + (c+a)\cos B = 2p.$

在 $\triangle ABC$ 中,p 为 $\triangle ABC$ 的半周长,即 $p = \dfrac{1}{2}(a+b+c)$,面积为 Δ(或 S).

外接圆半径为 R,内切圆半径为 r.

$(2)\, a(b^2 + c^2)\cos A + b(c^2 + a^2)\cos B + c(a^2 + b^2)\cos C = 3abc.$

$(3)\, 4\left(bc\cos^2\dfrac{A}{2} + ca\cos^2\dfrac{B}{2} + ab\cos^2\dfrac{C}{2}\right) = (a+b+c)^2.$

$(4)\, a\sin\dfrac{A}{2}\sin\dfrac{B-C}{2} + b\sin\dfrac{B}{2}\sin\dfrac{C-A}{2} + c\sin\dfrac{C}{2}\sin\dfrac{A-B}{2} = 0.$

$(5)\, (abc)^2(\sin 2A + \sin 2B + \sin 2C) = 32\Delta^3.$

$(6)\, \tan\dfrac{A}{2} + \tan\dfrac{B}{2} + \tan\dfrac{C}{2} = \dfrac{1 + \sin\dfrac{A}{2}\sin\dfrac{B}{2}\sin\dfrac{C}{2}}{\cos\dfrac{A}{2}\cos\dfrac{B}{2}\cos\dfrac{C}{2}}.$

$(7)\, \cot\dfrac{A}{2} + \cot\dfrac{B}{2} + \cot\dfrac{C}{2} = \cot\dfrac{A}{2}\cot\dfrac{B}{2}\cot\dfrac{C}{2}.$

$(8)\, \cot kA\cot kB + \cot kB\cot kC + \cot kC\cot kA = 1\,(其中\, k \in \mathbf{N}_+).$

$(9)\, (\tan A + \tan B + \tan C)(\cot A + \cot B + \cot C) = 1 + \sec A\sec B\sec C.$

$(10)\, \cos A\cos B + \cos B\cos C + \cos C\cos A = \dfrac{p^2 + r^2 - 4R^2}{4R}.$

$(11)\, \cos A\cos B\cos C = \dfrac{p^2 - (2p + r)^2}{4R^2}.$

$(12)\, \cos^2 A + \cos^2 B + \cos^2 C = \dfrac{6R^2 + r^2 + 4Rr - p^2}{2R^2}.$

$(13)\, (b^2 - c^2)\cot A + (c^2 - a^2)\cot B + (a^2 - b^2)\cot C = 0.$

$(14)\, (\sin A + \sin B + \sin C)(\cot A + \cot B + \cot C) =$
$$\dfrac{1}{2}(a^2 + b^2 + c^2)\left(\dfrac{1}{ab} + \dfrac{1}{bc} + \dfrac{1}{ca}\right).$$

$(15)\, \cos A + \cos B + \cos C = 1 + \dfrac{r}{R};$

$$\sin\frac{A}{2}\sin\frac{B}{2}\sin\frac{C}{2} = \frac{r}{4R}.$$

$$(16)\ \sec A + \sec B + \sec C = \frac{p^2 + r^2 - 4R^2}{p^2 - (2R + r)^2}.$$

第 2 节　相关"几何—三角"公式或关系式

1. 三角形、多边形边长的关系

设 $\triangle ABC$ 的三边长 $BC = a, CA = b, AB = c$，半周长为 $p = \dfrac{1}{2}(a + b + c)$，面积

为 Δ（或 S），外接圆半径为 R，内切圆半径为 r，则有

$$|b - c| < a < b + c$$
$$|c - a| < b < c + a$$
$$|a - b| < c < a + b$$

设凸 $n(n \geqslant 3)$ 边形 $A_1 A_2 \cdots A_n$ 的各边长 $A_1 A_2 = a_1, A_2 A_3 = a_2, \cdots, A_{n-1} A_n =$

$a_{n-1}, A_n A_1 = a_n$，记 $S' = 2p = \displaystyle\sum_{i=1}^{n} a_i$，则有

$$S' = 2p > 2a_i \Leftrightarrow p > a_i \qquad (1 \leqslant i \leqslant n)$$

2. 三角形面积公式

$$\Delta = pr = \frac{1}{2} r(a + b + c) = \frac{abc}{4R}$$

$$\Delta = \frac{1}{2} a h_a = \frac{1}{2} b h_b = \frac{1}{2} c h_c$$

$$\Delta = \frac{1}{2} bc \sin A = \frac{1}{2} ca \sin B = \frac{1}{2} ab \sin C$$

海伦（Heron）公式

$$\Delta = \sqrt{p(p - a)(p - b)(p - c)}$$

$$\frac{1}{ab} + \frac{1}{bc} + \frac{1}{ca} = \frac{2p}{abc} = \frac{1}{2Rr}$$

第 3 节　几个重要定理

下面几个定理很重要，它们在证明某些三角不等式和几何不等式时常常发挥重要的作用.

定理 1　在非 $\mathrm{Rt}\triangle ABC$ 中，有

$$f(\tan A, \tan B, \tan C) \equiv 0(\geqslant 0)$$

$$\Leftrightarrow f(\cot \frac{A}{2}, \cot \frac{B}{2}, \cot \frac{C}{2}) \equiv 0(\geqslant 0) \qquad (1)$$

$$f(\cot A, \cot B, \cot C) \equiv 0 (\geqslant 0)$$

$$\Leftrightarrow f\left(\tan \frac{A}{2}, \tan \frac{B}{2}, \tan \frac{C}{2}\right) \equiv 0 (\geqslant 0) \tag{2}$$

只需用代换,即可知道

$$A, B, C \in \left(0, \frac{\pi}{2}\right) \cup \left(\frac{\pi}{2}, \pi\right)$$

则 $\qquad \dfrac{A}{2}, \dfrac{B}{2}, \dfrac{C}{2} \in \left(0, \dfrac{\pi}{2}\right)$

令 $\qquad A' = \dfrac{\pi}{2} - \dfrac{A}{2}, B' = \dfrac{\pi}{2} - \dfrac{B}{2}, C' = \dfrac{\pi}{2} - \dfrac{C}{2}$

则 $\qquad A', B', C' \in \left(0, \dfrac{\pi}{2}\right)$

而 $A' + B' + C' = \pi$,因此,若 $f(\tan A, \tan B, \tan C) \equiv 0 (\geqslant 0)$,则

$$f\left(\cot \frac{A}{2}, \cot \frac{B}{2}, \cot \frac{C}{2}\right)$$

$$\equiv f(\tan A', \tan B', \tan C') \equiv 0 (\geqslant 0)$$

反过来也对,并可类似证明式(2).

定理 2 在锐角 $\triangle ABC$ 中,有

$$f(\sin A, \sin B, \sin C) \equiv 0 (\geqslant 0)$$

$$\Leftrightarrow f\left(\cos \frac{A}{2}, \cos \frac{B}{2}, \cos \frac{C}{2}\right) \equiv 0 (\geqslant 0) \tag{1}$$

$$f(\cos A, \cos B, \cos C) \equiv 0 (\geqslant 0)$$

$$\Leftrightarrow f\left(\sin \frac{A}{2}, \sin \frac{B}{2}, \sin \frac{C}{2}\right) \equiv 0 (\geqslant 0) \tag{2}$$

定理 3 设 a, b, c 为 $\triangle ABC$ 的三边,$f(a, b, c)$ 是三元齐次(每一项次数 $t = 1, 2$ 或 3)对称多项式,次数不超过 3. 那么:

(1)若 $f(1,1,1) \geqslant 0, f(1,1,0) \geqslant 0, f(2,1,1) \geqslant 0$,则 $f(a,b,c) \geqslant 0$;

(2)若 $f(1,1,1) > 0, f(1,1,0) \geqslant 0, f(2,1,1) \geqslant 0$,则 $f(a,b,c) > 0$;

(3)若 $f(1,1,1) = 0, f(1,1,0) > 0, f(2,1,1) \geqslant 0$,则 $f(a,b,c) \geqslant 0$.

等号成立当且仅当 $a = b = c$.

略证 由于 $f(a, b, c)$ 是关于 a, b, c 的轮换对称齐次(每一项次数不超过 3)多项式,故可设它的一般表达形式是

$$f(a,b,c) = K(a^3 + b^3 + c^3) +$$
$$L[(a^2 b + b^2 c + c^2 a) + (ab^2 + bc^2 + ca^2)] + Mabc \tag{3}$$

不妨设 $a = \max\{a, b, c\}$,则可令 $a = x + y + z, b = x + y, c = y + z$,其中 $x \geqslant 0$,$y > 0, z \geqslant 0$. 当且仅当 $x = z = 0$ 时,$a = b = c$. 代入式(3),整理得

$$f(a,b,c) = [c_1(x+z)(x-z)^2 + (c_1 + c_2)(x^2 z + xz^2)] +$$

$$\left[c_3(x-z)^2 + (2c_3 + c_4)xz \right] y +$$
$$c_5(x+z)y^2 + c_6 y^3$$

而
$$c_1 = f(1,1,0) = 2K + 2L$$
$$c_2 = 3K + 5L + M$$
$$c_3 = \frac{3}{2}c_1 + c_2$$
$$c_4 = -\frac{1}{2}c_1 - c_2 + 4c_6$$
$$c_5 = 2c_6$$
$$c_6 = f(1,1,1) = 3LK + 6L + M$$

那么,(1)当 $f(1,1,0) \geqslant 0, f(1,1,1) \geqslant 0, f(2,1,1) \geqslant 0$ 时

$$c_1 \geqslant 0, c_6 \geqslant 0$$
$$c_1 + c_2 = \frac{1}{2}f(2,1,1) \geqslant 0$$
$$c_3 = \frac{1}{2}c_1 + (c_1 + c_2) \geqslant 0$$
$$2c_3 + c_4 = \frac{5}{2}c_1 + c_2 + 4c_6 \geqslant 0$$
$$c_3 = 2, c_6 \geqslant 0$$

所以 $f(a,b,c) \geqslant 0$.

(2)因 $f(1,1,1) > 0$,则 $c_6 > 0$,由(1)的讨论知 $f(a,b,c) \geqslant c_6 y^3 > 0$(因 $y > 0$).

(3)可类似地讨论.

定理 3 的好处在于,通过讨论和验证 $f(a,b,c)$ 的三个特殊值 $f(1,1,1)$, $f(1,1,0)$, $f(2,1,1)$,即可确定它的符号.

定理 4　设 $(x_1,x_2,x_3) \prec (y_1,y_2,y_3)$, $x_i, y_i \in (a,b)$, $i = 1,2,3$,则对 (a,b) 上任意凸函数 $f(x)$,都有
$$f(x_1) + f(x_2) + f(x_3) \leqslant f(y_1) + f(y_2) + f(y_3)$$

定理 5　设 $(x_1,x_2,x_3) \prec (y_1,y_2,y_3)$,且 $x_i, y_i \in (a,b)$, $i = 1,2,3$,若 $f(x) > 0$,且 $\ln f(x)$ 为 (a,b) 上的凸函数,则
$$f(x_1)f(x_2)f(x_3) \leqslant f(y_1)f(y_2)f(y_3)$$

第 4 节　代数工具—常用重要不等式

在证明三角不等式和几何不等式时,常常需要引用函数的相关性质和一系列代数不等式来帮助我们,让它们与我们一路同行,并驾齐驱,昂首阔步,走向辉煌.

1. 单调性定理

若函数 $f(x)$ 在 **R** 上是单调连续递增(或递减)的实数函数,则对于实数(或函数定义域)内的 $a \geqslant b$ 有

$$(a - b)(f(a) - f(b)) \geqslant 0 \tag{1}$$

若 $f(x)$ 为减函数,则式(1)反向.

特别地,当 $x_i \in D(f(x))$ 的定义域),$i = 1, 2, \cdots, n, n \geqslant 2$ 时,有

$$(x - A)(f(x) - f(A)) \geqslant 0 \tag{2}$$

$$(x - G)(f(x) - f(G)) \geqslant 0 \tag{3}$$

其中 $A = \dfrac{1}{n}\left(\sum\limits_{i=1}^{n} x_i\right)$,$G = \left(\prod\limits_{i=1}^{n} x_i\right)^{\frac{1}{n}}$(当 $f(x)$ 为减函数时,式(2)(3)反向).

2. 柯西不等式

(1)设 $a_i, b_i \in \mathbf{R}(i = 1, 2, \cdots, n)$,则

$$\left(\sum_{i=1}^{n} a_i^2\right)\left(\sum_{i=1}^{n} b_i^2\right) \geqslant \left(\sum_{i=1}^{n} a_i b_i\right)^2 \tag{1}$$

等号成立当且仅当

$$\frac{a_1}{b_1} = \frac{a_2}{b_2} = \cdots = \frac{a_n}{b_n}(\text{定值})$$

关于柯西(Cauchy)不等式的证法较多,以下我们列举两种最简证法.

证法 1 设 $x \in \mathbf{R}$,则当 $a_i b_i = 0$ 时,式(1)显然成立;当 $a_i b_i \neq 0$ 时

$$\sum_{i=1}^{n} (a_i x - b_i)^2 \geqslant 0$$

$$\Leftrightarrow \sum_{i=1}^{n} (a_i^2 x^2 - 2a_i b_i x + b_i^2) \geqslant 0$$

$$\Leftrightarrow \left(\sum_{i=1}^{n} a_i^2\right) x^2 - 2\left(\sum_{i=1}^{n} a_i b_i\right) x + \sum_{i=1}^{n} b_i^2 \geqslant 0$$

$$\Rightarrow \Delta_x = \left(-2\sum_{i=1}^{n} a_i b_i\right)^2 - 4\left(\sum_{i=1}^{n} a_i^2\right)\left(\sum_{i=1}^{n} b_i^2\right) \leqslant 0$$

$$\Rightarrow \left(\sum_{i=1}^{n} a_i^2\right)\left(\sum_{i=1}^{n} b_i^2\right) \geqslant \left(\sum_{i=1}^{n} a_i b_i\right)^2$$

等号成立当且仅当

$$a_i x - b_i = 0 \Rightarrow \frac{a_i}{b_i} = \frac{1}{x} \quad (i = 1, 2, \cdots, n)$$

$$\Rightarrow \frac{a_1}{b_1} = \frac{a_2}{b_2} = \cdots = \frac{a_n}{b_n}$$

证法 2 记 $A = \sum\limits_{i=1}^{n} a_i^2 > 0, B = \sum\limits_{i=1}^{n} b_i^2 > 0$,则当 $AB = 0$ 时,式(1)显然成立;当 $AB \neq 0$ 时

$$\left(\frac{a_i}{\sqrt{A}} - \frac{b_i}{\sqrt{B}}\right)^2 \geqslant 0 \Rightarrow \frac{2a_i b_i}{\sqrt{AB}} \leqslant \frac{a_i^2}{A} + \frac{b_i^2}{B} \quad (1 \leqslant i \leqslant n)$$

$$\Rightarrow 2\sum_{i=1}^{n} \frac{a_i b_i}{\sqrt{AB}} \leqslant \sum_{i=1}^{n} \left(\frac{a_i^2}{A} + \frac{b_i^2}{B}\right)$$

$$\Rightarrow \frac{2\sum_{i=1}^{n} a_i b_i}{\sqrt{AB}} \leqslant \frac{1}{A}\sum_{i=1}^{n} a_i^2 + \frac{1}{B}\sum_{i=1}^{n} b_i^2 = 2$$

$$\Rightarrow AB \geqslant \left(\sum_{i=1}^{n} a_i b_i\right)^2$$

$$\Rightarrow \left(\sum_{i=1}^{n} a_i^2\right)\left(\sum_{i=1}^{n} b_i^2\right) \geqslant \left(\sum_{i=1}^{n} a_i b_i\right)^2$$

等号成立当且仅当

$$\frac{a_i}{\sqrt{A}} = \frac{b_i}{\sqrt{B}} \quad (i = 1, 2, \cdots, n)$$

$$\Rightarrow \frac{a_1}{b_1} = \frac{a_2}{b_2} = \cdots = \frac{a_n}{b_n} = \sqrt{\frac{A}{B}}$$

柯西不等式在高考数学、奥林匹克数学、高等数学及数学研究中具有广泛的应用,而且它还有两个常用变形,有时(我们应用起来)非常方便:

(1)变形一:若 $a_i \in \mathbf{R}, b_i > 0 (i = 1, 2, \cdots, n)$,则

$$\sum_{i=1}^{n} \frac{a_i^2}{b_i} \geqslant \frac{\left(\sum_{i=1}^{n} a_i\right)^2}{\sum_{i=1}^{n} b_i} \tag{2}$$

等号成立当且仅当

$$\frac{a_1}{b_1} = \frac{a_2}{b_2} = \cdots = \frac{a_n}{b_n}$$

(2)变形二:若 $a_i b_i > 0 (1 \leqslant i \leqslant n)$,则

$$\sum_{i=1}^{n} \frac{a_i}{b_i} \geqslant \frac{\left(\sum_{i=1}^{n} a_i\right)^2}{\sum_{i=1}^{n} a_i b_i} \tag{3}$$

等号成立当且仅当 $b_1 = b_2 = \cdots = b_n$.

3. 排序不等式

设有两组有序实数: $a_1 \leqslant a_2 \leqslant \cdots \leqslant a_n, b_1 \leqslant b_2 \leqslant \cdots \leqslant b_n, i_1, i_2, \cdots, i_n$ 是 $1, 2, \cdots, n$ 的任一排列,则有

$$a_1b_1 + a_2b_2 + \cdots + a_nb_n \quad (\text{同序和})$$
$$\geqslant a_1b_{i_1} + a_2b_{i_2} + \cdots + a_nb_{i_n} \quad (\text{乱序和})$$
$$\geqslant a_1b_n + a_2b_{n-1} + \cdots + a_nb_1 \quad (\text{反序和})$$

当且仅当 $a_1 = a_2 = \cdots = a_n$ 或 $b_1 = b_2 = \cdots = b_n$ 时等号成立.

4. 切比雪夫不等式

与排序不等式密切相关的是切比雪夫(Chebyshev)不等式:

设 $\{a_n\}$ 与 $\{b_n\}$ 为两组正实数,当 $\{a_n\}$ 与 $\{b_n\}$ 大小同序时

$$\frac{\sum_{i=1}^{n} a_i b_i}{n} \geqslant \left(\frac{\sum_{i=1}^{n} a_i}{n}\right)\left(\frac{\sum_{i=1}^{n} b_i}{n}\right) \qquad (1)$$

当 $\{a_n\}$ 与 $\{b_n\}$ 大小反序时,式(1)反向.

证明 当 $\{a_n\}$ 与 $\{b_n\}$ 大小同序时,对于 $1 \leqslant i \leqslant j \leqslant n$,有

$$(a_i - a_j)(b_i - b_j) \geqslant 0$$
$$\Rightarrow a_i b_i + a_j b_j \geqslant a_i b_j + a_j b_i$$
$$\Rightarrow \sum_{1 \leqslant i \leqslant j \leqslant n} (a_i b_i + a_j b_j) \geqslant \sum_{1 \leqslant i \leqslant j \leqslant n} (a_i b_j + a_j b_i)$$
$$\Rightarrow (n-1)\sum_{i=1}^{n} a_i b_i \geqslant \sum_{1 \leqslant i < j \leqslant n} (a_i b_j + a_j b_i)$$
$$\Rightarrow n\sum_{i=1}^{n} a_i b_i \geqslant \left(\sum_{i=1}^{n} a_i\right)\left(\sum_{i=1}^{n} b_i\right)$$
$$\Rightarrow \frac{\sum_{i=1}^{n} a_i b_i}{n} \geqslant \left(\frac{\sum_{i=1}^{n} a_i}{n}\right)\left(\frac{\sum_{i=1}^{n} b_i}{n}\right)$$

等号成立当且仅当 $a_1 = a_2 = \cdots = a_n$ 或 $b_1 = b_2 = \cdots = b_n$.

顺便指出,笔者在年轻时,就曾用三种方法,从系数、组数、指数三方面将式(1)进行了综合美妙的推广(略去).

5. 绝对值和不等式

设 $z_k \in C, k = 1, 2, \cdots, n$,则有

$$\sum_{k=1}^{n} |z_k| \geqslant \left|\sum_{k=1}^{n} z_k\right| \qquad (1)$$

特别地,在式(1)中令 $z_k = a_k + \mathrm{i}b_k$($1 \leqslant k \leqslant n, \mathrm{i} = \sqrt{-1}$,当 $b_k = 0$ 时,$z_k = a_k \in \mathbf{R}$,且 $a_k, b_k \in \mathbf{R}$),则式(1)化为

$$\sum_{k=1}^{n} |a_k + \mathrm{i}b_k| \geqslant \left|\sum_{k=1}^{n} (a_k + \mathrm{i}b_k)\right|$$
$$= \left|\left(\sum_{k=1}^{n} a_k\right) + \mathrm{i}\left(\sum_{k=1}^{n} b_k\right)\right|$$

$$\Leftrightarrow \sum_{k=1}^{n} \sqrt{a_k^2 + b_k^2}$$

$$\geqslant \sqrt{\left(\sum_{k=1}^{n} a_k\right)^2 + \left(\sum_{k=1}^{n} b_k\right)^2} \qquad (2)$$

式(2)即为著名的闵可夫斯基(Minkowski)不等式的特例. 等号成立当且仅当

$$z_1 = z_2 = \cdots = z_n$$

$$\Rightarrow \begin{cases} a_1 = a_2 = \cdots = a_n \\ b_1 = b_n = \cdots = b_n \end{cases}$$

6. 琴生不等式

(1)凸函数的定义.

设 $f(x)$ 是定义在 (a,b) 内的函数,若对于任意 $x_1, x_2 \in (a,b)$,都有

$$f\left(\frac{x_1 + x_2}{2}\right) \leqslant \frac{f(x_1) + f(x_2)}{2} \qquad (1)$$

则称 $f(x)$ 是 (a,b) 内的下凸函数(又称上凹函数).

凸函数的定义为我们提供了极为方便地证明一个函数的方法,此外利用二阶求导法也可以判断一个函数为凸函数.

一般地,设 $x \in D$(定义域),若 $f''(x) \geqslant 0$,则 $f(x)$ 为凸函数,否则为凹函数,并且,若 $x_0 \in D$,满足 $f'(x_0) = 0, f''(x_0) > 0$,则

$$f(x) \geqslant f_{\min}(x) = f(x_0) \qquad (2)$$

若 $f'(x_0) = 0, f''(x_0) < 0$,则

$$f(x) \leqslant f_{\max}(x) = f(x_0) \qquad (3)$$

(2)凸函数的常用性质.

性质 1(琴生(Jensen)不等式)对于 (a,b) 内的凸函数 $f(x)$,有

$$f\left(\frac{\sum_{i=1}^{n} x_i}{n}\right) \leqslant \frac{\sum_{i=1}^{n} f(x_i)}{n} \qquad (4)$$

证明 用反向归纳法:

①当 $n = 2$ 时,由凸函数定义知,式(4)成立.

假设当 $n = 2^k (k \in \mathbf{N}_+)$ 时式(4)成立,那么当 $n = 2^{k+1}$ 时,有

$$\frac{2\sum_{i=1}^{n} f(x_i)}{n} = \frac{\sum_{i=1}^{2^k} f(x_i)}{2^k} + \frac{\sum_{i=2^k+1}^{2^{k+1}} f(x_i)}{2^k}$$

$$\geqslant f\left(\frac{\sum_{i=1}^{2^k} x_i}{2^k}\right) + f\left(\frac{\sum_{i=1+2^k}^{2^{k+1}} x_i}{2^k}\right)$$

$$\geqslant 2f\left(\frac{\sum\limits_{i=1}^{2^k} x_i + \sum\limits_{i=1+2^k}^{2^{k+1}} x_i}{2 \cdot 2^k}\right) = 2f\left(\frac{\sum\limits_{i=1}^{2^{k+1}} x_i}{2^{k+1}}\right)$$

$$\Rightarrow \frac{\sum\limits_{i=1}^{n} f(x_i)}{n} \geqslant f\left(\frac{\sum\limits_{i=1}^{n} x_i}{n}\right)$$

即当 $n = 2^{k+1}$ 时,式(4)成立,也即当 n 为 2 的正整数次幂时,式(4)成立.

②如果 n 不是 2 的正整数次幂,那么我们总能找到一个正整数 t,使得 $n + t = 2^m (m \in \mathbf{N}_+)$,即存在唯一的 $t = 2^m - n$,利用上面的结论有

$$A = \frac{1}{n} \sum_{i=1}^{n} x_i$$

$$\frac{f(x_1) + \cdots + f(x_n) + tf(A)}{n+t}$$

$$\geqslant f\left(\frac{x_1 + \cdots + x_n + tA}{n+t}\right) = f\left(\frac{nA + tA}{n+t}\right) = f(A)$$

$$\Rightarrow \frac{f(x_1) + f(x_2) + \cdots + f(x_n)}{n} \geqslant f(A) = f\left(\frac{\sum\limits_{i=1}^{n} x_i}{n}\right)$$

即这时式(4)也成立.

综上所述,对一切 $n \geqslant 2 (n \in \mathbf{N}_+)$,式(4)成立,等号成立当且仅当

$$x_1 = x_2 = \cdots = x_n$$

特别地,令 $f(x) = -\ln x (x > 0)$,则

$$f'(x) = -\frac{1}{x}, f''(x) = \frac{1}{x^2} > 0$$

因此 $f(x)$ 为下凸函数,由式(4)有

$$-\ln\left(\frac{\sum\limits_{i=1}^{n} x_i}{n}\right) \leqslant -\frac{\sum\limits_{i=1}^{n} \ln x_n}{n}$$

$$\Rightarrow \ln\left(\frac{\sum\limits_{i=1}^{n} x_i}{n}\right) \geqslant \ln\left(\prod_{i=1}^{n} x_i\right)^{\frac{1}{n}}$$

$$\Leftrightarrow \frac{\sum\limits_{i=1}^{n} x_i}{n} \geqslant \left(\prod_{i=1}^{n} x_i\right)^{\frac{1}{n}} \tag{5}$$

式(5)即为著名的"算术 – 几何"平均不等式,简称为"均值不等式",可简写为"A – G"不等式.

性质 2（加权的琴生不等式） 对于 (a,b) 内的凸函数, 若 $\alpha_i \in (0,1)$, $i = 1,2,\cdots,n; n \geq 2$, $\sum\limits_{i=1}^{n} \alpha_i = 1$, 则

$$f\left(\sum_{i=1}^{n} \alpha_i x_i \right) \leq \sum_{i=1}^{n} \alpha_i f(x_i) \tag{6}$$

等号成立当且仅当 $x_1 = x_2 = \cdots = x_n$.

显然, 令 $f(x) = -\ln x (x > 0)$, 有著名的加权不等式

$$\sum_{i=1}^{n} \alpha_i x_i \geq \prod_{i=1}^{n} x_i^{\alpha_i} \tag{7}$$

令 $\alpha_1 = \alpha_2 = \cdots = \alpha_n = \dfrac{1}{n}$, 即得 "A – G" 不等式不成立.

另外, 对于上面有关凸函数和琴生不等式的部分, 若 $f(x)$ 是 (a,b) 内的凹函数(下凹, 上凸), 则式(6)反向.

7. 其他重要不等式

(1)上面的加权不等式的指数推广便是加权幂平均不等式

$$\left(\sum_{i=1}^{n} p_i x_i^{\alpha} \right)^{\frac{1}{\alpha}} \geq \left(\sum_{i=1}^{n} p_i x_i^{\beta} \right)^{\frac{1}{\beta}} \tag{1}$$

其中 $x_i > 0, p_i > 0 (1 \leq i \leq n)$, $\sum\limits_{i=1}^{n} p_i = 1, \alpha > \beta, n \geq 2, \lim\limits_{\alpha \to 0}\left(\sum\limits_{i=1}^{n} p_i x_i^{\alpha} \right)^{\frac{1}{\alpha}} = \prod\limits_{i=1}^{n} x_i^{p_i}$.

证明 我们设指数 $\alpha \in \mathbf{R}$, 底数 $x_i > 0$, 系数 $p_i \in (0,1)(i = 1,2,\cdots,n; n \geq 2)$, 且满足 $\sum\limits_{i=1}^{n} p_i = 1$, 构建函数

$$f(x) = \left(\sum_{i=1}^{n} p_i x_i^{\alpha} \right)^{\frac{1}{x}} \quad (x \neq 0)$$

令 $g(\alpha) = \ln f(\alpha) = \dfrac{T_1(\alpha)}{T_2(\alpha)}$ 其中

$$\begin{cases} T_1(\alpha) = \ln\left(\sum\limits_{i=1}^{n} p_i x_i^{\alpha} \right) \\ T_2(\alpha) = \alpha \end{cases}$$

对 x 求导得

$$T_1'(\alpha) = \sum_{i=1}^{n} (p_i \alpha_i^x \ln x_i), T_2'(\alpha) = 1$$

应用洛必达法则有

$$\lim_{x \to 0} g(\alpha) = \lim_{x \to 0} \frac{T_1(\alpha)}{T_2(\alpha)} = \lim_{x \to 0} \frac{T_1'(\alpha)}{T_2'(\alpha)}$$

$$= \lim_{x \to 0} \sum_{i=1}^{n} (p_i \alpha_i^x \ln \alpha_i) = \sum_{i=1}^{n} (p_i \ln \alpha_i)$$

$$= \ln\left(\prod_{i=1}^{n} \alpha_i^{p_i}\right)$$

$$\Rightarrow \lim_{x \to 0} g(x) = \lim_{x \to 0} \ln f(x) = \ln\left(\prod_{i=1}^{n} \alpha_i^{p_i}\right)$$

$$\Rightarrow \lim_{x \to 0} f(x) = \prod_{i=1}^{n} \alpha_i^{p_i}$$

$$\Rightarrow \lim_{x \to 0}\left(\sum_{i=1}^{n} p_i \alpha_i^x\right)^{\frac{1}{x}} = \prod_{i=1}^{n} \alpha_i^{p_i}$$

（2）利用上一小节式（7）可证明赫尔德（Hölder）不等式：

设 $a_{ij} > 0(1 \leqslant i \leqslant n; 1 \leqslant j \leqslant m; m \geqslant 2, n \geqslant 2)$，且 $\theta_j > 0$，$\sum_{j=1}^{m} \theta_j = 1$，则有

$$\prod_{i=1}^{n}\left(\sum_{j=1}^{m} a_{ij}\right)^{\theta_j} \geqslant \sum_{j=1}^{m}\left(\prod_{i=1}^{n} a_{ij}^{\theta_i}\right) \tag{2}$$

等号成立当且仅当

$$\frac{a_{i1}}{\sum\limits_{i=1}^{n} a_{i1}} = \frac{a_{i2}}{\sum\limits_{i=1}^{n} a_{i2}} = \cdots = \frac{a_{im}}{\sum\limits_{i=1}^{n} a_{im}} \quad (i = 1, 2, \cdots, n)$$

（3）利用赫尔德不等式又可证明闵可夫斯基不等式：设 $\alpha > 1, \lambda_i > 0, a_{ij} > 0$ $(1 \leqslant i \leqslant n, 1 \leqslant j \leqslant m, m, n \in \mathbf{N}_+)$，则

$$\sum_{j=1}^{m}\left(\sum_{i=1}^{n} \lambda_i a_{ij}^{\alpha}\right)^{\frac{1}{\alpha}} \geqslant \left[\sum_{i=1}^{n} \lambda_i\left(\sum_{j=1}^{n} a_{ij}\right)^{\alpha}\right]^{\frac{1}{\alpha}} \tag{3}$$

等号成立当且仅当

$$a_{11} : a_{21} : \cdots : a_{n1} = a_{12} : a_{22} : \cdots : a_{n2} = a_{1m} : a_{2m} : \cdots : a_{nm}$$

分别在式（2）与式（3）中取 $m = 2$ 便得我们常用的

$$\left(\sum_{i=1}^{n} a_i\right)^{\theta} \cdot \left(\sum_{i=1}^{n} b_i\right)^{1-\theta} \geqslant \sum_{i=1}^{n} a_i^{\theta} b_i^{1-\theta} \quad (0 < \theta < 1) \tag{4}$$

$$\left(\sum_{i=1}^{n} a_i^{\alpha}\right)^{\frac{1}{\alpha}} + \left(\sum_{i=1}^{n} b_i^{\alpha}\right)^{\frac{1}{\alpha}} \geqslant \left[\sum_{i=1}^{n}(a_i + b_i)^{\alpha}\right]^{\frac{1}{\alpha}} \tag{5}$$

其实，赫尔德不等式是柯西不等式的一个推广，关于它们的证明，请参阅相关资料，限于篇幅，这里从略.

（4）在研究和新建不等式时，有时还常常需要引用：

定理 1 设 $a_i > 0, b_i > 0(i = 1, 2, \cdots, n; n \geqslant 2)$，记 $S = \sum_{i=1}^{n} a_i$，则有

$$\sum_{i=1}^{n}(S - a_i)b_i \geqslant 2\sqrt{\left(\sum a_i a_j\right)\left(\sum b_i b_j\right)} \tag{6}$$

其中符号" $\sum$ "表示" $\sum\limits_{1 \leqslant i < j \leqslant n}$ "（以下同），等号成立当且仅当

$$\frac{a_1}{b_1} = \frac{a_2}{b_2} = \cdots = \frac{a_n}{b_n}$$

特别地,当取 $n = 2$ 时,式(6)化为 $a_1b_2 + a_2b_1 \geqslant 2\sqrt{a_1a_2b_1b_2}$. 当取 $n = 3$ 时,式(6)化为

$$(a_2 + a_3)b_1 + (a_3 + a_1)b_2 + (a_1 + a_2)b_3$$
$$\geqslant 2\sqrt{(a_2a_3 + a_3a_1 + a_1a_2)(b_2b_3 + b_3b_1 + b_1b_2)} \tag{7}$$

等号成立当且仅当

$$\frac{a_1}{b_1} = \frac{a_2}{b_2} = \frac{a_3}{b_3}$$

在式(7)中作置换

$$(a_i, b_i) \rightarrow \left(\frac{a_i}{\lambda_i}, \frac{b_i}{\lambda_i}\right), i = 1, 2, 3, \lambda_i > 0$$

得 $\sum \left(\frac{a_2}{\lambda_2} + \frac{a_3}{\lambda_3}\right)\frac{b_1}{\lambda_1} \geqslant 2\left[\left(\sum \frac{a_2a_3}{\lambda_2\lambda_3}\right)\left(\sum \frac{b_2b_3}{\lambda_2\lambda_3}\right)\right]^{\frac{1}{2}}$

$$\Leftrightarrow \sum (\lambda_3a_2 + \lambda_2a_3)b_1 \geqslant 2\sqrt{\left(\sum \lambda_1a_2a_3\right)\left(\sum \lambda_1b_2b_3\right)} \tag{8}$$

等号成立当且仅当

$$\frac{a_1}{b_1} = \frac{a_2}{b_2} = \frac{a_3}{b_3}$$

现在我们证明式(6):

证明 应用柯西不等式有

$$\sum_{i=1}^{n} a_ib_i + 2\sqrt{\left(\sum a_ia_j\right)\left(\sum b_ib_j\right)}$$

$$\leqslant \left[\left(\sum_{i=1}^{n} a_i^2 + 2\sum a_ia_j\right)\left(\sum_{i=1}^{n} b_i^2 + 2\sum b_ib_j\right)\right]^{\frac{1}{2}}$$

$$= \left(\sum_{i=1}^{n} a_i\right)\left(\sum_{i=1}^{n} b_i\right) = S\sum_{i=1}^{n} b_i = \sum_{i=1}^{n} Sb_i$$

$$\Rightarrow \sum_{i=1}^{n} (S - a_i)b_i \geqslant 2\sqrt{\left(\sum a_ia_j\right)\left(\sum b_ib_j\right)}$$

等号成立当且仅当

$$\frac{a_1}{b_1} = \frac{a_2}{b_2} = \cdots = \frac{a_n}{b_n} = \frac{\sum a_ia_j}{\sum b_ib_j}$$

上述定理的证明轻松简洁,但是仅有这个定理有时还不够. 我们还应把它加强推广为:

定理 2 设 $K > -1, a_i > 0, b_i > 0 (1 \leqslant i \leqslant n, n \geqslant 3)$,记 $A = \sum_{i=1}^{n} a_i$,

$B = \sum\limits_{i=1}^{n} b_i$，则

$$2\sum_{i=1}^{n}\left[A - (K+1)a_i\right]b_i \geqslant \frac{B}{A}\left[A^2 - (K+1)\sum_{i=1}^{n}a_i^2\right] +$$

$$\frac{A}{B}\left[B^2 - (K+1)\sum_{i=1}^{n}b_i^2\right] \tag{9}$$

等号成立当且仅当

$$\frac{a_1}{b_1} = \frac{a_2}{b_2} = \cdots = \frac{a_n}{b_n}$$

当 $A^2 > (K+1)\sum\limits_{i=1}^{n}a_i^2, B^2 > (K+1)\sum\limits_{i=1}^{n}b_i^2$ 时，应用二元"A - G"不等式有

$$\sum_{i=1}^{n}\left[A - (K+1)a_i\right]b_i \geqslant \sqrt{\left[A^2 - (K+1)\sum_{i=1}^{n}a_i^2\right]\left[B^2 - (K+1)\sum_{i=1}^{n}b_i^2\right]} \tag{10}$$

取 $K = 0$ 得

$$\sum_{i=1}^{n}(A - a_i)b_i \geqslant \sqrt{\left(A^2 - \sum_{i=1}^{n}a_i^2\right)\left(B^2 - \sum_{i=1}^{n}b_i^2\right)}$$

$$= 2\sqrt{\left(\sum a_i a_j\right)\left(\sum b_i b_j\right)}$$

这即为式(6).

证明 应用柯西不等式有

$$\sum_{i=1}^{n}(K+1)a_i b_i \leqslant \left[\sum_{i=1}^{n}(K+1)a_i^2 \cdot \sum_{i=1}^{n}(K+1)b_i^2\right]^{\frac{1}{2}}$$

$$= AB\left\{\left[1 - \frac{A^2 - (K+1)\sum\limits_{i=1}^{n}a_i^2}{A^2}\right]\left[1 - \frac{B^2 - (K+1)\sum\limits_{i=1}^{n}b_i^2}{B^2}\right]\right\}^{\frac{1}{2}}$$

$$\leqslant AB\left\{1 - \left[\frac{A^2 - (K+1)\sum\limits_{i=1}^{n}a_i^2}{2A^2} + \frac{B^2 - (K+1)\sum\limits_{i=1}^{n}b_i^2}{2B^2}\right]\right\}$$

$$= AB - \frac{1}{2}\left\{\frac{B}{A}\left[A^2 - (K+1)\sum_{i=1}^{n}a_i^2\right] + \frac{A}{B}\left[B^2 - (K+1)\sum_{i=1}^{n}b_i^2\right]\right\}$$

$$\Rightarrow 2\left[AB - (K+1)\sum_{i=1}^{n}a_i b_i\right]$$

$$\geqslant \frac{B}{A}\left[A^2 - (K+1)\sum_{i=1}^{n}a_i^2\right] + \frac{A}{B}\left[B^2 - (K+1)\sum_{i=1}^{n}b_i^2\right]$$

$$\Rightarrow 2\sum_{i=1}^{n}\left[A - (K+1)a_i\right]b_i$$

$$\geqslant \frac{B}{A}\Big[A^2 - (K+1)\sum_{i=1}^{n} a_i^2\Big] + \frac{A}{B}\Big[B^2 - (K+1)\sum_{i=1}^{n} b_i^2\Big]$$

即式(9)成立,等号成立当且仅当

$$\frac{a_1}{b_1} = \frac{a_2}{b_2} = \cdots = \frac{a_n}{b_n}$$

可以说,上述证法非常巧妙,灵活应用了柯西不等式,但是更令人惊叹的是,我们只需应用二元均值不等式,也能轻松证明式(9).

另证 因 $K > -1$,则

$$(K+1)\left(\sqrt{\frac{B}{A}\sum_{i=1}^{n} a_i^2} - \sqrt{\frac{A}{B}\sum_{i=1}^{n} b_i^2}\right)^2 \geqslant 0$$

$$\Rightarrow -2(K+1)\sqrt{\Big(\sum_{i=1}^{n} a_i^2\Big)\Big(\sum_{i=1}^{n} b_i^2\Big)} \geqslant -\Big[\frac{B}{A}(K+1)\sum_{i=1}^{n} a_i^2 + \frac{A}{B}(K+1)\sum_{i=1}^{n} b_i^2\Big]$$

$$\Rightarrow 2AB - 2(K+1)\sum_{i=1}^{n} a_i b_i$$

$$\geqslant 2AB - 2(K+1)\sqrt{\Big(\sum a_i^2\Big)\Big(\sum b_i^2\Big)}$$

$$\geqslant 2AB - (K+1)\Big(\frac{B}{A}\sum a_i^2 + \frac{A}{B}\sum b_i^2\Big)$$

$$\geqslant \Big[AB - \frac{B}{A}(K+1)\sum_{i=1}^{n} a_i^2\Big] + \Big[AB - \frac{A}{B}(K+1)\sum_{i=1}^{n} b_i^2\Big]$$

$$\Rightarrow 2\sum_{i=1}^{n}\big[A - (K+1)a_i\big]b_i$$

$$\geqslant \frac{B}{A}\Big[A^2 - (K+1)\sum_{i=1}^{n} a_i^2\Big] + \frac{A}{B}\Big[B^2 - (K+1)\sum_{i=1}^{n} b_i^2\Big]$$

等号成立当且仅当

$$\frac{B}{A}\sum_{i=1}^{n} a_i^2 = \frac{A}{B}\sum_{i=1}^{n} b_i^2 \Rightarrow \sum_{i=1}^{n}\Big(\frac{a_i}{A}\Big)^2 - \sum_{i=1}^{n}\Big(\frac{b_i}{B}\Big)^2 = 0$$

$$\Rightarrow \sum_{i=1}^{n}\Big(\frac{a_i}{A} + \frac{b_i}{B}\Big)\Big(\frac{a_i}{A} - \frac{b_i}{B}\Big) = 0$$

$$\Rightarrow \frac{a_i}{A} = \frac{b_i}{B} \Rightarrow \frac{a_i}{b_i} = \frac{A}{B} \quad (1 \leqslant i \leqslant n)$$

$$\Rightarrow \frac{a_1}{b_1} = \frac{a_2}{b_2} = \cdots = \frac{a_n}{b_n} = \frac{A}{B}$$

可见,此证法简直巧妙得像"四两拨千斤",令人拍案叫绝!

特别地,在式(9)中取 $K = 1$,$n = 3$ 得

$$2\sum (a_2 + a_3 - a_1)b_1 \geqslant \frac{B}{A}x + \frac{A}{B}y \tag{11}$$

其中

$$A = a_1 + a_2 + a_3, B = b_1 + b_2 + b_3$$

$$x = A^2 - 2 \sum a_1^2, y = B^2 - 2 \sum b_1^2$$

等号成立当且仅当

$$\frac{a_1}{b_1} = \frac{a_2}{b_2} = \frac{a_3}{b_3}$$

式(11)在以后还将发挥神力,创造奇迹.

三角不等式

第 二 章

第 1 节　基 本 方 法

要做好任何事情都要有计划、有方法、有规律、有技巧,然后再归纳总结.同样,要解答好一道数学题(特别是数学难题)要先读懂题意,理解题意,分析题意,然后再根据题意进行观察,产生联想,进行转化,找到解题的突破口,制定解题计划,寻觅解题方法,最后归纳解题技巧,总结经验教训,我们简单图示如下:

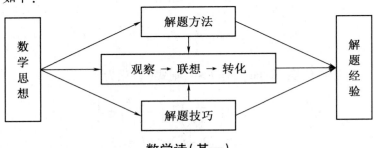

数学诗(其一)

万物何为最,数学总牵心.
人间金珠玉,天上日月星.
锦绣山川水,变幻风雨云.
喜娶数学仙,相伴度今生.

数学诗(其二)

何故终生迷数学,天高海深太痴情.
如诗如画如歌舞,似星似月似彩云.
鸟语花香异人间,水秀山清疑仙景.
神秘面纱谁揭幕? 风光无限非凡尘.

下面我们将介绍证明三角不等式(或求三角极值)的方法与技巧,做一些基本的归纳与总结,并举例说明:

1. 代换法

在解答三角不等式的题目时,有时为了书写或运算方便,常常需要将某些三角量用其他字母进行代换,这样就可将复杂纷繁的三角运算转化为代数运算或其他运算.

例1 已知 $k \geqslant 0$, $\theta_i \in (0, \pi)$($i = 1, 2, \cdots, n$; $n \in \mathbf{N}_+$). 求证

$$2^k \sum_{i=1}^{n} (\sin 2\theta_i)^k \leqslant \sum_{i=1}^{n} (\cot \frac{\theta_i}{2})^k \tag{A}$$

分析 粗略一看,不等式(A)的左右两边各有 n 项,且每项的指数均为 k,显得较复杂. 当我们在遇到较复杂的问题时,不妨从最基本、最简单的情况着手,进行分析,并观察、联想、转化、灵活机动,设法找到突破口,进而找到解题的方法和途径. 对于本题而言,我们首先应对指数 k 分 $k = 0$ 和 $k > 0$ 两种情况讨论,其次再用分类讨论的思想对 n 分 $n = 1$ 和 $n \geqslant 2$ 两种情况进行讨论,这样自然会"云开雾散见日出"——找到解题的突破口,进而找到解题的方法和途径.

证明 当 $k = 0$ 时,式(A)化为 $n = n$,显然成立;

当 $k > 0$ 时,若 $n = 1$,则式(A)化为

$$2\sin 2\theta_1 \leqslant \cot \frac{\theta_1}{2} \tag{1}$$

$$\Leftrightarrow 4\sin \theta_1 \cos \theta_1 \leqslant \cot \frac{\theta_1}{2} \tag{2}$$

我们作代换,令 $\tan \dfrac{\theta_1}{2} = t > 0$,则式(2)化为

$$4\left(\frac{2t}{1+t^2}\right) \cdot \left(\frac{1-t^2}{1+t^2}\right) \leqslant \frac{1}{t}$$

$$\Leftrightarrow 8t^2(1-t^2) \leqslant (1+t^2)^2$$

$$\Leftrightarrow 9t^4 - 6t^2 + 1 \geqslant 0$$

$$\Leftrightarrow (3t^2 - 1)^2 \geqslant 0 \tag{3}$$

式(3)显然成立. 从而逆推知式(1)成立,且等号成立当且仅当

$$t = \frac{\sqrt{3}}{3} \Rightarrow \tan \frac{\theta_1}{2} = \frac{\sqrt{3}}{3} \Rightarrow \theta_1 = \frac{\pi}{3}$$

当 $n > 1$ 时,由式(1)知有

$$2\sin 2\theta_i \leqslant \cot \frac{\theta_i}{2}$$

$$\Rightarrow 2^k (\sin 2\theta_i)^k \leqslant (\cot \frac{\theta_i}{2})^k \quad (1 \leqslant i \leqslant n) \tag{4}$$

$$\Rightarrow 2^k \sum_{i=1}^n (\sin 2\theta_i)^k \leqslant \sum_{i=1}^n (\cot \frac{\theta_i}{2})^k$$

即式(A)成立,等号成立当且仅当 $\theta_i = \dfrac{\pi}{3}(i=1,2,\cdots,n)$.

综上所述,式(A)成立,等号成立当且仅当 $k=0$ 或 $\theta_i = \dfrac{\pi}{3}(i=1,2,\cdots,n)$.

评注 (1)从表面上看,好像式(A)很难证明,但我们从最简单的情况进行分析和思考,不仅找到了解题的突破口,而且还找到了解题的方法和途径,用代换方法,应用万能公式,并令 $t = \tan \dfrac{\theta}{2} > 0$,及三角函数公式

$$\sin 2\theta = \frac{2\tan \theta}{1 + \tan^2 \theta}, \cos 2\theta = \frac{1 - \tan^2 \theta}{1 + \tan^2 \theta}$$

将三角运算转化成了代数运算,使得上述证法通俗易懂,简洁明快,优美流畅!

(2)由于

$$\theta_i \in (0, \pi) \Rightarrow \cot \frac{\theta_i}{2} > 0 \quad (1 \leqslant i \leqslant n)$$

$$\Rightarrow 2^n \prod_{i=1}^n \sin 2\theta_i \leqslant \prod_{i=1}^n \cot \frac{\theta_i}{2} \qquad (B)$$

式(B)即为式(A)的配对形式,等号成立当且仅当

$$\theta_1 = \theta_2 = \cdots = \theta_n = \frac{\pi}{3}$$

特别地,当 $n=3$ 时,对于任意 $\triangle ABC$ 有不等式

$$2^k [(\sin 2A)^k + (\sin 2B)^k + (\sin 2C)^k]$$
$$\leqslant (\cot \frac{A}{2})^k + (\cot \frac{B}{2})^k + (\cot \frac{C}{2})^k \qquad (A_1)$$

$$4^k [(\sin 2A \sin 2B)^k + (\sin 2B \sin 2C)^k + (\sin 2C \sin 2A)^k]$$
$$\leqslant (\cot \frac{A}{2} \cot \frac{B}{2})^k + (\cot \frac{B}{2} \cot \frac{C}{2})^k + (\cot \frac{C}{2} \cot \frac{A}{2})^k \qquad (A_2)$$

$$8\sin 2A \sin 2B \sin 2C \leqslant \cot \frac{A}{2} \cot \frac{B}{2} \cot \frac{C}{2} \qquad (A_3)$$

可见,这是三个关于 $\triangle ABC$ 的非常漂亮的三角不等式,这是我们的意外收获,是春天里绽放的花朵!

其实,在式(1)中,令 $\theta_1 = \theta \in (0, \pi)$,有

$$2\sin 2\theta \leqslant \cot \frac{\theta}{2}$$

这便是1980年一道高考题,多么简洁美妙、多么古色古香! 我们刚才建立的式(A)和(B)就是它的一个推广!

例2 设常数 $t(0 < t \le 3)$，则对任意 $\triangle ABC$ 有

$$t(\sqrt[t]{27})\left(\tan\frac{A}{2}\tan\frac{B}{2}\tan\frac{C}{2}\right)^{\frac{2}{t}} + (3-t) + 3\left(\tan^2\frac{A}{2} + \tan^2\frac{B}{2} + \tan^2\frac{C}{2}\right) \ge 6$$

$$\tag{1}$$

分析 虽然式(1)左边较复杂，但由观察知，它主要涉及 $\triangle ABC$ 中的元素 $\tan\dfrac{A}{2}$，$\tan\dfrac{B}{2}$，$\tan\dfrac{C}{2}$。自然让我们联想到著名的三角恒等式

$$\tan\frac{A}{2}\tan\frac{B}{2} + \tan\frac{B}{2}\tan\frac{C}{2} + \tan\frac{C}{2}\tan\frac{A}{2} = 1 \tag{*}$$

可供利用，于是我们作代换，令

$$(a_1, b_1, c_1) = \left(\sqrt{3}\tan\frac{A}{2}, \sqrt{3}\tan\frac{B}{2}, \sqrt{3}\tan\frac{C}{2}\right)$$

则 $a_1 > 0, b_1 > 0, c_1 > 0$，且

$$a_1b_1 + b_1c_1 + c_1a_1 = 3$$

这将三角不等式(1)转化成了代数不等式

$$(3-t) + t(a_1b_1c_1)^{\frac{2}{t}} + \sum a_1^2 \ge 2\sum b_1c_1$$

往下再作代换，并应用有关不等式就可"双桨破浪航沧海，一帆顺风驾金舟"（笔者诗句）了。

证明 我们作代换，令

$$(a_1, b_1, c_1) = \left(\sqrt{3}\tan\frac{A}{2}, \sqrt{3}\tan\frac{B}{2}, \sqrt{3}\tan\frac{C}{2}\right)$$

则 $a_1, b_1, c_1 > 0$，且 $a_1b_1 + b_1c_1 + c_1a_1 = 3$，式(1)化为

$$(3-t) + t(a_1b_1c_1)^{\frac{2}{t}} + \sum a_1^2 \ge 2\sum b_1c_1 \tag{2}$$

再令

$$(a_1, b_1, c_1) = \left(x^{\frac{3}{2}}, y^{\frac{3}{2}}, z^{\frac{3}{2}}\right)$$

式(2)化为

$$3 - t + t(xyz)^{\frac{3}{t}} + \sum x^3 \ge 2\sum (xy)^{\frac{3}{2}} \tag{3}$$

由舒尔(Schur)不等式知

$$\sum x^3 + 3xyz \ge \sum xy(x+y) \ge 2\sum (xy)^{\frac{3}{2}} \tag{4}$$

因此，当 $t = 3$ 时，式(3)成立。

当 $0 < t < 3$ 时，由式(4)有

$$3xyz \ge 2\sum (xy)^{\frac{3}{2}} - \sum x^3 \tag{5}$$

因此，欲证式(3)，即证

$$(3-t) + t \cdot (xyz)^{\frac{3}{t}} \ge 2\sum (xy)^{\frac{3}{2}} - \sum x^3 \tag{6}$$

我们只需证明更强的不等式

$$(3-t)+t\cdot(xyz)^{\frac{3}{t}}\geqslant 3xyz \tag{7}$$

应用加权不等式有

$$(3-t)\cdot 1+t\cdot(xyz)^{\frac{3}{t}}$$

$$\geqslant\left[(3-t)+t\right]\cdot\left[1^{3-t}\cdot(xyz)^{\frac{3}{t}t}\right]^{\frac{1}{(3-t)+t}}$$

$$=3xyz$$

即式(7)成立,从而逆推之,当 $0<t<3$ 时式(3)也成立,等号成立当且仅当 $x=y=z$.

综合上述得,对所有 $0<t\leqslant 3$ 式(1)成立. 等号成立当且仅当 $\triangle ABC$ 为正三角形(因 $x=y=z\Rightarrow a_1=b_1=c_1\Rightarrow\tan\dfrac{A}{2}=\tan\dfrac{B}{2}=\tan\dfrac{C}{2}\Rightarrow A=B=C=\dfrac{\pi}{3}$).

评注 上述证法进行了两次代换,不仅应用了三角恒等式 $(*)$,而且还应用了舒尔不等式与加权不等式,完成了证明,使得证明过程充满变幻美、运动美、和谐美!

式(1)是一个趣味无穷的三角不等式,当取 $t=2$ 时,得到特例

$$\sum\tan^2\frac{A}{2}+2\sqrt{3}\prod\tan\frac{A}{2}\geqslant\frac{5}{3} \tag{8}$$

另外,如果我们直接应用式(4)有

$$\sum\tan^3\frac{A}{2}+3\prod\tan\frac{A}{2}\geqslant 2\sum\left(\tan\frac{B}{2}\tan\frac{C}{2}\right)^{\frac{3}{2}}$$

$$\geqslant 6\left(\frac{\sum\tan\dfrac{B}{2}\tan\dfrac{C}{2}}{3}\right)^{\frac{3}{2}}=6\left(\frac{1}{3}\right)^{\frac{3}{2}}$$

$$\Rightarrow\sum\left(\tan\frac{A}{2}\right)^3+3\prod\tan\frac{A}{2}\geqslant\frac{2}{3}\sqrt{3} \tag{9}$$

从外形结构上讲,式(8)与式(9)大同小异,它们美如两朵艳丽的桃花!

从上述证明过程可知,在证明一个优美的综合题时,仅仅用一种方法是远远不够的,而要调动一切积极因素,灵活机动,有机结合,和谐配合,多管齐下,方可完美解答,走到成功的彼岸!

例3 对于任意 $\triangle ABC$ 有

$$\sqrt{\left(\tan\frac{A}{2}\right)^3+\tan\frac{A}{2}}+\sqrt{\left(\tan\frac{B}{2}\right)^3+\tan\frac{B}{2}}+\sqrt{\left(\tan\frac{C}{2}\right)^3+\tan\frac{C}{2}}$$

$$\geqslant 2\sqrt{\tan\frac{A}{2}+\tan\frac{B}{2}+\tan\frac{C}{2}} \tag{1}$$

分析 观察知,不等式(1)的左、右两边的主元素是 $\tan\dfrac{A}{2}$,$\tan\dfrac{B}{2}$,$\tan\dfrac{C}{2}$,

自然联想到应用三角恒等式

$$\tan\frac{A}{2}\tan\frac{B}{2}+\tan\frac{B}{2}\tan\frac{C}{2}+\tan\frac{C}{2}\tan\frac{A}{2}=1$$

于是我们可作代换,令

$$(x,y,z)=(\tan\frac{A}{2},\tan\frac{B}{2},\tan\frac{C}{2})$$

则 $x,y,z>0$,且 $xy+yz+zx=1$. 于是将式(1)转化为代数不等式

$$\sqrt{x^3+x}+\sqrt{y^3+y}+\sqrt{z^3+z}\geqslant2\sqrt{x+y+z}$$

往下再"灵活用兵",方可取胜!

证明 我们作代换,令

$$(x,y,z)=(\tan\frac{A}{2},\tan\frac{B}{2},\tan\frac{C}{2})$$

则 $x,y,z>0$,且 $xy+yz+zx=1$. 式(1)化为

$$\sqrt{x^3+x}+\sqrt{y^3+y}+\sqrt{z^3+z}\geqslant2\sqrt{x+y+z} \qquad (2)$$

$$\Leftrightarrow \sum\sqrt{x^3+x(\sum yz)}\geqslant2\sqrt{(\sum x)(\sum yz)}$$

$$\Leftrightarrow \sum x^3+x(\sum yz)+2\sqrt{(x^2\sum x+xyz)(y^2\sum x+xyz)}$$

$$\geqslant4(\sum x)(\sum yz) \qquad (3)$$

由柯西不等式知

$$\sqrt{[x^2(\sum x)+xyz]\cdot[y^2(\sum x)+xyz]}\geqslant xy(\sum x)+xyz$$

所以欲证式(3),只需证明

$$\sum[x^3+x(\sum yz)+2(xy\sum x+xyz)]$$

$$\geqslant4(\sum x)(\sum yz)$$

$$\Leftrightarrow \sum x^3+3xyz\geqslant\sum yz(y+z) \qquad (4)$$

由 3 次舒尔不等式知,式(4)自然成立,从而逆推式(2)成立,又由式(2)与式(1)等价,知式(1)成立,等号成立当且仅当

$$x=y=z=\frac{\sqrt{3}}{3}\Rightarrow A=B=C=\frac{\pi}{3}$$

即 $\triangle ABC$ 为正三角形时等号成立.

评注 从难度上讲,三角不等式比代数不等式更隐含,暗藏玄机,自然显得更抽象、更难一些,因此我们必须具备更扎实的代数运算基本功,具备灵活机动的方法!

忆今生(笔者)

回首当年志凌云,长比高天展翅鹰.

风霜雨雪度窗寒,春夏秋冬听鸡鸣.

马驰千里寻伯乐,人走四方觅知音.

不是丹心未报国,江湖归隐桃花村.

2. 应用舒尔不等式

我们在前面已经应用了舒尔不等式来证明三角不等式,下面,我们再举两例进一步说明舒尔不等式在三角不等式证明中的应用!

例4 对于任意 $\triangle ABC$,证明

$$\sum \left(\frac{\tan^2 \frac{A}{2} + \tan \frac{B}{2}\tan \frac{C}{2}}{1 + \tan \frac{B}{2}\tan \frac{C}{2}} \right) \leqslant \frac{13}{20} \tag{1}$$

分析 一看便知. 式(1)左边是关于主元素 $\tan \frac{A}{2}$,$\tan \frac{B}{2}$,$\tan \frac{C}{2}$ 的庞大而结构较复杂的分式和三角不等式,只要我们巧妙代换,令

$$(x,y,z) = (\tan \frac{B}{2}\tan \frac{C}{2}, \tan \frac{C}{2}\tan \frac{A}{2}, \tan \frac{A}{2}\tan \frac{B}{2})$$

则有 $x,y,z \in (0,1)$,且 $x+y+z=1$. 这样庞大复杂的式(1)就简化为代数不等式

$$\frac{x^2+yz}{x^2+x} + \frac{y^2+zx}{y^2+y} + \frac{z^2+xy}{z^2+z} \leqslant \frac{13}{20}$$

于是,再坚固的铜墙铁壁,也会土崩瓦解.

证明 作代换,令

$$(x,y,z) = (\tan \frac{B}{2}\tan \frac{C}{2}, \tan \frac{C}{2}\tan \frac{A}{2}, \tan \frac{A}{2}\tan \frac{B}{2})$$

则有 $x,y,z \in (0,1)$,且 $x+y+z=1$. 式(1)化为

$$\frac{x^2+yz}{x^2+x} + \frac{y^2+zx}{y^2+y} + \frac{z^2+xy}{z^2+z} \leqslant \frac{13}{20} \tag{2}$$

于是有

$$\sum (3x^6 + 10x^5y - x^4y^2 - 15x^3y^3 + 23x^4yz + 114x^3y^2z + 32\frac{2}{3}x^2y^2z^2) \geqslant 0$$

由舒尔不等式及赫尔德定理知

$$\sum (3x^6 + 10x^5y - x^4y^2 - 15x^3y^3 + 3x^4yz)$$

$$= 3\sum_{\text{sym}} (x^6 - 2x^5y + x^4yz) + \sum_{\text{sym}} (x^5y - x^4y^2) + 15\sum_{\text{sym}} (x^5y - x^3y^3) \geqslant 0$$

故式(2)成立. 等号成立当且仅当 $x=y=z=\frac{1}{3}$.

从而式(1)成立,等号成立当且仅当

$$\tan\frac{B}{2}\tan\frac{C}{2} = \tan\frac{C}{2}\tan\frac{A}{2} = \tan\frac{A}{2}\tan\frac{B}{2} = \frac{1}{3}$$

$$\Rightarrow \tan\frac{A}{2} = \tan\frac{B}{2} = \tan\frac{C}{2} = \frac{\sqrt{3}}{3}$$

$$\Rightarrow A = B = C = \frac{\pi}{3}$$

即 $\triangle ABC$ 为正三角形.

例 5 对于任意 $\triangle ABC$,证明

$$\sum \frac{(\tan\frac{B}{2} + \tan\frac{C}{2})^2}{\tan^2\frac{A}{2} + \tan\frac{B}{2}\tan\frac{C}{2}}$$

$$\geq \frac{2}{3}\Big[\Big(\sum \tan\frac{A}{2}\Big)^2 - 1\Big] \cdot \sum \left(\frac{1}{\tan^2\frac{A}{2} + \tan\frac{B}{2}\tan\frac{C}{2}}\right)$$

$$\geq 6$$

分析 式(1)左、右两边似高耸入云的喜马拉雅山,心头倍感紧张、压抑. 其实,它仍然是以 $\tan\frac{A}{2}$,$\tan\frac{B}{2}$,$\tan\frac{C}{2}$ 为主元素的三角不等式. 只要我们巧妙代换,令

$$(x,y,z) = (\tan\frac{A}{2},\tan\frac{B}{2},\tan\frac{C}{2})$$

则 $x,y,z > 0$,且 $xy + yz + zx = 1$. 于是可将庞大复杂的式(1)转化为代数不等式

$$\sum \frac{(y+z)^2}{x^2+yz} \geq \frac{2}{3}\sum(x^2+yz) \cdot \sum(\frac{1}{x^2+yz}) \geq 6$$

往下进行代数化简,并灵活应用舒尔不等式,方可走出山重水复之地,见到柳暗花明之村!

证明 我们作代换,令

$$(x,y,z) = \left(\tan\frac{A}{2},\tan\frac{B}{2},\tan\frac{C}{2}\right)$$

则 $x,y,z > 0$,且 $xy + yz + zx = 1$. 式(1)化为

$$\sum \frac{(y+z)^2}{x^2+yz} \geq \frac{2}{3}\sum(x^2+yz) \cdot \sum\left(\frac{1}{x^2+yz}\right) \geq 6 \qquad (2)$$

则

$$3\sum(y+z)^2(y^2+zx)(z^2+xy) -$$

$$2\sum(x^2+yz) \cdot \sum(y^2+zx)(z^2+xy)$$

$$= \sum yz(y^4 + z^4 - y^3z - yz^3) + 2xyz \sum (y^3 + z^3 - y^2z - yz^2) +$$

$$2xyz\left[\sum x^3 - \sum x^2(y+z) + 3xyz \right]$$

$$= \sum yz(y-z)^2(y^2 + z^2 + yz + 2zx + 2xy) + 2xyz \sum x(x-y)(x-z) \geqslant 0$$

由舒尔不等式知上式成立,从而式(2)左边不等式成立.

由柯西不等式知,式(2)右边成立.

故式(1)成立,等号成立当且仅当

$$x = y = z \Rightarrow A = B = C = \frac{\pi}{3}$$

即△ABC 为正三角形.

评注 由于刚才我们代换得巧妙,自然解答巧妙.可见式(1)就像一只纸老虎,一旦遇见神兵天将,定能让我们智取威虎山!

其实,对于不等式

$$\frac{(y+z)^2}{x^2 + yz} + \frac{(z+x)^2}{y^2 + zx} + \frac{(x+y)^2}{z^2 + xy} \geqslant 6 \tag{3}$$

$$\Leftrightarrow \left[(x-y)(y-z)(z-x) \right]^2 + \sum xy(x^2 - y^2)^2 \geqslant 0$$

自然成立.

从美学上讲,式(3)优美迷人、奇妙对称,自然不会"孤单寂寞",他有一个"如花似玉,貌似天仙"的配对伴侣

$$\frac{x^2 + yz}{(y+z)^2} + \frac{y^2 + zx}{(z+x)^2} + \frac{z^2 + xy}{(x+y)^2} \geqslant \frac{3}{2} \tag{4}$$

提示 用代换法证明,令

$$\begin{cases} y + z = 2a \\ z + x = 2b \\ x + y = 2c \end{cases} \Rightarrow \begin{cases} x = b + c - a \\ y = c + a - b \\ z = a + b - c \end{cases}$$

代换即可.

例6 对于任意△ABC,证明

$$\left(\sum \tan \frac{A}{2} \right)^{\frac{3}{2}} \cdot \left(\sqrt{\sum \tan \frac{A}{2}} + \sqrt{\prod \tan \frac{A}{2}} \right) \geqslant 4 \tag{1}$$

分析 对于不同的问题,不能按部就班,故令

$$(x, y, z) = \left(\tan \frac{B}{2} \tan \frac{C}{2}, \tan \frac{C}{2} \tan \frac{A}{2}, \tan \frac{A}{2} \tan \frac{B}{2} \right)$$

或

$$(x, y, z) = \left(\tan \frac{A}{2}, \tan \frac{B}{2}, \tan \frac{C}{2} \right)$$

否则式(1)左边的根号不能消掉,因此必须令

$$(x^2, y^2, z^2) = \left(\tan\frac{A}{2}, \tan\frac{B}{2}, \tan\frac{C}{2}\right)$$

其中 $x, y, z > 0$，则 $y^2z^2 + z^2x^2 + x^2y^2 = 1$.

这样就可将式(1)转化成条件代数不等式

$$(x^2 + y^2 + z^2) + xyz(x^2 + y^2 + z^2)^{\frac{3}{2}} \geqslant 4$$

接着利用 4 次舒尔不等式即可见到希望的曙光！

证明 我们作代换,令

$$(x^2, y^2, z^2) = \left(\tan\frac{A}{2}, \tan\frac{B}{2}, \tan\frac{C}{2}\right)$$

其中 $x, y, z > 0$，则 $y^2z^2 + z^2x^2 + x^2y^2 = 1$. 式(1)化为

$$
\begin{aligned}
P &= (x^2 + y^2 + z^2)^2 + xyz\sqrt{x^2 + y^2 + z^2} \cdot (x^2 + y^2 + z^2) \\
&\geqslant \left(\sum x^2\right)^2 + xyz\sqrt{\sum x^2} \cdot \left(\sqrt{3\sum y^2z^2}\right) \\
&= \left(\sum x^2\right)^2 + xyz\sqrt{3\sum x^2} \\
&\geqslant \left(\sum x^2\right)^2 + xyz(x + y + z) \\
&= \sum x^4 + 2\sum y^2z^2 + \sum x^2yz \\
&= 4\sum y^2z^2 + \sum x^2(x-y)(x-z) \\
&\geqslant 4\sum y^2z^2 = 4 \\
&\Rightarrow P \geqslant 4
\end{aligned}
$$

其中应用了 4 次舒尔不等式

$$\sum x^2(x-y)(x-z) \geqslant 0$$

即式(2)成立,等号成立当且仅当

$$x = y = z = 4\sqrt{\frac{1}{3}} \Rightarrow \tan\frac{A}{2} = \tan\frac{B}{2} = \tan\frac{C}{2} = \frac{\sqrt{3}}{3}$$

即 $\triangle ABC$ 为正三角形.

泸州方山春(笔者)

最爱方山春来景,林木参天花满径.
石狮奇塔金座佛,罗汉秀阁玉观音.
幽景千般飞烟云,佛珠一对照乾坤.
钟声招来天下客,风光无限超凡尘.

3. 应用向量法

所谓向量法,人们自然会联想到它在几何中的应用,其实,它也可应用到代数或三角中去"发扬神威".

例 7 对于任意实数 x,y,z 和任意 $\triangle ABC$ 有

$$2yz\cos A + 2zx\cos B + 2xy\cos C \leqslant x^2 + y^2 + z^2 \qquad (A)$$

式(A)即为脍炙人口的三角母不等式,有的书刊上又称其为三角嵌入不等式,关于它的证法有多种. 而且还可进行一系列漂亮的推广. 我们将在后文的名题欣赏中揭开它神秘迷人的面纱.

证明 如图,以 O 为原点,在平面内作向量

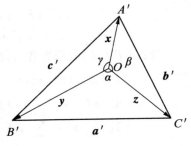

$$\overrightarrow{OA'} = \mathbf{x},\ \overrightarrow{OB'} = \mathbf{y},\ \overrightarrow{OC'} = \mathbf{z}$$

及

$$\angle B'OC' = \alpha = \pi - A'$$
$$\angle C'OA' = \beta = \pi - B'$$
$$\angle A'OB' = \gamma = \pi - C'$$

则有

例 7 图

$$\alpha + \beta + \gamma = 3\pi - (A' + B' + C') = 3\pi - \pi = 2\pi$$

由于

$$(\overrightarrow{OA'} + \overrightarrow{OB'} + \overrightarrow{OC'})^2 \geqslant 0$$

$$\Leftrightarrow \sum (\overrightarrow{OA'})^2 + 2 \sum \overrightarrow{OB'} \cdot \overrightarrow{OC'} \geqslant 0$$

$$\Leftrightarrow \sum \mathbf{x}^2 + 2 \sum \mathbf{yz}\cos \alpha \geqslant 0$$

$$\Leftrightarrow \sum \mathbf{x}^2 + 2 \sum \mathbf{yz}\cos(\pi - A') \geqslant 0$$

$$\Rightarrow 2 \sum \mathbf{yz}\cos A' \leqslant \sum \mathbf{x}^2$$

即三角母不等式(A)成立,等号成立当且仅当

$$\overrightarrow{OA'} + \overrightarrow{OB'} + \overrightarrow{OC'} = \mathbf{0}$$

$$\Rightarrow \frac{\mathbf{x}}{\sin A} = \frac{\mathbf{y}}{\sin B} = \frac{\mathbf{z}}{\sin C}(\text{应用平行四边形法则可以证明})$$

4. 构造法

用构造法是一种解决数学问题的新途径,如当 $x,y,z > 0$ 时,例 7 中三角不等式(A)就可用构造法证明它.

证明 如例 7 图,令

$$(\alpha, \beta, \gamma) = (A' + 60°, B' + 60°, C' + 60°)$$

$$\Rightarrow \alpha + \beta + \gamma = A' + B' + C' + 180° = 360°$$

以 O 为出发点,在平面内作三条线段 OA', OB', OC',使

$$\angle B'OC' = \alpha = A' + 60°$$
$$\angle C'OA' = \beta = B' + 60°$$

$$\angle A'OB' = \gamma = C' + 60°$$

应用余弦定理及三角形面积公式得

$$\begin{cases} \boldsymbol{a}'^2 = \boldsymbol{y}^2 + \boldsymbol{z}^2 - 2\boldsymbol{yz}\cos \alpha \\ \boldsymbol{b}'^2 = \boldsymbol{z}^2 + \boldsymbol{x}^2 - 2\boldsymbol{zx}\cos \beta \\ \boldsymbol{c}'^2 = \boldsymbol{x}^2 + \boldsymbol{y}^2 - 2\boldsymbol{xy}\cos \gamma \end{cases}$$

$$\Rightarrow \boldsymbol{a}'^2 + \boldsymbol{b}'^2 + \boldsymbol{c}'^2$$

$$= 2(\boldsymbol{x}^2 + \boldsymbol{y}^2 + \boldsymbol{z}^2) - 2(\boldsymbol{yz}\cos \alpha + \boldsymbol{zx}\cos \beta + \boldsymbol{xy}\cos \gamma)$$

设 $\triangle A'B'C'$ 的面积为 Δ，那么

$$4\sqrt{3}\Delta = 2\sqrt{3}(\boldsymbol{yz}\sin \alpha + \boldsymbol{zx}\sin \beta + \boldsymbol{xy}\sin \gamma)$$

$$\Rightarrow \boldsymbol{a}'^2 + \boldsymbol{b}'^2 + \boldsymbol{c}'^2 - 4\sqrt{3}\Delta$$

$$= 2\left[\sum \boldsymbol{x}^2 - \sum \boldsymbol{yz}(\cos \alpha + \sqrt{3}\sin \alpha) \right]$$

$$= 2\left[\sum \boldsymbol{x}^2 - 2 \sum \boldsymbol{yz}\cos(\alpha - 60°) \right]$$

$$= 2\left(\sum \boldsymbol{x}^2 - 2 \sum \boldsymbol{yz}\cos A \right)$$

由 Weitenbock 不等式(见笔者作品《几何不等式研究与欣赏》)

$$\boldsymbol{a}'^2 + \boldsymbol{b}'^2 + \boldsymbol{c}'^2 \geqslant 4\sqrt{3}\Delta$$

$$\Rightarrow 2 \sum \boldsymbol{yz}\cos A \leqslant \sum \boldsymbol{x}^2$$

即式(A)成立. 等号成立当且仅当

$$\boldsymbol{a}' = \boldsymbol{b}' = \boldsymbol{c}' \Rightarrow \frac{\boldsymbol{x}}{\sin A} = \frac{\boldsymbol{y}}{\sin B} = \frac{\boldsymbol{z}}{\sin C}(通过三角变换推出)$$

5. 判别式法

构造二次函数,利用判别式解答数学问题叫作判别法.

如前面例 7 的三角母不等式(A)就可以角 A, B, C 的倍数进行推广为

例 8　设 $n \in \mathbf{N}_+ , x, y, z \in \mathbf{R}$，则对任意 $\triangle ABC$ 有

$$x^2 + y^2 + z^2 \geqslant 2 \cdot (-1)^{n+1}(yz\cos nA + zx\cos nB + xy\cos nC) \qquad (A)$$

分析　显然,当 $n = 1$ 时,式(A)化为例 7 的式(A).从外表上看,式(A)有 7 个变量 x, y, z, A, B, C 及 n,不知如何下手.其实只要我们选取其 x, y, z 中的一个字母(如 x)为变量,其余 6 个字母均视为常量,这样就可构造出以 x 为变量的二次函数 $f(x)$ 作为突破口,然后计算 $f(x)$ 的判别式 Δ_x 并对 n 分奇、偶两种情况讨论,使问题得到转化,"冲破风雨云,可见彩虹飘".

证明　将式(A)整理成关于 x 的二次函数

$$f(x) = x^2 - 2(-1)^{n+1} \cdot (z\cos nB + y\cos nC)x +$$
$$(y^2 + z^2 - 2(-1)^{n+1}yz\cos nA) \geqslant 0 \qquad (1)$$

函数 $f(x)$ 的判别式为

$$\Delta_x = 4(-1)^{2(n+1)} \cdot (z\cos nB + y\cos nC)^2 - 4(y^2 + z^2) + 8(-1)^{n+1}yz\cos nA$$

$$\Rightarrow \frac{1}{4}\Delta_x = (z\cos nB + y\cos nC)^2 - y^2 - z^2 + 2(-1)^{n+1}yz\cos nA \qquad (2)$$

（1）当 n 为偶数时,由于

$$\cos nA = \cos[n\pi - (nB + nC)] = \cos(nB + nC)$$

代入式（2）得

$$\frac{1}{4}\Delta_x = (z\cos nB + y\cos nC)^2 - y^2 - z^2 - 2yz\cos(nB + nC)$$

$$= -(1 - \cos^2 nC)y^2 - (1 - \cos^2 nB)z^2 +$$

$$2yz\cos nB\cos nC - 2yz(\cos nB\cos nC - \sin nB\sin nC)$$

$$= -(y^2\sin^2 nC - 2yz\sin nB\sin nC + z^2\sin^2 nB)$$

$$= -(y\sin nC - z\sin nB)^2 \leqslant 0$$

（2）当 n 为奇数时,有

$$\cos nA = -\cos(nB + nC)$$

代入式（2）得

$$\frac{1}{4}\Delta_x = (z\cos nB + y\cos nC)^2 - y^2 - z^2 - 2yz\cos(nB + nC)$$

$$= -(y\sin nC - z\sin nB)^2 \leqslant 0$$

综合（1）和（2）知,对一切 $n \in \mathbf{N}_+$,恒有 $\Delta_x \leqslant 0 \Leftrightarrow f(x) \geqslant 0$,从而式（A）成立,其中等号成立的条件是

$$\begin{cases} x = (-1)^{n+1}(z\cos nB + y\cos nC) \\ z\sin nB - y\sin nC = 0 \end{cases} \qquad (3)$$

设 $y = \lambda\sin nB, z = \lambda\sin nC (\lambda \neq 0)$,代入式（3）得

$$x = (-1)^{n+1}\lambda(\sin nC\cos nB + \sin nB\cos nC)$$

$$= (-1)^{n+1}\lambda\sin(nB + nC)$$

$$= (-1)^{n+1}\lambda\sin(n\pi - nA)$$

当 n 为偶数时,$x = \lambda\sin nA$.

当 n 为奇数时,同理有 $x = \lambda\sin nA$.

因此,式（A）中等号成立的条件是

$$\frac{\sin nA}{x} = \frac{\sin nB}{y} = \frac{\sin nC}{z}$$

6. 配方法

有许多代数不等式,可直接用配方法证明,而有的三角不等式虽不能直接应用配方法,也可以通过变形配方进行证明.

例9 设 $\triangle ABC$ 为锐角三角形,求证

33

$$(\cos A + \cos B)^4 + (\cos B + \cos C)^4 + (\cos C + \cos A)^4 + 24\cos A\cos B\cos C \leqslant 6$$

$$\tag{1}$$

解析 虽然式(1)左边次数高,较庞大复杂,但观察后,立刻让我们联想到三角恒等式

$$\cos^2 A + \cos^2 B + \cos^2 C + 2\cos A\cos B\cos C = 1 \tag{2}$$

及代数恒等式

$$\sum_{1 \leqslant i < j \leqslant 4} (x_i + x_j)^4 + \sum_{1 \leqslant i < j \leqslant 4} (x_i - x_j)^4 = 6\Big(\sum_{i=1}^{4} x_i^2\Big)^2$$

于是,我们只需作代换,令

$$x_1 = \cos A, x_2 = \cos B, x_3 = \cos C$$

$$x_4 = (2\cos A\cos B\cos C)^{\frac{1}{2}} \leqslant \frac{1}{2}$$

且

$$x_1^2 + x_2^2 + x_3^2 + x_4^2 = 3 - \sum \sin^2 A \geqslant 3 - \frac{9}{4} = \frac{3}{4}$$

于是有三角恒等式

$$x_1^2 + x_2^2 + x_3^2 + x_4^2 = 1$$

$$\Rightarrow p + q = \sum_{1 \leqslant i < j \leqslant 4} (x_i + x_j)^4$$

$$\leqslant \sum_{1 \leqslant i < j \leqslant 4} (x_i + x_j)^4 + \sum_{1 \leqslant i < j \leqslant 4} (x_i - x_j)^4$$

$$= 6\Big(\sum_{i=1}^{4} x_i^2\Big)^2 = 6$$

$$\Rightarrow p + q \leqslant 6 \tag{3}$$

其中

$$\begin{cases} p = (x_1 + x_2)^4 + (x_2 + x_3)^4 + (x_3 + x_1)^4 \\ q = (x_1 + x_4)^4 + (x_2 + x_4)^4 + (x_3 + x_4)^4 \end{cases}$$

于是

$$q \geqslant 16(x_1^2 x_4^2 + x_2^2 x_4^2 + x_3^2 x_4^2)$$

$$= 16x_4^2(x_1^2 + x_2^2 + x_3^2) = 16x_4^2(1 - x_4^2)$$

$$\geqslant 16x_4^2\Big[1 - \Big(\frac{1}{2}\Big)^2\Big] \geqslant 12x_4^2$$

$$\Rightarrow p + 12x_4^2 \leqslant p + q \leqslant 6$$

$$\Rightarrow \sum (\cos B + \cos C)^4 + 24\prod \cos A \leqslant 6$$

即式(1)成立,等号成立当且仅当

$$x_1 = x_2 = x_3 = x_4 \Rightarrow A = B = C = \frac{\pi}{3}$$

即△ABC为正三角形.

对于前面例 8 中的三角不等式(A),我们也可以用配方法进行证明.

证明 将式(A)配方成

$$x^2 - 2(-1)^{n+1} \cdot (z\cos nB + y\cos nC)x + y^2 + z^2 - 2(-1)^{n+1}yz\cos nA \geq 0$$

配方为

$$[x - (-1)^{n+1}(z\cos nB + y\cos nC)]^2 + M \geq 0 \qquad (1)$$

其中

$$\begin{aligned}
M &= y^2 + z^2 - 2(-1)^{n+1}yz\cos nA - \\
&\quad (-1)^{2(n+1)}(z\cos nB + y\cos nC)^2 \\
&= y^2 + z^2 - 2(-1)^{n+1}yz\cos nA - (z\cos nB + y\cos nC)^2 \\
&= -\frac{1}{4}\Delta_x \geq 0
\end{aligned}$$

因此式(A)成立.

咏大海(笔者)

昨夜初到中山城,为观沧海起三更.

饮尽天下千江水,卷起人间万里云.

茫茫碧波浮日月,浩浩雪浪荡乾坤.

天地万物放眼量,真君气度海胸襟.

7. 求导法

许多代数不等式与三角不等式都可以构建函数,利用求导数的方法证明,如例 8 中的三角不等式(A)就可以用求导法进行证明.

证明 设关于 x 的函数为

$$\begin{aligned}
f(x) &= \sum x^2 - 2(-1)^{n+1}\sum yz\cos A \\
&= x^2 - 2(-1)^{n+1}(z\cos nB + y\cos nC)x + \\
&\quad [y^2 + z^2 - 2(-1)^{n+1}yz\cos nA]
\end{aligned}$$

对 x 求导得

$$f'(x) = 2x - 2(-1)^{n+1}(z\cos nB + y\cos nC)$$

$$f''(x) = 2 > 0$$

解方程 $f'(x_0) = 0$,求驻点(极值点),得

$$x_0 = (-1)^{n+1}(z\cos nB + y\cos nC)$$

代入 $f(x)$ 得

$$\begin{aligned}
f(x_0) &= (-1)^{2(n+1)} \cdot (z\cos nB + y\cos nC)^2 - \\
&\quad 2(-1)^{2(n+1)} \cdot (z\cos nB + y\cos nC)^2 + \\
&\quad y^2 + z^2 - 2(-1)^{n+1}yz\cos nA \\
&= y^2 + z^2 - 2(-1)^{n+1}yz\cos nA - (z\cos nB + y\cos nC)^2 \\
&= M = (z\sin nB - y\sin nC)^2 \geq 0
\end{aligned}$$

35

由于 $f''(x) = 2 > 0$,因此函数 $f(x)$ 有最小值
$$f(x_0) = M \geqslant 0$$
即
$$f(x) \geqslant f_{\min}(x) = f(x_0) = M \geqslant 0$$
等号成立当且仅当
$$\begin{cases} x = x_0 = (-1)^{n+1} \cdot (z\cos nB + y\cos nC) \\ M = (z\sin nB - y\sin nC)^2 = 0 \end{cases}$$
$$\Rightarrow \frac{x}{\sin nA} = \frac{y}{\sin nB} = \frac{z}{\sin nC}$$

例 10 设 a, b 为已知正常数,$\theta \in (0, \frac{\pi}{2})$,求 $f(\theta) = \dfrac{a}{\sin \theta} + \dfrac{b}{\cos \theta}$ 的最小值.

解 对变量 θ 求导得
$$f'(\theta) = -\frac{a\cos \theta}{\sin^2 \theta} + \frac{b\sin \theta}{\cos^2 \theta} = \frac{b\cos \theta}{\sin^2 \theta}\left(\tan^3 \theta - \frac{a}{b}\right)$$

显然,当 $\tan \theta = \sqrt[3]{\dfrac{a}{b}}$ 时,$f'(\theta) = 0$.

当 $0 < \tan \theta < \sqrt[3]{\dfrac{a}{b}}$ 时,$f'(\theta) < 0$.

当 $\tan \theta > \sqrt[3]{\dfrac{a}{b}}$ 时,$f'(\theta) > 0$.

所以,当 $\tan \theta = \sqrt[3]{\dfrac{a}{b}}$ 时,即当
$$\sin^2 \theta = \frac{\sqrt[3]{a^2}}{\sqrt[3]{a^2} + \sqrt[3]{b^2}}, \cos^2 \theta = \frac{\sqrt[3]{b^2}}{\sqrt[3]{a^2} + \sqrt[3]{b^2}}$$
时
$$f_{\min}(\theta) = \left(\frac{a}{\sqrt[3]{a^2}} + \frac{b}{\sqrt[3]{b^2}}\right)(\sqrt[3]{a^2} + \sqrt[3]{b^2})^{\frac{1}{2}} = (\sqrt[3]{a^2} + \sqrt[3]{b^2})^{\frac{3}{2}}$$

例 11 设正常数 a, b, p, q 满足
$$0 \leqslant a^2(b+q) - b^2 p \leqslant ab(a+b)$$
求函数 $f(x) = \sqrt{a\sin^2 x + p} + \sqrt{b\cos^2 x + q}$ 的最大值.

解 我们作代换,令 $t = \sin^2 x \in [0, 1]$,则 $\cos^2 x = 1 - t$,于是
$$f(t) = \sqrt{at + p} + \sqrt{b + q - bt}$$
对 t 求导得
$$2f'(t) = \frac{a}{\sqrt{at+p}} - \frac{b}{\sqrt{b+q-bt}}$$

所以在 $[0, 1]$ 内,$f(t)$ 是减函数,令

$$f'(t_0) = 0 \Rightarrow \frac{a}{\sqrt{at_0 + p}} = \frac{b}{\sqrt{b + q - bt_0}}$$

$$\Rightarrow t_0 = \frac{a^2 b + a^2 q - b^2 p}{ab(a + b)} \in [0, 1]$$

所以,当 $t = t_0$ 时,$f'(t) = f'(t_0) = 0$.

当 $t > t_0$ 时,$f'(t) < f'(t_0) = 0$.

当 $0 < t < t_0$ 时,$f'(t) > f'(t_0) = 0$.

因此,在 $(0,1)$ 内,$f(t)$ 有最大值

$$f_{\max}(x) = f(t_0) = \sqrt{(a+b)\left(\frac{p}{a} + \frac{q}{b} + 1\right)}$$

当 $\sin x = \pm\sqrt{\dfrac{a^2 b + a^2 q - b^2 p}{ab(a+b)}}$ 时取等号.

应用导数证明不等式或求函数最值,是一种行之有效的方法.

国庆喜题(笔者)

水笑山欢迎国庆,中华崛起再复兴.

玉谱奏鸣琴箫笛,金曲唱红日月星.

漫舞难表心中意,高歌不尽人间情.

百业腾飞宏图展,年年俱是改革春.

8. 应用三角母不等式

三角母不等式不仅对称优美,而且还有许多应用.

例 12 对于锐角 $\triangle ABC$ 有

$$4(yz\sin^2 A + zx\sin^2 B + xy\sin^2 C) \leqslant (x + y + z)^2 \tag{1}$$

证明 因为 $\triangle ABC$ 为锐角三角形,所以

$$A, B, C \in \left(0, \frac{\pi}{2}\right) \Leftrightarrow (\pi - 2A, \pi - 2B, \pi - 2C) \in \left(0, \frac{\pi}{2}\right)$$

在三角母不等式

$$2\sum yz\cos A \leqslant \sum x^2$$

中作置换

$$(A, B, C) \rightarrow (\pi - 2A, \pi - 2B, \pi - 2C)$$

得

$$\sum x^2 \geqslant 2\sum yz\cos(\pi - 2A)$$

$$= -2\sum yz(1 - 2\sin^2 A)$$

$$= -2\sum yz + 4\sum yz\sin^2 A$$

$$\Rightarrow 4\sum yz\sin^2 A \leqslant \left(\sum x\right)^2$$

即式(1)成立. 等号成立当且仅当

$$\frac{x}{\sin(\pi-2A)}=\frac{y}{\sin(\pi-2B)}=\frac{z}{\sin(\pi-2C)}$$

$$\Rightarrow \frac{x}{\sin 2A}=\frac{y}{\sin 2B}=\frac{z}{\sin 2C}$$

例 13 设 $x,y,z \in \mathbf{R}$，则对任意 $\triangle ABC$，有

$$4\left(yz\sin^2\frac{A}{2}+zx\sin^2\frac{B}{2}+xy\sin^2\frac{C}{2}\right)$$

$$\geqslant 2(yz+zx+xy)-(x^2+y^2+z^2) \qquad (1)$$

证明 利用三角母不等式有

$$\sum x^2 \geqslant 2\sum yz\cos A = 2\sum yz\left(1-2\sin^2\frac{A}{2}\right)$$

$$=2\sum yz-4\sum yz\sin^2\frac{A}{2}$$

$$\Rightarrow 4\sum yz\sin^2\frac{A}{2}\geqslant 2\sum yz-\sum x^2$$

等号成立当且仅当

$$\frac{x}{\sin A}=\frac{y}{\sin B}=\frac{z}{\sin C}$$

例 14 $\triangle ABC$ 为锐角三角形，求证

$$\left(\frac{\cos A}{\cos B}\right)^2+\left(\frac{\cos B}{\cos C}\right)^2+\left(\frac{\cos C}{\cos A}\right)^2\geqslant 4(\cos^2 A+\cos^2 B+\cos^2 C) \qquad (\text{A})$$

证明 令 $x=\dfrac{\cos B}{\cos C}, y=\dfrac{\cos C}{\cos A}, z=\dfrac{\cos A}{\cos B}$，应用三角母不等式有

$$\left(\frac{\cos A}{\cos B}\right)^2+\left(\frac{\cos B}{\cos C}\right)^2+\left(\frac{\cos C}{\cos A}\right)^2=x^2+y^2+z^2$$

$$\geqslant 2(yz\cos A+zx\cos B+xy\cos C)$$

$$=2\left(\frac{\cos C\cos A}{\cos B}+\frac{\cos A\cos B}{\cos C}+\frac{\cos B\cos C}{\cos A}\right) \qquad (1)$$

我们再设

$$x_1=\sqrt{\frac{\cos B\cos C}{\cos A}}, y_1=\sqrt{\frac{\cos C\cos A}{\cos B}}, z_1=\sqrt{\frac{\cos A\cos B}{\cos C}}$$

再次应用三角母不等式有

$$2\left(\frac{\cos C\cos A}{\cos B}+\frac{\cos A\cos B}{\cos C}+\frac{\cos B\cos C}{\cos A}\right)$$

$$=2(x_1^2+y_1^2+z_1^2)$$

$$\geqslant 4(y_1z_1\cos A+z_1x_1\cos B+x_1y_1\cos C)$$

$$=4(\cos^2 A+\cos^2 B+\cos^2 C)$$

所以式（A）成立. 等号成立当且仅当 $\triangle ABC$ 为正三角形.

评注 （1）在△ABC 中,利用三角恒等式

$$\cos^2 A + \cos^2 B + \cos^2 C + 2\cos A\cos B\cos C = 1 \qquad (2)$$

可将式（A）改写为

$$\left(\frac{\cos A}{\cos B}\right)^2 + \left(\frac{\cos B}{\cos C}\right)^2 + \left(\frac{\cos C}{\cos A}\right)^2 + 8\cos A\cos B\cos C \geqslant 4 \qquad (B)$$

在式（A）的证明过程中,尽管三角母不等式中的角是任意三角形的内角,但是我们往往会将这些角度取为题目中已经存在的角度,这样就能很巧妙地把三角母不等式与题目条件有机结合,灵活使用,巧妙应用,使证明过程显得流畅自然,简洁明快. 特别地,在证明过程中两次连续应用三角母不等式的题目是少见的,这正是本题的奇妙独特之处. 而三角母不等式慷慨地两次出手相助我们,真是好事做到底,帮忙帮到家,因此我们特别感谢她!

如果将本题从代数方面进行转化,就会"旧貌换新颜".

新题 设正数 μ,ν,ω 满足

$$\mu + \nu + \omega + 2\sqrt{\mu\nu\omega} = 1$$

则有

$$\frac{\mu\nu}{\omega} + \frac{\nu\omega}{\mu} + \frac{\omega\mu}{\nu} \geqslant 2(\mu + \nu + \omega)$$

（2）下面,我们将式（A）从系数、指数方面推广.

推广 1 设△ABC 为锐角三角形,指数 $0 \leqslant k \leqslant 1$,$\lambda,\mu,\nu$ 为正系数. 则有

$$\lambda^2\left(\frac{\cos A}{\cos B}\right)^{2k} + \mu^2\left(\frac{\cos B}{\cos C}\right)^{2k} + \nu^2\left(\frac{\cos C}{\cos A}\right)^{2k}$$

$$\geqslant 4^k\sqrt{\lambda\mu\nu}\left[\sqrt{\lambda}(\cos A)^{2k} + \sqrt{\mu}(\cos B)^{2k} + \sqrt{\nu}(\cos C)^{2k}\right] \qquad (C)$$

从美学上讲,式（C）有对称美,奇异美,趣味美（美的三要素）、和谐美,……,真是美得令人偏爱,令人留恋,令人陶醉,令人神往!

证明 当 $k = 0$ 时,式（C）化为代数不等式

$$\lambda^2 + \mu^2 + \nu^2 \geqslant \sqrt{\lambda\mu\nu}(\sqrt{\lambda} + \sqrt{\mu} + \sqrt{\nu}) \qquad (1)$$

令 $(\lambda,\mu,\nu) = (\lambda_1^2,\mu_1^2,\nu_1^2)$,式（1）化为

$$2(\lambda_1^4 + \mu_1^4 + \nu_1^4) \geqslant 2\lambda_1\mu_1\nu_1(\lambda_1 + \mu_1 + \nu_1)$$

$$\Leftrightarrow \sum(\lambda_1^2 - \mu_1^2)^2 + \sum\lambda_1^2(\mu_1 - \nu_1)^2 \geqslant 0$$

即这时式（1）成立. 等号成立当且仅当 $\lambda = \mu = \nu$.

当 $0 < k \leqslant 1$ 时,令

$$x = \mu\left(\frac{\cos B}{\cos C}\right)^k, y = \nu\left(\frac{\cos C}{\cos A}\right)^k, z = \lambda\left(\frac{\cos A}{\cos B}\right)^k$$

应用三角母不等式的指数推广（我们将在下一节补充证明）有

$$x^2 + y^2 + z^2 \geqslant 2^k(yz\cos^k A + zx\cos^k B + xy\cos^k C)$$

$$= 2^k (x_1^2 + y_1^2 + z_1^2) \tag{2}$$

其中

$$x_1^2 = \mu\nu \left(\frac{\cos B \cos C}{\cos A} \right)^k, \quad y_1^2 = \nu\lambda \left(\frac{\cos C \cos A}{\cos B} \right)^k, \quad z_1^2 = \lambda\mu \left(\frac{\cos A \cos B}{\cos C} \right)^k$$

再次应用三角母不等式的指数推广有

$$2^k (x_1^2 + y_1^2 + z_1^2) \geqslant 4^k (y_1 z_1 \cos^k A + z_1 x_1 \cos^k B + x_1 y_1 \cos^k C)$$

$$= 4^k \sqrt{\lambda\mu\nu} (\sqrt{\lambda} \cos^{2k} A + \sqrt{\mu} \cos^{2k} B + \sqrt{\nu} \cos^{2k} C) \tag{3}$$

由(2)(3)两式结合即得式(C),等号成立当且仅当 $\lambda = \mu = \nu$,且 $\triangle ABC$ 为正三角形.

(3)设 $\theta_i > 0 (1 \leqslant i \leqslant n, n \in \mathbf{N}_+)$,且 $\sum\limits_{i=1}^{n} \theta_i = 1$,那么我们将三角母不等式推广到 n 个 $\{ \triangle A_n B_n C_n \}$ 中去

$$x^2 + y^2 + z^2 \geqslant 2^k \Big[yz \prod_{i=1}^{n} (\cos^k A_i)^{\theta_i} + zx \prod_{i=1}^{n} (\cos^k B_i)^{\theta_i} + xy \prod_{i=1}^{n} (\cos^k C_i)^{\theta_i} \Big] \tag{4}$$

利用推广式(4),我们不难将式(C)再度推广:

推广 2　设 $\triangle A_i B_i C_i (1 \leqslant i \leqslant n, n \in \mathbf{N}_+)$ 均为锐角三角形,$\lambda, \mu, \nu > 0, 0 \leqslant k \leqslant 1, \theta_i > 0, \sum\limits_{i=1}^{n} \theta_i = 1$,则有

$$P_n(\lambda) = \lambda^2 \prod_{i=1}^{n} \left(\frac{\cos A_i}{\cos B_i} \right)^{2k\theta_i} + \mu^2 \prod_{i=1}^{n} \left(\frac{\cos B_i}{\cos C_i} \right)^{2k\theta_i} + \nu^2 \prod_{i=1}^{n} \left(\frac{\cos C_i}{\cos A_i} \right)^{2k\theta_i}$$

$$\geqslant 4^k \sqrt{\lambda\mu\nu} \Big[\sqrt{\lambda} \prod_{i=1}^{n} (\cos A_i)^{2k\theta_i} +$$

$$\sqrt{\mu} \prod_{i=1}^{n} (\cos B_i)^{2k\theta_i} + \sqrt{\nu} \prod_{i=1}^{n} (\cos C_i)^{2k\theta_i} \Big] \tag{D}$$

略证　当 $k = 0$ 时,式(D)显然成立.

当 $0 < k \leqslant 1$ 时,令

$$x = \mu \prod_{i=1}^{n} \left(\frac{\cos B_i}{\cos C_i} \right)^{2k\theta_i}$$

$$y = \nu \prod_{i=1}^{n} \left(\frac{\cos C_i}{\cos A_i} \right)^{2k\theta_i}$$

$$z = \lambda \prod_{i=1}^{n} \left(\frac{\cos A_i}{\cos B_i} \right)^{2k\theta_i}$$

代入式(4)得

$$x^2 + y^2 + z^2 \geqslant 2^k (x_1^2 + y_1^2 + z_1^2) \tag{5}$$

其中

$$x_1^2 = \mu\nu \prod_{i=1}^{n} \left(\frac{\cos B_i \cos C_i}{\cos A_i} \right)^{k\theta_i}$$

$$y_1^2 = \nu\lambda \prod_{i=1}^{n} \left(\frac{\cos C_i \cos A_i}{\cos B_i} \right)^{k\theta_i}$$

$$z_1^2 = \lambda\mu \prod_{i=1}^{n} \left(\frac{\cos A_i \cos B_i}{\cos C_i} \right)^{k\theta_i}$$

代入式(4)得

$$2^k (x_1^2 + y_1^2 + z_1^2) \geqslant 4^k \sqrt{\lambda\mu\nu} \Big[\sqrt{\lambda} \prod_{i=1}^{n} (\cos A_i)^{2k\theta_i} +$$

$$\sqrt{\mu} \prod_{i=1}^{n} (\cos B_i)^{2k\theta_i} + \sqrt{\nu} \prod_{i=1}^{n} (\cos C_i)^{2k\theta_i} \Big] \qquad (6)$$

往下将式(5)(6)结合即得式(D),等号成立当且仅当 $\triangle A_i B_i C_i (1 \leqslant i \leqslant n)$ 均为正三角形,且 $\lambda = \mu = \nu$.

成都优优数学培训学校(笔者)

培训学校满蓉城,风格特色数优优.

闪闪灯光映日月,琅琅书声读春秋.

夯基立足千秋业,教改更上一层楼.

桃李芬芳满天下,硕果累累誉神州.

祝君行(笔者)

雄鹰驾长风,高天渡彩虹.

放胆闯世界,成败总英雄.

9. 应用切比雪夫不等式

对于有些三角不等式,我们可以应用排序原理或切比雪夫不等式进行证明.

例 15 设指数 $k \geqslant 0$,则对于任意 $\triangle ABC$ 有

$$\left(\tan \frac{A}{2} \right)^k + \left(\tan \frac{B}{2} \right)^k + \left(\tan \frac{C}{2} \right)^k$$

$$\geqslant \left(\frac{2}{\sqrt{3}} \right)^k \left[\left(\sin \frac{A}{2} \right)^k + \left(\sin \frac{B}{2} \right)^k + \left(\sin \frac{C}{2} \right)^k \right]$$

证明 由于 $\frac{A}{2}, \frac{B}{2}, \frac{C}{2} \in \left(0, \frac{\pi}{2}\right)$. 由对称性不妨设

$$(0 < A \leqslant B \leqslant C < \pi)$$

$$\Rightarrow \begin{cases} \left(\sin \dfrac{A}{2} \right)^k \leqslant \left(\sin \dfrac{B}{2} \right)^k \leqslant \left(\sin \dfrac{C}{2} \right)^k \\ \dfrac{1}{\left(\cos \dfrac{A}{2} \right)^k} \leqslant \dfrac{1}{\left(\cos \dfrac{B}{2} \right)^k} \leqslant \dfrac{1}{\left(\cos \dfrac{C}{2} \right)^k} \end{cases} (\text{应用切比雪夫不等式})$$

$$\Rightarrow T_{(k)} = \sum \left(\tan \frac{A}{2}\right)^k = \sum \frac{\left(\sin \frac{A}{2}\right)^k}{\left(\cos \frac{A}{2}\right)^k}$$

$$\geqslant \frac{1}{3} \sum \left(\sin \frac{A}{2}\right)^k \cdot \sum \frac{1}{\left(\cos \frac{A}{2}\right)^k} \text{(应用权方和不等式)}$$

$$\geqslant \frac{1}{3} \sum \left(\sin \frac{A}{2}\right)^k \cdot \frac{3^{1+k}}{\left(\sum \cos \frac{A}{2}\right)^k}$$

$$\geqslant \frac{1}{3} \sum \left(\sin \frac{A}{2}\right)^k \cdot \frac{3^{1+k}}{\left(\frac{3}{2}\sqrt{3}\right)^k}$$

$$\Rightarrow \sum \left(\tan \frac{A}{2}\right)^k \geqslant \left(\frac{2}{\sqrt{3}}\right)^k \sum \left(\sin \frac{A}{2}\right)^k$$

等号成立当且仅当 $\triangle ABC$ 为正三角形或 $k=0$.

特别地,当 $k \geqslant 2$ 时,应用幂平均不等式有

$$\sum \left(\sin \frac{A}{2}\right)^k \geqslant 3\left(\frac{\sum \sin^2 \frac{A}{2}}{3}\right)^{\frac{k}{2}} \geqslant 3\left(\frac{1}{3} \cdot \frac{3}{4}\right)^{\frac{k}{2}}$$

$$\Rightarrow \sum \left(\tan \frac{A}{2}\right)^k \geqslant \left(\frac{2}{\sqrt{3}}\right)^k \sum \left(\sin \frac{A}{2}\right)^k \geqslant \frac{3}{(\sqrt{3})^k}$$

例 16 设 $0 \leqslant k \leqslant 2$,则对任意 $\triangle ABC$ 有

$$(\sin A)^k + (\sin B)^k + (\sin C)^k$$

$$\leqslant (\sqrt{3})^k \left[\left(\sin \frac{A}{2}\right)^k + \left(\sin \frac{B}{2}\right)^k + \left(\sin \frac{C}{2}\right)^k\right] \tag{1}$$

证明 由对称性不妨设

$$0 < A \leqslant B \leqslant C < \pi$$

$$\begin{cases} \left(\sin \frac{A}{2}\right)^k \leqslant \left(\sin \frac{B}{2}\right)^k \leqslant \left(\sin \frac{C}{2}\right)^k \\ \left(\cos \frac{A}{2}\right)^k \geqslant \left(\cos \frac{B}{2}\right)^k \geqslant \left(\cos \frac{C}{2}\right)^k \end{cases}$$

应用切比雪夫不等式有

$$\sum (\sin A)^k = 2^k \sum \left(\sin \frac{A}{2}\right)^k \left(\cos \frac{A}{2}\right)^k$$

$$\leqslant \frac{2^k}{3} \sum \left(\sin \frac{A}{2}\right)^k \cdot \sum \left(\cos \frac{A}{2}\right)^k \tag{2}$$

由 $0 \leqslant k \leqslant 2$ 知,当 $k=0$ 时,式(1)等号成立.

当 $0 < k \leqslant 2$ 时,应用幂平均不等式有

$$\frac{\sum \left(\cos \frac{A}{2}\right)^k}{3} \leqslant \left(\frac{\sum \cos^2 \frac{A}{2}}{3}\right)^{\frac{k}{2}} \leqslant \left(\frac{\sqrt{3}}{2}\right)^k$$

$$\Rightarrow \sum (\sin A)^k \leqslant (\sqrt{3})^k \sum \left(\sin \frac{A}{2}\right)^k$$

这时式(1)成立,等号成立当且仅当 $\triangle ABC$ 为正三角.

综合上述,式(1)成立,等号成立当且仅当 $k = 0$ 或 $\triangle ABC$ 为正三角形.

例 17　对于任意 $\triangle ABC$,有

$$\frac{4}{3} \sum \cos \frac{A}{2} \leqslant \sum \left(\frac{\cos \frac{A}{2}\cos \frac{B-C}{2}}{\cos \frac{B}{2}\cos \frac{C}{2}}\right) \leqslant 2\sqrt{3} \qquad (A)$$

证明　利用正弦定理有三角恒等式

$$S = a + b + c = 2R \sum \sin A = 8R \prod \cos \frac{A}{2}$$

将式(A)化为

$$\frac{4}{3} \sum \cos \frac{A}{2} \prod \cos \frac{A}{2} \leqslant \sum \left(\cos \frac{A}{2}\right)^2 \cos \frac{B-C}{2} \leqslant 2\sqrt{3} \prod \cos \frac{A}{2}$$

$$\Leftrightarrow \frac{2}{3}S\left(\sum \cos \frac{A}{2}\right) \leqslant \sum (b+c)\cos \frac{A}{2} \leqslant \sqrt{3}S \qquad (B)$$

由对称性,不妨设 $a \geqslant b \geqslant c$,则

$$\begin{cases} b + c \leqslant c + a \leqslant a + b \\ \cos \dfrac{A}{2} \leqslant \cos \dfrac{B}{2} \leqslant \cos \dfrac{C}{2} \end{cases}$$

应用切比雪夫不等式有

$$P = \sum (b+c)\cos \frac{A}{2}$$

$$\geqslant \frac{1}{3} \sum (b+c) \cdot \sum \cos \frac{A}{2}$$

$$= \frac{2}{3}(a+b+c) \sum \cos \frac{A}{2}$$

即式(B)左边成立,等号成立当且仅当 $\triangle ABC$ 为正三角形时,又

$$\sum (a+b)\cos \frac{C}{2} \leqslant \sqrt{3}(a+b+c) \qquad (1)$$

$$\Leftrightarrow \sum (a+b)\sqrt{\frac{(a+b+c)(a+b-c)}{4ab}} \leqslant \sqrt{3}(a+b+c)$$

$$\Leftrightarrow \sum (a+b)\sqrt{c(a+b-c)} \leqslant 2\sqrt{3(a+b+c)abc}$$

43

$$\Leftrightarrow f = \sum \left[(a+b)^2 c(a+b-c) + 2(a+b)(a+c) \cdot \sqrt{bc(a+b-c)(c+a-b)} \right]$$

$$\leqslant 12(a+b+c)abc \tag{2}$$

而由"A－G"不等式有

$$f \leqslant \sum \{ (a+b)^2 c(a+b-c) + (a+b)(a+c) \cdot$$

$$[c(a+b-c) + b(c+a-b)] \}$$

$$= 12(a+b+c)abc$$

即式（2）成立，从而式（1）成立．等号成立当且仅当△ABC 为正三角形．

综合上述，式（B）成立，从而式（A）成立，等号成立当且仅当△ABC 为正三角形．

生日诗（笔者）

人间清凉节，江南八月中．

门前秋水碧，胸中丹心红．

人生五十载，风情千万种．

当年立鸿志，挥毫舞金凤．

园丁赞（笔者）

园丁举国人人敬，苦育桃李倍艰辛．

风霜雨雪问寒暖，春夏秋冬献爱心．

金潮起伏未变色，商海横流不移情．

桃李芳芬满天下，喜观心底旭日升．

10. 应用柯西不等式

众所周知，柯西不等式不仅在代数不等式的证明中发挥作用，用途广泛，而且它在几何不等式与三角不等式或三角求最值时同样重要．

例 18 对任意△ABC，证明

$$\tan^2 \frac{A}{2} + \tan^2 \frac{B}{2} + \tan^2 \frac{C}{2} \geqslant \sum \left(\frac{\tan^2 \dfrac{A}{2}}{\tan^2 \dfrac{A}{2} + 2\tan \dfrac{B}{2}\tan \dfrac{C}{2}} \right) \geqslant 1 \tag{1}$$

分析 观察式（1），虽然它的外形结构庞大复杂，但却只有 3 个主元素 $\tan \dfrac{A}{2}$, $\tan \dfrac{B}{2}$, $\tan \dfrac{C}{2}$，自然地，我们可设 $(x, y, z) = (\tan \dfrac{A}{2}, \tan \dfrac{B}{2}, \tan \dfrac{C}{2})$，则 $x, y, z > 0$，且 $yz + zx + xy = 1$. 于是，式（1）转化成一个代数不等式

$$\frac{x^2 + y^2 + z^2}{yz + zx + xy} \geqslant \sum \left(\frac{x^2}{x^2 + 2yz} \right) \geqslant 1$$

往下再应用柯西不等式，然后进行化简推证，即有"胜利在向我们招手，曙光在前头"．

证明 我们简记

$$(x,y,z) = (\tan \frac{A}{2}, \tan \frac{B}{2}, \tan \frac{C}{2})$$

则 $x,y,z > 0$，且 $yz + zx + xy = 1$.

式（1）化为

$$\frac{x^2 + y^2 + z^2}{yz + zx + xy} \geqslant \sum \left(\frac{x^2}{x^2 + 2yz} \right) \geqslant 1 \tag{2}$$

我们先证式（2）右边：利用柯西不等式有

$$\sum \left(\frac{x^2}{x^2 + 2yz} \right) \geqslant \frac{(x+y+z)^2}{\sum (x^2 + 2yz)} = \frac{(x+y+z)^2}{\sum x^2 + 2 \sum yz}$$

$$= \frac{(x+y+z)^2}{(x+y+z)^2} = 1$$

等号成立当且仅当 $x = y = z$.

我们再证式（2）左边

$$\frac{x^2 + y^2 + z^2}{yz + zx + xy} \geqslant \sum \left(\frac{x^2}{x^2 + 2yz} \right) \tag{3}$$

$$\Leftrightarrow \sum \left(\frac{x^2}{yz + zx + xy} - \frac{x^2}{x^2 + 2yz} \right) \geqslant 0$$

事实上，设 $x \geqslant y \geqslant z > 0$，则 $\dfrac{x^2}{x^2 + 2yz} \geqslant \dfrac{y^2}{y^2 + 2zx} \Leftrightarrow 2z(x^3 - y^3) \geqslant 0$ 及 $x - z \geqslant$

$y - z$，所以

$$\sum \left[\frac{x^2(x-y)(x-z)}{x^2 + 2yz} \right] = \frac{x^2(x-y)(x-z)}{x^2 + 2yz} + \frac{y^2(y-x)(y-z)}{y^2 + 2zx} + \frac{z^2(z-x)(z-y)}{z^2 + 2xy}$$

$$\geqslant (x-y)(y-z) \left(\frac{x^2}{x^2 + 2yz} - \frac{y^2}{y^2 + 2zx} \right) + \frac{z^2(z-x)(z-y)}{z^2 + 2xy}$$

$$\geqslant 0$$

即式（3）成立. 等号成立当且仅当 $x = y = z$.

综合上述知，式（1）成立，等号成立当且仅当

$$x = y = z \Rightarrow \tan \frac{A}{2} = \tan \frac{B}{2} = \tan \frac{C}{2}$$

$$\Rightarrow A = B = C = \frac{\pi}{3}$$

即 $\triangle ABC$ 为正三角形.

例 19 对于任意 $\triangle ABC$，证明

$$\sqrt{1 + (\cot \frac{A}{2})^2} + \sqrt{1 + (\cot \frac{B}{2})^2} + \sqrt{1 + (\cot \frac{C}{2})^2}$$

$$\leqslant \frac{2}{\sqrt{3}} \cot \frac{A}{2} \cot \frac{B}{2} \cot \frac{C}{2} \tag{1}$$

证明 式(1)变形为

$$\sum \tan \frac{B}{2} \tan \frac{C}{2} \sqrt{1 + \tan^2 \frac{A}{2}} \leqslant \frac{2}{\sqrt{3}} \tag{2}$$

作代换,令

$$(x, y, z) = \left(\tan \frac{B}{2} \tan \frac{C}{2}, \tan \frac{C}{2} \tan \frac{A}{2}, \tan \frac{A}{2} \tan \frac{B}{2}\right)$$

则 $x, y, z \in (0, 1)$,且 $x + y + z = 1$. 式(2)等价于

$$\sum \sqrt{3x(x+y)(x+z)} \leqslant \sqrt{4(x+y+z)^3} \tag{3}$$

$$\Leftrightarrow 4(x+y+z)^3 \geqslant \sum 3x(x+y)(x+z) + 6 \sum (x+y)\sqrt{xy(x+z)(y+z)} \tag{4}$$

利用柯西不等式有

$$2\sqrt{xy(x+z)(y+z)} \leqslant x(y+z) + y(x+z)$$

因此,欲证式(4),我们只需证明更强的

$$4(x+y+z)^3 \geqslant 3 \sum x(x+y)(x+z) + 3 \sum (x+y)(xy+zx+yz)$$

$$\Leftrightarrow \sum (x^3 - xyz) \geqslant 0$$

$$\Leftrightarrow \sum x^3 - 3xyz \geqslant 0$$

$$\Leftrightarrow \frac{1}{2}\left(\sum x\right) \sum (y-z)^2 \geqslant 0$$

从而式(3)成立,等号成立当且仅当 $x = y = z$.

故式(1)成立,等号成立当且仅当 $\triangle ABC$ 为正三角形.

注 通过前面一系列的例题的证明可知,用代数转化法证明三角不等式,往往比较奏效!

例20 设 a, b, p, q 均为正常数,且满足

$$0 \leqslant a^2(b+q) - b^2 p \leqslant ab(a+b)$$

求函数

$$f(x) = \sqrt{a\sin^2 x + p} + \sqrt{b\cos^2 x + q}$$

的最大值.

解 利用柯西不等式有

$$f(x) = \sqrt{a} \cdot \sqrt{\sin^2 x + \frac{p}{a}} + \sqrt{b} \cdot \sqrt{\cos^2 x + \frac{q}{b}}$$

$$\leqslant \sqrt{a+b} \cdot \sqrt{\left(\sin^2 x + \frac{p}{q}\right) + \left(\cos^2 x + \frac{a}{b}\right)}$$

$$= \sqrt{a+b} \cdot \sqrt{\frac{p}{a} + \frac{q}{b} + 1}$$

等号成立当且仅当

$$\frac{a}{b} = \frac{\sin^2 x + \dfrac{p}{a}}{\cos^2 x + \dfrac{q}{b}} \Rightarrow \sin^2 x = \frac{a^2 b + a^2 q - b^2 p}{ab(a+b)}$$

这时

$$f_{\max}(x) = \sqrt{(a+b)\left(\frac{p}{a} + \frac{q}{b} + 1\right)}$$

例 21 设 a,b,c 均为常数,且 $b>0$, $ac\neq0$,求三角函数

$$f(x) = a\sin^2 x + b\sin x\cos x + c\cos^2 x$$

的最大值.

分析 观察函数 $f(x)$ 的结构,应将它转化为 $\sin 2x$ 与 $\cos 2x$ 的表现形式,然后应用柯西不等式即可求出 $f_{\max}(x)$ 来.

解 由于

$$f(x) = \frac{a}{2}(1 - \cos 2x) + \frac{b}{2}\sin 2x + \frac{c}{2}(1 + \cos 2x)$$

$$= \frac{a+c}{2} + \frac{1}{2}\left[b\sin 2x + (c-a)\cos 2x\right]$$

$$\leqslant \frac{a+c}{2} + \frac{1}{2}\sqrt{\left[b^2 + (c-a)^2\right](\sin^2 2x + \cos^2 2x)}$$

$$= \frac{a+c}{2} + \frac{1}{2}\sqrt{b^2 + (c-a)^2}$$

$$\Rightarrow f_{\max}(x) = \frac{a+c}{2} + \frac{1}{2}\sqrt{b^2 + (c-a)^2}$$

等号成立当且仅当

$$\frac{c-a}{b} = \frac{\cos 2x}{\sin 2x} = \cot 2x$$

注 若令

$$\sin 2\theta = \frac{b}{\sqrt{b^2 + (c-a)^2}}$$

$$\cos 2\theta = \frac{c-a}{\sqrt{b^2 + (c-a)^2}}$$

则有

$$\theta = \frac{1}{2}\text{arccot}\left(\frac{c-a}{b}\right)$$

$$f(x) = \frac{a+c}{2} + \frac{1}{2}\sqrt{b^2 + (c-a)^2}\cos(2x - 2\theta)$$

因此,当 $\cos 2(x-\theta) = 1 \Rightarrow x = 2n\pi + \theta(n \in \mathbf{Z})$ 时

$$f_{\max}(x) = \frac{a+c}{2} + \frac{1}{2}\sqrt{b^2 + (c-a)^2}$$

当 $\cos 2(x-\theta) = -1 \Rightarrow x = (2n+1)\pi + \theta(n \in \mathbf{Z})$ 时

$$f_{\min}(x) = \frac{a+c}{2} - \frac{1}{2}\sqrt{b^2 + (c-a)^2}$$

故有双向不等式

$$\frac{a+c}{2} - \frac{1}{2}\sqrt{b^2 + (c-a)^2} \leqslant f(x) \leqslant \frac{a+c}{2} + \frac{1}{2}\sqrt{b^2 + (c-a)^2}$$

"五·一"诗赞(笔者)

又是一年"五·一"节,民族情怀暖心间.

百花芬芳浇园后,千般磨砺成名前.

早春挥汗勤耕种,金秋喜谱丰收篇.

人间自古沧桑道,先有辛苦后有甜.

"六·一"诗咏(笔者)

笑语欢歌飞满天,六一花蕾喜人间.

园丁不辞勤浇灌,心血谱成育花篇.

11. 应用赫尔德不等式

从代数意义上讲,赫尔德不等式是柯西不等式的一个推广,而且在解决有些三角问题时,赫尔德不等式往往会发挥神奇威力!

例22 对于任意 $\triangle ABC$,证明

$$\sum \tan^2 \frac{A}{2} \sqrt{\left(\tan \frac{B}{2} + \tan \frac{C}{2}\right)^3} \geqslant \sqrt{\prod \left(\tan \frac{B}{2} + \tan \frac{C}{2}\right)} \qquad (A)$$

证明 对于正数 x, y, z,我们先证明

$$\sum (y+z)\sqrt{\frac{yz}{(z+x)(y+x)}} \geqslant \sum x \qquad (A_1)$$

由赫尔德不等式有

$$\left[\sum (y+z)\sqrt{\frac{yz}{(z+x)(y+x)}}\right]^2 \cdot \sum \left[y^2 z^2 (y+z)(z+x)(z+y)\right]$$

$$\geqslant \left[\sum yz(y+z)\right]^3 \qquad (1)$$

所以要证式 (A_1),只需证更强的不等式

$$\left[\sum yz(y+z)\right]^3 \geqslant \prod (y+z)\left(\sum x\right)^2 \left(\sum y^2 z^2\right) \qquad (2)$$

其实有

$$\left[\sum yz(y+z)\right]^3 - \prod (y+z)\left(\sum x\right)^2 \left(\sum y^2 z^2\right)$$

$$= xyz\left[2\sum x^5(y+z) - 4\sum y^3 z^3 + \sum x^3(y^2 z + yz^2) - 6x^2 y^2 z^2\right]$$

$$= 2 \sum yz(y^2 - z^2)^2 + xyz \sum (y - z)^2 x \geqslant 0$$

$$\Rightarrow 式(2)成立 \Rightarrow 式(1)成立 \Rightarrow 式(A_1)成立$$

等号成立当且仅当 $x = y = z$.

在式(A_1)中作代换,令

$$(x, y, z) = \left(\tan \frac{B}{2}\tan \frac{C}{2}, \tan \frac{C}{2}\tan \frac{A}{2}, \tan \frac{A}{2}\tan \frac{B}{2} \right)$$

则 $x, y, z > 0$,且 $\sum x = x + y + z = 1$,式(A_1)化为

$$\sum \left[\frac{\left(\tan \frac{B}{2} + \tan \frac{C}{2} \right)\tan^2 \frac{A}{2}}{\sqrt{\left(\tan \frac{A}{2} + \tan \frac{B}{2} \right)\left(\tan \frac{A}{2} + \tan \frac{C}{2} \right)}} \right] \geqslant 1$$

$$\Rightarrow \sum \tan^2 \frac{A}{2}\sqrt{\left(\tan \frac{B}{2} + \tan \frac{C}{2} \right)^3} \geqslant \sqrt{\prod \left(\tan \frac{B}{2} + \tan \frac{C}{2} \right)}$$

即式(A)成立. 等号成立当且仅当

$$x = y = z = \frac{1}{3} \Rightarrow \tan \frac{A}{2} = \tan \frac{B}{2} = \tan \frac{C}{2} = \frac{\sqrt{3}}{3}$$

$$\Rightarrow A = B = C = \frac{\pi}{3}$$

即 $\triangle ABC$ 为正三角形.

例 23 设 $k, p, q > 0, \alpha, \beta, \gamma \in \left(0, \frac{1}{2} \right)$,且 $\alpha + \beta + \gamma = 1, p < 3^k q$,记

$$s = p + 3^k q$$

$$T = \left[p(\tan \frac{A}{2})^k + q(\cot \frac{A}{2})^k \right]^\alpha \cdot \left[p(\tan \frac{B}{2})^k + q(\cot \frac{B}{2})^k \right]^\beta \cdot$$

$$\left[p(\tan \frac{C}{2})^k + q(\cot \frac{C}{2})^k \right]^\gamma$$

则有

$$T \geqslant S\left[\left(\frac{1}{3} \right)^{3^k qk} \cdot m^{k(3^k q - p)} \right]^{\frac{1}{s}}$$

其中

$$m = \sqrt{\prod (1 - 2\alpha)^{2\alpha - 1}}$$

略证 应用赫尔德不等式有

$$T = \prod \left[p(\tan \frac{A}{2})^k + q(\cot \frac{A}{2})^k \right]^\alpha$$

$$\geqslant p \prod (\tan \frac{A}{2})^{k\alpha} + q \prod (\cot \frac{A}{2})^{k\alpha}$$

$$= p \prod \left(\tan \frac{A}{2}\right)^{k\alpha} + 3^k q \prod \left(\frac{1}{3}\cot \frac{A}{2}\right)^{k\alpha}$$

$$\geqslant S\left\{\left[\prod \left(\tan \frac{A}{2}\right)^{k\alpha}\right]^p \cdot \left[\prod \left(\frac{1}{3}\cot \frac{A}{2}\right)^{k\alpha}\right]^{3^k q}\right\}^{\frac{1}{s}}$$

$$= S\left\{\left(\frac{1}{3}\right)3^k qk \cdot \left[\prod \left(\cot \frac{A}{2}\right)^\alpha\right]^{k(3^k q - p)}\right\}^{\frac{1}{s}}$$

$$\geqslant S\left[\left(\frac{1}{3}\right)^{3^k qk} \cdot m^{k(3^k q - p)}\right]^{\frac{1}{s}}$$

等号成立当且仅当 $\triangle ABC$ 为正三角形,且 $p = q$.

例 24 设 $k > 1, x, y, z, \lambda, \mu, \nu$ 均为正常数,x, y, z 为正数,则对任意 $\triangle ABC$ 有

$$x\left(\tan \frac{A}{2}\right)^k + y\left(\tan \frac{B}{2}\right)^k + z\left(\tan \frac{C}{2}\right)^k$$

$$\geqslant \frac{(2\sqrt{\mu\nu + \nu\lambda + \lambda\mu})^k}{m} \tag{1}$$

其中

$$m = \left\{\left[\frac{(\mu + \nu)^k}{x}\right]^{\frac{1}{k-1}} + \left[\frac{(\mu + \lambda)^k}{y}\right]^{\frac{1}{k-1}} + \left[\frac{(\lambda + \mu)^k}{z}\right]^{\frac{1}{k-1}}\right\}^{k-1}$$

证明 注意到 $k > 1$,有

$$\frac{1}{k} \in (0, 1), \frac{k-1}{k} \in (0, 1), 且 \frac{1}{k} + \frac{k-1}{k} = 1$$

应用赫尔德不等式有

$$\left[\sum x\left(\tan \frac{A}{2}\right)^k\right]^{\frac{1}{k}} \cdot \left[\sum \sqrt[k-1]{\frac{(\mu + \nu)^k}{x}}\right]^{\frac{k-1}{k}}$$

$$\geqslant \sum \left[\left(x\tan^k \frac{A}{2}\right)^{\frac{1}{k}} \cdot \left(\sqrt[k-1]{\frac{(\mu + \nu)^k}{x}}\right)^{\frac{k-1}{k}}\right]$$

$$= \sum \left[\left(x^{\frac{1}{k}}\tan \frac{A}{2}\right) \cdot \frac{\mu + \nu}{x^{\frac{1}{k}}}\right]$$

$$= \sum (\mu + \nu)\tan \frac{A}{2} \geqslant 2\sqrt{\left(\sum \mu\nu\right)\left(\sum \tan \frac{B}{2}\tan \frac{C}{2}\right)}$$

$$\Rightarrow \sum x\left(\tan \frac{A}{2}\right)^k \geqslant \frac{\left(2\sqrt{\sum \mu\nu}\right)^k}{m}$$

即式(1)成立,等号成立当且仅当

$$\frac{x\left(\tan \frac{A}{2}\right)^k}{\left[\frac{(\mu + \nu)^k}{x}\right]^{\frac{1}{k-1}}} = \frac{y\left(\tan \frac{B}{2}\right)^k}{\left[\frac{(\nu + \lambda)^k}{y}\right]^{\frac{1}{k-1}}} = \frac{z\left(\tan \frac{C}{2}\right)^{k-1}}{\left[\frac{(\lambda + \mu)^k}{z}\right]^{\frac{1}{k-1}}}$$

$$\Rightarrow \frac{x(\tan\frac{A}{2})^{k-1}}{\mu+\nu} = \frac{y(\tan\frac{B}{2})^{k-1}}{\nu+\lambda} = \frac{z(\tan\frac{C}{2})^{k-1}}{\lambda+\mu}$$

$$\Rightarrow \frac{\tan\frac{A}{2}}{\sqrt[k-1]{yz(\mu+\nu)}} = \frac{\tan\frac{B}{2}}{\sqrt[k-1]{zx(\nu+\lambda)}} = \frac{\tan\frac{C}{2}}{\sqrt[k-1]{xy(\lambda+\mu)}}$$

且 $$\lambda\cot\frac{A}{2} = \mu\cot\frac{B}{2} = \nu\cot\frac{C}{2}$$

12. 应用权方和不等式

设 $k>0, a_i>0, b_i>0 (i=1,2,\cdots,n;n\geqslant 2)$, 则有权方和不等式

$$\sum_{i=1}^{n}\frac{a_i^{1+k}}{b_i^k} \geqslant \frac{(\sum_{i=1}^{n}a_i)^{1+k}}{(\sum_{i=1}^{n}b_i)^k}$$

等号成立当且仅当 $\frac{a_1}{b_1} = \frac{a_2}{b_2} = \cdots = \frac{a_n}{b_n}$, 其实, 从代数意义上看, 权方和不等式是赫尔德不等式的特殊情况, 即由赫尔德不等式可推出权方和不等式, 在涉及有些带指数的分式和的三角问题时, 巧妙地应用权方和不等式会使解题显得简洁明快, 起到四两拨千斤的神奇效果.

例 25 设 $\theta\in(0,\frac{\pi}{2})$, a,b,k 均为已知正常数, 求

$$f(\theta) = \frac{a}{(\sin\theta)^k} + \frac{b}{(\cos\theta)^k}$$

的最小值.

解 利用权方和不等式有

$$f(\theta) = \frac{(a^{\frac{2}{k+2}})^{1+\frac{k}{2}}}{(\sin^2\theta)^{\frac{k}{2}}} + \frac{(b^{\frac{2}{k+2}})^{1+\frac{k}{2}}}{(\cos^2\theta)^{\frac{k}{2}}}$$

$$\geqslant \frac{(a^{\frac{2}{k+2}}+b^{\frac{2}{k+2}})^{1+\frac{k}{2}}}{(\sin^2\theta+\cos^2\theta)^{\frac{k}{2}}}$$

$$\Rightarrow f(\theta) \geqslant (a^{\frac{2}{k+2}}+b^{\frac{2}{k+2}})^{\frac{k+2}{2}}$$

等号成立当且仅当

$$\frac{a^{\frac{2}{k+2}}}{\sin^2\theta} = \frac{b^{\frac{2}{k+2}}}{\cos^2\theta} \Rightarrow \tan\theta = (\frac{a}{b})^{\frac{1}{k+2}}$$

这时 $$f_{\min}(\theta) = (a^{\frac{2}{k+2}}+b^{\frac{2}{k+2}})^{\frac{k+2}{2}}$$

特别地, 当取 $k=1$ 时, 得到

$$f(\theta) = \frac{a}{\sin\theta} + \frac{b}{\cos\theta} \geqslant (\sqrt[3]{a^2} + \sqrt[3]{b^2})^{\frac{3}{2}}$$

等号成立当且仅当

$$\tan\theta = \sqrt[3]{\frac{a}{b}}.$$

当取 $k=2$ 时,有

$$f(\theta) = \frac{a}{\sin^2\theta} + \frac{b}{\cos^2\theta} \geqslant (\sqrt{a} + \sqrt{b})^2$$

等号成立当且仅当 $\tan\theta = \sqrt[4]{\frac{a}{b}}$.

当取 $k=\frac{1}{2}$ 时,得到

$$f(\theta) = \frac{a}{\sqrt{\sin\theta}} + \frac{b}{\sqrt{\cos\theta}} \geqslant (a^{\frac{4}{5}} + b^{\frac{4}{5}})^{\frac{5}{4}}$$

等号成立当且仅当 $\tan\theta = (\frac{a}{b})^{\frac{2}{5}}$.

其实,本题可以拓展为:

例 26 设 $a, b, m(m \neq 2)$ 均为已知正常数,$\theta \in (0, \frac{\pi}{2})$. 试讨论函数

$$f(\theta) = a(\sin\theta)^m + b(\cos\theta)^m$$

的极值.

解 当 $0 < m < 2$ 时,注意到 $0 < \frac{m}{2} < 1, 0 < 1 - \frac{m}{2} < 1$,且 $\frac{m}{2} + (1 - \frac{m}{2}) = 1$.

利用赫尔德不等式有

$$\begin{aligned} f(\theta) &= a(\sin\theta)^m + b(\cos\theta)^m \\ &= (a^{\frac{2}{2-m}})^{1-\frac{m}{2}} \cdot (\sin^2\theta)^{\frac{m}{2}} + (b^{\frac{2}{2-m}})^{1-\frac{m}{2}} \cdot (\cos^2\theta)^{\frac{m}{2}} \\ &\leqslant (a^{\frac{2}{2-m}} + b^{\frac{2}{2-m}})^{1-\frac{m}{2}} \cdot (\sin^2\theta + \cos^2\theta)^{\frac{m}{2}} \\ \Rightarrow f(\theta) &\leqslant (a^{\frac{2}{2-m}} + b^{\frac{2}{2-m}})^{\frac{2-m}{2}} \end{aligned}$$

等号成立当且仅当

$$\frac{\sin^2\theta}{\cos^2\theta} = (\frac{b}{a})^{\frac{2}{2-m}} \Rightarrow \tan\theta = (\frac{b}{a})^{\frac{1}{2-m}}$$

这时 $\qquad f_{\max}(\theta) = (a^{\frac{2}{2-m}} + b^{\frac{2}{2-m}})^{\frac{2-m}{2}}$

当 $m > 2$ 时,利用权方和不等式有

$$\begin{aligned} f(\theta) &= a(\sin\theta)^m + b(\cos\theta)^m \\ &= \frac{(\sin^2\theta)^{\frac{m}{2}}}{(a^{\frac{2}{2-m}})^{\frac{m}{2}-1}} + \frac{(\cos^2\theta)^{\frac{m}{2}}}{(b^{\frac{2}{2-m}})^{\frac{m}{2}-1}} \end{aligned}$$

$$\geq \frac{(\sin^2\theta + \cos^2\theta)^{\frac{m}{2}}}{(a^{\frac{2}{2-m}} + b^{\frac{2}{2-m}})^{\frac{m}{2}-1}}$$

$$\Rightarrow f(\theta) \geq (a^{\frac{2}{2-m}} + b^{\frac{2}{2-m}})^{\frac{2-m}{2}}$$

等号成立当且仅当

$$\frac{\sin^2\theta}{\cos^2\theta} = (\frac{a}{b})^{\frac{2}{2-m}} \Rightarrow \tan\theta = (\frac{a}{b})^{\frac{1}{m-2}} = (\frac{b}{a})^{\frac{1}{2-m}}$$

这时
$$f_{\min}(\theta) = (a^{\frac{2}{2-m}} + b^{\frac{2}{2-m}})^{\frac{2-m}{2}}$$

特别地,当取 $m = 1$ 时,有

$$f(\theta) = a\sin\theta + b\cos\theta \leq \sqrt{a^2 + b^2}$$

当 $\tan\theta = \dfrac{a}{b}$ 时取等号.

当取 $m = \dfrac{1}{2}$ 时

$$f(\theta) = a\sqrt{\sin\theta} + b\sqrt{\cos\theta} \leq (a^{\frac{4}{3}} + b^{\frac{4}{3}})^{\frac{3}{4}}$$

当 $\tan\theta = (\dfrac{a}{b})^{\frac{2}{3}}$ 时取等号.

当取 $m = 3$ 时

$$f(\theta) = a\sin^3\theta + b\cos^3\theta \geq \frac{ab}{\sqrt{a^2 + b^2}}$$

当 $\tan\theta = \dfrac{a}{b}$ 时取等号.

当取 $m = 4$ 时

$$f(\theta) = a(\sin\theta)^4 + b(\cos\theta)^4 \geq \frac{ab}{a + b}$$

当 $\tan\theta = \sqrt{\dfrac{b}{a}}$ 时取等号.

特别地,当取 $m = -k < 0$ 时,就得到例 25 的结果.

因此,例 25、例 26 两题可以统一成:

结论 设 a, b 为已知正常数,指数 $m \neq 2$ 为实常数,则对任意 $\theta \in (0, \dfrac{\pi}{2})$ 有

$$T(m) \cdot f(\theta) \geq T(m) \cdot (a^{\frac{2}{2-m}} + b^{\frac{2}{2-m}})^{\frac{2-m}{2}}$$

其中

$$f(\theta) = a(\sin\theta)^m + b(\cos\theta)^m$$

$$T(m) = \frac{|m-2|}{m-2} = \begin{cases} 1 & (m > 2) \\ -1 & (m < 2) \end{cases}$$

等号成立当且仅当 $\tan\theta = \left(\dfrac{b}{a}\right)^{\frac{1}{m-2}}$.

家　访（笔者）

抽闲相邀同家访,斜阳无边挥汗行.

攀岩登峰观山水,谈笑风生话古今.

杯杯盏盏好客意,点点滴滴师生情.

立志辛勤育桃李,莫负家长一片心.

13. 应用加权不等式

加权不等式是平均值不等式的推广,比平均值不等式更重要,应用更广泛.

例 27　设 p,q,m,n 均为正常数,$\theta\in\left(0,\dfrac{\pi}{2}\right)$,求

$$f(\theta) = p(\tan\theta)^m + q(\cot\theta)^n$$

的最小值.

分析　考虑到等式 $\tan\theta\cdot\cot\theta = 1$.因此我们可换元,令 $t = \tan\theta$,则 $\cot\theta = \dfrac{1}{t}$,将三角函数 $f(\theta)$ 转化为代数函数

$$f(t) = pt^m + q\left(\dfrac{1}{t}\right)^n$$

然后将待定参数法与加权不等式结合,即可求得 $f(x)$ 的最小值.从而求出 $f(\theta)$ 的最小值.

解　我们作代换,令 $t = \tan\theta > 0$,则 $\cot\theta = \dfrac{1}{t}$,于是

$$f(\theta) = f(t) = pt^m + q\left(\dfrac{1}{t}\right)^n$$

设 $\lambda > 0$ 为待定参数,记 $S = \lambda p + q$,应用加权不等式有

$$f(t) = \lambda p\cdot\left(\dfrac{t^m}{\lambda}\right) + q\cdot\dfrac{1}{t^n}$$

$$\geqslant S\cdot\left[\left(\dfrac{t^m}{\lambda}\right)^{\lambda p}\cdot\left(\dfrac{1}{t^n}\right)^q\right]^{\frac{1}{S}}$$

$$= S\cdot\left[\lambda^{-\lambda p}\cdot t^{(mp\lambda - nq)}\right]^{\frac{1}{S}}$$

为了消去变量 t,必须且只需令

$$mp\lambda - nq = 0 \Rightarrow \lambda = \dfrac{nq}{mp} \Rightarrow S = \left(\dfrac{m+n}{m}\right)q$$

$$\Rightarrow f(t) \geqslant \left(\dfrac{m+n}{m}\right)q\cdot\left(\dfrac{mp}{nq}\right)^{\frac{m}{(m+n)q}}$$

$$\Rightarrow f(\theta) \geqslant \left(\dfrac{m+n}{m}\right)q\cdot\left(\dfrac{mp}{nq}\right)^{\frac{m}{(m+n)q}}$$

等号成立当且仅当

$$\frac{t^m}{\lambda} = \frac{1}{t^n} \Rightarrow \tan\theta = t = \lambda^{\frac{1}{m+n}}$$

$$\Rightarrow \theta = \arctan(\lambda^{\frac{1}{m+n}})$$

这时 $f_{\min}(\theta) = (\frac{m+n}{nm})q \cdot (\frac{mp}{nq})^{\frac{m}{(m+n)q}}$.

例 27 设 $\alpha,\beta,\gamma \in (0,\frac{1}{2})$，对于任意 $\triangle ABC$，证明

$$(\tan\frac{A}{2})^{\alpha} \cdot (\tan\frac{B}{2})^{\beta} \cdot (\tan\frac{C}{2})^{\gamma} \leqslant m \tag{1}$$

其中

$$m = \sqrt{(1-2\alpha)^{1-2\alpha} \cdot (1-2\beta)^{1-2\beta} \cdot (1-2\gamma)^{1-2\gamma}} \tag{2}$$

证明 联想到三角恒等式

$$\tan\frac{B}{2}\tan\frac{C}{2} + \tan\frac{C}{2}\tan\frac{A}{2} + \tan\frac{A}{2}\tan\frac{B}{2} = 1$$

设 $\alpha_1,\beta_1,\gamma_1 \in (0,1)$，满足 $\alpha_1 + \beta_1 + \gamma_1 = 1$. 应用加权不等式有

$$1 = \alpha_1\left(\frac{\tan\frac{B}{2}\tan\frac{C}{2}}{\alpha_1}\right) + \beta_1\left(\frac{\tan\frac{C}{2}\tan\frac{A}{2}}{\beta_1}\right) + \gamma_1\left(\frac{\tan\frac{A}{2}\tan\frac{B}{2}}{\gamma_1}\right)$$

$$\geqslant \left(\frac{\tan\frac{B}{2}\tan\frac{C}{2}}{\alpha_1}\right)^{\alpha_1} \cdot \left(\frac{\tan\frac{C}{2}\tan\frac{A}{2}}{\beta_1}\right)^{\beta_1} \cdot \left(\frac{\tan\frac{A}{2}\tan\frac{B}{2}}{\gamma_1}\right)^{\gamma_1}$$

$$\Rightarrow \left(\tan\frac{A}{2}\right)^{\beta_1+\gamma_1} \cdot \left(\tan\frac{B}{2}\right)^{\gamma_1+\alpha_1} \cdot \left(\tan\frac{C}{2}\right)^{\alpha_1+\beta_1} \geqslant m^2 \tag{3}$$

其中

$$m = \sqrt{\alpha_1{}^{\alpha_1} \cdot \beta_1{}^{\beta_1} \cdot \gamma_1{}^{\gamma_1}}$$

令

$$\begin{cases} \beta_1 + \gamma_1 = 2\alpha \\ \gamma_1 + \alpha_1 = 2\beta \\ \alpha_1 + \beta_1 = 2\gamma \end{cases} \Rightarrow \begin{cases} \alpha,\beta,\gamma \in \left(0,\frac{1}{2}\right) \\ \alpha_1 = 1-2\alpha \\ \beta_1 = 1-2\beta \\ \gamma_1 = 1-2\gamma \end{cases}$$

$$\Rightarrow m = \sqrt{(1-2\alpha)^{1-2\alpha} \cdot (1-2\beta)^{1-2\beta} \cdot (1-2\gamma)^{1-2\gamma}}$$

这时式（3）化为式（1），等号成立当且仅当

$$\frac{\tan\frac{B}{2}\tan\frac{C}{2}}{\alpha_1} = \frac{\tan\frac{C}{2}\tan\frac{A}{2}}{\beta_1} = \frac{\tan\frac{A}{2}\tan\frac{B}{2}}{\gamma_1}$$

$$\Rightarrow \alpha_1\tan\frac{A}{2} = \beta_1\tan\frac{B}{2} = \gamma_1\tan\frac{C}{2}$$

$$\Rightarrow (1-2\alpha)\tan\frac{A}{2} = (1-2\beta)\tan\frac{B}{2} = (1-2\gamma)\tan\frac{C}{2}$$

注 以上两例巧妙变形,巧妙地应用了加权不等式.

例 28 设正常数 α,β,γ 满足 $\alpha+\beta+\gamma=1$. 求证:对于任意 $\triangle ABC$ 有

$$(\sin A)^\alpha \cdot (\sin B)^\beta \cdot (\sin C)^\gamma \leqslant \frac{3}{2}\sqrt{3}\,m$$

其中 $m = \alpha^\alpha \cdot \beta^\beta \cdot \gamma^\gamma$.

证明 应用加权不等式有

$$\left(\frac{\sin A}{\alpha}\right)^\alpha \cdot \left(\frac{\sin B}{\beta}\right)^\beta \cdot \left(\frac{\sin C}{\gamma}\right)^\gamma$$

$$\leqslant \alpha\left(\frac{\sin A}{\alpha}\right) + \beta\left(\frac{\sin B}{\beta}\right) + \gamma\left(\frac{\sin C}{\gamma}\right)$$

$$= \sin A + \sin B + \sin C$$

$$\leqslant 3\sin\left(\frac{A+B+C}{3}\right) = 3\sin\frac{\pi}{3}$$

$$\Rightarrow (\sin A)^\alpha \cdot (\sin B)^\beta \cdot (\sin C)^\gamma \leqslant \frac{3}{2}\sqrt{3}\,m$$

等号成立当且仅当

$$\begin{cases} \alpha=\beta=\gamma=\dfrac{1}{3} \\ A=B=C=\dfrac{\pi}{3} \end{cases}$$

例 29 设 $\theta \in \left(0,\dfrac{\pi}{2}\right)$, m,n 为正常数,求函数 $f(\theta) = (\sin\theta)^m \cdot (\cos\theta)^n$ 的最大值.

解 应用加权不等式有

$$f^2(\theta) = (\sin^2\theta)^m \cdot (\cos^2\theta)^n$$

$$\Rightarrow \frac{f^2(\theta)}{m^m \cdot n^n} = \left(\frac{\sin^2\theta}{m}\right)^m \cdot \left(\frac{\cos^2\theta}{n}\right)^n$$

$$\leqslant \left[\frac{m\left(\dfrac{\sin^2\theta}{m}\right) + n\left(\dfrac{\cos^2\theta}{n}\right)}{m+n}\right]^{m+n} = \left(\frac{1}{m+n}\right)^{m+n}$$

$$\Rightarrow f(\theta) \leqslant \sqrt{\frac{m^m \cdot n^n}{(m+n)^{m+n}}}$$

等号成立当且仅当

$$\frac{\sin^2\theta}{m} = \frac{\cos^2\theta}{n} \Rightarrow \tan\theta = \sqrt{\frac{m}{n}}$$

这时 $f_{\max}(\theta) = \sqrt{\dfrac{m^m \cdot n^n}{(m+n)^{m+n}}}.$

吟 月（其一）（笔者）

人间自古爱月明，首推诗仙太白星．

秋照天下山川水，春笼世外桃花村．

茫茫红尘万事空，皎皎素月千古存．

何年平地仙风起，飞鹏载我月宫行．

吟 月（其二）（笔者）

举目云淡星满天，依楼赏月夜难眠．

豪听吴刚吹玉笛，遥观嫦娥舞翩跹．

多情将心比明月，风流把酒对婵娟．

阅尽人间千古事，看破红尘不长圆．

14. 巧设待定参数

在解决数学问题时，有时需要巧设待定参数（并非设而不求），并求出参数之值，进而求出我们需要的结果来．

例 30 设 a,b 为已知正常数，$\theta \in (0, \dfrac{\pi}{2})$，求 $f(\theta) = \dfrac{a}{\sin\theta} + \dfrac{b}{\cos\theta}$ 的最小值．

解 设 λ, μ 为待定正参数，注意到

$$\lambda\sin\theta + \mu\cos\theta \leqslant \sqrt{\lambda^2 + \mu^2}$$

利用柯西不等式有

$$f(\theta) = \frac{a\lambda}{\lambda\sin\theta} + \frac{b\mu}{\mu\cos\theta}$$

$$\geqslant \frac{(\sqrt{a\lambda} + \sqrt{b\mu})^2}{\lambda\sin\theta + \mu\cos\theta} \geqslant \frac{(\sqrt{a\lambda} + \sqrt{b\mu})^2}{\sqrt{\lambda^2 + \mu^2}} \tag{1}$$

等号成立当且仅当

$$\begin{cases} \sin\theta : \cos\theta = \lambda : \mu \\ \sqrt{\dfrac{a\lambda}{b\mu}} = \dfrac{\lambda\sin\theta}{\mu\cos\theta} \end{cases}$$

$$\Rightarrow \tan\theta = \sqrt[3]{\frac{a}{b}} \quad (\lambda = \sqrt[3]{a}\,t, \mu = \sqrt[3]{b}\,t, t > 0)$$

代入式（1）得

$$f(\theta) \geqslant \frac{(\sqrt[3]{a^2}+\sqrt[3]{b^2})^2}{\sqrt{\sqrt[3]{a^2}+\sqrt[3]{b^2}}} = (\sqrt[3]{a^2}+\sqrt[3]{b^2})^{\frac{3}{2}}$$

$$\Rightarrow f_{\min}(\theta) = (\sqrt[3]{a^2}+\sqrt[3]{b^2})^{\frac{3}{2}}$$

例 31 设 $x \in (0, \frac{\pi}{2})$，问当正数 m, n, p, q 满足什么条件时，函数

$$f(x) = (\sin x + p)^m \cdot (\cos x + q)^n$$

有最大值？

解 设 λ 为待定正参数，利用加权不等式有

$$\lambda^m f(x) = (\lambda \sin x + \lambda p)^m \cdot (\cos x + q)^n$$

$$\leqslant \left[\frac{m(\lambda \sin x + \lambda p) + n(\cos x + q)}{m+n}\right]^{m+n}$$

$$= \left[\frac{(m\lambda \sin x + n\cos x) + (mp\lambda + nq)}{m+n}\right]^{m+n}$$

$$\leqslant \left(\frac{\sqrt{m^2\lambda^2 + n^2} + mp\lambda + nq}{m+n}\right)^{m+n}$$

$$\Rightarrow f(x) \leqslant \frac{1}{\lambda^m}\left(\frac{\sqrt{m^2\lambda^2 + n^2} + mp\lambda + nq}{m+n}\right)^{m+n} \tag{1}$$

等号成立当且仅当

$$\begin{cases} \lambda \sin x + \lambda p = \cos x + q \\ \dfrac{\sin x}{\cos x} = \dfrac{m\lambda}{n} \end{cases}$$

令 $\sin x = m\lambda t, \cos x = nt$（参数 $t > 0$），于是

$$\lambda(m\lambda t) + \lambda p = nt + q$$

$$\Rightarrow t = \frac{q - \lambda p}{m\lambda^2 - n}$$

$$\Rightarrow 1 = \sin^2 x + \cos^2 x = (m^2\lambda^2 + n^2)t^2$$

$$\Rightarrow (m^2\lambda^2 + n^2)(q - \lambda p)^2 = (\lambda^2 m - n)^2 \tag{2}$$

所以，只有当 m, n, p, q 使得关于 λ 的四次方程(2)有正实数根时，函数 $f(x)$ 才有最大值.

注 有趣的是观察式(2)，我们取 $m = p^2, n = q^2$，便得到

$$p^4\lambda^2 + q^4 = (p\lambda + q)^2$$

$$\Rightarrow p^2(p^2 - 1)\lambda^2 - 2pq\lambda + q^2(q^2 - 1) = 0 \tag{3}$$

这是关于 λ 的方程，当 $p = 1$ 时，必须 $0 < q < 1$ 才有解 $\lambda = \dfrac{q^2(1-q^2)}{2q} > 0$.

这时 $m = p^2 = 1, n = q^2 \in (0,1)$，代入式(1)可求得

$$f_1(x) = (\sin x + 1)(\cos x + q)^{q^2} \quad (0 < n < 1, 0 < q < 1)$$

的最大值. 这时,应用加权不等式或求导法可求,当 $q=1$ 时,$n=q^2=1$,方程(3)化为

$$p\lambda\left[p(p^2-1)\lambda-2\right]=0$$

显然必须在 $p>1$ 时,才能解 $\lambda=\dfrac{2}{p(p^2-1)}$,可求得

$$f_2(x)=(\sin x+p)^{p^2}\cdot(\cos x+1)\quad(p>1)$$

的最大值.

当 $p\neq1$ 时,方程(3)的判别式

$$\Delta_\lambda=(2pq)^2\left[1-(p^2-1)(q^2-1)\right]$$
$$=(2pq)^2(p^2+q^2-p^2q^2)$$

因此只有当 $p^2+q^2\geqslant p^2q^2$ 时,$f(x)$ 才有最大值.

咏　竹

江南四季披绿绸,竹海泛波碧悠悠.

枝枝叶叶皆有用,野岭荒丘别无求.

风折雪压经冬夏,雨打霜侵傲春秋.

自古丹青偏爱竹,高风亮节比风流.

15. 调整法

用调整法解决有关不等式的问题,或求函数极值是行之有效的方法.

例32 设 $\theta_i\in[0,\pi]$ $(1\leqslant i\leqslant n,2\leqslant n,n\in\mathbf{N}_+)$ 且 $\displaystyle\sum_{i=1}^n\theta_i=\pi$,则有

$$\sin^2\theta_1+\sin^2\theta_2+\cdots+\sin^2\theta_n\leqslant\frac{9}{4}\tag{1}$$

证明 (1)当 $n=2$ 时,有

$$\theta_1+\theta_2=\pi$$
$$S=\sin^2\theta_1+\sin^2\theta_2=2\sin^2\theta_1\leqslant2<\frac{9}{4}$$

式(1)成立.

(2)当 $n=3$ 时,有

$$\theta_1+\theta_2+\theta_3=\pi$$
$$\sin^2\theta_1+\sin^2\theta_2+\sin^2\theta_3\leqslant\frac{9}{4}\tag{2}$$

等号成立当且仅当 $\theta_1=\theta_2=\theta_3=\dfrac{\pi}{3}$.

(3)当 $n\geqslant4$ 时,我们设

$$\left.\begin{array}{r}\alpha,\beta\in[0,\pi]\\\alpha+\beta\in[0,\pi]\end{array}\right\}\Rightarrow\frac{\pi}{2}\geqslant\frac{\alpha+\beta}{2}\geqslant\left|\frac{\alpha-\beta}{2}\right|\geqslant0$$

59

$$\Rightarrow \cos \frac{\alpha + \beta}{2} \leqslant \cos \frac{\alpha - \beta}{2}$$

$$\Rightarrow 2 \left(\cos \frac{\alpha + \beta}{2} \right)^2 \leqslant 2 \cos \frac{\alpha + \beta}{2} \cos \frac{\alpha - \beta}{2}$$

$$\Rightarrow 1 + \cos(\alpha + \beta) \leqslant \cos \alpha + \cos \beta$$

设

$$x_i = 2\theta_i \quad (1 \leqslant i \leqslant n)$$

$$\Rightarrow \sum_{i=1}^{n} x_i = 2 \sum_{i=1}^{n} \theta_i = 2\pi$$

再设 $2\pi \geqslant x_1 \geqslant x_2 \geqslant \cdots \geqslant x_n \geqslant 0$, 所以

$$S_n = \sum_{i=1}^{n} \sin^2 \theta_i = \frac{1}{2} \sum_{i=1}^{n} (1 - \cos x_i)$$

$$= \frac{1}{2} \left(n - \sum_{i=1}^{n} \cos x_i \right)$$

$$\leqslant \frac{1}{2} \{ (n-1) - [\cos x_1 + \cdots + \cos x_{n-2} + \cos(x_{n-1} + x_n)] \}$$

$$\leqslant \frac{1}{2} \{ (n-2) - [\cos x_1 + \cdots + \cos x_{n-3} + \cos(x_{n-2} + x_{n-1} + x_n)] \}$$

$$\leqslant \cdots$$

$$\leqslant \frac{1}{2} \{ 3 - [\cos x_1 + \cos x_2 + \cos(x_3 + \cdots + x_n)] \}$$

$$= \frac{1}{2} \{ 3 - [\cos x_1 + \cos x_2 + \cos(2\pi - x_1 - x_2)] \}$$

$$= 2 - \frac{1}{2} [1 + \cos(x_1 + x_2) + \cos x_1 + \cos x_2]$$

$$\leqslant 2 - \frac{1}{2} (1 + \cos 2x_1 + 2\cos x_1)$$

$$= 2 - \cos^2 x_1 - \cos x_1$$

$$= \frac{9}{4} - \left(\cos x_1 + \frac{1}{2} \right)^2 \leqslant \frac{9}{4}$$

$$\Rightarrow S_n \leqslant \frac{9}{4}$$

等号成立当且仅当

$$\begin{cases} x_1 = x_2 = x_3 = \dfrac{2}{3}\pi \\ x_4 = \cdots = x_n = 0 \end{cases}$$

$$\Rightarrow \begin{cases} \theta_1 = \theta_2 = \theta_3 = \dfrac{\pi}{3} \\ \theta_4 = \theta_5 = \cdots = \theta_n = 0 \end{cases}$$

三角不等式研究与欣赏

例33 对于任意 $\triangle ABC$,证明

$$\sum \cot \frac{B}{2} \cot \frac{C}{2} - 2 \sqrt{\prod \cot \frac{A}{2}} \geqslant 9 - 6\sqrt{3} \qquad (1)$$

分析 先将式(1)化为等价形式

$$\sum \tan \frac{A}{2} - 2 \sqrt{\prod \tan \frac{A}{2}} \geqslant (9 - 6\sqrt{3})\left(\prod \tan \frac{A}{2}\right) \qquad (2)$$

然后作代换,令

$$x = \sqrt{\tan \frac{B}{2} \tan \frac{C}{2}}$$

$$y = \sqrt{\tan \frac{C}{2} \tan \frac{A}{2}}$$

$$z = \sqrt{\tan \frac{A}{2} \tan \frac{B}{2}}$$

则 $x,y,z > 0$,且 $x^2 + y^2 + z^2 = 1$.

于是式(2)转化为代数不等式

$$f(x,y,z) = \frac{1}{x^2} + \frac{1}{y^2} + \frac{1}{z^2} - \frac{2}{xyz} \geqslant 9 - 6\sqrt{3} \qquad (3)$$

式中 x,y,z 完全对称,故不妨设 $x = \max\{x,y,z\} \in [\frac{\sqrt{3}}{3}, 1]$,则

$$f(x,y,z) - f\left(x, \sqrt{\frac{y^2 + z^2}{2}}, \sqrt{\frac{y^2 + z^2}{2}}\right)$$

$$= \frac{[x(y+z)^2 - 2yz](y-z)^2}{xy^2z^2(y^2 + z^2)} \geqslant 0$$

因为

$$x(y+z)^2 \geqslant 4xyz \geqslant \frac{4\sqrt{3}}{3} yz > 2yz$$

又因为

$$f\left(x, \sqrt{\frac{1-x^2}{2}}, \sqrt{\frac{1-x^2}{2}}\right)$$

$$= f\left(x, \sqrt{\frac{y^2 + z^2}{2}}, \sqrt{\frac{y^2 + z^2}{2}}\right) = \frac{1-3x}{x^2(x+1)}$$

令 $g(x) = \frac{1-3x}{x^2(x+1)}, x \in [\frac{\sqrt{3}}{3}, 1) \Rightarrow 3x^2 - 1 > 0$,求导得

$$g'(x) = \frac{2(3x^2 - 1)}{x^2(x+1)} \geqslant 0$$

即 $g(x)$ 在 $[\frac{\sqrt{3}}{3},1)$ 内单调递增,故有

$$f(x,y,z) \geqslant f(x,\sqrt{\frac{y^2+z^2}{2}},\sqrt{\frac{y^2+z^2}{2}})$$

$$\geqslant f(x) \geqslant g(\frac{\sqrt{3}}{3}) = 9 - 6\sqrt{3}$$

$$\Rightarrow f(x,y,z) \geqslant 9 - 6\sqrt{3}$$

即式(3)成立,等号成立当且仅当 $x = y = z = \frac{\sqrt{3}}{3}$.

从而式(1)、式(2)成立,等号成立当且仅当 $\triangle ABC$ 为正三角形.

16. 固定法

对于齐次对称多元函数 $f = f(x_1,x_2,\cdots,x_n)(n \geqslant 2)$,我们可以先固定某个量 $x_i(1 \leqslant i \leqslant n)$ 不变,将它视为常量,如设

$$x_1 = \max\{x_1,x_2,\cdots,x_n\}$$

或

$$x_1 = \min\{x_1,x_2,\cdots,x_n\}$$

然后再根据函数 f 的定义域 $D = [a,b]$,考虑 $x_1 \in [a,b]$,进行运算.

例34 对于任意 $\triangle ABC$,证明

$$\sum (\sin\frac{A}{2})^2 + (\sum \sin\frac{A}{2})^2 \leqslant 3 \tag{1}$$

证明 设 $(\alpha,\beta,\gamma) = (\frac{A}{2},\frac{B}{2},\frac{C}{2})$,则 $\alpha,\beta,\gamma \in (0,\frac{\pi}{2})$,且 $\alpha + \beta + \gamma = \frac{\pi}{2}$.

式(1)化为

$$\sum \sin^2\alpha + (\sum \sin\alpha)^2 \leqslant 3 \tag{2}$$

设

$$\begin{cases} M = \sum \sin\alpha = \sin\alpha + \sin\beta + \sin\gamma \\ N = \sum \sin^2\alpha = \sin^2\alpha + \sin^2\beta + \sin^2\gamma \end{cases}$$

且 $\gamma = \min(\alpha,\beta,\gamma) \in [0,\frac{\pi}{6}]$,有

$$M = 2\sin\frac{\alpha+\beta}{2}\cos\frac{\alpha-\beta}{2} + \sin\gamma$$

$$= 2\sin(\frac{\pi}{4} - \frac{\gamma}{2})\cos\frac{\alpha-\beta}{2} + \sin\gamma$$

$$N = \frac{1}{2}(1 - \cos 2\alpha) + \frac{1}{2}(1 - \cos 2\beta) + \sin^2\gamma$$

我们固定 γ,有

$$M^2 + N = 1 + 2\sin^2\gamma + 4\sin\gamma\sin(\frac{\pi}{4} - \frac{\gamma}{2})\cos\frac{\alpha-\beta}{2} +$$

$$4\sin^2(\frac{\pi}{4} - \frac{\gamma}{2})\cos^2(\frac{\alpha-\beta}{2}) - 2\sin\gamma\cos^2(\frac{\alpha-\beta}{2})$$

$$= 1 + 2\sin^2\gamma + \sin\gamma + 4\sin(\frac{\pi}{4} - \frac{\gamma}{2})\sin\gamma \cdot \cos(\frac{\alpha-\beta}{2}) +$$

$$[4\sin^2(\frac{\pi}{4} - \frac{\gamma}{2}) - 2\sin\gamma]\cos^2(\frac{\alpha-\beta}{2})$$

$$\leqslant 1 + 2\sin^2\gamma + \sin\gamma + 4\sin(\frac{\pi}{4} - \frac{\gamma}{2})\sin\gamma + 2(1 - 2\sin\gamma)$$

$$= 3 + 2\sin^2\gamma - 3\sin\gamma + 4\sin(\frac{\pi}{4} - \frac{\gamma}{2})\sin\gamma \qquad (3)$$

令

$$\left.\begin{array}{l} t = \dfrac{\pi}{4} - \dfrac{\gamma}{2} \\[2mm] \gamma \in [0, \dfrac{\pi}{6}] \end{array}\right\} \Rightarrow t \in [\frac{\pi}{6}, \frac{\pi}{4}] \Rightarrow 2t \in [\frac{\pi}{3}, \frac{\pi}{2}]$$

$$\Rightarrow M^2 + N \leqslant 3 + 2\cos^2 2t - 3\cos 2t + 4\sin t\cos 2t$$

$$= 3 + (2\cos 2t - 3 + 4\sin t)\cos 2t$$

$$= 3 + (-4\sin^2 t + 4\sin t - 1)\cos 2t$$

$$= 3 - (2\sin t - 1)^2\cos 2t \leqslant 3$$

$$\Rightarrow M^2 + N \leqslant 3$$

即式(1)成立,等号成立当且仅当

$$\left.\begin{array}{l} \alpha = \beta, \cos 2t = 0 \\ 或 2\sin t - 1 = 0 \end{array}\right\} \Rightarrow \begin{cases} \alpha = \beta, t = \dfrac{\pi}{4} \\[2mm] 或 t = \dfrac{\pi}{6} \end{cases}$$

$$\Rightarrow \begin{cases} A = B = C = \dfrac{\pi}{3} \\[2mm] 或 A = B = \dfrac{\pi}{2}, C = 0 \end{cases}$$

例 35 对于任意 $\triangle ABC$,求证

$$\sin A + \sin B + \sin C \leqslant \frac{3}{2}\sqrt{3}$$

证明 当 A 一定时,由

$$\sin B + \sin C = 2\sin\frac{B+C}{2}\cos\frac{B-C}{2}$$

$$= 2\cos\frac{A}{2}\cos\frac{B-C}{2} \leqslant 2\cos\frac{A}{2}$$

这时 $f = \sin A + \sin B + \sin C$，在 $B = C$ 时取最大值.

同理，当 B 一定，且 $C = A$ 时，f 最大. 当 C 一定，且 $A = B$ 时，f 最大. 所以，只有当 $A = B = C = \dfrac{\pi}{3}$ 时 f 最大，且最大值为 $f_{\max} = 3\sin\dfrac{\pi}{3} = \dfrac{3}{2}\sqrt{3}$.

例 36 对于任意 $\triangle ABC$，有

$$\cos A + \cos B + \cos C \leqslant \dfrac{3}{2}$$

证明 当 A 一定时，由

$$\cos B + \cos C = 2\cos\dfrac{B+C}{2}\cos\dfrac{B-C}{2}$$

$$= 2\sin\dfrac{A}{2}\cos\dfrac{B-C}{2} \leqslant 2\sin\dfrac{A}{2}$$

因此，在 A 一定且当 $B = C$ 时

$$P = \cos A + \cos B + \cos C$$

最大；同理，当 B 一定，且 $C = A$ 时，P 最大；当 C 一定，且 $A = B$ 时，P 最大. 所以，只有当 $A = B = C = \dfrac{\pi}{3}$ 时，P 才最大，即

$$\cos A + \cos B + \cos C \leqslant 3\cos\dfrac{\pi}{3} = \dfrac{3}{2}$$

注 从上述两例，我们得到三角不等式

$$\cos A + \cos B + \cos C \leqslant \sin\dfrac{A}{2} + \sin\dfrac{B}{2} + \sin\dfrac{C}{2}$$

$$\sin A + \sin B + \sin C \leqslant \cos\dfrac{A}{2} + \cos\dfrac{B}{2} + \cos\dfrac{C}{2}$$

咏 雪

银妆素颜天远大，玉洁冰清美中华.
晴空飘来天山雪，仙女撒下白玉花.
纷纷扬扬飘千里，重重叠叠落万家.
飞絮恰似江南客，漂泊海角又天涯.

17. 利用琴生不等式

在证明不等式或求齐次多元函数的极值时，有时可先构造函数 $f(x)$，然后判断 $f(x)$ 的凸凹性，再利用琴生不等式即可.

例 37 对于任意 $\triangle ABC$，证明

$$\sin A + \sin B + \sin C \leqslant \dfrac{3}{2}\sqrt{3} \qquad\qquad (1)$$

证明 设 $x \in (0,\pi)$，构造函数 $f(x) = \sin x$，求导得 $f'(x) = \cos x$，$f''(x) = -\sin x < 0$，则 $f(x)$ 是凹函数，由琴生不等式有

$$\sum_{i=1}^{n} f(x_i) \leqslant nf\left(\dfrac{\sum_{i=1}^{n} x_i}{n}\right), x_i \in (0,\pi), 1 \leqslant i \leqslant n, n \geqslant 2$$

$$\Rightarrow \sum_{i=0}^{n} \sin x_i \leqslant n\sin\left(\dfrac{\sum_{i=1}^{n} x_i}{n}\right) \tag{2}$$

等号成立当且仅当 $x_1 = x_2 = \cdots = x_n$.

在式(2)中取 $(x_1, x_2, x_3) = (A, B, C)$ 得

$$\sin A + \sin B + \sin C \leqslant 3\sin(\dfrac{A+B+C}{3}) = \dfrac{3}{2}\sqrt{3}$$

等号成立当且仅当 $A = B = C = \dfrac{\pi}{3}$.

注　对凸 n 边形 $A_1 A_2 \cdots A_n$, 注意到

$$\sum_{i=1}^{n} A_i = (n-2)\pi$$

利用式(2)有

$$\sum_{i=1}^{n} \sin A_i \leqslant n\sin\left(\dfrac{\sum_{i=1}^{n} A_i}{n}\right) = n\sin(\pi - \dfrac{2}{n}\pi)$$

$$= \sum_{i=1}^{n} \sin A_i \leqslant n\sin\dfrac{2\pi}{n} \tag{3}$$

等号成立当且仅当 $A_1 = A_2 = \cdots = A_n = \pi - \dfrac{2}{n}\pi$, 即 $A_1 A_2 \cdots A_n$ 为等角凸 n 边形, 不一定是正 n 边形.

当 $x_i \in (0, \dfrac{\pi}{2})$ 时, 同理可得

$$\sum_{i=1}^{n} \cos x_i \leqslant n\cos\left(\dfrac{\sum_{i=1}^{n} x_i}{n}\right) \tag{4}$$

$$\sum_{i=1}^{n} \tan x_i \geqslant n\tan\left(\dfrac{\sum_{i=1}^{n} x_i}{n}\right) \tag{5}$$

$$\sum_{i=1}^{n} \cot x_i \geqslant n\cot\left(\dfrac{\sum_{i=1}^{n} x_i}{n}\right) \tag{6}$$

$$\sum_{i=1}^{n} \sec x_i \geqslant n\sec\left(\dfrac{\sum_{i=1}^{n} x_i}{n}\right) \tag{7}$$

$$\sum_{i=1}^{n} \csc x_i \geqslant n\csc\left(\frac{\sum_{i=1}^{n} x_i}{n}\right) \qquad (8)$$

例 38 设 $\triangle ABC$ 为锐角三角形,证明

$$(\sec A - 1)(\sec B - 1)(\sec C - 1) \geqslant 1 \qquad (A)$$

证明 设 $x,y \in (0, \frac{\pi}{2})$,$\theta = \frac{x+y}{2} \in (0, \frac{\pi}{2})$,我们先证明

$$(\sec x - 1)(\sec y - 1) \geqslant (\sec \theta - 1)^2 \qquad (1)$$

$$\Leftrightarrow \sec x \cdot \sec y - \sec x - \sec y \geqslant \sec^2\theta - 2\sec\theta$$

$$\Leftrightarrow \frac{p}{q} = \frac{1 - \cos x - \cos y}{\cos x \cos y} \geqslant \frac{1 - 2\cos\theta}{\cos^2\theta} \qquad (2)$$

而且

$$p = 1 - \cos x - \cos y$$

$$\geqslant 1 - 2\cos\left(\frac{x+y}{2}\right) = 1 - 2\cos\theta$$

$$q = \cos x \cos y \leqslant \left(\frac{\cos x + \cos y}{2}\right)^2$$

$$\leqslant (\cos\frac{x+y}{2})^2 = \cos^2\theta$$

故式(2)成立,逆推知式(1)成立,我们构造函数

$$f(x) = \ln(\sec x - 1) \quad (x \in (0, \frac{\pi}{2}))$$

由式(1)知 $f(x) + f(y) \geqslant 2f(\frac{x+y}{2})$,由此 $f(x)$ 为凸函数,由琴生不等式有

$$f(A) + f(B) + f(C) \geqslant 3f(\frac{A+B+C}{3}) = 3f(\frac{\pi}{3})$$

$$\Rightarrow \ln(\sec A - 1) + \ln(\sec B - 1) + \ln(\sec C - 1)$$

$$\geqslant 3\ln(\sec\frac{\pi}{3} - 1) = 0$$

$$\Rightarrow \ln[(\sec A - 1)(\sec B - 1)(\sec C - 1)] \geqslant 0$$

$$\Rightarrow (\sec A - 1)(\sec B - 1)(\sec C - 1) \geqslant 1$$

等号成立当且仅当 $A = B = C = \frac{\pi}{3}$.

注 从外形结构上讲,式(A)还有配对形式

$$(\sec A + 1)(\sec B + 1)(\sec C + 1) \geqslant 27 \qquad (B)$$

将(A),(B)两式统一合并为

$$(\sec A \pm 1)(\sec B \pm 1)(\sec C \pm 1) \geqslant (2 \pm 1)^3 \qquad (C)$$

关于式(C)的一系列研究,将在最后一章名题欣赏中介绍.

美人咏

梦中女神正妙龄,倾城倾国更倾心.

近看枝头牡丹艳,远观天边新月明.

蟾宫嫦娥降人间,瑶台仙女下凡尘.

多情断肠又何在,花开可待艳阳人?

18. 利用数学归纳法

我们知道,数学归纳法是高中教材的重点,也是高考和奥数的考点. 用它证明某些数学题目是比较有效的.

例 39 设 $k \in \mathbf{N}_+$,$\triangle ABC$ 为锐角三角形,则有

$$(\sec^k A - 1)(\sec^k B - 1)(\sec^k C - 1) \geqslant (2^k - 1)^3 \tag{1}$$

证明 用数学归纳法. 当 $k = 1$ 时,由例 38 知式(1)成立.

假设对于 $k \in \mathbf{N}_+$ 式(1)成立,并记 $(x, y, z) = (\sec A, \sec B, \sec C)$,则有

$$T_k = (x^k - 1)(y^k - 1)(z^k - 1) \geqslant (2^k - 1)^3$$
$$T_1 = (x - 1)(y - 1)(z - 1) \geqslant 1$$
$$xyz \geqslant 8$$

则
$$\begin{aligned}
T_{k+1} &= (x^{k+1} - 1)(y^{k+1} - 1)(z^{k+1} - 1) \\
&= [(x-1) + x(x^k - 1)][(y-1) + y(y^k - 1)] \cdot \\
&\quad [(z-1) + z(z^k - 1)] \text{(应用赫尔德不等式)} \\
&\geqslant [\sqrt[3]{(x-1)(y-1)(z-1)} + \sqrt[3]{xyz(x^k-1)(y^k-1)(z^k-1)}]^3 \\
&\geqslant [1 + \sqrt[3]{8(2^k-1)^3}]^3 = (2^{k+1} - 1)^3 \\
&\Rightarrow T_{k+1} \geqslant (2^{k+1} - 1)^3
\end{aligned}$$

即对 $k + 1$,式(1)仍然成立.

综合上述,对任意 $k \in \mathbf{N}_+$ 式(1)成立,等号成立当且仅当 $\triangle ABC$ 为正三角形.

另证 当 $k = 1$ 时,已证 $T_1 \geqslant 1$,记号 x, y, z 同上,再记 $t = \sqrt[3]{xyz} \geqslant 2$,那么当 $k > 1$ 时,应用赫尔德不等式有

$$\begin{aligned}
T_k &= (x^k - 1)(y^k - 1)(z^k - 1) \\
&= T_1 \Big(\sum_{i=1}^{k-1} x^{k-i} + 1 \Big) \Big(\sum_{i=1}^{k-1} y^{k-i} + 1 \Big) \Big(\sum_{i=1}^{k-1} z^{k-i} + 1 \Big) \\
&\geqslant \Big(1 + \sum_{i=1}^{k-1} t^i \Big)^3 \geqslant \Big(1 + \sum_{i=1}^{k-1} 2^i \Big)^3 = \Big(\frac{2^k - 1}{2 - 1} \Big)^3 \\
&\Rightarrow T_k \geqslant (2^k - 1)^3
\end{aligned}$$

即对一切 $k \in \mathbf{N}_+$,式(1)成立,等号成立当且仅当

$$x = y = z \Rightarrow \sec A = \sec B = \sec C$$

$$\Rightarrow A = B = C = \frac{\pi}{3}$$

例 40 设 $\theta_i \in (0, \frac{\pi}{2})(i = 1, 2, \cdots, n; n \geq 2)$ 求证

$$\sum_{i=1}^{n} \cos \theta_i \leq n \cos \left(\frac{\sum\limits_{i=1}^{n} \theta_i}{n} \right), 1 \leq i \leq n, n \in \mathbf{N}_+ \tag{1}$$

且 $n \geq 2$.

证法 1 当 $n = 2$ 时，由于 $\frac{\theta_1 + \theta_2}{2} \in (0, \frac{\pi}{2})$，有

$$\cos \theta_1 + \cos \theta_2 = 2\cos \left(\frac{\theta_1 + \theta_2}{2} \right) \cos \left(\frac{\theta_1 - \theta_2}{2} \right)$$

$$\leq 2\cos \frac{\theta_1 + \theta_2}{2}$$

即当 $n = 2$ 时，式(1)成立，等号成立当且仅当 $\theta_1 = \theta_2$.

假设当 $n = 2^m (m \in \mathbf{N}_+)$ 时，式(1)成立，那么当 $n = 2^{m+1}$ 时，有

$$\sum_{i=1}^{2^m} \cos \theta_i + \sum_{i=2^m+1}^{2^{m+1}} \cos \theta_i$$

$$\leq 2^m \left[\cos \left(\frac{\sum\limits_{i=1}^{2^m} \theta_i}{2^m} \right) + \cos \left(\frac{\sum\limits_{i=2^m+1}^{2^{m+1}} \theta_i}{2^m} \right) \right]$$

$$\leq 2 \times 2^m \cos \left(\frac{\alpha + \beta}{2} \right) = 2^{m+1} \cos \left(\frac{\sum\limits_{i=1}^{2^{m+1}} \theta_i}{2^{m+1}} \right)$$

其中 $\alpha = \frac{\sum\limits_{i=1}^{2^m} \theta_i}{2^m}, \beta = \frac{\sum\limits_{i=2^m+1}^{2^{m+1}} \theta_i}{2^m}$，即当 $n = 2^{m+1}$ 时，式(1)成立.

如果 n 不是 2 的方幂，设 $n = 2^m - t (t \in \mathbf{N}_+, 0 < t < 2^m)$. 令 $\theta = \frac{\sum\limits_{i=1}^{n} \theta_i}{n}$ 有

$$\sum_{i=1}^{n} \cos \theta_i + t\cos \theta \leq (n + t) \cos \left(\frac{\sum\limits_{i=1}^{n} \theta_i + t\theta}{n + t} \right)$$

$$= (n + t) \cos \left(\frac{n\theta + t\theta}{n + t} \right) = (n + t) \cos \theta$$

$$\Rightarrow \sum_{i=1}^{n} \cos \theta_i \leq n\cos \theta = n\cos \left(\frac{\sum\limits_{i=1}^{n} \theta_i}{n} \right)$$

即这时式（1）也成立.

综合上述,对一切 $n \geq 2$,式（1）成立. 等号成立当且仅当 $\theta_1 = \theta_2 = \cdots = \theta_n \in \left(0, \dfrac{\pi}{2}\right)$.

证法2 由证法1知,当 $n = 2$ 时,式（1）成立. 假设当 $n+1$ 时,式（1）成立,等号成立当且仅当

$$\theta_1 = \theta_2 = \cdots = \theta_{n+1}$$

令 $\theta = \dfrac{\sum\limits_{i=1}^{n} \theta_i}{n}$,于是有

$$\cos \theta_1 + \cos \theta_2 + \cdots + \cos \theta_n + \cos \theta$$

$$\leq (1+n)\cos\left(\frac{\theta_1 + \theta_2 + \cdots + \theta_n + \theta}{n+1}\right)$$

$$= (n+1)\cos\left(\frac{n\theta + \theta}{n+1}\right) = (n+1)\cos \theta$$

$$\Rightarrow \sum_{i=1}^{n} \cos \theta_i \leq n\cos \theta = n\cos\left(\frac{\sum\limits_{i=1}^{n} \theta_i}{n}\right)$$

即对于 n,式（1）也成立.

综合上述,对一切 $n \in \mathbf{N}_+$,式（1）成立,等号成立当且仅当 $\theta_1 = \theta_2 = \cdots = \theta_n$.

注 数学归纳法有几种形式,如常用归纳法（如例39）、串值归纳法（本例证法1）、反向归纳法（本例证法2）.

故乡风光

故乡本仙境,风光赛凡尘.

交错溪河碧,纵横岭峰青.

鸟吹无孔笛,蛙鸣不弦琴.

桃源何处觅? 蜀南八角村.

19. 利用函数单调性

例41 对于锐角 $\triangle ABC$,证明

$$\tan A + \tan B + \tan C \geq 3\sqrt{3} \tag{1}$$

证明 当 $\triangle ABC$ 为锐角三角形时,由三角恒等式与平均值不等式有

$$\tan A + \tan B + \tan C = \tan A\tan B\tan C$$

$$\leq \left(\frac{\tan A + \tan B + \tan C}{3}\right)^3$$

$$\Rightarrow \tan A + \tan B + \tan C \geq 3\sqrt{3} \tag{2}$$

等号成立当且仅当

$$\tan A = \tan B = \tan C \Rightarrow A = B = C = \frac{\pi}{3}$$

如果 △ABC 为任意非直角三角形,作代换,令

$$x,y,z \in (0,1), (x,y,z) = (\tan\frac{A}{2}, \tan\frac{B}{2}, \tan\frac{C}{2})$$

得 $xy + yz + zx = 1$.

我们构造函数 $f(x) = \dfrac{1}{1-x^2}, x \in (0,1)$,则 $f(x)$ 在 $(0,1)$ 内是增函数,因此有

$$(x - \frac{\sqrt{3}}{3})\left[f(x) - f(\frac{\sqrt{3}}{3}) \right] \geq 0$$

$$\Leftrightarrow xf(x) \geq \frac{\sqrt{3}}{3}f(x) + \frac{3\sqrt{3}}{2}(x - \frac{\sqrt{3}}{2}) \tag{1}$$

同理,对于 $y, z \in (0,1)$ 也有

$$yf(y) \geq \frac{\sqrt{3}}{3}f(y) + \frac{3\sqrt{3}}{2}(y - \frac{\sqrt{3}}{2}) \tag{2}$$

$$zf(z) \geq \frac{\sqrt{3}}{3}f(z) + \frac{3\sqrt{3}}{2}(z - \frac{\sqrt{3}}{3}) \tag{3}$$

由 (1) + (2) + (3) 得

$$P = xf(x) + yf(y) + zf(z)$$
$$\geq \frac{\sqrt{3}}{3}(f(x) + f(y) + f(z)) + \frac{3\sqrt{3}}{2}(x + y + z - \sqrt{3}) \tag{4}$$

由于

$$x + y + z \geq \sqrt{3(xy + yz + zx)} = \sqrt{3}$$

$$\Rightarrow P \geq \frac{\sqrt{3}}{3}(f(x) + f(y) + f(z))$$

$$= \frac{\sqrt{3}}{3}(\frac{1}{1-x^2} + \frac{1}{1-y^2} + \frac{1}{1-z^2}) \text{(应用柯西不等式)}$$

$$\geq \frac{\sqrt{3}}{3} \cdot \frac{9}{3 - (x^2 + y^2 + z^2)}$$

$$\geq \frac{3\sqrt{3}}{3 - (yz + zx + xy)} = \frac{3}{2}\sqrt{3}$$

$$\Rightarrow \frac{\tan\frac{A}{2}}{1 - (\tan\frac{A}{2})^2} + \frac{\tan\frac{B}{2}}{1 - (\tan\frac{B}{2})^2} + \frac{\tan\frac{C}{2}}{1 - (\tan\frac{C}{2})^2} \geq \frac{3}{2}\sqrt{3}$$

三角不等式研究与欣赏

$$\Rightarrow \tan A + \tan B + \tan C \geqslant 3\sqrt{3}$$

等号成立当且仅当

$$x = y = z = \frac{\sqrt{3}}{3} \Rightarrow \tan \frac{A}{2} = \tan \frac{B}{2} = \tan \frac{C}{2} = \frac{\sqrt{3}}{3}$$

$$\Rightarrow A = B = C = \frac{\pi}{3}$$

即 $\triangle ABC$ 为正三角形.

故乡春（笔者）

故乡美景人陶醉,四季如春秀成堆.

日月高照牛青山,白鹭盘旋金石龟.

松风竹雨咏高洁,水色山光彩云飞.

嫦娥曾前下凡来,流连此景不思归.

中秋咏（笔者）

人间佳节喜事多,欢声笑语汇成河.

手捧飘香中秋饼,欲上月宫献嫦娥.

20. 切线法

有些代数不等式和三角不等式的证明,也可以构造曲线函数,求导数,并求出特殊点处的切线斜率,写出曲线(函数)在该点处的切线方程,建立局部不等式,然后利用已知条件,将这些局部不等式相加就证出了要证明的不等式,如:

例 42 对于锐角 $\triangle ABC$,证明

$$\tan A + \tan B + \tan C \geqslant 3\sqrt{3}$$

证明 我们设 $(x,y,z) = (\tan \frac{A}{2}, \tan \frac{B}{2}, \tan \frac{C}{2})$,则 $x,y,z \in (0,1)$,且 $xy + yz + zx = 1$.

构造函数 $f(x) = \dfrac{x}{1-x^2}$,$x \in (0,1)$,则 $f(\frac{\sqrt{3}}{3}) = \frac{\sqrt{3}}{2}$,求导得

$$f'(x) = \frac{1}{(1-x)^2} - \frac{2x}{(1-x^2)^2} = \frac{1+x^2}{(1-x^2)^2}$$

则曲线 $y = f(x)$ 在 $x = \frac{\sqrt{3}}{3}$ 处的切线的斜率为 $f''(\frac{\sqrt{3}}{3}) = 3$,在点 $(\frac{\sqrt{3}}{3}, \frac{\sqrt{3}}{2})$ 处曲线的切线方程为

$$y - \frac{\sqrt{3}}{2} = 3(x - \frac{\sqrt{3}}{3}) \Rightarrow y = 3x - \frac{\sqrt{3}}{2}$$

现在我们证明

$$f(x) = \frac{x}{1-x^2} \geqslant 3x - \frac{\sqrt{3}}{2}, x \in (0,1) \tag{1}$$

71

$$\Leftrightarrow x^3 - \frac{\sqrt{3}}{6}x^2 - \frac{2}{3}x + \frac{\sqrt{3}}{6} \geq 0$$

$$\Leftrightarrow (x - \frac{\sqrt{3}}{3})^2 (x + \frac{\sqrt{3}}{2}) \geq 0$$

这充分表明式(1)成立.

同理可得

$$\frac{y}{1-y^2} \geq 3y - \frac{\sqrt{3}}{2}, \frac{z}{1-z^2} \geq 3z - \frac{\sqrt{3}}{2}$$

将以上三式相加得

$$P = \sum \frac{x}{1-x^2} \geq 3(x + y + z) - \frac{3}{2}\sqrt{3}$$

$$\geq 3\sqrt{3(yz + zx + xy)} - \frac{3}{2}\sqrt{3}$$

$$= 3\sqrt{3} - \frac{3}{2}\sqrt{3} = \frac{3}{2}\sqrt{3}$$

$$\Rightarrow P \geq \frac{3}{2}\sqrt{3} \Rightarrow \sum \frac{\tan\frac{A}{2}}{1 - (\tan\frac{A}{2})^2} \geq \frac{3}{2}\sqrt{3}$$

$$\Rightarrow \tan A + \tan B + \tan C \geq 3\sqrt{3}$$

等号成立当且仅当 $x = y = z = \frac{\sqrt{3}}{3} \Rightarrow A = B = C = \frac{\pi}{3}$.

21. 级数求和法

有些三角不等式可以通过转化化为代数不等式,利用级数求和的方法证明它.

例 43 对于锐角 $\triangle ABC$,证明

$$\tan A + \tan B + \tan C \geq 3\sqrt{3}$$

证明 作代换,令

$$(x, y, z) = (\tan\frac{A}{2}, \tan\frac{B}{2}, \tan\frac{C}{2})$$

则 $x, y, z \in (0,1) \Rightarrow \frac{x+y+z}{3} = \frac{\sum x}{3} \in (0,1)$,且 $yz + zx + xy = 1$,则

$$\frac{1}{2}P = \frac{1}{2}\sum \tan A = \sum \frac{\tan\frac{A}{2}}{1 - \tan^2\frac{A}{2}}$$

$$= \sum \frac{x}{1-x^2} = \sum x(1+x^2+x^4+\cdots)$$

$$= \sum x + \sum x^3 + \sum x^5 + \cdots$$

$$\geqslant 3\left[\frac{\sum x}{3} + \left(\frac{\sum x}{3}\right)^3 + \left(\frac{\sum x}{3}\right)^5 + \cdots\right]$$

$$= \frac{3\left(\dfrac{\sum x}{3}\right)}{1-\left(\dfrac{\sum x}{3}\right)^2}$$

又

$$x+y+z \geqslant \sqrt{3(yz+zx+xy)} = \sqrt{3}$$

$$\Rightarrow \frac{1}{2}P \geqslant \frac{\sqrt{3}}{1-(\frac{\sqrt{3}}{3})^2} = \frac{3}{2}\sqrt{3}$$

$$\Rightarrow P = \sum \tan A \geqslant 3\sqrt{3}$$

等号成立当且仅当 $\triangle ABC$ 为正三角形.

梦游桃花村(笔者)

入梦巧逢陶渊明,相邀同游桃花村.

山奇水异皆画意,桃红柳绿倍诗情.

牧童松下吹竹笛,莲女池畔竞歌声.

鹤发仙翁千杯劝,不思梦断回凡尘.

22. 放缩法

如果要证明一个不等式 $A \geqslant B$,可以通过弹性放缩,找到区间$[A,B]$内的若干个量 $P_1, P_2, \cdots, P_n.$ 使得 $P_i \in [B,A](i=1,2,\cdots,n; n \in \mathbf{N}_+)$ 且 $P_1 \geqslant P_2 \geqslant \cdots \geqslant P_n$,则 $A \geqslant P_1 \geqslant P_2 \geqslant \cdots \geqslant P_n \geqslant B \Rightarrow A \geqslant B.$ 从而达到证明的目的,其中"$P_1 \geqslant P_2 \geqslant \cdots \geqslant P_n$"如一道彩虹,起到桥梁的作用.

例 44 已知 $\theta_i \in \mathbf{R}(i=1,2,\cdots,n), n>1, n \in \mathbf{N}_+$,满足 $\sum_{i=1}^{n} |\cos \theta_i| \leqslant \frac{2}{n+1}$,求证

$$\left|\sum_{i=1}^{n} i\cos \theta_i\right| \leqslant \left[\frac{n^2}{4}\right]+1$$

分析 通过适当的放缩去掉绝对值符号,利用已知条件,并对 n 分奇数和偶数两种情况证明:

证明 (1)当 n 为偶数时,设 $n=2k$,因为

73

$$n + (n-1) + \cdots + (k+1) - k - (k-1) - \cdots - 1$$

$$= \left[2k + (2k-1) + \cdots + 2 + 1 \right] - 2 \left[k + (k-1) + \cdots + 2 + 1 \right]$$

$$= \frac{1}{2}(2k)(2k+1) - k(k+1) = k^2$$

所以有

$$\left[\frac{n^2}{4} \right] + 1 - \left| \sum_{i=1}^{n} i \cos \theta_i \right|$$

$$= k^2 + 1 - \left| \sum_{i=1}^{n} i \cos \theta_i \right|$$

$$\geqslant k^2 + 1 - \sum_{i=1}^{n} \left| i \cos \theta_i \right|$$

$$= \left[n + (n-1) + \cdots + (k+1) - k - (k-1) - \cdots - 1 \right] +$$
$$1 - (\left| \cos \theta_1 \right| + \left| 2 \cos \theta_2 \right| + \left| 3 \cos \theta_3 \right| + \cdots + \left| n \cos \theta_n \right|)$$

$$= n(1 - \left| \cos \theta_n \right|) + (n-1)(1 - \left| \cos \theta_{n-1} \right|) + \cdots +$$
$$(1 - \left| \cos \theta_{k-1} \right|) - (1 + \left| \cos \theta_k \right|) - (1 + \left| \cos \theta_{k-1} \right|) - \cdots -$$
$$(1 + \left| \cos \theta_1 \right|) + 1$$

$$\geqslant k \left[(1 - \left| \cos \theta_n \right|) + (1 - \left| \cos \theta_{n-1} \right|) + \cdots + \right.$$
$$(1 - \left| \cos \theta_{k-1} \right|) - (1 + \left| \cos \theta_k \right|) - (1 + \left| \cos \theta_{k-1} \right|) - \cdots -$$
$$\left. (1 + \left| \cos \theta_1 \right|) \right] + 1$$

$$= -k \sum_{i=1}^{n} \left| \cos \theta_i \right| + 1$$

$$\geqslant -k \left(\frac{2}{n+1} \right) + 1 = \frac{-n}{n+1} + 1 = \frac{1}{n+1} > 0$$

（2）当 $n = 2k+1$ 时，同样有

$$\left[\frac{n^2}{4} \right] + 1 - \left| \sum_{i=1}^{n} i \cos \theta_i \right|$$

$$= n + (n-1) + \cdots + (k+2) + 0 - (k) - (k-1) - \cdots -$$
$$1 - \left| \sum_{i=1}^{n} i \cos \theta_i \right| + 1$$

$$\geqslant (k+1)(k - \left| \cos \theta_n \right| - \left| \cos \theta_{n-1} \right| - \cdots -$$
$$\left| \cos \theta_{k+1} \right| - k - \left| \cos \theta_k \right| - \left| \cos \theta_{k-1} \right| - \cdots - \left| \cos \theta_1 \right|) + 1$$

$$= -(k+1) \sum_{i=1}^{n} \left| \cos \theta_i \right| + 1$$

$$\geqslant -(k+1) \cdot \frac{2}{n+1} + 1 = -1 + 1 = 0$$

综合上述（1）和（2）有

$$\left|\sum_{i=1}^{n} i\cos\theta_i\right| \leqslant \left[\frac{n^2}{4}\right] + 1$$

例 45 对于任意 $\triangle ABC$，证明

$$\sum \sqrt{\tan\frac{B}{2}\tan\frac{C}{2} + (\tan\frac{C}{2}\tan\frac{A}{2})^2} \geqslant 2 \tag{1}$$

证明 我们作代换，令

$$(x, y, z) = (\tan\frac{B}{2}\tan\frac{C}{2}, \tan\frac{C}{2}\tan\frac{A}{2}, \tan\frac{A}{2}\tan\frac{B}{2})$$

则 $x, y, z \in (0, 1)$，且 $x + y + z = 1$，式（1）化为

$$\sqrt{x + y^2} + \sqrt{y + z^2} + \sqrt{z + x^2} \geqslant 2 \sum x = 1 + x + y + z \tag{2}$$

$$\Leftrightarrow \sum (\sqrt{x + y^2} - y) \geqslant 1$$

$$\Leftrightarrow \sum \left(\frac{x}{y + \sqrt{x + y^2}}\right) \geqslant 1 \tag{3}$$

由平均值不等式有

$$\frac{x}{y + \sqrt{x + y^2}} = \frac{x(x + y)}{y(x + y) + (x + y)\sqrt{x + y^2}}$$

$$\geqslant \frac{2x(x + y)}{2y(x + y) + (x + y)^2 + (x + y^2)}$$

$$\geqslant \frac{x(x + y)}{2x^2 + 5xy + 4y^2 + zx}$$

因为显然有

$$3x^2 + 6xy + 4y^2 + (4z - 1)x > 0$$

$$\Leftrightarrow x^2 + 4xy + 4y^2 + x = 2y(x + y) + (x + y)^2 + (x + y^2)$$

$$< 2(2x^2 + 5xy + 4y^2 + zx)$$

则欲证式（3），只需证明更强的

$$\sum \left(\frac{x(x + y)}{2x^2 + 5xy + 4y^2 + zx}\right) \geqslant 1$$

$$\Leftrightarrow 4\sum x^4 y^2 + 3\sum x^3 y^2 z - 19\sum x^2 y^2 z + 16\sum x^4 yz - 12x^2 y^2 z^2 \geqslant 0$$

$$\Leftrightarrow 4(\sum x^4 y^2 - \sum x^2 y^3 z) + 3(\sum x^3 y^2 z - 3x^2 y^2 z^2) +$$

$$15(\sum x^4 yz - \sum x^2 y^3 z) + (\sum x^4 yz - 3x^2 y^2 z^2) \geqslant 0$$

即式（4）成立，等号成立当且仅当 $x = y = z = \frac{1}{3}$.

从而逆推式（1）成立，等号成立当且仅当 $\triangle ABC$ 为正三角形.

忆故乡夏夜纳凉

盛夏热如火，故爱晚乘凉.
山茶心间甜，溪风扇底香.
闲话古今事，感叹世沧桑.
鸡鸣报三更，回房步月光.

第 2 节　基本题型

数学这棵参天大树，根深蒂固，枝繁叶茂. 虽然它经历了风霜雨雪，经历了春夏秋冬，却仍然傲然挺立. 春天，枝头上开满鲜花，五彩缤纷，蜂飞蝶舞；秋天，枝头上果实累累，芳香诱人. 而三角就是数学之树上最艳丽的花朵，自然千姿百态，千娇百媚.

从数学意义上来讲，三角不等式可大致分为有理型和无理型；从外观结构上讲，三角不等式又可大致分为整式型与分式型两类，其中整式型又包括整式和型与整式积型，限于时间与篇幅，我们仅略举几例说明即可.

1. 不等式链型

我们将形如 $P_1 \geqslant P_2 \geqslant \cdots \geqslant P_n$ 这种形状的不等式称为不等式链，它美如一条闪光的金项链，壮如一条长龙，它劈波斩浪，奔腾入海. 特别是形如 $A \geqslant P \geqslant B$ 的不等式，它像雄鹰展翅，又像蝴蝶飞舞……

例 1　对锐角 $\triangle ABC$，求证

$$\sum \cos B \cos C \leqslant 6 \prod \sin \frac{A}{2} \leqslant \sum \sin \frac{B}{2} \sin \frac{C}{2} \tag{1}$$

分析　我们简记 $t = \prod \sin \dfrac{A}{2}$，则易知

$$0 < t \leqslant \frac{1}{8} \Rightarrow 1 - 2t > 1 - 8t \geqslant 0$$

于是

$$\sum \cos B \cos C \leqslant \frac{1}{3}\left(\sum \cos A\right)^2 = \frac{1}{3}(1 + 4t)^2 \tag{2}$$

因此，我们只需证明更强的

$$\frac{1}{3}(1 + 4t)^2 \leqslant 6t \tag{3}$$

$$\Leftrightarrow 16t^2 - 10t + 1 \leqslant 0$$

$$\Leftrightarrow (1 - 2t)(1 - 8t) \leqslant 0$$

但

$$0 < t \leqslant \frac{1}{8} \Rightarrow (1 - 2t)(1 - 8t) \geqslant (1 - 8t)^2 \geqslant 0$$

矛盾. 因此式(3)不成立. 现在,我们改变思路,由于

$$\sum \cos B \cos C = \sum \frac{1}{2}[\cos(B+C)+\cos(B-C)]$$

$$= \frac{1}{2}\sum \cos(B-C) - \frac{1}{2}\sum \cos A$$

$$= \frac{1}{2}\sum \cos(B-C) - \frac{1}{2}(1+4\prod \sin \frac{A}{2})$$

因此式(1)左边等价于

$$\frac{1}{2}\sum \cos(B-C) - \frac{1}{2} - 2\prod \sin \frac{A}{2} \leqslant 6\prod \sin \frac{A}{2}$$

$$\Leftrightarrow \frac{1}{2}\sum [1-2\sin^2(\frac{B-C}{2})] - \frac{1}{2} \leqslant 8\prod \sin \frac{A}{2}$$

$$\Leftrightarrow 1 - \sum \sin^2(\frac{B-C}{2}) \leqslant 8\prod \sin \frac{A}{2} \tag{4}$$

但是,目前我们只知道 $8\prod \sin \frac{A}{2} \leqslant 1$,所以虽然我们刚才"翻山越岭",却不能达到目标. 因此,欲证不等式(1),我们必须另觅新途.

证明 (1)我们先证式(1)右边成立. 应用3元对称不等式有

$$\sum \sin \frac{B}{2}\sin \frac{C}{2} \geqslant \sqrt{3(\prod \sin \frac{A}{2})\sum \sin \frac{A}{2}}$$

$$= (\prod \sin \frac{A}{2}) \cdot \sqrt{\frac{3\sum \sin \frac{A}{2}}{\prod \sin \frac{A}{2}}}$$

$$\geqslant (\prod \sin \frac{A}{2}) \cdot 3(\prod \sin \frac{A}{2})^{-\frac{1}{3}}$$

但

$$\prod \sin \frac{A}{2} \leqslant \left(\frac{\sum \sin \frac{A}{2}}{3}\right)^3 \leqslant (\sin \frac{A+B+C}{6})^3 = (\sin \frac{\pi}{6})^3$$

$$\Rightarrow (\prod \sin \frac{A}{2})^{-\frac{1}{3}} \geqslant (\sin \frac{\pi}{6})^{-1} = 2$$

$$\Rightarrow \sum \sin \frac{B}{2}\sin \frac{C}{2} \geqslant 6\prod \sin \frac{A}{2}$$

等号成立当且仅当 $A=B=C=60°$.

(2)现在,我们再证左边不等式,设 $\triangle ABC$ 的内心为 I,垂心为 H,H 在三边上的投影分别记为 D,E,F,则 B,D,H,F 四点共半径为 R 的圆

$$\angle AHF = \angle B$$

77

$$AF = AH\sin\angle AHF = AH\sin B$$
$$= AC \cdot \cos A = 2R\sin B\cos A$$
$$\Rightarrow AH = 2R\cos A \Rightarrow HF = AH\cos\angle AHF$$
$$\Rightarrow HF = 2R\cos A\cos B$$

同理可得

$$HD = 2R\cos B\cos C, HE = 2R\cos C\cos A$$

则有

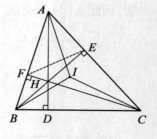

例 1 图

$$\sum \cos B\cos C = \frac{1}{2R}(HD + HE + HF) \quad （5）$$

又由

$$\gamma = 4R\prod \sin\frac{A}{2} \Rightarrow 6\prod\sin\frac{A}{2} = \frac{3\gamma}{2R} \quad （6）$$

$$\frac{BI}{\sin\frac{C}{2}} = \frac{BC}{\sin\angle BIC} = \frac{2R\sin A}{\sin(\frac{C}{2} + \frac{B}{2})} = \frac{2R\sin A}{\cos\frac{A}{2}} = 4R\sin\frac{A}{2}$$

$$\Rightarrow BI = 4R\sin\frac{A}{2}\sin\frac{C}{2}$$

同理可得

$$AI = 4R\sin\frac{B}{2}\sin\frac{C}{2}, CI = 4R\sin\frac{A}{2}\sin\frac{B}{2}$$

于是

$$\sum \sin\frac{B}{2}\sin\frac{C}{2} = \frac{AI + BI + CI}{4R} \quad （7）$$

由（5），（6），（7）三式知,不等式（1）等价于

$$HD + HE + HF \leqslant 3\gamma \leqslant \frac{1}{2}(AI + BI + CI) \quad （8）$$

不妨设 $a \geqslant b \geqslant c$,则 $\cos A \leqslant \cos B \leqslant \cos C$ 于是

$$\cos A\cos B \leqslant \cos C\cos A \leqslant \cos B\cos C \Rightarrow HF \leqslant HE \leqslant HD$$

利用切比雪夫不等式有

$$2S_{\triangle ABC} = HD \cdot a + HE \cdot b + HF \cdot c$$

$$\geqslant \frac{1}{3}(HD + HE + HF)(a + b + c)$$

$$\Rightarrow (a + b + c)\gamma \geqslant \frac{1}{3}(a + b + c)(HD + HE + HF)$$

$$\Rightarrow HD + HG + HF \leqslant 3\gamma \quad （9）$$

等号成立当且仅当 $\triangle ABC$ 为正三角形.

评注 （1）利用上述结论,式（1）的右边也可以这样证

$$AI + BI + CI = \gamma \sum \csc \frac{A}{2} \geqslant 3\gamma \cdot (\prod \csc \frac{A}{2})^{\frac{1}{3}} \geqslant 6\gamma$$

（2）通过我们对本题的分析与解答，感到确实很美，而且，我们还意外地得到了新奇美妙的结论

$$1 - \sum \sin^2 (\frac{B-C}{2}) \leqslant 8 \prod \sin \frac{A}{2} \leqslant \frac{4}{3} \sum \sin \frac{B}{2} \sin \frac{C}{2} \tag{10}$$

$$HD + HE + HF \leqslant 3\gamma \leqslant \frac{1}{2}(AI + BI + CI) \tag{11}$$

特别是式（11），它不仅美妙趣味，而且有强烈的几何意义，我们今后在几何不等式部分还要研究它.

另外，由于

$$\begin{cases} \sum \cos A = 1 + 4 \prod \sin \frac{A}{2} \\ \sum \cos B \cos C = \frac{1}{2} \sum \cos(B-C) - \frac{1}{2} \sum \cos A \end{cases}$$

$$\Rightarrow \sum \cos B \cos C \leqslant 6 \prod \sin \frac{A}{2}$$

$$\Leftrightarrow \frac{1}{2} \sum \cos(B-C) - \frac{1}{2} \sum \cos A \leqslant \frac{3}{2}(\sum \cos A - 1)$$

$$\Leftrightarrow 3 + \sum \cos(B-C) \leqslant 4 \sum \cos A \leqslant 6 \tag{12}$$

可见，式（12）也是一个非常优美的不等式.

由于三角函数有多种运算公式，若将它们灵活机动地巧妙应用，就会绽放出灿烂的花朵，确实，数学之花开满人间，数学的芳香飘满人间！

例2 若 $0 < \beta < \alpha < \frac{\pi}{2}$，求证

$$\sin \alpha - \sin \beta < \alpha - \beta < \tan \alpha - \tan \beta \tag{1}$$

证明 设 $x \in (0, \frac{\pi}{2})$，构造函数 $f(x) = \sin x - x$，求导得 $f'(x) = \cos x - 1 < 0$，因此 $f(x)$ 在 $(0, \frac{\pi}{2})$ 内是减函数，则对于 $0 < \beta < \alpha < \frac{\pi}{2}$，有

$$f(\alpha) < f(\beta) \Rightarrow \sin \alpha - \alpha < \sin \beta - \beta$$
$$\Rightarrow \sin \alpha - \sin \beta < \alpha - \beta \tag{2}$$

又设函数 $g(x) = \tan x - x$，求导得

$$g'(x) = \sec^2 x - 1 > 0$$

因此 $g(x)$ 在 $(0, \frac{\pi}{2})$ 内是增函数，对于 $0 < \beta < \alpha < \frac{\pi}{2}$ 有

$$g(\alpha) > g(\beta) \Rightarrow \tan \alpha - \alpha > \tan \beta - \beta$$

$$\Rightarrow \tan \alpha - \tan \beta > \alpha - \beta \tag{3}$$

将(2)、(3)两式结合即得式(1).

注 式(1)与三角基本不等式

$$\sin x < x < \tan x, x \in (0, \frac{\pi}{2}) \tag{4}$$

相似,本题还可用图形方法证明.

例3 设 $\triangle ABC$ 为锐角三角形,证明

$$\sum \tan A \tan B \geqslant \sum \cot \frac{A}{2} \cot \frac{B}{2} \geqslant 9 \sum \cot A \cot B = 9 \tag{A}$$

证明 因为

$$\sum \tan A \tan B = \frac{\sum \sin A \sin B \cos C}{\prod \cos A} \tag{1}$$

$$= \frac{\sum (1 - \cos 2A - \cos 2B + \cos 2C)}{4 \prod \cos A}$$

$$= \frac{3 - \sum \cos 2A}{4 \prod \cos A} = \frac{3 + (1 + 4 \prod \cos A)}{4 \prod \cos A}$$

$$= 1 + \frac{1}{\prod \cos A} \tag{2}$$

又利用恒等式有

$$\sum \tan A = \prod \tan A \Rightarrow \prod \tan A \geqslant 3 (\prod \tan A)^{\frac{1}{3}}$$

$$\Rightarrow \prod \tan A \geqslant 3\sqrt{3} \Rightarrow \prod \sin A \geqslant 3\sqrt{3} \prod \cos A$$

$$\Rightarrow 8 (\prod \sin \frac{A}{2})(\prod \cos \frac{A}{2}) \geqslant 3\sqrt{3} \prod \cos A (利用 \prod \cos \frac{A}{2} \leqslant \frac{3\sqrt{3}}{8})$$

$$\Rightarrow \prod \sin \frac{A}{2} \geqslant \prod \cos A \tag{3}$$

因为 $\triangle ABC$ 为锐角三角形,故我们可以在式(2)中作置换

$$(A, B, C) = (\frac{\pi}{2} - \frac{A}{2}, \frac{\pi}{2} - \frac{B}{2}, \frac{\pi}{2} - \frac{C}{2})$$

$$\Rightarrow \sum \cot \frac{A}{2} \cot \frac{B}{2} = 1 + \frac{1}{\prod \sin \frac{A}{2}}$$

$$\Rightarrow \sum \cot \frac{A}{2} \cot \frac{B}{2} \leqslant 1 + \frac{1}{\prod \cos A} = \sum \tan A \tan B$$

$$\Rightarrow \sum \tan A \tan B \geqslant \sum \cot \frac{A}{2} \cot \frac{B}{2} \tag{4}$$

又

$$\sum \cot \frac{A}{2}\cot \frac{B}{2} = \left(\sum \cot \frac{A}{2}\cot \frac{B}{2} \right)\left(\sum \tan \frac{A}{2}\tan \frac{B}{2} \right)$$

$$\geqslant 9 = 9\sum \cot A\cot B$$

$$\Rightarrow \sum \tan A\tan B \geqslant \sum \cot \frac{A}{2}\cot \frac{B}{2} \geqslant 9\sum \cot A\cot B = 9$$

即式(A)成立,等号成立当且仅当$\triangle ABC$为正三角形.

枫叶咏

又见故乡秋色浓,满山竹树偏爱枫.

傲立风霜还雨雪,笑度春夏又秋冬.

原上枯草逢春绿,林间枫叶经霜红.

我将人生比红叶,拼搏奋进傲苍松.

注 相应地,式(A)还有漂亮的配对式

$$\prod \tan A \geqslant \prod \cot \frac{A}{2} \geqslant 3\sqrt{3} \geqslant 27\prod \tan \frac{A}{2} \tag{B}$$

例 4 对于锐角$\triangle ABC$有

$$\sum \tan A \geqslant 3\sum \cot A \geqslant \sum \cot \frac{A}{2} \geqslant 3\sum \tan \frac{A}{2} \geqslant 3\sqrt{3} \tag{A}$$

证明 (1)由于$\triangle ABC$为锐角三角形,则$2A,2B,2C \in (0,\pi)$,因此$\sin 2A$,$\sin 2B,\sin 2C$均为正数,由一系列公式有

$$\begin{cases} \sum \sin 2A \geqslant 3\left(\prod \sin 2A \right)^{\frac{1}{3}} \\ \sum \sin 2A = 4\prod \sin A \\ \prod \sin 2A = 8\left(\prod \sin A \right) \cdot \left(\prod \cos A \right) \end{cases}$$

$$\Rightarrow \prod \sin^2 A \geqslant \frac{27}{8}\prod \cos A \tag{1}$$

又

$$\begin{cases} \sum \cot A = \dfrac{1 + \prod \cos A}{\prod \sin A} \\ \sum \tan A = \prod \tan A = \dfrac{\prod \sin A}{\prod \cos A} \end{cases}$$

利用式(1)有

$$\frac{\sum \cot A}{\sum \tan A} = \left(1 + \prod \cos A \right) \cdot \frac{\prod \cos A}{\left(\prod \sin A \right)^2}$$

$$\leqslant \frac{8}{27}(1 + \prod \cos A)$$

$$\leqslant \frac{8}{27}\left(1 + \frac{1}{8}\right) = \frac{1}{3}$$

$$\Rightarrow \sum \tan A \geqslant 3 \sum \cot A \qquad (2)$$

（2）又由恒等式

$$\sum \cot A = \left(1 + \prod \cos A\right) / \left(\prod \sin A\right)$$

$$\sum \cot \frac{A}{2} = \prod \cot \frac{A}{2} = \left(\prod \cos \frac{A}{2}\right) / \left(\prod \sin \frac{A}{2}\right)$$

知,式（A）等价于

$$\frac{3(1 + \prod \cos A)}{\prod \sin A} \geqslant \frac{\prod \cos \dfrac{A}{2}}{\prod \sin \dfrac{A}{2}}$$

$$\Leftrightarrow 3\left(1 + \prod \cos A\right) \geqslant 8\left(\prod \cos \frac{A}{2}\right)^2$$

$$\Leftrightarrow \frac{3}{2} \sum \sin^2 A \geqslant 8\left(\frac{\sum \sin A}{4}\right)^2$$

$$\Leftrightarrow 3 \sum \sin^2 A \geqslant \left(\sum \sin A\right)^2$$

$$\Leftrightarrow \sum (\sin A - \sin B)^2 \geqslant 0$$

所以

$$3 \sum \cot A \geqslant \sum \cot \frac{A}{2} \qquad (3)$$

在式（2）中作置换

$$(A, B, C) \rightarrow \left(\frac{\pi}{2} - \frac{A}{2}, \frac{\pi}{2} - \frac{B}{2}, \frac{\pi}{2} - \frac{C}{2}\right)$$

$$\Rightarrow \sum \cot \frac{A}{2} \geqslant 3 \sum \tan \frac{A}{2}$$

$$\geqslant 3\left(3 \sum \tan \frac{B}{2}\tan \frac{C}{2}\right)^{\frac{1}{2}}$$

$$= 3\sqrt{3} \qquad (4)$$

将（2）,（3）,（4）三式结合得式（A）成立,等号成立当且仅当 $\triangle ABC$ 为正三角形.

注 通过以上几例,让我们深刻地认识到数学就像《西游记》里的孙悟空,千变万化;数学就像万花筒,变化多端,五彩缤纷.

例5 在锐角 $\triangle ABC$ 中,证明

$$\sum \sec A \sec B \geqslant 3 \sum \csc A \csc B \qquad (1)$$

证明　由对称性，我们不妨设

$$\frac{\pi}{2} > A \geqslant B \geqslant C > 0$$

$$\Rightarrow \begin{cases} 0 < \cos A \leqslant \cos B \leqslant \cos C \\ \tan A \geqslant \tan B \geqslant \tan C > 0 \end{cases}$$

$$\Rightarrow \begin{cases} 0 < \cos A \leqslant \cos B \leqslant \cos C \\ \cot B \cot C \geqslant \cot C \cot A \geqslant \cot A \cot B > 0 \end{cases}$$

应用切比雪夫不等式有

$$\sum \cos A \cot B \cot C \leqslant \frac{1}{3} \left(\sum \cos A \right) \cdot \left(\sum \cot B \cot C \right) = \frac{1}{3} \left(\sum \cos A \right)$$

$$\Rightarrow \left(\prod \cos A \right) \left(\sum \csc C \csc B \right) \leqslant \frac{1}{3} \left(\sum \cos A \right)$$

$$\Rightarrow 3 \left(\sum \csc A \csc B \right) \left(3 \sum \csc B \csc C \right) \leqslant \left(\sum \cos A \right) / \left(\prod \cos A \right)$$

$$= \sum \sec A \sec B$$

等号成立当且仅当 $\triangle ABC$ 为正三角形.

进一步地，如果我们在式（1）中作置换

$$(A, B, C) \rightarrow \left(\frac{\pi}{2} - \frac{A}{2}, \frac{\pi}{2} - \frac{B}{2}, \frac{\pi}{2} - \frac{C}{2} \right)$$

$$\Rightarrow \sum \csc \frac{A}{2} \csc \frac{B}{2} \geqslant 3 \sum \sec \frac{A}{2} \sec \frac{B}{2} \qquad (2)$$

其实，早在 1971 年，A. Bager 已经证明了比式（2）更精细的美妙结论

$$\sum \csc \frac{A}{2} \csc \frac{B}{2} \geqslant \frac{4}{\sqrt{3}} \prod \cot \frac{A}{2} \geqslant \begin{Bmatrix} 2 \sum \csc \dfrac{A}{2} \\ 2 \sqrt{3} 2 \csc A \end{Bmatrix}$$

$$\geqslant \frac{9}{2} \sqrt{3} \prod \sec \frac{A}{2} \geqslant 3 \sum \sec \frac{A}{2} \sec \frac{B}{2} \qquad (3)$$

在上式中作置换，设 $\triangle ABC$ 为锐角三角形

$$(A, B, C) \rightarrow (\pi - 2A, \pi - 2B, \pi - 2C)$$

$$\Rightarrow \sum \sec A \sec B = \frac{4}{\sqrt{3}} \prod \tan A$$

$$\geqslant \begin{Bmatrix} 2 \sum \sec A \\ 2\sqrt{3} \sum \csc 2A \end{Bmatrix} \geqslant \frac{9}{2} \sqrt{3} \prod \csc A$$

$$\geqslant 3 \sum \csc A \csc B$$

$$\sum \sec 2A\sec 2B \geqslant 3 \sum \csc 2A\csc 2B$$

以上各式等号成立均仅当△ABC 为正三角形.

樱花咏

春风二月樱花艳,百态千姿映云天.
花开锦绣香冉冉,果熟珠红酸甜甜.
叶底深藏云外碧,枝头长借日边颜.
月下佳人依枝笑,多情断魂玉湖边.

2. 求极值型

求极值或最值是三角函数中常见题型,可以把它归结到三角不等式的范畴. 其实,证明不等式是向着目标打靶,而求函数极值则是寻找目标打靶!

例6 设 $\theta_i \in \mathbf{R}(i=1,2,\cdots,n;n\geqslant3)$ 满足 $\sum\limits_{i=1}^{n}\sin\theta_i=\lambda$,其中常数 $|\lambda|<n$,求 $T=\sum\limits_{1\leqslant i<j\leqslant n}\cos(\theta_i-\theta_j)$ 的最大值与最小值.

解 首先,当 $\theta_1=\theta_2=\cdots=\theta_n=\arcsin(\dfrac{\lambda}{n})$ 时

$$T_{\max}=\mathrm{C}_n^2=\frac{1}{2}n(n-1)$$

另外记 $\sum$ 表示 $\sum\limits_{1\leqslant i<j\leqslant n}$,则有

$$\left(\sum_{i=1}^{n}\sin\theta_i\right)^2+\left(\sum_{i=1}^{n}\cos\theta_i\right)^2$$

$$=\sum_{i=1}^{n}(\sin^2\theta_i+\cos^2\theta_i)+2\sum(\cos\theta_i\cos\theta_j+\sin\theta_i\sin\theta_j)$$

$$=n+2\sum\cos(\theta_i-\theta_j)=n+2T$$

$$\Rightarrow 2T=\lambda^2-n+\left(\sum_{i=1}^{n}\cos\theta_i\right)^2\geqslant\lambda^2-n$$

$$\Rightarrow T\geqslant\frac{1}{2}(\lambda^2-n)\Rightarrow T_{\min}=\frac{1}{2}(\lambda^2-n)$$

仅当 $\sum\limits_{i=1}^{n}\cos\theta_i=0$ 时取到.

注 上述解法干净利落,其成功的关键是联想到利用三角等式

$$\left(\sum_{i=1}^{n}\sin\theta_i\right)^2+\left(\sum_{i=1}^{n}\cos\theta_i\right)^2=n+2\sum\cos(\theta_i-\theta_j)$$

顺利轻松地求出了 T 的最小值,因此

$$\frac{1}{2}(\lambda^2-n)\leqslant T\leqslant\frac{1}{2}n(n-1)$$

当 $\sum\limits_{i=1}^{n} \cos \theta_i = 0$ 时,取到 $T_{\min} = \frac{1}{2}(\lambda^2 - n)$. 这一结论不仅有趣,而且耐人寻味.

例 7 设 $\triangle ABC$ 的三内角均大于 $\frac{\pi}{4}$,求 $F(A,B,C) = \sum \sin A - \sum \cos A$ 的最大值.

解 因 $A,B,C \in (\frac{\pi}{4},\pi)$,则有 $A,B,C \in (\frac{\pi}{4},\frac{\pi}{2})$,设函数

$$f(x) = \sin x - \cos x, x \in (\frac{\pi}{4},\frac{\pi}{2})$$

求导得

$$f'(x) = \sin x + \cos x$$

$$f''(x) = -\sin x + \cos x = \sqrt{2}\sin(\frac{\pi}{4} - x) < 0$$

则 $f(x)$ 在 $(\frac{\pi}{4},\frac{\pi}{2})$ 内是凹函数,于是有

$$f(A) + f(B) + f(C) \leqslant 3f(\frac{A+B+C}{3}) = 3f(\frac{\pi}{3})$$

$$= 3(\sin\frac{\pi}{3} - \cos\frac{\pi}{3}) = \frac{3}{2}(\sqrt{3} - 1)$$

$$\Rightarrow F(A,B,C) = \sum \sin A - \sum \cos A \leqslant \frac{3}{2}(\sqrt{3} - 1)$$

$$\Rightarrow F_{\max} = \frac{3}{2}(\sqrt{3} - 1)$$

仅当 $\triangle ABC$ 为正三角形时取等号.

例 8 设 $\theta \in (0,\pi)$,求函数 $f(\theta) = \sin\frac{\theta}{2} \cdot (1 + \cos \theta)$ 的最大值.

解 由 $\theta \in (0,\pi)$ 知 $f(\theta) > 0$,应用平均值不等式有

$$f^2(\theta) = 4(\sin\frac{\theta}{2})^2(\cos\frac{\theta}{2})^4$$

$$= 2 \cdot 2(\sin\frac{\theta}{2})^2(\cos\frac{\theta}{2})^2(\cos\frac{\theta}{2})^2$$

$$\leqslant 2\left(\frac{2\sin^2\frac{\theta}{2} + \cos^2\frac{\theta}{2} + \cos^2\frac{\theta}{2}}{3}\right)^3 = \frac{16}{27}$$

$$\Rightarrow f(\theta) \leqslant \frac{4\sqrt{3}}{9}$$

等号成立当且仅当 $2\sin^2\frac{\theta}{2} = \cos^2\frac{\theta}{2} \Rightarrow \theta = 2\operatorname{arccot}\sqrt{2}$,这时 $f_{\max}(\theta) = \frac{4\sqrt{3}}{9}$.

例9 已知 $\alpha,\beta \in \left[0,\dfrac{\pi}{4}\right]$，求表达式 $f(\alpha,\beta) = \sin(\alpha-\beta) + 2\sin(\alpha+\beta)$ 的最大值.

解
$$
\begin{aligned}
f(\alpha,\beta) &= \sin(\alpha-\beta) + 2\sin(\alpha+\beta) \\
&= 3\sin\alpha \cdot \cos\beta + \cos\alpha \cdot \sin\beta \\
&\leqslant \sqrt{(3\sin\alpha)^2 + \cos^2\alpha} \cdot \sqrt{\cos^2\beta + \sin^2\beta} \\
&= \sqrt{8\sin^2\alpha + 1} \leqslant \sqrt{5}
\end{aligned}
$$

等号成立当且仅当
$$
\begin{cases}
\dfrac{3\sin\alpha}{\cos\alpha} = \dfrac{\cos\beta}{\sin\beta} \\
\alpha = \dfrac{\pi}{4}
\end{cases}
$$

即当在 $\alpha = \dfrac{\pi}{4}$，$\beta = \arcsin\dfrac{\sqrt{10}}{10}$ 时，$f_{\max}(\alpha,\beta) = \sqrt{5}$.

例10 设 $x \geqslant y \geqslant z \geqslant \dfrac{\pi}{12}$，且 $x + y + z = \dfrac{\pi}{2}$，求 $f(x,y,z) = \cos x \sin y \cos z$ 的最大值和最小值.

解 由已知条件有
$$
x = \frac{\pi}{2} - (y+z) \leqslant \frac{\pi}{2} - \left(\frac{\pi}{12} + \frac{\pi}{12}\right) = \frac{\pi}{3}
$$
$$
\sin(x-y) \geqslant 0, \quad \sin(y-z) \geqslant 0
$$

于是
$$
\begin{aligned}
f(x,y,z) &= \frac{1}{3}\cos x\left[\sin(y+z) + \sin(y-z)\right] \\
&\geqslant \frac{1}{2}\cos x \sin(y+z) = \frac{1}{2}\cos^2 x \\
&\geqslant \frac{1}{2}\left(\cos\frac{\pi}{3}\right)^2 = \frac{1}{8}
\end{aligned}
$$

且当 $x = \dfrac{\pi}{3}$，$y = z = \dfrac{\pi}{12}$ 时等号成立，这时 $f_{\min}(x,y,z) = \dfrac{1}{8}$.

又
$$
\begin{aligned}
f(x,y,z) &= \frac{1}{2}\cos z\left[\sin(x+y) - \sin(x-y)\right] \\
&\leqslant \frac{1}{2}\cos z \cdot \sin(x+y) = \frac{1}{2}\cos^2 z \\
&\leqslant \frac{1}{2}\left(\cos\frac{\pi}{12}\right)^2 = \frac{1}{4}\left(1 + \cos\frac{\pi}{6}\right) = \frac{2+\sqrt{3}}{8}
\end{aligned}
$$

$$\Rightarrow f(x,y,z) \leqslant \left(\frac{1+\sqrt{3}}{4}\right)^2$$

等号成立当且仅当 $x = y = \frac{5\pi}{24}, z = \frac{\pi}{12}$,这时 $f_{\max}(x,y,z) = \left(\frac{1+\sqrt{3}}{4}\right)^2$.

综合上述有

$$\left(\frac{1+\sqrt{3}}{4}\right)^2 \geqslant f(x,y,z) \geqslant \frac{1}{8}$$

例 11 设 $0 \leqslant x \leqslant \frac{3}{2}\pi$. 当 A,B 取何值时

$$F(x) = |\cos^2 x + 2\sin x\cos x - \sin^2 x + Ax + B|$$

的最大值 M 最小?

分析 利用分类讨论的思想求 $M_{\min}$.

解 (1) $\qquad f(x) = |\sqrt{2}\sin(2x + \frac{\pi}{4}) + Ax + B|$

当 $A = B = 0$ 时

$$F(x) = \sqrt{2}\,|\sin(2x + \frac{\pi}{4})|$$

在区间 $[0, \frac{3}{2}\pi]$ 内有三点 $x_1 = \frac{\pi}{8}, x_2 = \frac{5}{8}\pi, x_3 = \frac{9}{8}\pi$,使 $f(x)$ 取到最大值

$M_f = \sqrt{2}$,下面证明 $M_{\min} = \sqrt{2}$.

(2)下面证明,对任何不同时为 0 的 A,B 有

$$\max_{0 \leqslant x \leqslant \frac{3}{2}\pi} F(x) \quad \geqslant \quad \max_{0 \leqslant x \leqslant \frac{3}{2}\pi} f(x) \quad = M_f = \sqrt{2} \qquad\qquad (1)$$

①当 $A = 0, B \neq 0$ 时,显然

$$\max_{0 \leqslant x \leqslant \frac{3}{2}\pi} F(x) \quad \geqslant \quad \max_{0 \leqslant x \leqslant \frac{3}{2}\pi} f(x) = \left|\sqrt{2}\sin(2x + \frac{\pi}{4}) + B\right|$$

所以式(1)成立.

②当 $A > 0, B \geqslant 0$ 时,因为 $f(\frac{\pi}{8}) = \sqrt{2} + \frac{\pi}{8}A + B > \sqrt{2}$,所以式(1)成立.

③当 $A > 0, B < 0$ 时,再分两种情况.

a. 若 $|B| < \frac{9\pi}{8}$,则 $\frac{9\pi}{8} + B > 0$,于是 $F(\frac{9\pi}{8}) = \left|\sqrt{2} + \frac{9\pi}{8}A + B\right| > \sqrt{2}$,这时式

(1)成立.

b. 若 $|B| \geqslant \frac{9\pi}{8}$,则 $|B| > \frac{5\pi}{8}, \frac{5\pi}{8}A + B < 0$,这时 $F(\frac{5\pi}{8}) = \left|-2 + \frac{5\pi}{8}A + B\right| >$

$\sqrt{2}$. 这时式(1)成立.

④当 $A<0,B\le 0$ 时,因为 $F(\dfrac{5\pi}{8})=|-\sqrt{2}+\dfrac{5\pi}{8}A+B|>\sqrt{2}$,所以式(1)成立.

⑤当 $A<0,B>0$ 时,再分两种情况:

a. 若 $B<-\dfrac{5\pi}{8}A$,则 $\dfrac{5\pi}{8}A+B<0$,于是 $F(\dfrac{5\pi}{8})=\left|-\sqrt{2}+\dfrac{5\pi}{8}A+B\right|>\sqrt{2}$,所以式(1)成立.

b. 若 $B\ge-\dfrac{5\pi}{8}A$,则 $B>-\dfrac{\pi}{8}A$,则 $-\dfrac{\pi}{8}A+B>0$,于是 $F(\dfrac{\pi}{8})=\left|\sqrt{2}+\dfrac{\pi}{8}A+B\right|>\sqrt{2}$,这时式(1)成立.

综合上述五种情况,所以式(1)成立.

例 12　设 $\alpha,\beta\in\mathbf{R}$,$f(x)=|\cos x+\alpha\cos 2x+\beta\cos 3x|$. 求 $M=\min\limits_{\alpha,\beta}\max\limits_{x}f(x)$.

解　显然 $f(\dfrac{\pi}{6})=\left|\dfrac{\sqrt{3}}{2}+\dfrac{\alpha}{2}\right|$,$f(\dfrac{5}{6}\pi)=\left|\dfrac{\alpha}{2}-\dfrac{\sqrt{3}}{2}\right|$. 从而

$$\max f(x)>\dfrac{1}{2}\left(\left|\dfrac{\sqrt{3}}{2}+\dfrac{\alpha}{2}\right|+\left|\dfrac{\alpha}{2}-\dfrac{\sqrt{3}}{2}\right|\right)$$

$$\ge\dfrac{1}{2}\left[\left(\dfrac{\sqrt{3}}{2}+\dfrac{\alpha}{2}\right)-\left(\dfrac{\alpha}{2}+\dfrac{\sqrt{3}}{2}\right)\right]=\dfrac{\sqrt{3}}{2}$$

于是得到 $M\ge\dfrac{\sqrt{3}}{2}$.

另外,令 $\alpha=0,\beta=-\dfrac{1}{6}$,有

$$f(x)=\left|\cos x-\dfrac{1}{6}\cos 3x\right|=\left|\dfrac{3}{2}\cos x-\dfrac{2}{3}\cos^3 x\right|$$

易知 $\max\limits_{x}f(x)=\max\limits_{0\le t\le 1}|g(t)|=\max\limits_{0\le t\le 1}g(t)$. 其中 $g(t)=\dfrac{3}{2}t-\dfrac{2}{3}t^3$,而

$$g(t)-g(\dfrac{\sqrt{3}}{2})=(t-\dfrac{\sqrt{3}}{2})\left[\dfrac{3}{2}-\dfrac{2}{3}(t^2+\dfrac{\sqrt{3}}{2}t+\dfrac{3}{4})\right]$$

所以当 $0\le t\le\dfrac{\sqrt{3}}{2}$ 时,由

$$t^2+\dfrac{\sqrt{3}}{2}t+\dfrac{3}{4}\le\dfrac{9}{4}\Rightarrow g(t)-g(\dfrac{\sqrt{3}}{2})\le 0$$

当 $\dfrac{\sqrt{3}}{2}\le t\le 1$ 时,由

$$t^2+\dfrac{\sqrt{3}}{2}t+\dfrac{3}{4}\ge\dfrac{9}{4}\Rightarrow g(t)-g(\dfrac{\sqrt{3}}{2})\le 0$$

于是得到

$$\max_x f(x) = \max_{0 \leqslant t \leqslant 1} g(t) = g\left(\frac{\sqrt{3}}{2}\right) = \frac{\sqrt{3}}{2}$$

$$\Rightarrow M \leqslant \frac{\sqrt{3}}{2} \qquad (2)$$

综合（1）和（2）两式可知 $M = \frac{\sqrt{3}}{2}$.

例 13　给定 $n \in \mathbf{N}_+$ 与 $a \in [0, n]$. 在条件 $\sum\limits_{i=1}^{n} \sin^2 x_i = a$ 下，求 $f = \left| \sum\limits_{i=1}^{n} \sin 2x_i \right|$ 的最大值.

解　由于 $\sum\limits_{i=1}^{n} \sin^2 x_i = a$，所以 $\sum\limits_{i=1}^{n} \cos 2x_i = \sum\limits_{i=1}^{n} (1 - 2\sin^2 x_i) = n - 2a$. 考虑平面上 n 个单位向量 $\overrightarrow{OP_i} = (\cos 2x_i, \sin 2x_i)$，$i = 1, 2, \cdots, n$. 由于 $\sum\limits_{i=1}^{n} |OP_i| = n$，所以

$$\left| \sum_{i=1}^{n} \overrightarrow{OP_i} \right| = \sqrt{\left(\sum_{i=1}^{n} \cos 2x_i \right)^2 + \left(\sum_{i=1}^{n} \sin 2x_i \right)^2} \leqslant n$$

$$\Rightarrow \left| \sum_{i=1}^{n} \sin 2x_i \right| \leqslant \sqrt{n^2 - (n - 2a)^2} = 2\sqrt{a(n - a)}$$

另外，若取

$$x_1 = x_2 = \cdots = x_n = \arcsin \sqrt{\frac{a}{n}}$$

则

$$\sum_{i=1}^{n} \sin^2 x_i = \sum_{i=1}^{n} \frac{a}{n} = a$$

$$\left| \sum_{i=1}^{n} \sin 2x_i \right| = \sum_{i=1}^{n} \frac{2\sqrt{a(n-a)}}{n} = 2\sqrt{a(n-a)}$$

故 $f_{\max} = 2\sqrt{a(n-a)}$.

喜观蓉城

改革东风吹心田，蓉城日夜在变迁.

幢幢华楼如春笋，处处小区似花园.

环城高桥若飞龙，奔流锦江映云天.

月下广场灯如昼，载歌载舞闹人间.

3. 整式和型

其实，三角函数本身就是超越函数，把三角不等式从外形结构进行分类，只

是相对的,如

$$\tan x = \frac{\sin x}{\cos x}, \cot x = \frac{\cos x}{\sin x}$$

$$\sec x = \frac{1}{\cos x}, \csc = \frac{1}{\sin x}$$

$$\sin 2x = \frac{2\tan x}{1 + \tan^2 x}, \cos 2x = \frac{1 - \tan^2 x}{1 + \tan^2 x}$$

即是整式,又是分式,如

$$\sin x = \sqrt{1 - \cos^2 x}, \tan x = \sqrt{\frac{1 - \cos^2 x}{1 + \cos 2x}}$$

既是有理式,又是无理式,这就是三角函数的奇异之处.

例 14 对锐角 $\triangle ABC$ 有

$$\sec A + \sec B + \sec C \geqslant \csc \frac{A}{2} + \csc \frac{B}{2} + \csc \frac{C}{2} \tag{1}$$

$$\csc A + \csc B + \csc C \geqslant \sec \frac{A}{2} + \sec \frac{B}{2} + \sec \frac{C}{2} \tag{2}$$

证明 我们设指数 $k > 0$,应用权方和不等式有

$$\sec^k B + \sec^k C = \frac{1}{\cos^k B} + \frac{1}{\cos^k C}$$

$$\geqslant \frac{2^{1+k}}{(\cos B + \cos C)^k} = \frac{2^{1+k}}{(2\sin \frac{A}{2}\cos \frac{B-C}{2})^k}$$

$$\geqslant \frac{2}{(\cos \frac{B+C}{2})^k}$$

$$\Rightarrow \sec^k B + \sec^k C \geqslant 2(\csc \frac{A}{2})^k$$

同理可得

$$\sec^k C + \sec^k A \geqslant 2(\csc \frac{B}{2})^k$$

$$\sec^k A + \sec^k B \geqslant 2(\csc \frac{C}{2})^k$$

将以上三式相加,可得

$$\sec^k A + \sec^k B + \sec^k C \geqslant (\csc \frac{A}{2})^k + (\csc \frac{B}{2})^k + (\csc \frac{C}{2})^k \tag{3}$$

取 $k = 1$ 即得式(1),等号成立当且仅当 $\triangle ABC$ 为正三角形.

同样可得

$$\csc^k A + \csc^k B + \csc^k C \geqslant (\sec \frac{A}{2})^k + (\sec \frac{B}{2})^k + (\sec \frac{C}{2})^k \tag{4}$$

取 $k = 1$ 即得式(2),等号成立当且仅当 $\triangle ABC$ 为正三角形.

注 从外形结构上讲,式(1)与式(2)互相配对. 如果设 x, y, z 为正系数,那么应用权方和不等式有

$$2 \sum \frac{x^{1+k}}{\cos^k A} \geqslant \sum \frac{(y+z)^{1+k}}{(2\sin \frac{A}{2})^k} \tag{5}$$

$$2 \sum \frac{x^{1+k}}{\sin^k A} \geqslant \sum \frac{(y+z)^{1+k}}{(2\cos \frac{A}{2})^k} \tag{6}$$

特别地,当取 $k = 1$ 时,从式(5)与式(6)可得到漂亮的推论

$$\sum \frac{x^2}{\cos A} \geqslant \sum yz\sin \frac{A}{2} \tag{7}$$

$$\sum x^2 \csc A \geqslant \sum yz\sec \frac{A}{2} \tag{8}$$

例 15 证明:对任意 $\triangle ABC$ 有

$$\sum (\sec \frac{A}{2})^4 \geqslant \frac{9}{4} \prod (\sec \frac{A}{2})^2 \tag{A}$$

分析 记 $m = \prod \sec \frac{A}{2} \geqslant (\frac{2}{\sqrt{3}})^3$,由

$$\sum (\sec \frac{A}{2})^4 \geqslant \sum (\sec \frac{B}{2}\sec \frac{C}{2})^2$$

知,须证明更强的不等式

$$\sum (\sec \frac{B}{2}\sec \frac{C}{2})^2 \geqslant \frac{9}{4}(\prod \sec \frac{A}{2})^2$$

$$\Leftrightarrow \sum (\sec \frac{A}{2})^{-2} \geqslant \frac{9}{4}$$

$$\Leftrightarrow \sum \cos A \geqslant \frac{3}{2}$$

但这与 $\sum \cos A \leqslant \frac{3}{2}$ 矛盾,说明我们刚才放缩过度,于是我们必须更新思路,调整方向.

证明 式(A)等价于

$$\sum \left(\frac{\cos \frac{B}{2}\cos \frac{C}{2}}{\cos \frac{A}{2}} \right)^2 \geqslant \frac{9}{4} \tag{1}$$

$$\Leftrightarrow \sum \frac{(\cos\frac{B+C}{2} + \cos\frac{B-C}{2})^2}{4(\cos\frac{A}{2})^2} \geqslant \frac{9}{4}$$

$$\Leftrightarrow \sum \left(\tan\frac{A}{2} + \frac{\cos\frac{B-C}{2}}{\cos\frac{A}{2}}\right)^2 \geqslant 9 \qquad (2)$$

又

$$\left(\frac{\cos\frac{B}{2}\cos\frac{C}{2}}{\cos\frac{A}{2}}\right)^2 = \left(\frac{\cos\frac{B}{2}\cos\frac{C}{2}}{\sin\frac{B+C}{2}}\right)^2$$

$$= \frac{(\cos\frac{B}{2}\cos\frac{C}{2})^2}{(\sin\frac{B}{2}\cos\frac{C}{2} + \cos\frac{B}{2}\sin\frac{C}{2})^2}$$

$$= \frac{1}{(\tan\frac{B}{2} + \tan\frac{C}{2})^2}$$

所以式(A)等价于

$$\sum \left(\tan\frac{B}{2} + \tan\frac{C}{2}\right)^{-2} \geqslant \frac{9}{4} \qquad (3)$$

作代换,令$(x,y,z) = (\tan\frac{A}{2}, \tan\frac{B}{2}, \tan\frac{C}{2})$,则$x,y,z > 0$,且$xy + yz + zx = 1$. 式(3)化为

$$\sum \frac{1}{(x+y)^2} \geqslant \frac{9}{4} \qquad (4)$$

$$\Leftrightarrow (\sum xy)\sum \frac{1}{(x+y)^2} \geqslant \frac{9}{4}$$

$$\Leftrightarrow \lambda + 3\mu \geqslant 0 \qquad (5)$$

其中

$$\begin{cases} \lambda = \sum xy(x^4 + y^4) - \sum x^2 y^2(x^2 + y^2) \\ \mu = 3xyz + \sum x^3 - \sum xy(x+y) \end{cases}$$

由于

$$\lambda = \sum xy(x-y)(x^3 - y^3)$$

$$= \sum xy(x-y)^2(x^2 + xy + y^2) \geqslant 0$$

由 3 次舒尔不等式知

$$3xyz + \sum x^3 \geqslant \sum xy(x+y) \Rightarrow \mu \geqslant 0$$

所以 $\lambda + 3\mu \geqslant 0$, 即式（5）成立. 从而逆推之式（A）成立, 等号成立当且仅当

$$x = y = z \Rightarrow \tan\frac{A}{2} = \tan\frac{B}{2} = \tan\frac{C}{2}$$

$$\Rightarrow A = B = C = \frac{\pi}{3}$$

即 $\triangle ABC$ 为正三角形.

注 我们刚才证明了

$$\sum \left(\frac{\cos\dfrac{B}{2}\cos\dfrac{C}{2}}{\cos\dfrac{A}{2}} \right)^2 = \sum \left(\tan\frac{B}{2} + \tan\frac{C}{2} \right)^{-2} \geqslant \frac{9}{4} \tag{6}$$

由于

$$\frac{1}{x+y} + \frac{1}{y+z} + \frac{1}{z+x} - \frac{5}{2} = \frac{t}{4(x+y)(y+z)(z+x)}$$

其中

$$xy + yz + zx = 1$$

$$t = 4(x+y+z-2)^2 + 3x(y+z-1)^2 + 3y(z+x-1)^2 + 3z(x+y-1)^2 + xyz > 0$$

$$\Rightarrow \sum \left(\frac{\cos\dfrac{B}{2}\cos\dfrac{C}{2}}{\cos\dfrac{A}{2}} \right) = \sum \left(\tan\frac{B}{2} + \tan\frac{C}{2} \right)^{-1} > \frac{5}{2} \tag{7}$$

所以, 式（7）是式（6）的加强.

另外, 若记 $(x,y,z) = \left(\sin\dfrac{A}{2}, \sin\dfrac{B}{2}, \sin\dfrac{C}{2} \right)$, 则有 $x^2 + y^2 + z^2 \geqslant \dfrac{3}{4}$. 应用三元均值不等式有

$$\frac{yz}{x} + \frac{zx}{y} + \frac{xy}{z} \geqslant \left[3\left(\frac{yz}{x} \cdot \frac{zx}{y} + \frac{zx}{y} \cdot \frac{xy}{z} + \frac{xy}{z} \cdot \frac{yz}{x} \right) \right]^{\frac{1}{2}}$$

$$= \sqrt{3(x^2 + y^2 + z^2)} \geqslant \frac{3}{2}$$

$$\Rightarrow \sum \left(\frac{\sin\dfrac{B}{2}\sin\dfrac{C}{2}}{\sin\dfrac{A}{2}} \right) \geqslant \frac{3}{2} \tag{8}$$

等号成立当且仅当 $x = y = z = \dfrac{\sqrt{3}}{3}$, 即 $\triangle ABC$ 为正三角形.

显然式（7）与式（8）天生一对, 地配一双!

例 16 设 $k \geqslant 0$, 则对任意 $\triangle ABC$ 有

$$\sum \left(\cot \frac{B}{2} \cot \frac{C}{2} \right)^k \geqslant 9^k \sum \left(\tan \frac{B}{2} \tan \frac{C}{2} \right)^k \qquad (A)$$

上面一系列三角不等式"如诗如画如歌舞,似星似月似彩云".美得令人陶醉,令人神往.确实千娇百媚的数学公主如花似玉,貌若天仙,亭亭玉立,楚楚动人,我们为她歌唱,为她起舞,为她干杯!我们真想拥抱她,亲吻她,用心去爱护她!

证明 我们先证明更广泛的问题:

设 $x_i \in (0, n)$ $(1 \leqslant i \leqslant n; n \geqslant 2)$,且满足 $\sum\limits_{i=1}^{n} x_i = n, k \geqslant 0$,则

$$\sum_{i=1}^{n} x_i^{-k} \geqslant \sum_{i=1}^{n} x_i^{k} \qquad (B)$$

当 $k = 0$ 时,式(B)显然成立.

当 $k > 0$ 时,构造函数 $f(x) = x^{-k} - x^k, x \in (0, 1)$,求导得

$$f'(x) = -k(x^{-(1+k)} + x^{k-1}) < 0$$

$$f''(x) = kx^{-(k+2)} \cdot [k + 1 - (k-1)x^{2k}]$$

所以 $f(x)$ 在区间 $(0, n)$ 内是减函数.

当 $k = 1$ 时,$f''(x) = \dfrac{2}{x^3} > 0$,这时 $f(x)$ 在 $(0, n)$ 内是凸函数,有

$$\sum_{i=1}^{n} f(x_i) \geqslant nf\left(\frac{\sum\limits_{i=1}^{n} x_i}{n} \right) = nf(1) = 0$$

$$\Rightarrow \sum_{i=1}^{n} \frac{1}{x_i} \geqslant \sum_{i=1}^{n} x_i$$

这时式(B)成立.

当 $0 < k < 1$ 时,$f''(x) = \dfrac{k}{x^{k+2}}[k + 1 + (1-k)x^{2k}] > 0$.

这时 $f(x)$ 在 $(0, n)$ 内是凸函数,有

$$\sum_{i=1}^{n} f(x_i) \geqslant nf\left(\frac{\sum\limits_{i=1}^{n} x_i}{n} \right) = nf(1) = 0$$

$$\Rightarrow \sum_{i=1}^{n} x_i^{-k} \geqslant \sum_{i=1}^{n} x_i^{k}$$

这时式(B)成立.

当 $k > 1$ 时,欲让 $f(x)$ 在 $(0, n)$ 内是凸函数,必须

$$f''(x) > 0 \Rightarrow 0 < x < \left(\frac{k+1}{k-1} \right)^{\frac{1}{2k}} \qquad (2)$$

事实上,若记

$$P(k) = (\frac{k+1}{k-1})^{\frac{1}{2k}} \quad (k > 1)$$

则

$$T(k) = \ln P(k) = \frac{\ln(k+1) - \ln(k-1)}{2k}$$

求导得 $T'(k) = -\frac{1}{2k^2}\left(\frac{2k}{k^2-1} + \ln\frac{k+1}{k-1}\right) < 0$,即 $T(k)$ 是减函数,从而 $P(k)$ 也是减函数.

特别地,当 $k \to 1$ 时,$P(k) \to +\infty$,当 $k \to +\infty$ 时,$P(k) \to 1$.

因此,当 $0 < x < (\frac{k+1}{k-1})^{\frac{1}{2k}}$ 时,$f(x)$ 为凸函数,有

$$\sum_{i=1}^{n} f(x_i) \geqslant nf\left(\frac{\sum_{i=1}^{n} x_i}{n}\right) = nf(1) = 0$$

$$\Rightarrow \sum_{i=1}^{n} \frac{1}{x_i^{k}} \geqslant \sum_{i=1}^{n} x_i^{k}$$

这时式(B)成立. 等号成立当且仅当 $x_1 = x_2 = \cdots = x_n = 1$.

在式(B)中取 $n = 3, x_1 = x, x_2 = y, x_3 = z$,得

$$x + y + z = 3$$
$$x^{-k} + y^{-k} + z^{-k} \geqslant x^k + y^k + z^k$$

令 $x = 3\tan\frac{B}{2}\tan\frac{C}{2}, y = 3\tan\frac{C}{2}\tan\frac{A}{2}, z = 3\tan\frac{A}{2}\tan\frac{B}{2}$. 因此我们现在得到结论:

当 $0 \leqslant k \leqslant 1$ 时,对于任意 $\triangle ABC$,式(A)成立.

当 $k > 1$ 时,必须

$$\max\left\{\tan\frac{A}{2}, \tan\frac{B}{2}, \tan\frac{C}{2}\right\} < \frac{1}{\sqrt{3}}\left(\frac{k+1}{k-1}\right)^{\frac{1}{4k}}$$

式(A)成立,且式(A)等号成立当且仅当 $\triangle ABC$ 为正三角形.

例 17 设 $x \in (0, \pi)$,则对一切 $n \in \mathbf{N}_+$,均有 $\sum\limits_{k=1}^{n} \frac{\sin(2k-1)x}{2k-1} > 0$.

证明 令 $f(x) = \sum\limits_{k=1}^{n} \frac{\sin(2k-1)x}{2k-1}$,利用 $2\sin x\sin(2k-1)x = \cos(2k-2)x - \cos 2kx$,得

$$2f(x)\sin x = \sum_{k=1}^{n}\left(\frac{\cos(2k-2)x - \cos 2kx}{2k-1}\right)$$

95

$$= 1 - \left(1 - \frac{1}{3}\right)\cos 2x - \left(\frac{1}{3} - \frac{1}{5}\right)\cos 4x -$$

$$\left(\frac{1}{5} - \frac{1}{7}\right)\cos 6x - \cdots - \left(\frac{1}{2n-3} - \frac{1}{2n-1}\right) \cdot$$

$$\cos(2n-2)x - \frac{\cos 2nx}{2n-1}$$

$$\geqslant 1 - \left[\left(1 - \frac{1}{3}\right) + \left(\frac{1}{3} - \frac{1}{5}\right) + \cdots +\right.$$

$$\left.\left(\frac{1}{2n-3} - \frac{1}{2n-1}\right) + \frac{1}{2n-1}\right] = 0$$

等号成立当且仅当 $\cos 2kx = 1(k = 1,2,\cdots,n)$. 但因 $0 < x < \pi$, 故 $\cos 2x \neq 1$, 于是得

$$f(x)\sin x > 0 \Rightarrow f(x) > 0$$

例 18 设 $n \in \mathbf{N}_+$, 求证

$$\sum_{k=1}^{3n} |\sin k| > \frac{8}{5}n$$

证明 令 $f(x) = |\sin x| + |\sin(x+1)| + |\sin(x+2)|$, 我们只需证明对任意 $x \in \mathbf{R}$ 有

$$f(x) > \frac{8}{5} \tag{1}$$

由于 $f(x)$ 是以 π 为周期的周期函数, 所以我们只须证明对于 $x \in [0, \pi]$ 式(1)成立.

当 $0 \leqslant x \leqslant \pi - 2$ 时

$$f(x) = \sin x + \sin(x+1) + \sin(x+2)$$

由于 $1 \leqslant x + 1$, 且 $1 \leqslant \pi - (x+1)$, 所以 $\sin 1 \leqslant \sin(x+1)$.

又 $\sin x + \sin(x+2) = 2\sin(x+1)\cos 1 > 2\sin(x+1)\cos\frac{\pi}{3} = \sin(x+1) \geqslant$

$\sin 1$. 从而 $f(x) > 2\sin 1$.

当 $\pi - 2 < x \leqslant \pi - 1$ 时

$$f(x) = \sin x + \sin(x+1) - \sin(x+2)$$

显然 $\sin x \geqslant \sin 1$, 由

$$\sin(x+1) - \sin(x+2) = -2\sin\frac{1}{2} \cdot \cos\left(x + \frac{3}{2}\right)$$

以及 $\pi - \frac{1}{2} < x + \frac{3}{2} \leqslant \pi + \frac{1}{2}$, 可得

$$\sin(x+1) - \sin(x+2) \geqslant 2\sin\frac{1}{2}\cos\frac{1}{2} = \sin 1$$

所以 $f(x) \geqslant 2\sin 1$.

当 $\pi - 1 < x \leqslant \pi$ 时

$$f(x) = \sin x + \sin(x+1) - \sin(x+2)$$

因为 $\pi + 1 < x + 2 \leqslant \pi + 2$,所以 $-\sin(x+2) > \sin 1$.

又 $\sin x - \sin(x+1) = -2\sin\dfrac{1}{2}\cos\left(x+\dfrac{1}{2}\right)$,以及 $\pi - \dfrac{1}{2} < x + \dfrac{1}{2} \leqslant \pi + \dfrac{1}{2}$,

从而

$$\sin x - \sin 1(x+1) \geqslant 2\sin\frac{1}{2}\cos\frac{1}{2} = \sin 1$$

于是 $f(x) > 2\sin 1$,所以 $\forall x \in \mathbf{R}$ 有

$$\sum_{k=1}^{3n} |\sin k| = \sum_{k=1}^{n} |f(k)| > 2n\sin 1$$

$$> 2n\sin 54° = \left(\frac{1+\sqrt{5}}{4}\right) \cdot 2n > \frac{4}{5} \cdot 2n$$

$$\Rightarrow \sum_{k=1}^{3n} |\sin k| > \frac{8}{5}n$$

注 对于含绝对值符号或含根号的不等式,必须注意应用分类讨论思想,分段或分区间进行讨论,才能去掉绝对值符号或破解根号. 往下才能前进!

例 19 设 $n \in \mathbf{N}_+$,$a_i \in \mathbf{R}(1 \leqslant i \leqslant n)$,$f(x) = \sum_{k=1}^{n} a_k\sin kx$,如果对所有实数 x 有 $|f(x)| \leqslant |\sin x|$. 求证:$\left| \sum_{k=1}^{n} ka_k \right| \leqslant 1$.

证明 令 $M = |a_1| + |a_2| + \cdots + |a_n|$,对于 $k \in \mathbf{N}_+$ $(1 \leqslant k \leqslant n)$. 由于 $\lim\limits_{x\to 0}\dfrac{\sin kx}{\sin x} = k$,故存在 $\varepsilon > 0$. 使 $\left|\dfrac{\sin kx}{\sin x} - k\right| < \dfrac{\varepsilon}{M}$,且存在 $x \in \mathbf{R}$,使 $\sin x \neq 0$,其中 $k = 1, 2, \cdots, n$,由此可得

$$1 \geqslant \left|\frac{f(x)}{\sin x}\right| = \left|\sum_{k=1}^{n}\frac{a_k\sin kx}{\sin x}\right|$$

$$= \left|\sum_{k=1}^{n} ka_k - \sum_{k=1}^{n}\left(\frac{\sin kx}{\sin x} - k\right)a_k\right|$$

$$\geqslant \left|\sum_{k=1}^{n} ka_k\right| - \sum_{k=1}^{n}\left|\frac{\sin kx}{\sin x} - k\right||a_k|$$

$$\geqslant \left|\sum_{k=1}^{n} ka_k\right| - \sum_{k=1}^{n}\left(\frac{\varepsilon}{M}|a_k|\right)$$

$$> \left|\sum_{k=1}^{n} ka_k\right| - \varepsilon$$

97

由 ε 的任意性可知,当 $\varepsilon \to 0$ 时,$\left| \sum\limits_{k=1}^{n} ka_k \right| \leqslant 1$.

例 20 设 $\theta \in \mathbf{R}$,求证

$$5 + 8\cos\theta + 4\cos 2\theta + \cos 3\theta \geqslant 0$$

证明

$$
\begin{aligned}
& 5 + 8\cos\theta + 4\cos 2\theta + \cos 3\theta \\
& = 5 + 8\cos\theta + 4(2\cos^2\theta - 1) + (4\cos^3\theta - 3\cos\theta) \\
& = 1 + 5\cos\theta + 8\cos^2\theta + 4\cos^3\theta \\
& = 1 + \cos\theta + 4\cos\theta(1 + \cos\theta)^2 \\
& = (1 + \cos\theta)(1 + 2\cos\theta)^2 \geqslant 0
\end{aligned}
$$

即结论成立. 等号成立当且仅当 $\cos\theta = -1$ 或 $-\dfrac{1}{2}$.

例 21 设 $g(\theta) = \lambda_1 \cos\theta + \lambda_2 \cos 2\theta + \cdots + \lambda_n \cos n\theta$,其中 $\lambda_1, \lambda_2, \cdots, \lambda_n, \theta$ 均为实数,若对一切实数 θ,恒有 $g(\theta) \geqslant -1$,求证:$\lambda_1 + \lambda_2 + \cdots + \lambda_n \leqslant n$.

解析 令 $\theta_k = \dfrac{2k\pi}{n+1}$,$k = 0, 1, \cdots, n$,则有

$$\sum_{k=0}^{n} \cos m\theta_k = \sum_{k=0}^{n} \sin m\theta_k = 0 \,(m - 0, 1, \cdots, n) \qquad (1)$$

这是因为

$$\sum_{k=0}^{n} \mathrm{e}^{im\theta_k} = \frac{1 - \mathrm{e}^{im \cdot 2\pi}}{1 - \mathrm{e}^{im \cdot \theta_1}} = 0$$

$$\Rightarrow \sum_{k=1}^{n} (\cos\theta_k + i\sin\theta_k)^m$$

$$= \sum_{k=1}^{n} \cos m\theta_k + i \sum_{k=1}^{n} \sin m\theta_k = 0$$

$$\Rightarrow \sum_{k=0}^{n} \cos m\theta_k = \sum_{k=0}^{n} \sin m\theta_k = 0$$

由已知有

$$
\begin{aligned}
& g(0) + g(\theta_1) + g(\theta_2) + \cdots + g(\theta_n) \\
& = \lambda_1(\cos 0 + \cos\theta_1 + \cdots + \cos\theta_n) + \\
& \quad \lambda_2(\cos 0 + \cos 2\theta_1 + \cdots + \cos 2\theta_n) + \cdots + \\
& \quad \lambda_n(\cos 0 + \cos n\theta_1 + \cdots + \cos n\theta_n) = 0
\end{aligned}
$$

由 $\quad g(\theta) \geqslant -1 \Rightarrow g(\theta_k) \geqslant -1 \quad (1 \leqslant k \leqslant n)$

$$\Rightarrow \lambda_1 + \lambda_2 + \cdots + \lambda_n = g(0)$$

$$= -[g(\theta_1) + g(\theta_2) + \cdots + g(\theta_n)] \leqslant n$$

迎春诗（笔者）

岁岁诗成意恋恋，蜡梅芬芳醉华笺.

旭日灿烂映朝霞，夕阳光辉烧晚天.

琼楼繁华灯胜火，庭院春风柳含烟.

伟业绵绣花千树，挥毫风骚又一年.

4. 整式积型

例 22　设 $\triangle ABC$ 为锐角三角形，证明

$$(\tan A + 1)(\tan B + 1)(\tan C + 1) \geqslant (1 + \sqrt{3})^3 \tag{1}$$

证明　因为 $\triangle ABC$ 为锐角三角形，则 $\tan A, \tan B, \tan C$ 均为正数，应用平均值不等式和三角恒等式有

$$\tan A \tan B \tan C = \tan A + \tan B + \tan C$$

$$\geqslant 3 \sqrt[3]{\tan A \tan B \tan C}$$

$$\Rightarrow \tan A \tan B \tan C \geqslant (\sqrt{3})^3 \text{（利用赫尔德不等式）}$$

$$\Rightarrow (\tan A + 1)(\tan B + 1)(\tan C + 1)$$

$$\geqslant (\sqrt[3]{\tan A \tan B \tan C} + 1)^3$$

$$\geqslant (\sqrt{3} + 1)^3$$

即式（1）成立，等号成立当且仅当 $\triangle ABC$ 为正三角形.

注　对中学生而言，式（1）是一个比较好的三角不等式，其实，如果设 $\alpha, \beta, \gamma, \lambda > 0$ 满足 $\alpha + \beta + \gamma = 3$，那么应用加权不等式和赫尔德不等式，不难将式（1）推广为

$$(\tan A + \lambda)^\alpha \cdot (\tan B + \lambda)^\beta \cdot (\tan C + \lambda)^\gamma \geqslant [f(\alpha, \beta, \gamma) + \lambda]^3 \tag{2}$$

其中 $f(\alpha, \beta, \gamma)$ 是关于 α, β, γ 的代数表达式.

我们把外形结构形如式（1）的不等式称为"整式积型三角不等式"，这方面的不等式较多.

例 23　设 x, y, z 为正数，且满足 $x + y + z = 1$，对于 $\triangle ABC$，证明

$$(1 + \sin A)^x \cdot (1 + \sin B)^y \cdot (1 + \sin C)^z \leqslant 1 + \frac{3}{2}\sqrt{x^2 + y^2 + z^2} \tag{1}$$

证明　我们以后将证明

$$\sin^2 A + \sin^2 B + \sin^2 C \leqslant \frac{9}{4}$$

其实，在不等式

$$\cos 2A + \cos 2B + \cos 2C \geqslant -\frac{3}{2}$$

$$\Rightarrow (1 - 2\sin^2 A) + (1 - 2\sin^2 B) + (1 - 2\sin^2 C) \geqslant -\frac{3}{2}$$

$$\Rightarrow \sin^2 A + \sin^2 B + \sin^2 C \leqslant \frac{9}{4}$$

再利用加权不等式和柯西不等式有

$$\prod (1 + \sin A)^x \leqslant \sum x(1 + \sin A)$$

$$= \sum x + \sum x \sin A = 1 + \sum x \sin A$$

$$\leqslant 1 + \sqrt{\left(\sum x^2 \right) \left(\sum \sin^2 A \right)}$$

$$\leqslant 1 + \frac{3}{2} \sqrt{\sum x^2}$$

$$\Rightarrow \prod (1 + \sin A)^x \leqslant 1 + \frac{3}{2} \sqrt{\sum x^2}$$

即式(1)成立,等号成立当且仅当 $x = y = z = \frac{1}{3}$,且 $\triangle ABC$ 为正三角形.

例 24 设 x, y, z 为正数,满足 $x + y + z = 1$,对任意 $\triangle ABC$ 有

$$(1 + \csc A)^x \cdot (1 + \csc B)^y (1 + \csc C)^z \geqslant 1 + \frac{2}{3 \sqrt{x^2 + y^2 + z^2}} \tag{1}$$

证明 利用赫尔德不等式有

$$\prod (1 + \csc A)^x \geqslant 1 + \prod (\csc A)^x = 1 + \frac{1}{\prod (\sin A)^x} \tag{2}$$

又

$$\prod (\sin A)^x \leqslant \sum x \sin A \leqslant \sqrt{\left(\sum x^2 \right) \left(\sum \sin^2 A \right)}$$

$$\leqslant \frac{3}{2} \sqrt{\sum x^2}$$

$$\Rightarrow \prod (1 + \csc A)^x \geqslant 1 + \frac{2}{3 \sqrt{\sum x^2}}$$

即式(1)成立,等号成立当且仅当 $x = y = z = \frac{1}{3}$,且 $\triangle ABC$ 为正三角形.

例 25 设 $\triangle ABC$ 为任意三角形,证明

$$\left(\tan \frac{A}{2} + \cot \frac{B}{2} \right) \left(\tan \frac{B}{2} + \cot \frac{C}{2} \right) \left(\tan \frac{C}{2} + \cot \frac{A}{2} \right) \geqslant \left(\frac{4}{\sqrt{3}} \right)^3 \tag{1}$$

证明 我们简记 $t = \left(\prod \tan \frac{A}{2} \right)^{\frac{1}{3}} \leqslant \left(\frac{1}{\sqrt{3}} \right)$,利用赫尔德不等式有

$$\prod \left(\tan \frac{A}{2} + \cot \frac{B}{2} \right) \geqslant \left(\sqrt[3]{\prod \tan \frac{A}{2}} + \sqrt[3]{\prod \cot \frac{A}{2}} \right)^3$$

$$= \left(t + \frac{1}{t} \right)^3 = \left(t + \frac{1}{3t} \times 3 \right)^3$$

$$\geqslant \left\{ (3+1) \cdot \left[t \cdot \left(\frac{1}{3t} \right)^3 \right]^{\frac{1}{4}} \right\}^3$$

$$= (4 \cdot 3^{-\frac{3}{4}} \cdot t^{-\frac{1}{2}})^3 \geqslant (4 \cdot 3^{-\frac{3}{4}} \cdot 3^{-\frac{1}{4}})^3$$

$$\Rightarrow \prod \left(\tan \frac{A}{2} + \cot \frac{B}{2} \right) \geqslant \left(\frac{4}{\sqrt{3}} \right)^3$$

等号成立当且仅当 $\triangle ABC$ 为正三角形.

注 上述优美不等式的证明主要是应用赫尔德不等式,加权不等式、柯西不等式及平均值不等式与琴生不等式,因此,若要解答或创编这些三角不等式,必须将它们熟练掌握,灵活应用,有机调控,就能让它们绽放出灿烂的花朵.

对于本题,还可从两个方向推广它

$$P = \left(\lambda \tan \frac{A}{2} + \mu \cot \frac{A}{2} \right)^{\alpha} \cdot \left(\lambda \tan \frac{B}{2} + \mu \cot \frac{B}{2} \right)^{\beta} \cdot \left(\lambda \tan \frac{C}{2} + \mu \cot \frac{C}{2} \right)^{\gamma} \geqslant m \cdot k$$

其中 λ,μ 为正参数,正指数 α,β,γ 满足 $\alpha+\beta+\gamma=1$(也可以为 3),k 与 m 分别是关于 λ,μ 与 α,β,γ 的代数表达式.

例 26 对任意 $\triangle ABC$,求证

$$P = \left(3\tan^2 \frac{A}{2} + 2 \right) \left(3\tan^2 \frac{B}{2} + 2 \right) \left(3\tan^2 \frac{C}{2} + 2 \right) \geqslant 27 \qquad (1)$$

分析 注意到当 $\triangle ABC$ 为正三角形时,式(1)等号成立,如果直接应用赫尔德不等式,有

$$P = \prod \left(3\tan^2 \frac{A}{2} + 2 \right) \geqslant \left[3 \left(\prod \tan \frac{A}{2} \right)^{\frac{2}{3}} + 2 \right]^3$$

但是

$$\prod \tan \frac{A}{2} \leqslant \left(\frac{\sqrt{3}}{3} \right)^3$$

可见此路不通!

若我们重新调整思路,仍然应用赫尔德不等式,有

$$P = \left(3\tan^2 \frac{A}{2} + 1 + 1 \right) \left(1 + 3\tan^2 \frac{B}{2} + 1 \right) \left(1 + 1 + 3\tan^2 \frac{C}{2} \right)$$

$$\geqslant \left(\sqrt[3]{3\tan^2 \frac{A}{2}} + \sqrt[3]{3\tan^2 \frac{B}{2}} + \sqrt[3]{3\tan^2 \frac{C}{2}} \right)^3$$

$$= 3 \left(\sqrt[3]{\tan^2 \frac{A}{2}} + \sqrt[3]{\tan^2 \frac{B}{2}} + \sqrt[3]{\tan^2 \frac{C}{2}} \right)^3 \qquad (2)$$

可见,若要继续前进,就必须证明

$$\sqrt[3]{\tan^2 \frac{A}{2}} + \sqrt[3]{\tan^2 \frac{B}{2}} + \sqrt[3]{\tan^2 \frac{C}{2}} \geqslant \frac{3}{\sqrt[3]{3}} = \sqrt[3]{9}$$

然而,上式是否成立,还有待研究,因此这种思路是否行得通,目前尚不得而知.

于是,我们利用代换法进行尝试.

证明 我们作代换,令 $\alpha,\beta,\gamma \in (0,\dfrac{\pi}{2})$,且

$$\left(3\tan^2\frac{A}{2},3\tan^2\frac{B}{2},3\tan^2\frac{C}{2}\right)$$

$$= (2\tan^2\alpha,2\tan^2\beta,2\tan^2\gamma)$$

$$\Rightarrow (\tan\alpha,\tan\beta,\tan\gamma)$$

$$= \left(\sqrt{\frac{3}{2}}\tan\frac{A}{2},\sqrt{\frac{3}{2}}\tan\frac{B}{2},\sqrt{\frac{3}{2}}\tan\frac{C}{2}\right)$$

$$\Rightarrow \sum \tan\beta\tan\gamma = \frac{3}{2}\sum \tan\frac{B}{2}\tan\frac{C}{2} = \frac{3}{2}$$

再利用公式 $1 + \tan^2\theta = \dfrac{1}{\cos^2\theta}$,将式(1)化为

$$8(1 + \tan^2\alpha)(1 + \tan^2\beta)(1 + \tan^2\gamma)$$

$$\geqslant 18(\tan\alpha\tan\beta + \tan\beta\tan\gamma + \tan\gamma\tan\alpha)$$

$$\Leftrightarrow \frac{4}{9} \geqslant (\prod \cos\alpha)(\sum \cos\alpha\sin\beta\sin\gamma) \tag{3}$$

因为 $\cos(\alpha + \beta + \gamma) = \cos\alpha\cos\beta\cos\gamma - \sum \cos\alpha\sin\beta\sin\gamma \tag{4}$

所以式(3)等价于

$$\frac{4}{9} \geqslant (\prod \cos\alpha)\left[\prod \cos\alpha - \cos(\alpha + \beta + \gamma)\right] \tag{5}$$

设 $\theta = \dfrac{1}{3}(\alpha + \beta + \gamma)$,且

$$\prod \cos\alpha \leqslant \left(\frac{\sum \cos\alpha}{3}\right)^3 \leqslant \cos^3\theta$$

所以要证式(5),只需证明更强的

$$\frac{4}{9} \geqslant \cos^3\theta(\cos^3\theta - \cos 3\theta) \tag{6}$$

利用倍角公式

$$\cos 3\theta = 4\cos^3\theta - 3\cos\theta$$

有 $\quad \cos^3\theta(\cos^3\theta - \cos 3\theta) = 3\cos^4\theta(1 - \cos^2\theta)$

$$= \frac{3}{2}\cdot\cos^2\theta\cdot\cos^2\theta(2 - 2\cos^2\theta)$$

$$\leqslant \frac{3}{2}\cdot\left[\frac{\cos^2\theta + \cos^2\theta + (2 - 2\cos^2\theta)}{3}\right]^3$$

$$= \frac{3}{2}\left(\frac{2}{3}\right)^3 = \frac{4}{9}$$

这表明式(6)成立,于是逆推式(1)成立,等号成立当且仅当 $\alpha = \beta = \gamma = \theta$,且

$$\cos^2\theta = 2 - 2\cos^2\theta \Rightarrow \cos^2\theta = \frac{2}{3}$$

$$\Rightarrow \sin^2\theta = \frac{1}{3} \Rightarrow \tan^2\theta = \frac{1}{2}$$

$$\Rightarrow \tan^2\frac{A}{2} = \tan^2\frac{B}{2} = \tan^2\frac{C}{2} = \frac{2}{3}\tan^2\theta = \frac{1}{3}$$

$$\Rightarrow A = B = C = \frac{\pi}{3}$$

注 上述代换法是很巧妙的,充分展现了数学的变幻美,运动美,奇异美,趣味美.

(1)其实,只要我们足智多谋,就能"智取威虎山",巧妙地将优美的不等式(1)加强为

$$P = \left(3\tan^2\frac{A}{2} + 2\right)\left(3\tan^2\frac{B}{2} + 2\right)\left(3\tan^2\frac{C}{2} + 2\right)$$

$$\geqslant 9\left(\tan\frac{A}{2} + \tan\frac{B}{2} + \tan\frac{C}{2}\right)^2 \geqslant 27 \tag{7}$$

难道,这是天方夜谭,这是人间奇迹吗?

证明:我们作代换,令

$$(x,y,z) = \left(\sqrt{3}\tan\frac{A}{2}, \sqrt{3}\tan\frac{B}{2}, \sqrt{3}\tan\frac{C}{2}\right)$$

于是,只需证明

$$(x^2 + 2)(y^2 + 2)(z^2 + 2) \geqslant 3(x + y + z)^2 \tag{8}$$

因为

$$(y - z)^2 + 2(yz - 1)^2 \geqslant 0$$

$$\Rightarrow (y^2 + 2)(z^2 + 2) \geqslant 3\left[1 + \frac{(y+z)^2}{2}\right]$$

$$\Rightarrow (x^2 + 2)(y^2 + 2)(z^2 + 2)$$

$$\geqslant (x^2 + 2)\left[1 + \frac{(y+z)^2}{2}\right] \geqslant (x + y + z)^2$$

(应用柯西不等式)

即式(1)成立. 等号成立当且仅当

$$\begin{cases} y = z \\ yz = 1 \\ x^2 = \left(\dfrac{2}{y+z}\right)^2 \end{cases} \Rightarrow x = y = z = 1$$

$$\Rightarrow \tan\frac{A}{2} = \tan\frac{B}{2} = \tan\frac{C}{2} = \frac{\sqrt{3}}{3}$$

$$\Rightarrow A = B = C = \frac{\pi}{3}$$

即 $\triangle ABC$ 为正三角形.

（2）上述证法自然巧妙，简洁轻松，真是"四两拨千斤"，更令人惊喜的是，我们还有更强式

$$P = \left(3\tan^2\frac{A}{2} + 2\right)\left(3\tan^2\frac{B}{2} + 2\right)\left(3\tan^2\frac{C}{2} + 2\right)$$

$$\geqslant 9\left(\sum \tan\frac{A}{2}\right)^2 + \frac{3}{2}\sum \left(\tan\frac{B}{2} - \tan\frac{C}{2}\right)^2 \tag{9}$$

可见，这真是大千世界，无奇不有.

证明：令 $(x, y, z) = \left(\sqrt{3}\tan\frac{A}{2}, \sqrt{3}\tan\frac{B}{2}, \sqrt{3}\tan\frac{C}{2}\right)$，则 $yz + zx + xy = 3$. 于是式（9）化为

$$\prod (x^2 + 2) \geqslant 3\left(\sum x\right)^2 + \frac{1}{2}\sum (y - z)^2 \tag{10}$$

$$\Leftrightarrow \prod (x^2 + 2) \geqslant 4\sum x^2 + 5\sum yz \tag{11}$$

$$\Leftrightarrow 0 \leqslant 8 - 5\sum yz + 2\sum y^2 z^2 + (xyz)^2$$

$$= \frac{8}{9}\left(3 - \sum yz\right)^2 + Q(x, y, z)$$

其中

$$Q(x, y, z) = (xyz)^2 + \frac{2}{9}\left(5\sum y^2 z^2 - 8xyz\sum x\right) + 13\sum yz$$

$$= \left(xyz + \frac{5}{9}\sum yz - \frac{8}{9}\sum x\right)^2 +$$

$$\frac{5}{81}\left(\sum \frac{yz}{x} - \sum x\right)\left(8\sum x - 5\sum \frac{yz}{x}\right) +$$

$$\frac{1}{27}\left[5\sum x^2\left(\frac{y}{z} + \frac{z}{y}\right) - 8\sum x^2 - 2\sum yz\right] \geqslant 0$$

等号成立当且仅当 $x = y = z = 1$.

故乡秋望（一）（笔者）

曲溪似带绕故乡，岭上秋风雁几行.

碧水扬波竹林秀，梯田卷浪稻金黄.

村女农夫山歌起，夕阳横空树影长.

两岸琼楼摩天立，彩云飘飞映秋光.

5. 有理分式和型三角不等式

例 27　对任意 $\triangle ABC$, 求证

$$\frac{\sin B \sin C}{1 + \cos A} + \frac{\sin C \sin A}{1 + \cos B} + \frac{\sin A \sin B}{1 + \cos C} +$$

$$\tan^2 \frac{A}{2} + \tan^2 \frac{B}{2} + \tan^2 \frac{C}{2} \geqslant \frac{5}{2} \tag{A}$$

如果一个三角不等式的外形结构是由有理分式之和构成, 我们称之为"有理分式和型三角不等式", 如式(A)就是一个很好的例子.

分析　虽然式(A)左边的结构庞大复杂, 但只要我们有信心, 灵活应用相关的三角公式, 并巧妙进行代换, 就能打开突破口, 获得转机, 就可漂洋过海到达成功的彼岸!

证明　注意到

$$\frac{\sin B \sin C}{1 + \cos A} + \tan^2 \frac{A}{2} = \frac{\sin B \sin C}{2 \left(\cos \frac{A}{2} \right)^2} + \frac{\left(\sin \frac{A}{2} \right)^2}{\left(\cos \frac{A}{2} \right)^2}$$

$$= \frac{\sin B \sin C}{2 \left(\cos \frac{A}{2} \right)^2} + \frac{\left(\cos \frac{B+C}{2} \right)^2}{\left(\cos \frac{A}{2} \right)^2}$$

$$= \left(\sec \frac{A}{2} \right)^2 \left[\frac{1}{2} \sin B \sin C + \left(\cos \frac{B}{2} \cos \frac{C}{2} - \sin \frac{B}{2} \sin \frac{C}{2} \right)^2 \right]$$

$$= \left(\sec \frac{A}{2} \right)^2 \left[\left(\cos \frac{B}{2} \cos \frac{C}{2} \right)^2 + \left(\sin \frac{B}{2} \sin \frac{C}{2} \right)^2 \right]$$

$$= \left(\frac{\cos \frac{B}{2} \cos \frac{C}{2}}{\cos \frac{A}{2}} \right)^2 \left[1 + \left(\frac{\sin \frac{B}{2} \sin \frac{C}{2}}{\cos \frac{B}{2} \cos \frac{C}{2}} \right)^2 \right]$$

$$= \left(\frac{\cos \frac{B}{2} \cos \frac{C}{2}}{\sin \frac{B+C}{2}} \right)^2 \left[1 + \left(\tan \frac{B}{2} \tan \frac{C}{2} \right)^2 \right]$$

$$= \left(\frac{\cos \frac{B}{2} \cos \frac{C}{2}}{\sin \frac{B}{2} \cos \frac{C}{2} + \cos \frac{B}{2} \sin \frac{C}{2}} \right)^2 \left[1 + \left(\tan \frac{B}{2} \tan \frac{C}{2} \right)^2 \right]$$

$$= \frac{1 + \left(\tan \frac{B}{2} \tan \frac{C}{2} \right)^2}{\left(\tan \frac{B}{2} + \tan \frac{C}{2} \right)^2}$$

$$\Rightarrow \frac{\sin B \sin C}{1 + \cos A} + \tan^2 \frac{A}{2} = \frac{1 + (\tan \frac{B}{2} \tan \frac{C}{2})^2}{(\tan \frac{B}{2} + \tan \frac{C}{2})^2}$$

因此,式(A)等价于

$$\sum \frac{1 + (\tan \frac{B}{2} \tan \frac{C}{2})^2}{(\tan \frac{B}{2} + \tan \frac{C}{2})^2} \geq \frac{5}{2} \tag{1}$$

现在,我们作代换,令

$$(x, y, z) = (\tan \frac{A}{2}, \tan \frac{B}{2}, \tan \frac{C}{2})$$

则 $x, y, z > 0$,且 $yz + zx + xy = 1$.

这样式(1)即式(A)又等价于

$$\frac{1 + (yz)^2}{(y+z)^2} + \frac{1 + (zx)^2}{(z+x)^2} + \frac{1 + (xy)^2}{(x+y)^2} \geq \frac{5}{2} \tag{2}$$

由舒尔不等式及赫尔德不等式

$$2\sum \{(z+x)^2(x+y)^2[(yz+zx+xy)^2 + y^2z^2]\} -$$

$$5\prod [(y+z)^2](yz+zx+xy)$$

$$= 2\sum x^6(y^2+z^2) + 4\sum x^6 yz - \sum x^5(y^3+z^3) +$$

$$\sum x^5(y^2z + yz^2) - 2\sum y^4z^4 - 5\sum x^4(y^3z + yz^3) -$$

$$2\sum x^4y^2z^2 + 6\sum x^2y^3z^2$$

$$= 2\sum x^6(y^2+z^2) - \sum x^5(y^3+z^3) - 2\sum y^4z^4 +$$

$$xyz(x+y+z)[4\sum x^4 - 3\sum x^3(y+z) - 2\sum y^2z^2 + 4\sum x^2yz]$$

$$= \sum x^6(y^2+z^2) - \sum x^5(y^3+z^3) + \sum x^6(y^2+z^2) -$$

$$2\sum y^4z^4 + xyz(x+y+z)[4\sum x^2(x-y)(x-z) +$$

$$\sum x^3(y+z) - 2\sum y^2z^2] \geq 0$$

$$\Rightarrow \sum \frac{1 + (yz)^2}{(y+z)^2} \geq \frac{5}{2}$$

即式(2)成立,从而式(A)成立. 等号成立当且仅当

$$x = y = z = \frac{1}{\sqrt{3}} \Rightarrow A = B = C = \frac{\pi}{3}$$

即 $\triangle ABC$ 为正三角形.

注 从上述证明过程可知,虽然本题具有一定的难度,但是它却将难度与

妙度和谐地结合在了一起,此外,若记

$$f = f(A,B,C) = \sum \left[1 + \left(2\tan\frac{A}{2} - \tan\frac{B}{2}\right)^2 \right]^{-1}$$

则有优美的结果:$f < \dfrac{7}{3}$. 且 $K_1 \leqslant f \leqslant K_2$,其中 $K_1 \approx 0.7755$. $K_2 \approx 2.2643$.

例 28 对于任意 $\triangle ABC$,证明

$$\sum \left[1 + 3\sqrt{3}\left(\tan\frac{B}{2} + \tan\frac{C}{2}\right)\tan^2\frac{A}{2} \right]^{-1} \leqslant \frac{3}{1 + 6\sqrt{3}\prod\tan\dfrac{A}{2}} \qquad (A)$$

分析 虽然式(A)的外形与结构同样庞大复杂,但只要我们仍然巧妙代换,令

$$(x,y,z) = \left(\sqrt{3}\tan\frac{A}{2}, \sqrt{3}\tan\frac{B}{2}, \sqrt{3}\tan\frac{C}{2}\right)$$

就可将式(A)转化为代数不等式

$$\sum \left[\frac{1}{1 + x^2(y+z)} \right] \leqslant \frac{3}{1 + 2xyz}$$

来运算证明,于是"狭路相逢,勇者必胜,勇者相逢,智者必胜".

证明 我们作代换,令

$$(x,y,z) = \left(\sqrt{3}\tan\frac{A}{2}, \sqrt{3}\tan\frac{B}{2}, \sqrt{3}\tan\frac{C}{2}\right)$$

则 $x,y,z > 0$,且 $xy + yz + zx = 3$. 于是式(A)转化为代数不等式

$$\sum \left[\frac{1}{1 + x^2(y+z)} \right] \leqslant \frac{3}{1 + 2xyz} \qquad (1)$$

$$\Leftrightarrow \sum \left(\frac{1}{1 + 2xyz} - \frac{1}{1 + x^2(y+z)} \right) \geqslant 0$$

$$\Leftrightarrow \left(\frac{1}{1 + 2xyz} \right) \sum \frac{x^2(y+z) - 2xyz}{1 + x^2(y+z)} \geqslant 0$$

$$\Leftrightarrow \sum \frac{zx(x-y) - xy(z-x)}{1 + x^2(y+z)} \geqslant 0$$

$$\Leftrightarrow \sum \frac{zx(x-y)}{1 + x^2(y+z)} - \sum \frac{xy(z-x)}{1 + x^2(y+z)} \geqslant 0$$

$$\Leftrightarrow \sum \frac{zx(x-y)}{1 + x^2(y+z)} - \sum \frac{yz(x-y)}{1 + y^2(z+x)} \geqslant 0$$

$$\Leftrightarrow \sum (x-y)\left(\frac{zx}{1 + x^2(y+z)} - \frac{yz}{1 + y^2(z+x)} \right) \geqslant 0$$

$$\Leftrightarrow \sum \frac{z(1-xyz)(x-y)^2}{[1 + x^2(y+z)][1 + y^2(z+x)]} \geqslant 0 \qquad (2)$$

因为

$$3 = xy + yz + zx \geqslant 3(xyz)^{\frac{2}{3}} \Rightarrow 0 < xyz \leqslant 1 \Rightarrow 1 - xyz \geqslant 0$$

所以式(2)成立. 从而逆推之式(A)成立. 等号成立当且仅当 $\triangle ABC$ 为正三角形.

注 从外观上看,不等式(A)的结构庞大复杂,就像铜墙铁壁,但在具体的证明过程中,由于我们巧妙代换,灵活机动,终于"破浪前进".

此外,如果我们记 $m = \prod \cos \dfrac{A}{2}, k = \prod \sin \dfrac{A}{2}$,则式(A)又可变成

$$\sum \left(\frac{1}{m + 3\sqrt{3} \sin^2 \dfrac{A}{2}} \right) \geqslant \frac{3}{m + 6\sqrt{3} k} \tag{3}$$

例 29 已知 $k > 0, \alpha, \beta \in \left(0, \dfrac{\pi}{2}\right)$. 证明

$$\frac{(\sin \alpha)^{k+2}}{(\cos \beta)^k} + \frac{(\cos \alpha)^{k+2}}{(\sin \beta)^k} \geqslant 1 \tag{A}$$

分析 观察式(A)的外形结构,可知我们应用权方和不等式证明式(A).

证明 记式(A)左边为 P,应用权方和不等式有

$$P = \frac{(\sin^2 \alpha)^{1 + \frac{k}{2}}}{(\cos^2 \beta)^{\frac{k}{2}}} + \frac{(\cos^2 \alpha)^{1 + \frac{k}{2}}}{(\sin^2 \beta)^{\frac{k}{2}}}$$

$$\geqslant \frac{(\sin^2 \alpha + \cos^2 \alpha)^{1 + \frac{k}{2}}}{(\cos^2 \beta + \sin^2 \beta)^{\frac{k}{2}}} = 1$$

等号成立当且仅当

$$\frac{\sin^2 \alpha}{\cos^2 \beta} = \frac{\cos^2 \alpha}{\sin^2 \beta} \Rightarrow \cos(\alpha + \beta) = 0 \Rightarrow \alpha + \beta = \frac{\pi}{2}$$

注 从外形结构上讲,式(A)还有配对式

$$\frac{(\sin \alpha)^{k+2}}{(\sin \beta)^k} + \frac{(\cos \alpha)^{k+2}}{(\cos \beta)^k} \geqslant 1 \tag{B}$$

等号成立当且仅当 $\alpha = \beta \in \left(0, \dfrac{\pi}{2}\right)$.

其实,由权方和不等式知,式(A),(B)中的指数 k 的约束条件可以放宽为 $k(k+1) \geqslant 0$,且当 $\alpha + \beta = \dfrac{\pi}{2}$ 时,式(A)中等号成立,所以对于锐角 α, β 等式

$$\frac{(\sin \alpha)^{k+2}}{(\cos \beta)^k} + \frac{(\cos \alpha)^{k+2}}{(\sin \beta)^k} = 1 \tag{C}$$

成立的充要条件是"$\alpha + \beta = \dfrac{\pi}{2}$".

例 30 求证:对 $\forall x \in \mathbf{R}$,有

$$\left|\sum_{k=1}^{n}\frac{\sin kx}{k}\right|\leqslant 2\sqrt{\pi}$$

分析 首先考查 $x\in(0,\pi)$. 当 $\theta\in(0,+\infty)$ 时,有 $\sin\theta<\theta$,当 $\theta\in\left(0,\dfrac{\pi}{2}\right)$ 时,有

$$\sin\theta\geqslant\frac{2}{\pi}\theta(\text{若尔当}(\text{Jordan})\text{不等式})$$

再结合函数的奇偶性,周期性,可得证明.

证明 首先,考查 $x\in(0,\pi)$. 取 $m\in\mathbf{N}$,使 $m\leqslant\dfrac{\sqrt{\pi}}{x}<m+1$ 成立,则

$$\left|\sum_{k=1}^{n}\frac{\sin kx}{k}\right|\leqslant\left|\sum_{k=1}^{m}\frac{\sin kx}{k}\right|+\left|\sum_{k=m+1}^{n}\frac{\sin kx}{k}\right|$$

这里在 $m=0$ 时,右边第一项为 0,$m\geqslant n$ 时,右边第二项为 0,由于 $\sin kx<kx$,故

$$\left|\sum_{k=1}^{m}\frac{\sin kx}{k}\right|\leqslant\sum_{k=1}^{m}\left|\frac{\sin kx}{k}\right|\leqslant\sum_{k=1}^{m}\left|\frac{kx}{k}\right|=mx\leqslant\sqrt{\pi}\qquad(1)$$

然后,利用阿贝尔(Abel)不等式有

$$\left|\sum_{k=m+1}^{n}\frac{\sin kx}{k}\right|\leqslant\frac{1}{\sin\dfrac{x}{2}}\cdot\frac{1}{m+1}$$

又当 $t\in\left[0,\dfrac{\pi}{2}\right]$ 时,$\sin t\geqslant\dfrac{2t}{\pi}$,故 $\sin\dfrac{x}{2}>\dfrac{x}{\pi}$,又 $m+1>\dfrac{\sqrt{\pi}}{x}$,故有

$$\left|\sum_{k=m+1}^{n}\frac{\sin kx}{k}\right|\leqslant\frac{1}{\dfrac{x}{\pi}\cdot\dfrac{\sqrt{\pi}}{x}}=\sqrt{\pi}\qquad(2)$$

$(1)+(2)$ 得

$$\left|\sum_{k=1}^{n}\frac{\sin kx}{k}\right|\leqslant 2\sqrt{\pi}$$

当 $x\in(-\pi,0)$ 时,由于 $f(x)=\left|\sum_{k=1}^{n}\dfrac{\sin kx}{x}\right|$ 是偶函数,所以原式也成立,又当 $x=\pm\pi,0$ 时显然成立.

又由于 $f(x)$ 是以 2π 为周期的周期函数,故原不等式对一切 $x\in\mathbf{R}$ 都成立.

颂　竹(笔者)

遍山翠竹绿满天,风吹雨打雪霜眠.

迎送宾客显风度,却暑生凉现笑颜.

云破月出弄清影,鸟栖雾绕结良缘.

为民俯首鞠躬礼,亮节高风誉人间.

6. 无理分式和型三角不等式

在三角不等式中,外形结构是无理分式和型的为数不少,在证明时要进行巧妙的代换来将它转化为代数不等式,或巧妙灵活地应用半角三角公式进行化简,方可消去不等式中所含的根号,往下就畅通前进了.

例31 设正系数 λ,μ,ν 满足 $\lambda+\mu+\nu=3$ 则对任意 $\triangle ABC$ 有

$$\sum\left(\frac{\lambda}{\sqrt{\tan\dfrac{A}{2}}-m\cdot\tan\dfrac{A}{2}}\right)\leqslant\frac{t}{m} \tag{1}$$

其中

$$m=\sqrt{\tan\frac{A}{2}\tan\frac{B}{2}\tan\frac{C}{2}},\ t=\frac{18-(\sqrt{\lambda}+\sqrt{\mu}+\sqrt{\nu})^2}{2\sqrt{3}}$$

证明 我们作代换,化繁为简,令

$$(x,y,z)=\left(\sqrt{\tan\frac{B}{2}\tan\frac{C}{2}},\sqrt{\tan\frac{C}{2}\tan\frac{A}{2}},\sqrt{\tan\frac{A}{2}\tan\frac{B}{2}}\right)$$

则 $x,y,z>0$,且 $x^2+y^2+z^2=1$.

于是式(1)转化为代数不等式

$$T_\lambda=\frac{\lambda x}{1-yz}+\frac{\mu y}{1-zx}+\frac{\nu z}{1-xy}\leqslant t \tag{2}$$

利用均值不等式与柯西不等式有

$$T_\lambda=\sum\left(\frac{\lambda x}{1-yz}\right)\leqslant\sum\left(\frac{\lambda x}{1-(y^2+z^2)/2}\right)=\sum\left(\frac{2\lambda x}{1+x^2}\right)$$

$$=\sqrt{3}\cdot\sum\left(\frac{\lambda\cdot(2x)\cdot\sqrt{\dfrac{x^2+y^2+z^2}{3}}}{1+x^2}\right)$$

$$\leqslant\frac{\sqrt{3}}{3}\cdot\sum\left(\frac{\lambda(4x^2+y^2+z^2)}{1+x^2}\right)=\frac{1}{\sqrt{3}}\sum\frac{\lambda(1+3x^2)}{1+x^2}$$

$$=\frac{1}{\sqrt{3}}\sum\left(\frac{\lambda[3(1+x^2)-2]}{1+x^2}\right)$$

$$=\frac{1}{\sqrt{3}}\sum\left(3\lambda-\frac{2w}{1+x^2}\right)$$

$$=\sqrt{3}(\lambda+\mu+\nu)-\frac{2}{\sqrt{3}}\sum\left(\frac{\lambda}{1+x^2}\right)$$

$$\leqslant3\sqrt{3}-\frac{2}{\sqrt{3}}\cdot\left(\sum\sqrt{\lambda}\right)^2\Big/\sum(1+x^2)$$

$$=3\sqrt{3}-\frac{2}{\sqrt{3}}\cdot\frac{\left(\sum\sqrt{\lambda}\right)^2}{3+\sum x^2}=3\sqrt{3}-\frac{\left(\sum\sqrt{\lambda}\right)^2}{2\sqrt{3}}=t$$

$$\Rightarrow T_\lambda = \sum \frac{\lambda x}{1 - yz} \leqslant t$$

即式(2)成立,从而式(1)成立,等号成立当且仅当 $x = y = z = \dfrac{\sqrt{3}}{3} \Rightarrow \tan \dfrac{A}{2} = \tan$

$\dfrac{B}{2} = \tan \dfrac{C}{2} = \dfrac{1}{\sqrt{3}} \Rightarrow A = B = C = \dfrac{\pi}{3}$,即 $\triangle ABC$ 为正三角形.

注 粗略一看,三角不等式(1)的外形结构庞大复杂,但只要细心就会发现它的结构奥秘,用代换法就能将其转化成一个外形结构简单明朗的代数不等式,往下应用"A—G 不等式"和柯西不等式就一帆风顺了,记住,"观察—联想—转化"永远是解题过程中的三部曲.

特别地,当 $\lambda = \mu = \nu = 1$ 时,$t = \dfrac{3}{2}\sqrt{3}$,式(2)简化为

$$\frac{x}{1 - yz} + \frac{y}{1 - zx} + \frac{z}{1 - xy} \leqslant \frac{3}{2}\sqrt{3} \tag{3}$$

其中 $x, y, z \geqslant 0$,且 $x^2 + y^2 + z^2 = 1$.

关于代数不等式(3),笔者曾对它作过专门的研究,比如:它有配对式

$$1 \leqslant \frac{x}{1 + yz} + \frac{y}{1 + zx} + \frac{z}{1 + xy} \leqslant \sqrt{2} \tag{4}$$

当 $M = \{x, y, z\}$ 中一个取 1,两个取 0 时,式(4)左边等号成立;当 M 中一个取 0,两个取 $\dfrac{\sqrt{2}}{2}$ 时,式(4)右边等号成立.

但是,当 $x, y, z > 0$,且 $x^2 + y^2 + z^2 = 1$ 时

$$\frac{x}{1 + xy} + \frac{y}{1 + yz} + \frac{z}{1 + zx} \leqslant \frac{3\sqrt{3}}{4} \tag{5}$$

再将式(5)从代数不等式转化为三角不等式,则是:

例 32 对于任意 $\triangle ABC$ 有

$$\sum \left[\sqrt{\tan \frac{A}{2}} \left(1 + m\sqrt{\tan \frac{C}{2}} \right) \right]^{-1} \leqslant \frac{3\sqrt{3}}{4m} \tag{1}$$

其中

$$m = \sqrt{\tan \frac{A}{2} \tan \frac{B}{2} \tan \frac{C}{2}}$$

证明 作代换,令

$$(x, y, z) = \left(\sqrt{\tan \frac{B}{2} \tan \frac{C}{2}},\ \sqrt{\tan \frac{C}{2} \tan \frac{A}{2}},\ \sqrt{\tan \frac{A}{2} \tan \frac{B}{2}} \right)$$

这样,式(1)化为

$$\frac{x}{1 + xy} + \frac{y}{1 + yz} + \frac{z}{1 + zx} \leqslant \frac{3\sqrt{3}}{4} \tag{2}$$

其中 $x, y, z > 0$，且 $x^2 + y^2 + z^2 = 1$.

因为

$$27(x+y+2z)^2(x^2+y^2+z^2) -$$
$$16(x^2+y^2+z^2)[(x^2+y^2+z^2)+3(yz+zx+xy)]^2$$
$$= 92z^6 + 12(x+y)z^5 + 3(17x^2 - 38xy + 17y^2)z^4 +$$
$$24(x+y)(x^2 - 3xy + y^2)z^3 - 6(x^2 + 4xy + z^2) \cdot$$
$$(5x^2 - 3xy + 5y^2)z^2 + 12(x+y)(x^2 - 3xy + y^2)^2 \cdot z +$$
$$11x^6 + 12x^5y + 24x^4y^2 + 78x^3y^3 +$$
$$24x^2y^4 + 12xy^5 + 11y^6$$
$$= 12z(x+y)(x^2 - 3xy + y^2 + z^2) +$$
$$\frac{1}{5324}(1\ 021x^2 - 150xy + 1\ 021y^2 + 1\ 012z^2)(5x^2 + 12xy + 5y^2 - 22z^2)^2 +$$
$$\frac{1}{5324}(3\ 671x^2 + 8\ 586xy + 3\ 671y^2 + 4\ 400z^2)(x-y)^4 \geqslant 0$$
$$\Rightarrow \sum \frac{x}{1+xy} \leqslant \sum \left\{ \frac{3\sqrt{3}x(x+y+2z)}{4[x^2+y^2+z^2+3(yz+zx+xy)]} \right\}$$
$$= \frac{3\sqrt{3}}{4}$$

即式(2)成立，从而式(1)成立，等号成立当且仅当

$$x = y = z = \frac{1}{\sqrt{3}} \Rightarrow A = B = C = \frac{\pi}{3}$$

即 $\triangle ABC$ 为正三角形.

例 33 设 $\triangle ABC$ 为锐角三角形，证明

$$\frac{\cos A}{\sqrt{1-\cos B\cos C}} + \frac{\cos B}{\sqrt{1-\cos C\cos A}} + \frac{\cos C}{\sqrt{1-\cos A\cos B}} \leqslant \sqrt{3} \qquad (A)$$

证明 记式(A)左边为 T，则对锐角 $\triangle ABC$，有

$$1 - \cos B\cos C = 1 - \frac{1}{2}[\cos(B+C) + \cos(B-C)]$$
$$\geqslant 1 - \frac{1}{2}(1 - \cos A) = \frac{1}{2}(1 + \cos A) = \left(\cos\frac{A}{2}\right)^2$$
$$\Rightarrow \frac{\cos A}{\sqrt{1-\cos B\cos C}} \leqslant \frac{\cos A}{\cos\dfrac{A}{2}}$$

同理可得

$$\frac{\cos B}{\sqrt{1-\cos C\cos A}} \leqslant \frac{\cos B}{\cos\dfrac{B}{2}}$$

$$\frac{\cos C}{\sqrt{1-\cos A\cos B}}\leqslant\frac{\cos C}{\cos\dfrac{C}{2}}$$

将以上三式相加得

$$T=\sum\frac{\cos A}{\sqrt{1-\cos B\cos C}}\leqslant\sum\frac{\cos A}{\cos\dfrac{A}{2}}$$

$$=\sum\left(\frac{2\cos^2\dfrac{A}{2}-1}{\cos\dfrac{A}{2}}\right)=2\sum\cos\frac{A}{2}-\sum\frac{1}{\cos\dfrac{A}{2}}$$

$$\leqslant3\sqrt{3}-\frac{9}{\sum\cos\dfrac{A}{2}}\leqslant3\sqrt{3}-\frac{9}{\dfrac{3}{2}\sqrt{3}}$$

$$\Rightarrow T\leqslant\sqrt{3}$$

即式(A)成立,等号成立当且仅当△ABC为正三角形.

注 可以说式(A)的外形与结构非常美观漂亮,上述证明应用了琴生不等式与柯西不等式,如果应用切比雪夫不等式,那么

$$T\leqslant\sum\frac{\cos A}{\cos\dfrac{A}{2}}\leqslant\frac{1}{3}\left(\sum\cos A\right)\left(\sum\frac{1}{\cos\dfrac{A}{2}}\right)$$

$$\leqslant\frac{1}{2}\sum\sec\frac{A}{2}\tag{1}$$

但

$$\sum\sec\frac{A}{2}=\sum\frac{1}{\cos\dfrac{A}{2}}\geqslant\frac{9}{\sum\cos\dfrac{A}{2}}\geqslant2\sqrt{3}\tag{2}$$

可见,式(1)与式(2)方向相反,南辕北辙,因此此路不通!

相应地,式(A)的绝美配对为:

例34 对于任意△ABC,有

$$\frac{\sin A}{\sqrt{1-\sin B\sin C}}+\frac{\sin B}{\sqrt{1-\sin C\sin A}}+\frac{\sin C}{\sqrt{1-\sin A\sin B}}\leqslant3\sqrt{3}\tag{B}$$

证明 注意到

$$\sin B\sin C=-\frac{1}{2}\left[\cos(B+C)-\cos(B-C)\right]$$

$$\leqslant\frac{1}{2}(1+\cos A)$$

113

$$\Rightarrow 1 - \sin B \sin C \geqslant 1 - \frac{1}{2}(1 + \cos A)$$

$$= \frac{1}{2}(1 - \cos A) = \sin^2 \frac{A}{2}$$

$$\Rightarrow \sqrt{1 - \sin B \sin C} \geqslant \sin \frac{A}{2}$$

$$\Rightarrow \frac{\sin A}{\sqrt{1 - \sin B \sin C}} \leqslant 2\cos \frac{A}{2}$$

同理可得

$$\frac{\sin B}{\sqrt{1 - \sin C \sin A}} \leqslant 2\cos \frac{B}{2}$$

$$\frac{\sin C}{\sqrt{1 - \sin A \sin B}} \leqslant 2\cos \frac{C}{2}$$

记式(B)左边为 P,则

$$P \leqslant 2\left(\cos \frac{A}{2} + \cos \frac{B}{2} + \cos \frac{C}{2}\right) \tag{1}$$

又 $\quad \cos \frac{A}{2} + \cos \frac{B}{2} + \cos \frac{C}{2} + \cos \frac{\pi}{6}$

$$= 2\cos \frac{A+B}{2}\cos \frac{A-B}{2} + 2\cos\left(\frac{C + \frac{\pi}{3}}{4}\right)\cos\left(\frac{C - \frac{\pi}{3}}{4}\right)$$

$$\leqslant 2\left[\cos\left(\frac{\pi - C}{4}\right) + \cos\left(\frac{\frac{\pi}{3} + C}{4}\right)\right]$$

$$= 4\cos \frac{\pi}{6}\cos\left(\frac{C - \frac{\pi}{3}}{4}\right) \leqslant 4\cos \frac{\pi}{6}$$

$$\Rightarrow P \leqslant 6\cos \frac{\pi}{6} = 3\sqrt{3}$$

即式(B)成立,等号成立当且仅当 $\triangle ABC$ 为正三角形.

注 利用上述方法,我们可求形如

$$f(k) = \cos kA + \cos kB + \cos kC$$
$$g(k) = \sin kA + \sin kB + \sin kC$$

(其中 $k > 0$ 为常数)的最值.

在众多的三角不等式中,式(A)与式(B)真是"天生一对,地配一双",它们均有一系列的推广,这将在名题欣赏中体现.

春游望江楼(一)(笔者)

望江楼上飘彩云,龙年三月始登临.

姹紫嫣红花千种,亮节高风竹万根.

薛涛诗篇映日月,锦江碧波荡乾坤.

举目无边春如海,留恋依依暮色深.

重游望江楼(二)(笔者)

最恋蓉城望江楼,艳阳高照又重游.

春茶飘香欢声闹,竹翠花红映扁舟.

薛涛墓前思薛涛,望江楼上望江流.

奇景引来天下客,风光绝美誉千秋.

7. 奇妙型

除却前述六种题型,还有一类三角不等式.结构奇特,外观优雅,题意美妙,令人偏爱,我们把这类题目称为奇妙型.

例35 设 $x \in \mathbf{R}$,证明

$$\cos(\cos x) > \sin(\sin x) \tag{1}$$

证明 我们设函数 f, g 对所有 x 满足 $-\dfrac{\pi}{2} < f(x) \pm g(x) < \dfrac{\pi}{2}$,有

$$\cos(f(x)) > \sin(g(x)) \tag{2}$$

不妨设 $g(x) > 0$,则

$$-\dfrac{\pi}{2} + g(x) < f(x) < \dfrac{\pi}{2} - g(x) \tag{3}$$

若 $f(x) \geqslant 0$,则由式(3)及 $\cos x$ 在第一象限递减得

$$\cos(f(x)) > \cos\left(\dfrac{\pi}{2} - g(x)\right) = \sin(g(x))$$

若 $f(x) < 0$,则由式(3)及 $\cos x$ 在第四象限递增得

$$\cos(f(x)) > \cos\left(-\dfrac{\pi}{2} + g(x)\right) = \sin(g(x))$$

所以式(2)成立.

取 $f(x) = \cos x, g(x) = \sin x$,得

$$|f(x) \pm g(x)| = |\cos x \pm \sin x|$$

$$= \sqrt{2}\,\left|\sin\left(\dfrac{\pi}{4} \pm x\right)\right| \leqslant \sqrt{2} < \dfrac{\pi}{2}$$

$$\Rightarrow \cos(\cos x) > \sin(\sin x)$$

例36 设 $x, y \in \mathbf{R}$,且 $x^2 + y^2 \leqslant \pi$.证明: $\cos x + \cos y \leqslant 1 + \cos xy$.

证明 由于余弦函数为偶函数,不妨设 $x \geqslant 0, y \geqslant 0$.

当 $0 \leqslant x \leqslant 1$ 时, $0 \leqslant xy \leqslant y \leqslant \sqrt{\pi} < \pi$,则

$$\cos y \leqslant \cos xy \Rightarrow \cos x + \cos y \leqslant 1 + \cos y \leqslant 1 + \cos xy$$
$$\Rightarrow \cos x + \cos y \leqslant 1 + \cos xy$$

当 $0 \leqslant y \leqslant 1$ 时,同理可得
$$\cos x + \cos y \leqslant 1 + \cos xy$$

当 $x > 1$,且 $y > 1$ 时,假设结论不成立,即
$$\cos x + \cos y > 1 + \cos xy \qquad (1)$$

由于
$$0 \leqslant xy \leqslant \frac{1}{2}(x^2 + y^2) \leqslant \frac{\pi}{2} \Rightarrow \cos xy \geqslant 0$$
$$\Rightarrow \cos x + \cos y > 1$$
$$\Rightarrow \cos x > 1 - \cos y > 1 - \cos 1 > 0.45$$
$$\Rightarrow x < \arccos 0.45 < 1.2$$

同理,$y < 1.2$,于是
$$xy < 1.2 = 1.44 < \frac{\pi}{2}$$
$$\Rightarrow 1 + \cos xy > 1 + \cos 1.44 > 1.33 > 2\cos 1 > \cos x + \cos y$$
$$\Rightarrow \cos x + \cos y < 1 + \cos xy$$

这与式(1)假设矛盾. 从而假设不成立. 故
$$\cos x + \cos y \leqslant 1 + \cos xy$$

综合上述,命题成立.

例 37 设对任意 $x \in \mathbf{R}$ 有 $\cos(a\sin x) > \sin(b\cos x)$,求证:$a^2 + b^2 < \dfrac{\pi^2}{4}$.

证明 用反证法,假设 $a^2 + b^2 \geqslant \dfrac{\pi^2}{4}$,由于
$$a\sin x + b\cos x = \sqrt{a^2 + b^2}\sin(x + \varphi)$$

其中
$$\cos \varphi = \frac{a}{\sqrt{a^2 + b^2}}, \sin \varphi = \frac{b}{\sqrt{a^2 + b^2}}$$

其中 φ 是仅依赖于 a, b 的固定实数.

由于 $\sqrt{a^2 + b^2} \geqslant \dfrac{\pi}{2}$,因此存在实数 x_0,使得
$$\sqrt{a^2 + b^2}\sin(x_0 + \varphi) = \frac{\pi}{2}$$

(即) $\Rightarrow a\sin x_0 + b\cos x_0 = \dfrac{\pi}{2}$
$$\Rightarrow \cos(a\sin x_0) = \sin(b\cos x_0)$$

与题设矛盾,从而假设不成立,故只能有

$$a^2 + b^2 < \frac{\pi^2}{4}$$

例 38 已知 $\sin^2 A + \sin^2 B + \sin^2 C = 1$,其中 $A, B, C \in (0, \frac{\pi}{2})$. 求证

$$\frac{\pi}{2} \leqslant A + B + C \leqslant \pi$$

证明 由已知有

$$\begin{aligned}
\sin^2 A &= 1 - \sin^2 B - \sin^2 C = \cos^2 B - \sin^2 C \\
&= \cos^2 B - \sin^2 C \cos^2 B + \sin^2 C \cos^2 B - \sin^2 C \\
&= \cos^2 B \cos^2 C - \sin^2 C \sin^2 B \\
&= (\cos B \cos C - \sin C \sin B)(\cos B \cos C + \sin C \sin B) \\
&= \cos(B + C) \cos(B - C) > 0
\end{aligned}$$

由

$$C, B \in (0, \frac{\pi}{2}) \left(B - C \in \left[0, \frac{\pi}{2} \right) \right] \Rightarrow \cos(B - C) > 0$$

$$\Rightarrow \cos(B + C) > 0 \Rightarrow B + C \in (0, \frac{\pi}{2})$$

$$\Rightarrow \cos(B - C) \geqslant \cos(B + C) > 0$$

$$\Rightarrow \sin^2 A = \cos(B + C) \cos(B - C)$$

$$\geqslant \cos^2(B + C) = \sin^2(\frac{\pi}{2} - B - C)$$

$$\Rightarrow A \geqslant \frac{\pi}{2} - B - C \Rightarrow A + B + C \geqslant \frac{\pi}{2}$$

又由 $A \in (0, \frac{\pi}{2})$, $B + C \in (0, \frac{\pi}{2})$,有 $A + B + C \leqslant \pi$. 故 $\frac{\pi}{2} \leqslant A + B + C \leqslant \pi$.

注 以上四例与传统的常规题型相比较,自然显得与众不同,标新立异. 上例中,利用已知条件有

$$\begin{aligned}
\sin^2 A &= 1 - \sin^2 B - \sin^2 C = \cos^2 B - \sin^2 C \\
&= (\cos B + \sin C)(\cos B - \sin C) \\
&= \left[\sin(\frac{\pi}{2} - B) + \sin C \right] \left[\sin(\frac{\pi}{2} - B) - \sin C \right] \\
&= 4 \sin\left(\frac{\pi}{4} - \frac{B}{2} + \frac{C}{2} \right) \cos\left(\frac{\pi}{4} - \frac{B}{2} - \frac{C}{2} \right) \cdot \\
&\quad \cos\left(\frac{\pi}{4} - \frac{B}{2} + \frac{C}{2} \right) \sin\left(\frac{\pi}{4} - \frac{B}{2} - \frac{C}{2} \right) \\
&= \sin\left(\frac{\pi}{2} - B + C \right) \sin\left(\frac{\pi}{2} - B - C \right) \\
&= \cos(B - C) \cos(B + C)
\end{aligned}$$

$$\Rightarrow \sin^2 A = \cos(B+C)\cos(B-C)$$

这样,同样可推出题目结论来!

梦女神(笔者)

玉洁冰清美娇娥,漫舞翩翩彩蝶多.
心潮起伏长江水,碧波荡漾永宁河.
春风一夜花绽放,月光千里云婆娑.
何处飘来天籁音,梦中女神正高歌.

第3节 经典妙题

在本章,我们将一系列美妙的经典妙题从"天涯海角"呼唤"回家",欢聚一堂,让它们"载歌载舞",让我们品味欣赏!

题1 设非负数 α,β,γ 满足 $\alpha+\beta+\gamma=\dfrac{\pi}{2}$,求函数 $f(\alpha,\beta,\gamma)=\dfrac{\cos\beta\cos\gamma}{\cos\alpha}+\dfrac{\cos\gamma\cos\alpha}{\cos\beta}+\dfrac{\cos\alpha\cos\beta}{\cos\gamma}$ 的最小值.

说明 如果 α,β,γ 为满足 $\alpha+\beta+\gamma=\dfrac{\pi}{2}$ 的正数,记

$$P_1 = \frac{\sin\beta\sin\gamma}{\sin\alpha} + \frac{\sin\gamma\sin\alpha}{\sin\beta} + \frac{\sin\alpha\sin\beta}{\sin\gamma}$$

$$P_2 = \frac{\tan\beta\tan\gamma}{\tan\alpha} + \frac{\tan\gamma\tan\alpha}{\tan\beta} + \frac{\tan\alpha\tan\beta}{\tan\gamma}$$

$$P_3 = \frac{\cot\beta\cot\gamma}{\cot\alpha} + \frac{\cot\gamma\cot\alpha}{\cot\beta} + \frac{\cot\alpha\cot\beta}{\cot\gamma}$$

$$P_4 = \frac{\sec\beta\sec\gamma}{\sec\alpha} + \frac{\sec\gamma\sec\alpha}{\sec\beta} + \frac{\sec\alpha\sec\beta}{\sec\gamma}$$

$$P_5 = \frac{\csc\beta\csc\gamma}{\csc\alpha} + \frac{\csc\gamma\csc\alpha}{\csc\beta} + \frac{\csc\alpha\csc\beta}{\csc\gamma}$$

对于正数 x,y,z,应用 3 元对称不等式有

$$P = \frac{yz}{x} + \frac{zx}{y} + \frac{xy}{z}$$

$$\geqslant \left[3\left(\frac{yz}{x}\cdot\frac{zx}{y} + \frac{zx}{y}\cdot\frac{xy}{z} + \frac{xy}{z}\cdot\frac{yz}{x} \right) \right]^{\frac{1}{2}}$$

$$\Rightarrow P \geqslant \sqrt{3(x^2+y^2+z^2)} \tag{1}$$

等号成立当且仅当 $x=y=z$.

因此,利用式(1)有

$$P_1 \geqslant \sqrt{3(\sin^2\alpha + \sin^2\beta + \sin^2\gamma)} \geqslant \frac{3}{2}$$

$$P_2 \geqslant \sqrt{3(\tan^2\alpha + \tan^2\beta + \tan^2\gamma)} \geqslant \sqrt{3}$$

$$P_3 \geqslant \sqrt{3(\cot^2\alpha + \cot^2\beta + \cot^2\gamma)} \geqslant 3\sqrt{3}$$

$$P_4 \geqslant \sqrt{3(\sec^2\alpha + \sec^2\beta + \sec^2\gamma)} \geqslant 2\sqrt{3}$$

$$P_5 \geqslant \sqrt{3(\csc^2\alpha + \csc^2\beta + \csc^2\gamma)} \geqslant 6$$

从外形结构上讲,$P_1 - P_5$ 均是 f 的配对式,它们共处一个大家庭,且利用式 (1) 能轻松求出 $P_1 - P_5$ 的最小值.

但是,利用式(1)有

$$f \geqslant \sqrt{3(\cos^2\alpha + \cos^2\beta + \cos^2\gamma)}$$

然而 $$\cos^2\alpha + \cos^2\beta + \cos^2\gamma \leqslant \frac{9}{4}$$

因此利用式(1)不能求出 $f_{\min}$,可见,我们只有更新思路,调整方向,另觅方法才能求得 $f_{\min}$,那么,我们不妨用调整固定法尝试.

解 固定 γ,且设 $\gamma \leqslant \alpha, \beta$,则 $0 \leqslant \gamma \leqslant \frac{\pi}{6}$. 又证

$$
\begin{aligned}
m &= \frac{\cos\beta\cos\gamma}{\cos\alpha} + \frac{\cos\gamma\cos\alpha}{\cos\beta} \\
&= \frac{2(\cos^2\alpha + \cos^2\beta)\cos\gamma}{\cos(\alpha+\beta) + \cos(\alpha-\beta)} \\
&= \frac{(2 + \cos 2\alpha + \cos 2\beta)\cos\gamma}{\sin\gamma + \cos(\alpha-\beta)} \\
&= \frac{2\cos\gamma[\sin^2\gamma + \sin\gamma\cos(\alpha-\beta) + \cos^2\gamma]}{\sin\gamma + \cos(\alpha-\beta)} \\
&= \left[\frac{\cos^2\gamma}{\cos(\alpha-\beta) + \sin\gamma} + \sin\gamma\right]\cos\gamma
\end{aligned}
$$

$$\cos\alpha\cos\beta = \frac{1}{2}[\sin\gamma + \cos(\alpha-\beta)]$$

所以 $$f = \frac{\sin\gamma + \cos(\alpha-\beta)}{2\cos\gamma} +$$

$$2\cos\gamma\left[\sin\gamma + \frac{\cos^2\gamma}{\sin\gamma + \cos(\alpha-\beta)}\right]$$

$$= \sin 2\gamma + \frac{\sin\gamma + \cos(\alpha-\beta)}{2\cos\gamma} + \frac{2\cos^3\gamma}{\sin\gamma + \cos(\alpha-\beta)}$$

因为 $0 \leqslant \gamma \leqslant \frac{\pi}{6}$,所以

$$\sin \gamma + \cos(\alpha - \beta) \leqslant \sin \gamma + 1 \leqslant \frac{3}{2} \leqslant 2\cos^2 \gamma$$

所以

$$f \geqslant \sin 2\gamma + \frac{1 + \sin \gamma}{2\cos \gamma} + \frac{2\cos^3 \gamma}{1 + \sin \gamma}$$

$$= 2\cos \gamma + \frac{1}{2} \cdot \frac{1 + \sin \gamma}{\cos \gamma}$$

$$= 2\cos \gamma + \frac{1}{2}\cot\left(45° - \frac{\gamma}{2}\right)$$

令 $\theta = 45° - \dfrac{\gamma}{2}$，则 $30° \leqslant \theta \leqslant 45°$，$\dfrac{\sqrt{3}}{3} \leqslant \tan \theta \leqslant 1$，于是

$$f \geqslant 2\sin 2\theta + \frac{1}{2}\cot \theta$$

$$= \frac{4\tan^2 \theta}{1 + \tan^2 \theta} + \frac{1}{2}\cot \theta$$

$$= \frac{5}{4} + \frac{1}{2} \cdot \frac{(1 - \tan \theta)(5\tan^2 \theta - 4\tan \theta + 1)}{(1 + \tan^2 \theta)\tan \theta}$$

$$= \frac{5}{4} + \frac{(1 - \tan \theta)\left[5(\tan \theta - \frac{2}{5})^2 + \frac{1}{5}\right]}{2(1 + \tan^2 \theta)\tan \theta}$$

$$\geqslant \frac{5}{2}$$

$$\Rightarrow f \geqslant \frac{5}{2}$$

等号成立当且仅当 $\alpha = \beta = \dfrac{\pi}{4}$，$\gamma = 0$（及其排列），故 $f_{\min} = \dfrac{5}{2}$.

题2 设 $\theta_i \in \left(-\dfrac{\pi}{2}, \dfrac{\pi}{2}\right)$，$i = 1,2,3,4$. 证明：存在 $x \in \mathbf{R}$，使得两个不等式

$$\cos^2 \theta_1 \cos^2 \theta_2 - (\sin \theta_1 \sin \theta_2 - x)^2 \geqslant 0 \tag{1}$$

$$\cos^2 \theta_3 \cos^2 \theta_4 - (\sin \theta_3 \sin \theta_4 - x)^2 \geqslant 0 \tag{2}$$

同时成立的充要条件是

$$\sum_{i=1}^{4} \sin^2 \theta_i \leqslant 2\left(1 + \prod_{i=1}^{4} \sin \theta_i + \prod_{i=1}^{4} \cos \theta_i\right) \tag{3}$$

证明 由(1)，(2)两式得

$$\sin \theta_1 \sin \theta_2 - \cos \theta_1 \cos \theta_2 \leqslant x \leqslant \sin \theta_1 \sin \theta_2 + \cos \theta_1 \cos \theta_2 \tag{4}$$

$$\sin \theta_3 \sin \theta_4 - \cos \theta_3 \cos \theta_4 \leqslant x \leqslant \sin \theta_3 \sin \theta_4 + \cos \theta_3 \cos \theta_4 \tag{5}$$

所以存在 $x \in \mathbf{R}$ 使得(4)和(5)两式同时成立的充分必要条件是

$$\sin \theta_1 \sin \theta_2 + \cos \theta_1 \cos \theta_2 - \sin \theta_3 \sin \theta_4 + \cos \theta_3 \cos \theta_4 \geqslant 0 \tag{6}$$

$$\sin \theta_3 \sin \theta_4 + \cos \theta_3 \cos \theta_4 - \sin \theta_1 \sin \theta_2 + \cos \theta_1 \cos \theta_2 \geqslant 0 \qquad (7)$$

另外,利用 $\sin^2 \alpha = 1 - \cos^2 \alpha$ 可将式(3)化为

$$\cos^2 \theta_1 \cos^2 \theta_2 + 2\cos \theta_1 \cos \theta_2 \cos \theta_3 \cos \theta_4 + \cos^2 \theta_3 \cos^2 \theta_4 -$$
$$\sin^2 \theta_1 \sin^2 \theta_2 + 2\sin \theta_1 \sin \theta_2 \sin \theta_3 \sin^2 \theta_4 - \sin^2 \theta_1 \sin^2 \theta \geqslant 0$$

即

$$(\cos \theta_1 \cos \theta_2 + \cos \theta_3 \cos \theta_4)^2 - (\sin \theta_1 \sin \theta_2 - \sin \theta_3 \sin \theta_4)^2 \geqslant 0$$

亦即

$$(\sin \theta_1 \sin \theta_2 + \cos \theta_1 \cos \theta_2 - \sin \theta_3 \sin \theta_4 + \cos \theta_3 \cos \theta_4) \cdot$$
$$(\sin \theta_3 \sin \theta_4 + \cos \theta_3 \cos \theta_4 - \sin \theta_1 \sin \theta_2 + \cos \theta_1 \cos \theta_2) \geqslant 0 \qquad (8)$$

当存在 $x \in \mathbf{R}$,使得(4)和(5)两式同时成立时,由(6)和(7)两式立即可推出式(8),从而有式(3)成立.

反之,当式(3),亦即式(8)成立时,如果(6)和(7)两式不成立,那么就有

$$\sin \theta_1 \sin \theta_2 + \cos \theta_1 \cos \theta_2 - \sin \theta_3 \sin \theta_4 + \cos \theta_3 \cos \theta_4 < 0$$
$$\sin \theta_3 \sin \theta_4 + \cos \theta_3 \cos \theta_4 - \sin \theta_1 \sin \theta_2 + \cos \theta_1 \cos \theta_2 < 0$$

将两式相加,得

$$2(\cos \theta_1 \cos \theta_2 + \cos \theta_3 \cos \theta_4) < 0$$

此与 $\theta_i \in (-\frac{\pi}{2}, \frac{\pi}{2})$, $i = 1, 2, 3, 4$,的已知约定条件相矛盾,所以必有(6)和(7)两式同时成立. 因此存在 $x \in \mathbf{R}$,使得(4)和(5)两式同时成立.

题 3 设 α, β 为实数,且 $\cos \alpha \neq \cos \beta$,正整数 $k > 1$,求证

$$\left| \frac{\cos k\beta \cos \alpha - \cos k\alpha \cos \beta}{\cos \beta - \cos \alpha} \right| < k^2 - 1$$

证明 令 $x = \frac{1}{2}(\alpha - \beta)$, $y = \frac{1}{2}(\alpha + \beta)$,则

$$\cos k\beta \cos \alpha - \cos k\alpha \cos \beta$$

$$= \frac{1}{2}[\cos(k\beta + \alpha) + \cos(k\beta - \alpha) - \cos(k\alpha + \beta) - \cos(k\alpha - \beta)]$$

$$= \frac{1}{2}[\cos(k\beta + \alpha) - \cos(k\alpha + \beta)] + \frac{1}{2}[\cos(k\beta - \alpha) - \cos(k\alpha - \beta)]$$

$$= \sin(k-1)x \sin(k+1)y + \sin(k+1)x \sin(k-1)y$$

外加

$$\cos \beta - \cos \alpha = 2\sin x \sin y$$

从而

$$T = \left| \frac{\cos k\beta \cos \alpha - \cos k\alpha \cos \beta}{\cos \beta - \cos \alpha} \right|$$

$$\leqslant \frac{1}{2}\left| \frac{\sin(k-1)x}{\sin x} \cdot \frac{\sin(k+1)y}{\sin y} \right| +$$

$$\frac{1}{2}\left|\frac{\sin(k+1)x}{\sin x}\cdot\frac{\sin(k-1)y}{\sin y}\right| \tag{1}$$

下面我们证明:对于任意 $n\in\mathbf{N}_+$ 和 $\theta\in\mathbf{R}$ 有

$$|\sin n\theta|\le n|\sin\theta| \tag{2}$$

当 $n=1$ 时,式(2)显然成立,等号成立当且仅当 $\sin\theta=0$. 不妨设 $n>1$, $\sin\theta\ne0$,则 $|\cos\theta|<1$. 当 $n=2$ 时,$|\sin2\theta|=|2\sin\theta\cos\theta|<2|\sin\theta|$. 这时式(2)成立.

假设对于 $n=m\ge2$,式(2)成立,那么当 $n=m+1$ 时,由于

$$|\sin(m+1)\theta|=|\sin m\theta\cos\theta+\cos m\theta\sin\theta|$$
$$<|\sin m\theta|+|\sin\theta|<(m+1)|\sin\theta|$$

这时式(2)也成立.

综合上述,式(2)对一切 $n\in\mathbf{N}_+$ 成立,等号成立当且仅当 $\sin\theta=0$.

利用式(2),由式(1)有

$$T<\frac{1}{2}|(k-1)(k+1)|+\frac{1}{2}|(k+1)(k-1)|=k^2-1$$

题 4 对任意 $\triangle ABC$,记 $m=\prod\tan\dfrac{A}{2}$. 有

$$\sum\sqrt{1-2m\tan\frac{A}{2}}\ge\sqrt{7} \tag{1}$$

分析 作代换,令

$$x=\tan\frac{B}{2}\tan\frac{C}{2}$$

$$y=\tan\frac{C}{2}\tan\frac{A}{2}$$

$$z=\tan\frac{A}{2}\tan\frac{B}{2}$$

则 $x+y+z=1$, $x,y,z>0$. 于是式(1)转化为代数不等式

$$P=\sqrt{1-2yz}+\sqrt{1-2zx}+\sqrt{1-2xy}\ge\sqrt{7} \tag{2}$$

证明 两边平方有

$$P^2=\left(\sum\sqrt{1-2yz}\right)^2=\sum(1-2yz)+2M$$
$$\left(\text{其中 }M=\sum\sqrt{(1-2zx)(1-2xy)}\right) \tag{3}$$

注意到

$$\sum(1-2yz)=3-2\sum yz$$
$$\ge3-\frac{2}{3}\left(\sum x\right)^2=3-\frac{2}{3}=\frac{7}{3}$$

因为

$$63\left(\sum x\right)^2\left[\left(\sum x\right)^2 - 2yz\right] -$$

$$\left[7\sum x^2 + 17x(y+z) + 8yz\right]^2$$

$$= \left(\frac{y+z}{2} - x\right)^2\left[14x^2 + 28x(y+z) + 5(y+z)^2\right] +$$

$$3\left(\frac{y-z}{2}\right)^2\left[14x^2 + 16x(y+z) + 17y^2 + 46yz\right] \geqslant 0$$

$$\Rightarrow \sum \sqrt{(x+y+z)^2 - 2yz}$$

$$\geqslant \sum \left[\frac{7(x^2+y^2+z^2) + 17x(y+9z) + 8yz}{3\sqrt{7}(x+y+z)}\right]$$

$$= \sqrt{7}(x+y+z) = \sqrt{7}$$

$$\Rightarrow \sum \sqrt{1 - 2yz} \geqslant \sqrt{7}$$

即式(2)成立,等号成立当且仅当

$$x = y = z = \frac{1}{3}$$

$$\Rightarrow \tan\frac{A}{2} = \tan\frac{B}{2} = \tan\frac{C}{2} = \frac{\sqrt{3}}{3}$$

即 $\triangle ABC$ 为正三角形.

注 (1)式(1)是一个非常强的三角不等式,应用柯西不等式有

$$\left(\sum \sqrt{1 - 2m\tan\frac{A}{2}}\right)^2 \leqslant 3\sum\left(1 - 2m\tan\frac{A}{2}\right)$$

$$= 3\left(3 - 2m\sum\tan\frac{A}{2}\right) \tag{4}$$

因此式(1)可完善成一个漂亮的双向不等式

$$\sqrt{3\left(3 - 2m\sum\tan\frac{A}{2}\right)} \geqslant \sum \sqrt{1 - 2m\tan\frac{A}{2}} \geqslant \sqrt{7} \tag{5}$$

由

$$3\left(3 - 2m\sum\tan\frac{A}{2}\right) \geqslant 7$$

$$\Rightarrow m\sum\tan\frac{A}{2} \leqslant \frac{1}{3} \tag{6}$$

$$\Rightarrow \left(\prod\sin\frac{A}{2}\right)\left(\sum\tan\frac{A}{2}\right) \leqslant \frac{1}{3}\prod\cos\frac{A}{2} \leqslant \frac{1}{12}\sum\sin A \tag{7}$$

(2)令人惊叹的是,式(6)还可加强为

$$\left(\prod\tan\frac{A}{2}\right)\left(\sum\tan\frac{A}{2}\right) \leqslant \left(\sum \sqrt[3]{\tan\frac{B}{2}\tan\frac{C}{2}}\right) \cdot \frac{3\sqrt{3}}{9} \leqslant \frac{1}{3} \tag{8}$$

证明 作代换,令

$$a_1 = 3\tan\frac{B}{2}\tan\frac{C}{2}, \quad b_1 = 3\tan\frac{C}{2}\tan\frac{A}{2}, \quad c_1 = 3\tan\frac{A}{2}\tan\frac{B}{2}$$

式(8)左边化为

$$3\sqrt{a_1} + 3\sqrt{b_1} + 3\sqrt{c_1} \geqslant b_1 c_1 + c_1 a_1 + a_1 b_1 \tag{9}$$

其中 $a_1 + b_1 + c_1 = 3$.

令 $(a_1, b_1, c_1) = (x^3, y^3, z^3)$,式(9)化为

$$x + y + z \geqslant (yz)^3 + (zx)^3 + (xy)^3 \tag{10}$$

其中

$$x^3 + y^3 + z^3 = 3$$

作差

$$f(x,y,z) = (x^3 + y^3 + z^3)^5(x+y+z)^3 - 243(y^3 z^3 + z^3 x^3 + x^3 y^3)^3$$

由对称性设 $0 < x \leqslant y \leqslant z$,故可令 $y = x + s, z = x + s + t$,其中 $s \geqslant 0, t \geqslant 0$.

展开 $f(x, x+s, x+s+t)$ 后,经计算可知每一项的系数都是正的(过程略),即

$$f(x, x+s, x+s+t) \geqslant 0 \Rightarrow f(x,y,z) \geqslant 0$$
$$\Rightarrow (x^3 + y^3 + z^3)^5(x+y+z)^3$$
$$\geqslant 243(y^3 z^3 + z^3 x^3 + x^3 y^3)^3$$
$$\Rightarrow 3^5(x+y+z)^3 \geqslant 243(y^3 z^3 + z^3 x^3 + x^3 y^3)^3$$
$$\Rightarrow x + y + z \geqslant y^3 z^3 + z^3 x^3 + x^3 y^3$$

即式(10)成立,从而式(8)成立,等号成立当且仅当$\triangle ABC$为正三角形.

(3)让人倍感兴奋的是:式(1)还有一个漂亮的配对式是

$$\sum \sqrt{1 - 3m\tan\frac{A}{2}} \geqslant \sqrt{6} \tag{11}$$

其中 $m = \prod \tan\frac{A}{2}$.

提示 代换方法如前,我们只需证

$$\sum \sqrt{1 - 3yz} \geqslant \sqrt{6} \tag{12}$$

注意到

$$200\left(\sum x\right)^2\left[\left(\sum x\right)^2 - 3yz\right] - 3\left[6x^2 + 19x(y+z) + 7y^2 + 2yz + 7z^2\right]^2$$
$$= (y+z-2x)^2\left[23x^2 + 52x(y+z) + 2(y+z)^2\right] + 3(y-z)^2\left[9(y+z-x)^2 + 5x^2 + 4x(y+z) + 4(2y^2 + 13yz + 2z^2)\right] \geqslant 0$$
$$\Rightarrow \sum \sqrt{(x+y+z)^2 - 3yz} \geqslant \sum \frac{\sqrt{3}\left[6x^2 + 19x(y+z) + 7y^2 + 2yz + 7z^2\right]}{10\sqrt{2}(x+y+z)}$$

$$= \sqrt{6}\,(x+y+z) = \sqrt{6}$$

$$\Rightarrow \sum \sqrt{1-3m\tan\frac{A}{2}} = \sum \sqrt{1-3yz} \geqslant \sqrt{6}$$

等号成立当且仅当 $\triangle ABC$ 为正三角形.

（4）最后，我们提出猜测：是否存在常数 $0 < K < 9$，成立不等式

$$\sum \sqrt{1-Km\tan\frac{A}{2}} \geqslant \sqrt{9-K}$$

其中 $m = \prod \tan\frac{A}{2} = \tan\frac{A}{2}\tan\frac{B}{2}\tan\frac{C}{2}$.

春游成都百花潭公园（笔者）

蓉城美景万万千，百花潭水最流连.

三湖波光映日月，一曲绵江卷云烟.

雅士沉醉巴金馆，丹青泼墨盆景园.

林间群岛歌盛世，村夫挥毫写诗篇.

例 5　设 a,b,c 为 $\triangle ABC$ 的三边，$a \leqslant b \leqslant c$，$R$ 和 r 分别为 $\triangle ABC$ 的外接圆半径和内切圆半径，令 $f = a+b-2R-2r$，试用角 C 的大小来判定 f 的符号.

解　用 A,B,C 分别表示 $\triangle ABC$ 的三个内角，于是

$$f = a+b-2R-2r$$

$$= 2R\left(\sin A + \sin B - 1 - 4\sin\frac{A}{2}\sin\frac{B}{2}\sin\frac{C}{2}\right)$$

$$= 2R\left[2\sin\frac{B+A}{2}\cos\frac{B-A}{2} - 1 + 2\left(\cos\frac{B+A}{2} - \cos\frac{B-A}{2}\right)\sin\frac{C}{2}\right]$$

$$= 2R\left[2\cos\frac{B-A}{2}\left(\sin\frac{B+A}{2} - \sin\frac{C}{2}\right) - 1 + 2\cos\frac{B+A}{2}\sin\frac{C}{2}\right]$$

$$= 2R\left[2\cos\frac{B-A}{2}\left(\cos\frac{C}{2} - \sin\frac{C}{2}\right) - \left(1 - 2\sin^2\frac{C}{2}\right)\right]$$

$$= 2R\left[\cos\frac{B-A}{2}\cdot 2\left(\cos\frac{C}{2} - \sin\frac{C}{2}\right) - \left(\cos^2\frac{C}{2} - \sin^2\frac{C}{2}\right)\right]$$

$$= 2R\left(\cos\frac{C}{2} - \sin\frac{C}{2}\right)\left(2\cos\frac{B-A}{2} - \cos\frac{C}{2} - \sin\frac{C}{2}\right)$$

因为 $A \leqslant B \leqslant C$，所以 $0 \leqslant B-A < B \leqslant C$. 又 $0 \leqslant B-A < B+C$，因此

$$\cos\frac{B-A}{2} > \cos\frac{C}{2}, \quad \cos\frac{B-A}{2} > \cos\frac{B+A}{2}, \quad \cos\frac{\pi-C}{2} > \cos\frac{C}{2}$$

所以

$$2\cos\frac{B-A}{2} > \cos\frac{C}{2} + \sin\frac{C}{2}$$

从而

$$f > 0 \Leftrightarrow \cos\frac{C}{2} > \sin\frac{C}{2} \Leftrightarrow C < \frac{\pi}{2}$$

$$f = 0 \Leftrightarrow \cos\frac{C}{2} = \sin\frac{C}{2} \Leftrightarrow C = \frac{\pi}{2}$$

$$f < 0 \Leftrightarrow \cos\frac{C}{2} < \sin\frac{C}{2} \Leftrightarrow C > \frac{\pi}{2}$$

题6 设正系数 λ,μ,ν 满足 $\lambda + \mu + \nu = 1$,则对任意 $\triangle ABC$ 有

$$\sum\left[\frac{1 + \lambda\left(\tan\frac{A}{2} - 1\right)}{1 + \tan^2\frac{A}{2}}\right] < 1 + \frac{3}{4}\sqrt{3} \tag{1}$$

证明 我们首先证明

$$\frac{1}{1 + \tan^2\frac{A}{2}} + \frac{\tan\frac{C}{2}}{1 + \tan^2\frac{C}{2}} \leqslant 1 + \frac{3\sqrt{3}}{4} \tag{2}$$

$$\Leftrightarrow \cos^2\frac{A}{2} + \cos^2\frac{B}{2} + \sin\frac{C}{2}\cos\frac{C}{2} \leqslant 1 + \frac{3\sqrt{3}}{4}$$

$$\Leftrightarrow 1 + \frac{1}{2}(\cos A + \cos B + \sin C) \leqslant 1 + \frac{3\sqrt{3}}{4}$$

$$\Leftrightarrow \cos A + \cos B + \sin C \leqslant \frac{3\sqrt{3}}{2} \tag{3}$$

而 $\cos A + \cos B = 2\cos\dfrac{A+B}{2}\cos\dfrac{A-B}{2} \leqslant 2\sin\dfrac{C}{2}$,因此,我们只需证明更强的不等式

$$y = 2\sin\frac{C}{2} + \sin C \leqslant \frac{3}{2}\sqrt{3} \tag{4}$$

记 $x = \cos\dfrac{C}{2} \in (0,1)$,有

$$y = 2\left(1 + \cos\frac{C}{2}\right)\sin\frac{C}{2}$$

$$\Rightarrow y^2 = 4\left(1 + \cos\frac{C}{2}\right)^2\left(1 - \cos^2\frac{C}{2}\right)$$

$$= 4\left(1 + \cos\frac{C}{2}\right)^3\left(1 - \cos\frac{C}{2}\right)$$

$$= \frac{4}{3}(1 + x)^3(3 - 3x)$$

$$\leqslant \frac{4}{3}\left[\frac{3(1 + x) + (3 - 3x)}{4}\right]^4 = 3\left(\frac{3}{2}\right)^2$$

$$\Rightarrow y \leqslant \frac{3}{2}\sqrt{3}$$

从而逆推知式(2)成立,即有

$$\frac{\nu}{1+\tan^2\frac{A}{2}}+\frac{\nu}{1+\tan^2\frac{B}{2}}+\frac{\nu\tan\frac{C}{2}}{1+\tan^2\frac{C}{2}} \leqslant (1+\frac{3\sqrt{3}}{4})\nu \tag{5}$$

等号成立当且仅当 $A=B$,且

$$1+\cos\frac{C}{2}=3-3\cos\frac{C}{2}\Rightarrow\cos\frac{C}{2}=\frac{1}{2}$$

$$\Rightarrow C=120°\Rightarrow A=B=30°$$

同理可得

$$\frac{\mu}{1+\tan^2\frac{A}{2}}+\frac{\mu\tan\frac{B}{2}}{1+\tan^2\frac{B}{2}}+\frac{\mu}{1+\tan^2\frac{C}{2}} \leqslant (1+\frac{3}{4}\sqrt{3})\mu \tag{6}$$

等号成立当且仅当 $B=120°$,且 $A=C=30°$.

$$\frac{\lambda\tan\frac{A}{2}}{1+\tan^2\frac{A}{2}}+\frac{\lambda}{1+\tan^2\frac{B}{2}}+\frac{\lambda}{1+\tan^2\frac{C}{2}} \leqslant (1+\frac{3}{4}\sqrt{3})\lambda \tag{7}$$

等号成立当且仅当 $A=120°$,且 $B=C=30°$. 将以上三式相加,注意到 $\lambda+\mu+\nu=1$ 及三式等号不能同时成立,有

$$\sum \frac{1-\lambda+\lambda\tan\frac{A}{2}}{1+\tan^2\frac{A}{2}} < 1+\frac{3}{4}\sqrt{3} \tag{8}$$

即式(1)成立.

注 从表面上看,本题较难,但是我们在证明时采取了各个击破(局部)的,然后合围大反攻的策略,取得了辉煌的胜利.

其实,由式(3)我们有

$$\begin{cases} \lambda\sin A+\lambda\cos B+\lambda\cos C \leqslant \frac{3}{2}\sqrt{3}\lambda \\ \mu\cos A+\mu\sin B+\mu\cos C \leqslant \frac{3}{2}\sqrt{3}\mu \\ \nu\cos A+\nu\cos B+\nu\sin C \leqslant \frac{3}{2}\sqrt{3}\nu \end{cases}$$

$$\Rightarrow \sum \left[\lambda\sin A+(1-\lambda)\cos A \right] < \frac{3}{2}\sqrt{3} \tag{9}$$

可见,这也是一个有趣的结果.

题 7 已知 a,b,A,B 都是实数,若对一切 $x \in \mathbf{R}$ 都有

$$f(x) = 1 - a\cos x - b\sin x - A\cos 2x - B\sin 2x \geqslant 0$$

求证:$a^2 + b^2 \leqslant 2, A^2 + B^2 \leqslant 1$.

分析 这是一道美国数学竞赛题,趣味优美,脍炙人口. 题目要求证明的结论是两个互相独立的不等式,这暗示我们应当利用分类讨论的思想取特殊值,进行各个击破,然后"分歼合围",便胜利在握.

证明 题中所给函数 $f(x)$ 有较多的参数,结合结论,应引入辅助参数 θ 与 φ,使得

$$a\cos x + b\sin x = \sqrt{a^2 + b^2} \sin(x + \theta)$$

$$A\cos 2x + B\sin 2x = \sqrt{A^2 + B^2} \sin(2x + \varphi)$$

其中 $\tan \theta = \dfrac{a}{b}, \tan \varphi = \dfrac{A}{B}$.

于是

$$f(x) = 1 - r\sin(x + \theta) - R\sin(2x + \varphi) \geqslant 0 \qquad (1)$$

其中 $r = \sqrt{a^2 + b^2}, R = \sqrt{A^2 + B^2}$,则

$$f\left(x + \frac{\pi}{2}\right) = 1 - r\cos(x + \theta) + R\sin(2x + \varphi) \geqslant 0 \qquad (2)$$

$(1) + (2)$ 得

$$2 - r\left[\sin(x + \theta) + \cos(x + \theta)\right] \geqslant 0$$

$$\Rightarrow 2 - \sqrt{2}r\sin\left(x + \theta + \frac{\pi}{4}\right) \geqslant 0$$

$$\Rightarrow r\sin\left(x + \theta + \frac{\pi}{4}\right) \leqslant \sqrt{2}$$

对一切 x 均成立,故可取

$$x + \theta + \frac{\pi}{4} = \frac{\pi}{2} \Rightarrow x = \frac{\pi}{4} - \theta$$

$$\Rightarrow r \leqslant \sqrt{2} \Rightarrow a^2 + b^2 \leqslant 2$$

又

$$f(x + \pi) = 1 + r\sin(x + \theta) - R\sin(2x + \varphi) \geqslant 0 \qquad (3)$$

$(1) + (3)$ 得

$$2 - 2R\sin(2x + \varphi) \geqslant 0$$

$$\Rightarrow R\sin(2x + \varphi) \leqslant 1$$

此式也对一切 x 成立,故可取

$$2x + \varphi = \frac{\pi}{2} \Rightarrow x = \frac{\pi}{4} - \frac{\varphi}{2}$$

$$\Rightarrow R \leqslant 1 \Rightarrow A^2 + B^2 \leqslant 1$$

综合上述,命题结论成立.

题 8 对 $\theta \in \mathbf{R}$,证明

$$\sin(\cos\theta) < \cos(\sin\theta) \tag{A}$$

分析 我们证明过

$$\cos(\cos x) > \sin(\sin x) \tag{B}$$

从外观上看,式(A)与式(B)真是天生一对,地配一双,从美学上讲,它俩既奇妙又迷人,结构有点奇特.那么我们应当怎样证明它呢? 其实,只要把它们转化为同名三角函数,利用三角函数的单调性就可证明.

证明 因为 $\cos(\sin\theta) = \sin(\dfrac{\pi}{2} \pm \sin\theta)$,而 $\cos\theta \in [-1,1]$,$\dfrac{\pi}{2} - \sin\theta \in$

$[\dfrac{\pi}{2} - 1, \dfrac{\pi}{2} + 1]$,$\dfrac{\pi}{2} + \sin\theta \in [\dfrac{\pi}{2} - 1, \dfrac{\pi}{2} + 1]$,而 $\dfrac{\pi}{2} + 1 > \dfrac{\pi}{2}$,所以对 $\sin\theta$ 之值应进行分类讨论.

(1)当 $\sin\theta \in [0,1]$ 时

$$\frac{\pi}{2} - \sin\theta \in [\frac{\pi}{2} - 1, \frac{\pi}{2}] \subsetneqq [-\frac{\pi}{2}, \frac{\pi}{2}]$$

因 $y = \sin x$ 在 $[-\dfrac{\pi}{2}, \dfrac{\pi}{2}]$ 内是单调递增函数,而

$$\cos\theta - (\frac{\pi}{2} - \sin\theta) = \cos\theta + \sin\theta - \frac{\pi}{2}$$

$$= \sqrt{2}\sin(\theta + \frac{\pi}{4}) - \frac{\pi}{2} \leqslant \sqrt{2} - \frac{\pi}{2} < 0$$

$$\Rightarrow \cos\theta < \frac{\pi}{2} - \sin\theta$$

$$\Rightarrow \sin(\cos\theta) < \sin(\frac{\pi}{2} - \sin\theta)$$

(2)当 $\sin\theta \in [-1,0]$ 时

$$\frac{\pi}{2} + \sin\theta \in [\frac{\pi}{2} - 1, \frac{\pi}{2}] \subsetneqq [-\frac{\pi}{2}, \frac{\pi}{2}]$$

若

$$\sin(\cos\theta) < \cos(\sin\theta) = \sin(\frac{\pi}{2} + \sin\theta)$$

而

$$\cos\theta - (\frac{\pi}{2} + \sin\theta) = \sqrt{2}\cos(\theta + \frac{\pi}{2}) - \frac{\pi}{2}$$

$$\leqslant \sqrt{2} - \frac{\pi}{2} < 0$$

$$\Rightarrow \cos\theta < \frac{\pi}{2} + \sin\theta$$

$$\Rightarrow \sin(\cos\theta) < \sin\left(\frac{\pi}{2} + \sin\theta\right)$$

综合上述(1)和(2)知,命题成立.

成都锦里街景观(笔者)

武侯祠傍碧水边,闲来常去锦里街.

美酒飘香茶清爽,秀品琳琅乱眼帘.

石雕喜迎四海客,游鱼笑看九州仙.

五湖波光弄云影,鸟语花香艳阳天.

题9 设正整数 $n \geqslant 2, \theta_i \in \left(0, \frac{\pi}{2}\right) (i = 1, 2, \cdots, n), \lambda$ 为正常数,满足

$$\left(\sum_{i=1}^{n} \tan\theta_i\right)\left(\sum_{i=1}^{n} \cot\theta_i\right) \leqslant (n+\lambda)^2 \tag{1}$$

证明

$$M \leqslant m f(\lambda) \tag{2}$$

其中

$$M = \max_{1 \leqslant i \leqslant n}\{\tan\theta_i\}, m = \min_{1 \leqslant i \leqslant n}\{\tan\theta_i\}$$

$$f(\lambda) = \left(\frac{\lambda + 2 + \sqrt{\lambda(\lambda+4)}}{2}\right)^2$$

证明 作代换,令 $a_i = \tan\theta_i (1 \leqslant i \leqslant n)$. 由对称性,不妨设

$$0 < m = a_1 \leqslant a_2 \leqslant \cdots \leqslant a_n = M$$

要证

$$M \leqslant f(\lambda)m \tag{3}$$

当 $n = 2$ 时,条件式(1)为

$$(m+M)\left(\frac{1}{m} + \frac{1}{M}\right) \leqslant (2+\lambda)^2$$

$$\Leftrightarrow \frac{m}{M} + 2 + \frac{M}{m} \leqslant (2+\lambda)^2$$

$$\Leftrightarrow \left(\sqrt{\frac{m}{M}} + \sqrt{\frac{M}{m}}\right)^2 \leqslant (\lambda+2)^2$$

$$\Leftrightarrow \sqrt{\frac{M}{m}} + \sqrt{\frac{m}{M}} \leqslant \lambda + 2 \tag{4}$$

设 $t = \sqrt{\frac{M}{m}} \geqslant 1$,式(4)化为

$$t + \frac{1}{t} \leqslant \lambda + 2 \Leftrightarrow t^2 - (\lambda+2)t + 1 \leqslant 0$$

$$\Leftrightarrow (t - t_1)(t - t_2) \leqslant 0 \qquad (5)$$

其中 t_1, t_2 为方程

$$t^2 - (\lambda + 2)t + 1 = 0 \qquad (6)$$

的两根,即

$$t_1 = \frac{\lambda + 2 - \sqrt{(\lambda + 2)^2 - 4}}{2} < \frac{\lambda + 2 - \lambda}{2} = 1$$

$$t_2 = \frac{\lambda + 2 + \sqrt{(\lambda + 2)^2 - 4}}{2} > \frac{\lambda + 2 + \lambda}{2} > 1$$

因此 $t - t_1 > t - 1 > 0$.

由式(5)知 $t \leqslant t_2$,即

$$\sqrt{\frac{M}{m}} = t \leqslant t_2 \Leftrightarrow M \leqslant t_2^2 m = f(\lambda)m$$

这时命题成立.

当 $n \geqslant 3$ 时,利用柯西不等式有

$$(n + \lambda)^2 \geqslant (a_1 + \cdots + a_n)\left(\frac{1}{a_1} + \cdots + \frac{1}{a_n}\right)$$

$$= (m + a_2 + \cdots + a_{n-1} + M)\left(\frac{1}{M} + \frac{1}{a_2} + \cdots + \frac{1}{a_{n-1}} + \frac{1}{m}\right)$$

$$\geqslant \left(\sqrt{\frac{m}{M}} + (n - 2) \times 1 + \sqrt{\frac{M}{m}}\right)^2$$

$$\Rightarrow n + \lambda \geqslant \sqrt{\frac{m}{M}} + \sqrt{\frac{M}{m}} + n - 2$$

$$\Leftrightarrow \sqrt{\frac{M}{m}} + \sqrt{\frac{m}{M}} \leqslant \lambda + 2$$

这与 $n = 2$ 的情形相同.

综合上述,命题结论成立.

注 此题的优美与奇妙是不言而喻的,当取 $\lambda = \dfrac{1}{2}$ 时,$f(\lambda) = 4$,命题等价于第 38 届美国数学奥林匹克竞赛试题第 4 题.

题 10 设 $\alpha, \beta, \gamma \in \left(0, \dfrac{\pi}{2}\right)$,且 $\cos^2\alpha + \cos^2\beta + \cos^2\gamma = 1$. 求证:对任意 $x, y, z \in \mathbf{R}$ 有

$$\frac{1}{2}(x^2 + y^2 + z^2) \geqslant yz\cot\beta\cot\gamma + zx\cot\gamma\cot\alpha + xy\cot\alpha\cot\beta \qquad (1)$$

证明 利用二元均值不等式有

$$\frac{\cos^2\beta}{\sin^2\alpha}x^2 + \frac{\cos^2\alpha}{\sin^2\beta}y^2 \geqslant 2xy\cot\alpha\cot\beta$$

131

$$\frac{\cos^2\gamma}{\sin^2\beta}y^2 + \frac{\cos^2\beta}{\sin^2\gamma}z^2 \geqslant 2yz\cot\beta\cot\gamma$$

$$\frac{\cos^2\alpha}{\sin^2\gamma}z^2 + \frac{\cos^2\gamma}{\sin^2\alpha}x^2 \geqslant 2zx\cot\gamma\cot\alpha$$

将以上三式相加得

$$2\sum yz\cot\beta\cot\gamma \leqslant \sum\left(\frac{\cos^2\gamma}{\sin^2\beta}y^2 + \frac{\cos^2\beta}{\sin^2\gamma}z^2\right)$$

$$= \sum\left(\frac{\cos^2\beta + \cos^2\gamma}{\sin^2\alpha}\right)x^2 = \sum\left(\frac{1-\cos^2\alpha}{\sin^2\alpha}\right)x^2$$

$$\Rightarrow \frac{1}{2}\sum x^2 \geqslant \sum yz\cot\beta\cot\gamma$$

等号成立当且仅当 $x = y = z$, 且 $\alpha = \beta = \gamma = \arccos\left(\frac{\sqrt{3}}{3}\right)$.

题 11 对任意 $\theta \in \mathbf{R}$, 求 a, b, 使得恒成立不等式

$$|2\cos^2\theta + a\cos\theta + b| \leqslant 1 \tag{A}$$

证明 充分性: 当

$$2\cos^2\theta + a\cos\theta + b = \cos 2\theta \tag{1}$$

时, 显然有

$$|2\cos^2\theta + a\cos\theta + b| = |\cos 2\theta| \leqslant 1$$

必要性: 若

$$|2\cos^2\theta + a\cos\theta + b| \leqslant 1$$

则当 $b > -1$ 时, 有

$$2\cos^2\theta + a\cos\theta + b = 2\cos^2\theta - 1 + a\cos\theta + b + 1$$

由假设知, $b + 1 > 0$, 取适合的 θ 值使 $a\cos\theta = |a|$ 有

$$|2\cos^2\theta + a\cos\theta + b| = 1 + a + b + 1 > 1$$

矛盾.

又当 $b < -1$ 时, 若令 $\cos\theta = 0$, 则有

$$|2\cos^2\theta + a\cos\theta + b| = |b| > 1$$

矛盾, 所以 $b = -1$.

当 $b = -1$ 时, 取 θ 使 $a\cos\theta = |a|$, 则

$$|2\cos^2\theta + a\cos\theta - 1| = 1 + |a| > 1$$

矛盾, 综上所述, 必有 $b = -1, a = 0$, 即有

$$2\cos^2\theta + a\cos\theta + b = 2\cos^2\theta - 1 = \cos 2\theta$$

评注 本题是第五届全俄中学生数学竞赛题之一. 如果令 $\cos\theta = x$, 那么对任意 $x \in [-1,1]$. 恒成立不等式

$$|2x^2 + ax + b| \leqslant 1 \tag{B}$$

当且仅当 $a = 0, b = -1$.

令 $\cos \theta = \dfrac{1}{2}x$,则对任意 $x \in [-2,2]$,不等式

$$|2x^2 + ax + b| \leqslant 4$$

恒成立,当且仅当 $a = 0, b = -4$.

令 $\cos \theta = \dfrac{1}{3}(2x - 1)$,则对任意 $x \in [-1,2]$,不等式

$$|8x^2 + ax + b| \leqslant 9$$

恒成立,当且仅当 $a = -8, b = -7$.

令 $\cos \theta = \dfrac{2x - m - n}{n - m}(m < n)$,则对任意 $x \in [m,n]$,不等式

$$|8x^2 + ax + b| \leqslant (n - m)^2$$

恒成立,当且仅当 $a = -8(m + n), b = 2(m + n)^2 - (n - m)^2$. 因 $|\cos 3\theta| \leqslant 1$,则对任意 $\theta \in (-\infty, +\infty)$,不等式

$$|4\cos^3 \theta + a\cos^2 \theta + b\cos \theta + c| \leqslant 1$$

恒成立,当且仅当

$$4\cos^3 \theta + a\cos^2 \theta + b\cos \theta + c = \cos 3\theta$$

更一般地,由 $|\cos n\theta| \leqslant 1$ 联想到应用公式

$$(\cos \theta + \mathrm{i}\sin \theta)^n = \cos n\theta + \mathrm{i}\sin n\theta$$

展开为关于 $\cos \theta$ 的 n 次多项式,且首项系数为 2^{n-1}. 于是我们可将本妙题进行推广.

推广 若 $f_n(\cos \theta)$ 是关于 $\cos \theta$ 的 n 次实系数多项式,且首项系数(最高次项)为 2^{n-1},对于任意 $\theta \in (-\infty, +\infty)$,有 $|f_n(\cos \theta)| \leqslant 1$ 恒成立,当且仅当 $f_n(\cos \theta) = \cos n\theta (n \in \mathbf{N}_+)$.

证明 对于 $n = 1$,显然成立. 对于 $n = 2$,已证. 当 $n \geqslant 3$ 时,设

$$f_n(\cos \theta) = \cos n\theta + g(\cos \theta)$$

其中 $g(\cos \theta)$ 是次数低于 n 的实系数式,于是只要证明 $g(\cos \theta) = 0, \theta \in (-\infty, +\infty)$ 即可.

下面,我们对 $g(\cos \theta) = 0$ 的项数采用第二数学归纳法来加以证明:

当 $g(\cos \theta)$ 仅有一项时,可设

$$g(\cos \theta) = a\cos^k \theta \quad (0 \leqslant k \leqslant n - 1)$$

若 $a > 0$,则取 $\theta = 0$,有

$$|f_n(\cos \theta)| = |\cos n\theta + a\cos^k \theta| > 1 + a > 0$$

矛盾.

若 $a < 0$,则取 $\theta = \dfrac{\pi}{n} \in \left(0, \dfrac{\pi}{2}\right)$(因为 $n \geqslant 3$),有

$$|f_n(\cos\theta)| = |\cos n\theta + a\cos^k\theta| = 1 - a > 1$$

矛盾. 由此可见 $a = 0$, 即 $g(\cos\theta) = 0$.

假设当 $g(\cos\theta)$ 不超过 $n-1$ 项时, 由

$$|\cos n\theta + g(\cos\theta)| \leqslant 1, \theta \in (-\infty, +\infty)$$

可以推导出 $g(\cos\theta) = 0$.

当 $g(\cos\theta)$ 有 n 项时, 令

$$g(\cos\theta) = g_1(\cos\theta) + g_2(\cos\theta)$$

其中 $g_1(\cos\theta)$ 为 g 中所有关于 $\cos\theta$ 是奇数次项的和, $g_2(\cos\theta)$ 是 g 关于 $\cos\theta$ 是偶数次项的和再加上常数项, 显然, g_1 和 g_2 的项数都不超过 $n-1(n \geqslant 3)$.

由于

$$|\cos n\theta + g(\cos\theta)| \leqslant 1$$

对于任意 $\theta \in (-\infty, +\infty)$ 均能成立, 故

$$|\cos n(\pi - \theta) + g[\cos(\pi - \theta)]| \leqslant 1$$

对于任意 $\theta \in (-\infty, +\infty)$ 也能成立.

当 n 为奇数时, $\cos n(\pi - \theta) = -\cos n\theta$, 所以

$$|\cos n\theta| - |g(\cos\theta)|$$

$$= \frac{1}{2}|\cos n\theta + g(\cos\theta) + \cos n\theta - g(-\cos\theta)|$$

$$\leqslant \frac{1}{2}[|\cos n\theta + g(\cos\theta)| + |\cos n\theta - g(-\cos\theta)|]$$

$$= \frac{1}{2}[|\cos n\theta + g(\cos\theta)| + |\cos n(\pi - \theta) + g(\cos(\pi - \theta))|]$$

$$\leqslant \frac{1}{2}(1 + 1) = 1$$

由归纳假设可知 $g_1(\cos\theta) = 0$.

将 $g_1(\cos\theta) = 0$ 代入

$$|\cos n\theta + g(\cos\theta)| \leqslant 1$$

$$\Rightarrow |\cos n\theta + g_2(\cos\theta)| \leqslant 1$$

$$\Rightarrow g_2(\cos\theta) = 0 \Rightarrow g(\cos\theta) = 0$$

当 n 为偶数时

$$\cos n(\pi - \theta) = \cos n\theta$$

$$\Rightarrow |\cos n\theta + g_2(\cos\theta)|$$

$$\leqslant \frac{1}{2}[|\cos n\theta + g(\cos\theta)| + |\cos n\theta + g(-\cos\theta)|]$$

$$= \frac{1}{2}[|\cos n\theta + g(\cos\theta)| + |\cos n(\pi - \theta) + g(\cos(\pi - \theta))|]$$

$$\leq \frac{1}{2}(1+1)=1$$

故由归纳假设可知：$g_2(\cos\theta)=0$.

将 $g_2(\cos\theta)=0$ 代入

$$|\cos n\theta + g(\cos\theta)|\leq 1$$
$$\Rightarrow |\cos n\theta + g_1(\cos\theta)|\leq 1$$
$$\Rightarrow g_1(\cos\theta)=0 \Rightarrow g(\cos\theta)=0$$

故由归纳原理知命题成立.

题 12 设 $\alpha,\beta,\gamma>0$ 且 $\alpha+\beta+\gamma=3$，对于任意 $\triangle ABC$，成立不等式

$$\prod(\cos^2 A - \cos^2\frac{A}{2})^\alpha \leq \left[\frac{1}{6}\left(\frac{\beta\gamma}{\alpha}+\frac{\gamma\alpha}{\beta}+\frac{\alpha\beta}{\gamma}\right)\right]^3 \qquad (A)$$

$$\prod(\sin^2 A - \sin^2\frac{A}{2})^\alpha \leq \left[\frac{1}{6}\left(\frac{\beta\gamma}{\alpha}+\frac{\gamma\alpha}{\beta}+\frac{\alpha\beta}{\gamma}\right)\right]^3 \qquad (B)$$

证明 令

$$\begin{cases} yz=\alpha \\ zx=\beta \\ xy=\gamma \end{cases} \Rightarrow \begin{cases} x=\sqrt{\beta\gamma/\alpha} \\ y=\sqrt{\gamma\alpha/\beta} \\ z=\sqrt{\alpha\beta/\gamma} \end{cases}$$

应用三角母不等式有

$$\sum x^2 \geq 2\sum yz\cos A$$
$$=2\sum yz(2\cos^2\frac{A}{2}-1)$$
$$=4\sum yz\cos^2\frac{A}{2}-2\sum yz$$
$$\Rightarrow 4\sum yz\cos^2\frac{A}{2}\leq \sum x^2+2\sum yz=(\sum x)^2$$
$$\Rightarrow 记 p=\sum \alpha\cos^2\frac{A}{2}\leq\frac{1}{4}\left(\sum\sqrt{\frac{\beta\gamma}{\alpha}}\right)^2 \qquad (1)$$

利用三角母不等式有（注意 $\cos x$ 为偶函数）

$$\sum x^2\geq 2\sum yz\cos(\pi-2A)=-2\sum yz\cos 2A$$
$$=-2\sum yz(2\cos^2 A-1)$$
$$\Rightarrow 2\sum yz\cos^2 A\geq 2\sum yz-\sum x^2$$
$$\Rightarrow 4\sum \alpha\cos^2 A\geq 2\sum\alpha-\sum\frac{\beta\gamma}{\alpha}=6-\sum\frac{\beta\gamma}{\alpha}$$
$$\Rightarrow q=\sum\alpha\cos^2 A\geq\frac{1}{4}(6-\sum\frac{\beta\gamma}{\alpha})$$

又 $\sum \alpha = 3 \Rightarrow \sum \dfrac{\alpha}{3} = 1$

$\Rightarrow (T(\alpha))^{\frac{1}{3}} = \prod \left(\cos^2 \dfrac{A}{2} - \cos^2 A \right)^{\frac{\alpha}{3}}$

（应用加权不等式，其中 p,q 为表达式记号）

$\leqslant \sum \dfrac{\alpha}{3} \left(\cos^2 \dfrac{A}{2} - \cos^2 A \right)$

$= \dfrac{1}{3} \left(\sum \alpha \cos^2 \dfrac{A}{2} - \sum \alpha \cos^2 A \right)$

$= \dfrac{1}{3} (p - q)$

$\leqslant \dfrac{1}{3} \left[\dfrac{1}{4} \left(\sum \sqrt{\dfrac{\beta\gamma}{\alpha}} \right)^2 - \dfrac{1}{4} \left(6 - \sum \dfrac{\beta\gamma}{\alpha} \right) \right]$

$= \dfrac{1}{12} \left(2 \sum \dfrac{\beta\gamma}{\alpha} + 2 \sum \alpha - 6 \right) = \dfrac{1}{6} \sum \dfrac{\beta\gamma}{\alpha}$

$\Rightarrow T(\alpha) = \prod \left(\cos^2 \dfrac{A}{2} - \cos^2 A \right)^{\alpha} \leqslant \left(\dfrac{1}{6} \sum \dfrac{\beta\gamma}{\alpha} \right)^3$

同理可证式（B）. 等号成立当且仅当 $\alpha = \beta = \gamma = 1$，且 $\triangle ABC$ 为正三角形.

题 13 给定正数 n，求最小的正数 λ，使得对于任意 $\theta_i \in \left(0, \dfrac{\pi}{2} \right)$ $(i = 1, 2, \cdots, n)$，只要 $\tan \theta_1 \cdot \tan \theta_2 \cdot \cdots \cdot \tan \theta_n = (\sqrt{2})^n$，就有 $\cos \theta_1 + \cos \theta_2 + \cdots + \cos \theta_n \leqslant \lambda$.

解 当 $n = 1$ 时，由 $\tan^2 \theta_1 = 2 \Rightarrow \cos \theta_1 = \dfrac{\sqrt{3}}{3}$，即 $\lambda = \dfrac{\sqrt{3}}{3}$.

当 $n = 2$ 时，由

$$\tan \theta_1 \tan \theta_2 = 2$$

$$\Rightarrow \sin^2 \theta_1 \sin^2 \theta_2 = 4 \cos^2 \theta_1 \cos^2 \theta_2$$

$$= (1 - \cos^2 \theta_1)(1 - \cos^2 \theta_2)$$

$$\Rightarrow \cos^2 \theta_1 + \cos^2 \theta_2 = 1 - 3 \cos^2 \theta_1 \cos^2 \theta_2$$

$$\Rightarrow (\cos \theta_1 + \cos \theta_2)^2$$

$$= -3 (\cos \theta_1 \cos \theta_2)^2 + 2 (\cos \theta_1 \cos \theta_2) + 1$$

$$= -3 \left(\cos \theta_1 \cos \theta_2 - \dfrac{1}{3} \right)^2 + \dfrac{4}{3} \leqslant \dfrac{4}{3}$$

$$\Rightarrow \cos \theta_1 + \cos \theta_2 \leqslant \dfrac{2\sqrt{3}}{3}$$

当 $n = 3$ 时，由于

$$\tan^2 \theta_1 = \frac{8}{\tan^2 \theta_2 \tan^2 \theta_3}$$

$$\Rightarrow \cos \theta_1 = \frac{1}{\sqrt{1 + \tan^2 \theta_1}} = \frac{\tan \theta_2 \tan \theta_3}{\sqrt{8 + \tan^2 \theta_2 \tan^2 \theta_3}}$$

$$= \frac{\sin \theta_2 \sin \theta_3}{\sqrt{8\cos^2 \theta_2 \cos^2 \theta_3 + \sin^2 \theta_2 \sin^2 \theta_3}}$$

而且 $$\cos \theta_i = \sqrt{1 - \sin^2 \theta_i} < \sqrt{1 - \sin^2 \theta_i + \frac{1}{4}\sin^4 \theta_i}$$

$$\Rightarrow \cos \theta_i < 1 - \frac{1}{2}\sin^2 \theta_i \quad (1 \leqslant i \leqslant n)$$

所以

$$\cos \theta_2 + \cos \theta_3 < 2 - \frac{1}{2}(\sin^2 \theta_2 + \sin^2 \theta_3)$$

$$\leqslant 2 - \sin \theta_2 \sin \theta_3$$

$$\Rightarrow s = \cos \theta_1 + \cos \theta_2 + \cos \theta_3$$

$$< 2 - \left(1 - \frac{1}{\sqrt{8\cos^2 \theta_2 \cos^2 \theta_3 + \sin^2 \theta_2 \sin^2 \theta_3}}\right) \cdot \sin \theta_2 \sin \theta_3 \leqslant 2$$

$$\Leftrightarrow 8\cos^2 \theta_2 \cos^2 \theta_3 + \sin^2 \theta_2 \sin^2 \theta_3 \geqslant 1$$

$$\Leftrightarrow 8 + \tan^2 \theta_2 \tan^2 \theta_3 \geqslant (1 + \tan^2 \theta_2)(1 + \tan^2 \theta_3)$$

$$\Leftrightarrow \tan^2 \theta_2 + \tan^2 \theta_3 \leqslant 7 \qquad (2)$$

即当 $\tan^2 \theta_2 + \tan^2 \theta_3 \leqslant 7$ 时

$$s = \cos \theta_1 + \cos \theta_2 + \cos \theta_3 < 2 \qquad (3)$$

如果 $\tan^2 \theta_2 + \tan^2 \theta_3 > 7$，设 $\theta_1 \geqslant \theta_2 \geqslant \cdots \geqslant \theta_n$，则

$$\tan^2 \theta_1 \geqslant \tan^2 \theta_2 \geqslant \cdots \geqslant \tan^2 \theta_n$$

$$\Rightarrow \tan^2 \theta_1 \geqslant \tan^2 \theta_2 > \frac{7}{2}$$

$$(\text{或} \tan^2 \theta_1 > \frac{7}{2} \geqslant \tan^2 \theta_2 > 0)$$

$$\Rightarrow \cos \theta_1 \leqslant \cos \theta_2 < \frac{\sqrt{2}}{3}$$

$$\Rightarrow \cos \theta_1 + \cos \theta_2 + \cos \theta_3 < 1 + \frac{2\sqrt{2}}{3} < 2$$

即当 $n = 3$ 时

$$s_3 = \cos \theta_1 + \cos \theta_2 + \cos \theta_3 < 2 \qquad (4)$$

则当 $n > 3$ 时

$$s_n = \cos \theta_1 + \cos \theta_2 + \cos \theta_3 + \cdots + \cos \theta_n < 2 + (n - 3) = n - 1$$

若 $0 < r < n - 1$,使得

$$\cos \theta_1 + \cos \theta_2 + \cdots + \cos \theta_n \leqslant r$$

则取 $a = \dfrac{r}{n-1}$,从而存在 $\theta_i \in (0, \dfrac{\pi}{2})(i = 1, 2, \cdots, n)$ 使得

$$\cos \theta_i = a, \tan \theta_i = \frac{\sqrt{1 - a^2}}{a} \quad (1 \leqslant i \leqslant n - 1)$$

$$\tan \theta_n = \sqrt{2^n} \left(\frac{a}{\sqrt{1 - a^2}} \right)^{n-1}$$

满足

$$\tan^2 \theta_1 \cdot \tan^2 \theta_2 \cdot \cdots \cdot \tan^2 \theta_n = 2^n$$

但

$$\sum_{i=1}^{n} \cos \theta_i > \sum_{i=1}^{n-1} \cos \theta_i = r$$

矛盾!

所以,当 $n \geqslant 3$ 时,$\lambda_{\min} = n - 1$.

综合上述,得

$$\lambda = \begin{cases} \dfrac{\sqrt{3}}{3} n, n = 1, 2 \\ n - 1, n \geqslant 3 \end{cases}$$

题 14 设 λ, μ, ν 为正系数,则对任意 $\triangle ABC$ 有

$$F_\lambda = \sum \left(\frac{\lambda \tan \dfrac{A}{2}}{1 + \tan \dfrac{B}{2} \tan \dfrac{C}{2}} \right) \leqslant K \cdot \prod \cot \frac{A}{2} \tag{1}$$

其中

$$K = \frac{1}{4} \left(\frac{\mu \nu}{\lambda} + \frac{\nu \lambda}{\mu} + \frac{\lambda \mu}{\nu} \right)$$

证明 作代换,令

$$x = \sqrt{3 \tan \frac{B}{2} \tan \frac{C}{2}}, y = \sqrt{3 \tan \frac{C}{2} \tan \frac{A}{2}}$$

$$z = \sqrt{3 \tan \frac{A}{2} \tan \frac{B}{2}}$$

则

$$x^2 + y^2 + z^2 = 3$$

$$F'_\lambda = \frac{\lambda yz}{3 + x^2} + \frac{\mu zx}{3 + y^2} + \frac{\nu xy}{3 + z^2} \leqslant K \tag{2}$$

$$\Leftrightarrow F'_\lambda = \sum \left(\frac{\lambda yz}{2x^2 + y^2 + z^2} \right) \leqslant K \tag{3}$$

即式(1)化为代数不等式(2),即式(3).

现设 $\triangle ABC$ 的三边长为 a,b,c,$p=\dfrac{1}{2}(a+b+c)$,且

$$\begin{cases} b+c-a=2x^2 \\ c+a-b=2y^2 \\ a+b-c=2z^2 \end{cases} \Rightarrow \begin{cases} x^2=p-a \\ y^2=p-b \\ z^2=p-c \end{cases} \Rightarrow \begin{cases} y^2+z^2=a \\ z^2+x^2=b \\ x^2+y^2=c \end{cases}$$

$$\Rightarrow F'_\lambda = \sum \left(\frac{\lambda yz}{y^2+z^2+2x^2} \right) = \sum \left[\frac{\lambda yz}{(x^2+y^2)+(z^2+x^2)} \right]$$

$$= \sum \frac{\lambda yz}{b+c} \leqslant \frac{1}{2} \sum \frac{\lambda yz}{\sqrt{bc}}$$

$$= \frac{1}{2} \sum \left[\lambda \cdot \sqrt{\frac{(p-b)(p-c)}{bc}} \right]$$

$$= \frac{1}{2} \sum \lambda \sin \frac{A}{2} = \frac{1}{2} \sum \lambda \cos \left(\frac{\pi}{2} - \frac{A}{2} \right)$$

注意到

$$\left(\frac{\pi}{2} - \frac{A}{2} \right) + \left(\frac{\pi}{2} - \frac{B}{2} \right) + \left(\frac{\pi}{2} - \frac{C}{2} \right) = \pi$$

应用三角母不等式有

$$F'_\lambda \leqslant \frac{1}{2} \sum \lambda \cos \left(\frac{\pi}{2} - \frac{A}{2} \right) \leqslant \frac{1}{4} \sum \frac{\mu\nu}{\lambda}$$

故式(2)成立,从而式(1)成立,等号成立当且仅当 $\lambda=\mu=\nu$ 且 $\triangle ABC$ 为正三角形.

题 15 设指数 α,β 满足 $1 \leqslant \alpha < \beta \leqslant 1+\alpha$,正权系数 $\lambda,\mu,\nu \in (0,3)$ 满足 $\lambda+\mu+\nu=3$,则对锐角 $\triangle ABC$ 有

$$\frac{\lambda(\sin A)^\alpha}{(\cos A)^\beta} + \frac{\mu(\sin B)^\alpha}{(\cos B)^\beta} + \frac{\nu(\sin C)^\alpha}{(\cos C)^\beta}$$

$$\geqslant 2^{\beta-\alpha} \cdot \sqrt{3^{\alpha-3} \cdot \delta} \, (\sqrt{\lambda}+\sqrt{\mu}+\sqrt{\nu})^2 \qquad (A)$$

其中

$$\delta = 4(\mu\nu+\nu\lambda+\lambda\mu) - 9 \qquad (1)$$

证明 易证 $\sum \tan B \tan C \geqslant 9$(证明略).

应用幂平均不等式与杨克昌不等式有

$$\sum (\tan B \tan C)^\alpha \geqslant 3 \left(\frac{\sum \tan B \tan C}{3} \right)^\alpha$$

$$\geqslant 3 \cdot 3^\alpha = 3^{1+\alpha}$$

$$\Rightarrow \sum \lambda (\tan A)^\alpha \geqslant \sqrt{\delta \sum (\tan B \tan C)^\alpha}$$

139

$$\geqslant \sqrt{3^{1+\alpha}\cdot\delta}$$

又注意到 $0<\beta-\alpha\leqslant1$，运用幂平均不等式有

$$\sum\ (\cos A)^{\beta-\alpha}\leqslant3\left(\frac{\sum\cos A}{3}\right)^{\beta-\alpha}\leqslant3\left(\frac{1}{2}\right)^{\beta-\alpha}$$

$$\Rightarrow3\left(\frac{1}{2}\right)^{\beta-\alpha}\cdot\ \sum\ \frac{\lambda}{(\cos A)^{\beta-\alpha}}（应用柯西不等式）$$

$$\geqslant\ \sum\ (\cos A)^{\beta-\alpha}\cdot\ \sum\ \frac{\lambda}{(\cos A)^{\beta-\alpha}}\geqslant\left(\ \sum\ \sqrt{\lambda}\ \right)^2$$

$$\Rightarrow\ \sum\ \frac{\lambda}{(\cos A)^{\beta-\alpha}}\geqslant\left(\frac{2^{\beta-\alpha}}{3}\right)\left(\ \sum\ \sqrt{\lambda}\ \right)^2 \tag{2}$$

现在我们设

$$0<A\leqslant B\leqslant C<\frac{\pi}{2}$$

$$\Rightarrow\begin{cases}(\tan A)^\alpha\leqslant(\tan B)^\alpha\leqslant(\tan C)^\alpha\\(\sec A)^{\beta-\alpha}\leqslant(\sec B)^{\beta-\alpha}\leqslant(\sec C)^{\beta-\alpha}\end{cases}$$

$$\Rightarrow T_\lambda=\ \sum\ \lambda\ \frac{(\sin A)^\alpha}{(\cos A)^\beta}=\ \sum\ \lambda\ \frac{(\tan A)^\alpha}{(\cos A)^{\beta-\alpha}}$$

（应用切比雪夫不等式的加权推广）

$$\geqslant\frac{\sum\ \lambda(\tan A)^\alpha}{\sum\ \lambda}\cdot\ \sum\ \frac{\lambda}{(\cos A)^{\beta-\alpha}}$$

$$\geqslant\frac{1}{3}\cdot\ \sqrt{3^{1+\alpha}\cdot\delta}\cdot\left(\frac{2^{\beta-\alpha}}{3}\right)\left(\ \sum\ \sqrt{\lambda}\ \right)^2$$

$$\Rightarrow T_\lambda=\ \sum\ \frac{\lambda(\sin A)^\alpha}{(\cos A)^\beta}$$

$$\geqslant2^{\beta-\alpha}\cdot\ \sqrt{3^{\alpha-3}\cdot\delta}(\sqrt{\lambda}+\sqrt{\mu}+\sqrt{\nu})^2$$

等号成立当且仅当 $\lambda=\mu=\nu=1$，且 $\triangle ABC$ 为正三角形.

注 以上各题虽然均有一定的难度，但不失趣味优美，特别是证明过程显得风起云涌，波涛起伏，无限惊险！

如果将指数 α,β 满足的条件从"$1\leqslant\alpha\leqslant\beta\leqslant1+\alpha$"改变为"$1\leqslant\alpha<\beta\leqslant2+\alpha$"就可建立式(A)的配对式

$$\lambda\ \frac{(\cos A)^\alpha}{(\sin A)^\beta}+\mu\ \frac{(\cos B)^\alpha}{(\sin B)^\beta}+\nu\ \frac{(\cos C)^\alpha}{(\sin C)^\beta}$$

$$\geqslant2^{\beta-\alpha}\cdot\left(\frac{1}{3}\right)^{\frac{1}{2}(\beta+3)}\cdot m \tag{B}$$

其中

$$m = \sqrt{\delta}(\sqrt{\lambda} + \sqrt{\mu} + \sqrt{\nu})$$
$$\lambda + \mu + \nu = 3$$
$$\delta = 4(\mu\nu + \nu\lambda + \lambda\mu) - 9$$

其证明方法与上面类似.

而且,还可将(A),(B)两式从一个 $\triangle ABC$ 推广到 $n(n \in \mathbf{N}_+)$ 个 $\triangle A_n B_n C_n$ 中去.

题 16 证明:对任意 $\triangle ABC$ 有

$$\sum \sin^2 A \leqslant 3 \sum (\sin\frac{B}{2}\sin\frac{C}{2})^2 \tag{1}$$

证明 应用正弦定理,将式(1)转化为

$$a^2 + b^2 + c^2 \leqslant 12R^2 \sum \left(\sin\frac{B}{2}\sin\frac{C}{2}\right)^2 \tag{2}$$

令

$$(a,b,c) = (y+z, z+x, x+y), x,y,z > 0$$
$$p = \frac{1}{2}(a+b+c) = x+y+z$$

有

$$12R^2 \sum (\sin\frac{A}{2}\sin\frac{B}{2})^2$$

$$= 12R^2 \sum (1-\cos A)(1-\cos B)$$

$$= 12R^2 \sum \left[\frac{a^2-(b-c)^2}{2bc} \cdot \frac{b^2-(c-a)^2}{2ca}\right]$$

$$= 48R^2 \sum \left(\frac{xyz^2}{abc^2}\right) = 48\frac{(abc)^2}{16pxyz} \sum \left(\frac{xyz^2}{abc^2}\right)$$

$$= 3 \sum \left(\frac{abz}{p}\right)$$

其中 $R^2 = \left(\frac{abc}{4A}\right)^2 = \left(\frac{abc}{4pxyz}\right)^2$.

因此式(2)等价于

$$p \sum a^2 \leqslant 3 \sum xbc = 3 \sum x(x+y)(x+z)$$

$$\Leftrightarrow 2(\sum x)(\sum x^2 + \sum yz) \leqslant 3(\sum x)(\sum x^2) + 9xyz$$

$$\Leftrightarrow (\sum x)(\sum yz) \leqslant (\sum x)(\sum x^2) + 9xyz$$

$$\Leftrightarrow \sum x^2(y+z) \leqslant \sum x^3 + 3xyz \tag{3}$$

式(3)即为 3 次舒尔不等式,所以式(1)成立,等号成立当且仅当 $x=y=z \Rightarrow a = b = c$,即 $\triangle ABC$ 为正三角形.

题 17 在 $\triangle ABC$ 中,求证

$$\sum \cos^2 A \geq 4 \sum (\cos B \cos C)^2 \qquad (1)$$

证明 设 a,b,c 为 $\triangle ABC$ 的三边长,并令

$$\alpha = b^2 + c^2 - a^2, \beta = c^2 + a^2 - b^2, \gamma = a^2 + b^2 - c^2$$

那么应用余弦定理有

$$\sum \cos^2 A \geq 4 \sum \cos^2 B \cos^2 C$$

$$\Leftrightarrow \sum \frac{\alpha^2}{(\alpha+\beta)(\alpha+\gamma)}$$

$$\geq 4 \sum \frac{(\beta\gamma)^2}{(\beta+\gamma)^2(\gamma+\alpha)(\alpha+\beta)}$$

由于

$$4 \sum \frac{(\beta\gamma)^2}{(\beta+\gamma)^2(\gamma+\alpha)(\alpha+\beta)}$$

$$\leq \sum \frac{\beta\gamma}{(\gamma+\alpha)(\alpha+\beta)}$$

$$= \sum \frac{\beta\gamma(\beta+\gamma)}{(\alpha+\beta)(\beta+\gamma)(\gamma+\alpha)} = \frac{\sum \beta\gamma(\beta+\gamma)}{\prod(\alpha+\beta)}$$

$$= \frac{\sum \alpha^2(\beta+\gamma)}{\prod(\alpha+\beta)} = \sum \frac{\alpha^2}{(\alpha+\beta)(\gamma+\alpha)}$$

即式(1)成立. 从而式(1)成立. 等号成立当且仅当 $\alpha = \beta = \gamma \Leftrightarrow a = b = c$,即 $\triangle ABC$ 为正三角形.

注意,式(1)是一个非常漂亮的三角不等式,它的配对形式为

$$4 \sum (\sin B \sin C)^2 \leq 3 \sum \sin^2 A \qquad (2)$$

提示 $3 \sum \sin^2 B \sin^2 C \leq \left(\sum \sin^2 A \right)^2$

$$= \left(\sum \sin^2 A \right)\left(\sum \sin^2 A \right) \leq \frac{9}{4} \sum \sin^2 A$$

$$\Rightarrow 4 \sum (\sin B \sin C)^2 \leq 3 \sum \sin^2 A$$

题 18 在 $\triangle ABC$ 中,令 $(\alpha,\beta,\gamma) = \left(\dfrac{A}{3}, \dfrac{B}{3}, \dfrac{C}{3} \right)$,则有

$$\sin^2(60° - \alpha) + \sin^2(60° - \beta) + \sin^2(60° - \gamma) \leq (\sin^2\alpha + \sin^2\beta + \sin^2\gamma)(2\cos 20°)^2 \qquad (A)$$

一看便知,式(A)结构对称,外观优雅和谐,题意简洁,便于记忆,具有美的三要素.

证明 (1)由于

$$\sin^2\frac{B}{3} + \sin^2\frac{C}{3} + 2\sin\frac{B}{3}\sin\frac{C}{3}\cos(60° - \frac{A}{3})$$

$$= \frac{1}{2}(1 - \cos\frac{2}{3}B) + \frac{1}{2}(1 - \cos\frac{2}{3}C) +$$

$$(\cos\frac{B-C}{3} - \cos\frac{B+C}{3})\cos(60° - \frac{A}{3})$$

$$= 1 - \frac{1}{2}(\cos\frac{2}{3}B + \cos\frac{2}{3}C) + [\cos\frac{B-C}{3} - \cos(60° - \frac{A}{3})]\cos(60° - \frac{A}{3})$$

$$= 1 - \cos\frac{B+C}{3}\cos\frac{B-C}{3} + \cos\frac{B-C}{3}\cos(60° - \frac{A}{3}) - \cos^2(60° - \frac{A}{3})$$

$$= 1 - \cos(60° - \frac{A}{3})\cos\frac{B-C}{3} + \cos(60° - \frac{A}{3})\cos\frac{B-C}{3} - \cos^2(60° - \frac{A}{3})$$

$$= \sin^2(60° - \frac{A}{3})$$

$$\Rightarrow \sin^2\frac{B}{3} + \sin^2\frac{C}{3} + 2\sin\frac{B}{3}\sin\frac{C}{3}\cos(60° - \frac{A}{3}) = \sin^2(60° - \frac{A}{3})$$

同理可得

$$\sin^2\frac{C}{3} + \sin^2\frac{A}{3} + 2\sin\frac{C}{3}\sin\frac{A}{3}\cos(60° - \frac{B}{3}) = \sin^2(60° - \frac{B}{3})$$

$$\sin^2\frac{A}{3} + \sin^2\frac{B}{3} + 2\sin\frac{A}{3}\sin\frac{B}{3}\cos(60° - \frac{C}{3}) = \sin^2(60° - \frac{C}{3})$$

将以上三式相加,得

$$\sum \sin^2(60° - \frac{A}{3}) = 2\sum \sin^2\frac{A}{3} + 2m\prod \sin\frac{A}{3} \tag{1}$$

其中

$$m = \sum \frac{\cos(60° - \frac{A}{3})}{\sin\frac{A}{3}} \tag{2}$$

(2)依据对称性,不妨设

$$0 < A \le B \le C < 180°$$

$$\Rightarrow 60° > 60° - \frac{A}{3} \ge 60° - \frac{B}{3} \ge 60° - \frac{C}{3} > 0$$

$$\Rightarrow \begin{cases} \dfrac{1}{\sin\frac{A}{3}} \ge \dfrac{1}{\sin\frac{B}{3}} \ge \dfrac{1}{\sin\frac{C}{3}} \\ \cos(60° - \frac{A}{3}) \le \cos(60° - \frac{B}{3}) \le \cos(60° - \frac{C}{3}) \end{cases}$$

$$\Rightarrow m = \sum \frac{\cos\left(60° - \dfrac{A}{3}\right)}{\sin\dfrac{A}{3}} \quad (\text{应用切比雪夫不等式})$$

$$\leqslant \frac{1}{3}\left(\sum \frac{1}{\sin\dfrac{A}{3}}\right)\sum \cos\left(60° - \frac{A}{3}\right)$$

$$\leqslant \left(\sum \frac{1}{\sin\dfrac{A}{3}}\right)\cos\left[\frac{1}{3}\sum\left(60° - \frac{A}{3}\right)\right] \quad (\text{应用琴生不等式})$$

$$= \left(\sum \frac{1}{\sin\dfrac{A}{3}}\right)\cos 40°$$

$$\Rightarrow 2m\prod \sin\frac{A}{3} \leqslant 2\cos 40° \sum \sin\frac{B}{3}\sin\frac{C}{3}$$

$$\leqslant \cos 40° \sum\left(\sin^2\frac{B}{3} + \sin^2\frac{C}{3}\right)$$

$$= 2\cos 40° \sum \sin^2\frac{A}{3}$$

$$\Rightarrow \sum \sin^2\left(\frac{\pi}{3} - \frac{A}{3}\right) \leqslant 2\sum \sin^2\frac{A}{3} + 2\cos 40° \sum \sin^2\frac{A}{3}$$

$$= 2(1 + \cos 40°)\sum \sin^2\frac{A}{3}$$

$$= (2\cos 20°)^2 \sum \sin^2\frac{A}{3}$$

$$\Rightarrow \sum \sin^2(60° - \alpha) \leqslant (2\cos 20°)\sum \sin^2\alpha$$

等号成立当且仅当 $A = B = C = 60°$.

注 （1）从上述证法可知，式（A）是一个非常漂亮而又具有一定难度的三角不等式，利用这种方法我们还可获得新的优美结论

$$\sum \sin^2\left(60° - \frac{A}{3}\right) + K\prod \sin\frac{A}{3} \leqslant 18(\sin 20°)^2 \qquad (\text{B})$$

从外形结构上讲，式（B）与著名的 Bankoff 不等式

$$\sum \tan^2\frac{A}{2} + 8\prod \sin\frac{A}{2} \geqslant 2$$

有相似之处.

证明：利用前面的结论有

$$\sum \sin^2\left(60° - \frac{A}{3}\right) \leqslant 2\sum \sin^2\frac{A}{3} + 2\left(\sum \sin\frac{B}{3}\sin\frac{C}{3}\right)\cdot\cos 40°$$

$$=2\left(\sum \sin^2 \frac{A}{3}+2\sum \sin \frac{B}{3}\sin \frac{C}{3}\right)-(4-2\cos 40°)\sum \sin \frac{B}{3}\sin \frac{C}{3}$$

$$=2\left(\sum \sin \frac{A}{3}\right)^2-2(2-\cos 40°)\sum \sin \frac{B}{3}\sin \frac{C}{3}$$

$$\leqslant 2\left(3\sin \frac{A+B+C}{9}\right)^2-2(2-\cos 40°)\sum \sin \frac{B}{3}\sin \frac{C}{3}$$

$$=18(\sin 20°)^2-2(2-\cos 40°)\left(\prod \sin \frac{A}{3}\right)\sum\left(\frac{1}{\sin \frac{A}{3}}\right)$$

$$\leqslant 18\sin^2 20°-2(2-\cos 40°)\left(\prod \sin \frac{A}{3}\right)\cdot\left(3\csc \frac{A+B+C}{9}\right)$$

$$\Rightarrow \sum \sin^2\left(60°-\frac{A}{3}\right)+K\prod \sin \frac{A}{3}\leqslant 18(\sin 20°)^2$$

其中 $K=6(2-\cos 40°)\csc 20°$. 等号成立当且仅当△ABC 为正三角形. 注意,如果应用柯西不等式和琴生不等式,有

$$\sum\left(\frac{1}{\sin \frac{A}{3}}\right)\geqslant \frac{9}{\sum \sin \frac{A}{3}}\geqslant \frac{9}{3\sin\left(\frac{1}{9}\sum A\right)}=\frac{3}{\sin 20°}=3\csc 20°$$

(2)现在,我们先将美妙优雅的式(A)打扮得更加雍容华丽.

$$\lambda\sin^2\left(60°-\frac{A}{3}\right)+\mu\sin^2\left(60°-\frac{B}{3}\right)+\nu\sin^2\left(60°-\frac{C}{3}\right)$$

$$\leqslant x\sin^2 \frac{A}{3}+y\sin^2 \frac{B}{3}+z\sin^2 \frac{C}{3} \qquad\qquad (C)$$

其中 λ,μ,ν,x,y,z 均为正系数,

$$\lambda^2+\mu^2+\nu^2=3$$

$$\begin{cases}x=[3+(2\cos 40°-1)\mu\nu]/\lambda\\ y=[3+(2\cos 40°-1)\nu\lambda]/\mu\\ z=[3+(2\cos 40°-1)\lambda\mu]/\nu\end{cases}$$

显然,当 $\lambda=\mu=\nu=1$ 时,有

$$x=y=z=2(1+\cos 40°)=(2\cos 20°)^2$$

此时,式(C)化为式(A).

另外,在前面我们得到

$$2m\prod \sin \frac{A}{3}\leqslant 2\cos 40°\sum \sin \frac{B}{3}\sin \frac{C}{3}$$

$$\leqslant \frac{2}{3}\cos 40°\left(\sum \sin \frac{A}{3}\right)^2$$

$$\leqslant \frac{2}{3}\cos 40°\left(3\sin \frac{A+B+C}{9}\right)^2$$

$$= 6\cos 40°\sin^2 20°$$

$$\Rightarrow \sum \sin^2\left(60° - \frac{A}{3}\right) \leqslant 2\sum \sin^2\frac{A}{3} + 6\cos 40°\left(\sin 20°\right)^2$$

可见,式(D)也是一个不错的结论. 　　　　　　　　　　　　　　(D)

如果说,美丽迷人的数学公主对我们有情,那情就像彩云,在雪山上飘飞;如果数学公主对我们有意,那意如小溪流水,在潺潺流淌;如果数学公主对我们有爱,那爱如月光,照亮心间,如鲜花香飘人间! 请欣赏数学公主那迷人的风采吧!

证明:应用前面的结论有

$$\lambda\sin^2\frac{B}{3} + \lambda\sin^2\frac{C}{3} + 2\lambda\left(\prod \sin\frac{A}{3}\right)\frac{\cos\left(60° - \frac{A}{3}\right)}{\sin\frac{A}{3}} = \lambda\sin^2\left(60° - \frac{A}{3}\right)$$

$$\mu\sin^2\frac{C}{3} + \mu\sin^2\frac{A}{3} + 2\mu\left(\prod \sin\frac{A}{3}\right)\frac{\cos\left(60° - \frac{B}{3}\right)}{\sin\frac{B}{3}} = \mu\sin^2\left(60° - \frac{B}{2}\right)$$

$$\nu\sin^2\frac{A}{3} + \nu\sin^2\frac{B}{3} + 2\nu\left(\prod \sin\frac{A}{3}\right)\frac{\cos\left(60° - \frac{C}{3}\right)}{\sin\frac{C}{2}} = \nu\sin^2\left(60° - \frac{C}{3}\right)$$

将以上三式相加得

$$\sum \lambda\sin^2\left(60° - \frac{A}{3}\right) = \sum (\mu + \nu)\sin^2\frac{A}{3} + 2t\left(\prod \sin\frac{A}{3}\right) \tag{1}$$

其中
$$t = \sum \lambda\frac{\cos\left(60° - \frac{A}{3}\right)}{\sin\frac{A}{3}} \tag{2}$$

注意到 $2\left(60° - \frac{A}{3}\right), 2\left(60° - \frac{B}{3}\right), 2\left(60° - \frac{C}{3}\right) \in (0, 120°)$,且函数 $f(x) = \cos x$ 在 $(0, 120°)$ 内为凹函数,应用切比雪夫不等式的加权推广有

$$t \leqslant \left(\frac{1}{\sum \lambda}\right) \cdot \left(\sum \frac{\lambda}{\sin\frac{A}{3}}\right) \cdot \sum \lambda\cos\left(60° - \frac{A}{3}\right)$$

$$\leqslant \frac{1}{\sqrt{3\sum \lambda^2}} \cdot \left(\sum \frac{\lambda}{\sin\frac{A}{3}}\right) \sum \lambda\cos\left(60° - \frac{A}{3}\right)$$

$$= \frac{1}{3} \left(\sum \frac{\lambda}{\sin \frac{A}{3}} \right) \sum \lambda \cos \left(60° - \frac{A}{3} \right)$$

应用柯西不等式有

$$\sum \lambda \cos \left(60° - \frac{A}{3} \right) \leqslant \sqrt{\left(\sum \lambda^2 \right) \sum \cos^2 \left(60° - \frac{A}{3} \right)}$$

又 $\sum \cos^2 \left(60° - \frac{A}{3} \right) = \frac{3}{2} + \frac{1}{2} \sum \cos \left(120° - \frac{2}{3} A \right)$

$$\leqslant \frac{3}{2} + \frac{3}{2} \cos \left[\frac{1}{3} \sum \left(120° - \frac{2}{3} A \right) \right]$$

$$= \frac{3}{2} + \frac{3}{2} \cos (120° - 40°)$$

$$= \frac{3}{2} (1 + \cos 80°) = 3 (\cos 40°)^2$$

$$\Rightarrow \sum \lambda \cos \left(60° - \frac{A}{3} \right) \leqslant \left(3 \sum \lambda^2 \right)^{\frac{1}{2}} \cos 40° = 3 \cos 40°$$

$$\Rightarrow t \leqslant \left(\sum \frac{\lambda}{\sin \frac{A}{3}} \right) \cos 40°$$

$$\Rightarrow 2t \left(\prod \sin \frac{A}{3} \right) \leqslant 2 \left(\sum \lambda \sin \frac{B}{3} \sin \frac{C}{3} \right) \cos 40°$$

$$= 2 \lambda \mu \nu \left(\sum \frac{\sin \frac{B}{3}}{\mu} \cdot \frac{\sin \frac{C}{3}}{\nu} \right) \cos 40°$$

$$\leqslant 2 \lambda \mu \nu \sum \left(\frac{\sin \frac{A}{3}}{\lambda} \right)^2 \cdot \cos 40°$$

$$\Rightarrow \sum (\mu + \nu) \left(\sin \frac{A}{3} \right)^2 + 2t \left(\prod \sin \frac{A}{3} \right) \leqslant \sum x_1 \sin^2 \frac{A}{3}$$

其中
$$\begin{cases} x_1 = \mu + \nu + 2 \dfrac{\mu \nu}{\lambda} \cos 40° \\[2mm] y_1 = \lambda + \nu + 2 \dfrac{\lambda \nu}{\mu} \cos 40° \\[2mm] z_1 = \lambda + \mu + 2 \dfrac{\lambda \mu}{\nu} \cos 40° \end{cases}$$

由于
$$x_1 = \frac{1}{\lambda} \left[(\mu \nu + \nu \lambda + \lambda \mu) + \mu \nu (2 \cos 40° - 1) \right]$$

$$\leqslant \frac{1}{\lambda} \left[\lambda^2 + \mu^2 + \nu^2 + \mu \nu (2 \cos 40° - 1) \right]$$

147

$$= \left[3 + (2\cos 40° - 1)\mu\nu \right] / \lambda = x$$

同理

$$y_1 \leqslant \left[3 + (2\cos 40° - 1)\nu\lambda \right] / \mu = y$$
$$z_1 \leqslant \left[3 + (2\cos 40° - 1)\lambda\mu \right] / \nu = z$$

故有

$$\sum \lambda \sin^2 \left(60° - \frac{A}{3} \right) \leqslant \sum x_1 \sin^2 \frac{A}{3} \leqslant \sum x \sin^2 \frac{A}{3}$$

等号成立当且仅当 $\lambda = \mu = \nu = 1$，且 $\triangle ABC$ 为正三角形.

（3）更有趣的是，我们还可建立更加简洁紧凑、婀娜苗条的结果

$$\sin \frac{A}{3} \sin \frac{B}{3} \sin \frac{C}{3} \leqslant \sin \left(30° - \frac{A}{6} \right) \sin \left(30° - \frac{B}{6} \right) \sin \left(30° - \frac{C}{6} \right)$$

证明：由前面的结论有 （E）

$$\sin^2 \left(60° - \frac{A}{3} \right) = \sin^2 \frac{B}{3} + \sin^2 \frac{C}{3} + 2\sin \frac{B}{3} \sin \frac{C}{3} \cos \left(60° - \frac{A}{3} \right)$$

$$\geqslant 2\sin \frac{B}{3} \sin \frac{C}{3} + 2\sin \frac{B}{3} \sin \frac{C}{3} \cos \left(60° - \frac{A}{3} \right)$$

$$= 2\sin \frac{B}{3} \sin \frac{C}{3} \left[1 + \cos \left(60° - \frac{A}{3} \right) \right]$$

$$= \left[2\cos \left(30° - \frac{A}{6} \right) \right]^2 \sin \frac{B}{3} \sin \frac{C}{3}$$

同理可得

$$\sin^2 \left(60° - \frac{B}{3} \right) \geqslant \left[2\cos \left(30° - \frac{B}{6} \right) \right]^2 \sin \frac{C}{3} \sin \frac{A}{3}$$

$$\sin^2 \left(60° - \frac{C}{3} \right) \geqslant \left[2\cos \left(30° - \frac{C}{6} \right) \right]^2 \sin \frac{A}{3} \sin \frac{B}{3}$$

将以上三式相乘再开平方得

$$\prod \sin \left(60° - \frac{A}{3} \right) \geqslant 8 \left(\prod \sin \frac{A}{3} \right) \cdot \prod \cos \left(30° - \frac{A}{6} \right)$$

$$\Rightarrow 8 \prod \sin \left(30° - \frac{A}{6} \right) \cos \left(30° - \frac{A}{6} \right)$$

$$\geqslant 8 \left(\prod \sin \frac{A}{3} \right) \cdot \prod \cos \left(30° - \frac{A}{6} \right)$$

$$\Rightarrow \prod \sin \frac{A}{3} \leqslant \prod \sin \left(30° - \frac{A}{6} \right)$$

（4）更令人惊喜的是：如果我们设 $\alpha, \beta, \gamma \in (0,3)$，且 $\alpha + \beta + \gamma = 3$，那么式（E）又可指数推广为

$$\sin^\alpha \left(30° - \frac{A}{6} \right) \sin^\beta \left(30° - \frac{B}{6} \right) \sin^\gamma \left(30° - \frac{C}{6} \right)$$

$$\geq \left(\sin \frac{A}{3}\right)^{\frac{3-\alpha}{2}} \cdot \left(\sin \frac{B}{2}\right)^{\frac{3-\beta}{2}} \cdot \left(\sin \frac{C}{3}\right)^{\frac{3-\gamma}{2}} \qquad (\text{F})$$

显然,当 $\alpha = \beta = \gamma = 1$ 时,式(F)化为式(E).放眼欣赏,式(F)是多么美丽迷人啊!它让我们陶醉,让我们为它翩翩起舞,让我们为它放声歌唱!

证明:应用上面的结论有

$$\prod \sin^{2\alpha}\left(60° - \frac{A}{3}\right) \geq \prod \left[2\cos\left(30° - \frac{A}{6}\right)\right]^{2\alpha} \cdot \prod \left(\sin \frac{B}{3}\sin \frac{C}{3}\right)^{\alpha}$$

$$\Rightarrow \prod \left[2\sin\left(30° - \frac{A}{6}\right)\cos\left(30° - \frac{A}{6}\right)\right]^{2\alpha}$$

$$\geq \prod \left[2\cos\left(30° - \frac{A}{6}\right)\right]^{2\alpha} \cdot \prod \left(\sin \frac{B}{3}\sin \frac{C}{3}\right)^{\alpha}$$

$$\Rightarrow \prod \left[\sin\left(30° - \frac{A}{6}\right)\right]^{2\alpha} \geq \prod \left(\sin \frac{A}{3}\right)^{\beta+\gamma}$$

$$\Rightarrow \prod \sin^{\alpha}\left(30° - \frac{A}{6}\right) \geq \prod \left(\sin \frac{A}{3}\right)^{\frac{3-\alpha}{2}}$$

等号成立当且仅当 $\triangle ABC$ 为正三角形.

回首展望,前面的式(A)-(F)是五个三角不等式,个个如花似玉,娟秀动人,美如五朵金花,只要我们在春暖花开的季节辛勤耕种,就会在瓜果飘香的季节喜获丰收!

咏 雪(笔者)

雪花纷纷闪银光,潇潇洒洒漫飘香.
平川铺满水晶帘,山峰披戴白玉妆.
诗人挥笔抒豪情,儿女欢笑打雪仗.
瑶台仙女抛琼花,地阔天高喜飞扬.

思 亲(笔者)

花香夜难眠,风清星满天.
又是月如镜,最恐望婵娟.

题 19 设 $\theta \in \left(0, \frac{\pi}{2}\right)$,求证

$$\frac{1}{1 - \sin^2 \theta} + \frac{1}{1 - \cos^2 \theta} \geq \frac{6}{1 + \sin \theta \cos \theta}$$

$$\geq 3\left(\frac{1}{1 + \sin^2 \theta} + \frac{1}{1 + \cos^2 \theta}\right) \geq 4 \qquad (\text{A})$$

证明 式(A)是由三个三角不等式组成的不等式链,对于这种"金环蛇",我们只需"挥举手中宝剑",将其斩成三段,然后各个击破,方为大功告成!

(1)对于 $\theta \in \left(0, \frac{\pi}{2}\right)$,设 $t = \sin 2\theta = 2\sin \theta \cos \theta \in (0,1)$,有

$$\frac{1}{1-\sin^2\theta}+\frac{1}{1-\cos^2\theta}\geqslant\frac{6}{1+\sin\theta\cos\theta} \tag{1}$$

$$\Leftrightarrow\frac{1}{\cos^2\theta}+\frac{1}{\sin^2\theta}\geqslant\frac{1}{2+\sin2\theta}$$

$$\Leftrightarrow\frac{1}{t^2}\geqslant\frac{3}{2+t}\Leftrightarrow3t^2-t-2\leqslant0$$

$$\Leftrightarrow(t-1)(3t+2)\leqslant0$$

上式显然成立,逆推之式(1)成立,等号成立当且仅当 $t=\sin2\theta=1\Rightarrow\theta=\frac{\pi}{4}$.

（2）我们再证

$$\frac{6}{1+\sin\theta\cos\theta}\geqslant3\left(\frac{1}{1+\sin^2\theta}+\frac{1}{\cos^2\theta}\right) \tag{2}$$

$$\Leftrightarrow\frac{2}{1+\sin\theta\cos\theta}\geqslant\frac{3}{(1+\sin^2\theta)(1+\cos^2\theta)}$$

$$\Leftrightarrow2(1+\sin^2\theta)(1+\cos^2\theta)\geqslant3(1+\sin\theta\cos\theta)$$

$$\Leftrightarrow2(1+\sin^2\theta+\cos^2\theta+\sin^2\theta\cos^2\theta)\geqslant3(1+\sin\theta\cos\theta)$$

$$\Leftrightarrow4+2\sin^2\theta\cos^2\theta\geqslant3+3\sin\theta\cos\theta$$

$$\Leftrightarrow1+\frac{1}{2}t^2\geqslant\frac{3}{2}t$$

$$\Leftrightarrow(1-t)(2-t)\geqslant0$$

此式显然成立. 等号成立当且仅当 $t=1\Rightarrow\theta=\frac{\pi}{4}$.

（3）应用柯西不等式有

$$\frac{1}{1+\sin^2\theta}+\frac{1}{1+\cos^2\theta}\geqslant\frac{4}{2+\sin^2\theta+\cos^2\theta}=\frac{4}{3}$$

$$\Rightarrow3\left(\frac{1}{1+\sin^2\theta}+\frac{1}{1+\cos^2\theta}\right)\geqslant4 \tag{3}$$

等号成立当且仅当

$$1+\sin^2\theta=1+\cos^2\theta\Rightarrow\theta=\frac{\pi}{4}$$

将式（1）,（2）,（3）连起来就得到式（A）.

评注 式（A）的美妙与迷人是不言而喻的,若设指数 $0<k<1$,应用幂平均不等式有

$$\frac{1}{1+\sin\theta\cos\theta}\geqslant\frac{1}{2}\left(\frac{1}{1+\cos^2\theta}+\frac{1}{1+\sin^2\theta}\right)$$

$$\geqslant\left[\frac{1}{2}\left(\frac{1}{(1+\cos^2\theta)^k}+\frac{1}{(1+\sin^2\theta)^k}\right)\right]^{\frac{1}{k}}$$

$$\Rightarrow \frac{1}{(1+\cos^2\theta)^k} + \frac{1}{(1+\sin^2\theta)^k} \leqslant \frac{1}{(1+\cos\theta\sin\theta)^k} \qquad (B)$$

题 20 设 $\theta \in (0,\frac{\pi}{2})$,参数 $\lambda > 0$,指数 $2\alpha \geqslant \beta > 0$,则有

$$\frac{(\tan\theta)^\alpha}{\lambda+(\tan\theta)^\beta} + \frac{(\cot\theta)^\alpha}{\lambda+(\cot\theta)^\beta} \leqslant \frac{(\tan\theta)^\alpha+(\cot\theta)^\alpha}{\lambda+1} \qquad (1)$$

证明 这是一个结构奇特的三角不等式,我们用代换法,令

$$(x,y) = (\tan\theta,\cot\theta)$$

则 $x > 0, y > 0$,且 $xy = 1$,原式转化成代数不等式

$$\frac{x^\alpha}{\lambda+x^\beta} + \frac{y^\alpha}{\lambda+y^\beta} \leqslant \frac{x^\alpha+y^\alpha}{\lambda+1} \qquad (2)$$

现对指数分两种情况讨论:

(1)当 $2\alpha = \beta > 0$ 时,令 $x^\alpha = a, y^\alpha = b$,那么 $x^\beta = a^2, y^\beta = b^2$,式(2)化为

$$\frac{a}{\lambda+a^2} + \frac{b}{\lambda+b^2} \leqslant \frac{a+b}{\lambda+1} \qquad (3)$$

因为 $(\lambda+a^2)(\lambda+b^2) \geqslant (\lambda+ab)^2$

$$a(\lambda+b^2)+b(\lambda+a^2) = \lambda(a+b)+ab(a+b)$$
$$= (a+b)(\lambda+ab)$$

所以

$$\frac{a}{\lambda+a^2} + \frac{b}{\lambda+b^2} = \frac{a(\lambda+b^2)+b(\lambda+a^2)}{(\lambda+a^2)(\lambda+b^2)}$$

$$= \frac{(a+b)(\lambda+ab)}{(\lambda+a^2)(\lambda+b^2)}$$

$$\leqslant \frac{a+b}{\lambda+ab} = \frac{a+b}{\lambda+1}$$

即式(3)成立,等号成立当且仅当 $a = b = 1 \Rightarrow \theta = \frac{\pi}{4}$.

(2)当 $2\alpha > \beta > 0$ 时,由于

$$(\sqrt{x^{2\alpha-\beta}} - \sqrt{y^{2\alpha-\beta}})(\sqrt{x^\beta} - \sqrt{y^\beta}) \geqslant 0$$

$$\Rightarrow \sqrt{x^{2\alpha-\beta}\cdot y^\beta} + \sqrt{x^\beta\cdot y^{2\alpha-\beta}} \leqslant x^\alpha+y^\alpha$$

且 $(\lambda+x^\beta)(\lambda+y^\beta) \geqslant [\lambda+(\sqrt{xy})^\beta]^2 = (\lambda+1)^2$

因此记 $m = x^\alpha(\lambda+y^\beta)+y^\alpha(\lambda+x^\beta)$

$$= \lambda(x^\alpha+y^\alpha)+(x^\alpha y^\beta+x^\beta y^\alpha)$$

$$= \lambda(x^\alpha+y^\alpha)+(\sqrt{xy})^\beta(\sqrt{x^{2\alpha-\beta}y^\beta}+\sqrt{x^\beta y^{2\alpha-\beta}})$$

$$\leqslant \lambda(x^\alpha+y^\alpha)+(\sqrt{xy})^\beta(x^\alpha+y^\alpha)$$

$$= (\lambda+1)(x^\alpha+y^\alpha)$$

151

于是有

$$\frac{x^{\alpha}}{\lambda + x^{\alpha}} + \frac{y^{\alpha}}{\lambda + y^{\beta}} = \frac{m}{(\lambda + x^{\alpha})(\lambda + y^{\beta})}$$

$$\leqslant \frac{(x^{\alpha} + y^{\alpha})(\lambda + 1)}{(\lambda + 1)^2} = \frac{x^{\alpha} + y^{\alpha}}{\lambda + 1}$$

即式(2)成立,等号成立当且仅当 $x = y \Rightarrow \theta = \dfrac{\pi}{4}$.

综合上述(1)和(2)知式(1)成立,等号成立当且仅当 $\theta = \dfrac{\pi}{4}$.

题 21 设 $\theta \in \left(0, \dfrac{\pi}{2}\right)$,求函数

$$f(\theta) = \frac{(1 + \sin\theta)^2}{\sin\theta\cos\theta}$$

的极值.

分析 观察知,当 $\theta \to 0$ 或 $\dfrac{\pi}{2}$ 时,均有 $f(\theta) \to +\infty$,因此 $f(\theta)$ 只有最小值,可用参数法求 $f_{\min}(\theta)$.

解 我们设 $f_{\min}(\theta) = k > 0$ 为常数,$\lambda > 0$ 为参数,则有

$$(1 + \sin\theta)^2 \geqslant k\sin\theta\cos\theta \tag{1}$$

$$\Rightarrow (1 + \sin\theta)^4 \geqslant k^2\sin^2\theta(1 - \sin^2\theta)$$

$$\Rightarrow k^2\sin^2\theta(1 - \sin\theta) \leqslant (1 + \sin\theta)^3 \tag{2}$$

应用平均值不等式有

$$k^2\sin^2\theta(1 - \sin\theta)$$

$$= \frac{k^2}{\lambda}\sin\theta \cdot \sin\theta \cdot (\lambda - \lambda\sin\theta)$$

$$\leqslant \frac{k^2}{\lambda} \cdot \left[\frac{\sin\theta + \sin\theta + (\lambda - \lambda\sin\theta)}{3}\right]^3$$

$$= \frac{k^2}{27\lambda}\left[\lambda + (2 - \lambda)\sin\theta\right]^3$$

$$= \frac{(k\lambda)^2}{27}\left(1 + \frac{2 - \lambda}{\lambda}\sin\theta\right)^3$$

$$\Rightarrow k^2\sin^2\theta(1 - \sin\theta) \leqslant \frac{(k\lambda)^2}{27}\left(1 + \frac{2 - \lambda}{\lambda}\sin\theta\right)^3 \tag{3}$$

将式(3)与式(2)相比较,得

$$\begin{cases} (k\lambda)^2 = 27 \\ 2 - \lambda = \lambda \end{cases} \Rightarrow \begin{cases} \lambda = 1 \\ k = 3\sqrt{3} \end{cases}$$

$$\Rightarrow f(\theta) \geqslant f_{\min}(\theta) = k = 3\sqrt{3}$$

仅当 $\sin\theta = \lambda(1 - \sin\theta) \Rightarrow \sin\theta = \dfrac{1}{2} \Rightarrow \theta = \dfrac{\pi}{6}$ 时, $f(\theta)$ 取到最小值 $3\sqrt{3}$.

为了巩固双基, 我们再证明

$$t = \frac{(1 + \sin\theta)^2}{\sin\theta\cos\theta} \geqslant 3\sqrt{3} \quad (0 < \theta < \frac{\pi}{2}) \tag{4}$$

$$\Leftrightarrow \frac{(\cos\dfrac{\theta}{2} + \sin\dfrac{\theta}{2})^4}{2\sin\dfrac{\theta}{2}\cos\dfrac{\theta}{2}(\cos^2\dfrac{\theta}{2} - \sin^2\dfrac{\theta}{2})} \geqslant 3\sqrt{3}$$

$$\Leftrightarrow (1 + \tan\frac{\theta}{2})^3 \geqslant 6\sqrt{3}(1 - \tan\frac{\theta}{2})\tan\frac{\theta}{2} \tag{5}$$

令 $x = \tan\dfrac{\theta}{2} \in (0,1)$, 有

$$\begin{aligned}
f(x) &= (1 + x)^3 - 6\sqrt{3}x(1 - x) \\
&= x^3 + 3(1 + 2\sqrt{3})x^2 - 3(2\sqrt{3} - 1)x + 1 \\
&= [x - (2 - \sqrt{3})][x^2 + 5(1 + \sqrt{3})x - (2 + \sqrt{3})] \\
&= [x - (2 - \sqrt{3})]^2(x + 7 + 4\sqrt{3}) \geqslant 0 \\
&\Rightarrow (1 + x)^3 \geqslant 6\sqrt{3}(1 - x)x
\end{aligned}$$

即式(5)成立, 从而式(4)成立. 等号成立当且仅当

$$x = \tan\frac{\theta}{2} = 2 - \sqrt{3} = \tan 15° \Rightarrow \theta = 30°$$

上述证明方法是因式分解法, 有一定的难度. 其实, 我们也可以用导数方法证明.

对 $f(x)$ 求导得

$$\begin{aligned}
f'(x) &= 3x^2 + 6(1 + 2\sqrt{3})x + 3(1 - 2\sqrt{3}) \\
&= 3[x - (2 - \sqrt{3})](x + 4 + 3\sqrt{3}) \\
f''(x) &= 6x + 6(1 + 2\sqrt{3}) > 0
\end{aligned}$$

注意到 $x = \tan\dfrac{\theta}{2} \in (0,1)$, 解方程

$$f'(x) = 0 \Rightarrow x = 2 - \sqrt{3} = \tan 15° \Rightarrow \theta = 30°$$

且

$$\begin{aligned}
f''(2 - \sqrt{3}) &= 6(2 - \sqrt{3}) + 6(1 + 2\sqrt{3}) \\
&= 18 + 6\sqrt{3} > 0
\end{aligned}$$

故

$$f(x) \geqslant f_{\min}(x) = f(2 - \sqrt{3}) = 0$$

$$\Rightarrow (1 + x)^3 \geqslant 6\sqrt{3}x(1 - x)$$

即式(5)成立, 从而式(4)成立.

题 22　设 $\alpha, \beta, \gamma \in [0, 2\pi)$，且互不相等，求

$$f = |\sin(\alpha - \beta) + \sin(\beta - \gamma) + \sin(\gamma - \alpha)|$$

的最大值.

　　解　由已知，可令 $0 \leqslant \gamma < \beta < \alpha < 2\pi$，且

$$\begin{cases} \theta_1 = \alpha - \beta \in (0, 2\pi) \\ \theta_2 = \beta - \gamma \in (0, 2\pi) \end{cases} \Rightarrow \alpha - \gamma = \theta_1 + \theta_2 \in (0, 2\pi)$$

于是

$$f = |\sin \theta_1 + \sin \theta_2 - \sin(\theta_1 + \theta_2)|$$

$$= \left| 2\sin \frac{\theta_1 + \theta_2}{2} \cos \frac{\theta_1 - \theta_2}{2} - 2\sin \frac{\theta_1 + \theta_2}{2} \cos \frac{\theta_1 + \theta_2}{2} \right|$$

$$= 4 \left| \sin \frac{\theta_1 + \theta_2}{2} \sin \frac{\theta_1}{2} \sin \frac{\theta_2}{2} \right|$$

$$\Rightarrow \left(\frac{f}{4} \right)^2 = \left(\sin \frac{\theta_1 + \theta_2}{2} \right)^2 \cdot \left(\sin \frac{\theta_1}{2} \right)^2 \cdot \left(\sin \frac{\theta_2}{2} \right)^2$$

$$\leqslant \left[\frac{(\sin \frac{\theta_1 + \theta_2}{2})^2 + (\sin \frac{\theta_1}{2})^2 + (\sin \frac{\theta_2}{2})^2}{3} \right]^3$$

$$\Rightarrow \left(\frac{f}{4} \right)^{\frac{2}{3}} \leqslant \frac{1}{3} \cdot \left[\frac{1 - \cos(\theta_1 + \theta_2)}{2} + \frac{1 - \cos \theta_1}{2} + \frac{1 - \cos \theta_2}{2} \right]$$

$$= \frac{1}{6} \left[3 - \cos \theta_1 - \cos \theta_2 - \cos(\theta_1 + \theta_2) \right]$$

$$= \frac{1}{6} \left[3 - 2\cos \frac{\theta_1 + \theta_2}{2} \cos \frac{\theta_1 - \theta_2}{2} - 2\cos^2 \left(\frac{\theta_1 + \theta_2}{2} \right) + 1 \right]$$

$$= \frac{1}{6} \left[\frac{9}{2} - 2 \left(\cos \frac{\theta_1 + \theta_2}{2} + \frac{1}{2} \cos \frac{\theta_1 - \theta_2}{2} \right)^2 - \frac{1}{2} \left(\sin \frac{\theta_1 - \theta_2}{2} \right)^2 \right]$$

$$\leqslant \frac{1}{6} \times \frac{9}{2}$$

$$\Rightarrow f \leqslant \frac{3}{2} \sqrt{3}$$

等号成立当且仅当

$$\begin{cases} \cos \theta_1 = \cos \theta_2 = \cos(\theta_1 + \theta_2) \\ \cos \dfrac{\theta_1 + \theta_2}{2} + \dfrac{1}{2} \cos \dfrac{\theta_1 - \theta_2}{2} = \sin \dfrac{\theta_1 - \theta_2}{2} = 0 \end{cases}$$

$$\Rightarrow \theta_1 = \theta_2 = \frac{2}{3} \pi$$

$$\Rightarrow \alpha - \beta = \beta - \gamma = \frac{2}{3} \pi$$

$$\Rightarrow \begin{cases} \alpha = \gamma + \dfrac{4}{3}\pi \\ \beta = \gamma + \dfrac{2\pi}{3} \end{cases} \quad (0 \le \gamma < \dfrac{2\pi}{3})$$

故 $f_{\max} = \dfrac{3}{2}\sqrt{3}$.

注 如果我们设 $\varphi = \dfrac{\theta_1 + \theta_2}{2} \in (0, \dfrac{\pi}{2})$,那么上述推导过程可以简化为

$$f = |\sin\theta_1 + \sin\theta_2 - \sin(\theta_1 + \theta_2)|$$

$$= 2\left| \sin\dfrac{\theta_1 + \theta_2}{2}\cos\dfrac{\theta_1 - \theta_2}{2} - \sin\dfrac{\theta_1 + \theta_2}{2}\cos\dfrac{\theta_1 + \theta_2}{2} \right|$$

$$\le 2|(1 - \cos\varphi)\sin\varphi|$$

$$\Rightarrow \left(\dfrac{f}{2}\right)^2 \le (1 - \cos\varphi)^2\sin^2\varphi$$

$$= (1 + \cos\varphi)(1 - \cos\varphi)^3$$

$$= \dfrac{1}{3}(3 + 3\cos\varphi)(1 - \cos\varphi)^3$$

$$\le \dfrac{1}{3}\left[\dfrac{(3 + 3\cos\varphi) + 3(1 - \cos\varphi)}{4}\right]^4$$

$$\Rightarrow f \le \dfrac{3}{2}\sqrt{3}$$

这与前面得到的结果是一致的.

题 23 设 $0 \le \theta_1 < \theta_2 < \theta_3 < 2\pi$,求

$$f(\theta) = \left| \tan\left(\dfrac{\theta_1 - \theta_2}{2}\right)\tan\left(\dfrac{\theta_2 - \theta_3}{2}\right)\tan\left(\dfrac{\theta_3 - \theta_1}{2}\right) \right|$$

的最小值.

解 令 $\begin{cases} \theta_2 - \theta_1 = 2\alpha \\ \theta_3 - \theta_2 = 2\beta \end{cases} \Rightarrow \theta_3 - \theta_1 = 2(\alpha + \beta)$,于是

$$f(\theta) = |\tan\alpha\tan\beta\tan(\alpha + \beta)|$$

由于 $\alpha, \beta \in (0, \dfrac{\pi}{2})$,再设 $\gamma \in (0, \dfrac{\pi}{2})$,且

$$\alpha + \beta = \pi - \gamma$$

则有

$$f(\theta) = |\tan\alpha\tan\beta\tan\gamma|$$

又由于 $\alpha + \beta + \gamma = \pi, \alpha, \beta, \gamma \in (0, \dfrac{\pi}{2})$,所以

$$\tan(\alpha + \beta) = \tan(\pi - \gamma)$$

$$\Rightarrow \frac{\tan\alpha + \tan\beta}{1 - \tan\alpha\tan\beta} = -\tan\gamma$$

$$\Rightarrow \tan\alpha\tan\beta\tan\gamma = \tan\alpha + \tan\beta + \tan\gamma$$

$$\geqslant 3\sqrt[3]{\tan\alpha\tan\beta\tan\gamma}$$

$$\Rightarrow f(\theta) = \tan\alpha\tan\beta\tan\gamma \geqslant 3\sqrt{3}$$

等号成立当且仅当

$$\alpha = \beta = \gamma = 60° \Rightarrow \begin{cases} \theta_2 = \theta_1 + 120° \\ \theta_3 = \theta_2 + 120° \end{cases}$$

注 本题是前一题的配对命题,均有三个角变量,但由于我们在求解时巧妙代换,自然难题巧解,美不胜收!

对于本题,由于

$$p = \tan\alpha > 0, q = \tan\beta > 0$$

$$f(\theta) = \left| pq\left(\frac{p+q}{1-pq}\right) \right| \geqslant \frac{2t^3}{|1-t^2|}$$

其中 $t = \sqrt{pq}$.

当 $t > 1$ 时

$$\frac{2t^3}{|1-t^2|} \geqslant 3\sqrt{3} \Leftrightarrow 2t^3 \geqslant 3\sqrt{3}(t^2 - 1)$$

$$\Leftrightarrow 2t^3 - 3\sqrt{3}t^2 + 3\sqrt{3} \geqslant 0$$

$$\Leftrightarrow (t - \sqrt{3})^2(t + \frac{\sqrt{3}}{2}) \geqslant 0$$

成立 $f(\theta) \geqslant 3\sqrt{3}$.

当 $\frac{1}{2}\sqrt{3} \leqslant t < 1$ 时

$$\frac{2t^3}{|1-t^2|} \geqslant 3\sqrt{3} \Leftrightarrow 2t^3 \geqslant 3\sqrt{3}(1 - t^2)$$

$$\Leftrightarrow 2t^3 + 3\sqrt{3}t^2 - 3\sqrt{3} \geqslant 0$$

$$\Leftrightarrow (t + \sqrt{3})^2(t - \frac{\sqrt{3}}{2}) \geqslant 0$$

成立 $f(\theta) \geqslant 3\sqrt{3}$.

当 $0 < t < \frac{\sqrt{3}}{2}$ 时

$$f(\theta) = \frac{2t^3}{|1-t^2|} = \frac{2t^3}{1-t^2} < \frac{2(\frac{\sqrt{3}}{2})^3}{1 - (\frac{\sqrt{3}}{2})^2} = 3\sqrt{3}$$

题 24 设 $p > 0, q > 0, \theta_i \in \left(0, \dfrac{\pi}{2}\right), \lambda_i \in (0,1)$，且 $\displaystyle\sum_{i=1}^{n} \lambda_i = 1 (1 \leqslant i \leqslant n)$．求证

$$\left(\sum_{i=1}^{n} \lambda_i \cos \theta_i\right)^p \cdot \left(\sum_{i=1}^{n} \lambda_i \sin \theta_i\right)^q \leqslant \sqrt{\frac{p^p q^q}{(p+q)^{p+q}}}$$

证明 记 $\theta = \displaystyle\sum_{i=1}^{n} \lambda_i \theta_i \in \left(0, \dfrac{\pi}{2}\right)$，应用琴生不等式有

$$T(\theta) = \left(\sum_{i=1}^{n} \lambda_i \cos \theta_i\right)^p \cdot \left(\sum_{i=1}^{n} \lambda_i \sin \theta_i\right)^q$$

$$\leqslant (\cos \theta)^p \cdot (\sin \theta)^q$$

$$\Rightarrow T^2(\theta) \leqslant (\cos^2 \theta)^p \cdot (\sin^2 \theta)^q$$

$$(\text{其中 } m = p^q \cdot q^p)$$

$$= \frac{1}{m}(q\cos^2 \theta)^p \cdot (p\sin^2 \theta)^q \ (\text{应用加权不等式})$$

$$\leqslant \frac{1}{m} \cdot \left[\frac{p(q\cos^2 \theta) + q(p\sin^2 \theta)}{p+q}\right]^{p+q}$$

$$= \frac{1}{m}\left(\frac{pq}{p+q}\right)^{p+q}$$

$$\Rightarrow T \leqslant \sqrt{\frac{p^p q^q}{(p+q)^{p+q}}}$$

等号成立当且仅当

$$\begin{cases} \theta_1 = \theta_2 = \cdots = \theta_n = \theta \\ q\cos^2 \theta = p\sin^2 \theta \end{cases}$$

$$\Rightarrow \theta_i = \arctan\left(\frac{\sqrt{q}}{p}\right) \quad (i = 1, 2, \cdots, n)$$

题 25 设 $\theta \in \left(0, \dfrac{\pi}{2}\right)$，求函数

$$f(\theta) = \frac{2 - \sin \theta}{\cos \theta}$$

的最小值．

解法 1
$$f(\theta) = \left(\frac{2 - \sin \theta}{\cos \theta} - \sqrt{3}\right) + \sqrt{3}$$

$$= \frac{2\left[1 - \cos\left(\theta - \dfrac{\pi}{6}\right)\right]}{\cos \theta} + \sqrt{3}$$

$$= \frac{4\sin^2\left(\dfrac{\theta}{2} - \dfrac{\pi}{12}\right)}{\cos \theta} + \sqrt{3} \geqslant \sqrt{3}$$

等号成立当且仅当 $\theta = \dfrac{\pi}{6}$,这时 $f_{\min}(\theta) = \sqrt{3}$.

解法2 由题意知 $\theta \in \left(0, \dfrac{\pi}{2}\right)$,则 $y = f(\theta) > 0$,且应用柯西不等式有

$$2 = y\cos\theta + \sin\theta \leqslant \sqrt{(y^2 + 1)(\cos^2\theta + \sin^2\theta)}$$

$$\Rightarrow 4 \leqslant y^2 + 1 \Rightarrow y \geqslant \sqrt{3} \Rightarrow y_{\min} = \sqrt{3}$$

等号成立当且仅当 $\dfrac{y}{1} = \dfrac{\cos\theta}{\sin\theta} = \sqrt{3} \Rightarrow \cot\theta = \sqrt{3} \Rightarrow \theta = \dfrac{\pi}{3}$.

再咏桃花(笔者)

妖娆着意嫁东风,数日春归便损容.

紫燕黄鹂呼不转,狂风蝴蝶戏成空.

冬梅秋菊随时态,金桂芝兰恶紫红.

青帝安排自然巧,不花百态不雷同.

题26(杨学枝) 在 $\triangle ABC$ 中,证明

$$\frac{1}{3\cot^2 A + 8} + \frac{1}{3\cot^2 B + 8} + \frac{1}{3\cot^2 C + 8} \leqslant \frac{1}{3} \tag{1}$$

略证 式(1)等价于

$$3\left(192 + 48\sum\cot^2 A + 9\sum\cot^2 B\cot^2 C\right)$$

$$\leqslant 512 + 192\sum\cot^2 A + 72\sum\cot^2 B\cot^2 C + 27\cot^2 A\cot^2 B\cot^2 C$$

$$\Leftrightarrow 48\sum\cot^2 A + 45\sum\cot^2 B\cot^2 C + 27\prod\cot^2 A \geqslant 64 \tag{2}$$

作代换,令

$$\cot^2 A = \frac{yz}{x}, \cot^2 B = \frac{zx}{y}, \cot^2 C = \frac{xy}{z}$$

若 $x, y, z > 0, x + y + z = 1$,则式(2)化简为

$$48\sum\frac{yz}{x} + 45\sum x^2 + 27xyz \geqslant 64$$

$$\Leftrightarrow 48\sum(yz)^2 + 45xyz\sum x^2 + 27(xyz)^2 \geqslant 64xyz$$

$$\Leftrightarrow 48\left(\sum yz\right)^2 - 90xyz\left(\sum yz\right) - 115xyz + 27(xyz)^2 \geqslant 0 \tag{3}$$

令 $w = \sqrt{1 - 3\sum yz} \Rightarrow \sum yz = \dfrac{1 - w^2}{3}$,利用不等式

$$xyz \leqslant \frac{1 - 3w^2 + 2w^3}{27} = \frac{(1-w)^2(1+2w)}{27}$$

又由于

$$48\left(\sum yz\right)^2 - 90xyz\sum yz - 115xyz + 27(xyz)^2$$

关于 xyz 递减,因此要证式(3),只需证

$$48 \cdot \left(\frac{1-w^2}{3}\right)^2 - 90 \cdot \left(\frac{1-3w^2+2w^3}{27}\right) \cdot \left(\frac{1-w^2}{3}\right) -$$

$$115 \cdot \left(\frac{1-3w^2+2w^3}{27}\right) + \left(\frac{1-3w^2+2w^3}{27}\right)^2 \geq 0$$

$$\Leftrightarrow (1-w)^2 \left[144(1+w)^2 - 30(1-w^2)(1+2w) -\right.$$

$$\left.115(1+2w) + (1-w)^2(1+2w)^2\right] \geq 0$$

$$\Leftrightarrow w^2(1-w)^2(171+56w+4w^2) \geq 0 \tag{4}$$

上式显然成立,故逆推之式(1)成立,等号成立当且仅当

$$w = 0 \Rightarrow x = y = z = \frac{1}{3}$$

$$\Rightarrow \cot A = \cot B = \cot C = \frac{\sqrt{3}}{3}$$

$$\Rightarrow \angle A = \angle B = \angle C = \frac{\pi}{3}$$

即 $\triangle ABC$ 为正三角形

注 上述代数方法证明颇具难度,其实,如果巧用柯西不等式,并设参数 $\lambda,\mu,\nu > 1$,系数 $x,y,z > 0$,有

$$T_\lambda(x) = \frac{x}{\lambda + \cot^2 A} + \frac{y}{\mu + \cot^2 B} + \frac{z}{\nu + \cot^2 C}$$

$$= \frac{x\sin^2 A}{\lambda\sin^2 A + \cos^2 A} + \frac{y\sin^2 B}{\mu\sin^2 B + \cos^2 B} + \frac{z\sin^2 C}{\nu\sin^2 C + \cos^2 C}$$

$$= \sum \left[\frac{x}{\lambda - 1} - \frac{\dfrac{x}{\lambda - 1}}{1 + (\lambda - 1)\sin^2 A}\right]$$

$$= \sum \frac{x}{\lambda - 1} - \sum \left[\frac{x}{\lambda - 1 + (\lambda - 1)^2\sin^2 A}\right]$$

$$\leq \sum \frac{x}{\lambda - 1} - \frac{\left(\sum \sqrt{x}\right)^2}{\sum \left[\lambda - 1 + (\lambda - 1)^2\sin^2 A\right]}$$

$$= \sum \frac{x}{\lambda - 1} - \frac{\left(\sum \sqrt{x}\right)^2}{\sum \lambda - 3 + \sum (\lambda - 1)^2\sin^2 A} \tag{5}$$

对于正系数 p,q,r,应用三角每不等式的变形式

$$p\sin^2 A + q\sin^2 B + r\sin^2 C \leq \frac{(qr + rp + pq)^2}{4pqr}$$

$$\leq \frac{1}{4} \times \frac{(p+q+r)^4}{9pqr}$$

$$\Rightarrow \sum (\lambda - 1)^2 \sin^2 A \leqslant \frac{[(\lambda - 1)^2 + (\mu - 1)^2 + (\nu - 1)^2]^4}{[6(\lambda^2 - 1)(\mu^2 - 1)(\nu^2 - 1)]^2} = m$$

$$\Rightarrow T_\lambda(x) = \sum \left(\frac{x}{\lambda + \cot^2 A}\right) \leqslant \sum \frac{x}{\lambda - 1} - \frac{(\sqrt{x} + \sqrt{y} + \sqrt{z})^2}{(\sum \lambda) - 3 + m}$$

题 27（张斌） 设 F 是双圆四边形 $ABCD$ 的费马（Fermat）点，Q_1, Q_2, Q_3, Q_4 分别是 $\triangle AFB$, $\triangle BFC$, $\triangle CFD$, $\triangle DFA$ 的勃罗卡（Brocard）点，且 $\angle Q_1 AB = \angle Q_1 BF = \angle Q_1 FA = \alpha_1$, $\angle Q_2 BC = \angle Q_2 CF = \angle Q_2 FB = \alpha_2$, $\angle Q_3 CD = \angle Q_3 DF = \angle Q_3 FC = \angle Q_3 FG = \angle Q_3 FC = \alpha_3$, $\angle Q_4 DA = \angle Q_4 AF = \angle Q_4 FD = \alpha_4$, 则

$$\cot \alpha_1 + \cot \alpha_2 + \cot \alpha_3 + \cot \alpha_4 \geqslant 16 \qquad (\text{A})$$

证明 我们用 $\Delta_1, \Delta_2, \Delta_3, \Delta_4$ 分别表示 $\triangle AFB$, $\triangle BFC$, $\triangle CFD$, $\triangle DFA$ 的面积，用 Δ 表示四边形 $ABCD$ 的面积，由已知条件知 $\angle AFB = \angle BFC = \angle CFD = \angle DFA = 90°$, 利用公式有

$$\cot \alpha_1 = \frac{AF^2 + BF^2 + AB^2}{4\Delta_1}$$

$$\cot \alpha_2 = \frac{BF^2 + CF^2 + BC^2}{4\Delta_2}$$

$$\cot \alpha_3 = \frac{CF^2 + DF^2 + CD^2}{4\Delta_3}$$

$$\cot \alpha_4 = \frac{DF^2 + AF^2 + DA^2}{4\Delta_4}$$

所以
$$\cot \alpha_1 + \cot \alpha_2 + \cot \alpha_3 + \cot \alpha_4$$
$$= \frac{AF^2 + BF^2 + AB^2}{4\Delta_1} + \frac{BF^2 + CF^2 + BC^2}{4\Delta_2} +$$
$$\frac{CF^2 + DF^2 + CD^2}{4\Delta_3} + \frac{DF^2 + AF^2 + DA^2}{4\Delta_4}$$
$$= \frac{2AB^2}{4\Delta_1} + \frac{2BC^2}{4\Delta_2} + \frac{2CD^2}{4\Delta_3} + \frac{2DA^2}{4\Delta_4}$$
$$\geqslant \frac{(AB + BC + CD + DA)^2}{2(\Delta_1 + \Delta_2 + \Delta_3 + \Delta_3)}$$
$$= \frac{(AB + BC + CD + DA)^2}{2\Delta}$$
$$\geqslant \frac{32\Delta}{2\Delta} = 16 \quad (\text{利用了多边形等周不等式})$$

$$\Rightarrow \cot \alpha_1 + \cot \alpha_2 + \cot \alpha_3 + \cot \alpha_4 \geqslant 16$$

等号成立当且仅当四边形 $ABCD$ 为正方形.

注 显然，式（A）是一个非常简洁、趣味、奇妙、优美迷人的三角不等式，当将四边形 $ABCD$ 改变为三角形 ABC 时，同理可证：

结论 设 $\triangle ABC$ 的最大内角小于 $120°$，F 为其内的费马点，Q_1,Q_2,Q_3 分别表示 $\triangle FAB,\triangle FCA,\triangle FAB$ 的勃罗卡点. 且

$$\angle Q_1FB = \angle Q_1BC = \angle Q_1CF = \alpha$$
$$\angle Q_2FC = \angle Q_2CA = \angle Q_2AF = \beta$$
$$\angle Q_3AB = \angle Q_3BF = \angle Q_3FA = \gamma$$

则

$$\cot \alpha + \cot \beta + \cot \gamma \geqslant 5\sqrt{3} \tag{B}$$

而且特别值得参考学习的是，杨学枝老师利用自己建立的：

引理 1 若 $\lambda,\mu,\nu,\omega \geqslant 0$，且

$$(\lambda-1)(\lambda-\omega) \geqslant 0,(\mu-1)(\mu-\omega) \geqslant 0$$
$$(\nu-1)(\nu-\omega) \geqslant 0,\lambda+\mu+\nu \geqslant 1+2\omega$$

则对 $n \in \mathbf{N}_+,n \geqslant 2$，有

$$\lambda^n + \mu^n + \nu^n \geqslant 1+2\omega^n$$

成功地证明了结果：

设 $\alpha,\beta,\gamma \in \left[0,\dfrac{\pi}{2}\right]$，$n \in \mathbf{N}_+$ 则有

$$\sum \sec^{2n}(\beta-\gamma) \geqslant 1+2\prod \sec^n(\beta-\gamma) \tag{C}$$

当且仅当 α,β,γ 中有两个相等时，式（C）取等号：

引理 2 若 $(1)\lambda,\mu,\nu,\omega \geqslant 0$；$(2)(\lambda-1)(\lambda-\omega) \leqslant 0,(\mu-1)(\mu-\omega) \leqslant 0$，$(\nu-1)(\nu-\omega) \leqslant 0$；$(3)\lambda+\mu+\nu \leqslant 1+2\omega$. 则对于 $n \geqslant 2,n \in \mathbf{N}_+$ 有

$$\lambda^n + \mu^n + \nu^n \leqslant 1+2\omega^n$$

题 28（杨学枝） 设 $\alpha,\beta,\gamma \in \left[0,\dfrac{\pi}{2}\right]$，$n \in \mathbf{N}_+$，则有

$$\sum \cos^{2n}(\beta-\gamma) \leqslant 1+2\prod \cos^n(\beta-\gamma) \tag{D}$$

证明 由对称性，不妨设 $0 \leqslant \gamma \leqslant \beta \leqslant \alpha \leqslant \dfrac{\pi}{2}$，即 $0 \leqslant \beta-\gamma \leqslant \alpha-\gamma \leqslant \dfrac{\pi}{2}$，$0 \leqslant \alpha-\beta \leqslant \alpha-\gamma \leqslant \dfrac{\pi}{2}$.

因此 $\qquad \cos^2(\beta-\gamma) \geqslant \cos^2(\alpha-\gamma)$
$$\cos^2(\alpha-\beta) \geqslant \cos^2(\alpha-\gamma)$$

另外，由于

$$\cos^2(\beta-\gamma) - 1 \leqslant 0$$

$$\cos^2(\beta-\gamma) - \prod \cos(\beta-\gamma)$$
$$= \cos(\beta-\gamma)[\cos(\beta-\gamma)-\cos(\alpha-\gamma)\cos(\alpha-\beta)]$$
$$= \cos(\beta-\gamma)\sin(\alpha-\gamma)\sin(\alpha-\beta) \geqslant 0(因 \beta-\gamma = (\alpha-\gamma)-(\alpha-\beta))$$

注意到 $0 \leqslant \beta - \gamma \leqslant \dfrac{\pi}{2}, 0 \leqslant \alpha - \beta \leqslant \dfrac{\pi}{2}, 0 \leqslant \alpha - \gamma \leqslant \dfrac{\pi}{2}$,因此有

$$[\cos^2(\beta - \gamma) - 1][\cos^2(\beta - \gamma) - \prod \cos(\beta - \gamma)] \leqslant 0$$

同理有

$$[\cos^2(\alpha - \gamma) - 1][\cos^2(\alpha - \gamma) - \prod \cos(\beta - \gamma)] \leqslant 0$$

$$[\cos^2(\alpha - \beta) - 1][\cos^2(\alpha - \beta) - \prod \cos(\beta - \gamma)] \leqslant 0$$

又由于

$$\sum \cos^2(\beta - \gamma) = 1 + 2 \prod \cos(\beta - \gamma) \text{(三角恒等式,可证明)}$$

由引理 2 知式(D)成立. 当且仅当 α, β, γ 中有两个相等时等号成立.

更令人振奋激动的是:2012 年,杨学枝老师在由他主编的年刊《中国初等数学研究》中的美文《三个三角不等式及其应用》中建立了绝美迷人的定理:

定理　设 $\alpha_i, \beta_i \in [0, \pi)(i = 1, 2, 3, 4)$,且 $\displaystyle\sum_{i=1}^{4} \alpha_i = \sum_{i=1}^{4} \beta_i = \pi$,则有

$$\sum_{i=1}^{4} \sin \alpha_i \cos \beta_i \geqslant \frac{1}{2} \Big[\Big(\sum_{i=1}^{4} \sin 2\alpha_i \Big) \Big(\sum_{i=1}^{4} \sin 2\beta_i \Big) \Big]^{\frac{1}{2}} \qquad (\text{A})$$

等号成立当且仅当

$$\alpha_i = \beta_i \quad (i = 1, 2, 3, 4)$$

$$\sum_{i=1}^{4} \sin \alpha_i \sin \beta_i \geqslant \frac{1}{2} \Big[\Big(\sum_{i=1}^{4} \sin 2\alpha_i \Big) \Big(\sum_{i=1}^{4} \sin 2\beta_i \Big) \Big]^{\frac{1}{2}} \qquad (\text{B})$$

$$\sum_{i=1}^{4} \cos \alpha_i \cos \beta_i \geqslant \frac{1}{2} \Big[\Big(\sum_{i=1}^{4} \sin 2\alpha_i \Big) \Big(\sum_{i=1}^{4} \sin 2\beta_i \Big) \Big]^{\frac{1}{2}} \qquad (\text{C})$$

式(B),(C)等号成立当且仅当

$$\alpha_i + \beta_i = \frac{\pi}{2} \quad (i = 1, 2, 3, 4)$$

略证　由 $\displaystyle\sum_{i=1}^{4} \alpha_i = \sum_{i=1}^{4} \beta_i = \pi$ 有

$$-\sin \alpha_1 + \sin \alpha_2 + \sin \alpha_3 + \sin \alpha_4$$

$$= -2\cos \frac{\alpha_1 + \alpha_2}{2} \sin \frac{\alpha_1 - \alpha_2}{2} + 2\sin \frac{\alpha_3 + \alpha_4}{2} \cos \frac{\alpha_3 - \alpha_4}{2}$$

$$= -2\sin \frac{\alpha_3 + \alpha_4}{2} \sin \frac{\alpha_1 - \alpha_2}{2} + 2\sin \frac{\alpha_3 + \alpha_4}{2} \cos \frac{\alpha_3 - \alpha_4}{2}$$

$$= 2\sin \frac{\alpha_3 + \alpha_4}{2} \Big(-\cos \frac{\pi - \alpha_1 + \alpha_2}{2} + \cos \frac{\alpha_3 - \alpha_4}{2} \Big)$$

$$= 4\sin \frac{\alpha_3 + \alpha_4}{2} \sin \Big(\frac{\pi - \alpha_1 - \alpha_4 + \alpha_2 + \alpha_3}{4} \Big) \cdot \sin \Big(\frac{\pi - \alpha_1 - \alpha_3 + \alpha_2 + \alpha_4}{4} \Big)$$

$$= 4\sin\frac{\alpha_2 + \alpha_3}{2}\sin\frac{\alpha_2 + \alpha_4}{2}\sin\frac{\alpha_3 + \alpha_4}{2}$$

即

$$-\sin\alpha_1 + \sin\alpha_2 + \sin\alpha_3 + \sin\alpha_4$$

$$= 4\sin\frac{\alpha_2 + \alpha_3}{2}\sin\frac{\alpha_2 + \alpha_4}{2}\sin\frac{\alpha_3 + \alpha_4}{2}$$

同理可得另外三个等式. 而且还可得

$$-\cos\beta_1 + \cos\beta_2 + \cos\beta_3 + \cos\beta_4$$

$$= 4\sin\frac{\beta_1 + \beta_2}{2}\sin\frac{\beta_1 + \beta_3}{2}\sin\frac{\beta_1 + \beta_4}{2}$$

和另外三式, 然后代入

$$\sum_{i=1}^{4}\sin\alpha_i\cos\beta_i$$

$$= \frac{1}{4}\sum_{i=1}^{4}\left[\,(-\sin\alpha_1 + \sin\alpha_2 + \sin\alpha_3 + \sin\alpha_4)\cdot\right.$$

$$\left.(-\cos\beta_1 + \cos\beta_2 + \cos\beta_3 + \cos\beta_4)\,\right] - \left(\sum_{i=1}^{4}\sin\alpha_i\right)\left(\sum_{i=1}^{4}\cos\alpha_i\right)$$

$$= \cdots$$

$$\geqslant 2\left[\sin(\alpha_1 + \alpha_2)\sin(\alpha_1 + \alpha_3)\sin(\alpha_2 + \alpha_3)\cdot\right.$$

$$\left.\sin(\beta_1 + \beta_2)\sin(\beta_1 + \beta_3)\sin(\beta_2 + \beta_3)\right]^{\frac{1}{2}}$$

注意到 $\sum_{i=1}^{4}\alpha_i = \sum_{i=1}^{4}\beta_i = \pi$, 另外有

$$\sum_{i=1}^{4}\sin 2\alpha_i = 2\sin(\alpha_1 + \alpha_2)\cos(\alpha_1 - \alpha_2) + 2\sin(\alpha_3 + \alpha_4)\cos(\alpha_3 - \alpha_4)$$

$$= 4\sin(\alpha_1 + \alpha_2)\sin(\alpha_1 + \alpha_3)\sin(\alpha_2 + \alpha_3)$$

$$= 2\sin(\alpha_1 + \alpha_2)\left[\cos(\alpha_1 - \alpha_2) + \cos(\alpha_3 - \alpha_4)\right]$$

同理可得

$$\sum_{i=1}^{4}\sin 2\beta_i = 4\sin(\beta_1 + \beta_2)\sin(\beta_1 + \beta_3)\sin(\beta_2 + \beta_3)$$

因此得到式(A).

题 29 设 $\alpha,\beta,\gamma \in \left[0,\frac{\pi}{2}\right)$, 求证

$$\sum\tan\alpha \leqslant \frac{25\sqrt{5}}{72}\prod(1 + \tan^2\alpha) \tag{1}$$

证明 由于

$$\lambda = \frac{\sum\tan\alpha}{\prod(1 + \tan^2\alpha)} = \left(\sum\tan\alpha\right)\left(\prod\cos^2\alpha\right)$$

$$= \left(\sum \sin \alpha \cos \beta \cos \gamma \right) \prod \cos \alpha$$

$$= \left[\sin(\alpha + \beta + \gamma) + \prod \sin \alpha \right] \prod \cos \alpha$$

记 $\theta = \dfrac{1}{3}(\alpha + \beta + \gamma) \in \left[0, \dfrac{\pi}{2} \right)$,有

$$\prod \sin \alpha \leqslant \sin^3 \theta, \quad \prod \cos \alpha \leqslant \cos^3 \theta$$

于是

$$\lambda \leqslant (\sin 3\theta + \sin^3 \theta) \cos^3 \theta$$

$$= (3\sin \theta - 3\sin^3 \theta)\cos^3 \theta$$

$$= 3\sin \theta \cos^5 \theta = 3\left(\sin^2 \theta \cos^{10} \theta \right)^{\frac{1}{2}}$$

$$= \frac{3}{\sqrt{5}} \left[5\sin^2 \theta \cdot (\cos^2 \theta)^5 \right]^{\frac{1}{2}}$$

$$\leqslant \frac{3}{\sqrt{5}} \left(\frac{5\cos^2 \theta + 5\sin^2 \theta}{6} \right)^{\frac{6}{2}} = \frac{25\sqrt{5}}{72}$$

$$\Rightarrow \sum \tan \alpha \leqslant \frac{25\sqrt{5}}{72} \prod (1 + \tan^2 \alpha)$$

等号成立当且仅当

$$\alpha = \beta = \gamma = \theta = \arctan \left(\frac{\sqrt{5}}{5} \right)$$

注 上述证法应用了凸函数,琴生不等式,均值不等式,正弦和角公式,倍角公式等相关知识,而正是将这些相关知识有机结合,灵活应用,才绽放出了如此生鲜艳丽的花朵,才产生了上述生动美妙的证法.

其实,对于四个角 $\alpha, \beta, \gamma, \varphi \in \left[0, \dfrac{\pi}{2} \right)$. 同理可证

$$\sum \tan \alpha \leqslant \frac{343\sqrt{7}}{1024} \prod (1 + \tan^2 \alpha) \tag{2}$$

于是我们可猜想:

设 $\alpha_i \in \left[0, \dfrac{\pi}{2} \right) (i = 1, 2, \cdots, n; n \geqslant 2), \theta = \dfrac{1}{n} \sum\limits_{i=1}^{n} \alpha_i$,则

$$\left(\sum_{i=1}^{n} \tan \alpha_i \right) \cdot \left(\prod_{i=1}^{n} \cos^2 \alpha_i \right) \leqslant n \tan \theta_i \cdot \cos^{2n} \theta$$

当且仅当 $\alpha_1 = \alpha_2 = \cdots = \alpha_n$ 时等号成立. 当 $n = 2, 3, 4$ 时该式显然成立.

题 30(杨学枝) 在 $\triangle ABC$ 中,三边长 $BC = a, CA = b, AB = c, p = \dfrac{1}{2}(a + b + c)$,$R$ 与 r 分别表示 $\triangle ABC$ 的外接圆半径和内切圆半径,求证

$$3 \geqslant \sum \cos \left(\frac{B - C}{2} \right) \geqslant 1 + \sqrt{\frac{p^2 + 2Rr + r^2}{2R^2}} \tag{1}$$

证明 由于

$$\frac{p^2 + 2Rr + r^2}{2R^2} = \frac{1}{2}\left(\frac{R+r}{R}\right)^2 + \frac{1}{2}\left(\frac{S}{R}\right)^2 - \frac{1}{2}$$

$$= \frac{1}{2}\left(\sum \cos A\right)^2 + \frac{1}{2}\left(\sum \sin A\right)^2 - \frac{1}{2}$$

$$= \frac{3}{2} + \sum \cos(B-C) - \frac{1}{2}$$

$$= 1 + \sum \cos(B-C)$$

$$= 2\sum \left(\cos\frac{B-C}{2}\right)^2 - 2$$

因此 $\left(\sum \cos\frac{B-C}{2} - 1\right)^2 - \frac{p^2+2Rr+r^2}{2R^2}$

$$= \left(\sum \cos\frac{B-C}{2} - 1\right)^2 - \left[2\sum\left(\cos\frac{B-C}{2}\right)^2 - 2\right]$$

$$= \left(\sum \cos\frac{B-C}{2}\right)^2 - 2\sum \cos\frac{B-C}{2} + 1 - 2\left[3 - \sum\left(\sin\frac{B-C}{2}\right)^2\right] + 2$$

$$= 2\sum \cos\frac{B-C}{2}\cos\frac{C-A}{2} - 2\sum \cos\frac{B-C}{2} + \sum\left(\sin\frac{B-C}{2}\right)^2$$

$$= 2\sum \cos\frac{B-C}{2}\cos\frac{C-A}{2} - 2\sum \cos\left(\frac{B-C}{2} + \frac{C-A}{2}\right) + \sum\left(\sin\frac{B-C}{2}\right)^2$$

$$= 2\sum \sin\frac{B-C}{2}\sin\frac{C-A}{2} + \sum\left(\sin\frac{B-A}{2}\right)^2$$

$$= \left(\sum \sin\frac{B-C}{2}\right)^2 \geqslant 0 \left(因为 \sum \cos\frac{B-C}{2} = \sum \cos\frac{B-A}{2}\right)$$

$$\Rightarrow \sum \cos\frac{B-C}{2} \geqslant 1 + \sqrt{\frac{p^2+2Rr+r^2}{2R^2}}$$

$$\sum \left(\sin\frac{B-C}{2}\right)^2 = \sum \left(\sin\frac{B-A}{2}\right)^2$$

等号成立当且仅当 $\triangle ABC$ 为等腰三角形.

当 $\triangle ABC$ 为正三角形时,有等式

$$\cos\frac{B-C}{2} + \cos\frac{C-A}{2} + \cos\frac{A-B}{2} = 3$$

注 不等式(1)不仅很优美,而且很强,由它可推出新的结果

$$\sum \sec\frac{B-C}{2} \geqslant 1 + \sqrt{\frac{32R^2}{p^2+2Rr+r^2}} \tag{2}$$

题 31(杨学枝) 在锐角 $\triangle ABC$ 中,证明

$$\left(\sum \sin\frac{A}{2}\right)^2 \geqslant \frac{\sqrt{3}}{2}\sum \sin A \tag{1}$$

证法1 利用琴生不等式有

$$\sum \cos\left(\frac{A}{2}+60°\right) \leqslant 3\cos\left(\frac{\sum A}{6}+\frac{\pi}{3}\right) = 3\cos\frac{\pi}{2} = 0$$

$$\Rightarrow \sum \left(\frac{1}{2}\cos\frac{A}{2}-\frac{\sqrt{3}}{2}\sin\frac{A}{2}\right) \leqslant 0$$

$$\Rightarrow \sum \cos\frac{A}{2} \leqslant \sqrt{3}\sum \sin\frac{A}{2} \qquad (2)$$

设 $$0 < A \leqslant B \leqslant C < \pi$$

$$\Rightarrow \begin{cases} 0 < \sin\frac{A}{2} \leqslant \sin\frac{B}{2} \leqslant \sin\frac{C}{2} \\ \cos\frac{A}{2} \geqslant \cos\frac{B}{2} \geqslant \cos\frac{C}{2} > 0 \end{cases}$$

利用切比雪夫不等式有

$$\sum \sin A = 2\sum \sin\frac{A}{2}\cos\frac{A}{2}$$

$$\leqslant \frac{2}{3}\left(\sum \sin\frac{A}{2}\right)\left(\sum \cos\frac{A}{2}\right)$$

$$\leqslant \frac{2}{3}\cdot\sqrt{3}\left(\sum \sin\frac{A}{2}\right)^2$$

$$\Rightarrow \left(\sum \sin\frac{A}{2}\right)^2 \geqslant \frac{\sqrt{3}}{2}\sum \sin A$$

等号成立当且仅当 $\triangle ABC$ 为正三角形.

证法2 因为 $\triangle ABC$ 为锐角三角形,故可作变换

$$(A,B,C) \rightarrow \left(\frac{\pi}{2}-A,\frac{\pi}{2}-B,\frac{\pi}{2}-C\right)$$

这样式(1)化为

$$\left(\sum \cos A\right)^2 \geqslant \frac{\sqrt{3}}{2}\sum \sin 2A \qquad (3)$$

由于 $$\sum \cos A \leqslant \frac{3}{2}$$

$$\Rightarrow \left(\sum \cos A\right)^2 \geqslant \frac{2}{3}\left(\sum \cos A\right)^3$$

$$= \frac{2}{3}\left(1+4\prod \sin\frac{A}{2}\right)^3$$

$$= \frac{2}{3}\left(\frac{1}{2}+\frac{1}{2}+4\prod \sin\frac{A}{2}\right)^3 \geqslant 18\prod \sin\frac{A}{2}$$

$$= \frac{9}{4} \frac{\prod \sin A}{\prod \cos \frac{A}{2}} \geqslant \frac{9}{4} \cdot \left(\frac{2}{\sqrt{3}}\right)^3 \prod \sin A$$

$$= 2\sqrt{3} \prod \sin A = \frac{\sqrt{3}}{2} \sum \sin 2A$$

$$\Rightarrow (\sum \cos A)^2 \geqslant \frac{\sqrt{3}}{2} \sum \sin 2A$$

即式(3)成立,从而式(1)成立,等号成立当且仅当△ABC为正三角形.

题 32 在锐角△ABC中,$a \geqslant b \geqslant c$(三边长关系),求证

$$\sin A\cos B + \sin B\cos C + \sin C\cos A \leqslant \frac{3\sqrt{3}}{4} \tag{1}$$

证明 由已知条件有

$$\frac{\pi}{2} > A \geqslant B \geqslant C > 0$$

$$\Rightarrow \begin{cases} \sin A \geqslant \sin B \geqslant \sin C \\ 0 < \cos A \leqslant \cos B \leqslant \cos C \end{cases}$$

利用排序不等式有

$$\sin A\cos B + \sin B\cos C + \sin C\cos A$$

$$\leqslant \sin A\cos C + \sin B\cos B + \sin C\cos A$$

$$= \sin(A + C) + \sin B\cos B$$

$$= \sin B + \sin B\cos B$$

$$= (1 + \cos B)\sin B$$

$$= 4\sin \frac{B}{2}(\cos \frac{B}{2})^3$$

$$= \frac{4}{\sqrt{3}} \cdot \sqrt{3\sin^2 \frac{B}{2} \cdot (\cos^2 \frac{B}{2})^3}$$

$$\leqslant \frac{4}{\sqrt{3}} \cdot \left(\frac{3\sin^2 \frac{B}{2} + 3\cos^2 \frac{B}{2}}{4}\right)^2$$

$$= \frac{3\sqrt{3}}{4}$$

即式(1)成立,等号成立当且仅当 $A = B = C = \frac{\pi}{3}$,即△$ABC$为正三角形.

题 33 在锐角△ABC中,求证

$$64 \prod (\tan \frac{A}{2})^{3+x} \geqslant \prod (1 - \tan^2 \frac{A}{2})^{3-x} \tag{A}$$

167

其中 $x,y,z>0$ 且满足 $x+y+z=3$.

证明 我们先证明局部不等式

$$\tan B\tan C\geqslant\cot^2\frac{A}{2}$$

由于
$$\tan A\tan B=\frac{\cos(A-B)-\cos(A+B)}{\cos(A+B)+\cos(A-B)}$$

$$=\frac{\cos(A-B)+\cos C}{-\cos C+\cos(A-B)}$$

$$=1+\frac{2\cos C}{\cos(A-B)-\cos C}$$

$$\geqslant1+\frac{2\cos C}{1-\cos C}=\frac{1+\cos C}{1-\cos C}=\cot^2\left(\frac{C}{2}\right)$$

$$\Rightarrow\tan A\tan B\geqslant\cot^2\left(\frac{C}{2}\right)$$

同理可得

$$\tan B\tan C\geqslant\cot^2\left(\frac{A}{2}\right)$$

$$\tan C\tan A\geqslant\cot^2\left(\frac{B}{2}\right)$$

于是
$$\prod(\tan B\tan C)^x\geqslant\prod\left(\cot\frac{A}{2}\right)^{2x}$$

$$\Rightarrow\prod(\tan A)^{y+z}\geqslant\prod\left(\cot\frac{A}{2}\right)^{2x}$$

$$\Rightarrow\prod\left(\frac{2\tan\frac{A}{2}}{1-\tan^2\frac{A}{2}}\right)^{3-x}\geqslant\prod\left(\tan\frac{A}{2}\right)^{-2x}$$

$$\Rightarrow64\prod\left(\tan\frac{A}{2}\right)^{3+x}\geqslant\prod\left(1-\tan^2\frac{A}{2}\right)^{3-x}$$

等号成立当且仅当 $A=B=C=\dfrac{\pi}{3}$,即 $\triangle ABC$ 为正三角形.

注 (1)将式(A)散写为

$$64\left(\tan\frac{A}{2}\right)^{3+x}\cdot\left(\tan\frac{B}{2}\right)^{3+y}\cdot\left(\tan\frac{C}{2}\right)^{3+z}$$

$$\geqslant\left(1-\tan^2\frac{A}{2}\right)^{3-x}\cdot\left(1-\tan^2\frac{B}{2}\right)^{3-y}\cdot\left(1-\tan^2\frac{C}{2}\right)^{3-z}\tag{A}$$

放眼观望,式(A)奇妙优美,令人神往!如果取 $x=y=z=1$,得到特例

$$8\left(\prod\tan\frac{A}{2}\right)^2\geqslant\prod\left(1-\tan^2\frac{A}{2}\right)\tag{1}$$

式（1）又等价于

$$\tan A\tan B\tan C\geqslant\cot\frac{A}{2}\cot\frac{B}{2}\cot\frac{C}{2} \tag{2}$$

而且还可得到

$$\sum\tan B\tan C\geqslant\sum\cot^2\frac{A}{2} \tag{3}$$

（2）显然，进一步又可得到

$$\sum\left(\cot\frac{B}{2}\cot\frac{C}{2}\right)^2\leqslant\sum\tan^2A\tan B\tan C$$

$$=\left(\prod\tan A\right)\left(\sum\tan A\right)=\left(\prod\tan A\right)^2$$

$$\Rightarrow\sum\tan^2\frac{A}{2}\leqslant\left(\prod\tan\frac{A}{2}\right)^2\cdot\left(\prod\tan A\right)^2\leqslant\left(\frac{1}{3}\right)^3\cdot\left(\prod\tan A\right)^2$$

$$\Rightarrow\left(\tan A\tan B\tan C\right)^2\geqslant27\left(\tan^2\frac{A}{2}+\tan^2\frac{B}{2}+\tan^2\frac{C}{2}\right) \tag{4}$$

可见，式（4）也是一个比较漂亮的结果．同时，我们又易得到

$$\sum x\tan B\tan C\geqslant\sum x\left(\cot\frac{A}{2}\right)^2$$

再设参数 $x,y,z>0$，且 $x+y+z=3$．利用柯西不等式有

$$3\sum x\tan B\tan C\geqslant\left(\sum x\right)\left(\sum x\cos^2\frac{A}{2}\right)\geqslant\left(\sum x\cot\frac{A}{2}\right)^2$$

$$\Rightarrow3\sum x\tan B\tan C\geqslant\left(\sum x\cot\frac{A}{2}\right)^2 \tag{5}$$

这又是一个漂亮的不等式．

题 34 如图，设凸 n 边形 $A_1A_2\cdots A_n$ 内存在一点 P，满足

$$\angle PA_1A_2=\angle PA_2A_3=\cdots=\angle PA_nA_1=\varphi$$

求证

$$\cot\varphi\geqslant\csc\frac{2\pi}{n}+\frac{1}{n}\sum_{i=1}^{n}\cot A_i \quad （A）$$

证明 设 $PA_i=x_i（i=1,2,\cdots,n;n\geqslant3）$ 点 P 到边 $A_1A_2,A_2A_3,\cdots,A_nA_1$ 的距离依次为 $h_1,h_2,\cdots,h_n$，则易得到（约定 $A_{n+1}=A_1$）

$$\sin^n\varphi=\prod_{i=1}^{n}\sin\angle PA_iA_{i+1}=\prod_{i=1}^{n}\left(\frac{h_i}{x_i}\right)$$

又 $$\prod_{i=1}^{n}\sin\angle PA_{i+1}A_i=\prod_{i=1}^{n}\sin(A_{i+1}-\varphi)$$

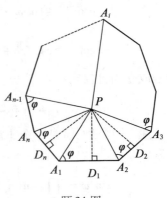

题 34 图

$$= \prod_{i=1}^{n} \sin(A_i - \varphi) = \prod_{i=1}^{n} \left(\frac{h_i}{x_{i+1}} \right)$$

$$= \prod_{i=1}^{n} \left(\frac{h_i}{x_i} \right)$$

于是得到

$$\sin^n \varphi = \prod_{i=1}^{n} \sin(A_i - \varphi)$$

$$= \prod_{i=1}^{n} (\sin A_i \cos \varphi - \cos A_i \sin \varphi)$$

$$= \sin^n \varphi \left(\prod_{i=1}^{n} \sin A_i \right) \prod_{i=1}^{n} (\cot \varphi - \cot A_i) \tag{1}$$

因为

$$\prod_{i=1}^{n} \sin A_i \leqslant \left(\frac{\sum_{i=1}^{n} \sin A_i}{n} \right)^n \leqslant \left(\sin \frac{\sum_{i=1}^{n} A_i}{n} \right)^n \tag{2}$$

$$\sqrt[n]{\prod_{i=1}^{n} (\cot \varphi - \cot A_i)} \leqslant \frac{1}{n} \sum_{i=1}^{n} (\cot \varphi - \cot A_i)$$

$$= \cot \varphi - \frac{1}{n} \sum_{i=1}^{n} \cot A_i \tag{3}$$

由(1),(2),(3)三式得

$$1 \leqslant \left[\left(\cot \varphi - \frac{1}{n} \sum_{i=1}^{n} \cot A_i \right) \sin \frac{(n-2)\pi}{n} \right]^n$$

$$\Rightarrow \csc \frac{2\pi}{n} \leqslant \cot \varphi - \frac{1}{n} \sum_{i=1}^{n} \cot A_i$$

$$\Rightarrow \cot \varphi \geqslant \csc \frac{2\pi}{n} + \frac{1}{n} \sum_{i=1}^{n} \cot A_i$$

等号成立当且仅当

$$\angle A_1 = \angle A_2 = \cdots = \angle A_n = \frac{(n-2)\pi}{n}$$

注 (1)式(A)是一个非常可爱的不等式,其实,由均值不等式和琴生不等式有

$$\sin^n \varphi = \prod_{i=1}^{n} \sin(A_i - \varphi) \leqslant \left[\frac{1}{n} \sum_{i=1}^{n} \sin(A_i - \varphi) \right]^n$$

$$\Rightarrow \sin \varphi \leqslant \frac{1}{n} \sum_{i=1}^{n} \sin(A_i - \varphi) \leqslant \sin \left[\frac{\sum_{i=1}^{n} (A_i - \varphi)}{n} \right]$$

$$= \sin\left(\frac{\sum_{i=1}^{n} A_i - n\varphi}{n}\right) = \sin\left[\frac{(n-2)\pi - n\varphi}{n}\right]$$

$$\Rightarrow \varphi \leqslant \frac{(n-2)\pi}{n} - \varphi$$

$$\Rightarrow 0 < \varphi \leqslant \frac{(n-2)\pi}{2n} = \frac{\pi}{2} - \frac{\pi}{n}$$

这便是角 φ 的取值范围,当 $\angle A_1 = \angle A_2 = \cdots = \angle A_n = \frac{(n-2)\pi}{n}$ 时,φ 取最大值 $\varphi_{\max} = \frac{(n-2)\pi}{2n} = (\frac{1}{2} - \frac{1}{n})\pi$.

(2)对 $\triangle ABC$,我们将另在笔者的《几何不等式研究与欣赏》一书中指出,点 P 即为勃罗卡点,且有结论

$$\cot \varphi = \cot A + \cot B + \cot C$$

$$3\cot A\cot B\cot C \leqslant \tan \varphi \leqslant \frac{1}{\varphi}\tan A\tan B\tan C$$

春　诗(笔者)

春风吹拂百花开,万紫千红带雨来.

燕绕重门栖旧地,莺离幽谷选高材.

田连阡陌黄金浪,水满池塘碧玉阶.

大好时光须尽兴,高歌畅饮乐抒怀.

题 35　在 $\triangle ABC$ 中,求证

$$\frac{2\cos A - 1}{\cos B + \cos C} + \frac{2\cos B - 1}{\cos C + \cos A} + \frac{2\cos C - 1}{\cos A + \cos B} \geqslant 0 \tag{1}$$

证明　利用余弦定理有

$$\sum \frac{\cos A - \frac{1}{2}}{\cos B + \cos C}$$

$$= \sum \frac{a(-a^2 + b^2 + c^2 - bc)/2abc}{(a-b+c)(a+b-c)(b+c)/2abc}$$

$$= \sum \frac{abc - a(a-b+c)(a+b-c)}{(a-b+c)(a+b-c)(b+c)}$$

$$= \frac{abc}{\prod(b+c-a)} \cdot \left(\sum \frac{b+c-a}{b+c}\right) - \sum \frac{a}{b+c}$$

$$= \frac{3abc}{\prod(b+c-a)} - \frac{abc}{\prod(b+c-a)} \cdot \sum \frac{a}{b+c} - \sum \frac{a}{b+c}$$

$$= \left[\frac{abc}{\prod(b+c-a)} - 1\right]\left(3 - \sum \frac{a}{b+c}\right) + \left(2\sum \frac{a}{b+c} - 3\right)$$

$$= \left(3 - \sum \frac{a}{b+c}\right) \cdot \frac{1}{2}\sum \frac{(b-c)^2}{(a-b+c)(a+b-c)} - \sum \frac{(b-c)^2}{(a+b)(a+c)}$$

$$(2)$$

因为

$$\frac{1}{2(a-b+c)(a+b-c)} - \frac{1}{(a+b)(a+c)}$$

$$= \frac{a(b+c-a) + bc + 2(b-c)^2}{2(a-b+c)(a+b-c)(a+b)(a+c)} \geqslant 0$$

同理可得其他两式,所以由式(2)知,欲证式(1),只需证

$$3 - \sum \frac{a}{b+c} - 1 \geqslant 0 \Leftrightarrow 2 \geqslant \sum \frac{a}{b+c}$$

但

$$2 - \sum \frac{a}{b+c} = \frac{abc + \sum a(b+c-a)}{\prod(b+c)} \geqslant 0$$

因此式(1)成立,等号成立当且仅当 $a=b=c$,即 $\triangle ABC$ 为正三角形.

题 36(沈毅) P 为非钝角 $\triangle ABC$ 内任意一点,记 $\angle PAC = \alpha_1$,$\angle PAB = \alpha_2$,$\angle PBA = \beta_1$,$\angle PBC = \beta_2$,$\angle PCB = \gamma_1$,$\angle PCA = \gamma_2$,求证

$$\sin 2\alpha_1 \sin 2\beta_1 \sin 2\gamma_1 + \sin 2\alpha_2 \sin 2\beta_2 \sin 2\gamma_2$$

$$\leqslant 2\sin A \sin B \sin C \tag{A}$$

证法 1(沈毅) 根据积化和差公式有

$$\sin 2\alpha_1 \sin 2\beta_1 \sin 2\gamma_1 + \sin 2\alpha_2 \sin 2\beta_2 \sin 2\gamma_2$$

$$= \frac{1}{4}\big[-\sin(2\alpha_1 + 2\beta_1 + 2\gamma_1) + \sin(2\alpha_1 + 2\beta_1 - 2\gamma_1) +$$

$$\sin(2\alpha_1 - 2\beta_1 + 2\gamma_1) + \sin(-2\alpha_1 + 2\beta_1 + 2\gamma_1) -$$

$$\sin(2\alpha_2 + 2\beta_2 + 2\gamma_2) + \sin(2\alpha_2 + 2\beta_2 - 2\gamma_2) +$$

$$\sin(2\alpha_2 - 2\beta_2 + 2\gamma_2) + \sin(-2\alpha_2 + 2\beta_2 + 2\gamma_2)\big]$$

$$= \frac{1}{2}\big[-\sin(A+B+C)\cos(\alpha_1 + \beta_1 + \gamma_1 - \alpha_2 - \beta_2 - \gamma_2) +$$

$$\sin(A+B-C)\cos(\alpha_1 + \beta_1 - \gamma_1 - \alpha_2 - \beta_2 + \gamma_2) +$$

$$\sin(A-B+C)\cos(\alpha_1 - \beta_1 + \gamma_1 - \alpha_2 + \beta_2 - \gamma_2) +$$

$$\sin(-A+B+C)\cos(-\alpha_1 + \beta_1 + \gamma_1 + \gamma_2 - \beta_2 - \gamma_2)\big]$$

$$= \frac{1}{2}\big[\sin 2C\cos(\alpha_1 + \beta_1 - \gamma_1 - \alpha_2 - \beta_2 + \gamma_2) +$$

$$\sin 2B\cos(\alpha_1 - \beta_1 + \gamma_1 - \alpha_2 + \beta_2 - \gamma_2) +$$

$$\sin 2A\cos(-\alpha_1 + \beta_1 + \gamma_1 + \alpha_2 - \beta_2 - \gamma_2)\big]$$

$$\leqslant \frac{1}{2}(\sin 2A + \sin 2B + \sin 2C)$$

$$= 2\sin A \sin B \sin C$$

即式(A)成立,由上述证明可知,等号成立当且仅当

$$(\alpha_1, \beta_1, \gamma_1) = (\alpha_2, \beta_2, \gamma_2)$$

即点 P 为 $\triangle ABC$ 的内心时取等号.

证法 2(杨学枝) 易知有

$$\sin \alpha_1 \sin \beta_1 \sin \gamma_1 = \sin \alpha_2 \sin \beta_2 \sin \gamma_2 = \frac{\gamma_1 \gamma_2}{PA \cdot PB \cdot PC}$$

因此式(A)可化为等价形式

$$4\sin \alpha_1 \sin \beta_1 \sin \gamma_1 (\cos \alpha_1 \cos \beta_1 \cos \gamma_1 + \cos \alpha_2 \cos \beta_2 \cos \gamma_2) \leqslant \sin A \sin B \sin C \tag{1}$$

如图,从点 P 分别向 BC, CA, AB 三边作垂线,垂足依次为 D, E, F,易证有

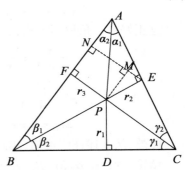

题 36 图

$$AE = \frac{r_3 + r_2\cos A}{\sin A}, AF = \frac{r_2 + r_3\cos A}{\sin A}$$

$$BF = \frac{r_1 + r_3\cos B}{\sin B}, BD = \frac{r_3 + r_1\cos B}{\sin B}$$

$$CD = \frac{r_2 + r_1\cos C}{\sin C}, CE = \frac{r_1 + r_2\cos C}{\sin C}$$

$$\sin \alpha_1 \sin \beta_1 \sin \gamma_1 = \sin \alpha_2 \sin \beta_2 \sin \gamma_2$$

$$= \frac{r_1 r_2 r_3}{PA \cdot PB \cdot PC}$$

$$\cos \alpha_1 = \frac{AE}{PA}, \cos \alpha_2 = \frac{AF}{PA}, \cos \beta_1 = \frac{PF}{PB}$$

$$\cos \beta_2 = \frac{BD}{PB}, \cos \gamma_1 = \frac{CD}{PC}, \cos \gamma_2 = \frac{CE}{PC}$$

由托勒密(Ptolemy)定理有

$$PA^2\sin A = PA \cdot EF = AE \cdot r_3 + AF \cdot r_2$$

$$PB^2\sin B = BF \cdot r_1 + BD \cdot r_3$$

$$PC^2\sin C = CD \cdot r_2 + CE \cdot r_1$$

将以上各式代入式(1),并整理得

$$4r_1 r_2 r_3 (r_3 + r_2\cos A)(r_1 + r_3\cos B)(r_2 + r_1\cos C) +$$

$$(r_2 + r_3\cos A)(r_3 + r_1\cos B)(r_1 + r_2\cos C)$$

$$\leqslant (r_2^2 + r_3^2 + 2r_2 r_3\cos A)(r_3^2 + r_1^2 + 2r_3 r_1\cos B)(r_1^2 + r_2^2 + 2r_1 r_2\cos C)$$

展开并整理得

$$\sum r_1^2(r_2^2 - r_3^2)^2 + 2\sum r_2 r_3(r_1^2 - r_2^2)(r_1^2 - r_3^2)\cos A \geqslant 0 \tag{2}$$

$$\Leftrightarrow [r_1(r_2^2 - r_3^2) + r_2(r_3^2 - r_1^2)\cos B + r_3(r_1^2 - r_2^2)\cos C]^2 +$$
$$[r_2(r_3^2 - r_1^2)\sin B - r_3(r_1^2 - r_2^2)\sin C]^2 \geqslant 0 \tag{3}$$

由于式(3)与式(2)、(1)均等价,故式(1)成立.易推得等号成立当且仅当 $r_1 = r_2 = r_3$,即点 P 为 $\triangle ABC$ 的内心.

注 从上述两种绝美的证法可知.本题自然绝美无限,令人偏爱,令人陶醉.其实,在式(2)中,如果作代换,令

$$x = r_1(r_2^2 - r_3^2)$$
$$y = r_2(r_3^2 - r_1^2)$$
$$z = r_3(r_1^2 - r_2^2)$$

得到转化

$$x^2 + y^2 + z^2 - 2(yz\cos A + zx\cos B + xy\cos C) \geqslant 0 \tag{4}$$

这正好是三角母不等式,等号成立当且仅当

$$\frac{x}{\sin A} = \frac{y}{\sin B} = \frac{z}{\sin C}$$

$$\Rightarrow \frac{r_1(r_2^2 - r_3^2)}{\sin A} = \frac{r_2(r_3^2 - r_1^2)}{\sin B} = \frac{r_3(r_1^2 - r_2^2)}{\sin C}$$

$$\Rightarrow r_1 = r_2 = r_3$$

此外,从上述证明可知,我们还可得到更一般的结论:

结论 设 $\alpha_1, \alpha_2, \beta_1, \beta_2, \gamma_1, \gamma_2 \geqslant 0$,且

$$\alpha_1 + \alpha_2, \beta_1 + \beta_2, \gamma_1 + \gamma_2 \in \left[0, \frac{\pi}{2}\right]$$
$$\alpha_1 + \alpha_2 + \beta_1 + \beta_2 + \gamma_1 + \gamma_2 = \pi$$

则

$$\sin 2\alpha_1 \sin 2\beta_1 \sin 2\gamma_1 + \sin 2\alpha_2 \sin 2\beta_2 \sin 2\gamma_2$$
$$\leqslant 2\sin(\alpha_1 + \alpha_2)\sin(\beta_1 + \beta_2)\sin(\gamma_1 + \gamma_2) \tag{B}$$

等号成立当且仅当 $\alpha_1 = \alpha_2, \beta_1 = \beta_2, \gamma_1 = \gamma_2$.

题 37(杨学枝) 设 $\beta_1, \beta_2, \beta_3 \in [0, \pi]$,$\varphi_1, \varphi_2, \varphi_3 \in \mathbf{R}$,且 $\sum \beta_1 = \sum \varphi_1 = \pi$,则

$$\sum \sin \varphi_1(-\sin \beta_1 + \sin \beta_2 + \sin \beta_3)$$

$$\leqslant 2\left(1 + \sin \frac{\beta_1}{2}\sin \frac{\beta_2}{2}\sin \frac{\beta_3}{2}\right) \leqslant \frac{9}{4} \tag{1}$$

略证 由已知条件有

$$\sum \tan \frac{\beta_2}{2}\tan \frac{\beta_3}{2} = 1 \tag{2}$$

注意到利用我们以前的结论

$$yz\sin^2\varphi_1 + zx\sin^2\varphi_2 + xy\sin^2\varphi_3 \leqslant \frac{1}{4}(x+y+z)^2 \tag{3}$$

有 $\qquad \sum \sin\varphi_1(-\sin\beta_1 + \sin\beta_2 + \sin\beta_3)$

$$= 4(\prod \cos\frac{\beta_1}{2})(\sum \tan\frac{\beta_2}{2}\tan\frac{\beta_3}{2}\sin\varphi_1)$$

（应用柯西不等式）

$$\leqslant 4(\prod \cos\frac{\beta_1}{2})\left[(\sum \tan\frac{\beta_2}{2}\tan\frac{\beta_3}{2}\sin^2\varphi_1)\cdot(\sum \tan\frac{\beta_2}{2}\tan\frac{\beta_3}{2})\right]^{\frac{1}{2}}$$

$$= 4(\prod \cos\frac{\beta_1}{2})(\sum \tan\frac{\beta_2}{2}\tan\frac{\beta_3}{2}\sin^2\varphi)^{\frac{1}{2}}$$

$$\leqslant 4(\prod \cos\frac{\beta_1}{2})\cdot\frac{1}{2}(\sum \tan\frac{\beta_1}{2})$$

$$= 2\left(\sum \sin\frac{\beta_1}{2}\cos\frac{\beta_2}{2}\cos\frac{\beta_3}{2}\right)$$

$$= 2\left[\sin\left(\frac{\beta_1+\beta_2+\beta_3}{2}\right) + \prod \sin\frac{\beta_1}{2}\right]$$

$$= 2(1 + \sin\frac{\beta_1}{2}\sin\frac{\beta_2}{2}\sin\frac{\beta_3}{2})$$

$$\leqslant 2\left[1 + \left(\frac{\sum \sin\frac{\beta_1}{2}}{3}\right)^3\right]$$

$$\leqslant 2\left[1 + \left(\sin\frac{\sum \beta_1}{6}\right)^3\right]$$

$$= 2\left[1 + \left(\frac{1}{2}\right)^3\right] = \frac{9}{4}$$

即式(1)成立.

当且仅当 $\beta_1 = \beta_2 = \beta_3 = \varphi_1 = \varphi_2 = \varphi_3 = \dfrac{\pi}{3}$，或 $(\beta_1,\beta_2,\beta_3) = (\dfrac{\pi}{2},\dfrac{\pi}{2},0)$，且

$(\varphi_1,\varphi_2,\varphi_3) = (\varphi_1,\varphi_2,\dfrac{\pi}{2})(\varphi_1+\varphi_2=\dfrac{\pi}{2})$ 或其轮换式时，前一个不等式取等号.

当且仅当 $\beta_1 = \beta_2 = \beta_3 = \varphi_1 = \varphi_2 = \varphi_3 = \dfrac{\pi}{3}$ 时，后一个不等式取等号.

猜想 设 $\beta_i,\varphi_i \in \mathbf{R}(i=1,2,\cdots,n,n\geqslant3)$，且 $\displaystyle\sum_{i=1}^{n}\beta_i = \sum_{i=1}^{n}\varphi_i = \pi$，是否有

$$\sum_{i=1}^{n}(S_n - 2\sin\beta_i)\sin\varphi_i \leqslant n(n-2)(\sin\frac{\pi}{n})^2 \tag{4}$$

175

其中 $S_n = \sum\limits_{i=1}^{n} \sin\beta_i.$

显然,当 $n=3$ 时已证明.

易验证,当 $n=4$ 时成立,等号成立当且仅当

$$(S_4 - 2\sin\beta_1)\cos\varphi_1 = (S_4 - 2\sin\beta_2)\cos\varphi_2$$
$$= (S_4 - 2\sin\beta_3)\cos\varphi_3 = (S_4 - 2\sin\beta_4)\cos\varphi_4$$

当 $n>4$ 时,式(4)等号成立当且仅当

$$\beta_i = \varphi_i = \frac{\pi}{n} \quad (i=1,2,\cdots,n)$$

我国著名作家王蒙先生写过一篇抒情美文——《最高的诗是数学》,此文最后一段为:

…我感觉,最高的数学和最高的诗一样,都充满了想象,充满了智慧,充满了创造,充满了章法,充满了和谐也充满了挑战,诗和数学都充满了灵感,充满激情,充满人类的精神力量. 那些从数学中体会到诗意的人是好数学家,所有的学问都是一种智慧,更是一种境界,是一种头脑,是一种心胸;是一种本领,更是一种态度;是一种职业,更是一种使命;是一种日积月累,更是一种人性的升华;让自己的灵魂响起学习与学问的交响乐的人是幸福的,高尚的与有价值的;而让自己的人生震响起探索性实践和交响乐的,才学得通,学得明白,学得鲜活,做不但读书,而且明理……

是的,从数学上讲,许多诗句具有对称美,对仗美(如诗句中的对偶),从诗词上讲,当你被一个数学难题卡住,且百思不得其解时,正是"山重水复疑无路"但当你思路忽然打开,找到解决问题的方法时,顿时心空感觉明亮开朗,仿佛看到了"柳暗花明又一村":当你成功地完美地解答好了趣味美妙的问题时,真想对着山水吟诗,向着太阳歌唱,向着鲜花起舞,对着月亮弹琴;顿时感到"掬水月在手,弄花香满衣". 仿佛看到"余霞散成绮,澄江静如练",看到"云日相辉映,空水共澄鲜",当你总把某个数学问题搞清楚时,正欲"行到水穷处,坐看云起时",当你想深入系统地研究某个数学问题时,正如"欲穷千里目,更上一层楼".

其实,从美学上讲,数学具有和谐美、简洁美,奇异美,对称美,趣味美,生动美,变换美,数学是彩云,是星月,五彩缤纷,光彩照人,数学是乐曲,是歌声,清新悦耳,悠扬动听;数学是鲜花芳草,是玉液琼浆,香甜可口,回味无穷,数学是数女是天仙,美艳绝世,夺魄勾魂……

我曾幻想,如果数学是块玉石,我愿当一位雕刻匠,将它精雕细刻,铸成一件巧夺天工的艺术品;如果数学是粒珍贵的神果种,我愿做一位园丁,甘愿辛勤地为它浇水施肥,修枝剪叶,看着它生根发芽,开花结果,长得枝繁叶茂,直到长

成参天大树,如果数学是一片色彩耀目的彩锦,我愿做一位绣花女,为它锦上添花……

数学赞(笔者)

何故终生迷数学,天高海深太痴情.

如诗如画如歌舞,似星似月似彩云.

鸟语花香非人间,水秀山清疑仙景.

神秘面纱谁揭幕? 风光无限瑶台春.

数学咏(笔者)

万物何为最? 数学总牵心!

人间金珠玉,天上日月星.

锦绣山川水,变幻风雨云.

喜娶数学仙,相伴度今生.

第4节 一题多解

我们知道,对于一个优美的数学妙题,如果采用不同的思路,就会产生不同的方法,却绽放同样的花朵,结出同样的果实. 这叫殊途同归,这叫条条道路通北京,这叫万物归天地!

题 1 设正整数 m,n 满足 $n>m$,证明:对一切 $x \in (0,\frac{\pi}{2})$,都有

$$2\,|\sin^n x - \cos^n x| \leq 3\,|\sin^m x - \cos^m x| \qquad (*)$$

分析 显然,式 $(*)$ 是一个绝美的三角不等式,证明它是有难度的,但只要我们灵活机动,巧妙构造函数,并利用函数的单调性是可以证明的;或者利用因式分解与特殊归纳法也是可以证明的,下面我们用两种方法证明式 $(*)$.

证法 1 只需对 $0<x<\frac{\pi}{4}$ 时进行证明. 因为当 $x=\frac{\pi}{4}$ 时,式 $(*)$ 取等号成立,当 $\frac{\pi}{4}<x<\frac{\pi}{2}$ 时,可通过令 $y=\frac{\pi}{2}-x \in (0,\frac{\pi}{4})$ 得到.

考虑函数 $f(t)=\cos^t x - \sin^t x$,其中 $0<x<\frac{\pi}{4},t \geq 0$,显然 $f(0)=0$.

当 $t>0$ 时,$f(t)>0$;当 $t \to \infty$ 时,$f(t) \to 0$.

并且

$$f'(t) = (\cos x)^t \cdot \ln \cos x - (\sin x)^t \cdot \ln \sin x$$
$$= (\cos x)^t \cdot (\ln \cos x - (\tan x)^t \cdot \ln \sin x)$$

由于 $g(t)=(\tan x)^t$ 单调,所以 $f'(t)=0$ 在区间 $(0,+\infty)$ 中有唯一实根,由 $f(4)=(\cos x)^4 - (\sin x)^4 = (\cos^2 x - \sin^2 x)(\cos^2 x + \sin^2 x) = f(2) =$

177

$f(2)(\cos^2 x + \sin^2 x) = f(4)$ 知，$f'(2) > 0$，$f'(4) < 0$，从而在 $n > m \geq 3$ 时，有不等式

$$|\cos^n x - \sin^n x| \leq |\cos^m x - \sin^m x|$$

成立，若 $m \leq 2$，则有

$$f(1) \leq (\cos x - \sin x)(\cos x + \sin x)$$
$$= f(2) \leq \sqrt{2} f(1)$$
$$f(2) = (\cos x - \sin x)\sqrt{(\cos x + \sin x)^2}$$
$$\leq (\cos x - \sin x)(1 + \cos x \cdot \sin x) = f(3) \leq \frac{3}{2} f(1)$$

综合上述，命题成立.

证法 2 由证法 1 知，只需考虑 $0 < x \leq \dfrac{\pi}{4}$ 的情形.

当 $k \geq 2$ 时，有

$$\cos^k x - \sin^k x = (\cos^k x - \sin^k x)(\cos^2 x + \sin^2 x)$$
$$= (\cos^{k+2} x - \sin^{k+2} x) + \sin^2 x \cdot \cos^2 x \cdot (\cos^{k-2} x - \sin^{k-2} x)$$
$$\geq \cos^{k+2} x - \sin^{k+2} x \tag{1}$$

因此式（1）对 $n = m + 2$ 时的情形成立（除了 $n = 3$）.

又由

$$\sin^{k-1} x \cdot \cos^{k-1} x (\cos^{n-k} x - \sin^{n-k} x) \cdot (\cos x - \sin x) \geq 0$$
$$\Rightarrow \frac{\cos^n x - \sin^n x}{\cos^{n-1} x - \sin^{n-1} x} \leq \frac{\cos^k x - \sin^k x}{\cos^{k-1} x - \sin^{k-1} x} \tag{2}$$

所以要证式（＊），只需对 $n = 3, m = 1$ 和 $n = 2, m = 1$ 的情形加以证明即可.

由于 $\cos x \sin x = \dfrac{1}{2} \sin 2x \leq \dfrac{1}{2}$，则

$$\cos^2 x - \sin^2 x = (\cos x - \sin x)(\cos x + \sin x)$$
$$\leq \frac{3}{2}(\cos x - \sin x)$$

而

$$\cos x + \sin x = \sqrt{2} \sin\left(x + \frac{\pi}{4}\right) \leq \frac{3}{2}$$

故 $2(\cos^2 x - \sin^2 x) \leq 3(\cos x - \sin x)$. 综合上述，式（＊）成立.

题 2 设 $\theta \in (0, \pi)$，求证

$$2\sin 2\theta \leq \cot \frac{\theta}{2} \tag{1}$$

证法 1 因为 $\theta \in (0, \pi) \Rightarrow \dfrac{\theta}{2} \in \left(0, \dfrac{\pi}{2}\right)$，所以 $\cos \dfrac{\theta}{2} > 0$，$\sin \dfrac{\theta}{2} > 0$，于是

$$2\sin 2\theta \leq \cot \frac{\theta}{2}$$

$$\Leftrightarrow 4\sin\theta\cos\theta \leqslant \cos\frac{\theta}{2} = \frac{\cos\dfrac{\theta}{2}}{\sin\dfrac{\theta}{2}}$$

$$\Leftrightarrow 8\sin\frac{\theta}{2}\cos\frac{\theta}{2} \leqslant \frac{\cos\dfrac{\theta}{2}}{\sin\dfrac{\theta}{2}}$$

$$\Leftrightarrow 8\left(\sin\frac{\theta}{2}\right)^2\cos\theta \leqslant 1$$

$$\Leftrightarrow 4(1-\cos\theta)\cos\theta \leqslant 1$$

$$\Leftrightarrow (2\cos\theta-1)^2 \geqslant 0$$

所以式(1)成立,等号成立当且仅当

$$\cos\theta = \frac{1}{2} \Rightarrow \theta = \frac{\pi}{3}$$

证法2 因为 $\theta\in(0,\pi) \Rightarrow \dfrac{\theta}{2}\in\left(0,\dfrac{\pi}{2}\right)$,令 $t=\tan\dfrac{\theta}{2}>0$,则

$$2\sin 2\theta \leqslant \cot\frac{\theta}{2}$$

$$\Leftrightarrow 4\left(\frac{2t}{1+t^2}\right)\cdot\left(\frac{1-t^2}{1+t^2}\right) \leqslant \frac{1}{t}$$

$$\Leftrightarrow 8t^2(1-t^2) \leqslant (1+t^2)^2$$

$$\Leftrightarrow 9t^4-6t^2+1 \geqslant 0$$

$$\Leftrightarrow (3t^2-1)^2 \geqslant 0$$

所以式(1)成立,等号成立当且仅当

$$t^2 = \frac{1}{3} \Rightarrow t = \tan\frac{\alpha}{2} = \frac{\sqrt{3}}{3} \Rightarrow \alpha = \frac{\pi}{3}$$

注 此题并不难,却很漂亮,证明中灵活应用了正弦倍角公式,余弦倍角公式及万能公式,然后配方.

题3 设 $\triangle ABC$ 的三边长分别为 a,b,c,且 $a+b+c\leqslant 2\pi$,则以 $\sin a,\sin b,\sin c$ 为边可以构成三角形.

证法1 由已知条件易知 $0<a,b,c<\pi$,故 $\sin a,\sin b,\sin c>0$,且

$$|\cos a|<1,|\cos b|<1,|\cos c|<1 \tag{1}$$

不妨设 $\sin a\leqslant\sin b\leqslant\sin c$. 若 $a=\dfrac{\pi}{2}$,则 $b=c=\dfrac{\pi}{2}$,结论显然成立.

以下设 $a\neq\dfrac{\pi}{2}$,我们分两种情形讨论:

(1)若 $a+b+c=2\pi$,利用式(1)有

179

$$\sin c = \sin(2\pi - a - b) = -\sin(a + b)$$
$$\leqslant \sin a \cdot |\cos b| + \sin b \cdot |\cos a|$$
$$< \sin a + \sin b.$$

（2）设 $a + b + c < 2\pi$，由于 a, b, c 为三角形的三边长，故存在一个三面角使得 a, b, c 分别为其面角，如图，OR, OP, OQ 不在一平面上，$OQ = OP = OR = 1$，$\angle QOR = a$，$\angle QOP = b$，$\angle POR = c$. 过点 Q 作平面 POR 的垂线，垂足为 H；过 H 作 OR 的垂线，垂足为 G，设 $\angle QOH = \varphi$，$\angle HOR = \theta$，则 $0 < \varphi < \dfrac{\pi}{2}$，$0 \leqslant \theta \leqslant 2\pi$. 由勾股定理得

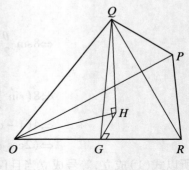

题 3 图

$$\sin a = QG = \sqrt{QH^2 + GH^2}$$
$$= \sqrt{\sin^2\varphi + \cos^2\varphi\sin^2\theta}$$
$$= \sqrt{\sin^2\theta + \sin^2\varphi\cos^2\theta} \geqslant |\sin\theta| \qquad (2)$$

类似地有

$$\sin b = \sqrt{\sin^2(c - \theta) + \sin^2\varphi\cos^2(\theta - c)}$$
$$\geqslant |\sin(c - \theta)| \qquad (3)$$

现在判定，(2)和(3)两式的等号不能同时成立. 若不然，由 $\sin^2\varphi \neq 0$，$\cos\theta = \cos(c - \theta) = 0$，故 $\theta = \dfrac{\pi}{2}$ 或 $\dfrac{3}{2}\pi$，$c - \theta = \pm\dfrac{\pi}{2}$ 或 $-\dfrac{3}{2}\pi$. 这与 $0 < c < \pi$ 相矛盾，因此由(2)，(3)两式得

$$\sin a + \sin b > |\sin\theta| + |\sin(c - \theta)|$$
$$\geqslant |\sin(\theta + c - \theta)| = \sin c$$

证法 2　由已知条件易知 $0 < a, b, c < \pi$，故 $\sin a, \sin b, \sin c > 0$，此外，我们有

$$0 \leqslant \left|\frac{a - b}{2}\right| < \frac{c}{2} < \frac{\pi}{2}$$

及

$$0 < \frac{a + b - c}{4} < \frac{a + b + c}{4} \leqslant \frac{\pi}{2}$$

从而

$$\cos\frac{a - b}{2} > \cos\frac{c}{2} > 0$$

及

$$\sin\frac{a+b}{2} - \sin\frac{c}{2} = 2\sin\left(\frac{a+b+c}{4}\right)\cos\left(\frac{a+b+c}{4}\right) \geqslant 0$$

$$\Rightarrow \sin a + \sin b = 2\sin\left(\frac{a+b}{2}\right)\cos\left(\frac{a-b}{2}\right)$$

$$> 2\sin\frac{c}{2}\cos\frac{c}{2} = \sin c$$

同理
$$\sin a + \sin c > \sin b$$
$$\sin b + \sin c > \sin a$$

题 4　设 $\theta \in (0, \frac{\pi}{2})$，$a, b$ 为已知正常数，求 $f(\theta) = \dfrac{a}{\sin\theta} + \dfrac{b}{\cos\theta}$ 的最小值.

分析　当 $a > b > 0$ 时，本题有明确的几何意义：在已知椭圆 $\dfrac{x^2}{a^2} + \dfrac{y^2}{b^2} = 1$ 的第一象限内的弧上任意一点 P，过点 P 作椭圆的切线交轴于点 M，交 y 轴于点 N，求 $f = OM + ON$ 的最小值.

因为由椭圆的参数方程，我们可设坐标 $P(a\cos\theta, b\sin\theta)$，$0 < \theta < \dfrac{\pi}{2}$，则椭圆在点 P 处的切线 l 的方程为

$$\frac{ax\cos\theta}{a^2} + \frac{by\sin\theta}{b^2} = 1$$

分别令 $y = 0$ 得 $OM = \dfrac{a}{\cos\theta}$，$x = 0$ 得 $ON = \dfrac{b}{\sin\theta}$，于是

$$f = OM + ON = \frac{a}{\cos\theta} + \frac{b}{\sin\theta}$$

只要交换 a 与 b 的位置，就得 $f(\theta)$，且 f 与 $f(\theta)$ 的表达形式虽然不同，等号成立的条件不同，但它们的最小值却是一样的.

其实，只要将椭圆方程变为

$$\frac{x^2}{b^2} + \frac{y^2}{a^2} = 1 \quad (a > b > 0)$$

就一致了，下面我们用五种方法求解本题.

解法 1（变换法）　注意到已知条件及三角变换，应用均值不等式有

$$f^2(\theta) = \left(\frac{a}{\sin\theta} + \frac{a}{\cos\theta}\right)^2$$

$$= \frac{a^2}{\sin^2\theta} + \frac{b^2}{\cos^2\theta} + \frac{2ab}{\sin\theta\cos\theta}$$

$$= \frac{a^2(\sin^2\theta + \cos^2\theta)}{\sin^2\theta} + \frac{b^2(\sin^2\theta + \cos^2\theta)}{\cos^2\theta} + \frac{2ab(\sin^2\theta + \cos^2\theta)}{\sin\theta\cos\theta}$$

$$= a^2(1 + \tan^2\theta) + b^2(1 + \tan^2\theta) + 2ab(\tan\theta + \cot\theta)$$

$$= a^2 + b^2 + (a^2\cot^2\theta + ab\tan\theta + ab\tan\theta) + (b^2\tan^2\theta + ab\cot\theta + ab\cot\theta)$$

$$\geqslant a^2 + b^2 + 3\sqrt[3]{a^2\cot^2\theta \cdot (ab\tan\theta)^2} + 3\sqrt[3]{b^2\tan^2\theta \cdot (ab\cot\theta)^2}$$

$$= a^2 + b^2 + \sqrt[3]{a^4 b^2} + 3\sqrt[3]{a^2 b^4}$$

$$\Rightarrow f(\theta) \geqslant (\sqrt[3]{a^2} + \sqrt[3]{b^2})^{\frac{3}{2}}$$

等号成立当且仅当

$$\begin{cases} b^2\tan^2\theta = ab\cot\theta \\ a^2\cot^2\theta = ab\tan\theta \end{cases} \Rightarrow \tan\theta = \sqrt[3]{\frac{a}{b}}$$

这时 $f_{\min}(\theta) = (\sqrt[3]{a^2} + \sqrt[3]{b^2})^{\frac{3}{2}}$.

这种解法的技巧性较强,先将 $f(\theta)$ 的表达式平方展开,将 $\sin^2\theta, \cos^2\theta$ 向 $\tan\theta, \cot\theta$ 转化,然后巧妙组合,利用三元均值不等式求得 $f_{\min}(\theta)$,这一结果有点出人意料,耐人寻味,这种解法思路适合广大中学生.

解法 2 (利用赫尔德不等式)

$$f^{\frac{2}{3}} \cdot (\sin^2\theta + \cos^2\theta)^{\frac{1}{3}}$$

$$= \left(\frac{a}{\sin\theta} + \frac{b}{\cos\theta}\right)^{\frac{2}{3}} \cdot (\sin^2\theta + \cos^2\theta)^{\frac{1}{3}}$$

$$\geqslant \left(\frac{a}{\sin\theta}\right)^{\frac{2}{3}} \cdot (\sin^2\theta)^{\frac{1}{3}} + \left(\frac{b}{\cos\theta}\right)^{\frac{2}{3}} \cdot (\cos^2\theta)^{\frac{1}{3}}$$

$$= \sqrt[3]{a^2} + \sqrt[3]{b^2}$$

$$\Rightarrow f(\theta) \geqslant (\sqrt[3]{a^2} + \sqrt[3]{b^2})^{\frac{3}{2}}$$

等号成立当且仅当

$$\frac{a}{\sin\theta} : \frac{b}{\cos\theta} = \frac{\sin^2\theta}{\cos^2\theta} \Rightarrow \tan\theta = \sqrt[3]{\frac{a}{b}}$$

这时 $f_{\min}(\theta) = (\sqrt[3]{a^2} + \sqrt[3]{b^2})^{\frac{3}{2}}$.

解法 3(求导法) 对变量 θ 求导得

$$f'(\theta) = -\frac{a\cos\theta}{\sin^2\theta} + \frac{b\sin\theta}{\cos^2\theta}$$

$$= \frac{b\cos\theta}{\sin^2\theta}\left(\tan^3\theta - \frac{a}{b}\right)$$

显然,当 $\tan\theta = \sqrt[3]{\frac{a}{b}}$ 时,$f'(\theta) = 0$;

当 $0 < \tan\theta < \sqrt[3]{\frac{a}{b}}$ 时,$f'(\theta) < 0$;

当 $\tan\theta > \sqrt[3]{\frac{a}{b}}$ 时,$f'(\theta) > 0$.

所以,当 $\tan\theta = \sqrt[3]{\dfrac{a}{b}}$ 时,有

$$\sin^2\theta = \frac{\sqrt{a^2}}{\sqrt{a^2}+\sqrt{b^2}},\cos^2\theta = \frac{\sqrt{b^2}}{\sqrt{a^2}+\sqrt{b^2}}$$

$$f_{\min}(\theta) = \left(\frac{a}{\sqrt[3]{a}}+\frac{b}{\sqrt[3]{b}}\right)(\sqrt{a^2}+\sqrt{b^2})^{\frac{1}{2}}$$

即 $f_{\min}(\theta) = (\sqrt[3]{a^2}+\sqrt[3]{b^2})^{\frac{3}{2}}$.

解法 4(待定参数法) 设 λ,μ 为待定正参数,注意到 $\lambda\sin\theta + \mu\cos\theta \leqslant \sqrt{\lambda^2+\mu^2}$,利用柯西不等式有

$$f(\theta) = \frac{a\lambda}{\lambda\sin\theta}+\frac{b\mu}{\mu\cos\theta} \geqslant \frac{(\sqrt{a\lambda}+\sqrt{b\mu})^2}{\lambda\sin\theta+\mu\cos\theta}$$

$$\geqslant \frac{(\sqrt{a\lambda}+\sqrt{b\mu})^2}{\sqrt{\lambda^2+\mu^2}}$$

等号成立当且仅当

$$\begin{cases}\sin\theta:\cos\theta = \lambda:\mu \\ (a\lambda/\lambda\sin\theta):(b\mu/\mu\cos\theta) = \lambda\sin\theta:\mu\cos\theta\end{cases}$$

$$\Rightarrow \tan\theta = \sqrt[3]{\frac{a}{b}},\lambda = \sqrt[3]{a}t,\mu = \sqrt[3]{b}t \quad (t>0)$$

$$\Rightarrow f(\theta) \geqslant \frac{(\sqrt[3]{a^2}+\sqrt[3]{b^2})^2}{\sqrt{\sqrt[3]{a^2}+\sqrt[3]{b^2}}} = (\sqrt[3]{a^2}+\sqrt[3]{b^2})^{\frac{3}{2}}$$

$$\Rightarrow f_{\min}(\theta) = (\sqrt[3]{a^2}+\sqrt[3]{b^2})^{\frac{3}{2}}$$

解法 5 (利用权方和不等式)

$$f(\theta) = \frac{(a^{\frac{2}{3}})^{1+\frac{1}{2}}}{(\sin^2\theta)^{\frac{1}{2}}}+\frac{(b^{\frac{2}{3}})^{1+\frac{1}{2}}}{(\cos^2\theta)^{\frac{1}{2}}}$$

$$\geqslant \frac{(\sqrt[3]{a^2}+\sqrt[3]{b^2})^{\frac{3}{2}}}{\sqrt{\sin^2\theta+\cos^2\theta}} = (\sqrt[3]{a^2}+\sqrt[3]{b^2})^{\frac{3}{2}}$$

等号成立当且仅当

$$\frac{a^{\frac{2}{3}}}{\sin^2\theta} = \frac{b^{\frac{2}{3}}}{\cos^2\theta} \Rightarrow \tan\theta = \sqrt[3]{\frac{a}{b}}$$

这时 $f_{\min}(\theta) = (\sqrt[3]{a^2}+\sqrt[3]{b^2})^{\frac{3}{2}}$.

注 (1)刚才我们一气呵成地用了五种方法解答了本题,其中解法 1 巧妙自然,解法 2 巧用赫尔德不等式,解法 3 巧用导数,解法 4 巧设待定参数,但是最简洁明快的是解法 5,巧用权方和不等式,轻松自然,干净利落,利用此法,今

后我们可以求许多关于分式和型函数的最值,或证明分式型不等式.

现在,我们先将本题从指数方面将其拓展:

拓展 1　设 $\theta \in \left(0, \dfrac{\pi}{2}\right)$, a, b, k 均为已知正常数,求 $f(\theta) = \dfrac{a}{\sin^k \theta} + \dfrac{b}{\cos^k \theta}$ 的最小值.

解　利用权方和不等式有

$$f(\theta) = \frac{(a^{\frac{2}{k+2}})^{1+\frac{k}{2}}}{(\sin^2 \theta)^{\frac{k}{2}}} + \frac{(b^{\frac{2}{k+2}})^{1+\frac{k}{2}}}{(\cos^2 \theta)^{\frac{k}{2}}}$$

$$\geqslant \frac{(a^{\frac{2}{k+2}} + b^{\frac{2}{k+2}})^{1+\frac{k}{2}}}{(\sin^2 \theta + \cos^2 \theta)^{\frac{k}{2}}}$$

$$\Rightarrow f(\theta) \geqslant (a^{\frac{2}{k+2}} + b^{\frac{2}{k+2}})^{\frac{k+2}{2}} \tag{A}$$

等号成立当且仅当

$$\frac{a^{\frac{2}{k+2}}}{\sin^2 \theta} = \frac{b^{\frac{2}{k+2}}}{\cos^2 \theta} \Rightarrow \tan \theta = \left(\frac{a}{b}\right)^{\frac{1}{k+2}}$$

特别地,当 $k = 1$ 时,即得原题.

当 $k = 2$ 时,有

$$f(\theta) = \frac{a}{\sin^2 \theta} + \frac{b}{\cos^2 \theta} \geqslant (\sqrt{a} + \sqrt{b})^2$$

当 $\tan \theta = \sqrt[4]{\dfrac{a}{b}}$ 时,$f_{\min}(\theta) = (\sqrt{a} + \sqrt{b})^2$.

当取 $k = \dfrac{1}{2}$ 时,有

$$f(\theta) = \frac{a}{\sqrt{\sin \theta}} + \frac{b}{\sqrt{\cos \theta}} \geqslant (a^{\frac{4}{5}} + b^{\frac{4}{5}})^{\frac{5}{4}}$$

当 $\tan \theta = \left(\dfrac{a}{b}\right)^{\frac{2}{5}}$ 时,$f_{\min}(\theta) = (a^{\frac{4}{5}} + b^{\frac{4}{5}})^{\frac{5}{4}}$.

(2) 对 $\theta \in \left(0, \dfrac{\pi}{2}\right)$ 及 a, b 为正常数,$m (m \neq 2)$ 为常数,试讨论函数

$$f(\theta) = a(\sin \theta)^m + b(\cos \theta)^m$$

的极值.

方法 1　对 $f(\theta)$ 求导得

$$f'(\theta) = \frac{1}{2} ma \sin 2\theta (\cos \theta)^{m-2} [(\tan \theta)^{m-2} - \frac{b}{a}]$$

方法 2　当 $0 < m < 2$ 时,利用赫尔德不等式有

$$f(\theta) \leqslant (a^{\frac{2}{2-m}})^{1-\frac{m}{2}} \cdot (\sin^2 \theta)^{\frac{m}{2}} + (b^{\frac{2}{2-m}})^{1-\frac{m}{2}} \cdot (\cos^2 \theta)^{\frac{m}{2}}$$

$$\leqslant (a^{\frac{2}{2-m}} + b^{\frac{2}{2-m}})^{1-\frac{m}{2}} \cdot (\sin^2\theta + \cos^2\theta)^{\frac{m}{2}}$$

$$\Rightarrow f(\theta) \leqslant (a^{\frac{2}{2-m}} + b^{\frac{2}{2-m}})^{\frac{2-m}{2}} \tag{B}$$

当 $m > 2$ 时,利用权方和不等式有

$$f(\theta) = \frac{(\sin^2\theta)^{\frac{m}{2}}}{(a^{\frac{2}{2-m}})^{\frac{m}{2}-1}} + \frac{(\cos^2\theta)^{\frac{m}{2}}}{(b^{\frac{2}{2-m}})^{\frac{m}{2}-1}}$$

$$\geqslant \frac{(\sin^2\theta + \cos^2\theta)^{\frac{m}{2}}}{(a^{\frac{2}{2-m}} + b^{\frac{2}{2-m}})^{\frac{m}{2}-1}}$$

$$\Rightarrow f(\theta) \geqslant (a^{\frac{2}{2-m}} + b^{\frac{2}{2-m}})^{\frac{2-m}{2}} \tag{C}$$

均当 $\tan\theta = \left(\dfrac{a}{b}\right)^{\frac{1}{m-2}}$ 时,$f(\theta)$ 取到最值.

特别地,当取 $m = 1$ 时,有

$$f(\theta) = a\sin\theta + b\cos\theta \leqslant \sqrt{a^2 + b^2}$$

当 $\tan\theta = \dfrac{a}{b}$ 时达到.

当 $m = \dfrac{1}{2}$ 时

$$f(\theta) = a\sqrt{\sin\theta} + b\sqrt{\cos\theta} \leqslant (a^{\frac{4}{3}} + b^{\frac{4}{3}})^{\frac{3}{4}}$$

当 $\tan\theta = \left(\dfrac{a}{b}\right)^{\frac{2}{3}}$ 时达到.

当 $m = 3$ 时

$$f(\theta) = a\sin^3\theta + b\cos^3\theta \geqslant \frac{ab}{\sqrt{a^2 + b^2}}$$

当 $\tan\theta = \left(\sqrt{\dfrac{b}{a}}\right)^2$ 时达到.

当 $m = 4$ 时

$$f(\theta) = a\sin^4\theta + b\cos^4\theta \geqslant \frac{ab}{a + b}$$

当 $\tan\theta = \sqrt{\dfrac{b}{a}}$ 时达到.

特别地,当取 $m = -k$ 时,就得到拓展 1 中的结果. 因此,综合起来,我们得到统一的:

定理 设 a,b 为已知正常数,指数 $m \neq 2$ 为实常数,则对任意角 $\theta \in (0, \dfrac{\pi}{2})$ 有

$$T(m) \cdot f(\theta) \geqslant T(m) \cdot (a^{\frac{2}{2-m}} + b^{\frac{2}{2-m}})^{\frac{2-m}{2}} \tag{D}$$

其中
$$f(\theta) = a(\sin\theta)^m + b(\cos\theta)^m$$
$$T(m) = \frac{|m-2|}{m-2} = \begin{cases} 1 & (m>2) \\ -1 & (m<2) \end{cases}$$

等号成立当且仅当 $\tan\theta = \left(\dfrac{b}{a}\right)^{\frac{1}{m-2}}$.

放眼展望,式(D)多么自然奇妙,多么简洁优美!

题5 证明:在 $\triangle ABC$ 的边 AB 上有一点 D,使 CD 为 AD,BD 的等比中项的充要条件是

$$\sin A \sin B \leqslant \left(\sin\frac{C}{2}\right)^2 \tag{1}$$

解法1 设 $\triangle ABC$ 的三边长 $AB=c$,$BC=a$,$CA=b$,外接圆半径为 R,由余弦定理得

$$\begin{aligned}
c^2 &= a^2 + b^2 - 2ab\cos C \\
&= a^2 + b^2 + 2ab - 2ab(1+\cos C) \\
&= (a+b)^2 - 8R^2(1+\cos C)\sin A \sin B \\
&\geqslant (a+b)^2 - 8R^2(1+\cos C)\left(\sin\frac{C}{2}\right)^2 \\
&= (a+b)^2 - 4R^2(1+\cos C)(1-\cos C) \\
&= (a+b)^2 - 4R^2\sin^2 C = (a+b)^2 - c^2 \\
&\Rightarrow (a+b)^2 \leqslant 2c^2 \Rightarrow a+b \leqslant \sqrt{2}c
\end{aligned} \tag{2}$$

如图,设 $CD=d$,$AD=x$,则 $DB=c-x$,由题意有 $d^2 = x(c-x)$.

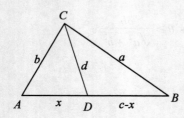 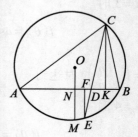

题5图

在 $\triangle ACD$ 和 $\triangle BCD$ 中,由余弦定理有

$$\begin{aligned}
b^2 &= d^2 + x^2 - 2dx\cos\angle ADC \\
&= x(c-x) + x^2 - 2dx\cos\angle ADC \\
&= cx - 2dx\cos\angle ADC
\end{aligned} \tag{3}$$

$$\begin{aligned}
a^2 &= d^2 + (c-x)^2 - 2d(c-x)\cos\angle BDC \\
&= c(c-x) + (c-x)^2 + 2d(c-x)\cos\angle ADC
\end{aligned}$$

$$= c(c-x) + 2d(c-x)\cos\angle ADC \qquad (4)$$

由（3）、（4）两式得

$$\frac{cx - b^2}{x} = \frac{a^2 - c(c-x)}{c-x}$$

$$\Rightarrow 2cx^2 + (a^2 - b^2 - 2c^2)x + b^2c = 0 \qquad (5)$$

其中方程之根 $x \in (0, c)$，由式（2）知其判别式为正

$$\Delta = (2c^2 + b^2 - a^2)^2 - 8b^2c^2$$

$$= (2c^2 + b^2 - a^2 + 2\sqrt{2}bc)(2c^2 + b^2 - a^2 - 2\sqrt{2}bc)$$

$$= [(\sqrt{2}c - b)^2 - a^2][(\sqrt{2}c + b)^2 - c^2]$$

$$= (\sqrt{2}c - b - a)(\sqrt{2}c + a - b)(\sqrt{2}c + b - a)(\sqrt{2}c + b + a) \geqslant 0$$

设 $f(x) = 2cx^2 + (a^2 - b^2 - 2c^2)x + b^2c$，显然 $f(0) > 0, f(c) > 0$，由 $\Delta > 0$，我们只需证明抛物线的对称轴在直线 $x = 0$ 与 $x = c$ 之间，即

$$0 < \frac{2c^2 + b^2 - a^2}{4c} < c$$

$$0 < 2c^2 + b^2 - a^2 < 4c^2 \qquad (6)$$

由式（2）知 $2c^2 \geqslant (a+b)^2 > b^2 - a^2$，且 $2c^2 \geqslant (a+b)^2 > a^2 - b^2$，即式（6）成立.

证法 2 $CD^2 = AD \cdot DB$ 让我们联想到三角形的外接圆和相交弦定理.

如图，设 CD 交 $\triangle ABC$ 的外接圆于点 E，分别作 $CK \perp AB$，K, F 为垂足，由相交弦定理得

$$CD \cdot DE = AD \cdot DE$$

若 $CD^2 = AD \cdot DB$，则 $DE = CD$，从而 $EF = CK$. 由外接圆 O 作垂直于 AB 的半径，交 AB 于点 N，交圆于点 M，显然点 D 存在的充要条件是

$$CK \leqslant MN \qquad (6)$$

而

$$CK = b\sin A = 2R\sin A\sin B$$

$$MN = MO - NO = R - R\cos C = 2R\left(\sin\frac{C}{2}\right)^2$$

故式（1）等价于

$$\sin A\sin B \leqslant \left(\sin\frac{C}{2}\right)^2$$

注 一题多解最能发散思维，不同的构思，又产生不同的解法，将这些解法进行比较和总结，就知道了它们的繁与简，优与劣.

题 6 设 $\theta \in \left(0, \dfrac{\pi}{2}\right)$，$m, n$ 为正常数，求函数 $f(\theta) = (\sin\theta)^m \cdot (\cos\theta)^n$ 的最大值.

分析 利用加权不等式或应用导数，因此我们有如下两种漂亮的解法.

解法 1 利用加权不等式有

$$f^2(\theta) = (\sin^2\theta)^m \cdot (\cos^2\theta)^n$$

$$\Rightarrow \frac{f^2(\theta)}{m^m n^n} = \left(\frac{\sin^2\theta}{m}\right)^m \cdot \left(\frac{\cos^2\theta}{n}\right)^n$$

$$\leqslant \left[\frac{m\left(\frac{\sin^2\theta}{m}\right) + n\left(\frac{\cos^2\theta}{n}\right)}{m+n}\right]^{m+n}$$

$$= \left(\frac{1}{m+n}\right)^{m+n}$$

等号成立当且仅当

$$\frac{\sin^2\theta}{m} = \frac{\cos^2\theta}{n} \Rightarrow \tan\theta = \sqrt{\frac{m}{n}}$$

这时

$$f_{\max}(\theta) = \sqrt{\frac{m^m n^n}{(m+n)^{m+n}}}$$

解法 2　设 $T(\theta) = \ln f(\theta)$,即

$$T(\theta) = m\ln\sin\theta + n\ln\cos\theta$$

求导得

$$T'(\theta) = m\cot\theta - n\tan\theta$$

$$= -n\left(\tan^2\theta - \frac{m}{n}\right)\cot\theta$$

显然,当 $\tan\theta = \sqrt{\frac{m}{n}}$ 时,$T'(\theta) = 0$;

当 $0 < \tan\theta < \sqrt{\frac{m}{n}}$ 时,$T'(\theta) > 0$;

当 $\tan\theta > \sqrt{\frac{m}{n}}$ 时,$T'(\theta) < 0$. 因此,当 $\tan\theta = \sqrt{\frac{m}{n}}$ 时,$T(\theta)$ 有最大值,从而 $f(\theta)$ 也有最大值,即当

$$\sin\theta = \sqrt{\frac{m}{m+n}}, \cos\theta = \sqrt{\frac{n}{m+n}}$$

时

$$f_{\max}(\theta) = \left(\sqrt{\frac{m}{m+n}}\right)^m \cdot \left(\sqrt{\frac{n}{m+n}}\right)^n = \sqrt{\frac{m^m \cdot n^n}{(m+n)^{m+n}}}$$

特别地,当 $m = n$ 时,$f(\theta) = \sin\theta\cos\theta \leqslant \frac{1}{2}$,当 $\tan\theta = 1$ 时取等号.

当取 $m = 2, n = 1$ 时

$$f(\theta) = \sin^2\theta\cos\theta \leqslant \frac{2}{9}\sqrt{3}$$

当 $\tan\theta = \sqrt{2}$ 时取等号.

当取 $m = 1, n = 2$ 时

$$f(\theta) = \sin\theta\cos^2\theta \leqslant \frac{2}{9}\sqrt{3}$$

当 $\tan\theta = \dfrac{\sqrt{2}}{2}$ 时取等号.

题 7 设 a,b,p,q 均为正常数,求函数

$$f(x) = \sqrt{a\sin^2 x + p} + \sqrt{b\cos^2 x + q}$$

(其中 $0 \leqslant a^2(b+q) - b^2p \leqslant ab(a+b)$)的最大值.

解法 1 利用柯西不等式有

$$f(x) = (\sqrt{a})\sqrt{\sin^2 x + \frac{p}{a}} + (\sqrt{b})\sqrt{\cos^2 x + \frac{q}{b}}$$

$$\leqslant \sqrt{a+b} \cdot \sqrt{\left(\sin^2 x + \frac{p}{a}\right) + \left(\cos^2 x + \frac{q}{b}\right)}$$

$$= \sqrt{(a+b)\left(\frac{p}{a} + \frac{q}{b} + 1\right)}$$

等号成立当且仅当

$$\frac{a}{b} = \frac{\sin^2 x + \dfrac{p}{a}}{\cos^2 x + \dfrac{q}{b}} \Rightarrow \sin^2 x = \frac{a^2 b + a^2 q - b^2 p}{ab(a+b)} \in [0,1]$$

这时

$$f_{\max}(x) = \sqrt{(a+b)\left(\frac{p}{a} + \frac{q}{b} + 1\right)}$$

解法 2 我们作代换,令 $t = \sin^2 x \in [0,1]$,则 $\cos^2 x = 1 - t$,于是

$$f(t) = \sqrt{at + p} + \sqrt{b + q - bt}$$

求导得

$$2f'(t) = \frac{a}{\sqrt{at+p}} - \frac{b}{\sqrt{b+q-bt}}$$

则 $f'(t)$ 是关于 t 的减函数.

令

$$f'(t_0) = 0 \Rightarrow \frac{a}{\sqrt{at_0+p}} = \frac{b}{\sqrt{b+q-bt_0}}$$

$$\Rightarrow t_0 = \frac{a^2 b + a^2 q - b^2 p}{ab(a+b)} \in [0,1]$$

所以,当 $t = t_0$ 时,$f'(t) = f'(t_0) = 0$;

当 $t > t_0$ 时,$f'(t) < f'(t_0) = 0$;

当 $0 < t < t_0$ 时,$f'(t) > f'(t_0) = 0$.

因此在区间 $(0,1)$ 内函数有最大值

$$f_{\max}(x) = f_{\max}(t) = f(t_0) = \sqrt{(a+b)\left(\frac{p}{a} + \frac{q}{b} + 1\right)}$$

当 $\sin^2 x = \dfrac{a^2 b + a^2 q - b^2 p}{ab(a+b)}$ 时达到.

注 本题是一道妙题,我们为它做以下拓展.

拓展 1 设 a,b,p,q 为正常数,指数 $k > 1$,求

$$f(x) = \sqrt[k]{a\sin^2 x + p} + \sqrt[k]{b\sin^2 x + q}$$

的最大值.

方法 注意到 $k > 1$,有 $\dfrac{k-1}{k},\dfrac{1}{k} \in (0,1)$,$\dfrac{k-1}{k} + \dfrac{1}{k} = 1$. 利用赫尔德不等式有

$$f(x) = \left(a^{\frac{1}{k-1}}\right)^{\frac{k-1}{k}} \cdot \left(\sin^2 x + \frac{p}{a}\right)^{\frac{1}{k}} + \left(b^{\frac{1}{k-1}}\right)^{\frac{k-1}{k}} \cdot \left(\cos^2 x + \frac{q}{b}\right)^{\frac{1}{k}}$$

$$\leqslant \left(a^{\frac{1}{k-1}} + b^{\frac{1}{k-1}}\right)^{\frac{k-1}{k}} \cdot \left[\left(\sin^2 x + \frac{p}{a}\right) + \left(\cos^2 x + \frac{q}{b}\right)\right]^{\frac{1}{k}}$$

$$\Rightarrow f(x) \leqslant \left(a^{\frac{1}{k-1}} + b^{\frac{1}{k-1}}\right)^{\frac{k-1}{k}} \cdot \left(\frac{p}{a} + \frac{q}{b} + 1\right)^{\frac{1}{k}} \tag{3}$$

等号成立当且仅当

$$\frac{\sin^2 x + \dfrac{p}{a}}{\cos^2 x + \dfrac{q}{b}} = \left(\frac{a}{b}\right)^{\frac{1}{k-1}}$$

$$\Rightarrow \sin^2 x = \frac{a^{\frac{1}{k-1}} + \dfrac{q}{b}a^{\frac{1}{k-1}} - \dfrac{p}{a}b^{\frac{1}{k-1}}}{a^{\frac{1}{k-1}} + b^{\frac{1}{k-1}}} \tag{4}$$

但必须使 $\sin^2 x \in [0,1]$.

拓展 2 若 a,b,p,q,m 均为正常数,且 $m > 1$. 求函数

$$f(x) = (a\sin^2 x + p)^m + (b\cos^2 x + q)^m$$

的最小值.

方法 应用赫尔德不等式有

$$\left[(a\sin^2 x + p)^m + (b\cos^2 x + q)^m\right]^{\frac{1}{m}} \cdot \left[\left(\frac{1}{a}\right)^{\frac{m}{m-1}} + \left(\frac{1}{b}\right)^{\frac{m}{m-1}}\right]^{\frac{m-1}{m}}$$

$$\geqslant \frac{a\sin^2 x + p}{a} + \frac{b\cos^2 x + q}{b} = 1 + \frac{p}{a} + \frac{q}{b}$$

$$\Rightarrow f(x) \geqslant \left(1 + \frac{p}{a} + \frac{q}{b}\right)^m \cdot \left[\left(\frac{1}{a}\right)^{\frac{m}{m-1}} + \left(\frac{1}{a}\right)^{\frac{m}{m-1}}\right]^{1-m} \tag{5}$$

等号成立当且仅当

$$\frac{a\sin^2 x + p}{b\cos^2 x + q} = \left(\frac{b}{a}\right)^{\frac{m}{m-1}} \tag{6}$$

拓展 3 设 $k > 0$, a,b,p,q 均为正常数,求函数 $f(x) = \dfrac{m}{(a\sin^2 x + p)^k} + \dfrac{n}{(b\cos^2 x + q)^k}$ ($m > 0$, $n > 0$ 为常数)的最小值.

方法 利用权方和不等式有

$$f(x) = \frac{mb^k}{(ab\sin^2 x + bp)^k} + \frac{na^k}{(abcos^2 x + aq)^k}$$

$$= \frac{\left[(mb^k)^{\frac{1}{1+k}}\right]^{1+k}}{(ab\sin^2 x + bp)^k} + \frac{\left[(na^k)^{\frac{1}{1+k}}\right]^{1+k}}{(abcos^2 x + aq)^k}$$

$$\geqslant \frac{\left[(mb^k)^{\frac{1}{1+k}} + (na^k)^{\frac{1}{1+k}}\right]^{1+k}}{\left[(ab\sin^2 x + bp) + (abcos^2 x + aq)\right]^k}$$

$$\Rightarrow f(x) \geqslant \frac{\left[(mb^k)^{\frac{1}{1+k}} + (na^k)^{\frac{1}{1+k}}\right]^{1+k}}{(ab + bp + aq)^k}$$

等号成立当且仅当

$$\frac{ab\sin^2 x + bp}{abcos^2 x + aq} = \left(\frac{mb^k}{na^k}\right)^{\frac{1}{1+k}}$$

拓展 4 设 $x \in \left(0, \dfrac{\pi}{2}\right)$, a,b,m,n 均为正常数,求函数 $f(x) = a(\tan x)^m + b(\cot x)^n$ 的最小值.

方法 应用加权不等式有

$$f(x) = n\left(\frac{a\tan^m x}{n}\right) + m\left(\frac{b\cot^n x}{m}\right)$$

$$\geqslant (m+n)\left[\left(\frac{a\tan^m x}{n}\right)^n \left(\frac{b\cot^n x}{m}\right)^m\right]^{\frac{1}{m+n}}$$

$$= (m+n)\left[\left(\frac{a}{n}\right)^n \left(\frac{b}{m}\right)^m\right]^{\frac{1}{m+n}}$$

$$\Rightarrow f_{\min}(x) = (m+n)\left[\left(\frac{a}{n}\right)^n \left(\frac{b}{m}\right)^m\right]^{\frac{1}{m+n}}$$

等号成立当且仅当

$$\frac{a\tan^m x}{n} = \frac{b\cot^n x}{m} \Rightarrow \tan x = \left(\frac{nb}{ma}\right)^{\frac{1}{m+n}}$$

秋游峨嵋(笔者)

秋色无边游峨嵋,金顶佛光照天梯.

奇峰连绵林木苍,群山起伏众鸟啼.

清音阁下清音缈,万佛山颠万佛奇.

巴蜀风光观不尽,天府之国宜仙居.

题8 设 $x \in \mathbf{R}$,正常数 a, b, m, n 满足 $\dfrac{1+b}{a} \geqslant \dfrac{n}{m} \geqslant \dfrac{b}{1+a}$,求函数

$$f(x) = (\sin^2 x + a)^m \cdot (\cos^2 x + b)^n$$

的最大值.

方法1 由已知条件

$$\frac{1+b}{a} \geqslant \frac{n}{m} \geqslant \frac{b}{1+a} \Rightarrow \begin{cases} m + n \geqslant n(1+a) - bm \geqslant 0 \\ m + n \geqslant m(1+b) - an \geqslant 0 \end{cases}$$

作代换,令 $t = \sin^2 x \in [0, 1]$,于是

$$f(x) = f(t) = (t+a)^m \cdot (1+b-t)^n$$

令

$$g(t) = \ln f(t) = m \ln(t+a) + n \ln(1+b-t)$$

求导得

$$g'(t) = \frac{m}{t+a} + \frac{n}{t-1-b}$$

$$g''(t) = -\frac{m}{(t+a)^2} - \frac{n}{(t-b-1)^2} < 0$$

因此 $g(t)$ 在 $[0, 1]$ 内有最大值,从而 $f(x) = f(t)$. 令

$$g'(t_0) = \frac{m}{t_0 + a} + \frac{n}{t_0 - 1 - b} = 0$$

$$\Rightarrow t_0 = \frac{m(1+b) - an}{m+n} \in [0, 1]$$

$$\Rightarrow f_{\max}(x) = f_{\max}(t) = f(t_0)$$

经计算得

$$f_{\max}(x) = m^m n^n \left(\frac{a+b+1}{m+n} \right)^{m+n}$$

方法2 应用加权不等式有

$$f(x) = (\sin^2 x + a)^m \cdot (\cos^2 x + b)^n$$

$$m^n n^m f(x) = (n\sin^2 x + an)^m \cdot (m\cos^2 x + bm)^n$$

$$\leqslant \left[\frac{m(n\sin^2 x + an) + n(m\cos^2 x + bm)}{m+n} \right]^{m+n}$$

$$\leqslant \left[\frac{mn + mn(a+b)}{m+n} \right]^{m+n}$$

$$\Rightarrow f(x) \leqslant m^m n^n \left(\frac{a+b+1}{m+n} \right)^{m+n}$$

等号成立当且仅当

$$n\sin^2 x + n = m\cos^2 x + bm$$

$$\Rightarrow \sin^2 x = \frac{m(1+b) - an}{m+n} \in [0,1]$$

这时 $f_{\max}(x) = m^m n^n \left(\frac{a+b+1}{m+n} \right)^{m+n}$.

题 9 对于任意 $\triangle ABC$,有

$$\sum \sin A < 2 \sum \cos A \qquad\qquad (1)$$

显然,当 $A \to \frac{\pi}{2}, B \to \frac{\pi}{2}, C \to 0$ 时,可令 $A = \frac{\pi}{2}, B = \frac{\pi}{2} - \theta, C = \theta, \theta \in (0, \frac{\pi}{2})$,则

$$\frac{\sum \sin A}{\sum \cos A} = \frac{1 + \cos\theta + \sin\theta}{\sin\theta + \cos\theta}$$

$$= 1 + \frac{1}{\sqrt{2}\sin(\theta + \frac{\pi}{4})} \to 2 \quad (\theta \to 0)$$

所以式(1)右边的系数 2 是最佳的,下面我们用两种方法证明式(1).

证法 1 作代换,令

$$(x, y, z) = \left(\tan\frac{A}{2}, \tan\frac{B}{2}, \tan\frac{C}{2} \right)$$

则 $x, y, z > 0, xy + yz + zx = 1$,且式(1)等价于

$$\sum \left(\frac{2x}{1+x^2} \right) < 2 \sum \left(\frac{1-x^2}{1+x^2} \right)$$

$$\Leftrightarrow \sum \left(\frac{2x}{xy+yz+zx+x^2} \right) < 2 \sum \left(\frac{1-x^2}{xy+yz+zx+x^2} \right)$$

$$\Leftrightarrow \sum \frac{x}{(x+y)(x+z)} < \sum \frac{1-x^2}{(x+y)(x+z)}$$

$$\Leftrightarrow \sum x(y+z) < \sum (1-x^2)(y+z)$$

$$\Leftrightarrow 2 < \sum (y+z) - \sum x^2(y+z)$$

$$\Leftrightarrow 2 < \sum (y+z)(yz+zx+xy) - \sum x^2(y+z)$$

$$\Leftrightarrow 2 < \sum x^2 y + \sum xy^2 + 6xyz$$

$$\Leftrightarrow 4\left(\sum xy\right)^3 < \left(\sum x^2y + \sum xy^2 + 6xyz\right)^2 \qquad (2)$$

注意到

$$4\left(\sum xy\right)^3 = 4\left(\sum x^3y^3 + 3\sum x^3y^2z + 3\sum x^2y^3z + 6x^2y^2z^2\right)$$

$$\left(\sum x^2y + \sum xy^2 + 6xyz\right)^2$$

$$= \sum x^4y^2 + \sum x^2y^4 + 36x^2y^2z^2 + 12\sum x^3y^2z +$$

$$12\sum x^2y^3z + 2\sum x^3y^3 + f(x,y,z)$$

其中 $f(x,y,z) > 0$,且

$$\sum x^4y^2 + \sum x^2y^4 = \sum (x^4y^2 + x^2y^4) \geq 2\sum x^3y^3$$

即式(1)成立,从而式(1)成立.

证法2 根据对称性,不妨设

$$A \geq B \geq C \Rightarrow \frac{\pi}{3} \leq A < \pi \Rightarrow 0 < \cot\frac{A}{2} \leq \sqrt{3}$$

如图

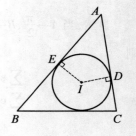

题9图

$$r = DI = AD \cdot \tan\frac{A}{2}$$

$$= \frac{1}{2}(b+c-a)\tan\frac{A}{2}$$

$$\Rightarrow \frac{1}{2}(b+c-a) = r \cdot \cot\frac{A}{2} \leq \sqrt{3}r$$

$$\Rightarrow \frac{1}{2}(b+c-a) + a \leq a + \sqrt{3}r$$

$$= 2R\sin A + \sqrt{3}r < 2R + 2r$$

$$\Rightarrow \frac{1}{2}(a+b+c) < 2R + 2r$$

$$\Rightarrow \frac{a+b+c}{2R} < 2 + 2\frac{r}{R}$$

$$\Rightarrow \sum \sin A < 2\sum \cos A$$

注 有许多数学问题都含有一定的几何意义,如上述证法2就充分利用了题目中所含的几何意义,图文并茂,轻松简洁地解答了问题,切记图文结合,解题快乐!

题10 设 $\alpha,\beta \in \left(0, \frac{\pi}{2}\right)$,求证

$$\sec^2\alpha + \csc^2\alpha\csc^2\beta\sec^2\beta \geq 9 \qquad (1)$$

分析 当不等式中出现两个变量时,先通过局部调整,消元化为一个变量,

这样步步为营,层层推进方可证明.

证法1　因为$(\sin \beta\cos \beta)^2 = \dfrac{1}{4}(\sin 2\beta)^2 \leqslant \dfrac{1}{4}$,所以

式(1)左边$\geqslant \sec^2\alpha + 4\csc^2\alpha = (1 + \tan^2\alpha) + 4(1 + \cot^2\alpha)$

$$= 5 + \tan^2\alpha + 4\cot^2\alpha \geqslant 5 + \sqrt{2\tan^2\alpha \cdot 4\cot^2\alpha} \geqslant 5 + 2\sqrt{4} = 9$$

即式(1)成立,等号成立当且仅当

$$\begin{cases} \sin^2 2\beta = 1 \\ \tan^2\alpha = 4\cot^2\alpha \end{cases} \Rightarrow \begin{cases} \alpha = \arctan \sqrt{2} \\ \beta = \dfrac{\pi}{4} \end{cases}$$

证法2　应用柯西不等式有

$$\left(\cos^2\alpha + \sin^2\alpha \right)\left(\dfrac{1}{\cos^2\alpha} + \dfrac{1}{\sin^2\alpha\sin^2\beta\cos^2\beta} \right)$$
$$\geqslant (1 + \csc \beta\sec \beta)^2$$
$$= (1 + 2\csc 2\beta)^2 \geqslant (1 + 2)^2 = 9$$
$$\Rightarrow \sec^2\alpha + \csc^2\alpha\csc^2\beta\sec^2\beta \geqslant 9$$

等号成立当且仅当 $\alpha = \arctan \sqrt{2}$,$\beta = \dfrac{\pi}{4}$.

证法3　因为

$$\left(\cos^2\alpha + \sin^2\alpha \right)\left(\dfrac{1}{\cos^2\alpha} + \dfrac{1}{\sin^2\alpha\sin^2\beta\cos^2\beta} \right) - \left(1 + \dfrac{1}{\sin \beta\cos \beta} \right)^2$$
$$= \left(\dfrac{\cos \alpha}{\sin \alpha\sin \beta\cos \beta} - \dfrac{\sin \alpha}{\cos \beta} \right)^2$$
$$\Rightarrow \sec^2\alpha + \csc^2\alpha\csc^2\beta\sec^2\beta$$
$$= (1 + 2\csc 2\beta)^2 + (2\cot \alpha\csc 2\beta - \tan \alpha)^2$$
$$\geqslant (1 + 2\csc 2\beta)^2 \geqslant (1 + 2)^2 = 9$$

等号成立当且仅当

$$\begin{cases} \sin 2\beta = 1 \\ \dfrac{2\cot \alpha}{\sin 2\beta} = \tan \alpha \end{cases} \Rightarrow \begin{cases} \alpha = \arctan \sqrt{2} \\ \beta = \dfrac{\pi}{4} \end{cases}$$

证法4　作代换,令

$$(x, y, z) = (\cos^2\alpha, \sin^2\alpha\cos^2\beta, \sin^2\alpha\sin^2\beta)$$

则　　　$x + y + z = \cos^2\alpha + \sin^2\alpha(\cos^2\beta + \sin^2\beta) = \cos^2\alpha + \sin^2\alpha = 1$

且　　　　　　　$\sec^2\alpha + \csc^2\alpha\csc^2\beta\sec^2\beta$

$$= \dfrac{1}{\cos^2\alpha} + \dfrac{\sin^2\beta + \cos^2\beta}{\sin^2\alpha\sin^2\beta\cos^2\beta}$$
$$= \dfrac{1}{x} + \dfrac{1}{y} + \dfrac{1}{z} \geqslant \dfrac{9}{x + y + z} = 9$$

等号成立当且仅当 $x = y = z = \dfrac{1}{3}$,即

$$\cos^2\alpha = \sin^2\alpha\cos^2\beta = \sin^2\alpha\sin^2\beta = \dfrac{1}{3} \Rightarrow \alpha = \arctan\sqrt{2}, \beta = \dfrac{\pi}{4}$$

注 本题饶有趣味,证法 1 利用均值不等式,证法 3 利用配方法,证法 2 与证法 4 均利用柯西不等式.

如果我们增设 λ,μ,m,n,k 均为正常数,记

$$f = \dfrac{\lambda}{(\cos^2\alpha)^k} + \dfrac{\mu}{(\sin^2\alpha)^k \cdot (\sin^2\beta)^m \cdot (\cos^2\beta)^n}$$

应用我们过去的结论有

$$(\sin\beta)^m \cdot (\cos\beta)^n \leqslant \dfrac{1}{t}$$

其中 $t = \sqrt{\dfrac{(m+n)^{m+n}}{m^m \cdot n^n}}$,等号成立当且仅当 $\tan\beta = \sqrt{\dfrac{m}{n}}$.

于是应用权方和不等式有

$$f \geqslant \dfrac{\lambda}{(\cos^2\alpha)^k} + \dfrac{\mu t}{(\sin^2\alpha)^k} = \dfrac{(\lambda^{\frac{1}{1+k}})^{1+k}}{(\cos^2\alpha)^k} + \dfrac{[(\mu t)^{\frac{1}{1+k}}]^{1+k}}{(\sin^2\alpha)^k}$$

$$\geqslant \dfrac{[\lambda^{\frac{1}{1+k}} + (t\mu)^{\frac{1}{1+k}}]^{1+k}}{(\cos^2\alpha + \sin^2\alpha)^k}$$

$$\Rightarrow f \geqslant [\lambda^{\frac{1}{1+k}} + (\mu t)^{\frac{1}{1+k}}]^{1+k}$$

等号成立当且仅当

$$\dfrac{\sin^2\alpha}{\cos^2\alpha} = \left(\dfrac{\lambda}{\mu t}\right)^{\frac{1}{1+k}} \Rightarrow \tan\alpha = \left(\dfrac{\lambda}{\mu t}\right)^{\frac{1}{2(1+k)}}$$

且 $\tan\beta = \sqrt{\dfrac{m}{n}}$.

咏青松(笔者)

茫茫飞雪压青松,昂首挺立不老翁.

莫道残霞桑榆晚,丹青多写夕阳红.

题 11 对于任意 $\triangle ABC$,有

$$\sum\left(\dfrac{\cot\dfrac{B}{2}\cot\dfrac{C}{2}}{1 + \tan\dfrac{C}{2}\tan\dfrac{A}{2}}\right) \geqslant \dfrac{27}{4} \qquad (A)$$

分析 为了方便起见,我们简记

$$(a,b,c) = \left(\tan\dfrac{B}{2}\tan\dfrac{C}{2}, \tan\dfrac{C}{2}\tan\dfrac{A}{2}, \tan\dfrac{A}{2}\tan\dfrac{B}{2}\right)$$

这里 a,b,c 不是 $\triangle ABC$ 的三边长,则 $a,b,c>0$,且 $a+b+c=1$,式(A)转化为关于 a,b,c 的代数不等式

$$\frac{1}{a(1+b)}+\frac{1}{b(1+c)}+\frac{1}{c(1+a)}\geq\frac{27}{4} \tag{B}$$

如果设 $a\geq b\geq c$,那么

$$\frac{1}{a}\leq\frac{1}{b}\leq\frac{1}{c},\frac{1}{1+a}\leq\frac{1}{1+b}\leq\frac{1}{1+c}$$

利用排序原理有

$$P=\sum\left(\frac{\cot\frac{B}{2}\cot\frac{C}{2}}{1+\tan\frac{C}{2}\tan\frac{A}{2}}\right)=\sum\frac{1}{a(1+b)}$$

$$\leq\sum\frac{1}{a(1+a)}$$

可见,这样在方向上南辕北辙了.不过,我们得到了式(A)的完善式

$$\sum\frac{1}{a(1+a)}\geq P\geq\frac{27}{4} \tag{C}$$

另外,如果对式(A)两边去分母有

$$\sum bc(1+c)(1+a)\geq abc\prod(1+a)$$

$$\Leftrightarrow\sum ab+\sum ab^2+2abc\geq abc(\sum bc+abc)$$

$$\Leftrightarrow(\sum ab)(\sum a)^4+(\sum ab^2)(\sum a)^3+2abc(\sum a)^3$$

$$\geq abc[(\sum bc)(\sum a)+abc]$$

可是,欲将上式展开、整理、配方、证明,那是非常困难的.因此,欲证明式(A),我们必须调整方向,更新思路,才能成功!

证法1　我们记式(A),即式(B)的左边为 P,并记

$$M=a(1+b)+b(1+c)+c(1+a)$$

$$=(a+b+c)+(bc+ca+ab)$$

$$=1+(bc+ca+ab)$$

$$\leq1+\frac{1}{3}(a+b+c)^2$$

$$=1+\frac{1}{3}=\frac{4}{3}$$

于是,利用柯西不等式有

$$M\cdot P=\sum a(1+b)\cdot\sum\frac{1}{a(1+b)}\geq9$$

$$\Rightarrow P \geqslant \frac{9}{M} \geqslant \frac{27}{4}$$

即式(A)成立,等号成立当且仅当

$$a = b = c = \frac{1}{3} \Rightarrow \tan \frac{A}{2} = \tan \frac{B}{2} = \tan \frac{C}{2} = \frac{\sqrt{3}}{3}$$

即△ABC 为正三角形.

证法2 利用三元均值不等式有

$$\frac{1}{a(1+b)} + \frac{27}{4}a + \frac{27}{16}(1+b) \geqslant \frac{27}{4}$$

$$\frac{1}{b(1+c)} + \frac{27}{4}b + \frac{27}{16}(1+c) \geqslant \frac{27}{4}$$

$$\frac{1}{c(1+a)} + \frac{27}{4}c + \frac{27}{16}(1+a) \geqslant \frac{27}{4}$$

将以上三式相加得

$$P + \frac{27}{4}\left(\sum a\right) + \frac{27}{16} \times 3 + \frac{27}{16}\left(\sum a\right) \geqslant \frac{27}{4} \times 3$$

$$\Rightarrow P + \frac{27}{4} + \frac{27}{4} \times 3 + \frac{27}{4} \times \frac{1}{4} \geqslant 3 \times \frac{27}{4}$$

$$\Rightarrow P \geqslant \frac{27}{4}$$

即式(A)成立,等号成立当且仅当△ABC 为正三角形.

证法3 利用二元均值不等式有

$$\frac{1}{a(1+b)} + \frac{81a(1+b)}{16} \geqslant \frac{9}{2}$$

$$\frac{1}{b(1+c)} + \frac{81b(1+c)}{16} \geqslant \frac{9}{2}$$

$$\frac{1}{c(1+a)} + \frac{81c(1+a)}{16} \geqslant \frac{9}{2}$$

将以上三式相加得

$$P \geqslant \frac{27}{2} - \frac{81}{16}M \tag{1}$$

其中

$$M = a(1+b) + b(1+c) + c(1+a)$$

$$= 1 + ab + bc + ca \leqslant 1 + \frac{1}{3}(a+b+c)^2$$

$$= 1 + \frac{1}{3} = \frac{4}{3}$$

于是

$$P \geqslant \frac{27}{2} - \frac{81}{16} \times \frac{4}{3} = \frac{27}{4}$$

等号成立当且仅当

$$a = b = c = \frac{1}{3}$$

$$\Rightarrow \tan\frac{A}{2} = \tan\frac{B}{2} = \tan\frac{C}{2} = \frac{\sqrt{3}}{3}$$

$$\Rightarrow A = B = C = \frac{\sqrt{\pi}}{3}$$

即 $\triangle ABC$ 为正三角形.

注 （1）从外形结构上讲,式(A)是一个"胖美人",但我们通过代数代换后,立即"瘦身"为体形阿娜苗条的"妙龄少女"了(即式(B)).而上述式(B)的三种证法,均显得简洁明快,其中证法 2 巧妙应用了三元均值不等式,证法 3 巧妙应用了二元均值不等式,这两种方法最利于我们从系数上推广式(A),特别是证法 1,巧妙应用柯西不等式轻松证明了式(B),这种方法最利于我们从指数上推广式(A).

由于式(B)与式(A)等价,因此我们利用式(B)建立式(A)的几个漂亮的推广:

推广 1　设 λ, μ, ν 为正系数,则对任意 $\triangle ABC$ 有

$$P_\lambda = \sum \left(\frac{\lambda \cot\frac{B}{2} \cot\frac{C}{2}}{1 + \tan\frac{C}{2} \tan\frac{A}{2}} \right) \geqslant \frac{81(\lambda\mu\nu)}{4(\lambda\mu + \mu\nu + \nu\lambda)}$$

略证　注意到 $M = \sum a(1 + b) \leqslant \frac{4}{3}$. 应用赫尔德不等式有

$$\left(\sum \frac{1}{\lambda} \right) M \cdot P_\lambda = \left(\sum \frac{1}{\lambda} \right) \cdot \sum a(1 + b) \cdot \sum \frac{\lambda}{a(1 + b)}$$

$$\geqslant \left(\sum \sqrt[3]{\frac{1}{\lambda} \cdot a(1 + b) \cdot \frac{\lambda}{a(1 + b)}} \right)^3 = 27$$

$$\Rightarrow P_\lambda = \sum \frac{1}{a(1 + b)} \geqslant \frac{27}{\left(\sum \frac{1}{\lambda} \right)} \cdot \frac{1}{M} \geqslant \frac{81\lambda\mu\nu}{4 \sum \mu\nu}$$

等号成立当且仅当

$$\begin{cases} a = b = c = \dfrac{1}{3} \\ \lambda = \mu = \nu \end{cases} \Rightarrow \begin{cases} A = B = C = \dfrac{\pi}{3} \\ \lambda = \mu = \nu \end{cases}$$

推广 2　设 λ, μ, ν 为正系数,满足

$$\delta = 2(\lambda\mu + \mu\nu + \nu\lambda) - (\lambda^2 + \mu^2 + \nu^2) > 0$$

则对任意 $\triangle ABC$ 有

$$P_\lambda = \sum\left(\frac{\lambda\cot\dfrac{B}{2}\cot\dfrac{C}{2}}{1 + \tan\dfrac{C}{2}\tan\dfrac{A}{2}}\right) \geqslant \frac{9}{4}\sqrt{3\delta} \tag{D}$$

略证　a,b,c 记号同前,我们再记

$$M = A_1 + B_1 + C_1$$
$$(A_1, B_1, C_1) = (a(1+b), b(1+c), c(1+a))$$

利用我们在前文建立的引理和 Cauchy 不等式有

$$P_\lambda = \sum\frac{\lambda}{a(1+b)} = \sum\frac{\lambda}{A_1} \geqslant \sqrt{\delta\left(\sum\frac{1}{B_1 C_1}\right)}$$

又

$$M^2\left(\sum\frac{1}{B_1 C_1}\right) = \left(\sum A_1\right)^2 \cdot \left(\sum\frac{1}{B_1 C_1}\right)$$

$$\geqslant 3\left(\sum B_1 C_1\right)\left(\sum\frac{1}{B_1 C_1}\right) \geqslant 27$$

$$\Rightarrow \sum\frac{1}{B_1 C_1} \geqslant \frac{27}{M^2} \geqslant 3\left(\frac{9}{4}\right)^2$$

$$\Rightarrow P_\lambda \geqslant \frac{9}{4}\sqrt{3\delta}$$

即式(D)成立,等号成立当且仅当

$$\begin{cases}\lambda = \mu = \nu \\ a = b = c = \dfrac{1}{3}\end{cases} \Rightarrow \begin{cases}\lambda = \mu = \nu \\ A = B = C = \dfrac{\pi}{3}\end{cases}$$

(2)下面我们建立更美更妙更迷人的结论:

推广3　设 λ,μ,ν 为正系数,k 为正指数,则对任意 $\triangle ABC$ 有(t 为正参数)

$$P_\lambda(k) = \sum\lambda\left(\frac{\cot\dfrac{B}{2}\cot\dfrac{C}{2}}{t + \tan\dfrac{C}{2}\tan\dfrac{A}{2}}\right)^k \geqslant \frac{\left(\sum^{1+k}\sqrt{\lambda}\right)^{1+k}}{\left(t + \dfrac{1}{3}\right)^k} \tag{E}$$

略证　注意到

$$\sum a(t+b) = t\sum a + \sum bc \leqslant t + \frac{1}{3}\left(\sum a\right)^2 = t + \frac{1}{3}$$

利用权方和不等式有

$$P_\lambda(k) = \sum\frac{\lambda}{[a(t+b)]^k} \geqslant \frac{\left(\sum^{1+k}\sqrt{\lambda}\right)^{1+k}}{\left[\sum a(t+b)\right]^k}$$

$$\geq \frac{\left(\sum {}^{1+k}\!\sqrt{\lambda}\,\right)^{1+k}}{\left(t+\dfrac{1}{3}\right)^{k}}$$

等号成立当且仅当

$$\begin{cases} \lambda = \mu = \nu \\ a = b = c = \dfrac{1}{3} \end{cases} \Rightarrow \begin{cases} \lambda = \mu = \nu \\ A = B = C = \dfrac{\pi}{3} \end{cases}$$

推广 4 设指数 $k \geq 1$，正系数 λ,μ,ν 满足 $\delta = 2\sum \mu\nu - \sum \lambda^2 > 0$，参数 $t > 0$，则对任意 $\triangle ABC$ 有

$$P_\lambda = \sum \lambda \left(\frac{\cot \dfrac{B}{2}\cot \dfrac{C}{2}}{t + \tan \dfrac{C}{2}\tan \dfrac{A}{2}} \right)^{\frac{1}{k}} \geq \frac{\sqrt{3\delta}}{\sqrt[k]{\dfrac{1}{3}\left(t+\dfrac{1}{3}\right)}} \qquad (\text{F})$$

略证 我们简记

$$(A_1, B_1, C_1) = (a(t+b), b(t+c), c(t+a))$$

$$m = A_1 B_1 + B_1 C_1 + C_1 A_1 \leq \frac{1}{3}(A_1 + B_1 + C_1)^2$$

$$= \frac{1}{3}\left[t \sum a + \left(\sum bc \right) \right]^2$$

$$\leq \frac{1}{3}t + \frac{1}{3}\left(\sum a \right)^2 = \frac{1}{3}\left(t + \frac{1}{3} \right)^2$$

于是

$$P_\lambda = \sum \frac{\lambda}{\sqrt[k]{A_1}} \geq \sqrt{\delta \left(\sum \frac{1}{\sqrt[k]{B_1 C_1}} \right)} \qquad (1)$$

又利用权方和不等式有

$$\sum \frac{1}{\sqrt[k]{B_1 C_1}} \geq \frac{3^{1+\frac{1}{k}}}{\sqrt[k]{\sum B_1 C_1}} \geq \frac{3^{1+\frac{1}{k}}}{\sqrt[k]{3 \cdot \left(\dfrac{1}{3}\right)^2 \left(t+\dfrac{1}{3}\right)^2}} \qquad (2)$$

将式(1),(2)结合,即得式(F),等号成立当且仅当 $\lambda = \mu = \nu$,且 $\triangle ABC$ 为正三角形.

此外,从代数角度上,还可将式(B)进行深度推广(略).

代李白诗赠汪伦(笔者)

汪伦酿酒日夜忙,玉液琼浆满城香.

太白豪饮三千盏,梦游月宫笑吴刚.

题 12 对任意 $\triangle ABC$,证明

201

$$\prod \left(\frac{\cos \frac{B}{2} \cos \frac{C}{2}}{\sin \frac{A}{2}} - \tan \frac{B}{2} \tan \frac{C}{2} \right) \geqslant \left(\frac{1}{6} \right)^3 \qquad (A)$$

分析 从表面上看,式(A)左边多么臃肿庞大,我们怎样战胜这个"庞然大物"呢？其实,只要我们巧施"奇招异术",定能克敌制胜!

令$(a_1, b_1, c_1) = (\tan \frac{B}{2} \tan \frac{C}{2}, \tan \frac{C}{2} \tan \frac{A}{2}, \tan \frac{A}{2} \tan \frac{B}{2})$ 就可将式(A)转化成代数不等式$(a_1 + b_1 + c_1 = 1)$

$$P = \left(\frac{1}{b_1 + c_1} - a_1 \right) \left(\frac{1}{c_1 + a_1} - b_1 \right) \left(\frac{1}{a_1 + b_1} - c_1 \right) \geqslant \left(\frac{7}{6} \right)^3 \qquad (B)$$

而等价的式(B)不是和式,由积式变和式可联想到均值不等式或"几何—调和"均值不等式

$$\sqrt[3]{xyz} \geqslant \frac{3}{\frac{1}{x} + \frac{1}{y} + \frac{1}{z}}$$

可以先变形应用均值不等式

$$x^2 + y^2 \geqslant 2xy$$

及应用三元赫尔德不等式

$$\sqrt[3]{(p+k)(q+k)(r+k)} \geqslant \sqrt[3]{pqr} + k$$

证法1 作代换,令

$$(a_1, b_1, c_1) = (\tan \frac{B}{2} \tan \frac{C}{2}, \tan \frac{C}{2} \tan \frac{A}{2}, \tan \frac{A}{2} \tan \frac{B}{2})$$

则$a_1, b_1, c_1 > 0$,且$a_1 + b_1 + c_1 = 1$. 式(A)化为

$$P = \prod \left(\frac{1}{b_1 + c_1} - a_1 \right) = \prod \left(\frac{1 - a_1 + a_1^2}{1 - a_1} \right) \geqslant \left(\frac{7}{6} \right)^3$$

构造关于$x \in (0, 1)$的函数

$$f(x) = \ln \left(\frac{1 - x + x^2}{1 - x} \right) = \ln(1 - x + x^2) - \ln(1 - x)$$

求导得

$$f'(x) = \frac{2x - 1}{1 - x + x^2} + \frac{1}{1 - x}$$

$$f''(x) = \frac{2}{1 - x + x^2} - \frac{(2x - 1)^2}{(1 - x + x^2)^2} + \frac{1}{(1 - x)^2}$$

由于

$$x \in (0, 1) \Rightarrow 0 < x^2 < x < 1$$
$$\Rightarrow 1 - x + x^2 < 1$$

$$\Rightarrow 1 - x + x^2 > (1 - x + x^2)^2 > (1 - x)^2$$

$$\Rightarrow f''(x) > \frac{2}{1 - x + x^2} - \frac{(2x - 1)^2}{(1 - x + x^2)^2} + \frac{1}{(1 - x + x^2)^2}$$

$$= \frac{2(1 + x - x^2)}{(1 - x + x^2)^2} > 0$$

所以 $f(x)$ 在 $(0,1)$ 内是凸函数,应用琴生不等式有

$$\frac{1}{3}[f(a_1) + f(b_1) + f(c_1)] \geq f\left(\frac{a_1 + b_1 + c_1}{3}\right) = f\left(\frac{1}{3}\right)$$

$$\Rightarrow \frac{1}{3} \sum \ln\left(\frac{1 - a_1 + a_1^2}{1 - a_1}\right) \geq \ln \frac{7}{6}$$

$$\Rightarrow \prod \left(\frac{1 + a_1 + a_1^2}{1 - a_1}\right) \geq \left(\frac{7}{6}\right)^3$$

即式(B)成立,等号成立当且仅当

$$a_1 = b_1 = c_1 = \frac{1}{3} \Rightarrow \tan \frac{A}{2} = \tan \frac{B}{2} = \tan \frac{C}{2} = \frac{\sqrt{3}}{3}$$

$$\Rightarrow A = B = C = \frac{\pi}{3}$$

即 $\triangle ABC$ 为正三角形.

证法2 应用"几何—调和"平均不等式有

$$\prod \left(\frac{1 - a_1 + a_1^2}{1 - a_1}\right) \geq \frac{3}{\sum \left(\frac{1 - a_1}{1 - a_1 + a_1^2}\right)}$$

于是欲证式(B),须证明更强的

$$\sum \left(\frac{1 - a_1}{1 - a_1 + a_1^2}\right) \leq \frac{18}{17} \tag{1}$$

设关于 x 的函数为

$$f(x) = \frac{1 - x}{1 - x + x^2}, x \in (0,1)$$

求导得

$$f'(x) = -\frac{1}{1 - x + x^2} - \frac{(1 - x)(2x - 1)}{(1 - x + x^2)^2}$$

易知 $f(x)$ 在 $x = \frac{1}{3}$ 处的切线斜率为

$$f'\left(\frac{1}{3}\right) = \frac{45}{49}, \text{且} f\left(\frac{1}{3}\right) = \frac{6}{7}$$

故 $f(x)$ 在 $x = \frac{1}{3}$ 处的切线方程为

$$y = -\frac{45}{49}\left(x - \frac{1}{3}\right) + \frac{6}{7} = -\frac{45}{49}x + \frac{57}{49}$$

现在我们证明 $f(x) \leqslant y$,即

$$49(1-x) \leqslant (-45x+57)(1-x+x^2)$$

$$\Leftrightarrow 45x^3 - 102x^2 + 53x - 8 \leqslant 0$$

$$\Leftrightarrow (3x-1)^2(5x-8) \leqslant 0$$

因 $\qquad 0 < x < 1 \Rightarrow (3x-1)^2(5x-8) \leqslant 0$

$$\Rightarrow f(x) \leqslant y$$

$$\Rightarrow f(a_1) + f(b_1) + f(c_1) \leqslant \sum \left(-\frac{45}{49}a_1 + \frac{57}{49}\right)$$

$$= -\frac{45}{49}\sum a + \frac{57}{49} \times 3$$

$$= -\frac{45}{49} \times 1 + \frac{57}{49} \times 3 = \frac{18}{7}$$

$$\Rightarrow \sum \left(\frac{1-a_1}{1-a_1+a_1^2}\right) \leqslant \frac{18}{7}$$

即式(2)成立,故逆推之式(A)成立,等号成立当且仅当

$$a_1 = b_1 = c_1 = \frac{1}{3} \Rightarrow \tan\frac{A}{2} = \tan\frac{B}{2} = \tan\frac{C}{2} = \frac{\sqrt{3}}{3}$$

$$\Rightarrow A = B = C = \frac{\pi}{3}$$

即 $\triangle ABC$ 为正三角形.

证法 3 由 $a_1, b_1, c_1 \in (0,1)$ 及 $a_1 + b_1 + c_1 = 1$,令 $x = 1 - a_1 \in (0,1)$,$y = 1 - b_1 \in (0,1)$,$z = 1 - c_1 \in (0,1)$,且 $x + y + z = 2$,于是

$$\frac{1-a_1+a_1^2}{1-a_1} = x + \frac{1}{x} - 1$$

$$\frac{1-b_1+b_1^2}{1-b_1} = y + \frac{1}{y} - 1$$

$$\frac{1-c_1+c_1^2}{1-c_1} = z + \frac{1}{z} - 1$$

应用均值不等式有

$$x + \frac{1}{x} - 1 = \frac{5}{9x} + \left(\frac{4}{9x} + x\right) - 1$$

$$\geqslant \frac{5}{9x} + \frac{4}{3} - 1 = \frac{5}{9x} + \frac{1}{3}$$

同理可得

$$y + \frac{1}{y} - 1 = \frac{5}{9y} + \frac{1}{3}, z + \frac{1}{z} - 1 \geqslant \frac{5}{9z} + \frac{1}{3}$$

应用赫尔德不等式有

$$\sqrt[3]{\prod \left(\frac{1 - a_1 + a_1^2}{1 - a_1} \right)} = \sqrt[3]{\prod \left(x + \frac{1}{x} - 1 \right)}$$

$$\geqslant \sqrt[3]{\prod \left(\frac{5}{9x} + \frac{1}{3} \right)} \geqslant \sqrt[3]{\prod \frac{5}{9x}} + \frac{1}{3}$$

$$= \frac{5}{9} \frac{1}{\sqrt[3]{xyz}} + \frac{1}{3} \geqslant \frac{5}{3} \cdot \left(\frac{1}{x + y + z} \right) + \frac{1}{3}$$

$$= \frac{5}{3} \cdot \frac{1}{2} + \frac{1}{3} = \frac{7}{6}$$

$$\Rightarrow \prod \left(\frac{1}{1 - a_1} - a_1 \right) \geqslant \left(\frac{7}{6} \right)^3$$

$$\Rightarrow \prod \left(\frac{1}{b_1 + c_1} - a_1 \right) \geqslant \left(\frac{7}{6} \right)^3$$

等号成立当且仅当

$$x = y = z = \frac{2}{3} \Rightarrow a_1 = b_1 = c_1 = \frac{1}{3}$$

$$\Rightarrow \tan \frac{A}{2} = \tan \frac{B}{2} = \tan \frac{C}{2} = \frac{\sqrt{3}}{3}$$

$$\Rightarrow A = B = C = \frac{\pi}{3}$$

即 $\triangle ABC$ 为正三角形.

注 （1）以上三种证法中,证法 1 构造函数 $f(x)$ 求导,并应用琴生不等式,证法 2 也构造函数 $f(x)$ 求导,并求切线方程构造局部不等式,而证法 3 却巧妙代换,灵活应用均值不等式和赫尔德不等式,轻松快捷地证明了式（B）,显得简洁明快！此法的好处在于利于我们从参数、指数、元数三个方面推广式（B）.

推广 1 设正数 $a_1, a_2, \cdots, a_n (n \geqslant 3)$ 满足 $\sum_{i=1}^{n} a_i = 1$,参数 $k \geqslant \left(\frac{n-1}{n} \right)^2$,指数 $\theta_i \in (0, 1)(1 \leqslant i \leqslant n)$,且 $\sum_{i=1}^{n} \theta_i = 1$,则有

$$\prod_{i=1}^{n} \left(\frac{k}{1 - a_i} - a_i \right)^{\theta_i} \geqslant \frac{m}{n(n-1)} + \frac{n-2}{n} \tag{C}$$

其中 $m = k - \left(\frac{n-1}{n} \right)^2 \geqslant 0$.

进一步地,对于正指数 $\beta > 0$,当

$$k > \left[\beta^\beta (1 + \beta)^{1+\beta} \right]^{-1}$$

这时

$$m = k - \frac{1}{\beta}\left(\frac{n-1}{n}\right)^{\beta+1} \geq 0$$

式(C)还可推广为

$$\prod_{i=1}^{n}\left[\frac{k}{(1-a_i)^{\beta}} - a_i\right]^{\theta_i} \geq \frac{m}{[n(n-1)]^{\beta}} + t \tag{D}$$

其中 $t = \frac{n-1}{n}(1+\beta)\beta^{\varphi} - 1 > 0, \varphi = \frac{1-\beta}{1+\beta}$.

（2）无独有偶，式(C)还有配对式

$$\prod_{i=1}^{n}\left(\frac{k}{1+a_i} + a_i\right)^{\theta_i} \geq \frac{m}{n(n+1)} + \frac{n+2}{n} \tag{E}$$

自然，式(C)与式(E)可以合为优美的

$$\prod_{i=1}^{n}\left(\frac{k}{1\pm a_i} \pm a_i\right)^{\theta_i} \geq \frac{m}{n(n\pm1)} + \frac{n\pm2}{n} \tag{F}$$

其中 $k \geq \left(\frac{n\pm1}{n}\right)^2, m = k - \left(\frac{n\pm1}{n}\right)^2 \geq 0.$

春游草原（笔者）

天堂风光天籁音，遍地格桑草原情.

手捧哈达望雪山，头顶彩云呼神鹰.

扎西抚琴拉弦子，卓玛起舞唱新春.

踏步牵手跳锅庄，中华儿女一家亲.

题13 对于任意 $\triangle ABC$，证明

$$\prod\left(\tan\frac{B}{2} + \tan\frac{C}{2}\right) \geq \left(\frac{2}{\sqrt{3}}\right)^3 \tag{A}$$

分析 式(A)的结构紧凑，外形优美，令人偏爱，但观察可知，欲证式(A)，显然有一定的难度. 联想到常用三角恒等式

$$\tan\frac{B}{2}\tan\frac{C}{2} + \tan\frac{C}{2}\tan\frac{A}{2} + \tan\frac{A}{2}\tan\frac{B}{2} = 1$$

并作代换，令

$$(x, y, z) = \left(\tan\frac{B}{2}\tan\frac{C}{2}, \tan\frac{C}{2}\tan\frac{A}{2}, \tan\frac{A}{2}\tan\frac{B}{2}\right)$$

则 $x, y, z \in (0, 1)$，且 $x + y + z = 1$. 这样便可将式(A)转化为一个绝美的代数不等式

$$\left(\frac{y+z}{2}\right)^2\left(\frac{z+x}{2}\right)^2\left(\frac{x+y}{2}\right)^2 \geq xyz\left(\frac{x+y+z}{3}\right)^3 \tag{B}$$

而放眼观望，式(B)的外形优美庞大，好像在向我们挑战. 如果按常规思路将式(6)的两边展开，再进行配方比较，那复杂程度，真是让人望而却步. 因此，

对于这类问题宜用代换法解答.

证法 1　作代换, 令

$$\begin{cases} y+z=2a>0 \\ z+x=2b>0 \\ x+y=2c>0 \end{cases} \Rightarrow \begin{cases} x+y+z=a+b+c \\ x=b+c-a>0 \\ y=c+a-b>0 \\ z=a+b-c>0 \end{cases}$$

由此可见以 a,b,c 为三边可以构成面积为 Δ 的 $\triangle ABC$, 则由海伦公式有

$$16\Delta^2=(a+b+c)(b+c-a)(c+a-b)(a+b-c)$$

且式 (A) 化为

$$(abc)^2 \geqslant \frac{1}{27}(a+b+c)\cdot 16\Delta^2 \tag{1}$$

利用公式 $\Delta=\dfrac{abc}{4R}$ (R 为 $\triangle ABC$ 的外接圆半径) 得

$$a+b+c \leqslant 3\sqrt{3}R$$

$$\Leftrightarrow \sin A+\sin B+\sin C \leqslant \frac{3}{2}\sqrt{3} \tag{2}$$

式 (2) 为熟知的三角不等式, 显然成立, 等号成立当且仅当 $\triangle ABC$ 为正三角形. 故式 (A) 成立.

以上简洁漂亮的代换证法, 简直是 "智取华山", 难题巧解. 其实, 万事万物只有相对, 并非绝对, 只要我们方法得当, 不用代换法, 我们仍然可以排山倒海, 乘风破浪, 请欣赏!

证法 2　由于

$$\sum \left(\frac{1}{y}-\frac{1}{z}\right)^2 \geqslant 0 \Rightarrow \sum \frac{1}{x^2} \geqslant \sum \frac{1}{yz}$$

$$\Rightarrow \left(\sum \frac{1}{x}\right)^2 \geqslant 3 \sum \frac{1}{yz}$$

$$\Rightarrow \left(\sum yz\right)^2 \geqslant 3xyz\left(\sum x\right)$$

$$\Rightarrow \left[\frac{1}{9}\left(\sum x\right)\left(\sum yz\right)\right]^2 \geqslant xyz\left(\frac{\sum x}{3}\right)^3 \tag{3}$$

从式 (3) 知, 欲证式 (B), 我们只需证明更强的

$$\prod \left(\frac{y+z}{2}\right) \geqslant \frac{1}{9}\left(\sum x\right)\left(\sum yz\right) \tag{4}$$

$$\Leftrightarrow 9\left[\sum x(y^2+z^2)+2xyz\right] \geqslant 8\left[\sum x(y^2+z^2)+3xyz\right]$$

$$\Leftrightarrow \sum x(y^2+z^2) \geqslant 6xyz \Leftrightarrow \sum x(y-z)^2 \geqslant 0$$

故逆推之式 (A)、(B) 成立, 等号成立当且仅当

$$x = y = z \Rightarrow A = B = C = \frac{\pi}{3}$$

证法3 令
$$x + y + z = 3$$
$$\Rightarrow xyz \leqslant \left(\frac{x + y + z}{3}\right)^3 = 1$$

于是式(B)等价于
$$\left(\frac{3 - x}{2}\right)^2 \left(\frac{3 - y}{2}\right)^2 \left(\frac{3 - z}{2}\right)^2 \geqslant xyz$$
$$\Leftrightarrow (3 - x)(3 - y)(3 - z) \geqslant 8\sqrt{xyz}$$
$$\Leftrightarrow 27 - 9\sum x + 3\sum yz - xyz \geqslant 8\sqrt{xyz}$$
$$\Leftrightarrow 3\sum yz \geqslant xyz + 8\sqrt{xyz} \tag{5}$$

又
$$\sum yz \geqslant \sqrt{3xyz\left(\sum x\right)} = 3\sqrt{xyz}$$

故欲证式(5),只需证
$$9\sqrt{xyz} \geqslant xyz + 8\sqrt{xyz}$$
$$\Leftrightarrow \sqrt{xyz} \geqslant xyz \Leftrightarrow xyz \leqslant 1$$

因此式(5)成立,从而式(A)和(B)成立,等号成立当且仅当
$$x = y = z \Rightarrow A = B = C = \frac{\pi}{3}$$

证法4 令 $xyz = 1$,则
$$t = \frac{x + y + z}{3} \geqslant \sqrt[3]{xyz} = 1$$

于是式(B)等价于
$$\left(\frac{3t - x}{2}\right)^2 \left(\frac{3t - y}{2}\right)^2 \left(\frac{3t - z}{2}\right)^2 \geqslant t^3$$
$$\Leftrightarrow (3t - x)(3t - y)(3t - z) \geqslant 8t^{\frac{3}{2}}$$
$$\Leftrightarrow (3t)^3 - (3t)^2\left(\sum x\right) + 3t\left(\sum yz\right) - xyz \geqslant 8t^{\frac{3}{2}}$$
$$\Leftrightarrow (3t)^3 - (3t)^2 \cdot 3t + 3t\left(\sum yz\right) - 1 \geqslant 8t^{\frac{3}{2}}$$
$$\Leftrightarrow 3t\left(\sum yz\right) \geqslant 1 + 8t^{\frac{3}{2}} \tag{6}$$

又
$$\sum yz \geqslant \sqrt{3xyz\left(\sum x\right)} = 3\sqrt{t} \cdot t$$

所以欲试式(B),只需证更强的
$$9t\sqrt{t} \geqslant 8t\sqrt{t} + 1$$
$$\Leftrightarrow t\sqrt{t} \geqslant 1 \Leftrightarrow t \geqslant 1$$

这是显然的,从而式(A)和(B)成立,等号成立仅当

$$x = y = z \Rightarrow A = B = C = \frac{\pi}{3}$$

即 $\triangle ABC$ 为正三角形.

证法 5 注意到

$$\sum \tan \frac{A}{2} \geqslant \sqrt{3 \sum \tan \frac{B}{2} \tan \frac{C}{2}} = \sqrt{3}$$

$$\prod \tan \frac{A}{2} = (\prod \tan \frac{B}{2} \tan \frac{C}{2})^{\frac{1}{2}}$$

$$\leqslant \left(\frac{1}{3} \sum \tan \frac{B}{2} \tan \frac{C}{2}\right)^{\frac{3}{2}} = \left(\frac{1}{\sqrt{3}}\right)^3$$

而

$$\prod \left(\tan \frac{B}{2} + \tan \frac{C}{2}\right) \geqslant \left(\frac{2}{\sqrt{3}}\right)^3$$

$$\Leftrightarrow \left(\sum \tan \frac{A}{2}\right)\left(\sum \tan \frac{B}{2} \tan \frac{C}{2}\right) - \prod \tan \frac{A}{2} \geqslant \left(\frac{2}{\sqrt{3}}\right)^3$$

$$\Leftrightarrow P = \sum \tan \frac{A}{2} - \prod \tan \frac{A}{2} \geqslant \left(\frac{2}{\sqrt{3}}\right)^3 \qquad (7)$$

由于

$$P \geqslant \sqrt{3} - \left(\frac{1}{\sqrt{3}}\right)^3 = \left(\frac{2}{\sqrt{3}}\right)^3$$

即式(7)成立,从而式(A)成立. 等号成立当且仅当 $\triangle ABC$ 为正三角形.

由于

$$\sum a^2 \leqslant 9R^2 = 9\left(\frac{abc}{4\Delta}\right)^2$$

$$\Leftrightarrow 9\left[\prod (y+z)\right]^2 \geqslant 16xyz \cdot \left(\sum x\right) \sum (y+z)^2$$

$$\Leftrightarrow 9\left(\prod \tan \frac{A}{2}\right)^2 \cdot \left[\prod \left(\tan \frac{B}{2} + \tan \frac{C}{2}\right)\right]^2$$

$$\geqslant 16\left(\prod \tan \frac{A}{2}\right)^2 \sum \tan^2 \frac{A}{2}\left(\tan \frac{B}{2} + \tan \frac{C}{2}\right)^2$$

$$\Leftrightarrow \prod \left(\tan \frac{B}{2} + \tan \frac{C}{2}\right) \geqslant \frac{4}{3}\sqrt{\sum \tan^2 \frac{A}{2}\left(\tan \frac{B}{2} + \tan \frac{C}{2}\right)^2} \qquad (C)$$

显然式(C)是式(A)的加强.

注 由于正弦和不等式

$$\sin A + \sin B + \sin C \leqslant \frac{3}{2}\sqrt{3} \qquad (1)$$

可以加强为

$$\sin^2 A + \sin^2 B + \sin^2 C \leqslant \frac{9}{4} \tag{2}$$

而且式(1)与式(2)均有一系列的推广和拓展,从而式(A)和(B)也有一系列的推广.

耐人寻味的是,若设 $xyz = \left(\dfrac{3}{4}\right)^3$,则式(B)可简化为

$$(x+y)(y+z)(z+x) \geqslant (x+y+z)^{\frac{3}{2}} \tag{3}$$

从外观结构上讲,不等式(A)还有两个非常漂亮的配对形式

$$\left(\frac{y+z}{2}\right)\left(\frac{z+x}{2}\right)\left(\frac{x+y}{2}\right) \geqslant \left(\frac{\sqrt{yz} + \sqrt{zx} + \sqrt{xy}}{3}\right)^3$$

$$\frac{1}{2}\left(\frac{x+y+z}{3} + \sqrt[3]{xyz}\right) \geqslant \frac{\sqrt{yz} + \sqrt{zx} + \sqrt{xy}}{3}$$

题 14 在 $\triangle ABC$ 中,证明正弦和三角不等式

$$\sin A + \sin B + \sin C \leqslant \frac{3}{2}\sqrt{3} \tag{A}$$

证法 1 应用柯西不等式有

$$\sin C = \sin(A+B)$$

$$= \frac{1}{\sqrt{3}}(\sin A \cdot \sqrt{3}\cos B + \sin B \cdot \sqrt{3}\cos A)$$

$$\leqslant \frac{1}{\sqrt{3}}\left(\frac{\sin^2 A + 3\cos^2 B}{2} + \frac{\sin^2 B + 3\cos^2 A}{2}\right)$$

$$\sin A + \sin B = \frac{2}{\sqrt{3}}\left(\frac{\sqrt{3}}{2}\sin A + \frac{\sqrt{3}}{2}\sin B\right)$$

$$\leqslant \frac{1}{\sqrt{3}}\left[\left(\sin^2 A + \frac{3}{4}\right) + \left(\sin^2 B + \frac{3}{4}\right)\right]$$

$$= \frac{1}{\sqrt{3}}(\sin^2 A + \sin^2 B) + \frac{\sqrt{3}}{2}$$

所以

$$\sum \sin A = (\sin A + \sin B) + \sin C$$

$$\leqslant \frac{\sqrt{3}}{2}(\sin^2 A + \cos^2 A) + \frac{\sqrt{3}}{2}(\sin^2 B + \cos^2 B) + \frac{\sqrt{3}}{2}$$

$$= \frac{3}{2}\sqrt{3}$$

等号成立当且仅当 $A = B = C = \dfrac{\pi}{3}$.

证法 2 由于

$$\sum \sin A + \sin \frac{\pi}{3}$$

$$= 2\sin \frac{A+B}{2}\cos \frac{A-B}{2} + 2\sin \frac{C+\frac{\pi}{3}}{2}\cos \frac{C-\frac{\pi}{3}}{2}$$

$$\leqslant 2\left(\sin \frac{A+B}{2} + \sin \frac{C+\frac{\pi}{3}}{2}\right)$$

$$= 4\sin\left(\frac{A+B+C+\frac{\pi}{3}}{4}\right)\cos\left(\frac{A+B-C-\frac{\pi}{3}}{4}\right)$$

$$= 4\sin \frac{\pi}{3}\cos\left(\frac{\frac{\pi}{3}-C}{2}\right) \leqslant 4\sin \frac{\pi}{3}$$

$$\Rightarrow \sum \sin A \leqslant 3\sin \frac{\pi}{3} = \frac{3}{2}\sqrt{3}$$

等号成立当且仅当

$$\begin{cases} A = B \\ C = \dfrac{\pi}{3} \end{cases} \Rightarrow A = B = C = \frac{\pi}{3}$$

证法 3 由于和式 $\sum \sin A$ 关于 A,B,C 对称,当 A 固定时

$$\sin B + \sin C = 2\sin \frac{B+C}{2}\cos \frac{B-C}{2}$$

$$= 2\cos \frac{A}{2}\cos \frac{B-C}{2}$$

$$\Rightarrow S = \sum \sin A = 2\cos \frac{A}{2}\cos \frac{B-C}{2} + \sin A$$

显然,当 $B = C$ 时 S 最大.

同理,当 B 固定,$C = A$ 时,S 最大. 当 C 固定,$A = B$ 时,S 最大.

因此,只有当 $A = B = C = \dfrac{\pi}{3}$ 时,S 最大.

最大值为 $S_{\max} = 3\sin \dfrac{\pi}{3} = \dfrac{3}{2}\sqrt{3}$. 故 $S = \sum \sin A \leqslant \dfrac{3}{2}\sqrt{3}$.

等号成立当且仅当 $A = B = C = \dfrac{\pi}{3}$.

证法 4 根据对称性,不妨设

$$0 < A \leqslant B \leqslant C < \pi \Rightarrow 0 < A \leqslant \frac{\pi}{3} \leqslant C < \pi$$

$$\Rightarrow 0 < \sin A \leqslant \frac{\sqrt{3}}{2}$$

$$\Rightarrow S = \sum \sin A = \sin A + 2\sin \frac{B+C}{2}\cos \frac{B-C}{2}$$

$$= \sin A + 2\cos \frac{A}{2}\cos \frac{B-C}{2} \leqslant \frac{\sqrt{3}}{2} + 2\cos \frac{A}{2}$$

等号成立当且仅当 $A = \frac{\pi}{3}$, 且 $B = C$, 即当 $A = B = C = \frac{\pi}{3}$ 时

$$S_{\max} = \frac{3}{2}\sqrt{3}$$

$$S = \sum \sin A \leqslant \frac{3}{2}\sqrt{3}$$

证法 4 由于正弦函数 $f(x) = \sin x$ 在 $(0,\pi)$ 内是凹函数(因 $f''(x) = -\sin x < 0$),因此有

$$\sum f(A) \leqslant 3f\left(\frac{\sum A}{3}\right) = 3f\left(\frac{\pi}{3}\right) = 3\sin \frac{\pi}{3}$$

$$\Rightarrow \sum \sin A \leqslant \frac{3}{2}\sqrt{3}$$

等号成立当且仅当 $\triangle ABC$ 为正三角形.

证法 6 记 $S = \sum \sin A$, 则

$$S = \sin A + 2\sin \frac{B+C}{2}\cos \frac{B-C}{2}$$

$$= 2\sin \frac{A}{2}\cos \frac{A}{2} + 2\cos \frac{A}{2}\cos \frac{B-C}{2}$$

$$\leqslant 2\sin \frac{A}{2}\cos \frac{A}{2} + 2\cos \frac{A}{2}$$

$$\Rightarrow S^2 \leqslant 4\left(1 + \sin \frac{A}{2}\right)^2 \cos^2 \frac{A}{2}$$

$$= \frac{4}{3}\left(1 + \sin \frac{A}{2}\right)^2 \left(1 - \sin^2 \frac{A}{2}\right) \cdot 3$$

$$= \frac{4}{3}\left(1 + \sin \frac{A}{2}\right)^3 \left(3 - 3\sin \frac{A}{2}\right)$$

$$\leqslant \frac{4}{3}\left[\frac{3\left(1 + \sin \frac{A}{2}\right) + \left(3 - 3\sin \frac{A}{2}\right)}{3 + 1}\right]^4$$

$$= \left(\frac{3}{2}\sqrt{3}\right)^2$$

$$\Rightarrow S = \sum \sin A \leqslant \frac{3}{2}\sqrt{3}$$

等号成立当且仅当 $B = C$ 及

$$1 + \sin\frac{A}{2} = 3 - 3\sin\frac{A}{2}$$

即 $\sin\frac{A}{2} = \frac{1}{2} \Rightarrow A = \frac{\pi}{3} \Rightarrow A = B = C = \frac{\pi}{3}$, 即 $\triangle ABC$ 为正三角形.

证法 7 由对称性, 不妨设

$$\begin{cases} 0 < A \leqslant B \leqslant C < \pi \\ A + B + C = \pi \end{cases}$$

$$\Rightarrow 0 < A \leqslant \frac{\pi}{3} \leqslant C < \pi$$

$$\Rightarrow \sin\frac{\pi}{3} + \sin\left(A + C - \frac{\pi}{3}\right) - \sin A - \sin C$$

$$= 2\sin\left(\frac{A+C}{2}\right)\cos\left(\frac{A+C}{2} - \frac{\pi}{3}\right) - 2\sin\frac{A+C}{2}\cos\frac{A-C}{2}$$

$$= 2\cos\frac{B}{2}\left[\cos\left(\frac{A+C}{2} - \frac{\pi}{3}\right) - \cos\frac{A-C}{2}\right]$$

$$= 2\cos\frac{B}{2}\sin\left(\frac{C}{2} - \frac{\pi}{6}\right)\sin\left(\frac{\pi}{6} - \frac{A}{2}\right) \geqslant 0$$

$$\Rightarrow \sin A + \sin C \leqslant \frac{\sqrt{3}}{2} + \sin\left(\frac{2}{3}\pi - B\right)$$

$$\Rightarrow S = \sum \sin A \leqslant \frac{\sqrt{3}}{2} + \sin B + \sin\left(\frac{2}{3}\pi - B\right)$$

$$= \frac{\sqrt{3}}{2} + 2\sin\frac{\pi}{3}\cos\left(B - \frac{\pi}{3}\right) \leqslant \frac{\sqrt{3}}{2} + \sqrt{3}$$

$$\Rightarrow S = \sum \sin A \leqslant \frac{3}{2}\sqrt{3}$$

等号成立当且仅当 $\triangle ABC$ 为正三角形.

注 题目中的 $\triangle ABC$ 为任意三角形, 没有约束条件, 如果我们限制 $\triangle ABC$ 为非锐角三角形, 那么这时 $S = \sum \sin A$ 还能取到最大值吗?

我们不妨设 $C = \max\{A, B, C\} \geqslant \frac{\pi}{2}$, 且 $C = \frac{\pi}{2} + \theta, 0 \leqslant \theta < \frac{\pi}{2}$, 则 $A + B + \theta = \frac{\pi}{2}$, 且 $0 < \frac{A+B}{2} < \frac{\pi}{4}$. 于是

$$S = \sum \sin A = \sin A + \sin B + \cos\theta$$

$$= 2\sin\frac{A+B}{2}\cos\frac{A-B}{2} + \cos\theta$$

$$\leqslant 2\sin\left(\frac{\pi}{4} - \frac{\theta}{2}\right) + \cos\theta \leqslant \sqrt{2} + 1$$

等号成立当且仅当 $\theta = 0$，$A = B$，即 $A = B = \frac{\pi}{4}$，$C = \frac{\pi}{2}$，这时 $\triangle ABC$ 为直角三角形，$S_{\max} = 1 + \sqrt{2}$，且易验证 $1 + \sqrt{2} < \frac{3}{2}\sqrt{3}$.

题 15 设 $\triangle ABC$ 为锐角三角形，证明

$$(\sec A \pm 1)(\sec B \pm 1)(\sec C \pm 1) \geqslant (2 \pm 1)^3 \tag{A}$$

其实，我们以前已证明过式(A)，特别是关于不等式

$$(\sec A + 1)(\sec B + 1)(\sec C + 1) \geqslant (2 + 1)^3 \tag{B}$$

的证明并不难，但它的配对式

$$T = (\sec A - 1)(\sec B - 1)(\sec C - 1) \geqslant (2 - 1)^3 \tag{C}$$

的证明要难一些，却有六种之多，真让人爽心悦目，眼界大开. 自然，从外观与结构上讲，式(B)与式(C)是天生一对，地配一双，而式(A)是将它们和谐统一在了一起，这是一件多么趣味美妙的事情！

下面我们只证明式(C).

证法 1 我们作代换，令

$$(x, y, z) = \left(\tan\frac{A}{2}, \tan\frac{B}{2}, \tan\frac{C}{2}\right)$$

则 $x, y, z > 0$，且

$$xy + yz + zx = 1$$

由于

$$A, B, C \in \left(0, \frac{\pi}{2}\right) \Rightarrow x, y, z \in (0, 1)$$

$$\begin{aligned}
4x^2yz &= x^2\left[(y+z)^2 - (y-z)^2\right] \\
&= (xy + zx)^2 - x^2(y-z)^2 \\
&= (1 - yz)^2 - x^2(y-z)^2 \\
&= (1 - 2yz + y^2z^2) - x^2(y-z)^2 \\
&= (1 - y^2 - z^2 + y^2z^2) + (y^2 - 2yz + z^2) - x^2(y-z)^2 \\
&= (1 - y^2)(1 - z^2) + (y-z)^2 - x^2(y-z)^2 \\
&= (1 - y^2)(1 - z^2) + (1 - x^2)(y-z)^2 \\
&\geqslant (1 - y^2)(1 - z^2)
\end{aligned}$$

$$\Rightarrow 4x^2yz \geqslant (1 - y^2)(1 - z^2)$$

同理 $\left.\begin{cases} 4y^2zx \geqslant (1 - z^2)(1 - x^2) \\ 4z^2xy \geqslant (1 - x^2)(1 - y^2) \end{cases}\right\}$

$$\Rightarrow (8x^2y^2z^2)^2 \geqslant \left[\prod (1-x^2)\right]^2$$

$$\Rightarrow 8x^2y^2z^2 \geqslant (1-x^2)(1-y^2)(1-z^2)$$

$$\Rightarrow \left(\frac{2x^2}{1-x^2}\right)\left(\frac{2y^2}{1-y^2}\right)\left(\frac{2z^2}{1-z^2}\right) \geqslant 1$$

$$\Rightarrow \prod \left(\frac{2\tan^2 \frac{A}{2}}{1-\tan^2 \frac{A}{2}}\right) \geqslant 1$$

$$\Rightarrow \prod \left(\frac{2\sin^2 \frac{A}{2}}{\cos^2 \frac{A}{2} - \sin^2 \frac{A}{2}}\right) \geqslant 1$$

$$\Rightarrow \prod \left(\frac{1-\cos A}{\cos A}\right) \geqslant 1$$

$$\Rightarrow (\sec A - 1)(\sec B - 1)(\sec C - 1) \geqslant 1$$

等号成立当且仅当

$$x = y = z \Rightarrow \tan \frac{A}{2} = \tan \frac{B}{2} = \tan \frac{C}{2}$$

$$\Rightarrow A = B = C = \frac{\pi}{3}$$

证法 2 应用三角恒等式

$$2 = 2\sum \cot B \cot C = \sum (\cot B + \cot C)\cot A$$

$$\geqslant 3\left[\prod (\cot B + \cot C)\cot A\right]^{\frac{1}{3}}$$

$$= 3\left(\prod \frac{\sin(B+C)}{\sin B \sin C} \cdot \frac{\cos A}{\sin A}\right)^{\frac{1}{3}}$$

$$= 3\left(\prod \frac{\cos A}{\sin B \sin C}\right)^{\frac{1}{3}}$$

$$\Rightarrow \prod \cos A \leqslant \left(\frac{2}{3}\right)^2 \prod (\sin B \sin C) = \left(\frac{2}{3}\right)^2 \prod \sin^2 A$$

$$= \left(\frac{2}{3}\right)^2 \prod (1-\cos A) \cdot \prod (1+\cos A) \qquad (1)$$

而 $$\prod (1+\cos A) \leqslant \left[\frac{\sum (1+\cos A)}{3}\right]^3$$

$$= (1 + \frac{1}{3}\sum \cos A)^3 \leqslant \left[1 + \cos\left(\frac{\sum A}{3}\right)\right]^3$$

$$= (1+\frac{1}{2})^3 = \left(\frac{3}{2}\right)^3$$

215

$$\Rightarrow \prod \cos A \leqslant \left(\frac{2}{3}\right)^3 \cdot \left(\frac{3}{2}\right)^3 \cdot \prod (1 - \cos A)$$

$$\Rightarrow \prod (\sec A - 1) = \frac{\prod (1 - \cos A)}{\prod \cos A} \geqslant 1$$

等号成立当且仅当 $\triangle ABC$ 为正三角形.

证法 3 由三角恒等式有

$$4 \prod \sin A = \sum \sin 2A \geqslant 3 \left(\prod \sin 2A\right)^{\frac{1}{3}}$$

$$= 6 \left(\prod \sin A\right)^{\frac{1}{3}} \cdot \left(\prod \cos A\right)^{\frac{1}{3}}$$

$$\Rightarrow 27 \prod \cos A \leqslant 8 \prod \sin^2 A = 8 \prod (1 - \cos^2 A)$$

$$= 8 \prod (1 + \cos A) \cdot \prod (1 - \cos A)$$

$$\leqslant 8 \left(\frac{3}{2}\right)^3 \prod (1 - \cos A)$$

$$\Rightarrow \prod (\sec A - 1) = \prod \left(\frac{1 - \cos A}{\cos A}\right) \geqslant 1$$

等号成立当且仅当 $\triangle ABC$ 为正三角形.

证法 4 构造函数

$$f(x) = \ln(\sec x - 1), x \in \left(0, \frac{\pi}{2}\right)$$

求导得

$$f'(x) = \frac{\sin x \sec^2 x}{\sec x - 1} = \frac{\tan x}{1 - \cos x} > 0$$

$$f''(x) = \frac{\cos^3 x - 2\cos x + 1}{(\cos x - \cos^2 x)^2} = \frac{(1 - \cos x)(1 - \cos^2 x - \cos x)}{(\cos x - \cos^2 x)^2}$$

$$= \frac{\frac{5}{4} - \left(\cos x + \frac{1}{2}\right)^2}{(1 - \cos x)\cos^2 x} > 0$$

因此 $f(x)$ 为凸函数, 于是有

$$f(A) + f(B) + f(C) \geqslant 3f\left(\frac{A + B + C}{3}\right)$$

$$= 3f\left(\frac{\pi}{3}\right) = 3\ln\left(\sec \frac{\pi}{3} - 1\right) = 0$$

$$\Rightarrow \ln(\sec A - 1) + \ln(\sec B - 1) + \ln(\sec C - 1) \geqslant 0$$

$$\Rightarrow \ln[(\sec A - 1)(\sec B - 1)(\sec C - 1)] \geqslant 0$$

$$\Rightarrow (\sec A - 1)(\sec B - 1)(\sec C - 1) \geqslant 1$$

等号成立当且仅当 $\triangle ABC$ 为正三角形.

证法 5 设 $x, y \in \left(0, \frac{\pi}{2}\right), \theta = \frac{x + y}{2} \in \left(0, \frac{\pi}{2}\right)$, 我们先证明

$$(\sec x - 1)(\sec y - 1) \geq (\sec \theta - 1)^2 \qquad (1)$$

$$\Leftrightarrow \sec x \cdot \sec y - \sec x - \sec y \geq \sec^2 \theta - 2\sec \theta$$

$$\Leftrightarrow \frac{p}{q} = \frac{1 - \cos x - \cos y}{\cos x \cos y} \geq \frac{1 - 2\cos \theta}{\cos^2 \theta} \qquad (2)$$

而且

$$p = 1 - \cos x - \cos y \geq 1 - 2\cos\left(\frac{x+y}{2}\right)$$

$$= 1 - 2\cos \theta$$

$$q = \cos x \cos y \leq \left(\frac{\cos x + \cos y}{2}\right)^2$$

$$\leq \left(\cos\frac{x+y}{2}\right)^2 = \cos^2 \theta$$

故式(2)成立,逆推之,式(1)成立. 我们设关于 x 的函数为

$$f(x) = \ln(\sec x - 1)$$

由式(1)知

$$f(x) + f(y) \geq 2f\left(\frac{x+y}{2}\right)$$

因此 $f(x)$ 为凸函数,于是有

$$f(A) + f(B) + f(C) \geq 3f\left(\frac{A+B+C}{3}\right) = 3f\left(\frac{\pi}{3}\right)$$

$$= 3\ln\left(\sec\frac{\pi}{3} - 1\right) = 0$$

$$\Rightarrow \sum \ln(\sec A - 1) = \ln \prod (\sec A - 1) \geq 0$$

$$\Rightarrow \prod (\sec A - 1) \geq 1$$

等号成立当且仅当 $\triangle ABC$ 为正三角形.

证法 6　记 $\theta = \frac{1}{2}(A + B) \in \left(0, \frac{\pi}{2}\right)$,由证法 5 有

$$\begin{cases} (\sec A - 1)(\sec B - 1) \geq (\sec \theta - 1)^2 \\ (\sec C - 1)\left(\sec\frac{\pi}{3} - 1\right) \geq \left[\sec\left(\frac{C}{2} + \frac{\pi}{6}\right) - 1\right]^2 \end{cases}$$

$$\Rightarrow \prod (\sec A - 1) \cdot \left(\sec\frac{\pi}{3} - 1\right)$$

$$\geq \left\{ (\sec \theta - 1)\left[\sec\left(\frac{C}{2} + \frac{\pi}{6}\right) - 1\right]\right\}^2$$

$$\geq \left\{ \sec\frac{1}{2}\left[\theta + \left(\frac{C}{2} + \frac{\pi}{6}\right)\right] - 1\right\}^4$$

$$= \left[\sec\left(\frac{\pi + \frac{\pi}{3}}{4}\right) - 1\right]^4 = \left(\sec\frac{\pi}{3} - 1\right)^4$$

$$\Rightarrow \prod (\sec A - 1) \geqslant (\sec \frac{\pi}{3} - 1)^3 = 1$$

等号成立当且仅当 $\triangle ABC$ 为正三角形.

注 关于式(A)的一系列研究与推广,我们将在名题欣赏中继续.

山村春咏(笔者)

和风东来带春光,雪融冰消日月长.

鸟语花香蜂蝶舞,水秀山清燕飞翔.

农夫挥汗忙耕种,村女含笑采茶香.

云绕山水飘锦绣,江南江北好风光.

题 16 对于任意实数 x, y, z 与任意 $\triangle ABC$ 有三角母不等式

$$2(yz\cos A + zx\cos B + xy\cos C) \leqslant x^2 + y^2 + z^2 \tag{A}$$

成立.

证法 1(判则法) 将式(A)按 x 的降幂排列整理为

$$x^2 - 2(z\cos B + y\cos C)x + (y^2 - 2yz\cos A + z^2) \geqslant 0 \tag{1}$$

关于 x 的判别为

$$\begin{aligned}
\Delta_x &= 4(z\cos B + y\cos C)^2 - 4(y^2 - 2yz\cos A + z^2) \\
&= -4[(1 - \cos^2 C)y^2 - 2(\cos A + \cos B\cos C)yz + (1 - \cos^2 B)z^2] \\
&= -4[y^2\sin^2 C - 2yz\sin B\sin C + z^2\sin^2 B] = -4(y\sin C - z\sin B)^2 \leqslant 0
\end{aligned}$$

所以式(1)恒成立,从而式(A)成立,其中等号成立的充要条件是

$$\begin{cases} x = z\cos B + y\cos C \\ y\sin C - z\sin B = 0 \end{cases} \Rightarrow \begin{cases} y = k\sin B \\ z = k\sin C \end{cases} \quad (k > 0)$$

$$\begin{aligned}
\Rightarrow x &= k(\sin C\cos B + \cos C\sin B) \\
&= k\sin(B + C) = k\sin A
\end{aligned}$$

$$\Rightarrow \frac{x}{\sin A} = \frac{y}{\sin B} = \frac{z}{\sin C}$$

证法 2(配方法) 记式(A)右边 - 左边 $= \Delta_t$,则

$$\begin{aligned}
\Delta_t &= x^2 + (\sin^2 C + \cos^2 C)y^2 + (\cos^2 B + \sin^2 B)z^2 + \\
&\quad 2yz\cos(B + C) - 2zx\cos B - 2xy\cos C \\
&= x^2 + (\sin^2 C + \cos^2 C)y^2 + (\sin^2 B + \cos^2 B)z^2 + \\
&\quad 2yz(\cos B\cos C - \sin B\sin C) - 2zx\cos B - 2xy\cos C \\
&= (y^2\sin^2 C - 2yz\sin B\sin C + z^2\sin^2 B) + \\
&\quad (x^2 + y^2\cos^2 C + z^2\cos^2 B + 2yz\cos B\cos C - 2zx\cos B - 2xy\cos C) \\
&= (y\sin C - z\sin B)^2 + (x - z\cos B - y\cos C)^2 \geqslant 0
\end{aligned}$$

这表明式(A)成立,其中等号成立当且仅当

$$\begin{cases} y\sin C - z\sin B = 0 \\ x = z\cos B - y\cos C \end{cases}$$

$$\Rightarrow \frac{x}{\sin A} = \frac{y}{\sin B} = \frac{z}{\sin C}$$

证法 3（函数法） 我们设关于 x 的函数为

$$f(x) = x^2 + y^2 + z^2 - 2(yz\cos A + zx\cos B + xy\cos C)$$
$$= x^2 - 2(z\cos B + y\cos C)x + (y^2 - 2yz\cos A + z^2)$$

对 x 求导，得

$$f'(x) = 2x - 2(z\cos B + y\cos C)$$
$$f''(x) = 2 > 0$$

因此 $f(x)$ 有最小值 $f(x_0)$，其中 x_0 是方程 $f'(x) = 0$ 的根，为极值驻点，即

$$x = x_0 = z\cos B + y\cos C$$

于是

$$f(x_0) = x_0 [x_0 - 2(z\cos B + y\cos C)] + (y^2 - 2yz\cos A + z^2)$$
$$= -(z\cos B + y\cos C)^2 + (y^2 - 2yz\cos A + z^2)$$
$$= (1 - \cos^2 C)y^2 + (1 - \cos^2 B)z^2 - 2(\cos A + \cos B\cos C)yz$$
$$= (y\sin C)^2 + (z\sin B)^2 - 2[\cos B\cos C - \cos(B + C)]yz$$
$$= (y\sin C)^2 + (z\sin B)^2 - 2yz\sin B\sin C$$
$$= (y\sin C - z\sin B)^2 \geqslant 0$$

因此有

$$f(x) \geqslant f_{\min}(x) = f(x_0) \geqslant 0$$

即式（A）成立，等号成立当且仅当

$$\begin{cases} y\sin C = z\sin B \\ x = z\cos B + y\cos C \end{cases}$$

$$\Rightarrow \frac{x}{\sin A} = \frac{y}{\sin B} = \frac{z}{\sin C}$$

证法 4（构造法） 如图（1），令

$$(\alpha, \beta, \gamma) = (A + \frac{\pi}{3}, B + \frac{\pi}{3}, C + \frac{\pi}{3})$$

$$\Rightarrow \alpha + \beta + \gamma = A + B + C + \pi = 2\pi$$

以 O 为出发点，在平面内作三条线段 OA', OB', OC'，使

$$\begin{cases} \angle B'OC' = \alpha = A + \dfrac{\pi}{3} \\[2mm] \angle C'OA' = \beta = B + \dfrac{\pi}{3} \\[2mm] \angle A'OB' = \gamma = C + \dfrac{\pi}{3} \end{cases}$$

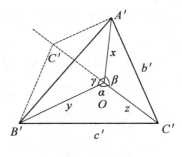

题 16 图（1）

应用余弦定理及三角形面积公式得

$$\begin{cases} a'^2 = y^2 + z^2 - 2yz\cos\alpha \\ b'^2 = z^2 + x^2 - 2zx\cos\beta \\ c'^2 = x^2 + y^2 - 2xy\cos\gamma \end{cases}$$

$$\Rightarrow a'^2 + b'^2 + c'^2 = 2(x^2 + y^2 + z^2) - 2(yz\cos\alpha + zx\cos\beta + xy\cos\gamma)$$

设 $\triangle A'B'C'$ 的面积为 Δ,那么

$$4\sqrt{3}\Delta = 2\sqrt{3}(yz\sin\alpha + zx\sin\beta + xy\sin\gamma)$$

$$\Rightarrow a'^2 + b'^2 + c'^2 - 4\sqrt{3}\Delta$$

$$= 2\left[\sum x^2 - \sum yz(\cos\alpha + \sqrt{3}\sin\alpha) \right]$$

$$= 2\left[\sum x^2 - 2\sum yz\cos\left(\alpha - \frac{\pi}{3}\right) \right]$$

$$= 2\left(\sum x^2 - 2\sum yz\cos A \right)$$

应用 Weitenbock 不等式有

$$a'^2 + b'^2 + c'^2 \geq 4\sqrt{3}\Delta$$

$$\Rightarrow \sum x^2 \geq 2\sum yz\cos A$$

等号成立当且仅当

$$a' = b' = c'$$

$$\Rightarrow \frac{x}{\sin A} = \frac{y}{\sin B} = \frac{z}{\sin C}$$

证法 5(向量法)　如图(2),以 O 为始点,在平面内作向量 $\overrightarrow{OA'} = \boldsymbol{x}$,
$\overrightarrow{OB'} = \boldsymbol{y}$,$\overrightarrow{OC'} = \boldsymbol{z}$,使 $\angle B'OC' = \alpha = \pi - A$,$\angle C'OA' = \beta = \pi - B$,$\angle A'OB' = \gamma = \pi - C$,则有

$$\alpha + \beta + \gamma = 3\pi - (A + B + C) = 2\pi = 2\pi$$

由于　　$(\overrightarrow{OA'} + \overrightarrow{OB'} + \overrightarrow{OC'})^2 \geq 0$

$$\Rightarrow \sum (\overrightarrow{OA'})^2 + 2\sum \overrightarrow{OB'} \cdot \overrightarrow{OC'} \geq 0$$

$$\Rightarrow \sum \boldsymbol{x}^2 + 2\sum \boldsymbol{yz}\cos\alpha \geq 0$$

$$\Rightarrow \sum \boldsymbol{x}^2 + 2\sum \boldsymbol{yz}\cos(\pi - A) \geq 0$$

$$\Rightarrow \sum \boldsymbol{x}^2 \geq 2\sum \boldsymbol{yz}\cos A$$

等号成立当且仅当

$$\overrightarrow{OA'} + \overrightarrow{OB'} + \overrightarrow{OC'} = \boldsymbol{0}$$

利用平行四边形法则及正弦定理有

题 16 图(2)

$$\frac{x}{\sin A} = \frac{y}{\sin B} = \frac{z}{\sin(\pi - C)}$$

$$\Rightarrow \frac{x}{\sin A} = \frac{y}{\sin B} = \frac{z}{\sin C}$$

注 三角母不等式外形美观且漂亮,它的应用广泛,地位重要,以后我们将作研究与介绍.

题 17 对于广义 $\triangle ABC$,证明

$$f = \frac{\cos\dfrac{B}{2}\cos\dfrac{C}{2}}{\cos\dfrac{A}{2}} + \frac{\cos\dfrac{C}{2}\cos\dfrac{A}{2}}{\cos\dfrac{B}{2}} + \frac{\cos\dfrac{A}{2}\cos\dfrac{B}{2}}{\cos\dfrac{C}{2}} \geqslant \frac{5}{2} \qquad (\text{A})$$

注 关于不等式(A),我们过去作过证明和分析,现在我们重新证明它.

证法 1 作代换,令

$$(\alpha,\beta,\gamma) = \left(\frac{A}{2},\frac{B}{2},\frac{C}{2}\right) \Rightarrow \alpha + \beta + \gamma = \frac{\pi}{2}$$

且

$$f = \frac{\cos\beta\cos\gamma}{\cos\alpha} + \frac{\cos\gamma\cos\alpha}{\cos\beta} + \frac{\cos\alpha\cos\beta}{\cos\gamma}$$

不妨设

$$\left.\begin{array}{c} 0 \leqslant \gamma \leqslant \alpha \leqslant \beta \\[4pt] \alpha + \beta + \gamma = \dfrac{\pi}{2} \end{array}\right\} \Rightarrow 0 \leqslant \gamma \leqslant \frac{\pi}{6}$$

固定 γ,由于

$$\frac{\cos\beta\cos\gamma}{\cos\alpha} + \frac{\cos\gamma\cos\alpha}{\cos\beta}$$

$$= 2\cos\gamma\left(\frac{\cos^2\gamma}{\sin\gamma + \cos(\alpha - \beta)} + \sin\gamma\right)$$

及

$$\cos\alpha\cos\beta = \frac{1}{2}\left[\cos(\alpha + \beta) + \cos(\alpha - \beta)\right]$$

$$= \frac{1}{2}\left[\sin\gamma + \cos(\alpha - \beta)\right]$$

则

$$f = \frac{\sin\gamma + \cos(\alpha - \beta)}{2\cos\gamma} + 2\cos\gamma\left(\sin\gamma + \frac{\cos^2\gamma}{\sin\gamma + \cos(\alpha - \beta)}\right)$$

$$= \sin 2\gamma + \frac{\sin\gamma + \cos(\alpha - \beta)}{2\cos\gamma} + \frac{2\cos^3\gamma}{\sin\gamma + \cos(\alpha - \beta)}$$

因为

$$\sin\gamma + \cos(\alpha - \beta) \leqslant 1 + \sin\gamma \leqslant \frac{3}{2} \leqslant 2\cos^2\gamma$$

记 $a = \cos\gamma \geqslant \dfrac{\sqrt{3}}{2}$,即 $a \in \left[\dfrac{\sqrt{3}}{2}, 1\right)$,$x = \sin\gamma + \cos(\alpha - \beta) \leqslant \dfrac{3}{2}$,$g(x) = \dfrac{x}{2a} + \dfrac{2a^3}{x}$,则

$$g'(x) = \frac{1}{2a} - \frac{2a^3}{x^2} \leqslant \frac{1}{\sqrt{3}} - \frac{3\sqrt{3}}{4x^2} = \frac{4x^2 - 9}{4\sqrt{3}x^2} \leqslant 0, \text{则 } g(x) \text{ 在} \left(0, \frac{3}{2}\right] \text{内为减函数,有}$$

$$f \geqslant \sin 2\gamma + \frac{1 + \sin \gamma}{2\cos \gamma} + \frac{2\cos^3 \gamma}{1 + \sin \gamma} (\text{用减函数增减性验证})$$

$$= 2\cos \gamma + \frac{1 + \sin \gamma}{2\cos \gamma}$$

因为

$$\sin 2\gamma + \frac{2\cos^3 \gamma}{1 + \sin \gamma}$$

$$= 2\sin \gamma \cos \gamma + \frac{2\cos \gamma(1 - \cos^2 \gamma)}{1 + \sin \gamma}$$

$$= 2\cos \gamma [\sin \gamma + (1 - \sin \gamma)]$$

$$= 2\cos \gamma$$

$$\frac{1 + \sin \gamma}{2\cos \gamma} = \frac{\left(\cos \frac{\gamma}{2} + \sin \frac{\gamma}{2}\right)^2}{2\left(\cos^2 \frac{\gamma}{2} - \sin^2 \frac{\gamma}{2}\right)}$$

$$= \frac{\cos \frac{\gamma}{2} + \sin \frac{\gamma}{2}}{2\left(\cos \frac{\gamma}{2} - \sin \frac{\gamma}{2}\right)}$$

$$= \frac{1 + \tan \frac{\gamma}{2}}{2\left(1 - \tan \frac{\gamma}{2}\right)}$$

$$= \frac{1}{2}\cot\left(\frac{\pi}{4} - \frac{\gamma}{2}\right)$$

所以

$$f = 2\cos \gamma + \frac{1}{2}\cot\left(\frac{\pi}{4} - \frac{\gamma}{2}\right)$$

令 $\theta = \frac{\pi}{4} - \frac{\gamma}{2} \in \left[\frac{\pi}{6}, \frac{\pi}{4}\right]$,则

$$f \geqslant 2\sin 2\theta + \frac{1}{2}\cot \theta$$

$$= \frac{4\tan \theta}{1 + \tan^2 \theta} + \frac{1}{2\tan \theta}$$

$$= \frac{5}{2} + \frac{(1 - \tan \theta)(5\tan^2 \theta - 4\tan \theta + 1)}{2(1 + \tan^2 \theta)\tan \theta}$$

由于 $\theta \in \left[\frac{\pi}{6}, \frac{\pi}{4}\right] \Rightarrow \tan \theta \in \left[\frac{\sqrt{3}}{3}, 1\right]$,因此 $f \geqslant \frac{5}{2}$,即式(A)成立,等号成立当

且仅当

$$\alpha = \beta = \frac{\pi}{4}, \theta = \frac{\pi}{4} \Rightarrow \gamma = 0$$

即 $A = B = \frac{\pi}{2}, C = 0$.

证法 2 作代换

$$(a, b, c) = (\tan \alpha, \tan \beta, \tan \gamma)$$

由 $\alpha + \beta + \gamma = \frac{\pi}{2} \Rightarrow ab + bc + ca = 1$,且 $0 \leqslant ab \leqslant 1$.

于是

$$f = \sum \frac{\cos \beta \cos \gamma}{\cos \alpha} = \sum \frac{\cos \beta \cos \gamma}{\sin(\beta + \gamma)}$$

$$= \sum \left(\frac{\cos \beta \cos \gamma}{\sin \beta \cos \gamma + \cos \beta \sin \gamma} \right) = \sum \left(\frac{1}{\tan \beta + \tan \gamma} \right)$$

$$= \sum \frac{1}{b + c} = \frac{1}{b + c} + \frac{1}{c + a} + \frac{1}{a + b}$$

记

$$f = f(a, b, c) = \sum \frac{1}{b + c}$$

不妨设 $a \leqslant b \leqslant c \Rightarrow c \geqslant \frac{a + b}{2}, c' = \frac{1}{a + b}, c = \frac{1 - ab}{a + b}$,我们先证明

$$f(0, a + b, c') \leqslant f(a, b, c) \tag{1}$$

$$\Leftrightarrow \frac{1}{a + b} + \frac{1}{a + b + c'} + \frac{1}{c'} \leqslant \frac{1}{a + b} + \frac{1}{b + c} + \frac{1}{c + a}$$

$$\Leftrightarrow ab(a + b)^2 \leqslant 2(1 - ab) \tag{2}$$

又

$$2(1 - ab) = 2c(a + b) \geqslant (a + b)^2 \geqslant ab(a + b)^2$$

(因 $ab \leqslant 1$)即式(2),也即式(1)成立. 于是

$$f(a, b, c) \geqslant f(0, a + b, c')$$

$$\geqslant \frac{1}{a + b} + \frac{1}{a + b + \dfrac{1}{a + b}} + (a + b) = x + \frac{1}{x}$$

其中

$$x = (a + b) + \frac{1}{a + b} \geqslant 2 > 1$$

设函数 $g(x) = x + \frac{1}{x}$,则 $g'(x) = 1 - \frac{1}{x^2} > 0$,因此函数 $g(x)$ 在 $(1, +\infty)$ 内是增函数,所以

$$f(a, b, c) \geqslant g(x) = g_{\min}(x) = g(2) = 2 + \frac{1}{2} = \frac{5}{2} \Rightarrow f \geqslant \frac{5}{2}$$

等号成立当且仅当 $a = 0, b = c = 1$,即 A, B, C 中一个取 0,两个取 $\frac{\pi}{2}$.

证法 3 接证法 2 所设,如果

$$a,b,c > \frac{\sqrt{3}}{3} \Rightarrow ab + bc + ca > 1$$

与

$$ab + bc + ca = 1$$

矛盾,因此 a,b,c 中必有一个不大于 $\frac{\sqrt{3}}{3}$,由对称性,不妨设 $b \leqslant \frac{\sqrt{3}}{3}$,注意到

$$ab + bc + ca = 1$$

$$\Rightarrow (a+b)(b+c) = b^2 + \sum ab = 1 + b^2$$

$$\Rightarrow f = \sum \frac{1}{b+c} = \frac{a+2b+c}{(a+b)(b+c)} + \frac{1}{c+a}$$

$$= \frac{a+2b+c}{1+b^2} + \frac{1}{a+c}$$

$$= \frac{2b}{1+b^2} + \frac{a+c}{1+b^2} + \frac{1}{a+c}$$

固定 b,求出 $F = \frac{a+c}{1+b^2} + \frac{1}{a+c}$ 的最小值. 令 $x = a+c$,则

$$F = f(x) = \frac{x}{1+b^2} + \frac{1}{x}, f'(x) = \frac{1}{1+b^2} - \frac{1}{x^2}$$

在 $x \geqslant \sqrt{1+b^2}$ 时单调递增,而

$$1 - b(a+c) = ac \leqslant \left(\frac{a+c}{2}\right)^2$$

$$\Rightarrow \frac{1}{4}x^2 \geqslant 1 - bx \Rightarrow x \geqslant 2\sqrt{1+b^2} - 2b$$

又

$$b \leqslant \frac{\sqrt{3}}{3} \Rightarrow 1 + b^2 \geqslant 4b^2$$

则

$$x \geqslant \sqrt{1+b^2} + (\sqrt{1+b^2} - 2b) \geqslant \sqrt{1+b^2}$$

$$\Rightarrow f = \frac{2b}{1+b^2} + f(x) \geqslant \frac{2b}{1+b^2} + f(2\sqrt{1+b^2} - 2b)$$

$$\geqslant \frac{2}{\sqrt{1+b^2}} + \frac{1}{2}(\sqrt{1+b^2} + b)$$

又令

$$y = \sqrt{1+b^2} - b \Rightarrow b = \frac{1-y^2}{2y} \quad (0 < y \leqslant 1)$$

$$\Rightarrow f \geqslant \frac{2}{y+b} + \frac{1}{2y} = \frac{9y^2+1}{2y(1+y^2)} + \frac{5}{2} + t$$

其中
$$t = \frac{(1-y)\left[5\left(y-\frac{2}{5}\right)^2 + \frac{1}{5}\right]}{2y(1+y^2)} \geq 0 \Rightarrow f \geq \frac{5}{2}$$

等号成立当且仅当 a,b,c 中一个取 0,两个取 1,即 A,B,C 中一个取 0,两个取 $\frac{\pi}{2}$.

证法 4 作代换,令
$$(x,y,z) = \left(\tan\frac{A}{2}, \tan\frac{B}{2}, \tan\frac{C}{2}\right)$$

则 $x,y,z \in [0,1]$,且 $xy+yz+zx = 1$. 通过配方得
$$f = \sum \left(\frac{\cos\frac{B}{2}\cos\frac{C}{2}}{\cos\frac{A}{2}}\right) = \sum \left(\frac{1}{\tan\frac{B}{2}\tan\frac{C}{2}}\right)$$
$$= \sum \left(\frac{1}{y+z}\right) = \frac{1}{y+z} + \frac{1}{z+x} + \frac{1}{x+y}$$

则
$$f - \frac{5}{2} = \frac{m}{4(x+y)(y+z)(z+x)} \geq 0$$

其中
$$m = 4\left(\sum x - 2\right)^2 + 3\sum x(y+z-1)^2 + xyz \geq 0$$

等号成立当且仅当 $m = 0$,即 x,y,z 中一个为 0,两个为 1,即 A,B,C 中一个为 0,两个为 $\frac{\pi}{2}$.

清明诗(笔者)

(一)

山河肃穆又清明,举国齐怀先烈魂.

枪林弹雨战顽敌,雪山草地度艰辛.

巍巍丰碑千秋立,赫赫英名万古存.

英雄为民献肝胆,换来今朝改革春.

(二)

百花渐少已清明,三月蓉城春色深.

十里郊原春笼野,千家庭院绿成荫.

人民垂泪怀先烈,师生府首祭英灵.

改革东风吹天地,百业腾飞气象新.

题 18 设 $\triangle ABC$ 为锐角三角形,证明
$$\tan A + \tan B + \tan C \geq 3\sqrt{3} \tag{A}$$

说明 式(A)为著名的三角形正切和不等式,若令 $(x,y,z) = (\tan\frac{A}{2},$

$\tan\dfrac{B}{2},\tan\dfrac{C}{2}$),则 $x,y,z\in(0,1)$,且 $yz+zx+xy=1$.

于是式(A)转化成等价的代数不等式

$$P=\frac{x}{1-x^2}+\frac{y}{1-y^2}+\frac{z}{1-z^2}\geqslant\frac{3\sqrt{3}}{2} \tag{B}$$

下面我们用七种方法证明这个问题,这样不仅发散了我们的思维,还揭示了三角与代数转换之间的内在联系.

证法 1 我们构造函数

$$f(x)=\frac{x}{1-x^2}=\frac{1}{1-x}-\frac{1}{1-x^2},x\in(0,1)$$

求导得

$$f'(x)=\frac{1+x^2}{(1-x^2)^2}>0,f''(x)=\frac{x^3+3x}{(1-x^2)^3}>0$$

所以 $f(x)$ 在区间(0,1)内是严格递增的凸函数,应用琴生不等式有

$$f(x)+f(y)+f(z)\geqslant3f(\frac{x+y+z}{3})$$

又由已知条件有

$$x+y+z\geqslant\sqrt{3(yz+zx+xy)}=\sqrt{3}$$

及 $f(x)$ 为增函数有

$$f(x)+f(y)+f(z)\geqslant3f(\frac{x+y+z}{3})=3f(\frac{\sqrt{3}}{3})=\frac{3\sqrt{3}}{2}$$

$$\Rightarrow P=f(x)+f(y)+f(z)\geqslant\frac{3\sqrt{3}}{2}$$

等号成立当且仅当 $x=y=z=\dfrac{\sqrt{3}}{3}$,即 $\triangle ABC$ 为正三角形.

证法 2 我们构造函数

$$f(x)=\frac{1}{1-x^2},其中 x\in(0,1)$$

则 $f(x)$ 在区间(0,1)内是增函数,因此有

$$(x-\frac{\sqrt{3}}{3})[f(x)-f(\frac{\sqrt{3}}{3})]\geqslant0$$

$$\Leftrightarrow(x-\frac{\sqrt{3}}{3})[f(x)-\frac{3\sqrt{3}}{2}]\geqslant0$$

$$\Leftrightarrow xf(x)\geqslant\frac{\sqrt{3}}{3}f(x)+\frac{3\sqrt{3}}{2}(x-\frac{\sqrt{3}}{3})$$

同理,对于 $y,z\in(0,1)$ 也有

$$yf(y) \geqslant \frac{\sqrt{3}}{3} f(y) + \frac{3\sqrt{3}}{2} (y - \frac{\sqrt{3}}{3})$$

$$zf(z) \geqslant \frac{\sqrt{3}}{3} f(z) + \frac{3\sqrt{3}}{2} (z - \frac{\sqrt{3}}{3})$$

将以上三式相加得

$$P = xf(x) + yf(y) + zf(z)$$

$$\geqslant \frac{\sqrt{3}}{3} (f(x) + f(y) + f(z)) + \frac{3\sqrt{3}}{2} (x + y + z - \sqrt{3}) \qquad (1)$$

又由于

$$x + y + z \geqslant \sqrt{3(yz + zx + xy)} = \sqrt{3}$$

$$\Rightarrow P \geqslant \frac{\sqrt{3}}{3} (f(x) + f(y) + f(z))$$

$$= \frac{\sqrt{3}}{3} \left(\frac{1}{1-x^2} + \frac{1}{1-y^2} + \frac{1}{1-z^2} \right)$$

$$\geqslant \frac{\sqrt{3}}{3} \cdot \frac{3^2}{\sum (1-x^2)} \text{（应用了柯西不等式）}$$

$$= \frac{3\sqrt{3}}{3 - (x^2 + y^2 + z^2)} \geqslant \frac{3\sqrt{3}}{3 - (yz + zx + xy)} = \frac{3\sqrt{3}}{2}$$

$$\Rightarrow P \geqslant \frac{3\sqrt{3}}{2}$$

等号成立当且仅当

$$x = y = z = \frac{\sqrt{3}}{3} \Rightarrow \tan\frac{A}{2} = \tan\frac{B}{2} = \tan\frac{C}{2} = \frac{\sqrt{3}}{3}$$

$$\Rightarrow A = B = C = \frac{\pi}{3}$$

即 $\triangle ABC$ 为正三角形.

证法 3　我们构造函数

$$f(x) = \frac{x}{1-x^2}, x \in (0,1)$$

则 $f(\frac{\sqrt{3}}{3}) = \frac{\sqrt{3}}{2}$，求导得

$$f'(x) = \frac{1}{(1-x)^2} - \frac{2x}{(1-x^2)^2} = \frac{1+x^2}{(1-x^2)^2}$$

曲线 $y = f(x)$ 在 $x = \frac{\sqrt{3}}{3}$ 处的切线斜率为 $f'(\frac{\sqrt{3}}{3}) = 3$. 因此在点 $(\frac{\sqrt{3}}{3}, \frac{\sqrt{3}}{2})$ 处

曲线 $y = f(x)$ 的切线方程为

$$y - \frac{\sqrt{3}}{2} = 3\left(x - \frac{\sqrt{3}}{3}\right) \Rightarrow y = 3x - \frac{\sqrt{3}}{2}$$

现在我们证明局部不等式

$$f(x) = \frac{x}{1 - x^2} \geqslant 3x - \frac{\sqrt{3}}{2}, x \in (0,1) \tag{2}$$

$$\Leftrightarrow x^3 - \frac{\sqrt{3}}{6}x^2 - \frac{2}{3}x + \frac{\sqrt{3}}{6} \geqslant 0$$

$$\Leftrightarrow \left(x - \frac{\sqrt{3}}{3}\right)^2 \left(x + \frac{\sqrt{3}}{2}\right) \geqslant 0 \tag{3}$$

因此式(2)成立,同理可得

$$\frac{y}{1 - y^2} \geqslant 3y - \frac{\sqrt{3}}{2}, \frac{z}{1 - z^2} \geqslant 3z - \frac{\sqrt{3}}{2}$$

将以上两式与式(2)相加得

$$P = \sum \left(\frac{x}{1 - x^2}\right) \geqslant 3(x + y + z) - \frac{3}{2}\sqrt{3}$$

$$\geqslant 3\sqrt{3\sum yz} - \frac{3}{2}\sqrt{3}$$

$$= 3\sqrt{3} - \frac{3}{2}\sqrt{3} = \frac{3}{2}\sqrt{3}$$

$$\Rightarrow P \geqslant \frac{3}{2}\sqrt{3}$$

等号成立当且仅当 $x = y = z = \frac{\sqrt{3}}{3} \Rightarrow A = B = C = \frac{\pi}{3}$.

证法 4 因为 $x, y, z \in (0,1)$,则利用级数求和原理有

$$P = \sum \frac{x}{1 - x^2} = \sum x(1 + x^2 + x^4 + \cdots)$$

$$= (x + y + z) + \sum x^3 + \sum x^5 + \cdots$$

$$\geqslant 3\left[\frac{\sum x}{3} + \left(\frac{\sum x}{3}\right)^3 + \left(\frac{\sum x}{3}\right)^5 + \cdots\right]$$

$$= \frac{3\left(\dfrac{\sum x}{3}\right)}{1 - \left(\dfrac{\sum x}{3}\right)^2}$$

因为 $\dfrac{\sum x}{3} \in (0,1)$ 且

$$x + y + z \geqslant \sqrt{3(yz + zx + xy)} = \sqrt{3}$$

$$\Rightarrow P \geqslant \frac{\sqrt{3}}{1 - (\frac{\sqrt{3}}{3})^2} = \frac{3}{2}\sqrt{3}$$

等号成立当且仅当 $x = y = z = \dfrac{\sqrt{3}}{3}$.

证法 5　不妨设 $1 > x \geqslant y \geqslant z > 0$，则 $x^2 \geqslant y^2 \geqslant z^2$，由切比雪夫不等式有

$$x^3 + y^3 + z^3 \geqslant \frac{1}{3}(x + y + z)(x^2 + y^2 + z^2)$$

$$\geqslant \frac{1}{3}(x + y + z)(yz + zx + xy)$$

$$= \frac{1}{3}(x + y + z)$$

且　　　　　　　　$x + y + z \geqslant \sqrt{3(yz + zx + xy)} = \sqrt{3}$

于是，应用柯西不等式有

$$P = \frac{x^2}{x - x^3} + \frac{y^2}{y - y^3} + \frac{z^2}{z - z^3}$$

$$\geqslant \frac{(x + y + z)^2}{(x - x^3) + (y - y^3) + (z - z^3)}$$

$$\geqslant \frac{(x + y + z)^2}{\sum x - \frac{1}{3}\sum x} = \frac{3}{2}(x + y + z) \geqslant \frac{3}{2}\sqrt{3}$$

$$\Rightarrow P \geqslant \frac{3}{2}\sqrt{3}$$

等号成立当且仅当 $x = y = z = \dfrac{\sqrt{3}}{3}$.

证法 6　由于 P 关于 x, y, z 完全对称，故不妨设 $1 > x \geqslant y \geqslant z > 0$，则有

$$\frac{1}{1 - x^2} \geqslant \frac{1}{1 - y^2} \geqslant \frac{1}{1 - z^2} > 0$$

因此，应用切比雪夫不等式有

$$P = \frac{x}{1 - x^2} + \frac{y}{1 - y^2} + \frac{z}{1 - z^2}$$

$$\Rightarrow \frac{1}{3}(x + y + z)\left(\frac{1}{1 - x^2} + \frac{1}{1 - y^2} + \frac{1}{1 - z^2}\right)$$

$$\geqslant \frac{1}{3}\sqrt{3(yz + zx + xy)} \cdot \frac{9}{\sum(1 - x^2)}$$

$$= \frac{\sqrt{3}}{3} \left(\frac{9}{3 - \sum x^2} \right)$$

（应用了柯西不等式）

$$\geqslant \frac{\sqrt{3}}{3} \cdot \frac{9}{3 - \sum yz} = \frac{3}{2}\sqrt{3}$$

$$\Rightarrow P \geqslant \frac{3}{2}\sqrt{3}$$

等号成立当且仅当 $x = y = z = \frac{\sqrt{3}}{3}$.

证法 7 因为 $x, y, z \in (0, 1)$，且因 $\triangle ABC$ 为锐角三角形，所以 $\tan A, \tan B, \tan C > 0$. 于是

$$\tan A \tan B \tan C = \tan A + \tan B + \tan C$$
$$\geqslant 3 \sqrt[3]{\tan A \tan B \tan C}$$
$$\Rightarrow \tan A \tan B \tan C \geqslant (\sqrt{3})^3$$
$$\Rightarrow \tan A + \tan B + \tan C \geqslant 3 \sqrt[3]{\tan A \tan B \tan C} \geqslant 3\sqrt{3}$$

等号成立当且仅当 $\triangle ABC$ 为正三角形.

注 在锐角 $\triangle ABC$ 中，不等式（A）不够强，它可加强为

$$\sum \tan A \geqslant \sqrt{3 \sum \tan B \tan C} \geqslant 3 \left(\prod \tan A \right)^{\frac{1}{3}} \geqslant 3\sqrt{3}$$

$$\sum \tan A \geqslant 3 \sum \tan \frac{A}{2} \geqslant 3\sqrt{3}$$

关于式（A）的研究与欣赏，将在名题欣赏中展现！

题 19 对于任意 $\triangle ABC$，证明

$$P = \frac{\cos^4 A}{1 + \cos^2 A} + \frac{\cos^4 B}{1 + \cos^2 B} + \frac{\cos^4 C}{1 + \cos^2 C} \geqslant \frac{3}{20} \qquad (A)$$

分析 式（A）是一个典型的分式型三角不等式，从它的外形观察，如果直接应用柯西不等式有

$$P = \sum \frac{\cos^4 A}{1 + \cos^2 A} \geqslant \frac{\left(\sum \cos^2 A \right)^2}{\sum (1 + \cos^2 A)}$$

$$= \frac{\left(\sum \cos^2 A \right)^2}{3 + \sum \cos^2 A}$$

但 $\sum \cos^2 A = 3 - \sum \sin^2 A \geqslant 3 - \frac{9}{4} = \frac{3}{4}$，因此以上两式方向相反，不能应用此法证明式（A）.

下面我们应用两种思路证明式（A）.

证法 1　由于

$$\cos 2A + \cos 2B + \cos 2C$$

$$= 2\cos(A+B)\cos(A-B) + 2\cos^2 C - 1$$

$$= -2\cos C\cos(A-B) + 2\cos^2 C - 1$$

$$= 2\left[\cos C - \frac{1}{2}\cos(A-B)\right]^2 - 1 - \frac{1}{2}\cos^2(A-B)$$

$$\geqslant -1 - \frac{1}{2}\cos^2(A-B) \geqslant -1 - \frac{1}{2} = -\frac{3}{2}$$

$$\Rightarrow \sum (2\cos^2 A - 1) \geqslant -\frac{3}{2}$$

$$\Rightarrow x = \sum \cos^2 A \geqslant \frac{3}{4} \tag{1}$$

$$\Rightarrow (4x - 3)(5x + 3) \geqslant 0$$

$$\Rightarrow 20x^2 \geqslant 3x + 9 \Rightarrow \frac{x^2}{3+x} \geqslant \frac{3}{20} \tag{2}$$

利用柯西不等式有

$$P = \sum \frac{\cos^4 A}{1 + \cos^2 A} \geqslant \frac{\left(\sum \cos^2 A\right)^2}{\sum (1 + \cos^2 A)}$$

$$= \frac{x^2}{3+x} \geqslant \frac{3}{20}$$

等号成立当且仅当 $\triangle ABC$ 为正三角形.

证法 2　我们先证明局部不等式

$$\frac{\cos^4 A}{1 + \cos^2 A} \geqslant \frac{1}{25}(9\cos^2 A - 1) \tag{1}$$

$$\Leftrightarrow 25\cos^4 A \geqslant (9\cos^2 A - 1)(1 + \cos^2 A)$$

$$\Leftrightarrow 16\cos^4 A - 8\cos^2 A + 1 \geqslant 0$$

$$\Leftrightarrow (4\cos^2 A - 1)^2 \geqslant 0$$

等号成立当且仅当 $\cos^2 A = \frac{1}{4}$.

同理可得

$$\frac{\cos^4 B}{1 + \cos^2 B} \geqslant \frac{1}{25}(9\cos^2 B - 1) \tag{2}$$

$$\frac{\cos^4 C}{1 + \cos^2 C} \geqslant \frac{1}{25}(9\cos^2 C - 1) \tag{3}$$

$(1) + (2) + (3)$ 得

$$P \geqslant \frac{1}{25}\left(9 \sum \cos^2 A - 3\right)$$

$$\geq \frac{1}{25}\left(9 \times \frac{3}{4} - 3\right) = \frac{3}{20}$$

等号成立当且仅当 $\triangle ABC$ 为正三角形.

评注 式(A)可从系数、参数、指数三个方面进行推广.

推广 设 $m, k, x, y, z, \lambda, \mu, \nu$ 均为正数,则对任意 $\triangle ABC$ 有

$$T_\lambda = \frac{(\lambda \cos^4 A)^{1+k}}{(m + yz\sin^2 A)^k} + \frac{(\mu \cos^4 B)^{1+k}}{(m + zx\sin^2 B)^k} + \frac{(\nu \cos^4 C)^{1+k}}{(m + xy\sin^2 C)^k}$$

$$\geq \left(\frac{9}{16}\right)^{1+k}\left(\sum \frac{1}{\lambda}\right)^{-(1+k)} \cdot \left(3m + \frac{9}{4}\right)^k \tag{B}$$

$$P_\lambda = \frac{\lambda \cos^4 A}{1 + \cos^2 A} + \frac{\mu \cos^4 B}{1 + \cos^2 B} + \frac{\nu \cos^4 C}{1 + \cos^2 C}$$

$$\geq \frac{27}{50} - \frac{9}{100}\left(\frac{\mu\nu}{\lambda} + \frac{\nu\lambda}{\mu} + \frac{\lambda\mu}{\nu}\right) \tag{C}$$

$$F_\lambda = \frac{(\lambda \cos^4 A)^{1+k}}{(1 + \cos^2 A)^k} + \frac{(\mu \cos^4 B)^{1+k}}{(1 + \cos^2 B)^k} + \frac{(\nu \cos^4 C)^{1+k}}{(1 + \cos^2 C)^k}$$

$$\geq \left(\frac{3}{4}\right)^2\left(\frac{3}{20}\right)^k \cdot \frac{(\lambda\mu\nu)^{1+k}}{(\mu\nu + \nu\lambda + \lambda\mu)^{1+k}} \tag{D}$$

其中
$$\lambda + \mu + \nu = x + y + z = 3$$

提示
$$P_\lambda = \sum\left(\frac{\lambda \cos^4 A}{1 + \cos^2 A}\right) \geq \frac{1}{25}\sum \lambda(9\cos^2 A - 1)$$

$$= \frac{1}{25}\left[9\sum \lambda\cos^2 A - \sum \lambda\right]$$

$$\geq \frac{9}{25} \cdot \frac{1}{4}\left(6 - \sum \frac{\mu\nu}{\lambda}\right) - \frac{3}{25}$$

$$= \frac{27}{50} - \frac{9}{100}\sum \frac{\mu\nu}{\lambda}$$

$$F_\lambda = \sum \frac{(\lambda \cos^4 A)^{1+k}}{(1 + \cos^2 A)^k} \geq \frac{\left(\sum \lambda\cos^4 A\right)^{1+k}}{\left[\sum(1 + \cos^2 A)\right]^k}$$

$$= \frac{\left(\sum \lambda\cos^4 A\right)^{1+k}}{(3 + x)^k} \tag{4}$$

其中
$$x = \sum \cos^2 A \geq \frac{3}{4}$$

又应用柯西不等式有

$$\left(\sum \lambda\cos^4 A\right)\left(\sum \frac{1}{\lambda}\right) \geq \left(\sum \cos^2 A\right)^2 = x^2$$

$$\Rightarrow \sum \lambda\cos^4 A \geq x^2\left(\sum \frac{1}{\lambda}\right)^{-1} \tag{5}$$

$$\Rightarrow F_\lambda \geqslant \left(\sum \frac{1}{\lambda} \right)^{-(1+k)} \cdot \frac{x^{2+2k}}{(3+x)^k}$$

$$= \frac{(\lambda\mu\nu)^{1+k} \cdot x^2}{(\sum \mu\nu)^{1+k}} \cdot \left(\frac{x^2}{3+x} \right)^k$$

$$\geqslant \frac{(\lambda\mu\nu)^{1+k}}{(\sum \mu\nu)^{1+k}} \left(\frac{3}{4} \right)^2 \cdot \left(\frac{3}{20} \right)^k$$

利用权方和不等式有

$$T_\lambda = \sum \frac{(\lambda\cos^4 A)^{1+k}}{(m+yz\sin^2 A)^k} \geqslant \frac{(\sum \lambda\cos^4 A)^{1+k}}{[\sum (m+yz\sin^2 A)]^k}$$

$$= \frac{(\sum \lambda\cos^4 A)^{1+k}}{(3m + \sum yz\sin^2 A)^k} \geqslant \frac{\left[\left(\frac{3}{4} \right)^2 \left(\sum \frac{1}{\lambda} \right)^{-1} \right]^{1+k}}{\left[3m + \frac{1}{4} (\sum x)^2 \right]^k}$$

$$\Rightarrow T_\lambda \geqslant \left(\frac{9}{16} \right)^{1+k} \cdot \left(\sum \frac{1}{\lambda} \right)^{-(1+k)} \cdot \left(3m + \frac{9}{4} \right)^k$$

题 20 在锐角 $\triangle ABC$ 中,若 $n \in \mathbf{N}$,则有

$$P_n = \frac{\cos^n A}{\cos B + \cos C} + \frac{\cos^n B}{\cos C + \cos A} + \frac{\cos^n C}{\cos A + \cos B} \geqslant \frac{3}{2^n} \qquad (A)$$

分析 根据题意,应对自然数 n 分情况讨论或分奇、偶讨论,并注意灵活应用柯西不等式与切比雪夫不等式.

证法 1 当 $n = 0$ 时,应用柯西不等式有

$$P_0 = \sum \left(\frac{1}{\cos B + \cos C} \right) \geqslant \left(\frac{9}{\sum (\cos B + \cos C)} \right)$$

$$= \frac{9}{2 \sum \cos A} \geqslant 3$$

当 $n = 1$ 时

$$P_1 + 3 = \sum \left(\frac{\cos A}{\cos B + \cos C} + 1 \right)$$

$$= (\sum \cos A) \sum \left(\frac{1}{\cos B + \cos C} \right)$$

$$= \frac{1}{2} \sum (\cos B + \cos C) \cdot \sum \left(\frac{1}{\cos B + \cos C} \right) \geqslant \frac{9}{2}$$

$$\Rightarrow P_1 \geqslant \frac{3}{2}$$

当 $n = 2$ 时,不妨设

$$\frac{\pi}{2} > A \geqslant B \geqslant C > 0$$

$$\Rightarrow \begin{cases} \cos^2 A \leqslant \cos^2 B \leqslant \cos^2 C \\ \dfrac{1}{\cos B + \cos C} \leqslant \dfrac{1}{\cos C + \cos A} \leqslant \dfrac{1}{\cos A + \cos B} \end{cases}$$

$$\Rightarrow P_2 = \sum \left(\frac{\cos^2 A}{\cos B + \cos C} \right)$$

$$\geqslant \frac{1}{3} \left(\sum \cos^2 A \right) \sum \left(\frac{1}{\cos B + \cos C} \right)$$

$$\geqslant \frac{1}{3} \times \frac{3}{4} \times 3 = \frac{3}{4}$$

当 $n > 2$ 时,应用切比雪夫不等式和幂平均不等式有

$$P_n = \sum \frac{\cos^n A}{\cos B + \cos C}$$

$$\geqslant \frac{1}{3} \left(\sum \cos^n A \right) \cdot \sum \left(\frac{1}{\cos B + \cos C} \right)$$

$$\geqslant \sum \cos^n A \geqslant 3 \left(\frac{\sum \cos^2 A}{3} \right)^{\frac{n}{2}}$$

$$\geqslant 3 \left(\frac{1}{4} \right)^{\frac{n}{2}} = \frac{3}{2^n}$$

综合上述,对一切 $n \in \mathbf{N}$ 成立,等号成立当且仅当 $\triangle ABC$ 为正三角形.

证法 2　(1)当 n 为偶数时.

当 $n = 0$ 时,由证法 1 知式(A)成立.

假设当 $n = 2k(k \in \mathbf{N})$ 时,式(A)成立,即

$$P_{2k} = \sum \frac{\cos^{2k} A}{\cos B + \cos C} \geqslant \frac{3}{2^{2k}}$$

由对称性,不妨设 $0 < A \leqslant B \leqslant C < \dfrac{\pi}{2}$,则

$$\cos^{2k} A \geqslant \cos^{2k} B \geqslant \cos^{2k} C > 0$$

$$\cos^2 A \geqslant \cos^2 B \geqslant \cos^2 C > 0$$

$$\frac{\cos^{2k} A}{\cos B + \cos C} \geqslant \frac{\cos^{2k} B}{\cos C + \cos A} \geqslant \frac{\cos^{2k} C}{\cos A + \cos B}$$

当 $n = 2k + 2(k \in \mathbf{N})$ 时,应用切比雪夫不等式有

$$P_{2k+2} = \sum \left(\frac{\cos^{2k} A}{\cos B + \cos C} \right) \cos^2 A$$

$$\geqslant \frac{1}{3} P_{2k} \sum \cos^2 A \geqslant \frac{1}{3} \times \frac{3}{2^{2k}} \times \frac{1}{4} = \frac{3}{2^{2k+2}}$$

由数学归纳法知,当 $n = 2k(k \in \mathbf{N})$ 时,式(A)成立.

　(2)当 n 为奇数时.

当 $n=1$ 时,由证法 1 知,式(A)成立.

假设当 $n=2k+1$ ($k \in \mathbf{N}$)时,式(A)成立,即

$$P_{2k+1} = \sum \frac{(\cos A)^{2k+1}}{\cos B + \cos C} \geqslant \frac{3}{2^{2k+1}}$$

当 $n=2k+3$ 时,应用切比雪夫不等式有

$$P_{2k+3} = \sum \left(\frac{\cos^{2k+1} A}{\cos B + \cos C} \right) \cos^2 A$$

$$\geqslant \frac{1}{3} P_{2k+1} \left(\sum \cos^2 A \right)$$

$$\geqslant \frac{1}{3} \times \frac{3}{2^{2k+1}} \times \frac{3}{4} = \frac{3}{2^{2k+3}}$$

综合上述,对一切 $n \in \mathbf{N}$ 式(A)成立,等号成立当且仅当 $\triangle ABC$ 为正三角形.

评注 放眼展望,式(A)是一个外观漂亮、结构对称优美的分式和三角不等式,从证法 1 我们可知,当 $n \geqslant 2$ 时,式(A)有漂亮的配对式.

(1)**配对** 设 $\triangle ABC$ 为锐角三角形,指数 $m,k \geqslant 0$,正系数 λ,μ,ν 满足 $\lambda + \mu + \nu = 3$,记

$$P_\lambda = \frac{\lambda(\csc A)^m}{(\cos B + \cos C)^k} + \frac{\mu(\csc B)^m}{(\cos C + \cos A)^k} + \frac{\nu(\csc C)^m}{(\cos A + \cos B)^k}$$

则有

$$P_\lambda \geqslant \left(\frac{1}{3} \right)^{1+k} \cdot \left(\frac{2}{3\sqrt{3}} \right)^m \cdot \left(\sum \lambda^{\frac{1}{1+m}} \right)^{1+m} \cdot \left(\sum \lambda^{\frac{1}{1+k}} \right)^{1+k} \qquad (B)$$

提示 设 $\frac{\pi}{2} > A \geqslant B \geqslant C > 0$,则有

$$\begin{cases} (\csc A)^m \leqslant (\csc B)^m \leqslant (\csc C)^m \\ (\cos B + \cos C)^{-k} \leqslant (\cos C + \cos A)^{-k} \leqslant (\cos A + \cos B)^{-k} \end{cases}$$

应用切比雪夫不等式的加权推广有

$$P_\lambda = \sum \frac{\lambda(\csc A)^m}{(\cos B + \cos C)^k} \geqslant \frac{p \cdot q}{\sum \lambda} = \frac{1}{3} pq \qquad (1)$$

其中

$$p = \sum \lambda(\csc A)^m = \sum \frac{(\lambda^{\frac{1}{1+m}})}{(\sin A)^m}$$

$$q = \sum \frac{\lambda}{(\cos B + \cos C)^k} = \sum \frac{(\lambda^{\frac{1}{1+k}})^{1+k}}{(\cos B + \cos C)^k}$$

应用权方和不等式有

$$p \geqslant \frac{\left(\sum \lambda^{\frac{1}{1+m}} \right)^{1+m}}{\left(\sum \sin A \right)^m} \geqslant \left(\frac{2}{3\sqrt{3}} \right)^m \left(\sum \lambda^{\frac{1}{1+m}} \right)^{1+m} \tag{2}$$

$$q \geqslant \frac{\left(\sum \lambda^{\frac{1}{1+k}} \right)^{1+k}}{\left[\sum (\cos B + \cos C) \right]^k} \geqslant \left(\frac{1}{3} \right)^k \left(\sum \lambda^{\frac{1}{1+k}} \right)^{1+k} \tag{3}$$

将式(2)、(3)、(1)相结合即得式(B).

(2)记

$$P_n(\lambda) = \sum \frac{(\mu + \nu)\cos^n A}{\cos B + \cos C}, n \in \mathbf{N}$$

现在我们研究表达式 $P_n(\lambda)$.

当 $n = 0$ 时,有两种处理方法:

第一种:应用柯西不等式有

$$P_0(\lambda) = \sum \frac{\mu + \nu}{\cos B + \cos C} \geqslant \frac{\left(\sum \sqrt{\mu + \nu} \right)^2}{\sum (\cos B + \cos C)}$$

$$= \frac{1}{3} \left(\sum \sqrt{\mu + \nu} \right)^2$$

第二种:由于

$$P_0(\lambda) \geqslant 2\sqrt{\left(\sum \mu\nu \right) M}$$

其中
$$M = \sum \left[(\cos C + \cos A)(\cos A + \cos B) \right]^{-1}$$

$$\geqslant \left[\sum (\cos A + \cos B)(\cos A + \cos C) \right]^{-1} \cdot 9$$

$$\geqslant 27 \left[\sum (\cos A + \cos B) \right]^{-2}$$

$$= 27 \left(2 \sum \cos A \right)^{-2} \geqslant \frac{27}{3^2} = 3$$

$$\Rightarrow P_0(\lambda) \geqslant 2\sqrt{3 \sum \mu\nu}$$

当 $n = 1$ 时,易推得

$$P_1(\lambda) = \sum \frac{(\mu + \nu)\cos A}{\cos B + \cos C} \geqslant \sqrt{3(\mu\nu + \nu\lambda + \lambda\mu)}$$

当 $n = 2$ 时,记 $(x, y, z) = (\cos A, \cos B, \cos C)$,设 $x \geqslant y \geqslant z > 0$,则 $x^2 \geqslant y^2 \geqslant z^2 > 0$,且

$$\frac{1}{y + z} \geqslant \frac{1}{z + x} \geqslant \frac{1}{x + y}$$

应用切比雪夫不等式的加权推广有

$$P_2(\lambda) = \sum \frac{(\mu + \nu)x^2}{y + z}$$

$$\geqslant \frac{1}{\sum (\mu + \nu)} \cdot \sum (\mu + \nu) x^2 \cdot \sum \frac{\mu + \nu}{y + z} \tag{2}$$

利用前面的结果有

$$P_0(\lambda) = \sum \frac{\mu + \nu}{y + z} \geqslant 2\sqrt{3\left(\sum \mu\nu\right)} \tag{3}$$

及

$$\sum (\mu + \nu) x^2 = \sum (\mu + \nu) \cos^2 A \geqslant \delta \tag{4}$$

其中

$$\delta = \sum \lambda - \frac{1}{4} \sum \frac{(\nu + \lambda)(\lambda + \mu)}{\lambda + \mu} \tag{5}$$

将式(2)-(5)结合得

$$P_2(\lambda) = \sum \frac{(\mu + \nu)\cos^2 A}{\cos B + \cos C} \geqslant \frac{\delta \sqrt{3\left(\sum \mu\nu\right)}}{\sum \lambda} \tag{6}$$

等号成立当且仅当 $\lambda = \mu = \nu$ 及 $\triangle ABC$ 为正三角形.

当 $n \geqslant 2$ 时,应用切比雪夫不等式的加权推广及加权幂平均不等式,有

$$P_n(\lambda) = \sum \frac{(\mu + \nu) x^n}{y + z}$$

$$\geqslant \frac{1}{\sum (\mu + \nu)} \left[\sum (\mu + \nu) x^n \right] \cdot \sum \left(\frac{\mu + \nu}{y + z} \right)$$

$$\geqslant \frac{\sqrt{3 \sum \mu\nu}}{\sum \lambda} \cdot \sum (\mu + \nu) x^n$$

$$\geqslant 2\sqrt{3 \sum \mu\nu} \left[\frac{\sum (\mu + \nu) x^2}{\sum (\mu + \nu)} \right]^{\frac{n}{2}}$$

$$\geqslant 2\sqrt{3 \sum \mu\nu} \cdot \left(\frac{\delta}{2 \sum \lambda} \right)^{\frac{n}{2}}$$

$$\Rightarrow P_n(\lambda) \geqslant 2\sqrt{3 \sum \mu\nu} \cdot \left(\frac{\delta}{2 \sum \lambda} \right)^{\frac{n}{2}}$$

此外,对于表达式

$$P_n = \sum \left(\frac{\cos^n A}{\cos B + \cos C} \right)$$

当 $n \geqslant 2$ 时,利用切比雪夫不等式有

$$P_n = \sum \left[\frac{(\cos A)^{n-2}}{\cos B + \cos C} \cdot \cos^2 A \right]$$

$$\geqslant \frac{1}{3} \left(\sum \cos^2 A \right) \sum \frac{(\cos A)^{n-2}}{\cos B + \cos C}$$

$$\geqslant \frac{1}{4}P_{n-2} \quad (n\geqslant 2)$$

$$\Rightarrow P_{n+2}\geqslant \frac{1}{4}P_n \quad (n\geqslant 0,n\in \mathbf{N})$$

重逢诗(笔者)

难忘当年正风华,辞别同窗走天涯.
饱经风霜终不悔,历尽曲折自成家.
重逢故乡心潮涌,相顾白头眼昏花.
莫道人生不如意,夕阳光辉照中华.

题 21(Garfunkel—Bankoff 不等式) 对于任意△ABC 有

$$\tan^2 \frac{A}{2}+\tan^2 \frac{B}{2}+\tan^2 \frac{C}{2}+8\sin \frac{A}{2}\sin \frac{B}{2}\sin \frac{C}{2}\geqslant 2 \tag{A}$$

说明 式(A)是将一对方向相反的三角不等式

$$\begin{cases} \tan^2 \dfrac{A}{2}+\tan^2 \dfrac{B}{2}+\tan^2 \dfrac{C}{2}\geqslant 1 \\ 8\sin \dfrac{A}{2}\sin \dfrac{B}{2}\sin \dfrac{C}{2}\leqslant 1 \end{cases}$$

和谐统一在一起,好比将一对冤家结成亲家,在下一题中,我们将证明式(A)的等价式.

证法 1 设 $x,y,z\in \mathbf{R}$,在三角母不等式

$$x^2+y^2+z^2\geqslant 2yz\cos A+2zx\cos B+2xy\cos C \tag{1}$$

中,令

$$(x,y,z)=\left(\tan \frac{A}{2},\tan \frac{B}{2},\tan \frac{C}{2}\right)$$

并注意到

$$\sum \tan \frac{B}{2}\tan \frac{C}{2}=1$$

及

$$\sum \sin A=4\prod \cos \frac{A}{2}$$

则有

$$\sum \tan^2 \frac{A}{2}\geqslant 2\sum \tan \frac{B}{2}\tan \frac{C}{2}\cos A$$

$$=2\sum \tan \frac{B}{2}\tan \frac{C}{2}\left(1-2\sin^2 \frac{A}{2}\right)$$

$$=2\sum \tan \frac{B}{2}\tan \frac{C}{2}-4\sum \sin^2 \frac{A}{2}\tan \frac{B}{2}\tan \frac{C}{2}$$

$$=2-4\left(\prod \sin \frac{A}{2}\right)\sum \left[\frac{\sin \frac{A}{2}}{\cos \frac{B}{2}\cos \frac{C}{2}}\right]$$

$$= 2 - 4\left(\prod \sin\frac{A}{2}\right)\frac{\sum \sin A}{2\prod \cos\frac{A}{2}}$$

$$= 2 - 8\prod \sin\frac{A}{2}$$

$$\Rightarrow \sum \tan^2\frac{A}{2} \geqslant 2 - 8\prod \sin\frac{A}{2}$$

等号成立当且仅当

$$\frac{\tan\dfrac{A}{2}}{\sin A} = \frac{\tan\dfrac{B}{2}}{\sin B} = \frac{\tan\dfrac{C}{2}}{\sin C}$$

$$\Rightarrow \left(\cos\frac{A}{2}\right)^2 = \left(\cos\frac{B}{2}\right)^2 = \left(\cos\frac{C}{2}\right)^2$$

$$\Rightarrow A = B = C = \frac{\pi}{3}$$

即 $\triangle ABC$ 为正三角形.

证法 2 根据恒等式

$$\tan^2\frac{A}{2} = \frac{(s-b)(s-c)}{s(s-a)}$$

其中

$$s = \frac{1}{2}(a+b+c)$$

$$\sin\frac{A}{2} = \sqrt{\frac{(s-b)(s-c)}{bc}}$$

等等,再引入三个正数

$$\begin{cases} b+c-a=x \\ c+a-b=y \\ a+b-c=z \end{cases} \Rightarrow \begin{cases} a=(y+z)/2 \\ b=(z+x)/2 \\ c=(x+y)/2 \end{cases}$$

代入式(A)得

$$\frac{\dfrac{yz}{x}+\dfrac{zx}{y}+\dfrac{xy}{z}}{x+y+z} \geqslant 2 - \frac{8xyz}{(y+z)(z+x)(x+y)} \tag{2}$$

不妨设 $x \geqslant y \geqslant z$,将上式移项,通分并配方得

$$\frac{1}{M}\{x^2(y-z)^2[(x^2-yz)(y+z)+x(y^2+z^2)]+y^2z^2(y+z)(x-y)(x-z)\} \geqslant 0 \tag{3}$$

其中 $\qquad M = xyz\left(\sum x\right)\prod(y+z) > 0 \tag{4}$

式(4)成立,逆推之式(A)成立,等号成立当且仅当

$$x = y = z \Rightarrow a = b = c$$

证法 3 应用恒等式

$$1 = \sum \tan\frac{B}{2}\tan\frac{C}{2} \geqslant 3\left(\prod \tan\frac{B}{2}\tan\frac{C}{2}\right)^{\frac{1}{3}} = 3\left(\prod \tan\frac{A}{2}\right)^{\frac{2}{3}}$$

$$\Rightarrow \sum \tan\frac{A}{2} \geqslant 3\left(\prod \tan\frac{A}{2}\right)^{\frac{1}{3}} \geqslant 3\left(\prod \tan\frac{A}{2}\right)^{\frac{2}{3}} \cdot 3\left(\prod \tan\frac{A}{2}\right)^{\frac{1}{3}}$$

$$\Rightarrow \sum \tan\frac{A}{2} \geqslant 9\prod \tan\frac{A}{2} \tag{5}$$

又

$$\sum \tan\frac{A}{2} - \prod \tan\frac{A}{2} = \left(\sum \tan\frac{A}{2}\right)\left(\sum \tan\frac{B}{2}\tan\frac{C}{2}\right) - \prod \tan\frac{A}{2}$$

$$= \prod \left(\tan\frac{A}{2} + \tan\frac{B}{2}\right) = \prod \left(\frac{\sin\frac{A+B}{2}}{\cos\frac{A}{2}\cos\frac{B}{2}}\right)$$

$$= \prod \left(\frac{\cos\frac{C}{2}}{\cos\frac{A}{2}\cos\frac{B}{2}}\right) = \prod \sec\frac{A}{2}$$

又式(A)即

$$\sum \tan^2\frac{A}{2} \geqslant 2 - 8\prod \sin\frac{A}{2}$$

$$\Leftrightarrow \left(\sum \tan^2\frac{A}{2} - 2\right) + 8\prod \sin\frac{A}{2} \geqslant 0$$

$$\Leftrightarrow P = \left(\sum \tan^2\frac{A}{2} - 2\right)\prod \sec\frac{A}{2} + 8\prod \tan\frac{A}{2} \geqslant 0 \tag{6}$$

则

$$p = \left(\sum \tan\frac{A}{2} - \prod \tan\frac{A}{2}\right)\left(\sum \tan^2\frac{A}{2} - 2\right) + 8\prod \tan\frac{A}{2}$$

$$\geqslant 8\left(\sum \tan^2\frac{A}{2} - 2\right)\prod \tan\frac{A}{2} + 8\prod \tan\frac{A}{2}$$

$$= 8\left(\sum \tan^2\frac{A}{2} - 1\right)\prod \tan\frac{A}{2}$$

$$= 4\left(2\sum \tan^2\frac{A}{2} - 2\sum \tan\frac{B}{2}\tan\frac{C}{2}\right)\prod \tan\frac{A}{2}$$

$$= 4\sum \left(\tan\frac{B}{2} - \tan\frac{C}{2}\right)^2 \cdot \prod \tan\frac{A}{2} \geqslant 0$$

即式(A)成立,等号成立当且仅当 $\triangle ABC$ 为正三角形.

注 证法 1 巧用三角母不等式,证法 2 巧妙代换,将三角不等式转化为代数不等式,证法 3 应用三角变换. 其实,通过三角变换或代数可知,式(A)还有两个配对等价形式.

题 22　在锐角 $\triangle ABC$ 中,证明

$$\left(\frac{\cos A}{\cos \dfrac{A}{2}}\right)^2 + \left(\frac{\cos B}{\cos \dfrac{B}{2}}\right)^2 + \left(\frac{\cos C}{\cos \dfrac{C}{2}}\right)^2 \geqslant 1 \qquad (\text{B})$$

说明　2005 年全国高中联赛第二题:设正数 a,b,c,x,y,z 满足: $cy + bz = a$,
$az + cx = b$, $bx + ay = c$, 求函数

$$f(x,y,z) = \frac{x^2}{1+x} + \frac{y^2}{1+y} + \frac{z^2}{1+z} \qquad (\text{C})$$

的最小值.

其实,由已知条件可以解出

$$\begin{cases} x = \cos A = \dfrac{b^2 + c^2 - a^2}{2bc} > 0 \\[2mm] y = \cos B = \dfrac{c^2 + a^2 - b^2}{2ca} > 0 \\[2mm] z = \cos C = \dfrac{a^2 + b^2 - c^2}{2ab} > 0 \end{cases}$$

证法 1　作代换,我们令

$$(x,y,z) = \left(\tan \frac{A}{2}, \tan \frac{B}{2}, \tan \frac{C}{2}\right)$$

则 $x,y,z > 0$, 且

$$xy + yz + zx = 1$$

于是

$$1 + x^2 = yz + zx + xy + x^2 = (y + x)(z + x)$$

$$\Rightarrow (y + z)(z + x)(x + y) = (y + z)(1 + x^2)$$

$$= (y + z) + (yx + zx)x = y + z + (1 - yz)x$$

$$= x + y + z - xyz$$

$$\Rightarrow xyz = x + y + z - \prod (y + z)$$

又式 (C) 化为

$$x^2 + y^2 + z^2 \geqslant 2 - \frac{8xyz}{\sqrt{(1 + x^2)(1 + y^2)(1 + z^2)}}$$

$$= 2 - 8\left[\frac{\sum x - \prod (y + z)}{\prod (y + z)}\right] = 10 - \frac{4\sum (y + z)}{\prod (x + y)}$$

$$= 10 - 4 \sum \frac{1}{(x + y)(y + z)}$$

$$= 10 - 4 \sum \frac{1}{1 + x^2}$$

$$\Leftrightarrow \sum x^2 + 4 \sum \frac{1}{1+x^2} \geqslant 10$$

$$\Leftrightarrow \sum \left(x^2 - 3 + \frac{4}{1+x^2} \right) \geqslant 1$$

$$\Leftrightarrow \sum \frac{(1-x^2)^2}{1+x^2} \geqslant 1 \Leftrightarrow \sum \frac{\left(1 - \tan^2 \frac{A}{2} \right)^2}{1 + \tan^2 \frac{A}{2}} \geqslant 1$$

$$\Leftrightarrow \sum \left(\frac{\cos A}{\cos \frac{A}{2}} \right)^2 \geqslant 1$$

因此式(B)与式(A)等价,自然成立,等号成立当且仅当$\triangle ABC$为正三角形.

证法2 利用三角恒等式

$$\begin{cases} \sum \cos A = 1 + 4 \prod \sin \frac{A}{2} \\ \tan^2 \frac{\theta}{2} = \frac{1 - \cos \theta}{1 + \cos \theta} = \frac{2}{1 + \cos \theta} - 1 \end{cases}$$

将式(A)化为

$$\sum \left(\frac{2}{1 + \cos A} - 1 \right) \geqslant 2 + 2 \left(1 - \sum \cos A \right)$$

$$\Leftrightarrow \sum \left(\cos A + \frac{1}{1 + \cos A} \right) \geqslant \frac{7}{2}$$

$$\Leftrightarrow \sum \left(1 + \cos A - \frac{\cos A}{1 + \cos A} \right) \geqslant \frac{7}{2}$$

$$\Leftrightarrow \sum \left[1 + \left(1 - \frac{1}{1 + \cos A} \right) \cos A \right] \geqslant \frac{7}{2}$$

$$\Leftrightarrow \sum \left(1 + \frac{\cos^2 A}{1 + \cos A} \right) \geqslant \frac{7}{2}$$

$$\Leftrightarrow \sum \left(\frac{\cos^2 A}{1 + \cos A} \right) \geqslant \frac{1}{2} \Leftrightarrow \sum \left(\frac{\cos A}{\cos \frac{A}{2}} \right)^2 \geqslant 1$$

即式(A)与式(B)等价,等号成立当且仅当$\triangle ABC$为正三角形.

证法3 设$\triangle ABC$的外接圆半径、内切圆半径、半周长依次为R, r, s,则式(A),(B)等价于

$$R(4R + r)^2 \geqslant 2s^2(2R - r) \tag{C}$$

记$\Delta = S_{\triangle ABC}$,有

$$\sum \tan^2 \frac{A}{2} \geqslant 2 - 8 \prod \sin \frac{A}{2}$$

$$\Leftrightarrow \left(\sum \tan \frac{A}{2} \right)^2 \geqslant 4 - 8 \prod \sin \frac{A}{2}$$

$$\Leftrightarrow \left(\sum \tan \frac{A}{2} \right)^2 \geqslant 4 - 2 \left(\frac{r}{R} \right) \tag{1}$$

但

$$\sum \tan \frac{A}{2} = \left(\sum \sin \frac{A}{2} \cos \frac{B}{2} \cos \frac{C}{2} \right) \prod \sec \frac{A}{2}$$

$$= \sum (1 + \cos B + \cos C - \cos A) / \prod \cos \frac{A}{2}$$

$$= (3 + \sum \cos A) / \prod \cos \frac{A}{2}$$

$$= \left(4 + 4 \prod \sin \frac{A}{2} \right) / \prod \cos \frac{A}{2}$$

$$= \left(4 + \frac{r}{R} \right) \prod \sec \frac{A}{2}$$

结合式（1）得

$$\left(\prod \cos \frac{A}{2} \right)^2 \leqslant \left(4 + \frac{r}{R} \right)^2 \Big/ \left(4 - \frac{2r}{R} \right) \tag{2}$$

又

$$s = R \sum \sin A = 4R \prod \cos \frac{A}{2}$$

$$\Rightarrow \left(\frac{s}{4R} \right)^2 \leqslant \left(4 + \frac{r}{R} \right)^2 \Big/ \left(4 - \frac{2r}{R} \right)$$

$$\Rightarrow R(4R + r)^2 \geqslant 2s^2 (2R - r)$$

从上述推导可知,式（C）与式（A）等价,从而与式（B）等价,因此式（A）,（B）,（C）等价,等号成立当且仅当 $\triangle ABC$ 为正三角形.

注 一个不等式有三个等价形式并不多见,这正是式（A）,（B）,（C）的奇异独特之处,也是它们的美妙趣味之处,关于式（A）,（B）的推广、研究与欣赏,将在名题欣赏中展示.

证法 4 作代换,令

$$(\mu, \nu, \omega) = (\cot A, \cot B, \cot C)$$

则 $\mu, \nu, \omega > 0$,且 $\mu\nu + \nu\omega + \omega\mu = 1$,于是 $\mu^2 + 1 = (\mu + \nu)(\mu + \omega)$ 等,那么

$$\frac{\cos^2 A}{1 + \cos A} = \frac{\dfrac{\mu^2}{\mu^2 + 1}}{1 + \dfrac{\mu}{\sqrt{\mu^2 + 1}}} = \frac{\mu^2}{\sqrt{\mu^2 + 1}\,(\sqrt{\mu^2 + 1} + \mu)}$$

$$= \frac{\mu^2 (\sqrt{\mu^2 + 1} - \mu)}{\sqrt{\mu^2 + 1}} = \mu^2 - \frac{\mu^3}{\sqrt{\mu^2 + 1}}$$

$$= \mu^2 - \frac{\mu^3}{\sqrt{(\mu + \nu)(\mu + \omega)}}$$

$$\geqslant \mu^2 - \frac{\mu^3}{2}\left(\frac{1}{\mu+\nu} + \frac{1}{\mu+\omega}\right)$$

同理可得

$$\frac{\cos^2 B}{1+\cos B} \geqslant \nu^2 - \frac{\nu^3}{2}\left(\frac{1}{\nu+\omega} + \frac{1}{\nu+\mu}\right)$$

$$\frac{\cos^2 C}{1+\cos C} \geqslant \omega^2 - \frac{\omega^3}{2}\left(\frac{1}{\omega+\mu} + \frac{1}{\omega+\nu}\right)$$

则
$$f = \sum \frac{\cos^2 A}{1+\cos A} \geqslant \sum \mu^2 - \frac{1}{2}\sum \left(\frac{\mu^3+\nu^3}{\mu+\nu}\right)$$

$$= \frac{1}{2}(\mu\nu + \nu\omega + \omega\mu) = \frac{1}{2}$$

$$\Rightarrow \sum \left(\frac{\cos A}{\cos\dfrac{A}{2}}\right) \geqslant 1$$

等号成立当且仅当

$$\mu = \nu = \omega = \frac{\sqrt{3}}{3} \Rightarrow A = B = C = \frac{\pi}{3}$$

证法 5 注意到 $\triangle ABC$ 为锐角三角形有

$$f = \sum \frac{\cos^2 A}{1+\cos A} = \sum \left[\frac{(b^2+c^2-a^2)^2}{4b^2c^2+2bc(b^2+c^2-a^2)}\right]$$

$$\geqslant \frac{(a^2+b^2+c^2)^2}{4\sum b^2c^2 + \sum 2bc(b^2+c^2-a^2)}$$

$$= \frac{(a^2+b^2+c^2)^2}{4\sum b^2c^2 + \sum 2bc(b^2+c^2-a^2)}$$

（应用了柯西不等式）

又
$$4\sum b^2c^2 + \sum 2bc(b^2+c^2-a^2)$$

$$\leqslant 4\sum b^2c^2 + \sum (b^2+c^2)(b^2+c^2-a^2)$$

$$= 4\sum b^2c^2 + \sum (b^4+c^4+2b^2c^2-a^2b^2-a^2c^2)$$

$$= 4\sum b^2c^2 + 2\sum a^4 = 2(a^2+b^2+c^2)^2$$

$$\Rightarrow f \geqslant \frac{(a^2+b^2+c^2)^2}{2(a^2+b^2+c^2)^2} = \frac{1}{2}$$

$$\Rightarrow \sum \left(\frac{\cos A}{\cos\dfrac{A}{2}}\right)^2 \geqslant 1$$

等号成立当且仅当 $a = b = c \Rightarrow A = B = C = \dfrac{\pi}{3}$.

证法 6 由对称性不妨设 $a \geqslant b \geqslant c$,则

$$c^2(c-a)(c-b) \geqslant 0$$

$$a^2(a-b)(a-c) + b^2(b-c)(b-a) + c^2(c-a)(c-b)$$

$$\geqslant a^2(a-b)(a-c) - b^2(b-c)(a-b)$$

$$= (a-b)^2[(a+b)(a-c) + b^2] \geqslant 0$$

$$\Rightarrow \sum a^2(a-b)(a-c) \geqslant 0 \tag{1}$$

$$\Rightarrow \sum a^4 \geqslant \sum ab(a^2+b^2) - abc(\sum a)$$

$$\Rightarrow 2(\sum a^2)^2 \geqslant 4\sum b^2c^2 + \sum 2bc(b^2+c^2-a^2)$$

$$\Rightarrow \sum \frac{\cos^2 A}{1+\cos A} \geqslant \frac{1}{2} \Rightarrow \sum \left(\frac{\cos A}{\cos \dfrac{A}{2}}\right)^2 \geqslant 1$$

等号成立当且仅当 $a=b=c \Rightarrow A=B=C=\dfrac{\pi}{3}$.

注 对于 $a,b,c>0, k\in \mathbf{R}$,有舒尔不等式

$$\sum a^k(a-b)(a-c) \geqslant 0 \tag{2}$$

当取 $k=2$ 时即得式(1).

证法 7 在三角母不等式

$$2\sum yz\cos A \leqslant x^2+y^2+z^2 \tag{3}$$

中取 $(x,y,z) = (a^2,b^2,c^2)$,得

$$2\sum b^2c^2\cos A \leqslant \sum bc(b^2+c^2-a^2) \leqslant \sum a^4$$

$$\Rightarrow 4\sum b^2c^2 + 4\sum b^2c^2\cos A$$

$$\leqslant 4\sum b^2c^2 + 2\sum a^4 = 2(\sum a^2)^2$$

$$\Rightarrow \sum \frac{\cos^2 A}{1+\cos A} = \sum \frac{(b^2+c^2-a^2)^2}{4b^2c^2+4b^2c^2\cos A}$$

$$\geqslant \frac{[\sum(b^2+c^2-a^2)]^2}{\sum(4b^2c^2+4b^2c^2\cos A)}$$

（应用了柯西不等式）

$$= \frac{(a^2+b^2+c^2)^2}{4\sum b^2c^2+4\sum b^2c^2\cos A} \geqslant \frac{1}{2}$$

$$\Rightarrow \sum \left(\frac{\cos A}{\cos \dfrac{A}{2}}\right)^2 \geqslant 1$$

等号成立当且仅当 $a=b=c \Rightarrow A=B=C=\dfrac{\pi}{3}$.

245

证法 8 由式

$$R(4R+r)^2 \geqslant 2s^2(2R-r) \tag{C}$$

及 $R \geqslant 2r$,且

$$s^2 \leqslant 2R^2 + 10Rr - r^2 + 2(R-2r)\sqrt{R^2-2Rr}$$

因此式(C)更强式等价于

$$16R^3 + 8R^2r + Rr^2 \geqslant (4R-2r)\left[2R^2 + 10Rr - r^2 + 2(R-2r)\sqrt{R^2-2Rr}\right]$$

$$\Leftrightarrow (R-2r)(8R^2 - 12Rr + r^2) \geqslant 4(2R-r)(R-2r)\sqrt{R(R-2r)}$$

$$\Leftrightarrow (R-2r)^2(8R^2 - 12Rr + r^2)^2 \geqslant 16R(2R-r)^2(R-2r)^3$$

$$\Leftrightarrow (R-2r)^2(16R^2r^2 + 8Rr^3 + r^4) \geqslant 0$$

此式显然成立,从而式(C)即式(B)与(A)均成立,等号成立当且仅当 $R = 2r$,即 $\triangle ABC$ 为正三角形.

注 由于式(A),(B),(C)等价,可将它们视为一体,它有三种形式,而本质不变,其实,式(B)也可以化为

$$\sum \left(\frac{1+\cos 2A}{1+\cos A}\right) \geqslant 1 \tag{D}$$

端午诗(笔者)

年年仲夏逢端阳,高格离骚日月光.
龙舟竞渡悼屈夫,锣鼓争鸣动锦江.
沧海卷浪千秋泪,汨水淘沙百代伤.
自右中华敬忠魂,赤诚丹心永留芳.

注 我们先将式(A)—(D)排列为

$$\sum \tan^2 \frac{A}{2} + 8\prod \sin \frac{A}{2} \geqslant 2 \tag{A}$$

$$\sum \left(\frac{\cos A}{\cos \frac{A}{2}}\right)^2 \geqslant 1 \tag{B}$$

$$R(4R+r)^2 \geqslant 2s^2(2R-r) \tag{C}$$

$$\sum \left(\frac{1+\cos 2A}{1+\cos A}\right) \geqslant 1 \tag{D}$$

(1)天上,星星与云彩配对,太阳与月亮配对;地上,山与水配对,叶与花配对,因此,从外形结构上讲,式(B)首先有配对式

$$\sum \frac{\lambda(1+\cos A)}{\cos^k A} \geqslant \left(\frac{2}{3}\right)^{k-1} \left[\frac{2}{3}\left(\sum \sqrt[k+1]{\lambda}\right)^{1+k} + \left(\sum \sqrt[k]{\lambda}\right)^k\right] \tag{E}$$

其中 $k \geqslant 1, \lambda, \mu, \nu > 0$.

略证 应用柯西不等式,当 $k=1$ 时,有

$$\sum \frac{\lambda(1+\cos A)}{\cos A} = \sum \frac{\lambda}{\cos A} + \sum \lambda$$

$$\geq \frac{(\sum \sqrt{\lambda})^2}{\sum \cos A} + \sum \lambda \geq \frac{2}{3}(\sum \sqrt{\lambda})^2 + \sum \lambda$$

当 $k>1$ 时,应用权方和不等式有

$$\sum \frac{\lambda(1+\cos A)}{\cos^k A} = \sum \frac{\lambda}{\cos^k A} + \sum \frac{\lambda}{(\cos A)^{k-1}}$$

$$\geq \frac{(\sum \sqrt[1+k]{\lambda})^{1+k}}{(\sum \cos A)^k} + \frac{(\sum \sqrt[k]{\lambda})^k}{(\sum \cos A)^{k-1}}$$

$$\geq \left(\frac{2}{3}\right)^k \left(\sum \sqrt[1+k]{\lambda}\right)^{1+k} + \left(\frac{2}{3}\right)^{k-1} \left(\sum \sqrt[k]{\lambda}\right)^k$$

综上,式(E)成立,等号成立当且仅当 $\lambda=\mu=\nu$ 且 $\triangle ABC$ 为正三角形.

特别地,当 $k=2$,$\lambda=\mu=\nu$ 时,式(E)为式(B)的纯粹配对式

$$\sum \frac{1+\cos A}{\cos^2 A} \geq 18 \Leftrightarrow \sum \left(\frac{\cos \frac{A}{2}}{\cos A}\right)^2 \geq 9$$

当 $\lambda=\mu=\nu$ 及 $k=1$ 时,式(E)化为

$$\sum \sec A \geq 6$$

(2)式(B)的第 2 个配对式为

$$\sum \lambda \left(\frac{\sin A}{\sin \frac{A}{2}}\right)^2 \leq \left(\sqrt{\frac{\mu\nu}{\lambda}} + \sqrt{\frac{\nu\lambda}{\mu}} + \sqrt{\frac{\lambda\mu}{\nu}}\right)^2 \qquad (F)$$

特别地,当 $\lambda=\mu=\nu$ 时,有

$$\left(\frac{\sin A}{\sin \frac{A}{2}}\right)^2 + \left(\frac{\sin B}{\sin \frac{B}{2}}\right)^2 + \left(\frac{\sin C}{\sin \frac{C}{2}}\right)^2 \leq 9$$

提示 应用三角母不等式有

$$\sum \lambda \left(\frac{\sin A}{\sin \frac{A}{2}}\right)^2 = \sum 4\lambda \cos^2 \frac{A}{2}$$

$$= 2 \sum \lambda(\cos A + 1) = 2 \sum \lambda + 2 \sum \lambda \cos A$$

$$\leq 2 \sum \lambda + \sum \frac{\mu\nu}{\lambda} = \left(\sum \sqrt{\frac{\mu\nu}{\lambda}}\right)^2$$

$$\Rightarrow \sum \lambda \left(\frac{\sin A}{\sin \frac{A}{2}}\right)^2 \leq \left(\sum \sqrt{\frac{\mu\nu}{\lambda}}\right)^2$$

247

等号成立当且仅当 $\lambda=\mu=\nu$ 且 $\triangle ABC$ 为正三角形.

（3）对于任意正数 λ,μ,ν 和任意 $\triangle ABC$,有

$$\sum\left(\frac{\lambda\cos A}{\sin^2 A}\right)\geqslant\left(\frac{\sum\lambda_1 a}{\sum a}\right)^{\frac{R}{r}} \qquad (G)$$

其中
$$\begin{cases}\lambda_1=2\mu+2\nu-3\lambda\\\mu_1=2\nu+2\lambda-3\mu\\\nu_1=2\lambda+2\mu-3\nu\end{cases}$$

特别地,当 $\lambda=\mu=\nu$ 时,得到

$$\frac{\cos A}{\sin^2 A}+\frac{\cos B}{\sin^2 B}+\frac{\cos C}{\sin^2 C}\geqslant\frac{R}{r}$$

$$\Leftrightarrow\sum\left(\csc\frac{A}{2}\right)^2\geqslant\sum\left(\sec\frac{A}{2}\right)^2+\frac{4R}{r}$$

证明 应用正弦定理和余弦定理,有

$$\sum\frac{\lambda\cos A}{\sin^2 A}=\frac{2R^2}{abc}\sum\lambda\left(\frac{b^2+c^2-a^2}{a}\right)$$

$$=\frac{2R^2}{abc}\Big[\sum\frac{\lambda}{a}(b^2+c^2)-\sum\lambda a\Big]$$

$$=\frac{2R}{rs}\Big[\sum\lambda\left(\frac{b^2+c^2}{a}+2a\right)-\sum 3\lambda a\Big]$$

$$\geqslant\frac{2R}{rs}\Big[\sum\lambda\Big[\frac{(b+c)^2}{2a}+2a\Big]-\sum 3\lambda a\Big]$$

$$\geqslant\frac{2R}{rs}\Big[\sum 2\lambda(b+c)-\sum 3\lambda a\Big]$$

$$=\frac{2R}{rs}\sum(2\mu+2\nu-3\lambda)a$$

$$\Rightarrow\sum\frac{\lambda\cos A}{\sin^2 A}\geqslant\left(\frac{\sum\lambda_1 a}{\sum a}\right)\frac{R}{r}$$

等号成立当且仅当 $\triangle ABC$ 为正三角形,且 $\lambda=\mu=\nu$.

（4）式（B）还有两个配对形式

$$\sum\lambda\left(\frac{\tan A}{\tan\dfrac{A}{2}}\right)^k\geqslant\frac{3\big[\sum\sqrt{\lambda(q+r)}\big]^{2k}}{(q-\sum qr)^k} \qquad (H)$$

$$\sum\lambda\left(\frac{\cot A}{\cot\dfrac{A}{2}}\right)^m\leqslant 3\left(\frac{6-\sum\mu\nu}{g}\right)^m \qquad (I)$$

其中 $\triangle ABC$ 为锐角三角形,$k\geqslant 1,0<m\leqslant 1,\lambda,\mu,\nu,q,r\in(0,3)$,且 $\lambda+\mu+\nu=$

$3, p + q + r = 3.$

略证 注意到有$\frac{1}{6} \sum (q+r) = \frac{1}{3} \sum p = 1$ 成立,应用加权幂平均不等式和前文建立的引理等,有

$$\sum \frac{q+r}{6}\left(\tan \frac{A}{2}\right)^2 \geqslant \left(\sum \frac{q+r}{6}\tan \frac{A}{2}\right)^2$$

$$= \frac{1}{36}\left[\sum (q+r)\tan \frac{A}{2}\right]^2$$

$$\geqslant \frac{1}{36} \times 4\left(\sum qr\right)\left(\sum \tan \frac{B}{2}\tan \frac{C}{2}\right) = \frac{1}{9} \sum qr$$

$$\Rightarrow f = \sum \frac{q+r}{6}\left(\tan \frac{A}{2}\right)^2 \geqslant \frac{1}{9}\left(\sum qr\right)$$

$$\Rightarrow t = \sum (q+r)\left(1 - \tan^2 \frac{A}{2}\right)$$

$$= \sum (q+r) - \sum (q+r)\tan^2 \frac{A}{2}$$

$$\leqslant 6\left(1 - \frac{1}{9} \sum qr\right)$$

$$t \leqslant \frac{2}{3}\left(9 - \sum qr\right)$$

$$\Rightarrow \frac{2}{3}\left(9 - \sum qr\right) \sum \left(\frac{\lambda}{1 - \tan^2 \frac{A}{2}}\right)$$

$$\geqslant \sum (q+r)\left(1 - \tan^2 \frac{A}{2}\right) \cdot \sum \left(\frac{\lambda}{1 - \tan^2 \frac{A}{2}}\right)$$

$$\geqslant \left[\sum \sqrt{\lambda(q+r)}\right]^2$$

$$\Rightarrow \sum \left(\frac{\lambda}{1 - \tan^2 \frac{A}{2}}\right) \geqslant \frac{3\left[\sum \sqrt{\lambda(q+r)}\right]^2}{2\left(q - \sum qr\right)}$$

$$\Rightarrow \left(\frac{1}{3}T_\lambda\right)^{\frac{1}{k}} = \left[\sum \frac{\lambda}{3} \cdot \left(\frac{\tan A}{\tan \frac{A}{2}}\right)^k\right]^{\frac{1}{k}}$$

$$\geqslant \sum \left(\frac{\lambda}{3} \cdot \frac{\tan A}{\tan \frac{A}{2}}\right) = \frac{2}{3} \sum \left(\frac{\lambda}{1 - \tan^2 \frac{A}{2}}\right)$$

$$\geqslant \frac{\left[\sum \sqrt{\lambda(q+r)}\right]^2}{9 - \sum qr}$$

$$\Rightarrow T_\lambda \geqslant \frac{3\left[\sum \sqrt{\lambda(q+r)}\right]^{2k}}{(9 - \sum qr)^k}$$

同理可证式(I),且式(H),(I)两式等号成立当且仅当 $\lambda = \mu = \nu = 1, p = q = r = 1$,且 $\triangle ABC$ 为正三角形.

特别地,当取 $p = q = r = 1$ 时,式(H)简化为单纯的优美不等式

$$\sum t\left(\frac{\tan A}{\tan \dfrac{A}{2}}\right)^k \geqslant \frac{(\sqrt{\lambda} + \sqrt{\mu} + \sqrt{\nu})^{2k}}{3^{k-1}} \tag{K}$$

回顾上述探索历程,我们一路歌唱,一路花香;一路山水,一路风光!

题 23 在 $\triangle ABC$ 中有

$$P = \frac{\sqrt{\tan \dfrac{B}{2}\tan \dfrac{C}{2}}}{1 - \tan \dfrac{B}{2}\tan \dfrac{C}{2}} + \frac{\sqrt{\tan \dfrac{C}{2}\tan \dfrac{A}{2}}}{1 - \tan \dfrac{C}{2}\tan \dfrac{A}{2}} + \frac{\sqrt{\tan \dfrac{A}{2}\tan \dfrac{B}{2}}}{1 - \tan \dfrac{A}{2}\tan \dfrac{B}{2}} \geqslant \frac{3\sqrt{3}}{2} \tag{A}$$

分析 虽然式(A)的外形较庞大,但并不复杂,一看便知,我们可应用代换法将式(A)转化为代数不等式,然后应用均值不等式或柯西不等式即可证明.

证法 1 作代换,令

$$(x, y, z) = (\sqrt{\tan \dfrac{B}{2}\tan \dfrac{C}{2}},\ \sqrt{\tan \dfrac{C}{2}\tan \dfrac{A}{2}},\ \sqrt{\tan \dfrac{A}{2}\tan \dfrac{B}{2}})$$

则 $x^2 + y^2 + z^2 = 1, x, y, z \in (0,1)$,式(A)化为

$$P = \frac{x}{1 - x^2} + \frac{y}{1 - y^2} + \frac{z}{1 - z^2} \geqslant \frac{3\sqrt{3}}{2} \tag{A$'$}$$

利用柯西不等式有

$$\sum x^3(1 - x^2) \cdot \sum \left(\frac{x}{1 - x^2}\right) \geqslant \left(\sum x^2\right)^2 = 1 \tag{1}$$

现在我们只需证明

$$\sum x^3(1 - x^2) \leqslant \frac{2}{3\sqrt{3}} \tag{2}$$

又

$$\sum x^5 + \frac{2}{3\sqrt{3}} \geqslant \sum x^3$$

$$\Leftrightarrow \sum x^5 + \frac{2}{3\sqrt{3}} \sum x^2 \geqslant \sum x^3$$

$$\Leftrightarrow \sum \left(x^5 + \frac{2}{3\sqrt{3}}x^2\right) \geqslant \sum x^3 \tag{3}$$

且

$$x^5 + \frac{2x^2}{3\sqrt{3}} = x^5 + \frac{x^2}{3\sqrt{3}} + \frac{x^2}{3\sqrt{3}}$$

$$\geqslant 3\sqrt[3]{\frac{x^9}{27}} = x^3$$

$$\Rightarrow \sum \left(x^5 + \frac{2}{3\sqrt{3}}x^2\right) \geqslant \sum x^3$$

即式(3)成立,从而式(2)成立,由式(1)有

$$1 \leqslant \sum x^3(1-x^2) \cdot \sum \frac{x}{1-x^2} \leqslant \frac{2}{3\sqrt{3}}P$$

$$\Rightarrow P \geqslant \frac{3\sqrt{3}}{2}$$

等号成立当且仅当 $x^2 = y^2 = z^2 = \frac{1}{3} \Rightarrow A = B = C = \frac{\pi}{3}$,即 $\triangle ABC$ 为正三角形.

证法2 接证法1.应用平均值不等式有

$$6x^2(3-3x^2)^2 = 6x^2(3-3x^2)(3-3x^2)$$

$$\leqslant \left[\frac{6x^2 + (3-3x^2) + (3-3x^2)}{3}\right]^3 = 8$$

$$\Rightarrow x(1-x^2) \leqslant \frac{2}{3\sqrt{3}}$$

$$\Rightarrow P = \sum \frac{x}{1-x^2} = \sum \frac{x^2}{x(1-x^2)}$$

$$\geqslant \frac{3\sqrt{3}}{2} \sum x^2 = \frac{3}{2}\sqrt{3}$$

$$\Rightarrow P = \sum \frac{\sqrt{\tan\frac{B}{2}\tan\frac{C}{2}}}{1-\tan\frac{B}{2}\tan\frac{C}{2}} \geqslant \frac{3}{2}\sqrt{3}$$

等号成立当且仅当 $\triangle ABC$ 为正三角形(因 $x^2 = y^2 = z^2 = \frac{1}{3}$).

注 (1)通过三角变换,可将式(A)化为等阶形式

$$\sum \left(\frac{\sin B \sin C}{\sin\frac{A}{2}}\right) \geqslant 3\sqrt{3}$$

(2)式(A)还有两个参数推广

$$P_\lambda = \sum \left(\frac{\sqrt{\tan\frac{B}{2}\tan\frac{C}{2}}}{\lambda - \tan\frac{B}{2}\tan\frac{C}{2}}\right) \geqslant \frac{1}{2}\left(\frac{3}{\lambda}\right)^{\frac{3}{2}} \qquad (B)$$

其中参数 $\lambda \geqslant 1$.

略证:由证法 1 的代换有

$$(6x^2)(3\lambda - 3x^2)(3\lambda - 3x^2)$$

$$\leqslant \left[\frac{6x^2 + (3\lambda - 3x^2) + (3\lambda - 3x^2)}{3}\right]^3 = (2\lambda)^3$$

$$\Rightarrow x(\lambda - x^2) \leqslant 2\left(\frac{\lambda}{3}\right)^{\frac{3}{2}}$$

$$\Rightarrow P_\lambda = \sum \left(\frac{x}{\lambda - x^2}\right) = \sum \frac{x^2}{x(\lambda - x^2)}$$

$$\geqslant \frac{1}{2}\left(\frac{3}{\lambda}\right)^{\frac{3}{2}}\left(\sum x^2\right) = \frac{1}{2}\left(\frac{3}{\lambda}\right)^{\frac{3}{2}}$$

等号成立当且仅当 $\lambda = 1$,且 $x^2 = y^2 = z^2 = \frac{1}{3}$,即 $\lambda = 1$ 及 $\triangle ABC$ 为正三角形.

(3)式(A)的第二个参数推广为

$$P_\lambda = \sum \left(\frac{\sqrt{\tan \dfrac{B}{2} \tan \dfrac{C}{2}}}{\lambda - \tan \dfrac{B}{2} \tan \dfrac{C}{2}}\right) \geqslant \frac{3\sqrt{3}}{3\lambda - 1} \qquad (C)$$

其中

$$\frac{1}{3} < \lambda \leqslant 1, 0 < \tan \frac{A}{2}, \tan \frac{B}{2}, \tan \frac{C}{2} < \sqrt{\lambda}$$

略证:设 $t > 0$ 为待定系数,应用加权不等式有

$$(3\lambda - 3x^2)^t \cdot [3x^2(3\lambda - 1)]$$

$$\leqslant \left[\frac{t(3\lambda - 3x^2) + 3x^2(3\lambda - 1)}{t + 1}\right]^{t+1}$$

$$= \left[\frac{3\lambda t + 3(3\lambda - 1 - t)x^2}{t + 1}\right]^{t+1}$$

令

$$3\lambda - 1 - t = 0 \Rightarrow t = 3\lambda - 1$$

$$\Rightarrow (3\lambda - 3x^2)^{3\lambda - 1} \cdot (3x^2)(3\lambda - 1) \leqslant (3\lambda - 1)^{3\lambda}$$

$$\Rightarrow a = x^{\frac{2}{3\lambda - 1}} \cdot (\lambda - x^2) \leqslant (3\lambda - 1)3^{\frac{-3\lambda}{3\lambda - 1}}$$

$$\Rightarrow P_\lambda = \sum \left(\frac{x}{\lambda - x^2}\right) = \sum \left(\frac{x^{2\theta}}{a}\right) \geqslant M \sum x^{2\theta}$$

其中

$$M = \frac{3^m}{3\lambda - 1}, m = \frac{3\lambda}{3\lambda - 1}$$

$$\theta = \frac{1}{2}\left(1 + \frac{2}{3\lambda + 1}\right) = \frac{1}{2}\left(\frac{3\lambda + 1}{3\lambda - 1}\right) \geqslant 1$$

应用幂平均不等式有

$$\sum x^{2\theta} \geqslant 3\left(\frac{\sum x^2}{3}\right)^{\theta} = 3\left(\frac{1}{3}\right)^{\theta} = 3^{1-\theta}$$

$$\Rightarrow P_\lambda \geqslant M\left(\sum x^{2\theta}\right) \geqslant M \cdot 3^{1-\theta} = \frac{3^t}{3\lambda - 1}$$

其中

$$t = m + 1 - \theta = \frac{3\lambda}{3\lambda - 1} + 1 - \frac{1}{2}\left(1 + \frac{2}{3\lambda - 1}\right)$$

即 $t = \frac{3}{2}$.

$$P_\lambda \geqslant \frac{3\sqrt{3}}{3\lambda - 1}$$

等号成立当且仅当

$$\begin{cases} 3\lambda - 3x^2 = 3(3\lambda - 1)x^2 \\ 3\lambda - 3y^2 = 3(3\lambda - 1)y^2 \\ 3\lambda - 3z^2 = 3(3\lambda - 1)z^2 \\ x^2 + y^2 + z^2 = 1 \end{cases}$$

$$\Rightarrow x = y = z = \frac{\sqrt{3}}{3} \Rightarrow A = B = C = \frac{\pi}{3}(\text{与 } \lambda \text{ 无关})$$

(4)当 $\lambda = 1$ 时,式(B)与(C)均化为式(A),而这两个推广式谁更强呢? 由于

$$\frac{3\sqrt{3}}{3\lambda - 1} \geqslant \frac{1}{2}\left(\frac{3}{\lambda}\right)^{\frac{3}{2}} \Leftrightarrow 4\lambda^3 \geqslant (3\lambda - 1)^2$$

$$\Leftrightarrow 4\lambda^3 - 9\lambda^2 + 6\lambda - 1 \geqslant 0$$

$$\Leftrightarrow (\lambda - 1)^2 (4\lambda - 1) \geqslant 0$$

因此不论 $\lambda \geqslant 1$ 与 $\frac{1}{3} < \lambda \leqslant 1$,式(C)都比式(B)更强,自然更美更妙!

题 24 设 $\theta \in \left[0, \frac{\pi}{2}\right]$,求证

$$2(\sqrt{2} - 1) \leqslant \frac{x}{1 + y} + \frac{y}{1 + x} \leqslant 1 \qquad (A)$$

其中 $x = \cos\theta, y = \sin\theta$,即式(A)等价于

$$2(\sqrt{2} - 1) \leqslant \frac{\cos\theta}{1 + \sin\theta} + \frac{\sin\theta}{1 + \cos\theta} \leqslant 1$$

证法 1 我们记

$$P = \frac{x}{1 + y} + \frac{y}{1 + x}, \lambda = \frac{xy}{(1 + x)(x + y)}$$

则 $$P = 1 - \lambda \leqslant 1.$$

由于 $x^2 + y^2 = 1.$ 有

$$x + y = \sqrt{x^2 + y^2 + 2xy} = \sqrt{1 + 2xy}$$

$$xy \leqslant \frac{1}{2}(x^2 + y^2) = \frac{1}{2} \Rightarrow 0 \leqslant xy \leqslant \frac{1}{2}$$

记 $$t = xy \in \left[0, \frac{1}{2}\right]$$

$$\Rightarrow \lambda = \frac{t}{1 + t + \sqrt{1 + 2t}}$$

$$\Rightarrow \lambda \sqrt{1 + 2t} = (1 - \lambda)t - \lambda$$

$$\Rightarrow \lambda^2 (1 + 2t) = [(1 - \lambda)t - \lambda]^2$$

$$\Rightarrow t[(1 - \lambda)^2 t - 2\lambda] = 0$$

当 $t = 0$ 时，$\lambda = 0 \Rightarrow P = 1.$

当 $0 < t \leqslant \frac{1}{2}$ 时，有

$$(1 - \lambda)^2 t - 2\lambda = 0$$

$$\Rightarrow 2\lambda = t(1 - \lambda)^2 \leqslant \frac{1}{2}(1 - \lambda)^2$$

$$\Rightarrow \lambda^2 - 6\lambda + 1 \geqslant 0$$

$$\Rightarrow [\lambda - (3 + 2\sqrt{3})][\lambda - (3 - 2\sqrt{3})] \geqslant 0$$

$$\Rightarrow 0 \leqslant \lambda \leqslant 3 - 2\sqrt{2} \quad (0 \leqslant \lambda < 1)$$

$$\Rightarrow P = 1 - \lambda \geqslant 1 - (3 - 2\sqrt{2}) = 2(\sqrt{2} - 1)$$

$$\Rightarrow 2(\sqrt{2} - 1) \leqslant P \leqslant 1$$

当 $x = y = \frac{\sqrt{2}}{2} \Rightarrow \theta = \frac{\pi}{4}$ 时，$P_{\min} = 2(\sqrt{2} - 1).$

当 $(x, y) = (1, 0) = (0, 1) \Rightarrow \theta = 0$ 或 $\frac{\pi}{2}$ 时，$P_{\max} = 1.$

证法 2 由于

$$xy \leqslant \frac{1}{2}(x^2 + y^2) = \frac{1}{2}$$

$$\frac{1}{\lambda} = \left(1 + \frac{1}{x}\right)\left(1 + \frac{1}{y}\right) \geqslant \left(1 + \frac{1}{xy}\right)^2 \geqslant (1 + \sqrt{2})^2$$

$$\Rightarrow \lambda \leqslant \frac{1}{(\sqrt{2} + 1)^2} = (\sqrt{2} - 1)^2$$

$$\Rightarrow P = 1 - \lambda \geqslant 1 - (\sqrt{2} - 1)^2 = 2(\sqrt{2} - 1)$$

$$\Rightarrow 2(\sqrt{2}-1) \leqslant P \leqslant 1$$

以下同证法 1.

证法 3 式(A)等价于(注意 $x^2 + y^2 = 1$)

$$x(1+x) + y(1+y) \geqslant 2(\sqrt{2}-1)(1+x)(1+y)$$

$$\Leftrightarrow x^2 + y^2 + x + y \geqslant 2(\sqrt{2}-1)(1+x+y+xy)$$

$$\Leftrightarrow (3-2\sqrt{2})(1+x+y) \geqslant 2(\sqrt{2}-1)xy$$

$$\Leftrightarrow (\sqrt{2}-1)^2(1+x+y) \geqslant 2(\sqrt{2}-1)xy$$

$$\Leftrightarrow 2xy \leqslant (\sqrt{2}-1)(1+x+y) \qquad (1)$$

不妨设

$$\left.\begin{array}{l} 0 < x \leqslant y \\ x^2 + y^2 = 1 \end{array}\right\}$$

$$\Rightarrow 0 < x \leqslant \frac{\sqrt{2}}{2} \leqslant y < 1$$

$$\Rightarrow 2xy \leqslant \sqrt{2}(x+y) - 1 \qquad (2)$$

但

$$\sqrt{2}(x+y) - 1 \leqslant (\sqrt{2}-1)(1+x+y)$$

$$\Leftrightarrow x + y \leqslant \sqrt{2}(\text{成立})$$

$$\Rightarrow 2xy \leqslant \sqrt{2}(x+y) - 1 \leqslant (\sqrt{2}-1)(1+x+y)$$

即式(1)成立,从而式(A)成立.

证法 4 记

$$m = (1+x)(1+y) \geqslant (1+\sqrt{xy})^2$$

那么

$$P \geqslant 2(\sqrt{2}-1)$$

$$\Leftrightarrow x(1+x) + y(1+y) \geqslant 2(\sqrt{2}-1)m$$

$$\Leftrightarrow 1 + x + y \geqslant 2(\sqrt{2}-1)m$$

$$\Leftrightarrow m - xy \geqslant 2(\sqrt{2}-1)m$$

$$(3-2\sqrt{2})m \geqslant xy$$

但是

$$(\sqrt{2}-1)^2(1+\sqrt{xy})^2 \geqslant xy$$

$$\Leftrightarrow (\sqrt{2}-1)(1+\sqrt{xy}) \geqslant \sqrt{xy}$$

$$\Leftrightarrow \sqrt{2}-1 \geqslant (2-\sqrt{2})\sqrt{xy} \Rightarrow xy \leqslant \frac{1}{2}(\text{成立})$$

$$\Rightarrow (\sqrt{2}-1)^2 m \geqslant (\sqrt{2}-1)^2 (1+\sqrt{xy})^2 \geqslant xy$$

$$\Rightarrow P \geqslant 2(\sqrt{2}-1) \Rightarrow 2(\sqrt{2}-1) \leqslant P \leqslant 1$$

证法 5 由于

$$P = \frac{\cos\theta}{1+\sin\theta} + \frac{\sin\theta}{1+\cos\theta}$$

$$= \frac{(\cos\frac{\theta}{2})^2 - (\sin\frac{\theta}{2})^2}{(\cos\frac{\theta}{2} + \sin\frac{\theta}{2})^2} + \frac{2\sin\frac{\theta}{2}\cos\frac{\theta}{2}}{2(\cos\frac{\theta}{2})^2}$$

$$= \frac{\cos\frac{\theta}{2} - \sin\frac{\theta}{2}}{\cos\frac{\theta}{2} + \sin\frac{\theta}{2}} + \tan\frac{\theta}{2}$$

$$= \frac{1 - \tan\frac{\theta}{2}}{1 + \tan\frac{\theta}{2}} + \tan\frac{\theta}{2}$$

$$= \tan(\frac{\pi}{4} - \frac{\theta}{2}) + \tan\frac{\theta}{2}$$

$$\geqslant 2\tan\frac{1}{2}\Big[\Big(\frac{\pi}{4} - \frac{\theta}{2}\Big) + \frac{\theta}{2}\Big] = 2\tan\frac{\pi}{8}$$

$$= \frac{2\sin\frac{\pi}{4}}{1 + \cos\frac{\pi}{4}} = 2(\sqrt{2}-1)$$

$$= 2(\sqrt{2}-1) \leqslant P \leqslant 1$$

注 对于 $\theta \in [0, \frac{\pi}{2}]$，可得

$$\frac{\cos\theta}{1-\sin\theta} + \frac{\sin\theta}{1-\cos\theta}$$

$$\geqslant 2(\sqrt{2}+1) \geqslant 2(\sqrt{2}+1)\Big(\frac{\cos\theta}{1+\sin\theta} + \frac{\sin\theta}{1+\cos\theta}\Big)$$

$$\geqslant 4$$

$$\geqslant \sqrt{2}+1 \tag{B}$$

式(B)状如蛟龙，乘风破浪，奔腾入海！

游子归家(笔者)

两岸高楼气象新,徘徊道口久沉吟.

瓦房茅舍皆无影,笑语欢歌正有声.

村边池塘闪波光,山间桃林飘彩云.

昔时荒野寻无迹,枝头鸟唱艳阳春.

题 25 设 $\alpha, \beta \in \left[0, \dfrac{\pi}{2}\right]$. 求证

$$\frac{1}{2}\cos \alpha \sin 2\alpha \sin 2\beta + \sqrt{2}$$

$$\geqslant \sqrt{2}\cos \alpha \cos\left(\alpha - \frac{\pi}{4}\right) + \sin \alpha \qquad (\text{A})$$

分析 观察式(A),它比较复杂,若将它改写为

$$\sqrt{2}\cos^2 \alpha \sin \alpha \sin 2\beta + 2$$

$$\geqslant \sqrt{2}\cos \alpha(\cos \beta + \sin \beta) + \sqrt{2}\sin \alpha \qquad (1)$$

并作代换,令

$$\begin{cases} x = \sqrt{2}\cos \alpha \cos \beta \\ y = \sqrt{2}\cos \alpha \sin \beta \\ z = \sqrt{2}\sin \alpha \end{cases}$$

则 $x, y, z \in [0, \sqrt{2}]$,且 $x^2 + y^2 + z^2 = 2$. 这样方可将复杂的三角不等式(A)转化为简洁的代数不等式

$$x + y + z \leqslant xyz + 2 \qquad (\text{B})$$

就容易找到证明的突破口,让我们深刻体会到"山重水复疑无路,柳暗花明又一村".

由于式(A)与式(B)等价,下面我们只需证明式(B).

证法 1 由对称性,不妨设

$$\begin{cases} 0 \leqslant x \leqslant y \leqslant z \\ x^2 + y^2 + z^2 = 2 \end{cases} \Rightarrow \frac{\sqrt{6}}{3} \leqslant z \leqslant \sqrt{2}$$

于是

$$x + y + z - xyz = x + y + z - \frac{1}{2}z[(x+y)^2 - (x^2+y^2)]$$

$$= x + y + z - \frac{1}{2}(x+y)^2 z + \frac{1}{2}(2 - z^2)z$$

$$= \left[-\frac{1}{2}(x+y)^2 z + (x+y) - \frac{1}{2z}\right] + \frac{1}{2z} + 2z - \frac{1}{2}z^3$$

$$= -\frac{1}{2z}\left(x + y - \frac{1}{z}\right)^2 + \frac{1}{2z} + 2z - \frac{1}{2}z^3$$

$$\leqslant \frac{1}{2z} + 2z - \frac{1}{2}z^3$$

$$= -\frac{1}{2z}(z^4 - 4z^2 + 4z - 1) + 2$$

$$= -\frac{1}{2z}(z-1)^2(z^2 + 2z - 1) + 2 \leqslant 2$$

$$\left(因\ z^2 + 2z - 1 \geqslant \frac{2}{3} + \frac{2}{3}\sqrt{2} - 1 > 0\right)$$

$$\Rightarrow x + y + z \leqslant xyz + 2$$

等号成立当且仅当

$$\begin{cases} x + y - \dfrac{1}{2} = 0 \\ z = 1 \\ x^2 + y^2 + z^2 = 2 \end{cases} \Rightarrow \begin{cases} x = 0 \\ y = 1 \\ z = 1 \end{cases}$$

由对称性得

$$(x, y, z) = (0, 1, 1) = (1, 0, 1) = (1, 1, 0)$$

即

$$(\alpha, \beta) = \left(0, \frac{\pi}{4}\right) = \left(\frac{\pi}{4}, \frac{\pi}{2}\right)$$

证法 2 我们证明

$$E = 4 - (x + y + z - xyz)^2 \geqslant 0$$

令 $p = x + y + z, r = xyz$, 可推出

$$p^2 = (x + y + z)^2 = 2 + 2(xy + yz + zx)$$

$$\Rightarrow 4E = 16 - 4(p - r)^2$$

$$= 16 - 4p^2 + 8pr - 4r^2$$

$$= 8 - 4(p^2 - 2) + 2 \times 4pr - 4r^2$$

$$= 2^3 - 2^2(2yz + 2zx + 2xy) + 2(4x^2yz + 4xy^2z + 4xyz^2) - 8x^2y^2z^2 + 4r^2$$

$$= (2 - 2yz)(2 - 2zx)(2 - 2xy) + 4r^2$$

但是

$$\begin{cases} 2 - 2yz = x^2 + (y - z)^2 \geqslant 0 \\ 2 - 2zx = y^2 + (z - x)^2 \geqslant 0 \\ 2 - 2xy = z^2 + (x - y)^2 \geqslant 0 \end{cases}$$

$$\Rightarrow 4E = 16 - 4(p - r)^2 \geqslant 0$$

$$\Rightarrow (2 + p - r)(2 - p + r) \geqslant 0$$

若 $\begin{cases} 2 + p - r \leqslant 0 \\ 2 - p + r \leqslant 0 \end{cases} \Rightarrow 4 \leqslant 0$ 矛盾. 故只有

$$\begin{cases} 2 + p - r \geqslant 0 \\ 2 - p + r \geqslant 0 \end{cases} \Rightarrow 4 \geqslant 0$$

于是 $2 + p \geqslant r$ 或 $2 + r \geqslant p$.

由于等号成立的充要条件是 $xyz = r = 0$,且 $x^2 + (y - z)^2$, $y^2 + (z - x)^2$, $z^2 + (x - y)^2$ 中至少有一个为 0 ,即 (x, y, z) 取值为

$$(1,1,0),(1,0,1),(0,1,1)$$

之一,此时只能有等式

$$x + y + z = xyz + 2$$

综上所述,不等式成立.

证法 3 (1)若 x, y, z 中有一个数小于或等于 0 ,不妨设

$$z \leqslant 0 \Rightarrow z^2 \geqslant 0$$

$$x^2 + y^2 + z^2 = 2$$

$$\Rightarrow xy \leqslant \frac{1}{4}(x + y)^2 \leqslant \frac{1}{2}(x^2 + y^2)$$

$$= \frac{1}{2}(2 - z^2) \leqslant 1$$

$$\Rightarrow \begin{cases} xy \leqslant 1 \\ x + y \leqslant 2 \end{cases}$$

$$\Rightarrow 2 + xyz - (x + y + z)$$

$$= (2 - x - y) + z(xy - 1) \geqslant 0$$

$$\Rightarrow x + y + z \leqslant 2 + xyz$$

(2)若 $z \leqslant 1$,则 $0 < x \leqslant 1, 0 < y \leqslant 1$,于是

$$2 + xyz - (x + y + z)$$

$$= (1 - x)(1 - y) + (1 - z)(1 - xy) \geqslant 0$$

$$\Rightarrow x + y + z \leqslant 2 + xyz$$

若 $z \geqslant 1$,则

$$x + y + z \leqslant \sqrt{2[z^2 + (x + y)^2]}$$

$$= \sqrt{2(x^2 + y^2 + z^2 + 2xy)} = \sqrt{4(1 + xy)}$$

$$\leqslant \sqrt{4 + 4xy + x^2 y^2} = 2 + xy \leqslant 2 + xyz$$

$$\Rightarrow x + y + z \leqslant 2 + xyz$$

综合上述,式(B)成立,等号成立当且仅当 x, y, z 中 1 个取 0,2 个取 1.

题 26 设 $\alpha, \beta, \in (0, \frac{\pi}{2})$,求

$$f(\alpha, \beta) = \frac{\cos^2 \beta}{1 + \cos^2 \alpha} + \frac{\cos^2 \alpha}{1 + \cos^2 \beta} + \sin^2 \alpha \sin^2 \beta$$

的最小值.

解法 1 作代换,令 $a = \cos^2 \alpha, b = \cos^2 \beta$,则

$$f(a, b) = f(\alpha, \beta) = \frac{b}{1 + a} + \frac{a}{1 + b} + (1 - a)(1 - b)$$

$$= \frac{a(1+a) + b(1+b) + (1-a^2)(1-b^2)}{(1+a)(1+b)}$$

$$= 1 - P \tag{1}$$

其中
$$P = \frac{ab(1-ab)}{(1+a)(1+b)} \leqslant \frac{ab(1-ab)}{(1+\sqrt{ab})^2} \tag{2}$$

令 $\sqrt{ab} = x \in (0,1)$，且关于 x 的函数为

$$F(x) = \frac{(1+x)^2}{x^2(1-x^2)} = \frac{1+x}{x^2(1-x)} \tag{3}$$

即
$$P \leqslant \frac{1}{F(x)} = T(x) \tag{4}$$

求导得

$$T(x) = -x^2 + 2x - 2 + \frac{2}{x+1}$$

$$T'(x) = 2(1-x) - \frac{2}{(x+1)^2}$$

$$T''(x) = -2 + \frac{4}{(x+1)^3}$$

在定义域 $(0,1)$ 内解方程 $T'(x) = 0$，求驻点（极值点）

$$1 - x = \frac{1}{(x+1)^2} \Rightarrow (1-x)(1+x)^2 = 1$$

$$\Rightarrow x(x^2 + x - 1) = 0 \Rightarrow x_0 = \frac{\sqrt{5}-1}{2} \in (0,1)$$

$$\Rightarrow F''(x_0) = \frac{4}{(x_0+1)^2} - 2 = 4\left(\frac{\sqrt{5}-1}{2}\right)^3 - 2$$

$$= 4\left[\left(\frac{\sqrt{5}-1}{2}\right)^2 - \frac{1}{2}\right] < 0$$

因此 $T(x)$ 为凹函数，有最大值 $T(x_0)$，即

$$T(x) \leqslant T_{\max}(x) = T(x_0) = T\left(\frac{\sqrt{5}-1}{2}\right) = \frac{5\sqrt{5}-11}{2}$$

$$\Rightarrow f(a,b) = 1 - P \geqslant 1 - T(x) \geqslant 1 - \frac{5\sqrt{5}-11}{2}$$

$$\Rightarrow f(\alpha,\beta) = f(a,b) \geqslant \frac{13 - 5\sqrt{5}}{2}$$

$$\Rightarrow f_{\min}(\alpha,\beta) = \frac{13 - 5\sqrt{5}}{2}$$

仅当 $\cos^2\alpha = \cos^2\beta = \frac{\sqrt{5}-1}{2}$ 时达到。

解法 2　由解法 1 有

$$f(\alpha,\beta)=f(a,b)=1-P \qquad (1)$$

其中

$$P=\frac{ab(1-ab)}{(1+a)(1+b)}\leqslant T(x)=\frac{x^2(1-x)}{1+x} \qquad (2)$$

其中 $x\in(0,1)$，设 $\lambda\in(0,1)$，$t\geqslant0$ 为待定系数.满足

$$(x-\lambda)^2(x+t)\geqslant0$$
$$\Rightarrow(x^2-2\lambda x+\lambda^2)(x+t)\geqslant0$$
$$\Rightarrow x^3-(2\lambda-t)x^2+\lambda(\lambda-2t)x+t\lambda^2\geqslant0$$

取

$$2\lambda-t=1\Rightarrow t=2\lambda-1$$
$$\Rightarrow T(x)\leqslant\frac{\lambda(2-3\lambda)x+\lambda^2(2\lambda+1)}{x+1}$$

取

$$\lambda(2-3\lambda)=\lambda^2(2\lambda+1)$$
$$\Rightarrow\lambda^2+\lambda-1=0\Rightarrow\lambda=\frac{\sqrt{5}-1}{2}\in(0,1)$$
$$\Rightarrow\lambda(2-3\lambda)=\frac{5\sqrt{5}-11}{2}$$
$$\Rightarrow T(x)\leqslant\lambda(2-3\lambda)\leqslant\frac{5\sqrt{5}-11}{2}$$
$$\Rightarrow f(\alpha,\beta)=1-P\geqslant1-T(x)\geqslant\frac{13-5\sqrt{5}}{2}$$

仅当 $a=b=x=\dfrac{\sqrt{5}-1}{2}$，即 $\alpha=\beta=\arccos\sqrt{\dfrac{\sqrt{5}-1}{2}}$ 时等号成立，这时

$$f_{\min}(\alpha,\beta)=\frac{13-5\sqrt{5}}{2}$$

注　从上述两种解法可知,本题虽然有一定的难度,却不失优美趣味!

引题　设 $\theta\in(0,\dfrac{\pi}{2})$，$a,b,n,\alpha,\beta$ 均为正数,求函数

$$f(\theta)=(a\sec^n\theta+b)^{\alpha}(a\csc^n\theta+b)^{\beta}$$

的最小值.

解　利用赫尔德不等式有

$$[f(\theta)]^{\frac{1}{\alpha+\beta}}=(a\sec^n\theta+b)^{\frac{\alpha}{\alpha+\beta}}\cdot(a\csc^n\theta+b)^{\frac{\beta}{\alpha+\beta}}$$
$$\geqslant\Big[\frac{\alpha^{\alpha+\beta}}{(\sin\theta\cos^{\alpha}\theta)^n}\Big]^{\frac{1}{\alpha+\beta}}+b$$

$$\geqslant a \cdot \left[\frac{(\alpha+\beta)^{\alpha+\beta}}{\alpha^{\alpha}\beta^{\beta}} \right]^{\frac{n}{2(\alpha+\beta)}} + b$$

等号成立当且仅当 $\theta = \dfrac{\pi}{4}$, 且 $\alpha = \beta$. 这时

$$f_{\min}(\theta) = \left\{ a \cdot \left[\frac{(\alpha+\beta)^{\alpha+\beta}}{\alpha^{\alpha}\beta^{\beta}} \right]^{\frac{n}{2(\alpha+\beta)}} + b \right\}^{\alpha+\beta}$$

即

$$(a\sec^{n}\theta + b)^{\alpha} \cdot (a\csc^{n} + b)^{\beta} \geqslant f_{\min}(\theta) \qquad (A)$$

在优美的式 (A) 中,令 $\alpha = \beta$ 可得到漂亮的推论

$$(a\sec^{n}\theta + b)(a\csc^{n}\theta + b) \geqslant \left[(\sqrt{2})^{n}a + b \right]^{2} \qquad (A_1)$$

在式 (A_1) 中,令 $a = b$,又得到

$$(\sec^{n}\theta + 1)(\csc^{n}\theta + 1) \geqslant \left[(\sqrt{2})^{n} + 1 \right]^{2} \qquad (A_2)$$

再令 $n = 1$,又得到

$$(\sec\theta + 1)(\csc\theta + 1) \geqslant (\sqrt{2} + 1)^{2} \qquad (A_3)$$

许多美好的事物,都不是孤立的,往往是成双成对,比翼双飞的! 如式 (A_3) 就有漂亮的配对式.

题 27 设 $\theta \in \left(0, \dfrac{\pi}{2} \right)$. 求证

$$(\sec\theta - 1)(\csc\theta - 1) \leqslant (\sqrt{2} - 1)^{2} \qquad (B)$$

证法 1 我们设关于 θ 的函数为

$$f(\theta) = (\sec\theta - 1)(\csc\theta - 1)$$
$$= \sec\theta\csc\theta - \sec\theta - \csc\theta + 1$$

求导得

$$f'(\theta) = -\frac{4\cos 2\theta}{(\sin 2\theta)^{2}} + \frac{\cos\theta}{\sin^{2}\theta} - \frac{\sin\theta}{\cos^{2}\theta}$$
$$= 4M(\theta)(\csc 2\theta)^{2} \qquad (1)$$

其中

$$M(\theta) = (\cos\theta)^{3} - (\sin\theta)^{3} - \cos 2\theta$$
$$= (\cos\theta - \sin\theta)\left[\cos^{2}\theta + \cos\theta\sin\theta + \sin^{2}\theta - (\cos\theta + \sin\theta) \right]$$
$$= (\cos\theta + \sin\theta)\left[1 + \frac{1}{2}\sin^{2}2\theta - \sqrt{2}\cos\left(\theta - \frac{\pi}{4} \right) \right]$$

显然,当 $\theta = \dfrac{\pi}{4}$ 时,$M\left(\dfrac{\pi}{4} \right) = 0$. 因此 $\dfrac{\pi}{4}$ 是 $f(\theta)$ 的驻点.

又因为对 $M(\theta)$ 求导得

$$M'(\theta) = -3\cos^{2}\theta\sin\theta - 3\sin^{2}\theta\cos\theta + 2\sin 2\theta$$

$$= (2 - \frac{3}{2}\sin\theta - \frac{3}{2}\cos\theta)\sin 2\theta$$

且

$$M'(\frac{\pi}{4}) = 2 - \frac{3}{4}\sqrt{2} - \frac{3}{4}\sqrt{2} = 2 - \frac{3}{2}\sqrt{2} < 0$$

因此 $M(\theta)$ 为减函数,从而 $f(\theta)$ 为凹函数,于是有

$$f(\theta) \leqslant f_{\max}(\theta) = f(\frac{\pi}{4}) = (\sqrt{2} - 1)^2$$

即式(B)成立,等号成立当且仅当 $\theta = \dfrac{\pi}{4}$.

证法 2 注意到 $\theta \in (0, \dfrac{\pi}{2})$,我们作代换. 令

$$t = \tan\frac{\theta}{2} \in (0, 1)$$

$$
\begin{aligned}
y &= (\sec\theta - 1)(\csc\theta - 1)\\
&= (\sqrt{1 + \tan^2\theta} - 1)(\sqrt{1 + \cot^2\theta} - 1)\\
&= \left[\sqrt{1 + \left(\frac{2t}{1 - t^2}\right)^2} - 1\right]\left[\sqrt{1 + \left(\frac{1 - t^2}{2t}\right)^2} - 1\right]\\
&= (\frac{1 + t^2}{1 - t^2} - 1)(\frac{1 + t^2}{2t} - 1) = \frac{t(1 - t)}{1 + t}\\
&\Rightarrow t^2 + (y - 1)t + y = 0\\
&\Rightarrow \Delta_t = y^2 - 6y + 1 \geqslant 0\\
&\Rightarrow [y - (\sqrt{2} - 1)^2][y - (\sqrt{2} + 1)^2] \geqslant 0
\end{aligned}
$$

又

$$
\begin{aligned}
t \in (0, 1) &\Rightarrow t(1 - t) \in (0, 1)\\
&\Rightarrow y = \frac{t(1 - t)}{1 + t} \in (0, 1) \Rightarrow y < (\sqrt{2} - 1)^2\\
&\Rightarrow y \leqslant (\sqrt{2} - 1)^2\\
&\Rightarrow (\sec\theta - 1)(\csc\theta - 1) \leqslant (\sqrt{2} - 1)^2
\end{aligned}
$$

即式(B)成立,等号成立当且仅当

$$\Delta_t = 0 \Rightarrow t = -\frac{1}{2}(y - 1) = \sqrt{2} - 1$$

$$\Rightarrow \tan\frac{\theta}{2} = \sqrt{2} - 1 = \tan\frac{\pi}{8} \Rightarrow \theta = \frac{\pi}{4}$$

证法 3 应用三角恒等式有

$$1 - \sin\theta = (\sin\frac{\theta}{2} - \cos\frac{\theta}{2})^2$$

$$1 - \cos \theta = 2\sin^2 \frac{\theta}{2}$$

$$\sin \theta = 2\sin \frac{\theta}{2}\cos \frac{\theta}{2}$$

$$\cos \theta = -\left(\sin \frac{\theta}{2} + \cos \frac{\theta}{2}\right)\left(\sin \frac{\theta}{2} - \cos \frac{\theta}{2}\right)$$

于是

$$f = (\csc \theta - 1)(\sec \theta - 1) = \left(\frac{1 - \sin \theta}{\sin \theta}\right)\left(\frac{1 - \cos \theta}{\cos \theta}\right)$$

$$= -\left(\frac{\sin \frac{\theta}{2} - \cos \frac{\theta}{2}}{\sin \frac{\theta}{2} + \cos \frac{\theta}{2}}\right) \cdot \frac{\sin \frac{\theta}{2}}{\cos \frac{\theta}{2}}$$

令 $t = \tan \frac{\theta}{2} \in (0,1)$ 得

$$f = -\left(\frac{t-1}{t+1}\right)t = -t + \frac{2t}{1+t}$$

$$= 3 - \left[(1+t) + \frac{2}{1+t}\right] \leqslant 3 - 2\sqrt{2}$$

$$\Rightarrow (\sec \theta - 1)(\csc \theta - 1) \leqslant (\sqrt{2} - 1)^2$$

即式(B)成立,等号成立当且仅当

$$1 + t = \frac{2}{1+t} \Rightarrow t = \tan \frac{\theta}{2} = \sqrt{2} - 1 = \tan \frac{\pi}{8}$$

$$\Rightarrow \theta = \frac{\pi}{4}$$

证法 4 由于

$$1 = (\sec^2 \theta - 1)(\csc^2 \theta - 1)$$

$$= (\sec \theta + 1)(\csc \theta + 1)f$$

其中

$$f = (\sec \theta - 1)(\csc \theta - 1)$$

则

$$1 \geqslant (\sqrt{\sec \theta \csc \theta} + 1)^2 f$$

$$= (\sqrt{2\csc 2\theta} + 1)^2 f \geqslant (\sqrt{2} + 1)^2 f$$

$$\Rightarrow f \leqslant \frac{1}{(\sqrt{2} + 1)^2} = (\sqrt{2} - 1)^2$$

即式(B)成立,等号成立当且仅当 $\theta = \frac{\pi}{4}$.

研究 (1)如果,我们记 $n \in \mathbf{N}_+$

$$T_n(\theta) = (\sec^n \theta - 1)(\csc^n \theta - 1)$$

则有

$$T_1(\theta) \leqslant (\sqrt{2}-1)^2, T_2(\theta) = (\sqrt{2^2}-1)^2$$

那么,我们猜测,是否有结论

$$T_n(\theta) = (\sec^n\theta - 1)(\csc^n\theta - 1) \leqslant (\sqrt{2^n}-1)^2 \qquad (*)$$

显然,当 $n = 1,2$ 时,式($*$)成立. 但这并不能肯定当 $n \in \mathbf{N}_+$ 时式($*$)就一定成立.

事实上,当 $n = 2k(k \in \mathbf{N}_+)$ 为偶数时,应用结论 $T_2(\theta) = 1$,有如下结论.

结论 1 设 $\theta \in (0, \dfrac{\pi}{2})$, $k \in \mathbf{N}_+$,则有

$$T_{2k}(\theta) = [(\sec\theta)^{2k} - 1][(\csc\theta)^{2k} - 1] \geqslant (2^k - 1)^2 \qquad (B_1)$$

证明 由于

$$\sec\theta \cdot \csc\theta = 2\csc 2\theta \geqslant 2$$

应用赫尔德不等式有

$$T_{2k}(\theta) = T_2(\theta)[\sum_{i=1}^{k}(\sec^2\theta)^{i-1}][\sum_{i=1}^{k}(\csc^2\theta)^{i-1}]$$

$$\geqslant [\sum_{i=1}^{k}(\sec\theta\csc\theta)^{i-1}]^2 = (\sum_{i=1}^{k}2^{i-1})^2$$

$$\Rightarrow T_{2k}(\theta) \geqslant (2^k - 1)^2$$

即式(B_1)成立,等号成立当且仅当 $k = 1$ 或 $\theta = \dfrac{\pi}{4}$.

式(B_1)还可以从参数方面推广为:

结论 2 设 $\theta \in (0, \dfrac{\pi}{2})$, $k \in \mathbf{N}_+$,则当 $a \geqslant b > 0$ 时,有

$$[a(\sec\theta)^{2k} - b][a(\csc\theta)^{2k} - b] \geqslant (2^k a - b)^2 \qquad (B_2)$$

证法 1 我们只需证明 $a > b > 0$ 时的情况即可,记式(B_2)左边为 T,应用柯西不等式有

$$T = [a(\sec^{2k}\theta - 1) + (a-b)][a(\csc^{2k}\theta - 1) + (a-b)]$$

$$\geqslant [a(T_{2k}(\theta))^{\frac{1}{2}} + (a-b)]^2$$

$$\geqslant [a(2^k - 1) + a - b]^2 = (2^k a - b)^2$$

即式(B_2)成立,等号成立当且仅当 $\theta = \dfrac{\pi}{4}$(与 a,b 无关).

证法 2 应用三角公式有

$$T = [a(1 + \tan^2\theta)^k - b][a(1 + \cot^2\theta)^k - b]$$

$$= [a\sum_{i=1}^{k}(C_k^i \tan^{2i}\theta) + (a-b)] \cdot [a\sum_{i=1}^{k}(C_k^i \cot^{2i}\theta) + (a-b)]$$

（应用柯西不等式）

$$\geqslant \Big[a \sum_{i=1}^{k} C_k^i (\tan \theta \cot \theta)^i + (a-b)\Big]^2$$

$$= \Big(a \sum_{i=1}^{k} C_k^i + a - b\Big)^2 = [a(2^k - 1) + (a-b)]^2$$

$$\Rightarrow T \geqslant (2^k a - b)^2$$

即式(B_2)成立,等号成立当且仅当$\theta = \dfrac{\pi}{4}$.

(2)其实,式(B)也可推广为:

结论3 设$n \geqslant 2$且$n \in \mathbf{N}_+$,$\theta \in \left(0, \dfrac{\pi}{2}\right)$,则有

$$T_n(\theta) = (\sec^n \theta - 1)(\csc^n \theta - 1) \geqslant (\sqrt{2^n} - 1)^2 \qquad (B_3)$$

当$n = 2k(k \in \mathbf{N}_+)$时,式$(B_3)$化为式$(B_2)$.即当$n \geqslant 2$时,式($*$)反向成立.

证法1 应用串值归纳法:

(1)当$n = 2$时,式(B_3)成立.

(2)假设当$n \leqslant k(k \geqslant 3, k \in \mathbf{N}_+)$时,式$(B_3)$成立,那么当$n = k - 1$时自然成立,即

$$T_{k-1}(\theta) = (\sec^{k-1} \theta - 1)(\mathrm{cec}^{k-1} \theta - 1) \geqslant (\sqrt{2^{k-1}} - 1)^2$$

于是有

$$T_{k+1}(\theta) = (\sec^{k+1} \theta - 1)(\csc^{k+1} \theta - 1)$$

$$= [(\sec^{k-1} \theta - 1)\sec^2 \theta + (\sec^2 \theta - 1)] \cdot [(\csc^{k-1} \theta - 1)\csc^2 \theta + (\csc^2 \theta - 1)]$$

$$\geqslant [(T_{k-1}(\theta))^{\frac{1}{2}}(\sec \theta \csc \theta) + (\sec^2 \theta - 1)(\csc^2 \theta - 1)]^2$$

$$= [\sqrt{T_{k-1}(\theta)}(\sec \theta \csc \theta) + 1]^2$$

$$\geqslant [(\sqrt{2^{k-1}} - 1) \cdot 2 + 1]^2 = (\sqrt{2^{k+1}} - 1)^2$$

$$\Rightarrow T_{k+1}(\theta) \geqslant (\sqrt{2^{k+1}} - 1)^2$$

即对于$n = k + 1$,式(B_3)仍然成立.

综合(1)和(2)知,对于一切$n \geqslant 2(n \in \mathbf{N}_+)$,式$(B_3)$成立,等号成立当且仅当$\theta = \dfrac{\pi}{4}$.

证法2 应用常用归纳法.

(1)当$n = 2$时,式(B_3)为等式,成立.

(2)假设当$n \geqslant 2$时,式(B_3)成立,那么当$n + 1$时

$$T_{n+1}(\theta) = \left(\frac{1}{(\sin \theta)^{n+1}} - 1\right)\left(\frac{1}{(\cos \theta)^{n+1}} - 1\right)$$

$$= \frac{\left[1 - (\sin\theta)^{n+1}\right]\left[1 - (\cos\theta)^{n+1}\right]}{(\sin\theta\cos\theta)^{n+1}}$$

$$= \frac{1 - (\sin\theta)^{n+1} - (\cos\theta)^{n+1}}{(\sin\theta\cos\theta)^{n+1}} + 1$$

$$= \frac{1}{\sin\theta\cos\theta}\left[\frac{1}{(\sin\theta\cos\theta)^n} - \frac{\cos\theta}{\sin^n\theta} - \frac{\sin\theta}{\cos^n\theta}\right] + 1$$

$$= \frac{1}{\sin\theta\cos\theta}\left[\left(\frac{1}{\sin^n\theta} - 1\right)\left(\frac{1}{\cos^n\theta} - 1\right) + \frac{1 - \cos\theta}{\sin^n\theta} + \frac{1 - \sin\theta}{\cos^n\theta} - 1\right] + 1$$

应用归纳假设有

$$T_{n+1}(\theta) \geqslant \frac{(\sqrt{2^n} - 1)^2 - 1 + 2x}{\sin\theta\cos\theta} + 1 \tag{1}$$

其中

$$x = \sqrt{\frac{(1 - \cos\theta)(1 - \sin\theta)}{(\sin\theta\cos\theta)^n}} \tag{2}$$

但是

$$x^2 = \frac{(1 - \cos^2\theta)(1 - \sin^2\theta)}{(\sin\theta\cos\theta)^n(1 + \cos\theta)(1 + \sin\theta)}$$

$$= \frac{(\sec\theta\csc\theta)^{n-2}}{(1 + \cos\theta)(1 + \sin\theta)} \tag{3}$$

由于

$$(\sec\theta\csc\theta)^{n-2} = (2\csc\theta)^{n-2} \geqslant 2^{n-2}$$

$$\sin\theta\cos\theta = \frac{1}{2}\sin 2\theta \leqslant \frac{1}{2}$$

$$(1 + \cos\theta)(1 + \sin\theta) \leqslant (1 + \frac{\cos\theta + \sin\theta}{2})^2$$

$$\leqslant \left(1 + \sqrt{\frac{\cos^2\theta + \sin^2\theta}{2}}\right)^2 = (1 + \frac{\sqrt{2}}{2})^2 = \frac{(\sqrt{2} + 1)^2}{2}$$

所以

$$x^2 \geqslant \frac{2^{n-1}}{(\sqrt{2} + 1)^2} = 2^{n-2}(\sqrt{2} - 1)^2$$

结合式(1)得

$$T_{n+1}(\theta) = (\sec^{n+1}\theta - 1)(\csc^{n+1}\theta - 1)$$

$$\geqslant 2\left[(2^n - 2\sqrt{2^n}) + 2(\sqrt{2^n} - \frac{1}{2}\sqrt{2^n})\right] + 1$$

$$= 2(2^n - \sqrt{2^{n+1}}) + 1$$

$$= 2^{n+1} - 2\sqrt{2^{n+1}} + 1$$

$$\Rightarrow T_{n+1}(\theta) \geqslant (\sqrt{2^{n+1}} - 1)^2$$

即对于 $n+1$，式(B_3)成立.

综合(1)和(2)知对一切 $n \geq 2$,式(B_3)成立,等号成立当且仅当 $\theta = \dfrac{\pi}{4}$.

(3)相应地,有如下结论.

结论 4 设 $a \geq b > 0, n \geq 2 (n \in \mathbf{N}_+), \theta \in (0, \dfrac{\pi}{2})$,则有

$$(a\sec^n\theta \pm b)(a\csc^n\theta \pm b) \geq (\sqrt{2^n}a \pm b)^2 \qquad (B_4)$$

由式(A_1)知,我们只需证明

$$(a\sec^n\theta - b)(a\csc^n\theta - b) \geq (\sqrt{2^n}a - b)^2 \qquad (B_5)$$

成立.

证明 应用柯西不等式有

$$f_n(\theta) = (a\sec^n\theta - b)(a\csc^n\theta - b)$$
$$= [a(\sec^n\theta - 1) + (a - b)][a(\csc^n\theta - 1) + (a - b)]$$
$$\geq [a\sqrt{T_n(\theta)} + (a - b)]^2$$
$$\geq [a(\sqrt{2^n} - 1) + (a - b)]^2 = (a\sqrt{2^n} - b)^2$$

即式(B_5)成立.从而式(B_4)成立,等号成立当且仅当 $\theta = \dfrac{\pi}{4}$(与 a, b 无关).

观察式(B_5)知,它是式(A_1)的配对式,而式(A_1)与式(B_5)和谐统一即为式(B_4),因此式(A_1)与式(B_5)均为式(B_4)的半边天!

(4)回首展望,前面式(A)可以推广为:

结论 5 设 $\theta_i \in (0, \dfrac{\pi}{2}), p_i \in (0, 1)$,且 $n\theta = \sum\limits_{i=1}^{n} \theta_i, \sum\limits_{i=1}^{n} p_i = 1 (1 \leq i \leq n, n \in \mathbf{N}_+, n \geq 2), a, b, k > 0$. 求证

$$\prod_{i=1}^{n} (a\sec^k\theta_i + b)^{p_i} \geq a\left(\dfrac{\sec\theta}{nt}\right)^k + b \qquad (A_4)$$

其中 $t = \prod\limits_{i=1}^{n} p_i^{p_i}$.

特别地,当 $p_i = \dfrac{1}{n}, \theta = \dfrac{\pi}{4} (1 \leq i \leq n)$ 时,式(A_4)化为

$$\prod_{i=1}^{n} (a\sec^k\theta_i + b) \geq (\sqrt{2^k} \cdot a + b)^n \qquad (A_5)$$

证明 应用加权不等式,并注意到 $t = \prod\limits_{i=1}^{n} p_i^{p_i}$ 有

$$T = \prod_{i=1}^{n} (\cos\theta_i)^{p_i} = t \prod_{i=1}^{n} \left(\dfrac{\cos\theta_i}{p_i}\right)^{p_i}$$
$$\leq t \sum_{i=1}^{n} p_i \left(\dfrac{\cos\theta_i}{p_i}\right) = t \sum_{i=1}^{n} \cos\theta_i$$

$$\leqslant nt\cos\left(\frac{1}{n}\sum_{i=1}^{n}\theta_i\right) = nt\cos\theta$$

应用赫尔德不等式有（记 $s = \sum_{i=1}^{n}p_i = 1$）

$$\prod_{i=1}^{n}(a\sec^k\theta_i + b)^{p_i} \geqslant \prod_{i=1}^{n}(a\sec^k\theta_i)^{p_i} + \prod_{i=1}^{n}b^{p_i}$$

$$= a^s \cdot \prod_{i=1}^{n}(\sec\theta_i)^{p_ik} + b^s$$

$$= \frac{a}{T^k} + b \geqslant \frac{a}{(nt\cos\theta)^k} + b$$

$$\Rightarrow \prod_{i=1}^{n}(a\sec^k\theta_i + b)^{p_i} \geqslant a\left(\frac{\sec\theta}{nt}\right)^k + b$$

即式（A_4）成立，等号成立当且仅当 $\theta_i = \frac{\pi}{4}, p_i = \frac{1}{n}(1 \leqslant i \leqslant n)$.

（5）无独有偶，比翼成双，式（A_4）可配对为：

结论 6 设 $k \geqslant 2, a \geqslant b > 0, \theta_i \in (0, \frac{\pi}{2}), p_i \in (0,1)(1 \leqslant i \leqslant n; n \geqslant 2, n \in$

$\mathbf{N}_+$），且 $\sum_{i=1}^{n}p_i = 1, \theta = \sum_{i=1}^{n}p_i\theta_i$，并且当 $k=2$ 时，$\frac{\pi}{2} > \theta_i \geqslant \frac{\pi}{4}(1 \leqslant i \leqslant n)$，那么有

$$\prod_{i=1}^{n}(a\sec^k\theta_i - b)^{p_i} \geqslant a\sec^k\theta - b \qquad (B_6)$$

特别地，当取 $n = 2, p_1 = p_2 = \frac{1}{2}, \theta = \frac{\pi}{4}$ 时，式（B_6）化为

$$(a\sec^k\theta_1 - b)(a\sec^k\theta_2 - b)$$

$$= (a\sec^k\theta_1 - b)(a\csc^k\theta_1 - b)$$

$$\geqslant (\sqrt{2^k}a - b)^2$$

证明 （1）当 $a = b > 0$ 时，我们设关于 $x \in (0, \frac{\pi}{2})$ 的函数为

$$f(x) = \ln(\sec^k x - 1) = \ln(1 - \cos^k x) - k\ln\cos x$$

求导得

$$f'(x) = \left(\frac{\cos^k x}{1 - \cos^k x}\right) \cdot \frac{k\sin x}{(\cos x)^{k+1}}$$

$$= \frac{k\sin x}{(1 - \cos^k x)\cos x} > 0$$

$$f''(x) = \frac{k\cos x}{(1 - \cos^k x)\cos x} - \frac{k\sin x \cdot [-\sin x + (k+1)\cos^k x\sin x]}{(\cos x - \cos^{k+1} x)^2}$$

$$= \frac{kT(x)}{(1 - \cos^k x)^2\cos^2 x}$$

其中

$$T(x) = (1 - \cos^k x)\cos^2 x + [1 - (k+1)\cos^k x] \cdot \sin^2 x$$
$$= k(\cos x)^{k+2} - (k+1)\cos^k x + 1$$

当 $k = 2$ 时, 如果

$$0 < x \leqslant \frac{\pi}{4} \Rightarrow 1 > \cos x \geqslant \frac{\sqrt{2}}{2}$$
$$\Rightarrow T(x) = 2(\cos x)^4 - 3\cos^2 x + 1$$
$$= (1 - 2\cos^2 x)(1 - \cos^2 x)$$
$$= (1 - 2\cos^2 x)\sin^2 x \leqslant 0$$

当 $k > 2$ 时, 注意到 $x \in (0, \frac{\pi}{2})$ 时有 $\sec x > 1$, 应用平均值不等式有

$$T(x) = k(\cos x)^{k+2} + 1 - (k+1)\cos^k x$$
$$> (k+1)\left[1 \cdot (\cos x)^{k(k+2)}\right]^{\frac{1}{k+1}} - (k+1)\cos^k x$$
$$= (k+1)\cos^k x\left[(\sec x)^{\frac{k}{k+1}} - 1\right] > 0$$

因此, 当 $k \geqslant 2$ 时, $f(x)$ 为凸函数, 应用琴生不等式有

$$\sum_{i=1}^n p_i f(\theta_i) \geqslant f\left(\sum_{i=1}^n p_i \theta_i\right) = f(\theta)$$
$$\Rightarrow \sum_{i=1}^n p_i \ln(\sec^k \theta_i - 1) \geqslant \ln(\sec^k \theta - 1)$$
$$\Rightarrow \ln \prod_{i=1}^n (\sec^k \theta_i - 1)^{p_i} \geqslant \ln(\sec^k \theta - 1)$$
$$\Rightarrow \prod_{i=1}^n (\sec^k \theta_i - 1)^{p_i} \geqslant \sec^k \theta - 1 \qquad (1)$$

等号成立当且仅当 $\theta_i = \theta \in (0, \frac{\pi}{2})(1 \leqslant i \leqslant n)$.

(2) 当 $a > b > 0$ 时, 应用赫尔德不等式有

$$\prod_{i=1}^n (a\sec^k \theta_i - b)^{p_i}$$
$$= \prod_{i=1}^n \left[a(\sec^k \theta_i - 1) + (a - b)\right]^{p_i}$$
$$\geqslant \prod_{i=1}^n \left[a(\sec^k \theta_i - 1)\right]^{p_i} + \prod_{i=1}^n (a - b)^{p_i}$$
$$\geqslant a(\sec^k \theta - 1) + (a - b)$$
$$\Rightarrow \prod_{i=1}^n (a\sec^k \theta_i - b)^{p_i} \geqslant a\sec^k \theta - b$$

综合上述 (1) 和 (2) 知, 式 (B_6) 成立, 等号成立当且仅当 $\theta_1 = \theta_2 = \cdots = \theta =$

$\dfrac{\pi}{4}$.

特别地,当取 $p_1 = p_2 = \cdots = p_n = \dfrac{1}{n}, k \geqslant 2$ 时,有珠联璧合的"龙凤"不等式

$$\prod_{i=1}^{n} (a\sec^k\theta_i \pm b) \geqslant (a\sec^k\theta \pm b)^n \qquad (*)$$

其中 $a \geqslant b > 0$,$\displaystyle\sum_{i=1}^{n} \theta_i = n\theta, \theta_i \in (0, \dfrac{\pi}{2})$.

可见,式$(*)$是多么美丽,多么迷人! 多么令人偏爱,令人流涟,令人陶醉,令人倾慕,令人生情!

诗题母亲节(笔者)

草木花开缘有根,儿女成长旭日升.

衣食住行长牵挂,喜笑忧乐总关情.

风霜雨雪问寒暖,春夏秋冬献爱心.

琅琅书声满校园,优秀答卷报母恩.

题 28 设 $\alpha, \beta, \gamma \in (0, \dfrac{\pi}{2})$,且满足

$$\sin 2\alpha + \sin 2\beta + \sin 2\gamma = 4\sin\alpha\sin\beta\sin\gamma \qquad (1)$$

求证

$$\sin\alpha\sin\beta\sin\gamma \leqslant \dfrac{3}{8}\sqrt{3} \qquad (A)$$

证法 1 我们作代换,令

$$(x, y, z) = (\sin^2\alpha, \sin^2\beta, \sin^2\gamma)$$

则 $x, y, z \in (0, 1)$,且式(1)化为

$$\sqrt{\dfrac{1-x}{yz}} + \sqrt{\dfrac{1-y}{zx}} + \sqrt{\dfrac{1-z}{xy}} = 2 \qquad (2)$$

设

$$P = \sqrt[6]{xyz} \in (0, 1) \Rightarrow x + y + z \geqslant 3P^2$$

又式(2)化为

$$2\sqrt{xyz} = \sqrt{x(1-x)} + \sqrt{y(1-y)} + \sqrt{z(1-z)}$$

$$\Rightarrow 4\sqrt{3xyz} = 2\sum \sqrt{x(3-3x)}$$

$$\leqslant \sum [x + (3-3x)] = 9 - 2\sum x$$

$$\leqslant 9 - 6P^2$$

$$\Rightarrow 4\sqrt{3}P^3 \leqslant 9 - 6P^2$$

$$\Rightarrow 4P^3 + 2\sqrt{3}P^2 - 3\sqrt{3} \leqslant 0$$

$$\Rightarrow (2P - \sqrt{3})(2P^2 + 2\sqrt{3}P + 3) \leqslant 0$$

$$\Rightarrow 2P - \sqrt{3} \leqslant 0 \Rightarrow P \leqslant \frac{\sqrt{3}}{2}$$

$$\Rightarrow xyz = P^6 \leqslant \left(\frac{\sqrt{3}}{2}\right)^6 = \frac{27}{64}$$

$$\Rightarrow \sin\alpha\sin\beta\sin\gamma = P^3 \leqslant \frac{3}{8}\sqrt{3}$$

即式(A)成立,等号成立当且仅当

$$\begin{cases} x = y = z \\ \sqrt[6]{xyz} = \frac{\sqrt{3}}{2} \end{cases} \Rightarrow \alpha = \beta = \gamma = \frac{\pi}{3}$$

证法 2　接证法 1 的代换,当 $x = y = z = \frac{3}{4}$ 时,$xyz = \frac{27}{64}$;

如果 $xyz > \frac{27}{64}$,那么由式(2)有

$$\sum \sqrt{x(1-x)} = 2\sqrt{xyz} > \frac{3\sqrt{3}}{4}$$

$$\Rightarrow 3\sum \left[\sqrt{x(1-x)}\right]^2 \geqslant \left[\sum \sqrt{x(1-x)}\right]^2 > \left(\frac{3\sqrt{3}}{4}\right)^2$$

$$\Rightarrow \sum x(1-x) > \frac{9}{16} \tag{3}$$

另外

$$xyz > \frac{27}{64} \Rightarrow x + y + z \geqslant 3\sqrt[3]{xyz} > \frac{9}{4}$$

$$\Rightarrow \sum x(1-x) = \sum x - \sum x^2$$

$$\leqslant \sum x - \frac{1}{3}\left(\sum x\right)^2$$

$$= \frac{9}{16} - \frac{1}{3}\left(x + y + z - \frac{3}{4}\right)\left(x + y + z - \frac{9}{4}\right) < \frac{9}{16}$$

这与式(3)矛盾,因此假设 $xyz > \frac{27}{64}$ 不成立. 故只能有 $xyz \leqslant \frac{27}{64}$,即

$$\sin\alpha\sin\beta\sin\gamma \leqslant \frac{3}{8}\sqrt{3}$$

题 29　设 $\alpha, \beta \in (0, \frac{\pi}{2})$,求证

$$P = \frac{1}{1 + 2\tan\alpha} + \frac{1}{1 + 2\tan\beta} + \frac{\tan\alpha\tan\beta}{2 + \tan\alpha\tan\beta} \geqslant 1 \tag{A}$$

分析　一看便知,式(A)是关于锐角 α,β 的分式和三角不等式,不失一般性,我们作代换,令 $a=\tan\alpha>0,b=\tan\beta>0,c=\cot\alpha\cot\beta>0$,则 $abc=1$. 式(A)转化成关于正数 a,b,c 的代数不等式

$$P=\frac{1}{1+2a}+\frac{1}{1+2b}+\frac{1}{1+2c}\geqslant 1 \tag{B}$$

即式(A)与式(B)互相等价,因此我们只需证明式(B).

证法 1　作代换,令

$$(a,b,c)=(\frac{x^2}{yz},\frac{y^2}{zx},\frac{z^2}{xy})$$

及 $x,y,z>0$,且 $xyz=4$,则

$$\begin{aligned}
P &=\frac{1}{1+2a}+\frac{1}{1+2b}+\frac{1}{1+2c} \\
&=\frac{yz}{yz+2x^2}+\frac{zx}{zx+2y^2}+\frac{xy}{xy+2z^2} \\
&=\frac{xyz(x+y+z)\left[(y-z)^2+(z-x)^2+(x-y)^2\right]}{(yz+x^2)(zx+y^2)(xy+z^2)}+1 \\
&\geqslant 1 \\
&\Rightarrow P\geqslant 1
\end{aligned}$$

即式(B)成立,等号成立当且仅当

$$x=y=z\Rightarrow a=b=c=1$$
$$\Rightarrow\tan\alpha=\tan\beta=\cot\alpha\cot\beta=1$$
$$\Rightarrow\alpha=\beta=\frac{\pi}{4}$$

证法 2　我们设

$$(a,b,c)=(\frac{yz}{x^2},\frac{zx}{y^2},\frac{xy}{z^2})\quad(x,y,z>0)$$

$$\begin{aligned}
\Rightarrow P &=\frac{1}{1+2a}+\frac{1}{1+2b}+\frac{1}{1+2c} \\
&=\frac{x^2}{x^2+2yz}+\frac{y^2}{y^2+2zx}+\frac{z^2}{z^2+2xy}
\end{aligned}$$

应用柯西不等式有

$$\begin{aligned}
P &\geqslant\frac{(x+y+z)^2}{(x^2+2yz)+(y^2+2zx)+(z^2+2xy)} \\
&=\frac{(x+y+z)^2}{(x+y+z)^2}=1 \\
&\Rightarrow P\geqslant 1
\end{aligned}$$

即式(B)成立,等号成立当且仅当

$$\frac{x}{x^2+2yz}=\frac{y}{y^2+2zx}=\frac{z}{z^2+2xy}$$

$$\Rightarrow x=y=z \Rightarrow a=b=c=1 \Rightarrow \alpha=\beta=\frac{\pi}{4}$$

证法 3 设 $\theta\in\mathbf{R}$ 为待定指数,并记 $S=a^{\theta}+b^{\theta}+c^{\theta}$,应用已知条件和平均值不等式有

$$b^{\theta}+c^{\theta}\geqslant 2\left(bc\right)^{\frac{\theta}{2}}=2a^{-\frac{\theta}{2}}$$

$$\Rightarrow S=a^{\theta}+b^{\theta}+c^{\theta}\geqslant 2a^{-\frac{\theta}{2}}+a^{\theta}$$

$$=a^{\theta}\left(2a^{-\frac{3}{2}\theta}+1\right)$$

$$\Rightarrow\frac{1}{1+2a^{-\frac{3}{2}\theta}}\geqslant\frac{a^{\theta}}{S}$$

令 $\theta=-\dfrac{2}{3}$ 得

$$\frac{1}{1+2a}\geqslant\frac{a^{-\frac{2}{3}}}{S}$$

同理可得

$$\frac{1}{1+2b}\geqslant\frac{b^{-\frac{2}{3}}}{S},\frac{1}{1+2c}\geqslant\frac{c^{-\frac{2}{3}}}{S}$$

$$P=\frac{1}{1+2a}+\frac{1}{1+2b}+\frac{1}{1+2c}$$

$$\geqslant\frac{1}{S}\left(a^{-\frac{2}{3}}+b^{-\frac{2}{3}}+c^{-\frac{2}{3}}\right)=1$$

$$\Rightarrow P\geqslant 1$$

即式(B)成立,等号成立当且仅当 $a=b=c=1$,即 $\alpha=\beta=\dfrac{\pi}{4}$.

证法 4 由条件 $abc=1$,我们可设

$$(a,b,c)=\left(\frac{x}{y},\frac{y}{z},\frac{z}{x}\right),x,y,z>0$$

$$P=\frac{1}{1+2a}+\frac{1}{1+2b}+\frac{1}{1+2c}$$

$$=\frac{y}{y+2x}+\frac{z}{z+2y}+\frac{x}{x+2z}$$

$$=\frac{y^2}{y^2+2xy}+\frac{z^2}{z^2+2yz}+\frac{x^2}{x^2+2zx}$$

应用柯西不等式有

$$P\geqslant\frac{(x+y+z)^2}{x^2+y^2+z^2+2xy+2yz+2zx}=1$$

即式(B)成立,等号成立当且仅当

$$x = y = z \Rightarrow a = b = c = 1 \Rightarrow \alpha = \beta = \frac{\pi}{4}$$

证法5 因为

$$a + b + c \geqslant 3 \sqrt[3]{abc} = 3$$

又式(B)即

$$\frac{1}{1 + 2a} + \frac{1}{1 + 2b} + \frac{1}{1 + 2c} \geqslant 1$$

$$\Leftrightarrow \sum (1 + 2b)(1 + 2c) \geqslant \prod (1 + 2a)$$

$$\Leftrightarrow a + b + c \geqslant 3$$

即式(B)成立,等号成立当且仅当

$$a = b = c = 1 \Rightarrow \alpha = \beta = \frac{\pi}{4}$$

证法6 作代换,令

$$(x, y, z) = \left(\frac{1}{1 + 2a}, \frac{1}{1 + 2b}, \frac{1}{1 + 2c} \right)$$

$$\Rightarrow (a, b, c) = \left(\frac{1 - x}{2x}, \frac{1 - y}{2y}, \frac{1 - z}{2z} \right)$$

$$\Rightarrow (1 - x)(1 - y)(1 - z) = 8xyz \quad (因为 abc = 1) \tag{1}$$

假设式(B)不成立,则

$$P = x + y + z < 1 \tag{2}$$

$$\Rightarrow 1 - x > y + z \geqslant 2 \sqrt{yz}$$

同理可得

$$1 - y > 2 \sqrt{zx}, 1 - z > 2 \sqrt{xy}$$

则有

$$(1 - x)(1 - y)(1 - z) > 8xyz \tag{3}$$

这与式(1)矛盾,从而假设式(2)不成立,故只能有

$$P = x + y + z \geqslant 1$$

即式(B)成立,等号成立当且仅当

$$x = y = z \Rightarrow \frac{1}{1 + 2a} = \frac{1}{1 + 2b} = \frac{1}{1 + 2c}$$

$$\Rightarrow a = b = c = 1 \Rightarrow \alpha = \beta = \frac{\pi}{4}$$

注 我们知道,种瓜得瓜,种豆得豆.在解答数学问题时,不同的思路,产生不同的方法,上述六种证法,各具特色,各显秋千,五彩缤纷!

其实,我们还可从参数方面将式(B)推广,自然优美无限,妙趣无穷.

推广 设正数 a,b,c 满足 $abc=1$，参数 λ,μ,ν 满足 $\lambda\mu\nu\geq 8$，则有

$$\frac{1}{1+\lambda a}+\frac{1}{1+\mu b}+\frac{1}{1+\nu c}\geq\frac{3}{1+t} \qquad (C)$$

其中 $t=\sqrt[3]{\lambda\mu\nu}\geq 2$.

自然,式(C)又等价于

$$\frac{1}{1+\lambda\tan\alpha}+\frac{1}{1+\mu\tan\beta}+\frac{1}{1+\nu\cot\alpha\cot\beta}\geq\frac{3}{1+t} \qquad (D)$$

式(D)即为式(A)的参数推广,当 $\lambda=\mu=\nu=2$ 时,$t=2$,式(C)化为式(B),式(D)化为式(A).

证明:式(C)等价于

$$(t+1)\sum(1+\mu b)(1+\nu c)\geq 3\prod(1+\lambda a)$$

$$\Leftrightarrow(t+1)\sum\left[1+(\mu b+\nu c)+\mu\nu bc\right]$$

$$\geq 3(1+\sum\lambda a+\sum\mu\nu bc+\lambda\mu\nu abc)$$

$$\Leftrightarrow(t+1)(3+2\sum\lambda a+\sum\mu\nu bc)$$

$$\geq 3(t^3+1)+3\sum\lambda a+3\sum\mu\nu bc$$

$$\Leftrightarrow(t-2)\sum\mu\nu bc+(2t-1)\sum\lambda a\geq 3(t^3-t) \qquad (1)$$

由平均值不等式知

$$\sum\lambda a\geq 3(\lambda\mu\nu abc)^{\frac{1}{3}}=3t$$

$$\sum\mu\nu bc\geq 3(\lambda\mu\nu abc)^{\frac{1}{3}}=3t^2$$

因此

$$式(1)左边\geq 3t^2(t-2)+3t(2t-1)$$

$$=3(t^3-t)=式(1)右边$$

即式(1)成立,从而式(C)成立,等号成立当且仅当

$$a=b=c=1,且\ \lambda=\mu=\nu\geq 2$$

有趣的是,注意到 $\frac{1}{a}\cdot\frac{1}{b}\cdot\frac{1}{c}=1$. 应用式(C)有

$$\frac{1}{1+\dfrac{\lambda}{a}}+\frac{1}{1+\dfrac{\mu}{b}}+\frac{1}{1+\dfrac{\nu}{c}}\geq\frac{3}{1+t}$$

$$\Rightarrow\frac{a}{\lambda+a}+\frac{b}{\mu+b}+\frac{c}{\nu+c}\geq\frac{3}{1+t}$$

$$\Rightarrow\sum\left(1-\frac{\lambda}{\lambda+a}\right)\geq\frac{3}{1+t}$$

$$\Rightarrow \frac{\lambda}{\lambda + a} + \frac{\mu}{\mu + b} + \frac{\nu}{\nu + c} \leqslant \frac{3t}{1 + t}$$

$$\Rightarrow \frac{1}{1 + \dfrac{a}{\lambda}} + \frac{1}{1 + \dfrac{b}{\mu}} + \frac{1}{1 + \dfrac{c}{\nu}} \leqslant \frac{3}{1 + \dfrac{1}{t}} \tag{2}$$

令 $(\lambda, \mu, \nu) = (\dfrac{1}{x}, \dfrac{1}{y}, \dfrac{1}{z})$，则 $xyz = \dfrac{1}{\lambda\mu\nu} \leqslant \dfrac{1}{8}$，$t^3 = \lambda\mu\nu \geqslant 8$.

式（2）化为

$$\frac{1}{1 + xa} + \frac{1}{1 + yb} + \frac{1}{1 + zc} \leqslant \frac{3}{1 + \sqrt[3]{xyz}} \tag{E}$$

其中 $a, b, c > 0$，$x, y, z > 0$，且 $abc = 1$，$xyz \leqslant \dfrac{1}{8}$. 式（E）又等价于

$$\frac{1}{1 + x\tan\alpha} + \frac{1}{1 + y\tan\beta} + \frac{1}{1 + z\cot\alpha\cot\beta} \leqslant \frac{3}{1 + \sqrt[3]{xyz}} \tag{F}$$

从外形与结构知，式（E）为式（C）的"鸳鸯配对"，式（F）为式（D）的"夫妻配对"，它们真是天地绝配！

参观成都金沙遗址（笔者）

锦水悠悠瑰宝藏，坐埋千载叹流光.

绿珠灿烂何时暗，碧玉斑斓几度香.

雾笼金沙光不发，烟锁神鸟翼难张.

营楼一捆尽惊艳，展馆辉煌映太阳.

题 30 设 $\triangle ABC$ 为非钝角三角形，求证

$$\sin^2 A + \sin^2 B + \sin^2 C \geqslant (\cos A + \cos B + \cos C)^2 \tag{A}$$

一看便知，式（A）是一个非常漂亮的三角不等式，它对称美观，便于记忆，它略加"梳妆扮抹"就显出焕然一新的风采

$$(\cos A + \cos B)^2 + (\cos B + \cos C)^2 + (\cos C + \cos A)^2 \leqslant 3 \tag{A_1}$$

$$\cos B\cos C + \cos C\cos A + \cos A\cos B$$

$$\leqslant \frac{1}{2} + 2\cos A\cos B\cos C \tag{A_2}$$

下面我们先证明不等式（A）. 然后再欣赏它，研究它！

证法 1 当 $\triangle ABC$ 为直角三角形时，由对称性不妨设

$$A = \frac{\pi}{2} \Rightarrow \sum \sin^2 A = 2$$

$$(\sum \cos A)^2 = (\cos B + \sin B)^2 = 2\cos^2(B - \frac{\pi}{4})$$

$$\leqslant 2 = \sum \sin^2 A$$

此时式（A）成立.

当 $\triangle ABC$ 为锐角三角形时,式(A)等价于

$$\sum (\cos A + \cos B)^2 \leqslant 3 \qquad (A_1)$$

现在我们作代换,令

$$\begin{cases} x = b^2 + c^2 - a^2 \\ y = c^2 + a^2 - b^2 \\ z = a^2 + b^2 - c^2 \end{cases} \Rightarrow \begin{cases} a = \sqrt{\dfrac{y+z}{2}} \\ b = \sqrt{\dfrac{z+x}{2}} \\ c = \sqrt{\dfrac{x+y}{2}} \end{cases}$$

代入式(A_1)得

$$\sum \left(\frac{x}{2bc} + \frac{y}{2ca} \right)^2 \leqslant 3$$
$$\Leftrightarrow (ax+by)^2 + (by+cz)^2 + (cz+ax)^2 \leqslant 12a^2b^2c^2 \qquad (1)$$

而

$$\sum (ax+by)^2 = 2\sum a^2x^2 + 2\sum bcyz$$
$$= \sum x^2(y+z) + \sum yz\sqrt{(x+y)(x+z)}$$
$$\leqslant \sum x^2(y+z) + \frac{1}{2}\sum yz(2x+y+z)$$
$$= \frac{3}{2}\sum x^2(y+z) + 3xyz$$
$$= \frac{3}{2}(x+y)(y+z)(z+x) = 12a^2b^2c^2$$

即式(1)成立,从而式(A_1),即式(A)成立.等号成立当且仅当 $x=y=z \Rightarrow a = b = c$ 或 $\triangle ABC$ 为等腰直角三角形.

证法 2 由于

$$\sum \cos^2 A = 1 - 2\prod \cos A$$

因此,式(A)等价于

$$\sum \cos B \cos C \leqslant \frac{1}{2} + 2\prod \cos A \qquad (A_2)$$

当 $\triangle ABC$ 为直角三角形时,$\prod \cos A = 0$. 由对称性不妨设 $A = \dfrac{\pi}{2}$,有

$$\cos A = 0$$
$$\sum \cos B \cos C = \cos B \cos C = \cos B \sin B$$
$$= \frac{1}{2}\sin 2B \leqslant \frac{1}{2}$$

成立.

即当△ABC 为等腰直角三角形时,式(A)取等号

当△ABC 为锐角三角形时,由于式(A)中 A,B,C 完全对称,不妨设

$$0 < C \leqslant B \leqslant A < \frac{\pi}{2} \Rightarrow \frac{\pi}{3} \leqslant A < \frac{\pi}{2} \Rightarrow \frac{1}{2} \geqslant \cos A > 0$$

于是

$$\sum \cos B \cos C - 2 \prod \cos A$$
$$= \cos A(\cos B + \cos C) + \cos B \cos C(1 - 2\cos A)$$
$$= 2\cos A \cos \frac{B+C}{2} \cos \frac{B-C}{2} +$$
$$\frac{1}{2}\big[\cos(B+C) + \cos(B-C)\big](1 - 2\cos A)$$
$$\leqslant 2\cos A \sin \frac{A}{2} + \frac{1}{2}(1 - \cos A)(1 - 2\cos A)$$
$$= 2\cos A \sin \frac{A}{2} + \frac{1}{2}(1 - 3\cos A + 2\cos^2 A)$$
$$= \frac{1}{2} + \cos A\left(-2\sin^2 \frac{A}{2} + 2\sin \frac{A}{2} - \frac{1}{2}\right)$$
$$= \frac{1}{2} - 2\cos A\left(\sin^2 \frac{A}{2} - \sin \frac{A}{2} + \frac{1}{4}\right)$$
$$= \frac{1}{2} - 2\cos A\left(\sin \frac{A}{2} - \frac{1}{2}\right)^2 \leqslant \frac{1}{2}$$
$$\Rightarrow \sum \cos B \cos C \leqslant \frac{1}{2} + 2 \prod \cos A$$
$$\Rightarrow \sum \sin^2 A \geqslant \left(\sum \cos A\right)^2$$

这时式(A)成立.

综合上述知,式(A)成立,仅当△ABC 为等腰直角三角形或正三角形时等号成立.

评注 放眼展望,优美的不等式

$$\sum \sin^2 A \geqslant \left(\sum \cos A\right)^2 \tag{A}$$

结构对称,容颜秀美,特别漂亮,令人偏爱,那么我们能从系数方面建立它的加权推广吗?

分析:结合式(A)并应用三角母不等式的变形及柯西不等式有

$$\begin{cases} \sum \sin^2 A \geqslant \left(\sum \cos A\right)^2 \\ \frac{1}{2}\sum \left(\frac{\mu\nu}{\lambda}\right)^2 \geqslant \sum \lambda^2 \cos A \end{cases}$$

$$\Rightarrow \frac{1}{2} \sum \left(\frac{\mu\nu}{\lambda}\right)^2 \cdot \left(\sum \sin^2 A\right)^{\frac{1}{2}}$$

$$\geqslant \left(\sum \lambda^2 \cos A\right)\left(\sum \cos A\right)$$

$$\geqslant \left(\sum \lambda \cos A\right)^2 \tag{1}$$

观察式（1），其右边是我们希望的结构，但左边 $\sin^2 A$ 多了指数 $\frac{1}{2}$，消不掉，且不含权系数 λ,μ,ν，不尽人意.

若再联想到我们已经得到的不等式

$$\sum \cos A = 1 + 4\prod \sin \frac{A}{2} > 1$$

$$\left.\begin{array}{r} \Rightarrow \sum \sin^2 A \geqslant \left(\sum \cos A\right)^2 > \sum \cos A \\[2mm] \dfrac{1}{2}\sum \left(\dfrac{\mu\nu}{\lambda}\right)^2 \geqslant \sum \lambda^2 \cos A \end{array}\right\}$$

$$\Rightarrow \frac{1}{2}\sum \left(\frac{\mu\nu}{\lambda}\right)^2 \cdot \sum \sin^2 A > \left(\sum \lambda^2 \cos A\right)\left(\sum \cos A\right)$$

$$\geqslant \left(\sum \lambda \cos A\right)^2 \tag{2}$$

可见，式（2）也不是我们所追求的加权推广式，难道，我们就真的"山重水复疑无路"吗？其实，只要我们改变方向，更新思路，就会"柳暗花明又一村"！

推广 1　设 $\triangle ABC$ 为锐角三角形，λ,μ,ν 为正系数，则有

$$\lambda^4 \sin^2 A + \mu^4 \sin^2 B + \nu^4 \sin^2 C$$

$$\geqslant (\mu\nu\cos A + \nu\lambda\cos B + \lambda\mu\cos C)^2 \tag{B}$$

显然，当 $\triangle ABC$ 为正三角形时，式（B）化为代数不等式

$$3(\lambda^4 + \mu^4 + \nu^4) \geqslant (\mu\nu + \nu\lambda + \lambda\mu)^2 \tag{1}$$

当 $\lambda = \mu = \nu$ 时，式（B）化为式（A），所以式（B）为式（A）漂亮的加权推广.

证明　联想到三角恒等式

$$\sin 2A + \sin 2B + \sin 2C = 4\sin A \sin B \sin C \tag{2}$$

及三角母不等式（暂时引用，以后我们要研究它）

$$x^2 + y^2 + z^2 \geqslant 2(yz\cos A + zx\cos B + xy\cos C) \tag{3}$$

等号成立当且仅当

$$\frac{x}{\sin A} = \frac{y}{\sin B} = \frac{z}{\sin C} \tag{4}$$

在式（3）中作代换

$$(x^2, y^2, z^2) = (\lambda^4 \sin^2 A, \mu^4 \sin^2 B, \nu^4 \sin^2 C)$$

$$\Rightarrow \sum \lambda^4 \sin^2 A \geqslant 2\sum (\mu^2 \nu^2 \sin B \sin C \cos A)$$

$$= (2 \prod \sin A)(\sum \mu^2 \nu^2 \frac{\cos A}{\sin A})$$

$$= \frac{1}{2}(\sum \sin 2A) \sum (\mu^2 \nu^2 \frac{\cos A}{\sin A})$$

$$= (\sum \sin A \cos A) \sum (\mu^2 \nu^2 \frac{\cos A}{\sin A})$$

$$\geq (\sum \mu \nu \cos A)^2 \quad (应用柯西不等式)$$

$$\Rightarrow \sum \lambda^4 \sin^2 A \geq (\sum \mu \nu \cos A)^2$$

即式（B）成立,等号成立当且仅当 $\lambda = \mu = \nu$,且 $\triangle ABC$ 为正三角形.

（3）由于三角母不等式可推广为：

引理 1 对于指数 $0 \leq k \leq 1$ 及锐角 $\triangle ABC$,有

$$x^2 + y^2 + z^2 \geq 2^k (yz\cos^k A + zx\cos^k B + yx\cos^k C)$$

其中 x,y,z 为任意正实数.

应用引理 1 我们又可以将上述推广 1 推广为：

推广 2 设 $\triangle ABC$ 为锐角三角形,λ,μ,ν 为正系数,指数 $0 \leq k \leq 1$,则有

$$3^{1-k}[\lambda^4 (\sin A)^{2k} + \mu^4 (\sin B)^{2k} + \nu^4 (\sin C)^{2k}]$$

$$\geq [\mu\nu\cos^k A + \mu\lambda\cos^k B + \lambda\mu\cos^k C]^2 \quad (C)$$

显然,当 $k = 0$ 时,式（C）化为代数不等式

$$3(\lambda^4 + \mu^4 + \nu^4) \geq (\mu\nu + \nu\lambda + \lambda\mu)^2$$

当 $k = 1$ 时,式（C）化为式（B）. 因此,我们只需证当 $0 < k < 1$ 时式（C）成立即可.

证明 在引理中,取

$$(x,y,z) = (\lambda^2 \sin^k A, \mu^2 \sin^k B, \nu^2 \sin^k C)$$

$$\Rightarrow \sum \lambda^4 (\sin A)^{2k} \geq 2^k \sum \mu^2 \nu^2 (\sin B \sin C \cos A)^k$$

$$= (2 \prod \sin A)^k \sum \left[\mu^2 \nu^2 (\frac{\cos A}{\sin A})^k\right]$$

$$= \left(\frac{1}{2} \sum \sin 2A\right)^k \cdot \sum \left[\mu^2 \nu^2 \left(\frac{\cos A}{\sin A}\right)^k\right]$$

（应用幂平均不等式）

$$\geq \left(\frac{3}{2}\right)^k \cdot \frac{1}{3} \sum (\sin 2A)^k \cdot \sum \left[\mu^2 \nu^2 \left(\frac{\cos A}{\sin A}\right)^k\right]$$

$$= 3^{k-1} \sum (\sin A \cos A)^k \cdot \sum \left[\mu^2 \nu^2 \left(\frac{\cos A}{\sin A}\right)^k\right]$$

（应用柯西不等式）

$$\geq 3^{k-1} \left[\sum \mu\nu (\cos A)^k\right]^2$$

$$\Rightarrow 3^{1-k} \sum \lambda^4 (\sin A)^{2k} \geqslant (\sum \mu\nu\cos^k A)^2$$

这即为式(B),等号成立当且仅当 $\lambda = \mu = \nu$,且 $\triangle ABC$ 为正三角形.

(4)"欲穷千里目,更上一层楼". 我们在以后的研究中,还要将引理 1 再推广为:

引理 2 设 x,y,z 为正系数,指数 $0 \leqslant k \leqslant 1$,$\theta_i \in (0,1)$,且 $\sum_{i=1}^{n} \theta_i = 1$,$\triangle A_i B_i C_i$ 均为锐角三角形,则有

$$\sum x^2 \geqslant 2^k \sum \left[yz \prod_{i=1}^{n} (\cos^k A_i)^{\theta_i} \right]$$

利用引理 2,我们可将不等式(A)推广到高天彩云间:

推广 3 设 λ,μ,ν 为正系数,指数 $0 \leqslant k \leqslant 1$,$\theta_i \in (0,1)$,且 $\sum_{i=1}^{n} \theta_i = 1$,$\triangle A_i B_i C_i$ 为锐角三角形(其中 $i = 1,2,\cdots,n; n \in \mathbf{N}_+$),则

$$3^{1-k} \sum \left[\lambda^4 \prod_{i=1}^{n} (\sin A_i)^{2k\theta_i} \right]$$

$$\geqslant \left[\sum \mu\nu \prod_{i=1}^{n} (\cos A_i)^{k\theta_i} \right]^2 \tag{C}$$

显然,当 $n = 1$ 时,式(C)等价于式(B),即将式(C)从一个三角形推广到了多个三角形.

当 $k = 0$ 时,式(C)化为前面的代数不等式,所以我们只需证明当 $0 < k \leqslant 1$ 时,式(C)成立即可.

略证 注意到

$$\prod_{i=1}^{n} t^{\theta_i} = t^{\sum_{i=1}^{n} \theta_i} = t$$

应用赫尔德不等式,在引理 2 中令

$$\begin{cases} x = \lambda^2 \prod_{i=1}^{n} (\sin^k A_i)^{\theta_i} \\ y = \mu^2 \prod_{i=1}^{n} (\sin^k B_i)^{\theta_i} \\ z = \nu^2 \prod_{i=1}^{n} (\sin^k C_i)^{\theta_i} \end{cases}$$

$$\Rightarrow \sum \left[\lambda^4 \prod_{i=1}^{n} (\sin A_i)^{2k\theta_i} \right]$$

$$\geqslant 2^k \sum \left[\mu^2\nu^2 \prod_{i=1}^{n} (\sin^k B_i)^{\theta_i} \cdot \prod_{i=1}^{n} (\sin^k C_i)^{\theta_i} \cdot \prod_{i=1}^{n} (\cos^k A_i)^{\theta_i} \right]$$

$$= 2^k \sum \left[\mu^2 \nu^2 \prod_{i=1}^n (\sin B_i \sin C_i \cos A_i)^{k\theta_i} \right]$$

$$= 2^k \prod_{i=1}^n (\sin A_i \sin B_i \sin C_i)^{k\theta_i} \cdot \left[\sum \mu^2 \nu^2 \prod_{i=1}^n (\cot^k A_i)^{\theta_i} \right]$$

$$= 2^k \prod_{i=1}^n \left(\frac{1}{4} \sum \sin 2A_i \right)^{k\theta_i} \cdot \sum \left[\mu^2 \nu^2 \prod_{i=1}^n (\cot^k A_i)^{\theta_i} \right]$$

$$= \prod_{i=1}^n \left(\sum \sin A_i \cos A_i \right)^{k\theta_i} \cdot \sum \left[\mu^2 \nu^2 \prod_{i=1}^n (\cot^k A_i)^{\theta_i} \right]$$

$$= \prod_{i=1}^n \left[3^{k\theta_i} \left(\frac{\sum \sin A_i \cos A_i}{3} \right)^{k\theta_i} \right] \cdot \left[\sum \mu^2 \nu^2 \prod_{i=1}^n (\cot A_i)^{k\theta_i} \right]$$

（应用幂平均不等式）

$$\geqslant \prod_{i=1}^n \left(3^{k\theta_i} \cdot \left[\frac{\sum (\sin A_i \cos A_i)^k}{3} \right]^{\theta_i} \right) \cdot \left[\sum \mu^2 \nu^2 \prod_{i=1}^n (\cot A_i)^{k\theta_i} \right]$$

$$= 3^{k-1} \prod_{i=1}^n \left[\sum (\sin A_i \cos A_i)^k \right]^{\theta_i} \cdot \sum \left[\mu^2 \nu^2 \prod_{i=1}^n (\cot A_i)^{k\theta_i} \right]$$

（应用赫尔德不等式）

$$\geqslant 3^{k-1} \sum \left[\prod_{i=1}^n (\sin A_i \cos A_i)^{k\theta_i} \right] \cdot \sum \left[\mu^2 \nu^2 \prod_{i=1}^n \left(\frac{\cos A_i}{\sin A_i} \right)^{k\theta_i} \right]$$

（应用柯西不等式）

$$\geqslant 3^{k-1} \sum \left[\mu\nu \prod_{i=1}^n (\cos A_i)^{k\theta_i} \right]^2$$

$$\Rightarrow 3^{1-k} \sum \left[\lambda^4 \prod_{i=1}^n (\sin A_i)^{2k\theta_i} \right]$$

$$\geqslant \left[\sum \mu\nu \prod_{i=1}^n (\cos A_i)^{k\theta_i} \right]^2$$

即式（C）成立,等号成立当且仅当 $\lambda = \mu = \nu$,且 $\triangle A_i B_i C_i (1 \leqslant i \leqslant n)$ 均为正三角形.

（5）式（C）还可完善成漂亮的双向不等式

$$\left(\frac{1}{2^k} \sum \frac{\mu^2 \nu^2}{\lambda^2} \right)^2 \geqslant 3^{1-k} \sum \left[\lambda^4 \prod_{i=1}^n (\sin A_i)^{2k\theta_i} \right]$$

$$\geqslant \left[\sum \mu\nu \prod_{i=1}^n (\cos A_i)^{k\theta_i} \right]^2 \qquad （D）$$

现在,我们回首走过的历程,至今我们也介绍了各类三角函数求极值的方法.让我们感受到了数学之美妙趣味,它能让我们倍感快乐！下面我们再介绍高考数学中常遇到的分式型三角函数的七种方法.

题 31　设已知常数 a,b,c,d 满足 $ac\neq0,b^2+d^2\neq0,\theta\in\mathbf{R}$，求函数

$$f(\theta)=\frac{a\sin\theta+b}{c\cos\theta+d}$$

的最值.

这是一个典型的分式型三角函数，由已知有 a,c 均不为 0，且 b,d 不能同时为 0，观察知，当 $\left|\dfrac{d}{c}\right|>1$ 时，$f(\theta)$ 的定义域为 $\mathbf{R}$，而且 $\left|\dfrac{d}{c}\right|\leqslant1$ 时，$f(\theta)$ 的定义域为 $\theta\neq\arccos\left(-\dfrac{d}{c}\right)+2k\pi(k\in\mathbf{Z})$，因此下面我们只需在 $f(\theta)$ 的定义域内求解.

方法 1（数形结合法）　我们作代换（θ 为参数），令

$$\begin{cases}x=c\cos\theta+d\\y=a\sin\theta+b\end{cases}\quad(1)$$

则动点 $P(x,y)$ 的轨迹表示中心在 $O'(d,b)$ 的椭圆

$$\frac{(x-d)^2}{c^2}+\frac{(y-b)^2}{a^2}=1\quad(2)$$

由于动直线 OP（设其斜率为 k）：$y=kx$ 恒过原点，且与椭圆总相交或相切，将

$$k=\frac{y}{x}=f(\theta)$$

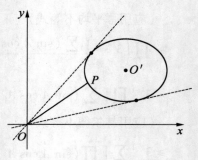

题 31 图(1)

代入方程(2)有

$$\frac{(kx-b)^2}{a^2}+\frac{(x-d)^2}{c^2}=1$$

$$\Rightarrow c^2(kx-b)^2+a^2(x-d)^2=a^2c^2$$

$$\Rightarrow(a^2+c^2k^2)x^2-2(kbc^2+a^2d)x+(b^2c^2+a^2d^2-a^2c^2)=0\quad(3)$$

因此，关于 x 的二次方程(3)总有实数根，故它的判别式

$$\Delta_x=4(kbc^2+a^2d)^2-4(a^2+c^2k^2)(b^2c^2+a^2d^2-a^2c^2)\geqslant0$$

$$\Rightarrow(d^2-c^2)k^2-2bdk+(b^2-a^2)\leqslant0$$

$$\Rightarrow(d^2-c^2)f^2-2bdf+(b^2-a^2)\leqslant0\quad(4)$$

往下应对常数 a,b,c,d 分类讨论：

(1) 当 $|c|=|d|$ 时，由式(4)得（$k=f$）

$$2bdf\geqslant b^2-a^2\quad(5)$$

观察知，当 $bd>0$ 时

$$f(\theta)\geqslant\frac{b^2-a^2}{2bd}\Rightarrow f_{\min}(\theta)=\frac{b^2-a^2}{2bd}$$

三角不等式研究与欣赏

284

当 $bd<0$ 时

$$k=f\leqslant\frac{b^2-a^2}{2bd}\Rightarrow f_{\max}(\theta)=\frac{b^2-a^2}{2bd}$$

当 $bd=0$，且 $|a|\leqslant|b|$ 时，$f(\theta)$ 无最值.

当 $bd=0$，且 $|a|>|b|$ 时，$f(\theta)$ 为一切实数，也无最值.

(2)当 $|d|>|c|$ 时，若

$$\begin{aligned}\Delta_f&=(2bd)^2-4(d^2-c^2)(b^2-a^2)\\&=4(b^2c^2+a^2d^2-c^2a^2)<0\end{aligned}\qquad(6)$$

则这时 $f(\theta)$ 无最值.

若

$$\Delta_f=4(b^2c^2+a^2d^2-c^2a^2)\geqslant 0\qquad(7)$$

则

$$f_{\min}(\theta)=\frac{2bd-\sqrt{\Delta_f}}{2(d^2-c^2)},f_{\max}(\theta)=\frac{2bd+\sqrt{\Delta_f}}{2(d^2-c^2)}$$

(3)当 $|c|>|d|$ 时，式(4)为

$$(c^2-d^2)f^2+2bdf+(a^2-b^2)\geqslant 0\qquad(8)$$

若 $\Delta_f\leqslant 0$，式(8)恒成立，$f(\theta)$ 可为一切实数，这时 $f(\theta)$ 无最值.

若 $\Delta_f\geqslant 0$，则这时 $f(\theta)$ 的值域为

$$f(\theta)\leqslant\frac{-2bd-\sqrt{\Delta_f}}{2(c^2-d^2)}\text{或}f(\theta)\geqslant\frac{-2bd+\sqrt{\Delta_f}}{2(c^2-d^2)}$$

方法2(数形结合法)　作代换，令

$$p=\frac{b}{a},q=\frac{d}{c},k=\frac{c}{a},f(\theta)=\frac{\sin\theta+p}{\cos\theta+q}\qquad(1)$$

$$\begin{cases}x=q+\cos\theta\\y=p+\sin\theta\end{cases}$$

题31图(2)

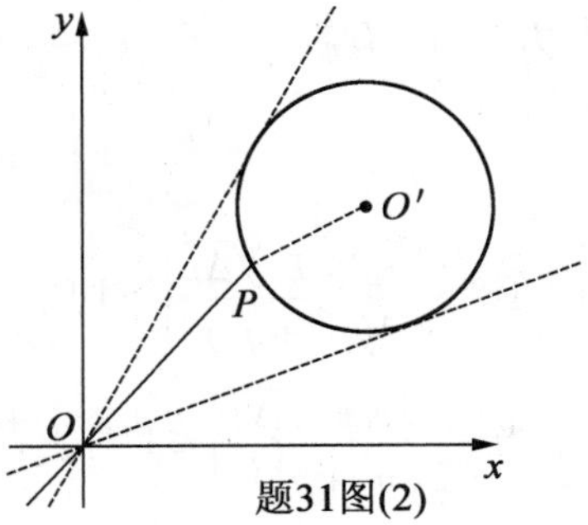

则动点 $P(x,y)$ 的轨迹为圆

$$(x-q)^2+(y-p)^2=1\qquad(2)$$

动直线 OP(O 为原点)的斜率为 k. 方程为 $y=kx$，它与圆相交或相切，总有交点，将 $y=kx$ 代入(2)得

$$\begin{aligned}&(x-q)^2+(kx-p)^2=1\\&\Rightarrow(1+k^2)x^2-2(q+kp)x+(p^2+q^2-1)=0\qquad(3)\\&\Rightarrow\Delta_x=4(q+pk)^2-4(1+k^2)(p^2+q^2-1)\geqslant 0\\&\Rightarrow(q^2-1)k^2-2pqk+(p^2-1)\leqslant 0\\&\Rightarrow\left(\frac{d^2}{c^2}-1\right)\left(\frac{c}{a}f\right)^2-2\,\frac{b}{a}\cdot\frac{d}{c}\cdot\left(\frac{c}{a}f\right)+\left(\frac{b^2}{a^2}-1\right)\leqslant 0\\&\Rightarrow(d^2-c^2)f^2-2bdf+(b^2-a^2)\leqslant 0\qquad(4)\end{aligned}$$

以下过程同方法 1.

方法 3（数形结合法） 由方法 2 知，动点 $P(x,y)$ 的轨迹是圆心为 $O'(q,p)$ 的圆，OP 为过原点 O 的动直线，当 $OP \perp O'P$，即 OP 与圆相切时，$k = \dfrac{c}{a} f(\theta)$ 才能取到最值，即

$$k_{OP} \cdot k_{O'P} = -1 \Rightarrow \frac{\sin\theta + p}{\cos\theta + q} \cdot \frac{\sin\theta}{\cos\theta} = -1$$

$$\Rightarrow p\sin\theta + q\cos\theta = -1 \tag{5}$$

$$\Rightarrow (p\sin\theta + 1)^2 = (q\cos\theta)^2$$

$$\Rightarrow (p^2 + q^2)\sin^2\theta + 2p\sin\theta - (q^2 - 1) = 0 \tag{6}$$

由于方程（6）的判别式

$$\Delta_\theta = (2p)^2 + 4(p^2 + q^2)(q^2 - 1) = 4q^2(p^2 + q^2 - 1)$$

因此，当

$$\Delta_\theta < 0 \Leftrightarrow p^2 + q^2 < 1 \Leftrightarrow \left(\frac{b}{a}\right)^2 + \left(\frac{d}{c}\right)^2 < 1$$

$$\Leftrightarrow b^2 c^2 + a^2 d^2 - a^2 c^2 < 0 \tag{8}$$

时，方程（6）无解，这时 $f(\theta)$ 无最值.

当

$$\Delta_\theta \geqslant 0 \Leftrightarrow b^2 c^2 + a^2 d^2 - a^2 c^2 \geqslant 0 \tag{9}$$

时，方程（6）有解

$$\sin\theta = \frac{-2p \pm \sqrt{\Delta_\theta}}{2(p^2 + q^2)}$$

但当 $\left| \dfrac{-2p \pm \sqrt{\Delta_\theta}}{2(p^2 + q^2)} \right| > 1$ 时，方程（6）无解，这时 $f(\theta)$ 无最值.

当 $\left| \dfrac{-2p \pm \sqrt{\Delta_\theta}}{2(p^2 + q^2)} \right| \leqslant 1$ 时

$$\cos\theta = \pm \frac{\sqrt{(p^2 + q^2)(p^2 + q) - 2p^2 \pm p \sqrt{\Delta_\theta}}}{p^2 + q^2}$$

然后将 $\sin\theta$ 与 $\cos\theta$ 之值代入方可求得 $f(\theta)$ 的最值.

方法 4（数形结合法） 作代换，令

$$p = \frac{b}{a}, q = \frac{d}{c}, k = \frac{c}{a} f(\theta) = \frac{p + \sin\theta}{q + \cos\theta} = \frac{y}{x}$$

其中

$$\begin{cases} x = q + \cos\theta \\ y = p + \sin\theta \end{cases} \quad (\theta \text{ 为参数}) \tag{1}$$

则动点 $P(x,y)$ 的方程为

$$(x-q)^2+(y-p)^2=1 \tag{2}$$

它是一个圆心为 $O'(q,p)$,半径为 1 的圆.

动直线 $OP(O$ 为原点)的斜率为 k,方程为 $y=kx$,因此圆心 O' 到 OP 的距离为

$$d=\frac{|kq-p|}{\sqrt{1+k^2}}\le 1\Leftrightarrow(kq-p)^2\le 1+k^2$$

$$\Leftrightarrow(q^2-1)k^2-2pqk+(p^2-1)\le 0$$

$$\Leftrightarrow(\frac{d^2}{c^2}-1)(\frac{c}{a}f)^2-2\,\frac{b}{a}\cdot\frac{d}{c}\cdot(\frac{c}{a}f)+(\frac{b}{a})^2-1\le 0$$

$$\Leftrightarrow(d^2-c^2)f^2-2bdf+(b^2-a^2)\le 0 \tag{3}$$

以下过程同方法 1,略.

方法 5(函数求导法)   当 $a\sin\theta+b$ 与 $c\cos\theta+d$ 均为正数时,构造函数

$$P(\theta)=\ln f(\theta)=\ln(p+\sin\theta)-\ln(q+\cos\theta)$$

求导得

$$P'(\theta)=\frac{\cos\theta}{p+\sin\theta}+\frac{\sin\theta}{q+\cos\theta}$$

令

$$P'(\theta)=0\Rightarrow(q+\cos\theta)\cos\theta+(p+\sin\theta)\sin\theta=0$$

$$\Rightarrow p\sin\theta+q\cos\theta+1=0 \tag{1}$$

但当 $a\sin\theta+b$ 与 $c\cos\theta+d$ 不同为正数时,只能对 $f(\theta)$ 求导,得

$$f'(\theta)=\frac{a\cos\theta+b}{c\cos\theta+d}+\frac{(a\sin\theta+b)\sin\theta}{(c\cos\theta+d)^2}$$

由于 $f(\theta)$ 的最值点 θ_0 是方程 $f'(\theta)=0$ 的根(驻点),因此,令 $f'(\theta)=0$ 得

$$(a\cos\theta+b)(c\cos\theta+d)(a\sin\theta+b)\sin\theta=0 \tag{2}$$

但方程(2)太复杂,不易求解. 于是我们求解方程(1).

作代换,设 $t=\tan\dfrac{\theta}{2}$,由万能公式

$$\sin\theta=\frac{2t}{1+t^2},\cos\theta=\frac{1-t^2}{1+t^2} \tag{3}$$

代入方程(1)得

$$p(\frac{2t}{1+t^2})+q(\frac{1-t^2}{1+t^2})+1=0$$

$$\Rightarrow(q-1)t^2-2pt-(q-1)=0 \tag{4}$$

$$\Rightarrow(\frac{d}{c}-1)t^2-\frac{2b}{a}t-(\frac{d}{c}-1)=0$$

若

$$c = d \Rightarrow t = 0 \Rightarrow \theta = 0 \Rightarrow f = \frac{b}{2c}$$

若 $c \neq d$,方程(4)有两个根

$$\begin{cases} t_1 = \dfrac{-p - \sqrt{p^2 + (q-1)^2}}{2p} \\ t_2 = \dfrac{-p + \sqrt{p^2 - (q-1)^2}}{2p} \end{cases}$$

代入式(3)可求得 $\sin \theta, \cos \theta$ 的值,再代入 $f(\theta)$ 可求得 $f(\theta)$ 的最值.

方法 6(判别式法)   令 $t = \tan \dfrac{\theta}{2}$. 由万能公式有

$$\sin \theta = \frac{2t}{1 + t^2}, \cos \theta = \frac{1 - t^2}{1 + t^2}$$

代入 $f(\theta)$ 得

$$f = f(\theta) = \frac{2at + b(1 + t^2)}{c(1 - t) + d(1 + t^2)}$$

$$\Rightarrow (b + cf + df)t^2 + 2at + (b - cf - df) = 0 \tag{5}$$

因 $t \in \mathbf{R}$,即方程(5)有实数根,故其判别式

$$\Delta_t = 4a^2 - 4(b + cf - df)(b - cf - df) \geqslant 0$$

$$\Rightarrow (d^2 - c^2)f^2 - 2bdf + (b^2 - a^2) \leqslant 0 \tag{6}$$

以下过程同方法 1,略.

方法 7(不等式法)   由方法 4 有

$$k = \frac{c}{a}f = \frac{p + \sin \theta}{q + \cos \theta}$$

其中

$$p = \frac{b}{a}, q = \frac{d}{c}$$

于是

$$kq - p = \sin \theta - k\cos \theta$$

$$\Rightarrow (kq - p)^2 = (\sin \theta - k\cos \theta)^2 \leqslant 1 + k^2$$

$$\Rightarrow (kq - p)^2 \leqslant 1 + k^2$$

以下过程同方法 4.

以上七种方法,各具特色.特别地,当我们取特殊值 $a = c = \sqrt{6}$,$b = d = 3$ 时,函数为

$$f(\theta) = f = \frac{3 + \sqrt{6}\sin \theta}{3 + \sqrt{6}\cos \theta}$$

由式(6)有

$$f^2 - 6f + 1 \leqslant 0$$

$$\Rightarrow 3 - 2\sqrt{2} \leqslant f \leqslant 3 + 2\sqrt{2}$$

$$\Rightarrow \begin{cases} f_{\min}(\theta) = 3 - 2\sqrt{2} \\ f_{\max}(\theta) = 3 + 2\sqrt{2} \end{cases}$$

名题欣赏与研究

数学世界山清水秀，鸟语花香；彩云飘飞，风光迷人．其中三角不等式这部分的风光最奇妙，这部分中有许多妙题名题，她们就是这部分中的"美人仙女"，个个亭亭玉立，楚楚动人，令人神往——如果数学是块玉石，我愿当一位雕刻匠，将它精雕细刻，铸成一件巧夺天工的艺术品；如果数学是棵小树，我愿做一位园丁，辛勤地给它浇水施肥，修枝剪叶，看着它生根发芽，长得枝繁叶茂，直到长成参天大树，开花结果．如果数学是一片色彩耀目的壮锦，我愿做一位绣花女……

1. 正切和不等式的研究与欣赏

我们在上一章就解答了与 $\triangle ABC$ 中的正切、余切，即 $\tan A$，$\tan \dfrac{A}{2}, \cdots, \cot \dfrac{A}{2}, \cot A$，有关的不等式题，在这一节，我们将与正切、余切相关联的优美结论进行灵活调配，有机结合，让它们沐风雨，见阳光，绽放出艳丽芳香的花朵．

(1)

我们知道，对于 $\triangle ABC$ 有恒等式

$$\tan \frac{B}{2}\tan \frac{C}{2} + \tan \frac{C}{2}\tan \frac{A}{2} + \tan \frac{A}{2}\tan \frac{B}{2} = 1$$

$$\cot B\cot C + \cot C\cot A + \cot A\cot B = 1$$

$$\tan A + \tan B + \tan C = \tan A\tan B\tan C$$

$$\cot \frac{A}{2} + \cot \frac{B}{2} + \cot \frac{C}{2} = \cot \frac{A}{2}\cot \frac{B}{2}\cot \frac{C}{2}$$

当 $\triangle ABC$ 为锐角三角形时,将这些恒等式作为基本工具,再结合相关的不等式,我们就可以让它们开花结果,供我们欣赏和品味.

如对任意 $\triangle ABC$ 有

$$1 = \sum \tan\frac{B}{2}\tan\frac{C}{2} \leq \sum \tan^2\frac{A}{2}$$

$$\Rightarrow \sum \tan^2\frac{A}{2} \geq 1 \tag{1}$$

$$1 = \sum \tan\frac{B}{2}\tan\frac{C}{2} \leq \frac{1}{3}\left(\sum \tan\frac{A}{2}\right)^2$$

$$\Rightarrow \tan\frac{A}{2} + \tan\frac{B}{2} + \tan\frac{C}{2} \geq \sqrt{3} \tag{2}$$

$$1 = \sum \tan\frac{B}{2}\tan\frac{C}{2} \geq 3\left(\prod \tan\frac{B}{2}\tan\frac{C}{2}\right)^{\frac{1}{3}}$$

$$= 3\left(\prod \tan\frac{A}{2}\right)^{\frac{2}{3}}$$

$$\Rightarrow \tan\frac{A}{2}\tan\frac{B}{2}\tan\frac{C}{2} \leq \left(\frac{1}{3}\right)^{\frac{3}{2}} \tag{3}$$

式(1)、(2)、(3)就是三个基本不等式,可统一为

$$\sum \tan^2\frac{A}{2} \geq \frac{1}{3}\left(\sum \tan\frac{A}{2}\right)^2 \geq 1 \geq 3\left(\prod \tan\frac{A}{2}\right)^{\frac{2}{3}} \tag{4}$$

等号成立当且仅当 $\triangle ABC$ 为正三角形.

如果 $\triangle ABC$ 为锐角三角形,在式(4)中作置换

$$(A,B,C) \rightarrow (\pi - 2A, \pi - 2B, \pi - 2C)$$

又得

$$\sum \cot^2 A \geq \frac{1}{3}\left(\sum \cot A\right)^2 \geq 1 \geq 3\left(\prod \cot A\right)^{\frac{2}{3}} \tag{5}$$

特别地,优美的不等式

$$\frac{1}{3}\sum \tan\frac{A}{2} \geq \frac{\sqrt{3}}{3} \geq \left(\prod \tan\frac{A}{2}\right)^{\frac{1}{3}} \tag{6}$$

令人偏爱,普通的数字 $\frac{\sqrt{3}}{3}$ 介入其间,左右逢源,将(4)、(5)两式配搭成一个双向不等式,恰似一只飘飞的蝴蝶,又像雄鹰在蓝天展翅飞翔!

再应用均值不等式有

$$\prod \cot\frac{A}{2} = \sum \cot\frac{A}{2} \geq 3\left(\prod \cot\frac{A}{2}\right)^{\frac{1}{3}}$$

$$\Rightarrow \prod \cot\frac{A}{2} \geq 3\sqrt{3}$$

$$\Rightarrow \frac{1}{3} \sum \cot \frac{A}{2} \geqslant \sqrt{\frac{1}{3} \sum \cot \frac{B}{2} \cot \frac{C}{2}}$$

$$\geqslant \left(\prod \cot \frac{A}{2} \right)^{\frac{1}{3}} \geqslant \sqrt{3} \tag{7}$$

相应地,对于锐角 $\triangle ABC$,自然有

$$\frac{1}{3} \sum \tan A \geqslant \sqrt{\frac{1}{3} \sum \tan B \tan C} \geqslant \left(\prod \tan A \right)^{\frac{1}{3}} \geqslant \sqrt{3} \tag{8}$$

以上所有三角不等式,等号成立当且仅当 $\triangle ABC$ 为正三角形.

对于 $\triangle ABC$,如果我们已知

$$\tan A : \tan B : \tan C = \lambda : \mu : \nu$$

其中 $\lambda, \mu, \nu > 0$ 为常数,那么设 $t > 0$,且

$$(\tan A, \tan B, \tan C) = (\lambda t, \mu t, \nu t)$$

代入三角恒等式

$$\tan A + \tan B + \tan C = \tan A \tan B \tan C$$

得

$$(\lambda + \mu + \nu) t = \lambda \mu \nu t^3$$

$$\Rightarrow t = \sqrt{\frac{\lambda + \mu + \nu}{\lambda \mu \nu}}$$

$$\Rightarrow \begin{cases} \tan A = \lambda \left(\sqrt{\dfrac{\lambda + \mu + \nu}{\lambda \mu \nu}} \right) \\[3mm] \tan B = \mu \left(\sqrt{\dfrac{\lambda + \mu + \nu}{\lambda \mu \nu}} \right) \\[3mm] \tan C = \nu \left(\sqrt{\dfrac{\lambda + \mu + \nu}{\lambda \mu \nu}} \right) \end{cases}$$

另外,如果我们设 $a > b > c > d > 0$,且 $ac > bd$ 及

$$\tan A = \frac{a+b}{a-b}, \tan B = \frac{c+d}{c-d}$$

那么有

$$\sum \tan A = \prod \tan A$$

$$\Rightarrow \frac{a+b}{a-b} + \frac{c+d}{c-d} + \tan C = \left(\frac{a+b}{a-b} \right) \left(\frac{c+d}{c-d} \right) \tan C$$

$$\Rightarrow \tan C = \frac{ac - bd}{ad + bc}$$

相应地,如果我们已知

$$\tan \frac{A}{2} : \tan \frac{B}{2} : \tan \frac{C}{2} = x : y : z$$

$(x, y, z > 0$ 为常数)同样可得

$$\begin{cases} \tan \dfrac{A}{2} = \dfrac{x}{\sqrt{xy + yz + zx}} \\[3mm] \tan \dfrac{B}{2} = \dfrac{y}{\sqrt{xy + yz + zx}} \\[3mm] \tan \dfrac{C}{2} = \dfrac{z}{\sqrt{xy + yz + zx}} \end{cases}$$

这些都是有趣的结果,巧妙灵活地利用好它们,就可将相关的三角等式转化为代数等式,使之焕然一新.

(2)

结论 1 设 A,B,C 是 $\triangle ABC$ 的三个内角,则有

$$\left(\tan \frac{A}{2} + \tan \frac{B}{2} + \tan \frac{C}{2} \right)^2$$

$$\geqslant 3 \cdot \sqrt[3]{\tan^2 \frac{A}{2} + \tan^2 \frac{B}{2} + \tan^2 \frac{C}{2}} \qquad (A_1)$$

证明 记

$$t = \tan^2 \frac{A}{2} + \tan^2 \frac{B}{2} + \tan^2 \frac{C}{2} \geqslant 1$$

于是

$$\left(\frac{\tan \dfrac{A}{2} + \tan \dfrac{B}{2} + \tan \dfrac{C}{2}}{\sqrt{3}} \right)^2$$

$$= \frac{\tan^2 \dfrac{A}{2} + \tan^2 \dfrac{B}{2} + \tan^2 \dfrac{C}{2} + 2}{3}$$

$$= \frac{t + 1 + 1}{3} \geqslant \sqrt[3]{t}$$

$$\Rightarrow \left(\sum \tan \frac{A}{2} \right)^2 \geqslant 3 \sqrt[3]{\sum \tan^2 \frac{A}{2}}$$

等号成立当且仅当

$$t = 1 \Rightarrow \tan \frac{A}{2} = \tan \frac{B}{2} + \tan \frac{C}{2}$$

即 $\triangle ABC$ 为正三角形.

(1)放眼观察,不等式(A_1)简洁美妙,但它的外形奇特,结构对称,我们颇感好奇. 我们可以从指数方面推广它:

推广 1 设 $k \geqslant 1$,则对任意 $\triangle ABC$ 有

$$\left[\left(\tan \frac{A}{2} \right)^k + \left(\tan \frac{B}{2} \right)^k + \left(\tan \frac{C}{2} \right)^k \right]^2$$

$$\geq \left\{ 3^{5-2k} \left[\left(\tan \frac{A}{2} \right)^{2k} + \left(\tan \frac{B}{2} \right)^{2k} + \left(\tan \frac{C}{2} \right)^{2k} \right] \right\}^{\frac{1}{3}} \tag{A_2}$$

特别地,当取 $k=1$ 时,式(A_2)化为

$$\left(\sum \tan \frac{A}{2} \right)^2 \geq 3 \left(\sum \tan^2 \frac{A}{2} \right)^{\frac{1}{3}} \geq \left(3 \sum \tan \frac{A}{2} \right)^{\frac{2}{3}} \tag{A_3}$$

显然,式(A_3)完善了式(A_1).

证明 我们只需证明 $k>1$ 的情况,我们简记

$$s = \left(\tan \frac{A}{2} \right)^k + \left(\tan \frac{B}{2} \right)^k + \left(\tan \frac{C}{2} \right)^k$$

$$t = \left(\tan \frac{A}{2} \right)^{2k} + \left(\tan \frac{B}{2} \right)^{2k} + \left(\tan \frac{C}{2} \right)^{2k}$$

利用幂平均不等式有

$$t \geq 3 \left(\frac{\tan^2 \frac{A}{2} + \tan^2 \frac{B}{2} + \tan^2 \frac{C}{2}}{3} \right)^k \geq 3 \left(\frac{1}{3} \right)^k$$

且

$$t \geq \sum \left(\tan \frac{B}{2} \tan \frac{C}{2} \right)^k \geq 3 \left(\frac{\sum \tan \frac{B}{2} \tan \frac{C}{2}}{3} \right)^k$$

$$\geq 3 \left(\frac{1}{3} \right)^k = \frac{1}{3^{k-1}}$$

于是

$$\left(\frac{S}{\sqrt{3}} \right)^2 = \left[\frac{\sum \left(\tan \frac{A}{2} \right)^k}{\sqrt{3}} \right]^2$$

$$= \frac{t + 2 \sum \left(\tan \frac{B}{2} \tan \frac{C}{2} \right)^k}{3}$$

$$\geq \frac{1}{3} \left(t + \frac{1}{3^{k-1}} + \frac{1}{3^{k-1}} \right) \geq 3 \sqrt{\frac{t}{(3^{k-1})^2}}$$

$$\Rightarrow S^2 \geq \sqrt[3]{3^{5-2k} t}$$

$$\Rightarrow \left[\sum \left(\tan \frac{A}{2} \right)^k \right]^2 \geq \left[3^{5-2k} \sum \left(\tan \frac{A}{2} \right)^{2k} \right]^{\frac{1}{3}}$$

等号成立当且仅当 $\triangle ABC$ 为正三角形.

其实,进一步地,再应用幂平均不等式有

$$t = \sum \left(\tan \frac{A}{2} \right)^{2k} \geq 3 \left[\frac{\sum \left(\tan \frac{A}{2} \right)^k}{3} \right]^2$$

$$= 3\left(\frac{S}{3}\right)^2 = \frac{1}{3}S^2$$

$$\Rightarrow S^2 \geqslant \sqrt[3]{3^{5-2k}t} \geqslant \sqrt[3]{3^{4-2k} \cdot S^2} \tag{A_4}$$

此即为式(A_3)的指数推广.

(2)现在,让我们那奔放的思绪继续飘飞,先将式(A_1)改写为

$$\left(\sum \tan \frac{A}{2}\right)^6 \geqslant 3^3\left(\sum \tan^2 \frac{A}{2}\right)$$

相应地,将推广式(A_2)改写为

$$\left[\sum \left(\tan \frac{A}{2}\right)^k\right]^6 \geqslant 3^{5-2k} \cdot \left[\sum \left(\tan \frac{A}{2}\right)^{2k}\right]$$

为了继续向前进,我们设 $k \geqslant 1$ 为正整数,记

$$S_k = \left(\tan \frac{A}{2}\right)^k + \left(\tan \frac{B}{2}\right)^k + \left(\tan \frac{C}{2}\right)^k$$

并视 $\{S_k\}$ 为数列,那么式(A_2)化为

$$S_k^6 \geqslant 3^{5-2k} \cdot S_{2k}$$

$$\Rightarrow \left(\frac{S_k}{3}\right)^6 \geqslant \frac{1}{3^{2k}} \cdot \left(\frac{S_{2k}}{3}\right)$$

$$\Rightarrow 6\lg\left(\frac{S_k}{3}\right) \geqslant \lg\left(\frac{S_{2k}}{3}\right) - 2k\lg 3$$

令

$$t_k = \lg\left(\frac{S_k}{3}\right) \quad (k = 1, 2, \cdots, n; n \in \mathbf{N}_+)$$

上式化为

$$6t_k \geqslant t_{2k} - 2k\lg 3$$

$$\Rightarrow 6\left(t_k + \frac{k}{2}\lg 3\right) = t_{2k} + \frac{2k}{2}\lg 3$$

再令

$$p_k = t_k + \frac{k}{2}\lg 3 = \lg\left(\frac{S_k}{3}\right) + \frac{k}{2}\lg 3$$

上式化为

$$6p_k \geqslant p_{2k} \quad (k = 1, 2, \cdots, n)$$

依次取 $k = 1, 2, \cdots, n$ 得

$$p_2 \leqslant 6p_1$$

$$p_{2^2} \leqslant 6p_2 \leqslant 6^2 p_1$$

$$p_{2^3} \leqslant 6p_{2^2} \leqslant 6^3 p_1$$

$$\vdots$$

$$p_{2^n} \leqslant 6^{n-1} p_2 \leqslant 6^n p_1$$

即
$$\lg\left(\frac{S_{2^n}}{3}\right)+2^{n-1}\lg 3 \leqslant 6^n\left(\lg\left(\frac{S_1}{3}\right)+\frac{1}{2}\lg 3\right)$$

$$\Rightarrow \lg\left(\frac{S_{2^n}}{3}\cdot 3^{2^{n-1}}\right)\leqslant\lg\left(\frac{S_1}{3}\cdot\sqrt{3}\right)^{6^n}$$

$$\Rightarrow S_1^{6^n}\geqslant\lambda n S_{2^n}$$

$$\Rightarrow\left(\sum\tan\frac{A}{2}\right)^{6^n}\geqslant\lambda n\sum\left(\tan\frac{A}{2}\right)^{2^n} \tag{A_5}$$

其中
$$\lambda n=3^{\left(2^{n-1}-1+\frac{1}{2}\cdot 6^n\right)}=(\sqrt{3})^{6^n+2^n-2}\quad(n\in\mathbf{N}_+)$$

显然，$\lambda_1=3^3,\lambda_2=3^{19}$.

可见，式(A_5)具有美的三要素.

利用幂平均不等式有
$$\frac{\sum\left(\tan\frac{A}{2}\right)^{2^n}}{3}\geqslant\left(\frac{\sum\tan\frac{A}{2}}{3}\right)^{2^n}$$

$$\Rightarrow\sum\left(\tan\frac{A}{2}\right)^{2^n}\geqslant 3^{1-2^n}\left(\sum\tan\frac{A}{2}\right)^{2^n} \tag{A_6}$$

与式(A_5)结合就得到式(A_5)的非常漂亮的完善式
$$\sum\left(\tan\frac{A}{2}\right)^{2^n}\geqslant 3^{1-2^n}\cdot\left(\sum\tan\frac{A}{2}\right)^{2^n}$$

及
$$\left(\sum\tan\frac{A}{2}\right)^{6^n}\geqslant\lambda_n\sum\left(\tan\frac{A}{2}\right)^{2^n}\geqslant\delta_n\left(\sum\tan\frac{A}{2}\right)^2 \tag{A_7}$$

其中
$$\lambda_n=(\sqrt{3})^{6^n+2^n-2},\delta_n=(\sqrt{3})^{6^n-2^n}$$

（3）特别地，在式(A_2)中，当 $k>1$ 时，我们可以增设正系数 λ,μ,ν，使之满足
$$\left(\frac{1}{\lambda}\right)^{\frac{1}{k-1}}+\left(\frac{1}{\mu}\right)^{\frac{1}{k-1}}+\left(\frac{1}{\nu}\right)^{\frac{1}{k-1}}\leqslant 3 \tag{1}$$

那么，应用赫尔德不等式有
$$\left[\sum\lambda\left(\tan\frac{A}{2}\right)^k\right]^{\frac{1}{k}}\cdot 3^{\frac{k-1}{k}}$$

$$\geqslant\left[\sum\lambda\left(\tan\frac{A}{2}\right)^k\right]^{\frac{1}{k}}\cdot\left[\sum\left(\frac{1}{\lambda}\right)^{\frac{1}{k-1}}\right]^{\frac{k-1}{k}}\geqslant\sum\tan\frac{A}{2}$$

$$\Rightarrow\left[\sum\lambda\left(\tan\frac{A}{2}\right)^k\right]^2\geqslant 3^{2(1-k)}\cdot\left(\sum\tan\frac{A}{2}\right)^{2k}$$

$$\geqslant 3^{2(1-k)}\cdot\left[3\left(\sum\tan^2\frac{A}{2}\right)^{\frac{1}{3}}\right]^k$$

$$\Rightarrow \left[\sum t \left(\tan \frac{A}{2} \right)^k \right]^2 \geqslant 3^{2-k} \left(\sum \tan^2 \frac{A}{2} \right)^{\frac{k}{3}} \quad (\text{A}_8)$$

这即为式（A_2）在 $k>1$ 时的系数推广.

（3）

结论2 设 $\triangle ABC$ 为锐角三角形，且 $\alpha,\beta,\gamma \in \left(0,\frac{1}{2} \right)$ 及 $\alpha+\beta+\gamma=1$，则有

$$(\tan A)^{\alpha} (\tan B)^{\beta} (\tan C)^{\gamma} \geqslant m \quad (\text{B})$$

等号成立当且仅当

$$\frac{\tan A}{1-2\alpha} = \frac{\tan B}{1-2\beta} = \frac{\tan C}{1-2\gamma}$$

其中
$$m = \left[(1-2\alpha)^{2\alpha-1} \cdot (1-2\beta)^{2\beta-1} \cdot (1-2\gamma)^{2\gamma-1} \right]^{\frac{1}{2}}$$

显然，当 $\alpha=\beta=\gamma=\frac{1}{3}$ 时，式（B）化为

$$\tan A \tan B \tan C \geqslant (\sqrt{3})^3$$

当 $A=B=C=\frac{\pi}{3}$ 时，式（B）化为代数不等式

$$(1-2\alpha)^{1-2\alpha} \cdot (1-2\beta)^{1-2\beta} \cdot (1-2\gamma)^{1-2\gamma} \geqslant \frac{1}{3}$$

另外，由于 $\triangle ABC$ 为锐角三角形，故可作置换

$$(A,B,C) = \left(\frac{\pi}{2} - \frac{A}{2}, \frac{\pi}{2} - \frac{B}{2}, \frac{\pi}{2} - \frac{C}{2} \right)$$

得
$$\left(\cot \frac{A}{2} \right)^{\alpha} \cdot \left(\cot \frac{B}{2} \right)^{\beta} \cdot \left(\cot \frac{C}{2} \right)^{\gamma} \geqslant m \quad (\text{B}')$$

及
$$\left(\tan \frac{A}{2} \right)^{\alpha} \cdot \left(\tan \frac{B}{2} \right)^{\beta} \cdot \left(\tan \frac{C}{2} \right)^{\gamma} \leqslant \frac{1}{m} \quad (\text{B}'')$$

证明 设 $p,q,r \in (0,1)$，且 $p+q+r=1$，应用加权不等式和三角恒等式

$$\tan A \tan B \tan C = \tan A + \tan B + \tan C$$

$$= p \left(\frac{\tan A}{p} \right) + q \left(\frac{\tan B}{q} \right) + r \left(\frac{\tan C}{r} \right)$$

$$\geqslant \left(\frac{\tan A}{p} \right)^p \cdot \left(\frac{\tan B}{q} \right)^q \cdot \left(\frac{\tan C}{r} \right)^r$$

$$\Rightarrow (\tan A)^{1-p} \cdot (\tan B)^{1-q} \cdot (\tan C)^{1-r} \geqslant (p^p q^q r^r)^{-1}$$

令
$$\begin{cases} 1-p=2\alpha \\ 1-q=2\beta \\ 1-r=2r \end{cases} \Rightarrow \begin{cases} \alpha,\beta,\gamma \in \left(0,\frac{1}{2} \right) \\ \alpha+\beta+\gamma=1 \end{cases}$$

$$\Rightarrow (\tan A)^{\alpha}(\tan B)^{\beta}(\tan C)^{\gamma} \geq m$$

等号成立当且仅当

$$\frac{\tan A}{p} = \frac{\tan B}{q} = \frac{\tan C}{r} \Rightarrow \frac{\tan A}{1-2\alpha} = \frac{\tan B}{1-2\beta} = \frac{\tan C}{1-2\gamma}$$

（1）刚才我们建立的式（B）还具有应用价值，利用它不难得到推论

$$\alpha \tan A + \beta \tan B + \gamma \tan C \geq m \tag{B_1}$$

$$(\tan A + \cot A)^{\alpha}(\tan B + \cot B)^{\beta}(\tan C + \cot C)^{\gamma} \geq m + \frac{1}{m} \tag{B_2}$$

$$(\lambda \tan A + \mu \cot B)(\lambda \tan C + \mu \cot A)(\lambda \tan B + \nu \cot C)$$

$$\geq \left(\frac{3\lambda + \mu}{\sqrt{3}}\right)^3 \quad (3\lambda > \mu > 0) \tag{B_3}$$

将以上三式作置换

$$(A, B, C) \rightarrow \left(\frac{\pi}{2} - \frac{A}{2}, \frac{\pi}{2} - \frac{B}{2}, \frac{\pi}{2} - \frac{C}{2}\right)$$

又得到

$$\alpha \cot \frac{A}{2} + \beta \cot \frac{B}{2} + \gamma \cot \frac{C}{2} \geq m \tag{B_4}$$

$$\left(\tan \frac{A}{2} + \cot \frac{A}{2}\right)^{\alpha}\left(\tan \frac{B}{2} + \cot \frac{B}{2}\right)^{\beta}\left(\tan \frac{C}{2} + \cot \frac{C}{2}\right)^{\gamma} \geq m + \frac{1}{m} \tag{B_5}$$

（2）下面我们再利用式（B）来建立一个新的结论.

结论 3 设 $k, p, q > 0, \alpha, \beta, \gamma \in \left(0, \frac{1}{2}\right)$，且 $\alpha + \beta + \gamma = 1, p < 3^k q$，记

$$S = p + 3^k q$$

$$T = \left[p\left(\tan \frac{A}{2}\right)^k + q\left(\cot \frac{A}{2}\right)^k\right]^{\alpha}\left[p\left(\tan \frac{B}{2}\right)^k + q\left(\cot \frac{B}{2}\right)^k\right]^{\beta} \cdot$$

$$\left[p\left(\tan \frac{C}{2}\right)^k + q\left(\cot \frac{C}{2}\right)^k\right]^{\gamma}$$

则有

$$T \geq S\left\{\left(\frac{1}{3}\right)^{3^k q^k}\left[m^{k(3^k q - p)}\right]^{\frac{1}{5}}\right\} \tag{B_6}$$

其中

$$m = \left[\prod (1-2\alpha)^{2\alpha-1}\right]^{\frac{1}{2}}$$

略证 应用赫尔德不等式有

$$T = \prod \left[p\left(\tan \frac{A}{2}\right)^k + q\left(\cot \frac{A}{2}\right)^k\right]^{\alpha}$$

$$\geq p \prod \left(\tan \frac{A}{2}\right)^{k\alpha} + q \prod \left(\cot \frac{A}{2}\right)^{k\alpha}$$

$$= p \prod \left(\tan \frac{A}{2} \right)^{k\alpha} + 3^k q \prod \left(\frac{1}{3} \cot \frac{A}{2} \right)^{k\alpha}$$

$$\geqslant S \left\{ \left[\prod \left(\tan \frac{A}{2} \right)^{k\alpha} \right]^p \cdot \left[\prod \left(\frac{1}{3} \cot \frac{A}{2} \right)^{k\alpha} \right]^{3^k q} \right\}^{\frac{1}{S}}$$

$$= S \left\{ \left(\frac{1}{3} \right)^{3^k q^k} \left[\prod \left(\cot \frac{A}{2} \right)^{\alpha} \right]^{k(3^k q - p)} \right\}^{\frac{1}{S}}$$

$$\geqslant S \left\{ \left(\frac{1}{3} \right)^{3^k q^k} m^{k(3^k q - p)} \right\}^{\frac{1}{S}}$$

等号成立当且仅当△ABC 为正三角形,且 $p = q$.

(4)

结论 4   设 $\lambda, \mu, \nu > 0$,则对任意△ABC 有

$$(\mu + \nu) \tan \frac{A}{2} + (\nu + \lambda) \tan \frac{B}{2} + (\lambda + \mu) \tan \frac{C}{2} \geqslant 2 \sqrt{\mu\nu + \nu\lambda + \lambda\mu} \quad \text{(C)}$$

等号成立当且仅当

$$\lambda \cot \frac{A}{2} = \mu \cot \frac{B}{2} = \nu \cot \frac{C}{2}$$

证明   应用我们过去建立的代数引理有

$$\sum (\mu + \nu) \tan \frac{A}{2} \geqslant 2 \sqrt{\left(\sum \mu\nu \right) \left(\sum \tan \frac{B}{2} \tan \frac{C}{2} \right)} = 2 \sqrt{\sum \mu\nu}$$

即式(C)成立,等号成立当且仅当

$$\frac{\tan \frac{A}{2}}{\lambda} = \frac{\tan \frac{B}{2}}{\mu} = \frac{\tan \frac{C}{2}}{\nu} \Rightarrow \lambda \cot \frac{A}{2} = \mu \cot \frac{B}{2} = \nu \cot \frac{C}{2}$$

由于式(C)外形优美,令人偏爱,故倍受人们喜欢,特别地,当△$A'B'C'$为任意三角形,取

$$(\lambda, \mu, \nu) = \left(\tan \frac{A'}{2}, \tan \frac{B'}{2}, \tan \frac{C'}{2} \right)$$

得到

$$\left(\tan \frac{B'}{2} + \tan \frac{C'}{2} \right) \tan \frac{A}{2} + \left(\tan \frac{C'}{2} + \tan \frac{A'}{2} \right) \tan \frac{B}{2} + \left(\tan \frac{A'}{2} + \tan \frac{B'}{2} \right) \tan \frac{C}{2} \geqslant 2$$

(C_1)

这是涉及两个三角形的一个不等式,它结构紧凑,简洁优美.

由于式(C)中的系数 λ, μ, ν 只要至多有一个负数(即至少两个正数),且任意两个之和为正,我们就可证明

$$\mu\nu + \nu\lambda + \lambda\mu > 0$$

299

因此可在式（C₁）中作置换
$$(A,B,C) \rightarrow (\pi - 2A, \pi - 2B, \pi - 2C)$$
$$(A',B',C') \rightarrow (\pi - 2A', \pi - 2B', \pi - 2C')$$
得到

$$(\cot B' + \cot C')\cot A + (\cot C' + \cot A')\cot B + (\cot A' + \cot B')\cot C \geqslant 2$$
$$(C_2)$$

以后我们将证明，式（C₂）等价于

$$(b'^2 + c'^2 - a'^2)a^2 + (c'^2 + a'^2 - b'^2)b^2 + (a'^2 + b'^2 - c'^2)c^2 \geqslant 16\Delta\Delta'$$

其中 a,b,c,Δ 为 $\triangle ABC$ 的三边之长与面积. a',b',c',Δ' 为 $\triangle A'B'C'$ 的三边之长与面积，这一巧合令人惊叹！

而且式（C₁）与式（C₂）等号成立的条件均是 $\triangle ABC \backsim \triangle A'B'C'$，仅这一点倍显趣味无穷.

从美学上讲，不等式（C）不仅是不等式

$$\tan \frac{A}{2} + \tan \frac{B}{2} + \tan \frac{C}{2} \geqslant \sqrt{3} \tag{1}$$

的系数推广，它还具有简洁美，对称美，奇异美.

若取 $A = B = C = \dfrac{\pi}{3}$，这时式（C）又化为一个代数不等式

$$\lambda + \mu + \nu \geqslant \sqrt{3(\mu\nu + \nu\lambda + \lambda\mu)} \tag{2}$$

因此三角不等式（1）与代数不等式（2）"鸳鸯相配"，和谐相处，所以式（C）又具有和谐美，使我们对它一见钟情，偏爱有加！

（5）

对于三角不等式（1），它的系数推广只有一个，但是对于不等式

$$\tan^2 \frac{A}{2} + \tan^2 \frac{B}{2} + \tan^2 \frac{C}{2} \geqslant 1 \tag{1$'$}$$

它的系数推广却有四个之多.

结论 5 设 $\lambda, \mu, \nu, x, y, z$ 均为正数，则对于任意 $\triangle ABC$，有

$$(\mu + \nu)\tan^2 \frac{A}{2} + (\nu + \lambda)\tan^2 \frac{B}{2} + (\lambda + \mu)\tan^2 \frac{C}{2} \geqslant 2\left(\sqrt{\frac{\mu\nu + \nu\lambda + \lambda\mu}{3}}\right) \tag{D_1}$$

$$\lambda\tan^2 \frac{A}{2} + \mu\tan^2 \frac{B}{2} + \nu\tan^2 \frac{C}{2} \geqslant \frac{3\lambda\mu\nu}{\mu\nu + \nu\lambda + \lambda\mu} \tag{D_2}$$

$$\frac{y+z}{x}\tan^2 \frac{A}{2} + \frac{z+x}{y}\tan^2 \frac{B}{2} + \frac{x+y}{2}\tan^2 \frac{C}{2} \geqslant 2 \tag{D_3}$$

$$x\tan^2\frac{A}{2}+y\tan^2\frac{B}{2}+z\tan^2\frac{C}{2}\geqslant\frac{4(\mu\nu+\nu\lambda+\lambda\mu)}{\dfrac{(\mu+\nu)^2}{x}+\dfrac{(\nu+\lambda)^2}{y}+\dfrac{(\lambda+\mu)^2}{z}}\qquad(\mathrm{D}_4)$$

略证　利用我们已知的代数引理及柯西不等式有

$$\sum(\mu+\nu)\left(\tan\frac{A}{2}\right)^2\geqslant2\left[\left(\sum\mu\nu\right)\cdot\sum\left(\tan\frac{B}{2}\tan\frac{C}{2}\right)^2\right]^{\frac{1}{2}}$$

$$\geqslant2\sqrt{\frac{1}{3}\sum\mu\nu}\left(\sum\tan\frac{B}{2}\tan\frac{C}{2}\right)$$

$$=2\sqrt{\frac{1}{3}\sum\mu\nu}$$

$$\Rightarrow\sum(\mu+\nu)\tan^2\frac{A}{2}\geqslant2\sqrt{\frac{1}{3}\sum\mu\nu}$$

即式(D_1)成立,等号成立当且仅当 $\lambda=\mu=\nu$ 及 $\triangle ABC$ 为正三角形

$$\sum\lambda\left(\tan\frac{A}{2}\right)^2\cdot\left(\sum\mu\nu\right)\geqslant\left(\sum\sqrt{\lambda\mu\nu}\cdot\tan\frac{A}{2}\right)^2$$

$$=\lambda\mu\nu\left(\sum\tan\frac{A}{2}\right)^2\geqslant3\lambda\mu\nu$$

$$\Rightarrow\sum\lambda\tan^2\frac{A}{2}\geqslant\frac{3\lambda\mu\nu}{\left(\sum\mu\nu\right)}$$

即式(D_2)成立,等号成立条件同上.

应用柯西不等式,并记 $S=x+y+z$,则有

$$S\sum\left(\frac{\tan^2\dfrac{A}{2}}{x}\right)=\left(\sum x\right)\sum\left(\frac{\tan^2\dfrac{A}{2}}{x}\right)\geqslant\left(\sum\tan\frac{A}{2}\right)^2$$

$$=\sum\tan^2\frac{A}{2}+2\sum\tan\frac{B}{2}\tan\frac{C}{2}$$

$$=\sum\tan^2\frac{A}{2}+2$$

$$\Rightarrow\sum\left(\frac{S}{x}-1\right)\tan^2\frac{A}{2}\geqslant2$$

$$\Rightarrow\sum\left(\frac{y+z}{x}\tan^2\frac{A}{2}\right)\geqslant2$$

即式(D_3)成立,等号成立当且仅当

$$x:\frac{\tan^2\dfrac{A}{2}}{x}=y:\frac{\tan^2\dfrac{B}{2}}{y}=z:\frac{\tan^2\dfrac{C}{2}}{z}\Rightarrow\frac{\tan\dfrac{A}{2}}{x}=\frac{\tan\dfrac{B}{2}}{y}=\frac{\tan\dfrac{C}{2}}{z}$$

应用柯西不等式和式(C)有

$$\sum x \left(\tan \frac{A}{2} \right)^2 \cdot \frac{(\mu + \nu)^2}{x} \geqslant \left[\sum (\mu + \nu) \tan \frac{A}{2} \right]^2 \geqslant 4 \sum \mu\nu$$

$$\Rightarrow \sum x \tan^2 \frac{A}{2} \geqslant \frac{4 \sum \mu\nu}{\sum \frac{(\mu + \nu)^2}{x}} = \frac{4xyz(\sum \mu\nu)}{\sum yz(\mu + \nu)^2}$$

即式（D_4）成立，等号成立当且仅当

$$\lambda \cot \frac{A}{2} = \mu \cot \frac{B}{2} = \nu \cot \frac{C}{2}$$

且

$$\frac{x \left(\tan \frac{A}{2} \right)^2}{\frac{(\mu + \nu)^2}{x}} = \frac{y \left(\tan \frac{B}{2} \right)^2}{\frac{(\nu + \lambda)^2}{y}} = \frac{z \left(\tan \frac{C}{2} \right)^2}{\frac{(\lambda + \mu)^2}{z}}$$

$$\Rightarrow \frac{x \tan \frac{A}{2}}{\mu + \nu} = \frac{y \tan \frac{B}{2}}{\nu + \lambda} = \frac{z \tan \frac{C}{2}}{\lambda + \mu}$$

"举头望明月"，推广式（D_1）－（D_4）个个"千娇百媚""光彩照人"，恰似古代四大美人，"低头思故乡"，如果要好中选好，优中选优，那要算式（D_3）和式（D_4）最美最艳最迷人！

令人倍感惊喜的是，式（D_4）还可再从指数上进行推广，美得令人心醉，令人神往！

结论6 设 $k > 1$，$x, y, z, \lambda, \mu, \nu$ 均为正常数，则对任意 $\triangle ABC$ 有

$$x \left(\tan \frac{A}{2} \right)^k + y \left(\tan \frac{B}{2} \right)^k + z \left(\tan \frac{C}{2} \right)^k \geqslant \frac{(2 \sqrt{\mu\nu + \nu\lambda + \lambda\mu})^k}{m} \qquad (D_5)$$

其中

$$m = \left\{ \left[\frac{(\mu + \nu)^k}{x} \right]^{\frac{1}{k-1}} + \left[\frac{(\nu + \lambda)^k}{y} \right]^{\frac{1}{k-1}} + \left[\frac{(\lambda + \mu)^k}{z} \right]^{\frac{1}{k-1}} \right\}^{k-1}$$

特别地，当 $k = 2$ 时，式（D_5）化为式（D_4）.

式（D_5）虽然外形庞大，但却"亭亭玉立，楚楚动人"宛如一位"胖美人". 但是，它弥补了式（D_4）的不足，推广并美化了式（D_4）.

证明 注意到 $k > 1$，有

$$\frac{1}{k} \in (0, 1)，\frac{k-1}{k} \in (0, 1)，且 \frac{1}{k} + \frac{k-1}{k} = 1$$

应用赫尔德不等式有

$$\left[\sum x \left(\tan \frac{A}{2} \right)^k \right]^{\frac{1}{k}} \cdot \left[\sum \sqrt[k-1]{\frac{(\mu + \nu)^k}{x}} \right]^{\frac{k-1}{k}}$$

$$\geqslant \sum \left[\left(x \tan^k \frac{A}{2} \right)^{\frac{1}{k}} \cdot \left(\sqrt[k-1]{\frac{(\mu + \nu)^k}{x}} \right)^{\frac{k-1}{k}} \right]$$

$$= \sum \left[\left(x^{\frac{1}{k}} \tan \frac{A}{2} \right) \left(\frac{\mu + \nu}{x^{\frac{1}{k}}} \right) \right]$$

$$= \sum (\mu + \nu) \tan \frac{A}{2} \geqslant 2 \sqrt{\sum \mu \nu}$$

$$\Rightarrow \sum x \left(\tan \frac{A}{2} \right)^k \geqslant \frac{(2 \sqrt{\sum \mu \nu})^k}{m}$$

即式(D_5)成立,等号成立当且仅当

$$\frac{x \left(\tan \frac{A}{2} \right)^k}{\left[\frac{(\mu + \nu)^k}{x} \right]^{\frac{1}{k-1}}} = \frac{y \left(\tan \frac{B}{2} \right)^k}{\left[\frac{(\nu + \lambda)^k}{y} \right]^{\frac{1}{k-1}}} = \frac{z \left(\tan \frac{C}{2} \right)^k}{\left[\frac{(\lambda + \mu)^k}{z} \right]^{\frac{1}{k-1}}}$$

$$\Rightarrow \frac{x \left(\tan \frac{A}{2} \right)^{k-1}}{\mu + \nu} = \frac{y \left(\tan \frac{B}{2} \right)^{k-1}}{\nu + \lambda} = \frac{z \left(\tan \frac{C}{2} \right)^{k-1}}{\lambda + \mu}$$

$$\Rightarrow \frac{\tan \frac{A}{2}}{\sqrt[k-1]{yz(\mu + \nu)}} = \frac{\tan \frac{B}{2}}{\sqrt[k-1]{zx(\nu + \lambda)}} = \frac{\tan \frac{C}{2}}{\sqrt[k-1]{xy(\lambda + \mu)}}$$

且

$$\lambda \cot \frac{A}{2} = \mu \cot \frac{B}{2} = \nu \cot \frac{C}{2}$$

$$(6)$$

我们在前面两节从系数和指数两方面推广了半正切和不等式

$$\tan \frac{A}{2} + \tan \frac{B}{2} + \tan \frac{C}{2} \geqslant \sqrt{3}$$

"行到水穷处,坐看云起时",现在我们从角参数方面拓展它,方知"曲径通幽处,禅房花木深".

结论7 设 λ, μ, ν 为正常数,$\triangle ABC$ 为任意三角形,角参数 $0 \leqslant \theta < \frac{\pi}{6}$ 使

$\theta + \frac{A}{2}, \theta + \frac{B}{2}, \theta + \frac{C}{2}$ 均为锐角,并且满足条件

$$S(\theta) = \sum \tan \left(\theta + \frac{B}{2} \right) \tan \left(\theta + \frac{C}{2} \right) < 9 \qquad (*)$$

则 $T_\lambda(\theta) = (\mu + \nu) \tan \left(\theta + \frac{A}{2} \right) + (\nu + \lambda) \tan \left(\theta + \frac{B}{2} \right) + (\lambda + \mu) \tan \left(\theta + \frac{C}{2} \right)$

$$\geqslant 2 \sqrt{(\mu\nu + \nu\lambda + \lambda\mu)(1 + Q(\theta))} \qquad (D_6)$$

其中
$$Q(\theta) = \frac{8\tan 3\theta}{\tan 3\theta + 3\cot\left(\theta + \frac{\pi}{6}\right)} \geqslant 0 \tag{1}$$

显然，当 $\theta = 0$ 时，$S(\theta) = \sum \tan\frac{B}{2}\tan\frac{C}{2} = 1 < 9$，且 $Q(\theta) = 0$.

证明 由于
$$0 \leqslant \theta < \frac{\pi}{6} \Rightarrow \tan 3\theta \geqslant 0$$

且设
$$(\alpha, \beta, \gamma) = \left(\theta + \frac{A}{2}, \theta + \frac{B}{2}, \theta + \frac{C}{2}\right) \in \left(0, \frac{\pi}{2}\right)$$
$$(x, y, z) = (\tan\alpha, \tan\beta, \tan\gamma)$$
$$s = \tan 3\theta \geqslant 0$$

则
$$\alpha + \beta + \gamma = \frac{\pi}{2} + 3\theta$$

有
$$\alpha + \beta = \left(\frac{\pi}{2} + 3\theta\right) - \gamma = \frac{\pi}{2} - (\gamma - 3\theta)$$
$$\Rightarrow \tan(\alpha + \beta) = \cot(\gamma - 3\theta)$$
$$\Rightarrow \frac{x + y}{1 - xy} = \frac{1 + sz}{z - s}$$
$$\Rightarrow S(\theta) = yz + zx + xy = s(x + y + z - xyz) + 1 \tag{2}$$

又 $f(\theta) = \tan x$ 在 $\left(0, \frac{\pi}{2}\right)$ 内是凸函数，则有
$$x + y + z = \tan\alpha + \tan\beta + \tan\gamma$$
$$\geqslant 3\tan\left(\frac{\alpha + \beta + \gamma}{3}\right) = 3\tan\left(\theta + \frac{\pi}{6}\right) \tag{3}$$

利用式(2)、(3)及柯西不等式有
$$\left(\sum x\right)S(\theta) = \left(\sum x\right)\left(\sum yz\right) \geqslant 9xyz$$
$$\Rightarrow S(\theta) = \sum yz = s(x + y + z - xyz) + 1$$
$$\geqslant s\left[\sum x - \frac{1}{9}\left(\sum x\right)S(\theta)\right] + 1$$
$$= \frac{1}{9}s\left(\sum x\right)[9 - S(\theta)] + 1$$
$$(\text{注意 } 9 > S(\theta) > 0)$$
$$\Rightarrow S(\theta) \geqslant \frac{s}{3} \cdot \tan\left(\theta + \frac{\pi}{6}\right) \cdot [9 - S(\theta)] + 1$$
$$\Rightarrow \left[3 + s \cdot \tan\left(\theta + \frac{\pi}{6}\right)\right]S(\theta) \geqslant 9s \cdot \tan\left(\theta + \frac{\pi}{6}\right) + 3$$

$$\Rightarrow S(\theta) \geqslant \frac{3 + 9\tan 3\theta \cdot \tan\left(\theta + \dfrac{\pi}{6}\right)}{3 + \tan 3\theta \cdot \tan\left(\theta + \dfrac{\pi}{6}\right)}$$

$$= 1 + \frac{8\tan 3\theta \cdot \tan\left(\theta + \dfrac{\pi}{6}\right)}{3 + \tan 3\theta \cdot \tan\left(\theta + \dfrac{\pi}{6}\right)}$$

$$= 1 + \frac{8\tan 3\theta}{3\cot\left(\theta + \dfrac{\pi}{6}\right) + \tan 3\theta}$$

$$= 1 + Q(\theta)$$

$$\Rightarrow S(\theta) \geqslant 1 + Q(\theta)$$

$$\Rightarrow T_{\lambda}(\theta) = \sum\,(\mu + \nu)\tan\alpha = \sum\,(\mu + \nu)x$$

$$\geqslant 2\sqrt{\left(\sum\mu\nu\right)\left(\sum yz\right)} = 2\sqrt{\left(\sum\mu\nu\right)S(\theta)}$$

$$\Rightarrow T_{\lambda}(\theta) \geqslant 2\sqrt{\left(\sum\mu\nu\right)(1 + Q(\theta))}$$

此即为式(D_6),等号成立的条件是:

当 $\theta = 0$ 时,式(D_6)等号成立当且仅当

$$\lambda\cot\frac{A}{2} = \mu\cot\frac{B}{2} = \nu\cot\frac{C}{2}$$

当 $0 < \theta < \dfrac{\pi}{6}$ 时,式(D_6)等号成立当且仅当 $\triangle ABC$ 为正三角形,且 $\lambda = \mu = \nu$.

当我们细细品味式(D_1)—(D_6)时,只感到回味无穷,妙不可言.

（7）

若我们设 $x \in \left(0, \dfrac{\pi}{2}\right)$,且 $f(x) = \tan x$,求导则有

$$f'(x) = \sec^2 x,\ f''(x) = \frac{2\sin x}{(\cos x)^3} > 0$$

这时 $f(x)$ 是凸函数.

对于锐角 $\triangle A_1 A_2 A_3$,有

$$\tan A_1 + \tan A_2 + \tan A_3 \geqslant 3\sqrt{3} \tag{1}$$

将式（1）推而广之便有如下结论.

结论 8   对于凸 n 边形 $A_1 A_2 \cdots A_n$,有

$$\sum_{i=1}^{n} \tan\left(\frac{A_i}{n-2}\right) \geqslant n\tan\frac{\pi}{n} \tag{E}$$

证明 当 $n=3$ 时,式(E)化为式(1),成立,等号成立当且仅当 $\triangle A_1 A_2 A_3$ 为正三角形.

当 $n \geqslant 4$ 时,由于 $\theta_i = \frac{A_i}{n-2} \in \left(0, \frac{\pi}{2}\right)$ $(1 \leqslant i \leqslant n)$,因此 $f(\theta_i) = \tan\theta_i$ 为凸函数,应用琴生不等式有

$$\sum_{i=1}^{n} f(\theta_i) \geqslant nf\left(\frac{\sum\limits_{i=1}^{n}\theta_i}{n}\right)$$

$$\Rightarrow \sum_{i=1}^{n} \tan\frac{A_i}{n-2} \geqslant n\tan\left(\frac{\sum\limits_{i=1}^{n}A_i}{n(n-2)}\right) = n\tan\frac{\pi}{n}$$

即式(E)成立,等号成立当且仅当 $A_1 = A_2 = \cdots = A_n = \frac{(n-2)\pi}{n}$.

现在,让我们取 $n=4$,式(E)化为

$$\tan\frac{A_1}{2} + \tan\frac{A_2}{2} + \tan\frac{A_3}{2} + \tan\frac{A_4}{2} \geqslant 4 \tag{2}$$

仅当四边形 $A_1 A_2 A_3 A_4$ 为矩形时等号成立.

漫步至此,只见天上蓝天白云,艳阳高照,晴空万里;地上青山绿水,叶绿花红,鸟语花香,好奇人士也许会问:"漂亮的三角不等式(2)也有系数推广吗?"

确实,此问题提得好,提得妙! 确实,式(2)也可建立相应的系数推广.

结论 9 设 $\lambda_1, \lambda_2, \lambda_3, \lambda_4$ 均为正常数,则对任意凸四边形 $A_1 A_2 A_3 A_4$ 有

$$x_1\tan\frac{A_1}{2} + x_2\tan\frac{A_2}{2} + x_3\tan\frac{A_3}{2} + x_4\tan\frac{A_4}{2}$$

$$\geqslant 3 \cdot \sqrt[3]{16(\lambda_2\lambda_3\lambda_4 + \lambda_3\lambda_4\lambda_1 + \lambda_4\lambda_1\lambda_2 + \lambda_1\lambda_2\lambda_3)} \tag{E_1}$$

其中

$$x_i = \left(\sum_{j=1}^{4}\lambda_j\right) - \lambda_i \quad (1 \leqslant i \leqslant 4)$$

等号成立当且仅当 $\lambda_1 = \lambda_2 = \lambda_3 = \lambda_4$,且四边形 $A_1 A_2 A_3 A_4$ 为矩形.

从外观结构上看,式(E_1)与前面式(C)的等价式

$$(\lambda_2 + \lambda_3)\tan\frac{A_1}{2} + (\lambda_3 + \lambda_1)\tan\frac{A_2}{2} + (\lambda_1 + \lambda_2)\tan\frac{A_3}{2}$$

$$\geqslant 2\sqrt{\lambda_2\lambda_3 + \lambda_3\lambda_1 + \lambda_1\lambda_2}$$

何其相似,真是天合之作!

从外形上看,式(E_1)的结构太复杂,证明需要方法技巧,其实,只要我们有信心,自然会狭路相逢,勇者必胜;勇者相逢,智者必胜!

引理 1(前第一部分) 设 $\lambda_i > 0, x_i > 0 (1 \leqslant i \leqslant n; n \geqslant 2)$，则有

$$\sum_{i=1}^{n} \mu_i x_i \geqslant 2 \left[\left(\sum_{1 \leqslant i < j \leqslant n} \lambda_i \lambda_j \right) \left(\sum_{1 \leqslant i < j \leqslant n} x_i x_j \right) \right]^{\frac{1}{2}} \tag{3}$$

其中

$$\mu_i = \left(\sum_{j=1}^{n} \lambda_j \right) - \lambda_i, 1 \leqslant i \leqslant n$$

等号成立当且仅当

$$\frac{\lambda_1}{x_1} = \frac{\lambda_2}{x_2} = \cdots = \frac{\lambda_n}{x_n}$$

引理 2(华罗庚) 记从 $n(n \geqslant 2)$ 个正数 $a_1, a_2, \cdots, a_n$ 中每次取出 k 个数的积的算术平均值为 $A_n(k)(1 \leqslant k \leqslant n)$，则 $P_k = (A_n^{(k)})^{\frac{1}{k}}, P_1 \geqslant P_2 \geqslant \cdots \geqslant P_n$.

现在，利用上述两个引理，我们就可以证明式 (E_1) 了：

证明 在引理 2 中，取 $n = 4$ 有

$$\left[\frac{1}{6} (a_1 a_2 + a_2 a_3 + a_3 a_1 + a_4 a_1 + a_2 a_4 + a_3 a_4) \right]^{\frac{1}{2}}$$

$$\geqslant \left[\frac{1}{4} (a_2 a_3 a_4 + a_3 a_4 a_1 + a_4 a_1 a_2 + a_1 a_2 a_3) \right]^{\frac{1}{3}}$$

$$\Rightarrow a_1 a_2 + a_2 a_3 + a_3 a_4 + a_4 a_1 + a_2 a_4 + a_3 a_1$$

$$\geqslant 6 \left(\frac{a_2 a_3 a_4 + a_3 a_4 a_1 + a_4 a_1 a_2 + a_1 a_2 a_3}{4} \right)^{\frac{2}{3}} \tag{5}$$

记

$$\lambda = \lambda_2 \lambda_3 \lambda_4 + \lambda_3 \lambda_4 \lambda_1 + \lambda_4 \lambda_1 \lambda_2 + \lambda_1 \lambda_2 \lambda_3$$

$$t_i = \tan \frac{A_i}{2}, i = 1, 2, 3, 4$$

则

$$A_1 + A_2 + A_3 + A_4 = 2\pi$$

$$\Rightarrow \frac{A_1}{2} + \frac{A_2}{2} = \pi - \left(\frac{A_3}{2} + \frac{A_4}{2} \right)$$

$$\Rightarrow \tan \left(\frac{A_1}{2} + \frac{A_2}{2} \right) = -\tan \left(\frac{A_3}{2} + \frac{A_4}{2} \right)$$

$$\Rightarrow \frac{t_1 + t_2}{1 - t_1 t_2} = - \left(\frac{t_3 + t_4}{1 - t_3 t_4} \right)$$

$$\Rightarrow T = t_2 t_3 t_4 + t_3 t_4 t_1 + t_4 t_1 t_2 + t_1 t_2 t_3$$

$$= t_1 + t_2 + t_3 + t_4$$

$$\Rightarrow T = t_1 + t_2 + t_3 + t_4 \geqslant \sqrt[3]{16T}$$

$$\Rightarrow T \geqslant 4 \tag{6}$$

在引理 1 中取 $n = 4$，有

$$x_1 t_1 + x_2 t_2 + x_3 t_3 + x_4 t_4 \geqslant 2 \sqrt{\left(\sum_{1 \leqslant i < j \leqslant 4} \lambda_i \lambda_j \right) \left(\sum_{1 \leqslant i < j \leqslant 4} t_i t_j \right)}$$

$$\geqslant 2\left[6\left(\frac{\lambda}{4}\right)^{\frac{2}{3}}\cdot 6\left(\frac{T}{4}\right)^{\frac{2}{3}}\right]^{\frac{1}{2}}\geqslant 3\times 4\left(\frac{\lambda}{4}\right)^{\frac{1}{3}}$$

$$=3(16\lambda)^{\frac{1}{3}}$$

$$\Rightarrow x_1t_1+x_2t_2+x_3t_3+x_4t_4\geqslant 3\sqrt[3]{16\lambda} \tag{7}$$

此即为式(E_1),等号成立当且仅当$\lambda_1=\lambda_2=\lambda_3=\lambda_4$,且四边形$A_1A_2A_3A_4$为矩形.

仔细观察,我们发现式(E_1)不便应用,于是可设

$$S=\sum_{i=1}^{4}\lambda_i$$

$$x_i=S-\lambda_i=3k_i \quad (1\leqslant i\leqslant 4)$$

$$\Rightarrow \sum_{i=1}^{4}x_i=3S=3\sum_{i=1}^{4}k_i\Rightarrow S=\sum_{i=1}^{4}k_i$$

$$\Rightarrow \lambda_i=S-3k_i=\left(\sum_{j=1}^{4}k_j\right)-3k_i \quad (1\leqslant i\leqslant 4)$$

$$\Rightarrow \sum_{i=1}^{4}k_i\tan\frac{A_i}{2}\geqslant \left[16(\lambda_2\lambda_3\lambda_4+\lambda_3\lambda_4\lambda_1+\lambda_4\lambda_1\lambda_2+\lambda_1\lambda_2\lambda_3)\right]^{\frac{1}{3}} \quad (E'_1)$$

同理可得,式(E'_1)的配对式为

$$\sum_{i=1}^{4}k_i\cot\frac{A_i}{2}$$

$$\geqslant \left[16(\lambda_2\lambda_3\lambda_4+\lambda_3\lambda_4\lambda_1+\lambda_4\lambda_1\lambda_2+\lambda_1\lambda_2\lambda_3)\right]^{\frac{1}{3}} \quad (E_2)$$

通过上述思考和探讨,我们深知:只要我们辛勤耕耘,就会春种秋收,就会建立许多更美妙更新奇的好结论!

桃花诗(笔者)

龙泉桃花笑迎春,芳香飘逸醉蓉城.
远观林间铺丹霞,近看枝头飘彩云.
蜜蜂采粉相思意,蝴蝶戏花鸳鸯情.
百态千姿无限美,恰似优优园丁心.

2. 一类优美不等式的品味与欣赏

(1)

众所周知,数学是优美迷人的学科,而在奥数题海中,更有无穷多道奥数妙

题,它们像夜空闪光的星星,像林间芬芳的花朵,像天边灿烂的彩霞,像高原悠扬的歌声……它们趣味无穷,优美无限,它们"如诗如画如歌舞,似星似月似彩云",下面我们将一类优美迷人的不等式题目,进行分析和研究,进行品味和欣赏! ——对任意 $\triangle ABC$ 有

$$\frac{\sin A}{\sqrt{1-\sin B\sin C}}+\frac{\sin B}{\sqrt{1-\sin C\sin A}}+\frac{\sin C}{\sqrt{1-\sin A\sin B}}\leqslant 3\sqrt{3} \qquad (A)$$

证明　由于

$$\sin B\sin C=\frac{1}{2}\big[\cos(B-C)-\cos(B+C)\big]$$

$$=\frac{1}{2}\big[\cos(B-C)+\cos A\big]\leqslant\frac{1}{2}(1+\cos A)$$

$$\Rightarrow 1-\sin B\sin C\geqslant 1-\frac{1}{2}(1+\cos A)$$

$$=\frac{1}{2}(1-\cos A)=\sin^2\frac{A}{2}$$

$$\Rightarrow \sqrt{1-\sin B\sin C}\geqslant\sin\frac{A}{2}$$

$$\Rightarrow \frac{\sin A}{\sqrt{1-\sin B\sin C}}\leqslant 2\cos\frac{A}{2}$$

同理可得

$$\frac{\sin B}{\sqrt{1-\sin C\sin A}}\leqslant 2\cos\frac{B}{2}$$

$$\frac{\sin C}{\sqrt{1-\sin A\sin B}}\leqslant 2\cos\frac{C}{2}$$

记式(A)左端为 P,将以上三式相加得

$$P\leqslant 2\left(\cos\frac{A}{2}+\cos\frac{B}{2}+\cos\frac{C}{2}\right) \qquad (1)$$

又　　　　$\cos\dfrac{A}{2}+\cos\dfrac{B}{2}+\cos\dfrac{C}{2}+\cos\dfrac{\pi}{6}$

$$=2\cos\frac{A+B}{4}\cos\frac{A-B}{4}+2\cos\left(\frac{C+\frac{\pi}{3}}{4}\right)\cos\left(\frac{C-\frac{\pi}{3}}{4}\right)$$

$$\leqslant 2\left[\cos\frac{A+B}{4}+\cos\left(\frac{C+\frac{\pi}{3}}{4}\right)\right]$$

$$=4\cos\frac{1}{8}\left(A+B+C+\frac{\pi}{3}\right)\cdot\cos\frac{1}{8}\left(A+B-C-\frac{\pi}{3}\right)$$

309

$$\leqslant 4\cos\frac{\pi}{6}$$

$$\Rightarrow \cos\frac{A}{2} + \cos\frac{B}{2} + \cos\frac{C}{2} \leqslant 3\cos\frac{\pi}{6} = \frac{3\sqrt{3}}{2}$$

$$\Rightarrow P \leqslant 2 \cdot \frac{3\sqrt{3}}{2} = 3\sqrt{3}$$

故式(A)成立,等号成立当且仅当△ABC为正三角形.

三角不等式(A)虽然外形略显庞大,是无理分式和的结构,但它是对称的,优美的,也是和谐的. 许多美妙的事物都不是孤立的,而是成双成对的,甚至伴侣多多. 即有许多数学妙题,由于它们太美、太妙、太迷人,因此它们自然不会孤单寂寞,独守空房. 其实,它们的配对如花似玉,貌若天仙,如式(A)就有几个非常漂亮的"伴侣".

配对 1 设△ABC为锐角三角形,则有

$$\frac{\cos A}{\sqrt{1 - \cos B\cos C}} + \frac{\cos B}{\sqrt{1 - \cos C\cos A}} + \frac{\cos C}{\sqrt{1 - \cos A\cos B}} \leqslant \sqrt{3} \qquad (B)$$

证明 记式(B)左边为 T,则对锐角△ABC有

$$1 - \cos B\cos C = 1 - \frac{1}{2}\big[\cos(B + C) + \cos(B - C)\big]$$

$$\geqslant 1 - \frac{1}{2}\big[\cos(B + C) + 1\big]$$

$$= \frac{1}{2}(1 + \cos A) = \left(\cos\frac{A}{2}\right)^2$$

$$\Rightarrow \frac{\cos A}{\sqrt{1 - \cos B\cos C}} \leqslant \frac{\cos A}{\cos\frac{A}{2}}$$

同理可得

$$\frac{\cos B}{\sqrt{1 - \cos C\cos A}} \leqslant \frac{\cos B}{\cos\frac{B}{2}}$$

$$\frac{\cos C}{\sqrt{1 - \cos A\cos B}} \leqslant \frac{\cos C}{\cos\frac{C}{2}}$$

将以上三式相加得

$$T = \sum \frac{\cos A}{\sqrt{1 - \cos B\cos C}} \leqslant \sum \frac{\cos A}{\cos\frac{A}{2}}$$

$$= \sum \left(\frac{2\cos^2 \frac{A}{2} - 1}{\cos \frac{A}{2}} \right)$$

$$= 2 \sum \cos \frac{A}{2} - \sum \sec \frac{A}{2}$$

$$\leqslant 3\sqrt{3} - \frac{9}{\sum \cos \frac{A}{2}}$$

$$\leqslant 3\sqrt{3} - \frac{9}{\frac{3}{2}\sqrt{3}} = \sqrt{3}$$

$$\Rightarrow T \leqslant \sqrt{3}$$

即式(B)成立,等号成立当且仅当△ABC 为正三角形.

由于△ABC 为锐角三角形,因此,在式(A)与式(B)中作置换,得两个新的配对

$$(A,B,C) \rightarrow \left(\frac{\pi}{2} - \frac{A}{2}, \frac{\pi}{2} - \frac{B}{2}, \frac{\pi}{2} - \frac{C}{2} \right)$$

$$\sum \frac{\cos \frac{A}{2}}{\sqrt{1 - \cos \frac{B}{2}\cos \frac{C}{2}}} \leqslant 3\sqrt{3} \tag{A$'$}$$

$$\sum \frac{\sin \frac{A}{2}}{\sqrt{1 - \sin \frac{B}{2}\sin \frac{C}{2}}} \leqslant \sqrt{3} \tag{B$'$}$$

配对 2　对任意△ABC 有

$$\frac{\sin A}{\sqrt{1 - \cos B\cos C}} + \frac{\sin B}{\sqrt{1 - \cos A\cos C}} + \frac{\sin C}{\sqrt{1 - \cos A\cos B}} \leqslant 3 \tag{C}$$

略证　利用前面的结论有

$$T = \sum \frac{\sin A}{\sqrt{1 - \cos B\cos C}} \leqslant \sum \left(\frac{\sin A}{\cos \frac{A}{2}} \right)$$

$$= 2 \sum \sin \frac{A}{2} \leqslant \frac{3}{2} \times 2 = 3$$

等号成立当且仅当△ABC 为正三角形.

此外,不等式还有其他两种结构形式的配对,我们在最后的推广式中给出.

$$(2)$$

利用三角母不等式和相关引理,我们可将上述不等式分别从指数和系数两个方面进行推广.

推广 1 设指数 m,k 满足 $0 < k \leqslant \dfrac{1}{2}$,$0 \leqslant m - 2k \leqslant 1$,正系数 λ,μ,ν 满足 $\lambda + \mu + \nu = 3$,则对任意 $\triangle ABC$ 有

$$P_\lambda = \frac{\lambda(\sin A)^m}{(1 - \sin B \sin C)^k} + \frac{\mu(\sin B)^m}{(1 - \sin C \sin A)^k} + \frac{\nu(\sin C)^m}{(1 - \sin A \sin B)^k}$$

$$\leqslant \frac{3}{6^{m-2k}} \left(\frac{\mu\nu}{\lambda} + \frac{\nu\lambda}{\mu} + \frac{\lambda\mu}{\nu} \right)^{\frac{3}{2} - 2k} \tag{A_1}$$

显然,当 $m = 2k - 1$ 时,式(A_1)化为式(A),当取 $\lambda = \mu = \nu = 1$ 时,式(B)右边为 $2^{2k-m} \cdot 3^{1 + \frac{m}{2}}$.

证明 利用前面的结果有

$$\begin{cases} 1 - \sin B \sin C \geqslant \left(\sin \dfrac{A}{2} \right)^2 \\[2mm] 1 - \sin C \sin A \geqslant \left(\sin \dfrac{B}{2} \right)^2 \\[2mm] 1 - \sin A \sin B \geqslant \left(\sin \dfrac{C}{2} \right)^2 \end{cases}$$

$$\Rightarrow P_\lambda \leqslant \frac{\lambda(\sin A)^m}{\left(\sin \dfrac{A}{2} \right)^{2k}} + \frac{\mu(\sin B)^m}{\left(\sin \dfrac{B}{2} \right)^{2k}} + \frac{\nu(\sin C)^m}{\left(\sin \dfrac{C}{2} \right)^{2k}}$$

$$= 2^m \sum \left[\lambda \left(\cos^2 \frac{A}{2} \right)^{\frac{m}{2}} \cdot \left(\sin \frac{A}{2} \right)^{m-2k} \right] \tag{1}$$

记

$$\begin{cases} M = \sum \lambda \left(\cos^2 \dfrac{A}{2} \right)^{\frac{m}{2}} \\[2mm] N = \sum \lambda \left(\sin \dfrac{A}{2} \right)^{m-2k} \end{cases}$$

注意到 $0 \leqslant m - 2k \leqslant 1 \Rightarrow m \leqslant 1 + 2k \leqslant 2$(往下只需考虑 $m - 2k \in (0,1]$ 的情形).

(1)当 $m - 2k = 0$ 时

$$P_\lambda = 2^{2k} \sum \lambda \left(\cos \frac{A}{2} \right)^{2k} \tag{2}$$

因为对于任意实数 x,y,z 有三角母不等式

$$2 \sum yz \cos A \leqslant \sum x^2 \tag{3}$$

等号成立当且仅当

$$\frac{x}{\sin A} = \frac{y}{\sin B} = \frac{z}{\sin C}$$

在式(3)中,令

$$\begin{cases} \lambda = yz \\ \mu = zx \\ \nu = xy \end{cases} \Rightarrow \begin{cases} x = \sqrt{\dfrac{\mu\nu}{\lambda}} \\ y = \sqrt{\dfrac{\nu\lambda}{\mu}} \\ z = \sqrt{\dfrac{\lambda\mu}{\nu}} \end{cases}$$

又式(3)即为

$$2\sum yz\left(2\cos^2\frac{A}{2} - 1\right) \leqslant \sum x^2$$

$$\Rightarrow \sum yz\cos^2\frac{A}{2} \leqslant \frac{1}{4}\left(\sum x\right)^2$$

$$\Rightarrow M_1 = \sum \lambda\cos^2\frac{A}{2} \leqslant \frac{\left(\sum \mu\nu\right)}{4\lambda\mu\nu} \tag{4}$$

因 $0 \leqslant 2k \leqslant 1$,利用加权幂平均不等式有

$$\frac{M}{3} = \frac{\sum \lambda\left(\cos^2\frac{A}{2}\right)^{\frac{m}{2}}}{\sum \lambda} \leqslant \left(\frac{\sum \lambda\cos^2\frac{A}{2}}{\sum \lambda}\right)^{\frac{m}{2}}$$

$$\leqslant \left[\frac{\left(\sum \mu\nu\right)^2}{12\lambda\mu\nu}\right]^{\frac{m}{2}} (注意\ m = 2k)$$

$$\Rightarrow P_\lambda = (2^k)^2 M \leqslant \frac{3\left(\sum \mu\nu\right)^{2k}}{(3\lambda\mu\nu)^k} \tag{5}$$

这时式(A_1)成立,等号成立当且仅当 $\lambda = \mu = \nu$,且$\triangle ABC$ 为正三角形.

(2)当 $0 < m - 2k \leqslant 1$ 时,首先,在式(3)中作变换

$$(A,B,C) \to \left(\frac{\pi}{2} - \frac{A}{2}, \frac{\pi}{2} - \frac{B}{2}, \frac{\pi}{2} - \frac{C}{2}\right)$$

得

$$2\sum yz\sin\frac{A}{2} \leqslant \sum x^2$$

$$\Rightarrow N_1 = \sum \lambda\sin\frac{A}{2} \leqslant \frac{1}{2}\sum \frac{\mu\nu}{\lambda} \tag{6}$$

现设

$$\frac{\pi}{2} > \frac{A}{2} \geqslant \frac{B}{2} \geqslant \frac{C}{2} > 0$$

$$\Rightarrow \begin{cases} \left(\cos^2 \dfrac{A}{2}\right)^{\frac{m}{2}} \leqslant \left(\cos^2 \dfrac{B}{2}\right)^{\frac{m}{2}} \leqslant \left(\cos^2 \dfrac{C}{2}\right)^{\frac{m}{2}} \\ \left(\sin \dfrac{A}{2}\right)^{m-2k} \geqslant \left(\sin \dfrac{B}{2}\right)^{m-2k} \geqslant \left(\sin \dfrac{C}{2}\right)^{m-2k} \end{cases}$$

因此利用切比雪夫不等式的加权推广有

$$P \leqslant 2^m \sum \lambda \left(\cos^2 \frac{A}{2}\right)^{\frac{m}{2}} \left(\sin \frac{A}{2}\right)^{m-2k}$$

$$\leqslant 2^m \left(\sum \lambda\right) \frac{\sum \lambda \left(\cos^2 \dfrac{A}{2}\right)^{\frac{m}{2}}}{\sum \lambda} \cdot \frac{\sum \lambda \left(\sin \dfrac{A}{2}\right)^{m-2k}}{\sum \lambda}$$

再利用加权幂平均不等式有

$$P \leqslant 3 \times 2^m \left(\frac{\sum \lambda \cos^2 \dfrac{A}{2}}{\sum \lambda}\right)^{\frac{m}{2}} \cdot \left(\frac{\sum \lambda \sin \dfrac{A}{2}}{\sum \lambda}\right)^{m-2k}$$

$$= 2^m \cdot 3^{\left(1+2k-\frac{3}{2}m\right)} \cdot M_1^{\frac{m}{2}} \cdot N_1^{m-2k}$$

$$\leqslant 2^m \cdot 3^{\left(1+2k-\frac{3}{2}m\right)} \cdot \left[\frac{(\lambda\mu+\mu\nu+\nu\lambda)^2}{4\lambda\mu\nu}\right]^{\frac{m}{2}} \cdot \left(\frac{1}{2} \sum \frac{\mu\nu}{\lambda}\right)^{m-2k} \qquad (7)$$

注意到

$$\frac{\left(\sum \mu\nu\right)^2}{4\lambda\mu\nu} \leqslant \frac{3\sum \mu^2\nu^2}{4\lambda\mu\nu} = \frac{3}{4}\left(\sum \frac{\mu\nu}{\lambda}\right)$$

$$\Rightarrow P_\lambda \leqslant 2^m \cdot 3^{\left(1+2k-\frac{3}{2}m\right)} \cdot \left(\frac{3}{4} \sum \frac{\mu\nu}{\lambda}\right)^{\frac{m}{2}} \cdot \left(\frac{1}{2} \sum \frac{\mu\nu}{\lambda}\right)^{m-2k}$$

$$= 2^{2k-m} \cdot 3^{(1+2k-m)} \cdot \left(\sum \frac{\mu\nu}{\lambda}\right)^{\frac{3}{2}m-2k}$$

综合上述(1)和(2)知,式(B)成立,等号成立当且仅当 $\lambda = \mu = \nu = 1$,且 $\triangle ABC$ 为正三角形.

(3)

现在,我们将式(A)从一个 $\triangle ABC$ 推广到任意多个三角形中去.

推广 2 设指数 m, k 满足 $0 < k \leqslant \dfrac{1}{2}, 0 \leqslant m-2k \leqslant 1, \theta_i > 0 (1 \leqslant i \leqslant n, n \in$

$\mathbf{N}_+), \displaystyle\sum_{i=1}^{n} \theta_i = 1$,正系数 λ, μ, ν 满足 $\lambda + \mu + \nu = 3$,则对于 n 个 $\triangle A_n B_n C_n$,有

$$\begin{cases} x_i = (\sin A_i)^m \cdot (1 - \sin B_i \sin C_i)^{-k} \\ y_i = (\sin B_i)^m \cdot (1 - \sin C_i \sin A_i)^{-k} \quad (i = 1, 2, \cdots, n) \\ z_i = (\sin C_i)^m \cdot (1 - \sin A_i \sin B_i)^{-k} \end{cases}$$

$$P_n^{(\lambda)} = \lambda \prod_{i=1}^{n} x_i^{\theta_i} + \mu \prod_{i=1}^{n} y_i^{\theta_i} + \nu \prod_{i=1}^{n} z_i^{\theta_i}$$

$$\leqslant \frac{3}{6^{m-2k}} \left(\frac{\mu\nu}{\lambda} + \frac{\nu\lambda}{\mu} + \frac{\lambda\mu}{\nu} \right)^{\frac{3}{2}m - 2k} \qquad (A_2)$$

显然,当 $n = 1$ 时,$\theta_1 = 1$,式(A_2)等价于式(A_1).

证明 利用式(B)有

$$\lambda x_i + \mu y_i + \nu z_i \leqslant M \quad (\text{式}(A_2)\text{右边}) \qquad (1)$$

利用赫尔德不等式有

$$P_n^{(\lambda)} = \prod_{i=1}^{n} (\lambda x_i)^{\theta_i} + \prod_{i=1}^{n} (\mu y_i)^{\theta_i} + \prod_{i=1}^{n} (\nu z_i)^{\theta_i}$$

$$\leqslant \prod_{i=1}^{n} (\lambda x_i + \mu y_i + \nu z_i)^{\theta_i}$$

$$\leqslant \prod_{i=1}^{n} M^{\theta_i} = M^{\sum_{i=1}^{n} \theta_i} = M$$

$$\Rightarrow P_n^{(\lambda)} \leqslant M$$

即式(C)成立,等号成立当且仅当 $\lambda = \mu = \nu$,且 $A_i = B_i = C_i = \dfrac{\pi}{3} (i = 1, 2, \cdots, n)$.

$$(4)$$

现在,我们将配对式(B)进行系数推广.

推广 3 设 $\triangle ABC$ 为锐角三角形,正系数 λ, μ, ν 满足 $\lambda + \mu + \nu = 3$,则有

$$T_\lambda = \frac{\lambda \cos A}{\sqrt{1 - \cos B \cos C}} + \frac{\mu \cos B}{\sqrt{1 - \cos C \cos A}} + \frac{\nu \cos C}{\sqrt{1 - \cos A \cos B}}$$

$$\leqslant \frac{3(\lambda\mu + \mu\nu + \nu\lambda)}{\sqrt{3\lambda\mu\nu}} - \frac{2}{9}\sqrt{3}(\sqrt{\lambda} + \sqrt{\mu} + \sqrt{\nu})^2 \qquad (B_1)$$

证明 利用前面的结论有

$$\frac{\left(\sum \mu\nu \right)^2}{12\lambda\mu\nu} \geqslant \frac{\sum \lambda \cos^2 \dfrac{A}{2}}{\sum \lambda} \geqslant \left(\frac{\sum \lambda \cos \dfrac{A}{2}}{\sum \lambda} \right)^2$$

$$\Rightarrow 2 \sum \lambda \cos \frac{A}{2} \leqslant \frac{3 \sum \mu\nu}{\sqrt{3\lambda\mu\nu}} \qquad (1)$$

利用柯西不等式有

$$\sum \frac{\lambda}{\cos \frac{A}{2}} \geqslant \frac{\left(\sum \sqrt{\lambda}\right)^2}{\sum \cos \frac{A}{2}} \geqslant \frac{2\sqrt{3}}{9}\left(\sum \sqrt{\lambda}\right)^2 \qquad (2)$$

于是

$$T_\lambda = \sum \frac{\lambda \cos A}{\sqrt{1 - \cos B \cos C}} \leqslant \sum \frac{\lambda \cos A}{\cos \frac{A}{2}}$$

$$= \sum \frac{\lambda\left(2\cos^2 \frac{A}{2} - 1\right)}{\cos \frac{A}{2}}$$

$$= 2 \sum \lambda \cos \frac{A}{2} - \sum \frac{\lambda}{\cos \frac{A}{2}}$$

$$\leqslant \frac{3 \sum \mu\nu}{\sqrt{3\lambda\mu\nu}} - \frac{2\sqrt{3}}{9}\left(\sum \sqrt{\lambda}\right)^2$$

等号成立当且仅当 $\lambda = \mu = \nu = 1$,且 $\triangle ABC$ 为正三角形.

相应地,仿照推广 2 的方法,可将式(B_1)推广到 n 个锐角 $\triangle A_n B_n C_n$ 中去

$$\lambda \prod_{i=1}^{n}\left(\frac{\cos A_i}{\sqrt{1 - \cos B_i \cos C_i}}\right)^{\theta_i} + \mu \prod_{i=1}^{n}\left(\frac{\cos B_i}{\sqrt{1 - \cos C_i \cos A_i}}\right)^{\theta_i} +$$

$$\nu \prod_{i=1}^{n}\left(\frac{\cos C_i}{\sqrt{1 - \cos A_i \cos B_i}}\right)^{\theta_i} \leqslant \frac{3\left(\sum \mu\nu\right)}{\sqrt{3\lambda\mu\nu}} - \frac{2\sqrt{3}}{9}\left(\sum \sqrt{\lambda}\right)^2 \qquad (B_2)$$

$$(5)$$

配对 2 中的式(C)可以从系数和指数方面推广为:

推广 4　设正系数 λ, μ, ν 满足 $\lambda + \mu + \nu = 3$,指数 $0 < 2k \leqslant m \leqslant 1$,则对任意 $\triangle ABC$ 有

$$F_\lambda = \frac{\lambda(\sin A)^m}{(1 - \cos B \cos C)^k} + \frac{\mu(\sin B)^m}{(1 - \cos C \cos A)^k} + \frac{\nu(\sin C)^m}{(1 - \cos A \cos B)^k}$$

$$\leqslant \frac{3^{t-m}}{2^{m-2k}}\left(\sqrt{\frac{\mu\nu}{\lambda}} + \frac{\nu\lambda}{\mu} + \frac{\lambda\mu}{\nu}\right)^{3m-2k} \qquad (C_1)$$

特别地,当取 $\lambda = \mu = \nu = 1$, $m = 2k - 1$ 时,式(C_1)化为式(C).

证明　利用前面的结论有

$$F_\lambda = \sum \frac{\lambda(\sin A)^m}{(1 - \cos B \cos C)^k} \leqslant \sum \frac{\lambda(\sin A)^m}{\left(\cos \frac{A}{2}\right)^{2k}}$$

$$= 2^m \sum \left[\lambda \left(\sin \frac{A}{2} \right)^m \cdot \left(\cos \frac{A}{2} \right)^{m-2k} \right] \tag{1}$$

当 $m = 2k \in (0,1]$ 时，有

$$F_\lambda \leqslant 2^{2k} \sum \lambda \left(\sin \frac{A}{2} \right)^{2k} \leqslant 2^{2k} \left(\sum \lambda \right) \left(\frac{\sum \lambda \sin \frac{A}{2}}{\sum \lambda} \right)^{2k}$$

$$\leqslant 3 \times 2^{2k} \left(\frac{1}{6} \sum \frac{\mu\nu}{\lambda} \right)^{2k}$$

$$\Rightarrow F_\lambda \leqslant 3^{1-2k} \left(\sum \frac{\mu\nu}{\lambda} \right)^{2k} \tag{2}$$

当 $0 < m - 2k < 1$ 时，应用加权幂平均不等式和切比雪夫不等式的加权推广，有

$$F_\lambda \leqslant 2^m \left(\sum \lambda \right) \cdot \frac{\sum \lambda \left(\sin \frac{A}{2} \right)^m}{\sum \lambda} \cdot \frac{\sum \lambda \left(\cos \frac{A}{2} \right)^{m-2k}}{\sum \lambda}$$

$$\leqslant 3 \times 2^m \left(\frac{\sum \lambda \sin \frac{A}{2}}{\sum \lambda} \right)^m \cdot \left(\frac{\sum \lambda \cos \frac{A}{2}}{\sum \lambda} \right)^{m-2k}$$

$$\leqslant 3 \times 2^m \left(\frac{1}{6} \sum \frac{\mu\nu}{\lambda} \right)^m \cdot \left(\frac{\sum \lambda\mu}{2\sqrt{3\lambda\mu\nu}} \right)^{m-2k} \tag{3}$$

注意到

$$\frac{\sum \lambda\mu}{\sqrt{3\lambda\mu\nu}} \leqslant \sqrt{\frac{3\sum \lambda^2\mu^2}{3\lambda\mu\nu}} = \sqrt{\sum \frac{\mu\nu}{\lambda}}$$

$$\Rightarrow F_\lambda \leqslant 3 \times 2^{m-(m-2k)} \cdot 6^{-m} \left(\sum \frac{\mu\nu}{\lambda} \right)^{m + \frac{m-2k}{2}}$$

$$\Rightarrow F_\lambda \leqslant \frac{3^{1-m}}{2^{m-2k}} \left(\sqrt{\sum \frac{\mu\nu}{\lambda}} \right)^{3m-2k} \tag{4}$$

综合上述，式 (C_1) 成立，等号成立当且仅当 $\lambda = \mu = \nu = 1$，且 $\triangle ABC$ 为正三角形.

相应地，式 (C_1) 还可推广到 n 个三角形中去

$$F_n(\lambda) = \lambda \prod_{i=1}^n \left[\frac{\lambda (\sin A_i)^m}{(1 - \cos B_i \cos C_i)^k} \right]^{\theta_i} +$$

$$\mu \prod_{i=1}^n \left[\frac{\mu (\sin B_i)^m}{(1 - \cos C_i \cos A_i)^k} \right]^{\theta_i} + \nu \prod_{i=1}^n \left[\frac{\nu (\sin C_i)^m}{(1 - \cos A_i \cos B_i)^k} \right]^{\theta_i}$$

$$\leqslant \frac{3^{1-m}}{2^{m-2k}} \cdot \left(\sqrt{\frac{\mu\nu}{\lambda} + \frac{\nu\lambda}{\mu} + \frac{\lambda\mu}{\nu}} \right)^{3m-2k} \tag{C_2}$$

$$(6)$$

从外形结构上讲,前面推广 3 中的式(B_1)有优美的配对形式.

配对 3 设 $\triangle ABC$ 为锐角三角形,参数 $t \geqslant 0$,指数 $m \geqslant 2(1+k) > 2$,正系数 λ, μ, ν 满足 $\lambda + \mu + \nu = 3$,则有

$$P_\lambda = \frac{\lambda^{1+k}\cos^m A}{(t + \cos B\cos C)^k} + \frac{\mu^{1+k}\cos^m B}{(t + \cos A\cos C)^k} + \frac{\nu^{1+k}\cos^m C}{(t + \cos A\cos B)^k}$$

$$\geqslant \frac{\left(6 - \sum \frac{\mu\nu}{\lambda} \right)^m}{2^{m-2k} \cdot (\sqrt{3})^{m-2} \cdot (4t+1)^k} \tag{B_3}$$

证明 令 $\theta = \dfrac{m}{2(1+k)} \geqslant 1$,利用权方和不等式有

$$P_\lambda = \sum \frac{\lambda^{1+k}\cos^m A}{(t + \cos B\cos C)^k} = \sum \frac{(\lambda\cos^{2\theta}A)^{1+k}}{(t + \cos B\cos C)^k} \geqslant \frac{y^{1+k}}{x^k} \tag{1}$$

其中
$$\begin{cases} x = 3t + \sum \cos B\cos C \\ y = \sum \lambda(\cos^2 A)^\theta \end{cases}$$

由于

$$x \leqslant 3t + \frac{1}{3}\left(\sum \cos A \right)^2 \leqslant 3t + \frac{1}{3}\left(\frac{3}{2} \right)^2 = \frac{3}{4}(4t+1) \tag{2}$$

应用加权幂平均不等式有

$$\frac{y}{3} = \frac{\sum \lambda(\cos^2\theta)^\theta}{\sum \lambda} \geqslant \left(\frac{\sum \lambda\cos^2 A}{\sum \lambda} \right)^\theta \Rightarrow y \geqslant 3\left(\frac{1}{3}\sum \lambda\cos^2 A \right)^\theta \tag{3}$$

又对于 $\triangle A_1 B_1 C_1$,有三角母不等式

$$\sum \lambda\cos A_1 \leqslant \frac{1}{2}\sum \frac{\mu\nu}{\lambda} \tag{4}$$

作代换,令 $A_1 = \pi - 2A, B_1 = \pi - 2B, C_1 = \pi - 2C$(因 $\triangle ABC$ 为锐角三角形),得

$$\sum \lambda\cos 2A = \sum \lambda(2\cos^2 A - 1) \geqslant -\frac{1}{2}\sum \frac{\mu\nu}{\lambda}$$

$$\Rightarrow \sum \lambda\cos^2 A \geqslant \frac{1}{4}\left(6 - \sum \frac{\mu\nu}{\lambda} \right) = \frac{1}{4}s \tag{5}$$

$$\left(其中\,s\,=\,6\,-\,\sum\frac{s}{\lambda}\right)$$

$$\Rightarrow y \geqslant 3\left(\frac{w}{12}\right)^{\theta}\,(代入式(1))$$

$$\Rightarrow P_{\lambda} \geqslant \frac{y^{1+k}}{x^k} \geqslant \frac{\left[3\left(\frac{s}{12}\right)^{\theta}\right]^{1+k}}{\left[\frac{3}{4}(4t+1)\right]^k}$$

即式(B_3)成立,等号成立当且仅当 $\lambda = \mu = \nu = 1$,且 $\triangle ABC$ 为正三角形,相应地,式(C_1)也有配对式

$$T_{\lambda} = \frac{\lambda^{1+k}\cos^m A}{(t+\sin B\sin C)^k} + \frac{\mu^{1+k}\cos^m B}{(t+\sin C\sin A)^k} +$$

$$\frac{\nu^{1+k}\cos^m C}{(t+\sin A\sin B)^k}$$

$$\geqslant \frac{(\sqrt{s})^m}{2^{m-2k}\cdot(\sqrt{3})^{m-2}\cdot(4t+3)^k} \qquad (B_4)$$

其中
$$s = 6 - \sum\frac{\mu\nu}{\lambda} > 0$$

$$F_{\lambda} = \frac{\lambda^{1+k}\cos^m A}{(t+\sin^2 B\sin^2 C)^k} + \frac{\mu^{1+k}\cos^m B}{(t+\sin^2 C\sin^2 A)^k} +$$

$$\frac{\nu^{1+k}\cos^m C}{(t+\sin^2 A\sin^2 B)^k}$$

$$\geqslant \frac{(\sqrt{s})^m}{2^{m-2k}\cdot(\sqrt{3})^{m-2}\cdot\left(4t+\frac{9}{4}\right)^k} \qquad (B_5)$$

(7)

最后,我们再建立一个相关的配对式.

配对 4 设指数 $k > 0$,λ,μ,ν 为正系数,$3t > 1$,则对任意 $\triangle ABC$ 有

$$P_{\lambda} = \frac{\left[(\mu+\nu)\tan\dfrac{A}{2}\right]^{1+k}}{\left(t \pm \tan\dfrac{B}{2}\tan\dfrac{C}{2}\right)^k} + \frac{\left[(\nu+\lambda)\tan\dfrac{B}{2}\right]^{1+k}}{\left(t \pm \tan\dfrac{C}{2}\tan\dfrac{A}{2}\right)^k} +$$

$$\frac{\left[(\lambda+\mu)\tan\dfrac{C}{2}\right]^{1+k}}{\left(t \pm \tan\dfrac{A}{2}\tan\dfrac{B}{2}\right)^k}$$

$$\geqslant \frac{(2\sqrt{\sum \mu\nu})^{1+k}}{(3t\pm 1)^{k}} \tag{D}$$

略证 利用权方和不等式和三角恒等式

$$\sum \tan\frac{B}{2}\tan\frac{C}{2}=1$$

有

$$P_{\lambda}=\sum \frac{\left[(\mu+\nu)\tan\dfrac{A}{2}\right]^{1+k}}{\left(t\pm\tan\dfrac{B}{2}\tan\dfrac{C}{2}\right)^{k}}$$

$$\geqslant \frac{\left[\sum (\mu+\nu)\tan\dfrac{A}{2}\right]^{1+k}}{\left[\sum \left(t\pm\tan\dfrac{B}{2}\tan\dfrac{C}{2}\right)\right]^{k}} \tag{1}$$

注意到

$$\sum \left(t\pm\tan\frac{B}{2}\tan\frac{C}{2}\right)=3t\pm\sum \tan\frac{B}{2}\tan\frac{C}{2}=3t\pm 1$$

$$\sum (\mu+\nu)\tan\frac{A}{2}\geqslant 2\sqrt{\left(\sum \mu\nu\right)\left(\sum \tan\frac{B}{2}\tan\frac{C}{2}\right)}=2\sqrt{\sum \mu\nu}$$

结合式(1)得

$$P_{\lambda}\geqslant \frac{(\sqrt{\sum \mu\nu})^{1+k}}{(3t\pm 1)^{k}}$$

即式(D)成立,等号成立当且仅当$\triangle ABC$为正三角形,且$\lambda=\mu=\nu$.

采茶篇(笔者)

春风伴我步茶园,翠碧千顷二月天.
巧手窈梭织锦绣,玉指弹琴谱新篇.
轻歌飘出山村外,彩云映红桃花面.
满载香叶归何处? 芳草池塘夕阳边.

3. "三角母不等式"漫谈

我们知道,代数、几何、三角是数学的三大分支,它们关系密切,相对独立,又相互联系,简直是数学家庭中亲密无间的三兄弟——相依相存,密不可分,直到永远.

从起源上讲,先有代数,再有几何,后生三角,因此它年轻有为,前程似锦,那三角学中的几十个三角公式,如鲜花朵朵,芳香艳丽;那一道道美妙的数学命题,把数学世界装扮得美景万千,风光无限.

(1) 起源初探

我们知道,对于任意实数 x,y,z,有不等式

$$yz + zx + xy \leqslant x^2 + y^2 + z^2 \tag{1}$$

设 a,b,c 是一任意 $\triangle ABC$ 的三边之长,则有余弦和不等式

$$\cos A + \cos B + \cos C \leqslant \frac{3}{2} \tag{2}$$

及余弦定理

$$\begin{cases} a^2 = b^2 + c^2 - 2bc\cos A \\ b^2 = c^2 + a^2 - 2ca\cos B \\ c^2 = a^2 + b^2 - 2ab\cos C \end{cases}$$

$$\Rightarrow 2bc\cos A + 2ca\cos B + 2ab\cos C = a^2 + b^2 + c^2 \tag{3}$$

我们能否将上述(1)、(2)、(3)三式"三国归晋"和谐统一呢? 事实上,这是一个数学奇迹:

定理1 设 x,y,z 为任意实数,则对任意 $\triangle ABC$ 有

$$2yz\cos A + 2zx\cos B + 2xy\cos C \leqslant x^2 + y^2 + z^2 \tag{A}$$

式(A)暗示我们:等号成立的条件应当是

$$x:y:z = a:b:c$$

或

$$\frac{x}{\sin A} = \frac{y}{\sin B} = \frac{z}{\sin C}$$

$$x\csc A = y\csc B = z\csc C$$

显然,当 $\triangle ABC$ 为正三角形时,式(A)化为式(1);当 $x=y=z$ 时,式(A)化为式(2);当 $x:y:z = a:b:c$ 时,式(A)化为式(3).

由此可见,不等式(A)虽然不能包罗万象,却能将不等式(1)、(2)及恒等式(3)实行"三国归晋"和谐统一在了一起. 自然,在许多奥数书籍上都有式(A)靓丽的身影,因为它在三角不等式中用途广泛,地位显赫,故被人们美誉为"三角母不等式",意为它是一只会产"金蛋"的"母鸡".

如果在式(A)中作置换

$$(A,B,C) \rightarrow \left(\frac{\pi}{2} - \frac{A}{2}, \frac{\pi}{2} - \frac{B}{2}, \frac{\pi}{2} - \frac{C}{2} \right)$$

可得

$$x^2 + y^2 + z^2 \geqslant 2yz\sin\frac{A}{2} + 2zx\sin\frac{B}{2} + 2xy\sin\frac{C}{2} \qquad (A_1)$$

等号成立当且仅当

$$x\sec\frac{A}{2} = y\sec\frac{B}{2} = z\sec\frac{C}{2}$$

若作置换

$$(A, B, C) \rightarrow (\pi - 2A, \pi - 2B, \pi - 2C)$$

又可得

$$x^2 + y^2 + z^2 + 2yz\cos 2A + 2zx\cos 2B + 2xy\cos 2C \geqslant 0$$

$$\Leftrightarrow 4(yz\sin^2 A + zx\sin^2 B + xy\sin^2 C) \leqslant (x + y + z)^2 \qquad (A_2)$$

同理可得因为(余弦函数为偶函数)

$$4\sum yz\cos^2\frac{A}{2} \leqslant (x + y + z)^2 \qquad (A_3)$$

特别地,式(A)还可以加强为:

加强 对于任意实数 x, y, z 和任意 $\triangle ABC$ 有

$$x^2 + y^2 + z^2 \geqslant 2yz\cos A + 2zx\cos B + 2xy\cos C + Q \qquad (B)$$

其中

$$Q = \frac{1}{3}\sum (y\sin C - z\sin B)^2 \geqslant 0$$

证明 记

$$\Delta_t = \sum x^2 - 2\sum yz\cos A$$

$$= x^2 + (\sin^2 C + \cos^2 C)y^2 + (\sin^2 B + \cos^2 B)z^2 +$$

$$2yz\cos(B + C) - 2zx\cos B - 2xy\cos C$$

$$= x^2 + (\sin^2 C + \cos^2 C)y^2 + (\sin^2 B + \cos^2 B)z^2 +$$

$$2yz(\cos B\cos C - \sin B\sin C) - 2zx\cos B - 2xy\cos C$$

$$= (y^2\sin^2 C - 2yz\sin B\sin C + z^2\sin^2 B) +$$

$$(x^2 + y^2\cos^2 C + z^2\cos^2 B + 2yz\cos B\cos C - 2zx\cos B - 2xy\cos C)$$

$$= (y\sin C - z\sin B)^2 + (x - z\cos B - y\cos C)^2$$

$$\geqslant (y\sin C - z\sin B)^2$$

$$\Rightarrow \Delta_t \geqslant (y\sin C - z\sin B)^2 \qquad (1)$$

等号成立当且仅当

$$x = y\cos C + z\cos B$$

同理可得

$$\Delta_t \geqslant (z\sin A - x\sin C)^2 \qquad (2)$$

等号成立当且仅当

$$y = z\cos A + x\cos C$$

$$\Delta_t \geqslant (x\sin B - y\sin A)^2 \qquad (3)$$

等号成立当且仅当

$$z = x\cos B + y\cos A$$

（1）+（2）+（3）得

$$\Delta_t \geqslant Q = \frac{1}{3} \sum (y\sin C - z\sin B)^2$$

易推得等号成立当且仅当

$$\frac{x}{\sin A} = \frac{y}{\sin B} = \frac{z}{\sin C}$$

（2）奇询异问

在优美迷人的不等式（A）中，是否对一切实数 x, y, z 而言，角 A, B, C 必须是 $\triangle ABC$ 的三个内角才一定成立呢？此问题提得奇特，谁能想到？而事实并非如此.

问题 1 实数 α, β, γ 满足什么条件时：对于一切实数 x, y, z，不等式

$$x^2 + y^2 + z^2 \geqslant 2yz\cos \alpha + 2zx\cos \beta + 2xy\cos \gamma \tag{A'}$$

恒成立？

解 式（A'）即为

$$x^2 - 2(y\cos \gamma + z\cos \beta)x + (y^2 + z^2 - 2yz\cos \alpha) \geqslant 0 \tag{1}$$

欲使式（1）恒成立，则关于 x 的判别式必须

$$\begin{aligned}
\Delta_x &= 4(y\cos \gamma + z\cos \beta)^2 - 4(y^2 + z^2 - 2yz\cos \alpha) \\
&= 4[2yz(\cos \alpha + \cos \beta\cos \gamma) - y^2\sin^2\gamma - z^2\sin^2\beta] \leqslant 0 \\
&\Rightarrow y^2\sin^2\gamma - 2yz(\cos \alpha + \cos \beta\cos \gamma) + z^2\sin^2\beta \geqslant 0 \tag{2}
\end{aligned}$$

时，式（1）才能恒成立.

于是，式（2）对一切 y, z 恒成立，则必须关于 y 的判别式

$$\Delta_y = 4(\cos \alpha + \cos \beta\cos \gamma)^2 z^2 - 4z^2\sin^2\beta\sin^2\gamma \leqslant 0$$

$$\Leftrightarrow (\cos \alpha + \cos \beta\cos \gamma)^2 - (\sin \beta\sin \gamma)^2 \leqslant 0$$

$$\Leftrightarrow (\cos \alpha + \cos \beta\cos \gamma + \sin \beta\sin \gamma)(\cos \alpha + \cos \beta\cos \gamma - \sin \beta\sin \gamma) \leqslant 0$$

$$\Leftrightarrow [\cos \alpha + \cos(\beta - \gamma)][\cos \alpha + \cos(\beta + \gamma)] \leqslant 0$$

$$\Leftrightarrow \cos\left(\frac{\alpha + \beta + \gamma}{2}\right)\cos\left(\frac{\alpha - \beta + \gamma}{2}\right)\cos\left(\frac{\alpha + \beta - \gamma}{2}\right)\cos\left(\frac{\alpha - \beta - \gamma}{2}\right) \leqslant 0 \tag{3}$$

式（3）即为 α, β, γ 应满足的条件

对于式（A），当 x, y, z 同号时，可化为等价形式

$$p\cos A + q\cos B + r\cos C \leqslant \frac{1}{2}\left(\frac{qr}{p} + \frac{rp}{q} + \frac{pq}{r}\right)$$

其中 $(p, q, r) = (yz, zx, xy)$，等号成立当且仅当

$$p\sin A = q\sin B = r\sin C \qquad (4)$$

现在,让我们换个方位思考问题:对于给定的正整数 p,q,r,又怎样确定具体的角度 A,B,C,使之满足条件(4)呢? 这个问题似乎提得有点古怪,其实,应用式(A)可以解决这个奇异有趣的问题:

问题 2 设 p,q,r 为已知给定的正常数,试确定 $\triangle ABC$ 的三内角 A,B,C 使得

$$S = p\cos A + q\cos B + r\cos C$$

取到最大值.

解 由式(A)知

$$S_{\max} = \frac{1}{2}\left(\frac{qr}{p} + \frac{rp}{q} + \frac{pq}{r}\right) \qquad (1)$$

仅当

$$\frac{\sin A}{x} = \frac{\sin B}{y} = \frac{\sin C}{z} = k > 0 \qquad (2)$$

时取到,其中

$$x = qr, y = rp, z = pq$$

由

$$\sin C = \sin A\cos B + \cos A\sin B$$

$$\Rightarrow kz = kx\ \sqrt{1-(ky)^2} + ky\ \sqrt{1-(kx)^2}$$

$$\Rightarrow z = \sqrt{x^2-(kxy)^2} + \sqrt{y^2-(kxy)^2} \qquad (3)$$

设

$$\begin{cases} M = \sqrt{x^2-(kxy)^2} \\ N = \sqrt{y^2-(kxy)^2} \end{cases}$$

$$\Rightarrow \begin{cases} M+N = z \\ M^2-N^2 = x^2-y^2 \end{cases}$$

$$\Rightarrow \begin{cases} M+N = z \\ M-N = \dfrac{x^2-y^2}{z} \end{cases} \Rightarrow 2M = \frac{x^2-y^2}{z} + z$$

$$\Rightarrow 4z^2 M^2 = (z^2 + x^2 - y^2)^2$$

$$\Rightarrow 4z^2\left[x^2-(kxy)^2\right] = (z^2+x^2-y^2)^2$$

$$\Rightarrow (2kxyz)^2 = (2zx)^2 - (z^2+x^2-y^2)^2$$

$$= (2zx + z^2 + x^2 - y^2)(2zx - z^2 - x^2 + y^2)$$

$$= \left[(z+x)^2 - y^2\right]\left[y^2 - (z-x)^2\right]$$

$$= (x+y+z)(y+z-x)(z+x-y)(x+y-z)$$

$$\Rightarrow k = \frac{\sqrt{\left(\sum x\right)\prod(y+z-x)}}{2xyz} = \frac{\sqrt{t}}{2(pqr)^2} \qquad (4)$$

其中

$$t = (pq + qr + rp)(qr + rp - pq)(rp + pq - qr)(pq + qr - rp) \qquad (5)$$

于是,我们求得

$$\begin{cases} \sin A = kx = kqr = \dfrac{\sqrt{t}}{2p^2 qr} \\[2mm] \sin B = ky = krp = \dfrac{\sqrt{t}}{2pq^2 r} \\[2mm] \sin C = kz = kpq = \dfrac{\sqrt{t}}{2pqr^2} \end{cases} \qquad (6)$$

$$\Rightarrow \begin{cases} A = \arcsin \dfrac{\delta}{p} \\[2mm] B = \arcsin \dfrac{\delta}{q} \\[2mm] C = \arcsin \dfrac{\delta}{r} \end{cases} \qquad (7)$$

其中

$$\delta = \frac{\sqrt{t}}{2pqr} \qquad (8)$$

问题 3　若 $x, y, z \in \mathbf{R}, \alpha + \beta + \gamma = 2k\pi \ (k \in \mathbf{Z})$,则有

$$\sqrt{A} + \sqrt{B} \geqslant \sqrt{C}$$

其中

$$A = x^2 + y^2 - 2xy\cos \alpha \geqslant 0$$
$$B = y^2 + z^2 - 2yz\cos \beta \geqslant 0$$
$$C = z^2 + x^2 - 2zx\cos \gamma \geqslant 0$$

证明　应用比较法,作代换

$$a = \sqrt{A}, b = \sqrt{B}, c = \sqrt{C}$$

$$\frac{1}{2}\left[(a+b)^2 - c^2\right] = ab - (xy\cos \alpha + yz\cos \beta - zx\cos \gamma - y^2)$$

记

$$d = xy\cos \alpha + yz\cos \beta - zx\cos \gamma - y^2$$

$$\Rightarrow \frac{1}{2}\left[(a+b)^2 - c^2\right] = ab - d \qquad (1)$$

再次应用比较法

$$\begin{aligned}
(ab)^2 - d^2 &= (x^2 + y^2 - 2xy\cos \alpha)(y^2 + z^2 - 2yz\cos \beta) - \\
&\quad (xy\cos \alpha + yz\cos \beta - zx\cos \gamma - y^2)^2 \\
&= (xy\sin \alpha)^2 + (yz\sin \beta)^2 + (zx\sin \gamma)^2 + \\
&\quad 2xy^2 z(\cos \alpha\cos \beta - \cos \gamma) + 2xyz^2(\cos \beta\cos \gamma - \cos \alpha) + \\
&\quad 2x^2 yz(\cos \gamma\cos \alpha - \cos \beta) \\
&= (xy\sin \alpha)^2 + (yz\sin \beta)^2 + (zx\sin \gamma)^2 + \\
&\quad 2xyz(y\sin \alpha\sin \beta \pm z\sin \beta\sin \gamma + x\sin \alpha\sin \gamma)
\end{aligned}$$

325

$$= (xy\sin\alpha + yz\sin\beta \pm zx\sin\gamma)^2 \geq 0$$

$$\Rightarrow \begin{cases} (ab)^2 - d^2 \geq 0 \\ ab > 0 \end{cases} \Rightarrow ab \geq |d| \geq d$$

$$\Rightarrow \frac{1}{2}\left[(a+b)^2 - c^2\right] = ab - d \geq 0$$

$$\Rightarrow \begin{cases} (a+b)^2 \geq c^2 \\ a,b,c > 0 \end{cases} \Rightarrow a + b \geq c$$

$$\Rightarrow \sqrt{A} + \sqrt{B} \geq \sqrt{C}$$

等号成立当且仅当

$$xy\sin\alpha + yz\sin\beta \pm zx\sin\gamma = 0$$

(3) 倍数推广

下面我们先从角 A,B,C 的倍数方面去推广不等式(A).

定理 2 设 $n \in \mathbf{N}_+, x,y,z \in \mathbf{R}$,则对任意 $\triangle ABC$ 有

$$x^2 + y^2 + z^2 \geq 2(-1)^{n+1} \cdot (yz\cos nA + zx\cos nB + xy\cos nC) \qquad (\mathrm{C})$$

等号成立当且仅当

$$x : y : z = \sin nA : \sin nB : \sin nC$$

显然,当 $n = 1$ 时,式(C)化为式(A).

证法 1 将式(B)整理成关于 x 的不等式

$$x^2 - 2(-1)^{n+1} \cdot (z\cos nB + y\cos nC)x + (y^2 + z^2 - 2(-1)^{n+1}yz\cos nA) \geq 0 \tag{1}$$

其判别式

$$\Delta_x = 4(-1)^{2(n+1)} \cdot (z\cos nB + y\cos nC)^2 - 4(y^2 + z^2) + 8(-1)^{n+1}yz\cos nA$$

$$\Rightarrow \frac{1}{4}\Delta_x = (z\cos nB + y\cos nC)^2 - y^2 - z^2 + 2(-1)^{n+1}yz\cos nA \tag{2}$$

(1)当 n 为偶数时,由于

$$\cos nA = \cos[n\pi - (nB + nC)] = \cos(nB + nC)$$

代入式(2)得

$$\frac{1}{4}\Delta_x = (z\cos nB + y\cos nC)^2 - y^2 - z^2 - 2yz\cos(nB + nC)$$

$$= -(1 - \cos^2 nC)y^2 - (1 - \cos^2 nB)z^2 + 2yz\cos nB\cos nC - 2yz(\cos nB\cos nC - \sin nB\sin nC)$$

$$= -(y\sin nC - z\sin nB)^2 \leq 0$$

(2)当 n 为奇数时,有

$$\cos nA = -\cos(nB + nC)$$

代入式（2）得

$$\frac{1}{4}\Delta_x = (z\cos nB + y\cos nC)^2 - y^2 - z^2 - 2yz\cos(nB + nC)$$

$$= -(y\sin nC - z\sin nB)^2 \leqslant 0$$

综合（1）和（2）知,恒有 $\Delta_x \leqslant 0$,即式（1）成立,从而式（C）成立,其中等号成立的条件是

$$\begin{cases} x = (-1)^{n+1}(z\cos nB + y\cos nC) \\ z\sin nB - y\sin nC = 0 \end{cases}$$

设 $\qquad\qquad y = \lambda\sin nB, z = \lambda\sin nC(\lambda \neq 0)$

有 $\qquad\quad x = (-1)^{n+1}\lambda(\sin nC\cos nB + \sin nB\cos nC)$

$$= (-1)^{n+1}\lambda\sin(nB + nC)$$

$$= (-1)^{n+1}\lambda\sin(n\pi - nA)$$

当 n 为偶数时, $x = \lambda\sin nA$;

当 n 为奇数时, $x = \lambda\sin nA$.

因此,式（C）等号成立的条件是

$$x : y : z = \sin nA : \sin nB : \sin nC$$

证法 2 将式（B）整理成

$$x^2 - 2(-1)^{n+1} \cdot (z\cos nB + y\cos nC)x + y^2 + z^2 - 2(-1)^{n+1}yz\cos nA \geqslant 0$$

配方为

$$[x - (-1)^{n+1}(z\cos nB + y\cos nC)]^2 + M \geqslant 0 \qquad\qquad (3)$$

其中 $M = y^2 + z^2 - 2(-1)^{n+1}yz\cos nA - (-1)^{2(n+1)}(z\cos nB + y\cos nC)^2$

$$= y^2 + z^2 - 2(-1)^{n+1}yz\cos nA - (z\cos nB + y\cos nC)^2$$

由证法 1 知 $\qquad\qquad M = -\frac{1}{4}\Delta_x \geqslant 0$

因此式（3）成立,从而式（C）成立.

证法 3 设关于 x 的函数为

$$f(x) = \sum x^2 - 2(-1)^{n+1}\sum yz\cos nA$$

$$= x^2 - 2(-1)^{n+1}(z\cos nB + y\cos nC)x + [y^2 + z^2 - 2(-1)^{n+1}yz\cos nA]$$

对 x 求导得

$$f'(x) = 2x - 2(-1)^{n+1}(z\cos nB + y\cos nC)$$

$$f''(x) = 2 > 0$$

解方程得

$$f'(x_0) = 0 \Rightarrow x_0 = (-1)^{n+1}(z\cos nB + y\cos nC)$$

代入 $f(x)$ 得

$$f(x_0) = (-1)^{2(n+1)}(z\cos nB + y\cos nC)^2 - 2(-1)^{2(n+1)} \cdot$$

$$(z\cos nB + y\cos nC)^2 + y^2 + z^2 - 2(-1)^{n+1}yz\cos nA$$
$$= y^2 + z^2 - 2(-1)^{n+1}yz\cos nA - (z\cos nB + y\cos nC)^2$$
$$= M = (z\sin nB - y\sin nC)^2 \geqslant 0$$

（对 n 分奇偶讨论）

由于 $f'' = 2 > 0$，因此函数 $f(x)$ 有最小值

$$f(x_0) = M \geqslant 0$$

即
$$f(x) \geqslant f_{\min}(x) = f(x_0) = M \geqslant 0$$

即式（C）成立，等号成立当且仅当

$$\begin{cases} x = (-1)^{n+1}(z\cos nB + y\cos nC) \\ M = (z\sin nB - y\sin nC)^2 = 0 \end{cases}$$
$$\Rightarrow x : y : z = \sin nA : \sin nB : \sin nC$$

（4）指数推广

如果我们简记

$$P = \sum x^2 - 2(-1)^{n+1}\sum yz\cos nA$$

由上述证法 3 知，有

$$P \geqslant (y\sin nC - z\sin nB)^2$$

同理可得

$$P \geqslant (z\sin nA - x\sin nC)^2$$
$$P \geqslant (x\sin nB - y\sin nA)^2$$

故得式（C）的第一个加强式为

$$\sum x^2 \geqslant 2(-1)^{n+1}\sum yz\cos nA + Q_1 \tag{D}$$

其中
$$Q_1 = \frac{1}{3}\sum (y\sin nC - z\sin nB)^2$$

而且，由证法 2 还可得到式（C）的第二个加强

$$\sum x^2 \geqslant 2(-1)^{n+1}\sum yz\cos nA + Q_2 \tag{E}$$

其中
$$Q_2 = \frac{1}{3}\sum [x - (-1)^{n+1}(z\cos nB + y\cos nC)]^2$$

现在我们先将式（A）进行推广.

定理 3　设 $x, y, z > 0, 0 \leqslant k \leqslant 1$，$\triangle ABC$ 为锐角三角形，则有
$$x^2 + y^2 + z^2 \geqslant 2^k(yz\cos^k A + zx\cos^k B + xy\cos^k C) \tag{F}$$

特别地，当 $k = 1$ 时，式（F）化为式（A）；当 $k = 0$ 时，式（F）化为代数不等式
$$x^2 + y^2 + z^2 \geqslant yz + zx + xy$$

因此,往下我们只需证明指数 $0 < k < 1$ 时成立即可.

证明 当 $0 < k < 1$ 时,应用加权幂平均不等式有

$$\left(\frac{\sum yz\cos^k A}{\sum yz} \right)^{\frac{1}{k}} \leqslant \frac{\sum yz\cos A}{\sum yz} \leqslant \frac{\sum x^2}{2\sum yz}$$

$$\Rightarrow \sum yz\cos^k A \leqslant \left(\frac{1}{2} \sum x^2 \right)^2 \cdot \left(\sum yz \right)^{1-k}$$

$$\leqslant \left(\frac{1}{2} \sum x^2 \right)^k \cdot \left(\sum x^2 \right)^{1-k}$$

$$= \left(\frac{1}{2} \right)^k \cdot \left(\sum x^2 \right)$$

$$\Rightarrow \sum x^2 \geqslant 2^k \sum yz\cos^k A$$

即式(F)成立. 当 $k = 0$ 时,等号成立当且仅当 $x = y = z$,当 $k = 1$ 时,等号成立当且仅当

$$x : y : z = \sin A : \sin B : \sin C$$

当 $0 < k < 1$ 时,等号成立当且仅当 $x = y = z$,且 $\triangle ABC$ 为正三角形.

从美学上讲,式(F)美如仙女下凡,她是太阳的公主,是月亮的女儿. 星星是她明亮的眼睛,彩云是她圣洁的衣裙,鲜花是她飘香的气息⋯⋯

(5)个数推广

优美的不等式(F)只涉及一个 $\triangle ABC$,现在我们把它推广到任意多个三角形中.

定理 4 设 x, y, z 均为正数,$0 \leqslant k \leqslant 1, \alpha_i > 0$,且 $\sum\limits_{i=1}^{n} \alpha_i = 1$,$\triangle A_i B_i C_i (1 \leqslant i \leqslant n; n \in \mathbf{N}_+)$ 为锐角三角形,则有

$$x^2 + y^2 + z^2 \geqslant 2^k \Big[yz \prod_{i=1}^{n} (\cos A_i)^{k\alpha_i} +$$

$$zx \prod_{i=1}^{n} (\cos B_i)^{k\alpha_i} + xy \prod_{i=1}^{n} (\cos C_i)^{k\alpha_i} \Big] \tag{G}$$

从式(G)知,当 $n = 1$ 时,等价于式(F). 因此我们在证明时只需考虑 $n > 1$,且 $0 < k \leqslant 1$ 时的情况即可.

证明 当 $n > 1$,且 $0 < k \leqslant 1$ 时,应用赫尔德不等式有

$$\sum \Big[2^k yz \prod_{i=1}^{n} (\cos A_i)^{k\alpha_i} \Big]$$

$$= \sum \prod_{i=1}^{n} (2^k yz\cos^k A_i)^{\alpha_i}$$

$$\leqslant \prod_{i=1}^{n} \left(\sum 2^k yz\cos^k A_i \right)^{\alpha_i}$$

$$\leqslant \prod_{i=1}^{n} (x^2 + y^2 + z^2)^{\alpha_i} = (x^2 + y^2 + z^2)^{\sum_{i=1}^{n} \alpha_i}$$

$$= x^2 + y^2 + z^2$$

即式(G)成立,这时等号成立当且仅当

$$x : y : z = \sin A_i : \sin B_i : \sin C_i$$

$$\cos A_1 : \cos B_1 : \cos C_1 = \cdots = \cos A_n : \cos B_n : \cos C_n$$

即

$$x : y : z = \sin A_1 : \sin B_1 : \sin C_1$$

$$\triangle A_1 B_1 C_1 \backsim \triangle A_2 B_2 C_2 \backsim \cdots \backsim \triangle A_n B_n C_n$$

下面我们补充一个相关结论:

结论 设变量 θ 为锐角,$\triangle A_i B_i C_i$ 为任意三角形,$\alpha_i > 0 (1 \leqslant i \leqslant n; n \in \mathbf{N}_+)$,且 $\sum_{i=1}^{n} \alpha_i = 1$,则有

$$\prod_{i=1}^{n} [\cos(\theta - A_i)]^{\alpha_i} + \prod_{i=1}^{n} [\cos(\theta - B_i)]^{\alpha_i} + \prod_{i=1}^{n} [\cos(\theta - C_i)]^{\alpha_i} \leqslant \prod_{i=1}^{n} (9 - 4\theta_i)^{\frac{\alpha_i}{2}} \tag{1}$$

其中

$$\theta_i = \left(\sin \frac{B_i - C_i}{2} \right)^2 + \left(\sin \frac{C_i - A_i}{2} \right)^2 + \left(\sin \frac{A_i - B_i}{2} \right)^2$$

略证 我们首先注意到,对于任意 $\triangle A_i B_i C_i$ 有

$$\sum \cos A_i > 0, \quad \sum \sin A_i > 0$$

于是

$$\sum \cos(\theta - A_i) = \sum (\cos\theta\cos A_i + \sin\theta\sin A_i)$$

$$= \left(\sum \cos A_i \right) \cos\theta + \left(\sum \sin A_i \right) \sin\theta$$

$$\leqslant \sqrt{\left(\sum \cos A_i \right)^2 + \left(\sum \sin A_i \right)^2}$$

$$= \left[\sum (\cos^2 A_i + \sin^2 A_i) + 2 \sum (\cos B_i \cos C_i + \sin B_i \sin C_i) \right]^{\frac{1}{2}}$$

$$= \sqrt{3 + 2 \sum \cos(B_i - C_i)}$$

$$= \sqrt{3 + 2 \sum \left[1 - 2\sin^2\left(\frac{B_i - C_i}{2} \right) \right]}$$

$$= \sqrt{9 - 4 \sum \sin^2 \left(\frac{B_i - C_i}{2} \right)}$$

$$\Rightarrow \sum \cos(\theta - A_i)$$

$$\leqslant \sqrt{9 - 4 \sum \sin^2 \left(\frac{B_i - C_i}{2} \right)}$$

$$\Rightarrow \sum \prod_{i=1}^{n} \left[\cos(\theta - A_i) \right]^{\alpha_i}$$

$$\leqslant \prod_{i=1}^{n} \left[\sum \cos(\theta - A_i) \right]^{\alpha_i} (应用了赫尔德不等式)$$

$$\leqslant \prod_{i=1}^{n} (9 - 4\theta_i)^{\alpha_i/2}$$

等号成立当且仅当

$$\triangle A_1 B_1 C_1 \backsim \triangle A_2 B_2 C_2 \backsim \cdots \backsim \triangle A_n B_n C_n$$

且
$$\tan \theta = \frac{\sum \sin A_1}{\sum \cos A_1}$$

(6) 元数推广

现在,让我们回首反顾不等式(A)那美丽迷人的风采

$$x^2 + y^2 + z^2 \geqslant 2yz\cos A + 2zx\cos B + 2xy\cos C \tag{A}$$

由于 $A + B + C = \pi$, 因此我们将 π 从 3 个角 A, B, C 之和细分成多个角 $\varphi_1, \varphi_2,$ $\cdots, \varphi_n (3 \leqslant n \in \mathbf{N})$ 之和 $\sum_{i=1}^{n} \varphi_i = \pi$, 允许吗? 如果允许,那么权系数 x, y, z 又怎样随之变化和约定呢?

其实,早在 1957 年, N. Ozeki 在研究著名的 Erdös—Mordell 不等式的多边形推广时,就建立了式(A)的多元推广. 后来,在 1961 年, Lenhard 又重新发现了它.

定理 5(Ozeki—Lenhard) 设 $\varphi_i \in (0, \pi), x_i \in \mathbf{R}_+ (i = 1, 2, \cdots, n; 3 \leqslant n \in \mathbf{N})$, 且 $\sum_{i=1}^{n} \varphi_i = \pi$, 则有

$$\sum_{i=1}^{n} x_i^2 \geqslant \left(\sec \frac{\pi}{n} \right) \left(\sum_{i=1}^{n} x_i x_{i+1} \cos \varphi_i \right) \tag{H}$$

约定
$$x_{n+1} \equiv x_1$$

显然,当 $n = 3$ 时,式(H)化为

$$x_1^2 + x_2^2 + x_3^2 \geqslant 2x_1 x_2 \cos \varphi_1 + 2x_2 x_3 \cos \varphi_2 + 2x_3 x_1 \cos \varphi_3 \tag{*}$$

这与式（A）的结构略有差异，而实质上是等价的. 事实上，只需令 $\varphi_2 = A, \varphi_3 = B, \varphi_1 = C$，上式就等价于式（A）了.

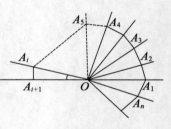

定理 5 图

对于推广式（H），过去单墫老师应用 Lenhard 配方法成功地证明了，但是，冷岗松老师的证明更显简洁奇妙.

证明 从某点 O 出发作 n 条射线 $OA_1, OA_2,$ $\cdots, OA_n$ 使得 $\angle A_i O A_{i+1} = \varphi_i + \dfrac{\pi}{n}$，其中 $A_{n+1} = A_1$，要从这 n 条射线上截取线段 $OA_i = (x_i)(i = 1, 2, \cdots, n)$，这样便得到一个 n 边形 $A_1 A_2 \cdots A_n$，记其面积为 F. 设 $A_i A_{i+1} = a_i (1 \leqslant i \leqslant n)$，在 $\triangle A_i O A_{i+1}$ 中应用余弦定理可得

$$a_i^2 = x_i^2 + x_{i+1}^2 - 2 x_i x_{i+1} \cos \angle A_i O A_{i+1}$$

$$\Rightarrow \sum_{i=1}^n a_i^2 = 2 \sum_{i=1}^n x_i^2 - 2 \sum_{i=1}^n x_i x_{i+1} \cos \left(\varphi_i + \frac{\pi}{n} \right)$$

又应用 Weitenbock 不等式的多边形推广有

$$\sum_{i=1}^n a_i^2 \geqslant 4 F \tan \frac{\pi}{n}$$

$$\Rightarrow \sum_{i=1}^n x_i^2 \geqslant 2 F \tan \frac{\pi}{n} + \sum_{i=1}^n x_i x_{i+1} \cos \left(\varphi_i + \frac{\pi}{n} \right)$$

$$= \left(2 \sum_{i=1}^n S_{\triangle A_i O A_{i+1}} \right) \tan \frac{\pi}{n} + \sum_{i=1}^n x_i x_{i+1} \cos \left(\varphi_i + \frac{\pi}{n} \right)$$

$$= \left[\sum_{i=1}^n x_i x_{i+1} \sin \left(\varphi_i + \frac{\pi}{n} \right) \right] \tan \frac{\pi}{n} + \sum_{i=1}^n x_i x_{i+1} \cos \left(\varphi_i + \frac{\pi}{n} \right)$$

$$= \sum_{i=1}^n \left[x_i x_{i+1} \sin \left(\varphi_i + \frac{\pi}{n} \right) \tan \frac{\pi}{n} + x_i x_{i+1} \cos \left(\varphi_i + \frac{\pi}{n} \right) \right]$$

$$= \left(\sec \frac{\pi}{n} \right) \sum_{i=1}^n x_i x_{i+1} \left[\sin \left(\varphi_i + \frac{\pi}{n} \right) \sin \frac{\pi}{n} + \cos \frac{\pi}{n} \cos \left(\varphi_i + \frac{\pi}{n} \right) \right]$$

$$= \left(\sec \frac{\pi}{n} \right) \left(\sum_{i=1}^n x_i x_{i+1} \cos \varphi_i \right)$$

即式（H）成立，当 $n = 3$ 时，等号成立当且仅当

$$x_1 : x_2 : x_3 = \sin \varphi_2 : \sin \varphi_3 : \sin \varphi_1$$

当 $n \geqslant 4$ 时，等号成立当且仅当 $\varphi_i = \dfrac{\pi}{n}$，且 $x_1 = x_2 = \cdots = x_n$.

仔细欣赏上述美妙证法，其特点有三：（1）几何构图出其不意；（2）引理应用巧妙自然；（3）运算简洁明快！

下面我们再将式（H）继续推广.

定理 6 设 $\alpha_i \in (0,\pi)$, $\varphi_i \in (0,\pi)$, $x_i \in \mathbf{R}_+$ ($i = 1,2,\cdots,n$; $n \geq 3$),且

$$\sum_{i=1}^{n} \alpha_i = \sum_{i=1}^{n} \varphi_i = \pi$$

则(约定 $x_{n+1} = x_1$)

$$\sum_{i=1}^{n} (x_i^2 + x_{i+1}^2) \cot \alpha_i$$

$$\geq 2 \sum_{i=1}^{n} \left[x_i x_{i+1} \cos \alpha_i \cos\left(\varphi_i - \alpha_i + \frac{\pi}{n}\right) \right] \qquad (\mathrm{I})$$

特别地,当取 $\alpha_i = \dfrac{\pi}{n}$($1 \leq i \leq n$)时,式($\mathrm{I}$)化为式(H).

证明 应用 Weitenbock 不等式在多边形中的加权推广(杨学枝老师创建)

$$\sum_{i=1}^{n} a_i^2 \cot \alpha_i \geq 4F = 2 \sum_{i=1}^{n} x_i x_{i+1} \sin\left(\varphi_i + \frac{\pi}{n}\right)$$

由前面的结论有

$$a_i^2 = x_i^2 + x_{i+1}^2 - 2 x_i x_{i+1} \cos\left(\varphi_i + \frac{\pi}{n}\right)$$

$$\Rightarrow a_i^2 \cot \alpha_i = (x_i^2 + x_{i+1}^2) \cot \alpha_i - 2 x_i x_{i+1} \cot \alpha_i \cos\left(\varphi_i + \frac{\pi}{n}\right)$$

$$\Rightarrow \sum_{i=1}^{n} a_i^2 \cot \alpha_i = \sum_{i=1}^{n} (x_i^2 + x_{i+1}^2) \cot \alpha_i - 2 \sum_{i=1}^{n} x_i x_{i+1} \cot \alpha_i \cos\left(\varphi_i + \frac{\pi}{n}\right)$$

$$\Rightarrow P_n = \sum_{i=1}^{n} (x_i^2 + x_{i+1}^2) \cot \alpha_i$$

$$\geq 2 \sum_{i=1}^{n} x_i x_{i+1} \left[\sin\left(\varphi_i + \frac{\pi}{n}\right) + \cot \alpha_i \cos\left(\varphi_i + \frac{\pi}{n}\right) \right]$$

$$= 2 \sum_{i=1}^{n} \lambda_i x_i x_{i+1}$$

其中

$$\lambda_i = \sin\left(\varphi_i + \frac{\pi}{n}\right) + \cot \alpha_i \cos\left(\varphi_i + \frac{\pi}{n}\right)$$

$$= \csc \alpha_i \left[\sin \alpha_i \sin\left(\varphi_i + \frac{\pi}{n}\right) + \cos \alpha_i \cos\left(\varphi_i + \frac{\pi}{n}\right) \right]$$

$$= (\csc \alpha_i) \cos\left(\varphi_i - \alpha_i + \frac{\pi}{n}\right)$$

(7) 绝妙推广

推广式(I)是巧妙应用杨学枝老师创建的成果,将式(A)推广成式(I).在 20 世纪 90 年代,叶军老师施展高超的技巧,将式(A)精雕细刻,铸造成了一件绝妙的"工艺珍品":

定理 7 设实数 $\varphi_i(1 \leqslant i \leqslant n)$ 满足 $\sum\limits_{i=1}^{n} \varphi_i = (2k+1)\pi\,(n \in \mathbf{N}, n \geqslant 3, k \in \mathbf{Z})$，正数 $\alpha_i(1 \leqslant i \leqslant n)$，满足 $\sum\limits_{i=1}^{n} \alpha_i = \pi$，则对任意实数 $x_1, x_2, \cdots, x_n$（约定 $x_{n+1} = x_1$），有

$$\sum_{i=1}^{n}(x_i^2 + x_{i+1}^2)\cot \alpha_i \geqslant 2\sum_{i=1}^{n}\left(x_i x_{i+1}\frac{\cos \varphi_i}{\sin \alpha_i}\right) \tag{J}$$

等号成立当且仅当

$$x_1 x_2 \frac{\sin \varphi_1}{\sin \alpha_1} = x_2 x_3 \frac{\sin \varphi_2}{\sin \alpha_2} = \cdots\cdots = x_{n-1}x_n \frac{\sin \varphi_{n-1}}{\sin \alpha_{n-1}} = x_n x_1 \frac{\sin \varphi_n}{\sin \alpha_n} \tag{1}$$

将式(J)与式(I)(笔者自建)相比较：

(1)如果令 $\theta_i = \varphi_i - \alpha_i + \dfrac{\pi}{n}(1 \leqslant i \leqslant n) \Rightarrow \sum\limits_{i=1}^{n}\theta_i = \sum\limits_{i=1}^{n}\varphi_i - \sum\limits_{i=1}^{n}\alpha_i + \pi = (2k+1)\pi$，这样，式(J)与式(I)左、右两边的结构完全一样.

(2)但是，式(J)中角 φ_i 的定义比式(I)中的 φ_i 的定义宽广，权系数也是如此；

(3)论等号成立的条件，式(J)也比式(I)优，那么，应用何种技巧证明式(J)呢？

请学习欣赏叶军老师的绝妙证明.

证明(叶军) 对 n 用归纳法：

(1)当 $n = 3$ 时，由 $\alpha_1 + \alpha_2 + \alpha_3 = \pi$ 及 $\alpha_1, \alpha_2, \alpha_3 > 0$ 知，可将 $\alpha_1, \alpha_2, \alpha_3$ 视为某三角形的三内角，设这个三角形的面积为 Δ，$\alpha_1, \alpha_2, \alpha_3$ 所对边的长依次为 a，b, c，将边角关系式

$$\begin{cases} \cot \alpha_1 = \dfrac{b^2 + c^2 - a^2}{4\Delta} \\[2mm] \cot \alpha_2 = \dfrac{c^2 + a^2 - b^2}{4\Delta} \\[2mm] \cot \alpha_3 = \dfrac{a^2 + b^2 - c^2}{4\Delta} \end{cases}$$

以及面积公式

$$\Delta = \frac{1}{2}ab\sin \alpha_3 = \frac{1}{2}ca\sin \alpha_2 = \frac{1}{2}bc\sin \alpha_1$$

代入得

$$(x_1^2 + x_2^2)(b^2 + c^2 - a^2) + (x_2^2 + x_3^2)(c^2 + a^2 - b^2) + (x_3^2 + x_1^2)(a^2 + b^2 - c^2)$$
$$\geqslant 4(bcx_1 x_2 \cos \varphi_1 + cax_2 x_3 \cos \varphi_2 + abx_3 x_1 \cos \varphi_3)$$
$$\Rightarrow (bx_1)^2 + (cx_2)^2 + (ax_3)^2$$

$$\geqslant 2(bx_1)(cx_2)\cos\varphi_1 + 2(cx_2)(ax_3)\cos\varphi_2 + 2(ax_3)(bx_1)\cos\varphi_3 \qquad (1)$$

由三角母不等式知上式成立,等号成立当且仅当

$$(bx_1)(cx_2)\sin\varphi_1 = (cx_2)(ax_3)\sin\varphi_2$$
$$= (ax_3)(bx_1)\sin\varphi_3$$
$$\Rightarrow x_1 x_2 \frac{\sin\varphi_1}{a} = x_2 x_3 \frac{\sin\varphi_2}{b} = x_3 x_1 \frac{\sin\varphi_3}{c}$$
$$\Rightarrow x_1 x_2 \frac{\sin\varphi_1}{\sin\alpha_1} = x_2 x_3 \frac{\sin\varphi_2}{\sin\alpha_2} = x_3 x_1 \frac{\sin\varphi_3}{\sin\alpha_3}$$

(2)假设当 $n = k \geqslant 3$ 时,式(J)成立,则当 $n = k+1$ 时,由 $n = 3$ 和归纳假设有

$$\sum_{i=1}^{k+1} 2\left(x_i x_{i+1} \frac{\cos\varphi_i}{\sin\alpha_i}\right)$$
$$= 2\left[x_1 x_2 \frac{\cos\varphi_1}{\sin\alpha_1} + x_2 x_3 \frac{\cos\varphi_2}{\sin\alpha_2} + x_3 x_1 \frac{\cos\left[(2k+1)\pi - \varphi_1 - \varphi_2\right]}{\sin(\pi - \alpha_1 - \alpha_2)}\right] +$$
$$2\left[x_3 x_4 \frac{\cos\varphi_3}{\sin\alpha_3} + \cdots + x_{k+1} x_1 \frac{\cos\varphi_{k+1}}{\sin\alpha_{k+1}} + x_1 x_3 \frac{\cos(\varphi_1 + \varphi_2)}{\sin(\alpha_1 + \alpha_2)}\right]$$
$$\leqslant \left[(x_1^2 + x_2^2)\cot\alpha_1 + (x_2^2 + x_3^2)\cot\alpha_2 + (x_3^2 + x_1^2)\cot(\pi - \alpha_1 - \alpha_2)\right] +$$
$$\left[(x_3^2 + x_4^2)\cot\alpha_3 + \cdots + (x_{k+1}^2 + x_1^2)\cot\alpha_{k+1} + (x_1^2 + x_3^2)\cot(\alpha_1 + \alpha_2)\right]$$
$$= \sum_{i=1}^{k+1} (x_i^2 + x_{i+1}^2)\cot\alpha_i \qquad (2)$$

等号成立当且仅当

$$x_1 x_2 \frac{\sin\varphi_1}{\sin\alpha_1} = x_2 x_3 \frac{\sin\varphi_2}{\sin\alpha_2} = x_3 x_1 \frac{\sin\left[(2k+1)\pi - \varphi_1 - \varphi_2\right]}{\sin(\pi - \alpha_1 - \alpha_2)}$$

及

$$x_3 x_4 \frac{\sin\varphi_3}{\sin\alpha_3} = \cdots = x_{k+1} x_1 \frac{\sin\varphi_{k+1}}{\sin\alpha_{k+1}} = x_1 x_3 \frac{\sin(\varphi_1 + \varphi_2)}{\sin(\alpha_1 + \alpha_2)}$$

即

$$x_1 x_2 \frac{\sin\varphi_1}{\sin\alpha_1} = x_2 x_3 \frac{\sin\varphi_2}{\sin\alpha_2} = \cdots = x_k x_{k+1} \frac{\sin\varphi_k}{\sin\alpha_k} = x_{k+1} x_1 \frac{\sin\varphi_{k+1}}{\sin\alpha_{k+1}}$$

至此,我们证明了 $n = k+1$ 时,式(J)也成立.

综合(1)和(2)知,式(T)对自然数 $n \geqslant 3$ 均成立.

对于 $\triangle ABC$ 与 $\triangle A'B'C'$,应用式(J)有

$$\cot A + \cot B + \cot C \geqslant \frac{\cos A'}{\sin A} + \frac{\cos B'}{\sin B} + \frac{\cos C'}{\sin C}$$

等号成立当且仅当 $\triangle ABC \backsim \triangle A'B'C'$.

在两个凸 n 边形 $A_1 A_2 \cdots A_n$ 和 $A'_1 A'_2 \cdots A'_n$ 中有

$$\sum_{i=1}^{n} \cot\left(\frac{A_i}{n-2}\right) \geqslant \sum_{i=1}^{n} \frac{\cos\left(\dfrac{A'_i}{n-2}\right)}{\sin\left(\dfrac{A_i}{n-2}\right)}$$

当 n 为奇数时

$$\sum_{i=1}^{n} \cot\left(\frac{A_i}{n-2}\right) \geqslant \sum_{i=1}^{n} \frac{\cos A_i'}{\sin\left(\dfrac{A_i}{n-2}\right)}$$

如果我们设 $\alpha_i > 0, \beta_i > 0 (1 \leqslant i \leqslant n, n \geqslant 2)$，且 $\sum\limits_{i=1}^{n} \alpha_i = \sum\limits_{i=1}^{n} \beta_i = \pi$，那么在式（J）中令 $x_i = 1, \varphi_i = \beta_i (1 \leqslant i \leqslant n)$，立即可得

$$\sum_{i=1}^{n} \cot \alpha_i \geqslant \sum_{i=1}^{n} \frac{\cot \beta_i}{\sin \alpha_i}$$

设 $\triangle ABC$ 为锐角三角形，$\triangle A'B'C'$ 为任意三角形，对于任意实数 x, y, z 有

$$x^2 \tan A + y^2 \tan B + z^2 \tan C$$
$$\geqslant 2yz\sin A' + 2zx\sin B' + 2xy\sin C'$$

证明 应用式（J）有

$$2\sum yz\sin A' = 2\sum yz \frac{\cos(\pi - A - A')}{\sin A} + 2\sum yz\cot A\cos A'$$

$$\leqslant \sum (y^2 + z^2)\cot A + \left(\prod \cot A\right)\left(\prod 2yz\tan B\tan C\cos A'\right)$$

$$\leqslant \sum (y^2 + z^2)\cot A + \left(\prod \cot A\right)\sum x^2\tan^2 A$$

$$= \left(\sum \cot B\cot C\right)\sum x^2\tan A$$

$$= \sum x^2\tan A$$

$$\Rightarrow \sum x^2\tan A \geqslant 2\sum yz\sin A'$$

其中等号成立的条件是

$$yz\frac{\sin(A + A')}{\sin A} = zx\frac{\sin(B + B')}{\sin B} = xy\frac{\sin(C + C')}{\sin C}$$

及 $\qquad yz\tan B\tan C\sin A' = zx\tan C\tan A\sin B' = xy\tan A\tan B\sin C'$

综合化简后得

$$\begin{cases} yz\cot A\sin A' = zx\tan B\sin B' \\ \qquad\qquad = xy\cot C\sin C' \\ yz\cos A' = zx\cos B' = xy\cos C' \end{cases}$$

最后指出：三角母不等式（A）已被数学专家们推广到了 $n(n \geqslant 3)$ 维空间，其中三维空间中关于四面体的结果是：

定理 8 设 $\theta_{ij}(1 \leqslant i < j \leqslant 4)$ 是四面体二面角，则对任意实数 x_1, x_2, x_3, x_4 有

$$\sum_{i=1}^{4} x_i^2 \geqslant 2 \sum_{1 \leqslant i < j \leqslant 4} x_i x_j \cos \theta_{ij} \qquad\qquad (\text{K})$$

中秋思亲

清秋玉露滴翠楼,南望彼岸动远愁.
天上云烟同光逝,人间恩怨付水流.
两岸亲人盼携手,一统河山共运筹.
月宫嫦娥正起舞,银辉碧浪驾金舟.

4. 正弦和不等式研究与欣赏

我们知道,对于任意 $\triangle ABC$,有不等式

$$\sin A + \sin B + \sin C \leqslant \frac{3}{2}\sqrt{3} \qquad (\mathrm{A})$$

$$\cos A + \cos B + \cos C \leqslant \frac{3}{2} \qquad (\mathrm{A}')$$

不论从外形结构,还是从数学意义上讲,这两个不等式都是互相配对的,它们简直是天生一对,地配一双!

关于正弦和不等式(A)的证明,我们在前面的一题多解中给出了七种证法,现在我们以它为出发点,开始欣赏它,研究它.

(1)倍角推广

如果 $\triangle ABC$ 为锐角三角形,那么我们可以在式(A)中作置换
$$(A,B,C) \rightarrow (\pi - 2A, \pi - 2B, \pi - 2C)$$
得到

$$\sin 2A + \sin 2B + \sin 2C \leqslant \frac{3}{2}\sqrt{3} \qquad (1)$$

进一步地,我们可建立优美的:

定理 1 对于任意 $\triangle ABC$,若 $0 \leqslant \lambda_i \leqslant 2(i=1,2,3)$,则有

$$\sin \lambda_1 A + \sin \lambda_2 B + \sin \lambda_3 C \leqslant 3\sin\left(\frac{\lambda_1 A + \lambda_2 B + \lambda_3 C}{3}\right) \qquad (\mathrm{B})$$

等号成立当且仅当 $\lambda_1 A = \lambda_2 B = \lambda_3 C$.

证明 由于 A,B,C 中至少有两个为锐角,不妨设 C 为锐角,于是

$$\begin{cases} A + B + C = \pi \\ 0 < C < \dfrac{\pi}{2} \\ 0 \leqslant \lambda_i \leqslant 2 \end{cases}$$

$$\Rightarrow \begin{cases} 0 < \dfrac{\lambda_1 A + \lambda_2 B}{2} < \pi \\ 0 < \dfrac{\lambda_1 A + \lambda_2 B + 4\lambda_3 C}{6} < \pi \\ 0 < \dfrac{\lambda_1 A + \lambda_2 B + \lambda_3 C}{3} < \pi \end{cases}$$

$$\Rightarrow \begin{cases} \sin \dfrac{1}{2}(\lambda_1 A + \lambda_2 B) > 0 \\ \sin \dfrac{1}{6}(\lambda_1 A + \lambda_2 B + 4\lambda_3 C) > 0 \\ \sin \dfrac{1}{3}(\lambda_1 A + \lambda_2 B + \lambda_3 C) > 0 \end{cases}$$

$$\Rightarrow \sum \sin \lambda_1 A + \sin\left(\frac{\sum \lambda_1 A}{3}\right)$$

$$= 2\sin\left(\frac{\lambda_1 A + \lambda_2 B}{2}\right)\cos\left(\frac{\lambda_1 A - \lambda_2 B}{2}\right) +$$

$$2\sin\left(\frac{\lambda_1 A + \lambda_2 B + 4\lambda_3 C}{6}\right) \cdot \cos\left(\frac{2\lambda_3 C - \lambda_1 A - \lambda_2 B}{6}\right)$$

$$\leqslant 2\sin\left(\frac{\lambda_1 A + \lambda_2 B}{2}\right) + 2\sin\left(\frac{\lambda_1 A + \lambda_2 B + 4\lambda_3 C}{6}\right)$$

$$= 4\sin\left(\frac{4\lambda_1 A + 4\lambda_2 B + 4\lambda_3 C}{12}\right)\cos\left(\frac{2\lambda_1 A + 2\lambda_2 B - 4\lambda_3 C}{12}\right)$$

$$\leqslant 4\sin\left(\frac{\lambda_1 A + \lambda_2 B + \lambda_3 C}{3}\right)$$

$$\Rightarrow \sum \sin \lambda_1 A \leqslant 3\sin\left(\frac{\sum \lambda_1 A}{3}\right)$$

即式（B）成立，等号成立当且仅当

$$\begin{cases} \lambda_1 A = \lambda_2 B \\ 2\lambda_3 C = \lambda_1 A + \lambda_2 B \Rightarrow \lambda_1 A = \lambda_2 B = \lambda_3 C \\ \lambda_1 A + \lambda_2 B = 2\lambda_3 C \end{cases}$$

若 $\lambda_1 \lambda_2 \lambda_3 > 0$，则

$$\frac{A}{\lambda_2 \lambda_3} = \frac{B}{\lambda_3 \lambda_1} = \frac{C}{\lambda_1 \lambda_2} = t > 0$$

$$\Rightarrow (\lambda_2\lambda_3 + \lambda_3\lambda_1 + \lambda_1\lambda_2)t = A + B + C = \pi$$

$$\Rightarrow t = \frac{\pi}{\lambda_2\lambda_3 + \lambda_3\lambda_1 + \lambda_1\lambda_2}$$

$$\Rightarrow \begin{cases} \angle A = \dfrac{\lambda_2\lambda_3\pi}{\lambda_2\lambda_3 + \lambda_3\lambda_1 + \lambda_1\lambda_2} \\[3mm] \angle B = \dfrac{\lambda_3\lambda_1\pi}{\lambda_2\lambda_3 + \lambda_3\lambda_1 + \lambda_1\lambda_2} \\[3mm] \angle C = \dfrac{\lambda_1\lambda_2\pi}{\lambda_2\lambda_3 + \lambda_3\lambda_1 + \lambda_1\lambda_2} \end{cases}$$

可见,上述证法非常巧妙,式(B)明确告诉我们

$$S = \sin \lambda_1 A + \sin \lambda_2 B + \sin \lambda_3 C$$

的最大值成立,其最大值为

$$S_{\max} = 3\sin\left(\frac{\lambda_1\lambda_2\lambda_3\pi}{m}\right)$$

其中

$$m = \lambda_1\lambda_2 + \lambda_2\lambda_3 + \lambda_3\lambda_1$$

如果我们在式(B)中硬性地强取 $\lambda_1 = \lambda_2 = \lambda_3 = 3$,便得到一个颇受惩罚性的错误结论

$$\sin 3A + \sin 3B + \sin 3C \leqslant 0 \qquad (\ast)$$

当 $A = B = C = \dfrac{\pi}{3}$ 时,式($\ast$)取等号:但当 $\angle A = \dfrac{7}{9}\pi$,$\angle B = \angle C = \dfrac{\pi}{9}$ 时

$$\sum \sin 3A = \sin \frac{7}{3}\pi + 2 \times \sin \frac{\pi}{3} = \frac{3}{2}\sqrt{3} > 0$$

因此式($\ast$)明显错误,事实上,我们有:

结论 1 设 $k = \{1,2,3\}$,则对任意 $\triangle ABC$ 有

$$\sin kA + \sin kB + \sin kC \leqslant \frac{3}{2}\sqrt{3} \qquad (C)$$

显然,当 $k = 1$ 或 2 时,式(C)等号成立当且仅当 $A = B = C = \dfrac{\pi}{3}$;当 $k = 3$ 时,$\{A,B,C\}$ 中一个取 $\dfrac{7}{9}\pi$,另两个取 $\dfrac{\pi}{9}$.

下面我们只需证明 $k = 3$ 时的情况.

证明 由对称性,不妨设

$$\begin{cases} A \geqslant \dfrac{\pi}{3} \\[3mm] \alpha = \dfrac{3}{2}(B + C) \end{cases} \Rightarrow \begin{cases} A = \pi - \dfrac{2}{3}\alpha \\[3mm] 0 < \alpha \leqslant \pi \end{cases}$$

于是

$$\sum \sin 3A = \sin 3A + 2\sin \frac{3}{2}(B+C)\cos \frac{3}{2}(B-C)$$
$$\leqslant \sin 3A + 2\sin \alpha$$
$$= \sin(3 \times \pi - 2\alpha) + 2\sin \alpha$$
$$= \sin 2\alpha + 2\sin \alpha$$
$$= 2(1+\cos \alpha)\sin \alpha$$
$$= 8\sin \frac{\alpha}{2}\left(\cos \frac{\alpha}{2}\right)^3$$
$$\Rightarrow \left(\sum \sin 3A\right)^2 \leqslant 8^2 \cdot \left(\sin^2 \frac{\alpha}{2}\right) \cdot \left(\cos^2 \frac{\alpha}{2}\right)^3$$
$$\leqslant \frac{8^2}{3}\left(\frac{3\sin^2 \frac{\alpha}{2} + 3\cos^2 \frac{\alpha}{2}}{4}\right)^4 = \left(\frac{3}{2}\sqrt{3}\right)^2$$
$$\Rightarrow \sum \sin 3A \leqslant \frac{3}{2}\sqrt{3}$$

等号成立当且仅当

$$\begin{cases} B = C \\ \left(\cos \frac{\alpha}{2}\right)^2 = 3\left(\sin \frac{\alpha}{2}\right)^2 \end{cases} \Rightarrow \begin{cases} B = C \\ \tan \frac{\alpha}{2} = \frac{\sqrt{3}}{3} \end{cases}$$

$$\Rightarrow \begin{cases} B = C \\ \alpha = \frac{3}{2}(B+C) = \frac{\pi}{3} \end{cases}$$

$$\Rightarrow \begin{cases} B = C = \frac{\pi}{9} \\ A = \frac{7}{9}\pi \end{cases}$$

可见,式(C)是一个比较奇异的三角不等式,而式(B)则是一个非常美妙的三角不等式.

由于正弦函数 $f(x) = \sin x$ 在区间 $(0, \pi)$ 内是凹函数,因此,式(A)可以从三角形推广到凸 $n(n \geqslant 3)$ 边形

$$\begin{cases} \sum_{i=1}^{n} \sin A_i \leqslant n\sin \frac{2\pi}{n} & \text{(a)} \\ \sum_{i=1}^{n} \sin\left(\frac{A_i}{n-2}\right) \leqslant n\sin \frac{\pi}{n} & \text{(b)} \end{cases}$$

相应地,还有

$$\frac{9}{2} - n \geqslant \sum_{i=1}^{n} \cos A_i \geqslant \begin{cases} 1 + (n-1)\cos\dfrac{(n-2)\pi}{n-1}, 3 \leqslant n \leqslant 6 \\ n\cos\dfrac{(n-2)\pi}{n}, n \geqslant 7 \end{cases} \quad (\text{c})$$

（2）参数、指数推广

其实,式（b）可以参数推广为:

结论 2 设 $A_1 A_2 \cdots A_n$ 为凸 n 边形,角参数 θ 满足

$$\theta + \frac{A_i}{n-2} \in (0, \pi), 1 \leqslant i \leqslant n$$

并记

$$S_n(\theta) = \sum_{i=1}^{n} \sin\left(\theta + \frac{A_i}{n-2}\right)$$

则有

$$S_n(\theta) \leqslant \begin{cases} n\sin\left(\theta + \dfrac{\pi}{n}\right) \\ \sqrt{\left(\displaystyle\sum_{i=1}^{n}\sin\frac{A_i}{n-2}\right)^2 + \left(\displaystyle\sum_{i=1}^{n}\cos\frac{A_i}{n-2}\right)^2} \end{cases} \quad (\text{d})$$

证明 注意到在 $(0, \pi)$ 内,正弦函数是凹函数,且

$$\sum_{i=1}^{n} \frac{1}{n}\left(\theta + \frac{A_i}{n-2}\right) = \theta + \frac{\displaystyle\sum_{i=1}^{n} A_i}{n(n-2)} = \theta + \frac{\pi}{n}$$

于是

$$S_n(\theta) = \sum_{i=1}^{n} \sin\left(\theta + \frac{A_i}{n-2}\right) \leqslant n\sin\left(\theta + \frac{\pi}{n}\right)$$

等号成立当且仅当 $A_1 = A_2 = \cdots = A_n$,即 $A_1 A_2 \cdots A_n$ 是等 n 边形.

简记 $\alpha_i = \dfrac{A_i}{n-2} (1 \leqslant i \leqslant n)$,则有

$$\begin{aligned} S_n(\theta) &= \sum_{i=1}^{n} \sin(\theta + \alpha_i) \\ &= \sum_{i=1}^{n} (\sin\theta\cos\alpha_i + \cos\theta\sin\alpha_i) \\ &\leqslant \sqrt{\left(\sum_{i=1}^{n}\sin\alpha_i\right)^2 + \left(\sum_{i=1}^{n}\cos\theta_i\right)^2} \end{aligned}$$

等号成立当且仅当

$$\tan \theta = \frac{\sum\limits_{i=1}^{n} \cos\left(\dfrac{A_i}{n-2}\right)}{\sum\limits_{i=1}^{n} \sin\left(\dfrac{A_i}{n-2}\right)}$$

此外,对于任意 $\triangle ABC$,不妨设 $A \in \left(0, \dfrac{\pi}{2}\right)$,则

$$\sum \cos 2A = \cos 2A - 2\cos A \cos(B-C)$$
$$\geqslant (2\cos^2 A - 1) - 2\cos A$$
$$= 2\left(\cos A - \frac{1}{2}\right)^2 - \frac{3}{2} \geqslant -\frac{3}{2}$$
$$\Rightarrow \sum \sin^2 A = \frac{3}{2} - \frac{1}{2} \sum \cos 2A \leqslant \frac{9}{4}$$

再设 $0 \leqslant k \leqslant 2$ 为指数,应用幂平均不等式有

$$\left(\frac{\sum \sin^k A}{3}\right)^{\frac{1}{k}} \leqslant \left(\frac{\sum \sin^2 A}{3}\right)^{\frac{1}{2}} \leqslant \frac{\sqrt{3}}{2}$$

$$\Rightarrow \sin^k A + \sin^k B + \sin^k C \leqslant 3\left(\frac{\sqrt{3}}{2}\right)^k \tag{D}$$

等号成立当且仅当 $A = B = C = \dfrac{\pi}{3}$.

特别地,当 $k=2$ 时,式(D)化为

$$\sin^2 A + \sin^2 B + \sin^2 C \leqslant \frac{9}{4} \tag{1}$$

我们在妙题欣赏中,将式(1)推广为:

设 $\theta_i \in [0, \pi]$ $(1 \leqslant i \leqslant n; n \geqslant 2)$ 且 $\sum\limits_{i=1}^{n} \theta_i = \pi$,则有

$$\sin^2 \theta_1 + \sin^2 \theta_2 + \cdots + \sin^2 \theta_n \leqslant \frac{9}{4} \tag{2}$$

等号成立当且仅当 $\theta_1 = \theta_2 = \theta_3 = \dfrac{\pi}{3}, \theta_4 = \theta_5 = \cdots = \theta_n = 0$.

式(D)为式(A)的指数推广,式(2)为式(1)的元数推广.

(3) 新奇结论

利用三角恒等式

$$\sin 2A + \sin 2B + \sin 2C = 4\sin A \sin B \sin C$$

利用平均值不等式

$$\sin A \sin B \sin C \leqslant \left(\frac{\sin A + \sin B + \sin C}{3} \right)^3$$

及三角不等式

$$\sin A + \sin B + \sin C \leqslant \frac{3}{2}\sqrt{3}$$

易得对任意 △ABC 有不等式

$$\sin 2A + \sin 2B + \sin 2C \leqslant \sin A + \sin B + \sin C \tag{a_1}$$

当 △ABC 为锐角三角形时,趣味式(a_1)可系数推广为:

结论 3 设 $\lambda, \mu, \nu \in (0,1)$,且 $\lambda + \mu + \nu = 1$,则对于锐角 △ABC 有

$$\lambda \sin 2A + \mu \sin 2B + \nu \sin 2C \leqslant k(\lambda \sin A + \mu \sin B + \nu \sin C) \tag{b_1}$$

其中

$$k = \frac{\mu\nu}{\lambda} + \frac{\nu\lambda}{\mu} + \frac{\lambda\mu}{\nu}$$

自然,当 $\lambda = \mu = \nu = \frac{1}{3}$ 时,$k = 1$,式(b_1)化为式(a_1).

证明 依题意不妨设

$$0 < A \leqslant B \leqslant C < \frac{\pi}{2}$$

$$\Rightarrow \begin{cases} 0 < \sin A \leqslant \sin B \leqslant \sin C \\ \cos A \geqslant \cos B \geqslant \cos C > 0 \end{cases}$$

应用切比雪夫不等式的加权推广和三角母不等式有

$$\sum \lambda \sin 2A = 2 \sum \lambda \sin A \cos A$$

$$\leqslant 2 \left(\sum \lambda \sin A \right) \left(\sum \lambda \cos A \right)$$

$$\leqslant \left(\sum \frac{\mu\nu}{\lambda} \right) \left(\sum \lambda \sin A \right)$$

$$\Rightarrow \sum \lambda \sin 2A \leqslant k \sum \lambda \sin A$$

等号成立当且仅当 $\lambda = \mu = \nu = \frac{1}{3}$,且 △ABC 为正三角形.

相应地,对于任意 △ABC,同理可推得

$$\sum \sin A \leqslant \sqrt{3} \sum \sin \frac{A}{2} \tag{$*$}$$

此式又可推广为:

结论 4 设 $n \in \mathbf{N}_+$,对于任意 △ABC 有

$$\sum \sin A \leqslant 2^{n-1}(\sqrt{3}) \sum \sin\left(\frac{A}{2^n} \right) \tag{C_1}$$

证明 设 $k \in \mathbf{N}_+$,应用切比雪夫不等式有

$$\left(\frac{A}{2^k},\frac{B}{2^k},\frac{C}{2^k}\right)\in\left(0,\frac{\pi}{2}\right)$$

$$\Rightarrow\sum\cos\left(\frac{A}{2^k}\right)\leqslant 3\cos\left(\frac{\sum A}{3\times 2^k}\right)=3\cos\left(\frac{\pi}{3\times 2^k}\right)$$

设 $\qquad 0<A\leqslant B\leqslant C<\pi$

$$\Rightarrow\begin{cases}0<\sin\left(\dfrac{A}{2^k}\right)\leqslant\sin\left(\dfrac{B}{2^k}\right)\leqslant\sin\left(\dfrac{C}{2^k}\right)\\[2mm]\cos\left(\dfrac{A}{2^k}\right)\geqslant\cos\left(\dfrac{B}{2^k}\right)\geqslant\cos\left(\dfrac{C}{2^k}\right)>0\end{cases}$$

$$\Rightarrow S_{k-1}=\sum\sin\left(\frac{A}{2^{k-1}}\right)=2\sum\sin\left(\frac{A}{2^k}\right)\cos\left(\frac{A}{2^k}\right)$$

$$\leqslant\frac{2}{3}S_k\sum\cos\left(\frac{A}{2^k}\right)\leqslant 2S_k\cos\left(\frac{\pi}{3\times 2^k}\right)$$

$$\Rightarrow\frac{S_{k-1}}{S_k}\leqslant 2\cos\left(\frac{\pi}{3\times 2^k}\right)$$

$$\Rightarrow\prod_{k=1}^n\left(\frac{S_{k-1}}{S_k}\right)\leqslant 2^n\prod_{k=1}^n\cos\left(\frac{\pi}{3\times 2^k}\right)$$

$$\leqslant 2^n\cos\left(\frac{\pi}{3\times 2}\right)=2^{n-1}(\sqrt{3})$$

$$\Rightarrow\frac{S_0}{S_n}\leqslant 2^{n-1}(\sqrt{3})$$

$$\Rightarrow\sum\sin A=S_0\leqslant 2^{n-1}(\sqrt{3})S_n$$

$$=2^{n-1}(\sqrt{3})\sum\sin\left(\frac{A}{2^n}\right)$$

等号成立当且仅当 $n=1$,且 $\triangle ABC$ 为正三角形.

前面的式 (a_1) 与式 $(*)$ 的结构一致,外形略有差异,也有加权推广:

结论 5 正数 $\lambda,\mu,\nu\in(0,1)$,且 $\lambda+\mu+\nu=1$,则对任意 $\triangle ABC$ 有

$$\lambda\sin A+\mu\sin B+\nu\sin C$$

$$\leqslant m\left(\lambda\sin\frac{A}{2}+\mu\sin\frac{B}{2}+\nu\sin\frac{C}{2}\right)\qquad(d_1)$$

其中 $\qquad m=(x+y+z)\sqrt{\dfrac{x\lambda^2+y\mu^2+z\nu^2}{xyz}}$

特别地,当 $\lambda=\mu=\nu=\dfrac{1}{3}$,$x=y=z$ 时,式 (d_1) 化为式 $(*)$.

证明 应用三角不等式有

$$2\sum yz\cos A\leqslant\sum x^2$$

$$\Rightarrow 2 \sum yz\left(2\cos^2\frac{A}{2}-1\right) \leqslant \sum x^2$$

$$\Rightarrow 4 \sum yz\left(\cos\frac{A}{2}\right)^2 \leqslant \sum x^2 + 2 \sum yz$$

$$\Rightarrow \sum yz\left(\cos\frac{A}{2}\right)^2 \leqslant \frac{1}{4}\left(\sum x\right)^2$$

等号成立当且仅当

$$\frac{x}{\sin A} = \frac{y}{\sin B} = \frac{z}{\sin C} \tag{1}$$

应用柯西不等式有

$$\sum \lambda\cos\frac{A}{2} \leqslant \left[\left(\sum \frac{\lambda^2}{yz}\right)\cdot \sum yz\left(\cos\frac{A}{2}\right)^2\right]^{\frac{1}{2}}$$

等号成立当且仅当

$$\frac{yz\left(\cos\dfrac{A}{2}\right)^2}{\dfrac{\lambda^2}{yz}} = \frac{zx\left(\cos\dfrac{B}{2}\right)^2}{\dfrac{\mu^2}{zx}} = \frac{xy\left(\cos\dfrac{C}{2}\right)^2}{\dfrac{\nu^2}{xy}}$$

$$\Rightarrow \lambda x\sec\frac{A}{2} = \mu y\sec\frac{B}{2} = \nu z\sec\frac{C}{2} \tag{2}$$

于是有

$$\sum \lambda\cos\frac{A}{2} \leqslant \frac{1}{2}m = \frac{1}{2}\left(\sum x\right)\left(\sum \frac{\lambda^2}{yz}\right)^{\frac{1}{2}}$$

再设

$$0 < A \leqslant B \leqslant C < \pi$$

$$\Rightarrow \begin{cases} 0 < \sin\dfrac{A}{2} \leqslant \sin\dfrac{B}{2} \leqslant \sin\dfrac{C}{2} \\[2mm] \cos\dfrac{A}{2} \geqslant \cos\dfrac{B}{2} \geqslant \cos\dfrac{C}{2} > 0 \end{cases}$$

$$\Rightarrow \sum \lambda\sin A = 2 \sum \lambda\sin\frac{A}{2}\cos\frac{A}{2}$$

（应用切比雪夫不等式的加权推广）

$$\leqslant 2\left(\sum \lambda\sin\frac{A}{2}\right)\left(\sum \lambda\cos\frac{A}{2}\right)$$

$$\leqslant m \sum \lambda\sin\frac{A}{2}$$

$$\Rightarrow m \sum \lambda\sin\frac{A}{2} \geqslant \sum \lambda\sin A$$

等号成立当且仅当

$$\sin\frac{A}{2} = \sin\frac{B}{2} = \sin\frac{C}{2}$$

或

$$\cos\frac{A}{2} = \cos\frac{B}{2} = \cos\frac{C}{2}$$

即

$$A = B = C = \frac{\pi}{3}$$

综上所述,知式(d_1)成立,等号成立当且仅当 $\lambda = \mu = \nu = \frac{1}{3}$,$x = y = z$,且 $\triangle ABC$ 为正三角形.

回首展望,以上(a_1)—(d_1)各式均是趣味美妙的结论,无独有偶,三角形正切和不等式

$$\tan A + \tan B + \tan C \geqslant 3\sqrt{3}$$

也来"凑热闹"——要求我们为它建立类似的结论.

结论6 设 $\lambda,\mu,\nu \in (0,1)$,且 $\lambda + \mu + \nu = 1$,$n \in \mathbf{N}_+$,则对锐角 $\triangle ABC$ 有

$$\lambda\tan A + \mu\tan B + \nu\tan C$$

$$\geqslant K_n\left[\lambda\tan\left(\frac{A}{2^n}\right) + \mu\tan\left(\frac{B}{2^n}\right) + \nu\tan\left(\frac{C}{2^n}\right)\right] \tag{e_1}$$

其中

$$K_n = \left(\frac{2}{3}\right)^{n-1}(\sqrt{\lambda} + \sqrt{\mu} + \sqrt{\nu})^{2n}$$

特别地,当取 $n = 1$,$\lambda = \mu = \nu = \frac{1}{3}$ 时,式(e_1)化为漂亮的推论

$$\tan A + \tan B + \tan C \geqslant 3\left(\tan\frac{A}{2} + \tan\frac{B}{2} + \tan\frac{C}{2}\right) \tag{3}$$

因此,式(e_1)是式(3)的一个美妙的系数推广:

证明 应用柯西不等式有

$$\sum\left(\frac{\lambda}{1 - \tan^2\frac{A}{2}}\right) \geqslant \frac{\left(\sum\sqrt{\lambda}\right)^2}{\sum\left(1 - \tan^2\frac{A}{2}\right)}$$

$$= \frac{\left(\sum\sqrt{\lambda}\right)^2}{3 - \sum\tan^2\frac{A}{2}} \geqslant \frac{\left(\sum\sqrt{\lambda}\right)^2}{3 - \sum\tan\frac{B}{2}\tan\frac{C}{2}}$$

$$\Rightarrow \sum\left(\frac{\lambda}{1 - \tan^2\frac{A}{2}}\right) \geqslant \frac{1}{2}\left(\sum\sqrt{\lambda}\right)^2 \tag{1}$$

现设

$$0 < A \leqslant B \leqslant C < \frac{\pi}{2}$$

$$\Rightarrow \begin{cases} 0 < \tan\dfrac{A}{2} \leqslant \tan\dfrac{B}{2} \leqslant \tan\dfrac{C}{2} \\ 0 < \dfrac{1}{1 - \tan^2\dfrac{A}{2}} \leqslant \dfrac{1}{1 - \tan^2\dfrac{B}{2}} \leqslant \dfrac{1}{\tan^2\dfrac{C}{2}} \end{cases}$$

应用切比雪夫不等式的加权推广有

$$\sum \lambda \tan A = \sum \left(\frac{2\lambda \tan\dfrac{A}{2}}{1 - \tan^2\dfrac{A}{2}} \right)$$

$$\geqslant 2\left(\sum \lambda \tan\frac{A}{2} \right) \sum \left(\frac{\lambda}{1 - \tan^2\dfrac{A}{2}} \right)$$

$$\geqslant \left(\sum \sqrt{\lambda} \right)^2 \sum \lambda \tan\frac{A}{2} \qquad (2)$$

再设 $k \geqslant 2, k \in \mathbf{N}_+$，且

$$(\alpha, \beta, \gamma) = \left(\frac{A}{2^{k-1}}, \frac{B}{2^{k-1}}, \frac{C}{2^{k-1}} \right) \in \left(0, \frac{\pi}{4} \right)$$

$$\Rightarrow \sum \left(1 - \tan^2\frac{\alpha}{2} \right) = 3 - \sum \tan^2\frac{\alpha}{2} < 3$$

$$\Rightarrow 3\sum \left(\frac{\lambda}{1 - \tan^2\dfrac{\alpha}{2}} \right) > \sum \left(1 - \tan^2\frac{\alpha}{2} \right) \sum \left(\frac{\lambda}{1 - \tan^2\dfrac{\alpha}{2}} \right)$$

$$\geqslant \left(\sum \sqrt{\lambda} \right)^2$$

$$\Rightarrow \sum \left(\frac{\lambda}{1 - \tan^2\dfrac{\alpha}{2}} \right) \geqslant \frac{1}{3}\left(\sum \sqrt{\lambda} \right)^2 \qquad (3)$$

$$\Rightarrow \sum \lambda \tan \alpha = \sum \left(\frac{2\lambda \tan\dfrac{\alpha}{2}}{1 - \tan^2\dfrac{\alpha}{2}} \right)$$

$$\geqslant 2\left(\sum \lambda \tan\frac{\alpha}{2} \right) \sum \left(\frac{\lambda}{1 - \tan^2\dfrac{\alpha}{2}} \right)$$

$$> \frac{2}{3}\left(\sum \sqrt{\lambda} \right)^2 \cdot \sum \lambda \tan\frac{\alpha}{2}$$

$$\Rightarrow \sum \lambda \tan\left(\frac{A}{2^{k-1}} \right) > \frac{2}{3}\left(\sum \sqrt{\lambda} \right)^2 \sum \lambda \tan\left(\frac{A}{2^k} \right) \qquad (4)$$

如今，我们记

$$T_k = \sum \lambda \tan\left(\frac{A}{2^{k-1}}\right), k \geqslant 2, k \in \mathbf{N}_+$$

则

$$T_1 \geqslant \left(\sum \sqrt{\lambda}\right)^2 T_2$$

$$T_{k-1} > \frac{2}{3}\left(\sum \sqrt{\lambda}\right)^2 T_k \Rightarrow \frac{T_{k-1}}{T_k} > \frac{2}{3}\left(\sum \sqrt{\lambda}\right)^2$$

这是一个递推不等式,当 $k \geqslant 3$ 时,有

$$\frac{T_2}{T_3} \cdot \frac{T_3}{T_4} \cdot \cdots \cdot \frac{T_n}{T_{n+1}} > \left(\frac{2}{3}\right)^{n-1}\left(\sum \sqrt{\lambda}\right)^{2(n-1)}$$

$$\Rightarrow \frac{T_1}{T_{n+1}} > \left(\frac{2}{3}\right)^{n-1}\left(\sum \sqrt{\lambda}\right)^{2(n-1)}$$

结合

$$\frac{T_1}{T_2} \geqslant \left(\sum \sqrt{\lambda}\right)^2$$

得

$$\frac{T_1}{T_{n+1}} \geqslant \left(\frac{2}{3}\right)^{n-1}\left(\sum \sqrt{\lambda}\right)^{2n}$$

$$\Rightarrow T_1 \geqslant \left(\frac{2}{3}\right)^{n-1}\left(\sum \sqrt{\lambda}\right)^{2n} T_{n+1}$$

$$= \sum \lambda \tan A \geqslant k_n \sum \lambda \tan\left(\frac{A}{2^n}\right)$$

即式 (e_1) 成立,等号成立当且仅当 $n=1, \lambda = \mu = \nu = \frac{1}{3}$,且 $\triangle ABC$ 为正三角形.

最后,我们指出:不等式链

$$\left(\prod \sin\frac{A}{2}\right)^{\frac{1}{3}} \leqslant \frac{1}{3}\sum \sin\frac{A}{2} \leqslant \frac{1}{2} \leqslant \frac{1}{12}\sum \frac{1}{\sin\frac{A}{2}}$$

应用幂平均不等式可以统一成

$$\left[\frac{1}{3}\sum \left(\sin\frac{A}{2}\right)^k\right]^{\frac{1}{k}} \leqslant \frac{1}{2}, k \leqslant 1 \tag{5}$$

注意

$$\lim_{k \to 0}\left[\frac{1}{3}\sum \left(\sin\frac{A}{2}\right)^k\right]^{\frac{1}{k}} = \prod \sin\frac{A}{2}$$

而当 $k \geqslant 2$ 时,利用不等式

$$\sin^2\frac{A}{2} + \sin^2\frac{B}{2} + \sin^2\frac{C}{2} \geqslant \frac{3}{4}$$

有

$$\left[\frac{1}{3}\sum \left(\sin\frac{A}{2}\right)^k\right]^{\frac{1}{k}} \geqslant \frac{1}{2} \tag{6}$$

如果我们巧施神力,就可将式 $(5),(6)$ 统一成一个和谐统一的结论.

结论 7 设 $k \notin (1,2), D(k) = |k-2| - |k-1|$,则对任意 $\triangle ABC$ 有

$$\left[\frac{1}{3}\sum\left(\sin\frac{A}{2}\right)^{k}\right]^{D(k)/k}\leqslant\left(\frac{1}{2}\right)^{D(k)}\qquad(\mathrm{g}_1)$$

显然有

$$D(k)=|k-2|-|k-1|=\begin{cases}1 & (k\leqslant 1)\\-1 & (k\geqslant 2)\end{cases}$$

因此,当 $k\leqslant 1$ 时, $D(k)=1$,式 (g_1) 化为式(5),当 $k\geqslant 2$ 时, $D(k)=-1$,式 (g_1) 化为式(6),故式 (g_1) 的巧妙之处在于构造了指数函数 $D(k)$,真是拨开云雾,可见太阳,吹来春风,可觉花香!

春游故乡南浦塘水库(笔者)

脚踏泥泞雅兴浓,攀岩登峰叹奇雄.
巍巍大坝拦狂雨,牢牢闸门锁巷龙.
万亩良田玉液润,千村笑颜稻粱丰.
一湖碧水映日月,鸟语花香云飘空.

(4) 加权推广(Ⅰ)

我们知道,余弦和不等式

$$\cos A+\cos B+\cos C\leqslant\frac{3}{2}$$

的加权推广是三角母不等式

$$x\cos A+y\cos B+z\cos C\leqslant\frac{1}{2}\left(\frac{yz}{x}+\frac{zx}{y}+\frac{xy}{z}\right)$$

其中 $xyz>0$.

试问:"正弦和不等式

$$\sin A+\sin B+\sin C\leqslant\frac{3}{2}\sqrt{3}\qquad(\mathrm{A})$$

也有加权推广吗?"

早在 1964 年,Vasic 就建立了式(A)的第一个加权推广

$$x\sin A+y\sin B+z\sin C\leqslant\frac{\sqrt{3}}{2}\left(\frac{yz}{x}+\frac{zx}{y}+\frac{xy}{z}\right)\qquad(\mathrm{E})$$

其中 $x,y,z>0$.

其实,式(E)可以加强为

$$x\sin A+y\sin B+z\sin C\leqslant\frac{3}{2}\sqrt{x^2+y^2+z^2}\qquad(\mathrm{F})$$

这是因为

$$\left(\frac{yz}{x} + \frac{zx}{y} + \frac{xy}{z}\right)^2 = 2\sum x^2 + \sum \frac{y^2 z^2}{x^2}$$

$$= 2\sum x^2 + \frac{1}{2}\sum \left(\frac{y^2 z^2}{x^2} + \frac{z^2 x^2}{y^2}\right)$$

$$\geqslant 2\sum x^2 + \frac{1}{2}\sum \left(\sqrt{\frac{y^2}{x^2} \cdot \frac{x^2}{y^2}}\right) z^2$$

$$= 2\sum x^2 + \sum z^2 = 3\sum x^2$$

$$\Rightarrow \sum x\sin A \leqslant \sqrt{\left(\sum x^2\right)\left(\sum \sin^2 A\right)}$$

$$\leqslant \frac{3}{2}\sqrt{\sum x^2} \leqslant \frac{\sqrt{3}}{2}\sum \frac{yz}{x}$$

这表明式(F)比式(E)强,其等号成立条件均为 $x = y = z$ 且 $\triangle ABC$ 为正三角形.

1984 年,M. S. Klamkin 又建立了式(E)的第二个加强

$$x\sin A + y\sin B + z\sin C \leqslant \frac{1}{2}(yz + zx + xy)\sqrt{\frac{x + y + z}{xyz}} \tag{G}$$

这是因为

$$3\sum (yz)^2 \geqslant \left(\sum yz\right)^2 = \left(\sum yz\right)\left(\sum yz\right)$$

$$\geqslant \left(\sum yz\right)\sqrt{3xyz\left(\sum x\right)}$$

$$\Rightarrow \sqrt{3}\sum y^2 z^2 \geqslant \left(\sum yz\right)\sqrt{xyz\left(\sum x\right)}$$

$$\Rightarrow \frac{\sqrt{3}}{2}\sum \frac{yz}{x} \geqslant \frac{1}{2}\left(\sum yz\right)\sqrt{\frac{\sum x}{xyz}}$$

从上式知,式(G)比式(E)强.

关于式(G)的证明,我们将在后面的推广中体现,下面我们建立式(A)的一系列推广式:

定理 2 对于任意正数 $x, y, z, \lambda, \mu, \nu$ 和任意 $\triangle ABC$,有

$$x\sin A + y\sin B + z\sin C$$

$$\leqslant \frac{3}{2}\sqrt[4]{(\lambda x^2 + \mu y^2 + \nu z^2)\left(\frac{x^2}{\lambda} + \frac{y^2}{\mu} + \frac{z^2}{\nu}\right)} \tag{H}$$

等号成立当且仅当 $x = y = z, \lambda = \mu = \nu$,且 $\triangle ABC$ 为正三角形.

特别地,当 $\lambda = \mu = \nu$ 时,式(H)化成式(F). 当 $\triangle ABC$ 为正三角形时,式(H)化为代数不等式

$$\sqrt[4]{\left(\sum \lambda x^2\right)\left(\sum \frac{x^2}{\lambda}\right)} \geqslant \frac{\sqrt{3}}{3}(x + y + z)$$

当 $x=y=z$ 时,式(H)化为

$$\sin A + \sin B + \sin C \leqslant \frac{3}{2} \sqrt[4]{(\lambda + \mu + \nu)\left(\frac{1}{\lambda} + \frac{1}{\mu} + \frac{1}{\nu}\right)}$$

证明 应用柯西不等式和三角形不等式

$$\sum \sin^2 A \leqslant \frac{9}{4}$$

有

$$\sum x\sin A \leqslant \sqrt{\left(\sum x^2\right)\left(\sum \sin^2 A\right)} \leqslant \frac{3}{2}\sqrt{\sum x^2}$$

$$= \frac{3}{2}\sqrt{\sum\left(\sqrt{\lambda}\,x \cdot \frac{x}{\sqrt{\lambda}}\right)}$$

$$\leqslant \frac{3}{2}\sqrt{\left(\sum \lambda x^2\right)\cdot\left(\sum \frac{x^2}{\lambda}\right)}$$

等号成立当且仅当 $x=y=z$,$\lambda=\mu=\nu$ 和 $\triangle ABC$ 为正三角形.

定理 3 对任意正数 x,y,z,λ,μ,ν 和任意 $\triangle ABC$ 有

$$x\sin A + y\sin B + z\sin C$$

$$\leqslant \frac{3\left[(\mu+\nu)\frac{yz}{x} + (\nu+\lambda)\frac{zx}{y} + (\lambda+\mu)\frac{xy}{x}\right]}{4\sqrt{\mu\nu+\nu\lambda+\lambda\mu}} \qquad (\text{I})$$

等号成立当且仅当 $x=y=z$,$\lambda=\mu=\nu$,且 $\triangle ABC$ 为正三角形.

特别地,当 $\lambda=\mu=\nu$ 时,式(I)化为式(E),当 $\triangle ABC$ 为正三角形时,式(I)化为代数不等式

$$\sum (\mu+\nu)\frac{yz}{x} \geqslant \frac{2}{\sqrt{3}}\left(\sum x\right)\sqrt{\sum \mu\nu}$$

当 $x=y=z$ 时,式(I)化为

$$\sin A + \sin B + \sin C \leqslant \frac{3(\lambda+\mu+\nu)}{2\sqrt{\mu\nu+\nu\lambda+\lambda\mu}}$$

证明 应用杨克昌不等式有

$$M = \sum (\mu+\nu)\frac{yz}{x}$$

$$\geqslant 2\left[\left(\sum \mu\nu\right)\sum\left(\frac{zx}{y}\cdot\frac{xy}{z}\right)\right]^{\frac{1}{2}}$$

$$= 2\left(\sum \mu\nu\right)^{\frac{1}{2}}\cdot\left(\sum x^2\right)^{\frac{1}{2}}$$

$$\Rightarrow \sqrt{\sum x^2} \leqslant \frac{M}{2\sqrt{\sum \mu\nu}}$$

$$\Rightarrow \sum x\sin A \leqslant \left(\sum x^2\right)^{\frac{1}{2}}\cdot\left(\sum \sin^2 A\right)^{\frac{1}{2}}$$

$$\leqslant \frac{3}{2} \left(\sum x^2 \right)^{\frac{1}{2}} \leqslant \frac{3 \sum (\mu + \nu) \dfrac{yz}{x}}{4 \sqrt{\sum \mu\nu}}$$

$$\Rightarrow \sum x \sin A \leqslant \frac{3 \sum (\mu + \nu) \dfrac{yz}{x}}{4 \sqrt{\sum \mu\nu}}$$

即式(Ⅰ)成立,等号成立当且仅当

$$\begin{cases} \dfrac{\lambda x}{yz} = \dfrac{\mu y}{zx} = \dfrac{\nu z}{xy} \\ x : y : z = \sin A : \sin B : \sin C \\ A = B = C = \dfrac{\pi}{3} \end{cases} \Rightarrow \begin{cases} x = y = z \\ \lambda = \mu = \nu \\ A = B = C = \dfrac{\pi}{3} \end{cases}$$

(5)加权推广(Ⅱ)

现在我们先建立一个较强的三角不等式,为后面建立的推广式作准备.

定理4 设实数 $\lambda_1, \lambda_2, \lambda_3$ 满足条件 $\lambda_1 \lambda_2 \lambda_3 > 0$,则对任意 $\triangle ABC$ 有

$$\frac{\sin^2 A}{\lambda_1} + \frac{\sin^2 B}{\lambda_2} + \frac{\sin^2 C}{\lambda_3} \leqslant \frac{(\lambda_1 + \lambda_2 + \lambda_3)^2}{4\lambda_1 \lambda_2 \lambda_3} \tag{J}$$

等号成立当且仅当

$$\lambda_1 : \lambda_2 : \lambda_3 = \sin 2A : \sin 2B : \sin 2C \tag{1}$$

或

$$\frac{\lambda_1 (\lambda_2 + \lambda_3 - \lambda_1)}{\sin^2 A} = \frac{\lambda_2 (\lambda_3 + \lambda_1 - \lambda_2)}{\sin^2 B} = \frac{\lambda_3 (\lambda_1 + \lambda_2 - \lambda_3)}{\sin^2 C} \tag{2}$$

如果我们在式(J)中作代换

$$(\lambda, \mu, \nu) = \left(\frac{1}{\lambda_1}, \frac{1}{\lambda_2}, \frac{1}{\lambda_3} \right)$$

得

$$\lambda \sin^2 A + \mu \sin^2 B + \nu \sin^2 C \leqslant \frac{(\mu\nu + \nu\lambda + \lambda\mu)^2}{4\lambda\mu\nu}$$

等号成立当且仅当

$$\lambda \sin 2A = \mu \sin 2B = \nu \sin 2C$$

当 $\triangle ABC$ 为正三角形时,式(J)化为代数不等式

$$(\mu\nu + \nu\lambda + \lambda\mu)^2 \geqslant 3\lambda\mu\nu(\lambda + \mu + \nu)$$

当 $\lambda = \mu = \nu$ 时,式(J)化为

$$\sin^2 A + \sin^2 B + \sin^2 C \leqslant \frac{9}{4}$$

证法 1   应用三角母不等式, 并作置换
$$(A, B, C) \rightarrow (\pi - 2A, \pi - 2B, \pi - 2C)$$

有 $$2 \sum \lambda_2 \lambda_3 \cos(\pi - 2A) \leqslant \sum \lambda_1^2 \,(\text{因余弦函数为偶函数})$$

$$\Rightarrow -2 \sum \lambda_2 \lambda_3 \cos 2A \leqslant \sum \lambda_1^2$$

$$\Rightarrow -2 \sum \lambda_2 \lambda_3 (1 - 2\sin^2 A) \leqslant \sum \lambda_1^2$$

$$\Rightarrow 4 \sum \lambda_2 \lambda_3 \sin^2 A \leqslant \sum \lambda_1^2 + 2 \sum \lambda_2 \lambda_3$$

$$= \left(\sum \lambda_1 \right)^2$$

由于 $\lambda_1 \lambda_2 \lambda_3 > 0$, 故得

$$\sum \frac{\sin^2 A}{\lambda_1} \leqslant \frac{\left(\sum \lambda_1 \right)^2}{4\lambda_1 \lambda_2 \lambda_3}$$

即式(J)成立, 等号成立当且仅当

$$\lambda_1 : \lambda_2 : \lambda_3 = \sin(\pi - 2A) : \sin(\pi - 2B) : \sin(\pi - 2C)$$
$$= \sin 2A : \sin 2B : \sin 2C$$

证法 2   注意到
$$\cos 2A = \cos(2B + 2C) = \cos 2B \cos 2C - \sin 2B \sin 2C$$

有 $$\left(\sum \lambda_1 \right)^2 - 4 \sum \lambda_2 \lambda_3 (1 - 2\sin^2 A)$$

$$= \sum \lambda_1^2 + 2 \sum \lambda_2 \lambda_3 \cos 2A$$

$$= (\lambda_1 + \lambda_3 \cos 2B + \lambda_2 \cos 2C)^2 + \lambda_2^2 (1 - \cos^2 2C) +$$

$$\lambda_3^2 (1 - \cos^2 2B) + 2\lambda_2 \lambda_3 (\cos 2A - \cos 2B \cos 2C)$$

$$= (\lambda_1 + \lambda_3 \cos 2B + \lambda_2 \cos 2C)^2 + \lambda_2^2 \sin^2 2C + \lambda_3^2 \sin^2 2B - 2\lambda_2 \lambda_3 \sin 2B \sin 2C$$

$$= (\lambda_1 + \lambda_3 \cos 2B + \lambda_2 \cos 2C)^2 + (\lambda_2 \sin 2C - \lambda_3 \sin 2B)^2 \geqslant 0$$

$$\Rightarrow 4 \sum \lambda_2 \lambda_3 \sin^2 A \leqslant \left(\sum \lambda_1 \right)^2 \,(\text{注意} \; \lambda_1 \lambda_2 \lambda_3 > 0)$$

$$\Rightarrow \sum \frac{\sin^2 A}{\lambda_1} \leqslant \frac{\left(\sum \lambda_1 \right)^2}{4\lambda_1 \lambda_2 \lambda_3}$$

等号成立当且仅当

$$\begin{cases} \lambda_1 + \lambda_3 \cos 2B + \lambda_2 \cos 2C = 0 \\ \lambda_2 \sin 2C - \lambda_3 \sin 2B = 0 \end{cases}$$

设 $$\begin{cases} \lambda_2 = k \sin 2B \\ \lambda_3 = k \sin 2C \end{cases}, k \neq 0$$

有 $$\lambda_1 = k(-\cos 2B \sin 2C - \sin 2B \cos 2C)$$

$$= -k \sin(2B + 2C) = k \sin 2A$$

即为

$$\lambda_1:\lambda_2:\lambda_3 = \sin 2A:\sin 2B:\sin 2C$$

说明 应用正弦定理和余弦定理有

$$\frac{\sin 2A}{\lambda_1} = \frac{\sin 2B}{\lambda_2} = \frac{\sin 2C}{\lambda_3}$$

$$\Rightarrow \frac{\sin A\cos A}{\lambda_1} = \frac{\sin B\cos B}{\lambda_2} = \frac{\sin C\cos C}{\lambda_3}$$

$$\Rightarrow \frac{a(b^2+c^2-a^2)}{\lambda_1 bc} = \frac{b(c^2+a^2-b^2)}{\lambda_2 ca} = \frac{c(a^2+b^2-c^2)}{\lambda_3 ab}$$

$$\Rightarrow \frac{a^2(b^2+c^2-a^2)}{\lambda_1} = \frac{b^2(c^2+a^2-b^2)}{\lambda_2} = \frac{c^2(a^2+b^2-c^2)}{\lambda_3} = t(比值)$$

现在我们验证式(2)

$$t^2\lambda_1(\lambda_2+\lambda_3-\lambda_1)$$
$$= a^2(b^2+c^2-a^2)[b^2(c^2+a^2-b^2)+c^2(a^2+b^2-c^2)-a^2(b^2+c^2-a^2)]$$
$$= a^2(b^2+c^2-a^2)[a^4-(b^4-2b^2c^2+c^4)]$$
$$= a^2(b^2+c^2-a^2)[a^4-(b^2-c^2)^2] = a^2\delta$$

其中
$$\delta = (b^2+c^2-a^2)(c^2+a^2-b^2)(a^2+b^2-c^2)$$

于是有
$$\frac{\lambda_1(\lambda_2+\lambda_3-\lambda_1)}{a^2} = \frac{\delta}{t^2} = k(比值)$$

同理可得

$$\frac{\lambda_2(\lambda_3+\lambda_1-\lambda_2)}{b^2} = \frac{\lambda_3(\lambda_1+\lambda_2-\lambda_3)}{c^2} = k(比值)$$

因此式(1)与式(2)等价:

驾驶汽车,可以行到千里之外;驾驶轮船,可以欣赏山山水水;驾驶飞机,可以看到海角天涯;而利用好式(J),可以建立正弦和不等式的更美妙更迷人的加权推广!

定理5 设 λ,μ,ν 为正数, x,y,z 为实数,则对任意△ABC 有

$$x\sin A + y\sin B + z\sin C$$

$$\leqslant \frac{1}{2}(\lambda+\mu+\nu)\sqrt{\frac{x^2}{\mu\nu}+\frac{y^2}{\nu\lambda}+\frac{z^2}{\lambda\mu}} \tag{K}$$

等号成立当且仅当

$$\begin{cases}\lambda:\mu:\nu = \sin 2A:\sin 2B:\sin 2C & (1)\\ x:y:z = \sec A:\sec B:\sec C & (2)\end{cases}$$

特别说明:前面的式(H)与式(I)虽然如式(K)一样,有系数 x,y,z,有参数 λ,μ,ν 结构不单一,但等号成立的条件很特殊: $x=y=z$, $\lambda=\mu=\nu$,△ABC 为正三角形.

造成这种推广不彻底的根本原因是,过分依赖三角不等式

$$\sin^2 A + \sin^2 B + \sin^2 C \leqslant \frac{9}{4}$$

而此式(H)与式(I)等号成立的条件是 $\triangle ABC$ 为正三角形,这一特殊条件导致了 $x=y=z, \lambda=\mu=\nu$,显得"夫妻分离",各处南北;而式(K)等号成立的条件式(1)与式(2)就不再特殊,且与 A,B,C,x,y,z "和谐相处,亲如一家,密不可分",在数学探索的征程上,更美更妙是我们永恒的追求,确实,式(K)妙趣无穷,美不胜收,令人偏爱!

特别地,当 $\lambda=\mu=\nu$ 时,式(K)化为我们熟悉的

$$x\sin A + y\sin B + z\sin C \leqslant \frac{3}{2}\sqrt{x^2+y^2+z^2}$$

当 $x=y=z$ 时,式(M)化为

$$\sin A + \sin B + \sin C \leqslant \frac{1}{2}\left(\sqrt{\frac{(\lambda+\mu+\nu)^3}{\lambda\mu\nu}}\right)$$

当 $\triangle ABC$ 为正三角形时,式(K)化为代数不等式

$$\sqrt{3}(x+y+z) \leqslant (\lambda+\mu+\nu)\sqrt{\frac{x^2}{\mu\nu}+\frac{y^2}{\nu\lambda}+\frac{z^2}{\lambda\mu}}$$

证明 应用式(J)和柯西不等式有

$$\sum x\sin A = \sum \left(x\sqrt{\lambda}\cdot\frac{\sin A}{\sqrt{\lambda}}\right)$$

$$\leqslant \left[\sum(x\sqrt{\lambda})^2\cdot\left(\sum\frac{\sin^2 A}{\lambda}\right)\right]^{\frac{1}{2}}$$

$$\leqslant \left[(\sum\lambda x^2)\cdot\frac{(\sum\lambda)^2}{4\lambda\mu\nu}\right]^{\frac{1}{2}}$$

$$= \left(\sum\frac{x^2}{\mu\nu}\right)^{\frac{1}{2}}\cdot\left(\frac{\sum\lambda}{2}\right)$$

$$\Rightarrow \sum x\sin A \leqslant \frac{1}{2}(\sum\lambda)\sqrt{\sum\frac{x^2}{\mu\nu}}$$

即式(K)成立,等号成立当且仅当

$$\frac{\sin 2A}{\lambda} = \frac{\sin 2B}{\mu} = \frac{\sin 2C}{\nu}$$

$$x\sqrt{\lambda}:\frac{\sin A}{\sqrt{\lambda}} = y\sqrt{\mu}:\frac{\sin B}{\sqrt{\mu}} = z\sqrt{\nu}:\frac{\sin C}{\sqrt{\nu}}$$

$$\Rightarrow \frac{\sin A}{\lambda x} = \frac{\sin B}{\mu y} = \frac{\sin C}{\nu z}$$

将以上两式相除得

$$\frac{x\sin 2A}{\sin A} = \frac{y\sin 2B}{\sin B} = \frac{z\sin 2C}{\sin C}$$

$$\Rightarrow x\cos A = y\cos B = z\cos C$$

有趣的是：

（1）如果在式（K）中令

$$(p,q,r) = \left(\sqrt{\frac{x^2}{\mu\nu}}, \sqrt{\frac{y^2}{\nu\lambda}}, \sqrt{\frac{z^2}{\lambda\mu}}\right)$$

应用不等式

$$\sum \frac{qr}{p} \geqslant \sqrt{3\sum p^2} \Rightarrow \sqrt{3\sum \frac{x^2}{\mu\nu}} \leqslant \sum \frac{yz}{\lambda x}$$

$$\Rightarrow \sum x\sin A \leqslant \left(\frac{\sum \lambda}{2}\right)\left(\sum \frac{x^2}{\mu\nu}\right)^{\frac{1}{2}} \leqslant \left(\frac{\sum \lambda}{2\sqrt{3}}\right)\left(\sum \frac{yz}{\lambda x}\right)$$

这样，我们又得到了式（M）的一个漂亮推论

$$x\sin A + y\sin B + z\sin C \leqslant \frac{\lambda + \mu + \nu}{2\sqrt{3}}\left(\frac{yz}{\lambda x} + \frac{zx}{\mu y} + \frac{xy}{\nu z}\right) \tag{L}$$

等号成立的条件为

$$\lambda x^2 = \mu y^2 = \nu z^2$$

在式（L）中，令 $(\lambda,\mu,\nu) = \left(\dfrac{1}{p}, \dfrac{1}{q}, \dfrac{1}{r}\right)$ 又得

$$x\sin A + y\sin B + z\sin C$$

$$\leqslant \frac{qr + rp + pq}{2\sqrt{3}pqr}\left(\frac{yz}{x}p + \frac{zx}{y}q + \frac{xy}{z}r\right) \tag{M}$$

（2）如果 $x,y,z > 0$，再设 $\alpha,\beta \in (0,1)$，且 $\alpha + \beta = 1$，应用式（K）和赫尔德不等式有

$$\sum x(\sin A)^{2\alpha} \leqslant \left(\sum \frac{\sin^2 A}{\lambda}\right)^{\alpha}\left[\sum (x\lambda^{\alpha})^{\frac{1}{\beta}}\right]^{\beta}$$

$$\leqslant \left[\frac{(\sum \lambda)^2}{4x\mu\nu}\right]^{\alpha} \cdot \left[\sum (x\lambda^{\alpha})^{\frac{1}{\beta}}\right]^{\beta}$$

$$\Rightarrow \sum x(\sin A)^{2\alpha} \leqslant \left(\frac{\sum \lambda}{2}\right)^{2\alpha}\left[\sum \left(\frac{x}{(\mu\nu)^{\alpha}}\right)^{\frac{1}{\beta}}\right]^{\beta} \tag{N}$$

式（N）即为式（K）的指数推广，等号成立当且仅当

$$\lambda : \mu : \nu = \sin 2A : \sin 2B : \sin 2C$$

$$x : y : z = \frac{(\sin A)^{\beta-\alpha}}{\cos A} : \frac{(\sin B)^{\beta-\alpha}}{\cos B} : \frac{(\sin C)^{\beta-\alpha}}{\cos C}$$

显然，当 $\alpha = \beta = \dfrac{1}{2}$ 时，式（N）化为式（K）.

可见,应用式(J)建立三角形的加权推广是行之有效的,下面我们以它为舟,乘着东风破浪前进!

(6) 加权推广(Ⅲ)

定理6 设 λ,μ,ν,x,y,z 均为正数,则对任意 $\triangle ABC$ 有

$$x\sin A + y\sin B + z\sin C$$

$$\leqslant \frac{xyz}{2}\left(\frac{\lambda}{x^2}+\frac{\mu}{y^2}+\frac{\nu}{z^2}\right)\sqrt{\frac{\lambda+\mu+\nu}{\lambda\mu\nu}} \qquad (\mathrm{O})$$

等号成立仅当

$$\begin{cases} x\cos A = y\cos B = z\cos C \\ \lambda\cot A = \mu\cot B = \nu\cot C \end{cases}$$

特别地,若令 $(\lambda,\mu,\nu)=(x,y,z)$,则式(O)右边为

$$\frac{1}{2}xyz\left(\frac{1}{x}+\frac{1}{y}+\frac{1}{z}\right)\sqrt{\frac{x+y+z}{xyz}} = \frac{1}{2}(yz+zx+xy)\sqrt{\frac{x+y+z}{xyz}}$$

这样式(O)化为推论

$$x\sin A + y\sin B + z\sin C \leqslant \frac{1}{2}(yz+zx+xy)\sqrt{\frac{x+y+z}{xyz}}$$

这样就变为我们在前面尚未证明的式(G)——Klamkin 不等式,因此式(O)是 Klamkin 不等式的一个参数推广.

证明 在不等式

$$\frac{\sin^2 A}{\lambda_1}+\frac{\sin^2 B}{\lambda_2}+\frac{\sin^2 C}{\lambda_3} \leqslant \frac{(\lambda_1+\lambda_2+\lambda_3)^2}{4\lambda_1\lambda_2\lambda_3} \qquad (\mathrm{J})$$

中令

$$(\lambda_1,\lambda_2,\lambda_3) = \left(\frac{\lambda}{x^2},\frac{\mu}{y^2},\frac{\nu}{z^2}\right)$$

得

$$\sum \frac{x^2\sin^2 A}{\lambda} \leqslant \frac{(xyz)^2}{4\lambda\mu\nu}\left(\sum \frac{\lambda}{x^2}\right)^2$$

应用柯西不等式有

$$\left(\sum x\sin A\right)^2 \leqslant \left(\sum \lambda\right)\sum\left(\frac{x^2\sin^2 A}{\lambda}\right) \leqslant \frac{\sum \lambda}{\lambda\mu\nu}\cdot\left(\frac{xyz}{2}\sum \frac{\lambda}{x^2}\right)^2$$

$$\Rightarrow \sum x\sin A \leqslant \frac{xyz}{2}\left(\sum \frac{\lambda}{x^2}\right)\left(\frac{\sum \lambda}{\lambda\mu\nu}\right)^{\frac{1}{2}}$$

这即为式(O),等号成立当且仅当

$$\begin{cases} \dfrac{x^2 \sin 2A}{\lambda} = \dfrac{y^2 \sin 2B}{\mu} = \dfrac{z^2 \sin 2C}{\nu} \\ \dfrac{x\sin A}{\lambda} = \dfrac{y\sin B}{\mu} = \dfrac{z\sin C}{\nu} \end{cases}$$

$$\Rightarrow \begin{cases} \dfrac{x^2 \sin A\cos A}{\lambda} = \dfrac{y^2 \sin B\cos B}{\mu} = \dfrac{z^2 \sin C\cos C}{\nu} \\ \dfrac{x\sin A}{\lambda} = \dfrac{y\sin B}{\mu} = \dfrac{z\sin C}{\nu} \end{cases}$$

$$\Rightarrow \begin{cases} x\cos A = y\cos B = z\cos C \\ \lambda\cot A = \mu\cot B = \nu\cot C \end{cases}$$

咏莲藕

身居肥泥浊池中,纤尘不染自从容.
丹心如霞映彩云,碧叶似月望苍穹.
幽幽凉意笑烈日,冉冉清香醉秋风.
南海观音爱玉洁,采作莲台运化功.

(7)加权推广(Ⅳ)

回顾我们在前面介绍的 Vasic 不等式、Klamkin 不等式和不等式

$$\sum x\sin A \leqslant \frac{3}{2}\sqrt{\sum x^2}$$

它们的共同之处是:权系数单一(不含参数)导致了等号成立的条件特殊

$$x = y = z; \triangle ABC \text{ 为正三角形}$$

事实真是这样绝对吗?其实,在 20 世纪 90 年代杨克昌老师就首次打破了常规,建立了:

定理 7(杨克昌)　对任意正数 x,y,z 及任意 $\triangle ABC$,有

$$\sqrt{\frac{x}{y+z}}\sin A + \sqrt{\frac{y}{z+x}}\sin B + \sqrt{\frac{z}{x+y}}\sin C \leqslant \sqrt{\frac{(x+y+z)^3}{(y+z)(z+x)(x+y)}} \quad (\text{P})$$

等号成立当且仅当

$$\frac{\sin^2 A}{x(y+z)} = \frac{\sin^2 B}{y(z+x)} = \frac{\sin^2 C}{z(x+y)} \tag{1}$$

可见,虽然式(P)不含参数,但等号成立的条件(1)却风采别致,令人满意,因此式(P)的外观结构与众不同,别具一格.

证明　在不等式(J)

$$\sum \frac{\sin^2 A}{\lambda_1} \leq \frac{(\sum \lambda_1)^2}{4\lambda_1\lambda_2\lambda_3}$$

中令
$$(\lambda_1, \lambda_2, \lambda_3) = (y+z, z+x, x+y)$$

得
$$\sum \left(\frac{\sin^2 A}{y+z}\right) \leq \frac{(\sum x)^2}{\prod(y+z)}$$

利用柯西不等式有

$$\left(\sum \sqrt{\frac{x}{y+z}}\sin A\right)^2 \leq \left(\sum x\right)\left(\sum \frac{\sin^2 A}{y+z}\right) \leq \frac{(\sum x)^3}{\prod(y+z)}$$

$$\Rightarrow \sum \left(\sqrt{\frac{x}{y+z}}\sin A\right) \leq \sqrt{\frac{(\sum x)^3}{\prod(y+z)}}$$

等号成立当且仅当

$$\begin{cases} \dfrac{\sin 2A}{y+z} = \dfrac{\sin 2B}{z+x} = \dfrac{\sin 2C}{x+y} \\ \dfrac{\sin^2 A}{x(y+z)} = \dfrac{\sin^2 B}{y(z+x)} = \dfrac{\sin^2 C}{z(x+y)} \end{cases}$$

$$\Rightarrow \frac{x(y+z)}{\sin^2 A} = \frac{y(z+x)}{\sin^2 B} = \frac{z(x+y)}{\sin^2 C}$$

进一步地, 如果应用加权不等式有

$$\sum \sqrt{\frac{x}{y+z}}\sin A = \sum \left(x \cdot \frac{\sin A}{x(y+z)}\right)$$

$$\geq \left(\sum x\right) \cdot \left[\prod \left(\frac{\sin A}{\sqrt{x(y+z)}}\right)^x\right]^{1/(\sum x)}$$

再结合式(P), 我们得到一个漂亮的推论

$$(\sin A)^x \cdot (\sin B)^y \cdot (\sin C)^z \leq \sqrt{\frac{(\prod x^x)(\sum x)^{\sum x}}{\prod(y+z)^{y+z}}} \qquad (R)$$

等号成立的条件为式(1), 丝毫未变.

此外, 如果我们仍设 $x, y, z, \lambda, \mu, \nu$ 均为正数, 应用式(J)和加权不等式, 有

$$\frac{(\sum \lambda)^2}{4\lambda\mu\nu} \geq \sum \frac{\sin^2 A}{\lambda} = \sum \frac{x}{2}\left(\frac{2\sin^2 A}{\lambda x}\right)$$

$$\geq \left(\sum \frac{x}{2}\right)\left[\prod \left(\frac{2\sin^2 A}{\lambda x}\right)^{\frac{x}{2}}\right]^{2/\sum x}$$

$$= \left(\frac{1}{2}\sum x\right) \cdot 2\left[\prod \left(\frac{\sin A}{\sqrt{\lambda x}}\right)^x\right]^{2/\sum x}$$

$$\Rightarrow \prod \left(\frac{\sin A}{\sqrt{\lambda x}}\right)^x \leqslant \left(\frac{\sum \lambda}{2\sqrt{\lambda\mu\nu}}\right)^{\Sigma x}$$

$$\Rightarrow \prod (\sin A)^x \leqslant \prod (\sqrt{\lambda x})^x \cdot \left(\frac{\sum \lambda}{2\sqrt{\lambda\mu\nu}}\right)^{\Sigma x} \tag{S}$$

这又是一个漂亮的新推论,等号成立当且仅当

$$\begin{cases} \lambda:\mu:\nu = \sin 2A:\sin 2B:\sin 2C \\ \sin^2 A/\lambda x = \sin^2 B/\mu y = \sin^2 C/\nu z \end{cases}$$

$$\Rightarrow \begin{cases} \lambda:\mu:\nu = \sin 2A:\sin 2B:\sin 2C \\ x:y:z = \sec A:\sec B:\sec C \end{cases}$$

特别地,如果令 $x+y+z = \lambda+\mu+\nu = 1$,那么式(S)可简化为

$$(\sin A)^x(\sin B)^y(\sin C)^z \leqslant \sqrt{\frac{(\lambda x)^x(\mu y)^y(\nu z)^z}{4\lambda\mu\nu}}$$

而更令人振奋的是,式(P)还有非常优美的指数推广:

定理 8 设 $0 \leqslant S \leqslant 1$,则对任意 $\triangle ABC$ 及任意正数 x,y,z,有

$$\frac{x^{1-S}}{(y+z)^S}(\sin A)^{2S} + \frac{y^{1-S}}{(z+x)^S}(\sin B)^{2S} + \frac{z^{1-S}}{(x+y)^S}(\sin C)^{2S}$$

$$\leqslant \frac{(x+y+z)^{1+S}}{[(y+z)(z+x)(x+y)]^S} \tag{T}$$

等号成立当且仅当

$$\frac{x(y+z)}{\sin^2 A} = \frac{y(z+x)}{\sin^2 B} = \frac{z(x+y)}{\sin^2 C}$$

可见,式(P)虽然上升到了指数推广式(T),但是等号成立的条件却"依然如故",这种"忠贞之情"难能可贵.

特别地,当 $S=0$ 时,式(T)变为等式

$$x+y+z = x+y+z$$

当 $S=1$ 时,式(T)等价于式(J);当 $S=\dfrac{1}{2}$ 时,式(T)转化为式(P),可见式(T)在这个"世界""一统江山".

如果仅从外观看,式(T)巍然挺立,雄居南山,其实,它是纸老虎,只要我们巧妙地应用赫尔德不等式或加权幂平均不等式,就能轻松地征服它!

证法 1 我们只需证明 $0 < S < 1 \Leftrightarrow 0 < 1-S < 1$ 时的情形即可,注意到 $S+(1-S)=1$,应用赫尔德不等式有

$$\left(\sum x\right)^{1-S} \cdot \left(\sum \frac{\sin^2 A}{y+z}\right)^S \geqslant \sum \left[x^{1-S}\left(\frac{\sin^2 A}{y+z}\right)^S\right]$$

$$\Rightarrow \sum \frac{x^{1-S}}{(y+z)^S}(\sin A)^{2S} \leqslant \left(\sum x\right)^{1-S} \cdot \sum \left(\frac{\sin^2 A}{y+z}\right)^S \tag{1}$$

等号成立当且仅当

$$\frac{\sin^2 A}{x(y+z)} = \frac{\sin^2 B}{y(z+x)} = \frac{\sin^2 C}{z(x+y)} \tag{2}$$

再结合式(J)有

$$\sum \frac{\sin^2 A}{y+z} \leqslant \frac{(\sum x)^2}{\prod (y+z)} \tag{3}$$

等号成立的条件为式(2),将式(1)与式(3)结合,得

$$\sum \frac{x^{1-S}}{(y+z)^S}(\sin A)^{2S} \leqslant (\sum x)^{1-S} \cdot \left[\frac{(\sum x)^2}{\prod (y+z)}\right]^S$$

$$= \frac{(\sum x)^{1+S}}{[\prod (y+z)]^S}$$

即式(T)成立,等号成立的条件为式(2).

证法 2 注意到 $0 < S < 1$,应用加权幂平均不等式有

$$\left[\frac{\sum x \left(\frac{\sin^2 A}{x(y+z)}\right)^S}{\sum x}\right]^{\frac{1}{S}} \leqslant \frac{\sum x \left(\frac{\sin^2 A}{x(y+z)}\right)}{\sum x}$$

$$= \left(\frac{1}{\sum x}\right) \sum \left(\frac{\sin^2 A}{y+z}\right) \leqslant \frac{\sum x}{\prod (y+z)}$$

$$\Rightarrow \sum x \left(\frac{\sin^2 A}{x(y+z)}\right)^S \leqslant \left[\frac{\sum x}{\prod (y+z)}\right]^S \cdot (\sum x)$$

$$\Rightarrow \sum \frac{x^{1-S}}{(y+z)^S}(\sin A)^{2S} \leqslant \frac{(\sum x)^{1+S}}{[\prod (y+z)]^S}$$

等号成立当且仅当

$$\frac{\sin^2 A}{x(y+z)} = \frac{\sin^2 B}{y(z+x)} = \frac{\sin^2 C}{z(x+y)}$$

当你回首细看式(P)时,才发现它的左边 $\sin A$,$\sin B$,$\sin C$ 的系数庞大,不便应用,纵然相逢,也会避而远之.

其实,只要我们作代换,令

$$\sqrt{\frac{x}{y+z}} = \alpha, \quad \sqrt{\frac{y}{z+x}} = \beta, \quad \sqrt{\frac{z}{x+y}} = \gamma$$

则有如下定理.

定理 9(杨克昌) 若正数 α,β,γ 满足条件

$$\frac{1}{\alpha^2+1}+\frac{1}{\beta^2+1}+\frac{1}{\gamma^2+1}=2 \tag{1}$$

则对任意 $\triangle ABC$ 有

$$\alpha\sin A+\beta\sin B+\gamma\sin C\le\sqrt{(\alpha^2+1)(\beta^2+1)(\gamma^2+1)} \tag{U}$$

等号成立当且仅当

$$\frac{\alpha\sin A}{\alpha^2+1}=\frac{\beta\sin B}{\beta^2+1}=\frac{\gamma\sin C}{\gamma^2+1}$$

瞧！经过这种"孙悟空"变化，庞大臃肿的"胖美人"式（T），立即"减肥瘦身"成为一个"婀娜苗条"的"天仙"式（U），这再一次展示了数学变幻的美妙与神奇！

一般地，若权系数 α,β,γ 不满足式（1），我们总可以引入正参数 k，使得

$$\frac{1}{\left(\frac{\alpha}{\sqrt{k}}\right)^2+1}+\frac{1}{\left(\frac{\beta}{\sqrt{k}}\right)^2+1}+\frac{1}{\left(\frac{\gamma}{\sqrt{k}}\right)^2+1}=2 \tag{2}$$

显然，这样的 k 是存在的，也是唯一的，实际上，将关于 k 的方程（2）变形整理可得

$$k^3-(\alpha^2\beta^2+\beta^2\gamma^2+\gamma^2\alpha^2)k-2(\alpha\beta\gamma)^2=0 \tag{3}$$

因此，可知这一关于 k 的三次方程有唯一正根，同时，由

$$\cos 3\theta=4\cos^3\theta-3\cos\theta$$

不难验证方程（3）的唯一正根为

$$k=2\left(\sqrt{\frac{\mu}{3}}\right)\cos\theta$$

其中

$$\theta=\frac{1}{3}\arccos\left[\frac{3\sqrt{3}(\alpha\beta\gamma)^2}{\mu\sqrt{\mu}}\right]$$
$$\mu=\alpha^2\beta^2+\beta^2\gamma^2+\gamma^2\alpha^2$$

且还易推之

$$\frac{\alpha}{\alpha^2+k},\frac{\beta}{\beta^2+k},\frac{\gamma}{\gamma^2+k}$$

这三个量满足三角形的三边长度关系.

于是，又得到一个新的推广：

定理 10（杨克昌） 设正数 α,β,γ,k 满足条件

$$\frac{1}{\alpha^2+k}+\frac{1}{\beta^2+k}+\frac{1}{\gamma^2+k}=\frac{2}{k} \tag{4}$$

则对于任意 $\triangle ABC$ 有

$$\alpha\sin A+\beta\sin B+\gamma\sin C\le\sqrt{\frac{1}{k^3}(\alpha^2+k)(\beta^2+k)(\gamma^2+k)} \tag{V}$$

等号成立当且仅当

$$\frac{\alpha \sin A}{\alpha^2 + k} = \frac{\beta \sin B}{\beta^2 + k} = \frac{\gamma \sin C}{\gamma^2 + k}$$

其中

$$\begin{cases} k = 2\left(\dfrac{\mu}{3}\right)\cos \theta \\ \mu = (\alpha\beta)^2 + (\beta\gamma)^2 + (\gamma\alpha)^2 \\ \theta = \dfrac{1}{3}\arccos\left[\dfrac{3\sqrt{3}\,(\alpha\beta\gamma)^2}{\mu\sqrt{\mu}}\right] \end{cases}$$

（8）再度推广

关于三角形的正弦和不等式，我们已经建立了它的一系列推广，但这些推广均在 $\triangle ABC$ 内，活动范围太狭窄，不够宽广. 为了拓宽视野，开阔眼界，必须让我们的思维活跃奔放，发散创新，从太阳系自由放飞到银河系，直到遥远的宇宙空间！

五十抒怀（笔者）

崎岖曲折等闲过，风霜雨雪感慨多.
放眼山川添丽色，宏观江海涌金波.
丹心半百气犹壮，白发余生志不磨.
笑看云天展翅鹰，乘风破浪唱战歌.

定理 11（杨学枝） 设 x,y,z 是使 $xyz > 0$ 的任意实数，λ,μ,ν 为任意正数，α,β,γ 是任意实数，且满足 $\alpha + \beta + \gamma = n\pi\,(n \in \mathbf{Z})$，则

$$x\sin \alpha + y\sin \beta + z\sin \gamma$$

$$\leqslant \frac{1}{2}\left(\frac{yz}{x}\lambda + \frac{zx}{y}\mu + \frac{xy}{z}\nu\right)\sqrt{\frac{\lambda + \mu + \nu}{\lambda\mu\nu}} \tag{W}$$

等号成立当且仅当

$$\begin{cases} x\cos \alpha = y\cos \beta = z\cos \gamma \\ \lambda\cot \alpha = \mu\cot \beta = \nu\cot \gamma \end{cases}$$

本推广是杨学枝老师于 20 世纪 90 年代建立的，他把 $\triangle ABC$ 中的 $\angle A$，$\angle B$，$\angle C$ 推广为满足条件 $\alpha + \beta + \gamma = n\pi\,(n \in \mathbf{N})$ 的任意实数，真是一反常规，出手不凡.

特别地，当取 $(\lambda,\mu,\nu) = (x,y,z)$，$(\alpha,\beta,\gamma) = (A,B,C)$ 时，式（W）就立刻化为 Klamkin 不等式.

证法 1   在 $\triangle ABC$ 和 $\triangle A'B'C'$ 中,我们已有结论

$$\sum x^2 \tan A \geq 2 \sum yz \sin A'$$

令 $(A',B',C') = (\alpha,\beta,\gamma)$,并注意到 $xyz > 0$ 有

$$\sum \left(\frac{\sin \alpha}{x} \right) \leq \frac{1}{2} \sum \left(\frac{x}{yz} \tan A \right)$$

$$\Rightarrow 2 \sum yz \sin \alpha \leq \sum x^2 \tan A$$

作置换,令

$$\left(\frac{1}{x}, \frac{1}{y}, \frac{1}{z} \right) \Rightarrow (x,y,z)$$

得

$$\sum x \sin \alpha \leq \frac{1}{2} \sum \left(\frac{yz}{x} \tan A \right)$$

现设

$$(\tan A, \tan B, \tan C) = (\lambda t, \mu t, \nu t) \quad (t > 0)$$

由

$$\tan A + \tan B + \tan C = \tan A \tan B \tan C$$

$$\Rightarrow (\lambda + \mu + \nu) t = \lambda \mu \nu t^3$$

$$\Rightarrow t = \sqrt{\frac{\lambda + \mu + \nu}{\lambda \mu \nu}}$$

$$\Rightarrow \sum x \sin \alpha \leq \frac{1}{2} \left(\sum \frac{yz}{x} \lambda \right) t$$

即式(W)成立,等号成立当且仅当

$$\begin{cases} \dfrac{\sin \alpha}{\lambda yzt} = \dfrac{\sin \beta}{\mu zxt} = \dfrac{\sin \gamma}{\nu xyt} \\ \dfrac{\cos \alpha}{yz} = \dfrac{\cos \beta}{zx} = \dfrac{\cos \gamma}{xy} \end{cases} \Rightarrow \begin{cases} x \cos \alpha = y \cos \beta = z \cos \gamma \\ \lambda \cot \alpha = \mu \cot \beta = \nu \cot \gamma \end{cases}$$

至于 α, β, γ 的其他情况,总有

$$\sum x^2 \tan A \geq 2 \sum yz \cos A' \geq 2 \sum yz \cos \alpha$$

同理可推得式(W).

证法 2(略证)   我们只需对 n 是偶数的情况加以证明,至于 n 是奇数的情况,只要用 $\pi - \alpha, \pi - \beta, \pi - \gamma$ 分别替换 α, β, γ 即可,应用叶军不等式并令

$$(x,y,z) = (x_2 x_3, x_3 x_1, x_1 x_2)$$

得

$$\sum x \sin \alpha = \sum x_2 x_3 \sin \alpha$$

$$= \sum x_2 x_3 \frac{\cos(\alpha - \theta_1)}{\sin \theta_1} + \sum x_2 x_3 \cot \theta_1 \cos(\pi - \alpha)$$

$$\leq \frac{1}{2} \sum (x_2^2 + x_3^2) \cot \theta_1 + \frac{1}{2} \left(\prod \cot \theta_1 \right) \sum x_1^2 \tan^2 \theta_1$$

$$= \frac{1}{2} \sum \left(\frac{1}{\tan \theta_2} + \frac{1}{\tan \theta_3} + \frac{\tan \theta_1}{\tan \theta_2 \tan \theta_3} \right) x_1^2$$

$$= \frac{1}{2} \sum \left(\frac{\tan \theta_1 + \tan \theta_2 + \tan \theta_3}{\tan \theta_2 \tan \theta_3} \right) x_1^2$$

$$= \frac{1}{2} \sum x_1^2 \tan \theta_1 = \frac{1}{2} \sum \frac{yz}{x} \tan \theta_1$$

$$= \frac{1}{2} t \left(\sum \frac{yz}{x} \lambda \right)$$

$$\Rightarrow \sum x \sin \alpha \leqslant \frac{1}{2} \left(\sqrt{\frac{\sum \lambda}{\lambda \mu \nu}} \right) \left(\sum \frac{yz}{x} \lambda \right)$$

即式(W)成立.

定理 12(杨学枝) （条件同定理 11）有

$$x \sin \alpha + y \sin \beta + z \sin \gamma$$

$$\leqslant \left[\frac{\sqrt{\lambda(\mu + \nu)}}{x} + \frac{\sqrt{\mu(\nu + \lambda)}}{y} + \frac{\sqrt{\nu(\lambda + \mu)}}{z} \right] \cdot \frac{xyz}{4 \sqrt{\lambda \mu \nu (\lambda + \mu + \nu)}}$$

$$(X)$$

等号成立当且仅当

$$\begin{cases} x \cos \alpha = y \cos \beta = z \cos \gamma \\ \dfrac{\sqrt{\lambda(\mu + \nu)}}{\sin \alpha} = \dfrac{\sqrt{\mu(\nu + \lambda)}}{\sin \beta} = \dfrac{\sqrt{\nu(\lambda + \mu)}}{\sin \gamma} \end{cases}$$

提示 在不等式

$$\frac{\left(\sum \lambda_1 \right)^2}{4 \lambda_1 \lambda_2 \lambda_3} \geqslant \sum \frac{\sin^2 \alpha}{\lambda_1}$$

中令

$$(\lambda_1, \lambda_2, \lambda_3) = \left(\frac{\sqrt{\lambda(\mu + \nu)}}{x}, \frac{\sqrt{\mu(\nu + \lambda)}}{y}, \frac{\sqrt{\nu(\lambda + \mu)}}{z} \right)$$

$$\Rightarrow m^2 \left(\frac{\sum \lambda}{\prod (\mu + \nu)} \right)^{\frac{1}{2}} \geqslant \sum \left(\frac{x \sin^2 \alpha}{\sqrt{\lambda(\mu + \nu)}} \right)$$

其中 m^2 表示式(X)的右边,应用柯西不等式

$$m^2 \sum x \sqrt{\lambda(\mu + \nu)} \cdot \left(\frac{\sum \lambda}{\prod (\mu + \nu)} \right)^{\frac{1}{2}}$$

$$\geqslant \left(\sum x \sqrt{\lambda(\mu + \nu)} \right) \cdot \sum \left(\frac{x \sin^2 \alpha}{\lambda(\mu + \nu)} \right)$$

$$\geqslant \left(\sum x \sin \alpha \right)^2$$

$$\Rightarrow \sum x \sin \alpha \leqslant m \left[\sum x \sqrt{\lambda(\mu + \nu)} \right]^{\frac{1}{2}} \cdot \left[\frac{\sum \lambda}{\prod (\mu + \nu)} \right]^{\frac{1}{4}}$$

因此只需证明

$$\left[\sum x\sqrt{\lambda(\mu+\nu)}\right]^{\frac{1}{2}}\cdot\left[\frac{\sum\lambda}{\prod(\mu+\nu)}\right]^{\frac{1}{4}}\leqslant m$$

即得

$$\sum x\sin\alpha\leqslant m^2$$

对于正弦和不等式,我们在前面介绍了它的多个推广式,它们个个优雅美丽,但它们均只涉及一个 $\triangle ABC$,或一组角度 α,β,γ,其形状如

$$x\sin A+y\sin B+z\sin C\leqslant M_k$$

其中

$$M_k=M_k\left(\frac{x}{\lambda},\frac{y}{\mu},\frac{z}{\nu}\right),k=1,2,\cdots$$

表示关于正权系数 x,y,z 与正参数 λ,μ,ν 的共同代数表达式.

其实,对于 $n(n\in\mathbf{N}_+)$ 个三角形:$\triangle A_1B_1C_1,\triangle A_2B_2C_2,\cdots,\triangle A_nB_nC_n$,应用赫尔德不等式有(其中 $\alpha_i\in(0,1)$, $\sum\limits_{i=1}^{n}\alpha_i=1$)

$$x\prod_{i=1}^{n}(\sin A_i)^{\alpha_i}+y\prod_{i=1}^{n}(\sin B_i)^{\alpha_i}+z\prod_{i=1}^{n}(\sin C_i)^{\alpha_i}$$

$$=\prod_{i=1}^{n}(x\sin A_i)^{\alpha_i}+\prod_{i=1}^{n}(y\sin B_i)^{\alpha_i}+\prod_{i=1}^{n}(z\sin C_i)^{\alpha_i}$$

$$\leqslant\prod_{i=1}^{n}(x\sin A_i+y\sin B_i+z\sin C_i)^{\alpha_i}$$

$$\leqslant\prod_{i=1}^{n}M_k^{\alpha_i}=M_k^{\sum\limits_{k=1}^{n}\alpha_i}=M_k$$

$$\leqslant\sum x\prod_{i=1}^{n}(\sin A_i)^{\alpha_i}\leqslant M_k \tag{Y}$$

比如,对于 $\theta\in(0,1)$,我们应用式(N)有

$$\sum x\prod_{i=1}^{n}(\sin^{2\theta}A_i)^{\alpha_i}\leqslant\left(\frac{\sum\lambda}{2}\right)^{2\theta}\cdot\left\{\sum\left[\frac{x}{(\mu\nu)^{\theta}}\right]^{\frac{1}{1-\theta}}\right\}^{1-\theta} \tag{Z}$$

等号成立当且仅当

$$\begin{cases}\lambda:\mu:\nu=\sin 2A_i:\sin 2B_i:\sin 2C_i\\ x:y:z=\dfrac{(\sin A_i)^{1-2\theta}}{\cos A_i}:\dfrac{(\sin B_i)^{1-2\theta}}{\cos B_i}:\dfrac{(\sin C_i)^{1-2\theta}}{\cos C_i}\end{cases}$$

这表示

$$\triangle A_1B_1C_1\backsim\triangle A_2B_2C_2\backsim\cdots\backsim\triangle A_nB_nC_n$$

$$\lambda:\mu:\nu=\sin 2A_1:\sin 2B_1:\sin 2C_1$$

$$x:y:z=\frac{(\sin A_1)^{1-2\theta}}{\cos A_1}:\frac{(\sin B_1)^{1-2\theta}}{\cos B_1}:\frac{(\sin C_1)^{1-2\theta}}{\cos C_1}$$

这样,我们就将三角正弦和不等式进行了加权推广,从一个三角形推广到了任意 n 个三角形,好比从一个星系推广到了宇宙空间……

相应地,应用赫尔德不等式,又易得到结论:对于 m 个凸 n 边形 $A_{1i}A_{2i}\cdots A_{ni}$ ($1\leqslant i\leqslant m, m\in \mathbf{N}_+, n\geqslant 3$),有不等式

$$\sum_{j=1}^{n}\prod_{i=1}^{m}\left(\sin A_{ij}\right)^{\alpha_i}\leqslant n\sin\frac{2\pi}{n}$$

$$\sum_{j=1}^{n}\prod_{i=1}^{m}\left(\sin\frac{A_{ij}}{n-2}\right)^{\alpha_i}\leqslant n\sin\frac{\pi}{n}$$

成都浣花溪公园(笔者)

沧浪湖衔水一方,浣花溪畔纳秋凉.
杜松南苑青霞漫,楠竹高枝白鹭翔.
雁过仓町云剪影,诗州大道雅登堂.
古琴声绊游人步,醉到东篱菊渐霜.

(9) 四元推广

前面介绍的加权推广的不等式均为三元 A,B,C 或 α,β,γ 的三角不等式. 后来,杨学枝老师又首次建立了涉及四个角的三角不等式的加权推广:

定理 13(杨学枝) 设 $x,y,z,w>0, \alpha+\beta+\gamma+\theta=(2k+1)\pi(k\in\mathbf{Z})$,则有

$$x\sin\alpha+y\sin\beta+z\sin\gamma+w\sin\theta$$

$$\leqslant\sqrt{\frac{(xy+zw)(yz+xw)(zx+yw)}{xyzw}}\qquad(A_1)$$

等号成立当且仅当

$$x\cos\alpha=y\cos\beta=z\cos\gamma=w\cos\theta\qquad(1)$$

可见,不论从题意上看,还是从外观结构上看,此推广式 (A_1) 在三角不等式范围内,具有罕见的美,独特的妙,且证明并非高不可攀,堪称稀世珍宝,足可收藏!

证明 设

$$\begin{cases}\mu=x\sin\alpha+y\sin\beta\\\nu=z\sin\gamma+w\sin\theta\end{cases}$$

则 $\mu^2=x^2\sin^2\alpha+y^2\sin^2\beta+2xy\sin\alpha\sin\beta$

$=x^2+y^2-(x^2\cos^2\alpha-2xy\cos\alpha\cos\beta+y^2\cos^2\beta)-$

$2xy(\cos\alpha\cos\beta-\sin\alpha\sin\beta)$

$$= x^2 + y^2 - (x\cos\alpha - y\cos\beta)^2 - 2xy\cos(\alpha + \beta)$$

$$\leqslant x^2 + y^2 - 2xy\cos(\alpha + \beta)$$

$$\Rightarrow \cos(\alpha + \beta) \leqslant \frac{x^2 + y^2 - \mu^2}{2xy} \left.\begin{array}{r}\\[2em]\end{array}\right\}$$

同理可得

$$\cos(\gamma + \theta) \leqslant \frac{z^2 + w^2 - \nu^2}{2zw}$$

$$\Rightarrow \cos(\alpha + \beta) + \cos(\gamma + \theta)$$

$$\leqslant \frac{x^2 + y^2 - \mu^2}{2xy} + \frac{z^2 + w^2 - \nu^2}{2zw}$$

由 $$\alpha + \beta + \gamma + \theta = (2k+1)\pi$$

$$\Rightarrow \cos(\alpha + \beta) + \cos(\gamma + \theta) = 0$$

$$\Rightarrow 0 \leqslant \frac{x^2 + y^2 - \mu^2}{2xy} + \frac{z^2 + w^2 - \nu^2}{2zw}$$

$$\Rightarrow \frac{\mu^2}{xy} + \frac{\nu^2}{zw} \leqslant \frac{x^2 + y^2}{xy} + \frac{z^2 + w^2}{zw}$$

$$= \frac{(yz + xw)(zx + yw)}{xyzw}$$

$$\Rightarrow M = \left(\frac{x^2 + y^2}{xy} + \frac{z^2 + w^2}{zw}\right)(xy + zw)$$

$$= \frac{(xy + zw)(yz + xw)(xz + yw)}{xyzw}$$

（应用柯西不等式）

$$\geqslant (xy + zw)\left(\frac{\mu^2}{xy} + \frac{\nu^2}{zw}\right) \geqslant (\mu + \nu)^2$$

$$\Rightarrow \mu + \nu \leqslant \sqrt{M}$$

即式(A_1)成立,等号成立当且仅当

$$\begin{cases} x\cos\alpha = y\cos\beta \\ z\cos\gamma = w\cos\theta \end{cases}$$

且 $$\frac{\mu^2}{xy} : xy = \frac{\nu^2}{zw} : zw$$

及 $$\alpha + \beta + \gamma + \theta = (2k+1)\pi$$

设 $$\begin{cases} x = t\cos\beta \\ y = t\cos\alpha \end{cases}(t > 0), \begin{cases} z = k\cos\theta \\ w = k\cos\gamma \end{cases}(k > 0)$$

由 $$\frac{\mu}{xy} = \frac{\nu}{zw} \Rightarrow \frac{x\sin\alpha + y\sin\beta}{xy} = \frac{z\sin\gamma + w\sin\theta}{zw}$$

$$\Rightarrow \frac{t\sin(\alpha + \beta)}{t^2\cos\alpha\cos\beta} = \frac{k\sin(\gamma + \theta)}{k^2\cos\gamma\cos\theta}$$

三角不等式研究与欣赏

$$\Rightarrow t\cos\alpha\cos\beta = k\cos\gamma\cos\theta$$

$$(\text{因 } \sin(\alpha+\beta) = \sin(\gamma+\theta))$$

$$\Rightarrow y\cos\beta = z\cos\gamma$$

综合上述知,式(A_1)成立,等号成立当且仅当

$$x\cos\alpha = y\cos\beta = z\cos\gamma = w\cos\theta$$

上述证明技巧非凡,上述定理美艳绝世,令人喜爱. 如果取 $\theta = (k+1)\pi \Rightarrow$ $\sin\theta = 0$,这时,$\alpha+\beta+\gamma = k\pi(k\in\mathbf{Z})$,那么又可得到一个非常漂亮的推论

$$x\sin\alpha + y\sin\beta + z\sin\gamma$$

$$\leqslant \frac{\sqrt{(xy+zw)(yz+xw)(zx+yw)}}{xyzw} \tag{A_2}$$

等号成立当且仅当

$$w = x\cos\alpha = y\cos\beta = z\cos\gamma \tag{2}$$

式(A_2)可视为正弦和不等式的一个新的加权推广,其中 x,y,z 是权系数,只有 w 是参数,与前面介绍的一系列加权推广相比较,式(A_2)倍显与众不同,标新立异!

也许有人对式(A_2)表示怀疑,那就让我们验证一下吧!

验证 记 $p = \cos\alpha\cos\beta\cos\gamma$,有

$$\begin{aligned}
xy + zw &= \frac{w^2}{\cos\alpha\cos\beta} + \frac{w^2}{\cos\gamma} \\
&= \frac{w^2}{p}(\cos\alpha\cos\beta + \cos\gamma) \\
&= \frac{w^2}{p}[\cos\alpha\cos\beta - \cos(\alpha+\beta)] \\
&= \frac{w^2}{p}\sin\alpha\sin\beta
\end{aligned}$$

同理可得

$$yz + xw = \frac{w^2}{p}\sin\beta\sin\gamma$$

$$zx + yw = \frac{w^2}{p}\sin\gamma\sin\alpha$$

注意到

$$xyzw = \frac{w^4}{p}$$

式(A_2)右边

$$M = w\tan\alpha\tan\beta\tan\gamma$$

$$x\sin\alpha + y\sin\beta + z\sin\gamma$$

$$= w\left(\frac{\sin\alpha}{\cos\alpha} + \frac{\sin\beta}{\cos\beta} + \frac{\sin\gamma}{\cos\gamma}\right)$$

$$= w(\tan\alpha + \tan\beta + \tan\gamma)$$

由
$$\alpha + \beta + \gamma = k\pi \quad (k \in \mathbf{Z})$$
$$\Rightarrow \tan \alpha + \tan \beta + \tan \gamma = \tan \alpha \tan \beta \tan \gamma$$
$$\Rightarrow x\sin \alpha + y\sin \beta + z\sin \gamma = M$$

这充分说明式（2）为式（A_2）等号成立的条件.

如果要求我们单独证明式（A_2），那是很困难的. 因为我们不知道怎样去处理参数 w，也不知道它从何而来，好像是"天外来客".

如果我们仍记式（A_1）的右边为 $\sqrt{M}$，并记
$$\begin{cases} P = x\sin \alpha + y\sin \beta + z\sin \gamma + w\sin \theta \\ Q = x\cos \alpha + y\cos \gamma + z\cos \beta + w\cos \theta \end{cases}$$

并删去条件"$\alpha + \beta + \gamma + \theta = (2k+1)\pi$"，那么有
$$P^2 + Q^2 \leqslant 2M \tag{$*$}$$

通过探索和研究，我们惊叹产生了奇迹——式（$*$）不仅美妙，而且还可以推广为：

定理 14 设 $\lambda_i > 0$ 为常数，$\theta_i \in \mathbf{R}(i = 1, 2, \cdots, n; n \geqslant 2)$，则有
$$\left(\sum_{i=1}^{n} \lambda_i \sin \theta_i \right)^2 + \left(\sum_{i=1}^{n} \lambda_i \cos \theta_{n+1-i} \right)^2$$
$$\leqslant \left(\sum_{i=1}^{n} \lambda_i \lambda_{n+1-i} \right) \left(\sum_{i=1}^{n} \frac{\lambda_{n+1-i}}{\lambda_i} \right) \tag{A_3}$$

证明 为了简便起见，我们作代换，令
$$\begin{cases} x_i = \sin \theta_i \\ y_i = \cos \theta_i \end{cases} \Rightarrow x_i^2 + y_i^2 = 1 \quad (1 \leqslant i \leqslant n)$$

首先注意到
$$S = \sum_{i=1}^{n} \frac{\lambda_i}{\lambda_{n+1-i}} = \sum_{i=1}^{n} \frac{\lambda_{n+1-i}}{\lambda_i}$$

记
$$\alpha = \sum_{i=1}^{n} \lambda_i x_i, \beta = \sum_{i=1}^{n} \lambda_i y_{n+1-i} = \sum_{i=1}^{n} \lambda_{n+1-i} y_i$$

应用柯西不等式有
$$\alpha^2 \leqslant \left(\sum_{i=1}^{n} \lambda_i \lambda_{n+1-i} x_i^2 \right) \left(\sum_{i=1}^{n} \frac{\lambda_i}{\lambda_{n+1-i}} \right)$$
$$\Rightarrow \alpha^2 \leqslant S \sum_{i=1}^{n} (\lambda_i \lambda_{n+1-i} x_i^2) \tag{1}$$
$$\beta^2 = \left(\sum_{i=1}^{n} \lambda_i y_{n+1-i} \right)^2 = \left(\sum_{i=1}^{n} \lambda_{n+1-i} y_i \right)^2$$
$$\leqslant \left(\sum_{i=1}^{n} \lambda_i \lambda_{n+1-i} y_i^2 \right) \left(\sum_{i=1}^{n} \frac{\lambda_{n+1-i}}{\lambda_i} \right)$$

$$= S\Big(\sum_{i=1}^{n} \lambda_i \lambda_{n+1-i} y_i^2 \Big) \tag{2}$$

应用 $x_i^2 + y_i^2 = 1(1 \leqslant i \leqslant n)$，(1) + (2) 得

$$\alpha^2 + \beta^2 \leqslant S \sum_{i=1}^{n} [\lambda_i \lambda_{n+1-i}(x_i^2 + y_i^2)]$$

$$\Rightarrow \alpha^2 + \beta^2 \leqslant S \sum_{i=1}^{n} \lambda_i \lambda_{n+1-i}$$

即式 (A_3) 成立，等号成立的条件是

$$\begin{cases} \lambda_n x_1 = \lambda_{n-1} x_2 = \cdots = \lambda_1 x_n \\ \lambda_1 y_1 = \lambda_2 y_2 = \cdots = \lambda_n y_n \\ x_i^2 + y_i^2 = \sin^2 \theta_i + \cos^2 \theta_i = 1 \end{cases}$$

特别地，当 $n = 2k(k \in \mathbf{N}_+)$ 为偶数时，由于

$$\sum_{i=1}^{n} \lambda_i \lambda_{n+1-i} = \sum_{i=1}^{2k} \lambda_i \lambda_{2k+1-i} = 2 \sum_{i=1}^{k} \lambda_i \lambda_{2k+1-i}$$

当 $n = 2k+1(k \in \mathbf{N}_+)$ 为奇数时

$$\sum_{i=1}^{2k+1} \lambda_i \lambda_{2k+2-i} = \lambda_k^2 + 2 \sum_{i=1}^{k} \lambda_i \lambda_{2k+2-i}$$

这时式 (A_3) 又化为

$$\Big(\sum_{i=1}^{2k} \lambda_i x_i \Big)^2 + \Big(\sum_{i=1}^{2k} \frac{\lambda_{2k+1-i}}{\lambda_i} \cdot y^2 \Big)$$

$$\leqslant 2\Big(\sum_{i=1}^{k} \lambda_i \lambda_{2k+1-i} \Big)\Big(\sum_{i=1}^{2k} \frac{\lambda_{2k+1-i}}{\lambda_i} \Big) \tag{A'_3}$$

在上式中取 $k = 2$，并作置换后可得

$$P^2 + Q^2 \leqslant 2M$$

（10）多元推广

如果我们在前面定理 13 的式 (A_1) 中，作代换

$$\begin{cases} (x,y,z,w) = (x_1 x_2, x_2 x_3, x_3 x_4, x_4 x_1) \\ (\alpha,\beta,\gamma,\theta) = (\theta_1,\theta_2,\theta_3,\theta_4) \end{cases}$$

就可得到

$$x_1 x_2 \sin \theta_1 + x_2 x_3 \sin \theta_2 + x_3 x_4 \sin \theta_3 + x_4 x_1 \sin \theta_4$$

$$\leqslant \sqrt{2(x_1^2 + x_3^2)(x_2^2 + x_4^2)} \leqslant \Big(\cos \frac{\pi}{4} \Big)\Big(\sum_{i=1}^{4} x_i^2 \Big)$$

$$\Rightarrow \sum_{i=1}^{4} x_i x_{i+1} \sin \theta_i \leqslant \Big(\cos \frac{\pi}{4} \Big)\Big(\sum_{i=1}^{4} x_i^2 \Big) \tag{1}$$

（约定 $x_5 = x_1$）

进一步地,式(1)可以推广为:

定理 15 设 $n = 4m(m \in \mathbf{N}_+)$, $\sum\limits_{i=1}^{n} \theta_i = (2k-1)\pi (1 \le k \le m, k \in \mathbf{N}_+)$, 约定 $x_{n+1} = x_1$, 有

$$\sum_{i=1}^{n} x_i x_{i+1} \sin \theta_i \le \left(\cos \frac{\pi}{n} \right) \sum_{i=1}^{n} x_i^2 \qquad (B_1)$$

证明 令 $\varphi_i = \frac{\pi}{2} - \theta_i \quad (1 \le i \le n)$

$$\Rightarrow \sum_{i=1}^{n} \varphi_i = \sum_{i=1}^{n} \left(\frac{\pi}{2} - \theta_i \right) = \frac{n}{2}\pi - \sum_{i=1}^{n} \theta_i$$
$$= 2m\pi - (2k-1)\pi = [2(m-k)+1]\pi$$

应用不等式(条件符合才可用)

$$\sum_{i=1}^{n} x_i x_{i+1} \cos\left(\frac{\pi}{2} - \theta_i \right) = \sum_{i=1}^{n} x_i x_{i+1} \cos \varphi_i$$
$$\le \left(\cos \frac{\pi}{n} \right) \sum_{i=1}^{n} x_i^2$$
$$\Rightarrow \sum_{i=1}^{n} x_i x_{i+1} \sin \theta_i = \sum_{i=1}^{n} x_i x_{i+1} \cos\left(\frac{\pi}{2} - \theta_i \right)$$
$$\le \left(\cos \frac{\pi}{n} \right) \sum_{i=1}^{n} x_i^2$$

即式(B_1)成立,等号成立当且仅当

$$x_1 x_2 \sin\left(\frac{\pi}{2} - \theta_1 \right) = x_2 x_3 \sin\left(\frac{\pi}{2} - \theta_2 \right)$$
$$= \cdots = x_n x_1 \sin\left(\frac{\pi}{2} - \theta_n \right)$$
$$\Rightarrow x_1 x_2 \cos \theta_1 = x_2 x_3 \cos \theta_2 = \cdots$$
$$= x_n x_1 \cos \theta_n$$

式(B_1)中的 $n = 4m \equiv 0 \pmod 4$ 具有特殊限制(即 m 必须是 4 的倍数),这种轻松得到的推广有时并非最好,"欲穷千里目,更上一层楼",那更美更妙的推广式又在何处呢? 其实,它远在天边,近在眼前,它像仙女下凡,正微笑着向我们走来……

定理 16 设 $n = 2m+1(m \in \mathbf{N}_+)$, $\sum\limits_{i=1}^{n} \theta_i = k\pi (k \in \mathbf{N}_+)$, $\lambda_i > 0, x_i > 0 (1 \le i \le n)$, 约定 $x_{n+1} \equiv x_1$, 则有

$$\sum_{i=1}^{n} \lambda_i \sin \theta_i \le \sqrt{M\left(\sum_{i=1}^{n} \frac{\lambda_i^2}{x_i x_{i+1}} \right)} \qquad (C_1)$$

其中
$$M = \frac{1}{2}\left[\left(\cos\frac{\pi}{n}\right)\left(\sum_{i=1}^{n} x_i^2\right) + \sum_{i=1}^{n} x_i x_{i+1}\right]$$

证明 令
$$\varphi_i = (\pi - 2\theta_i) \quad (1 \leqslant i \leqslant n)$$

$$\Rightarrow \sum_{i=1}^{n}(\pi - 2\theta_i) = n\pi - 2\sum_{i=1}^{n}\theta_i$$
$$= (2m+1)\pi - 2k\pi$$
$$= [2(m-k)+1]\pi$$

利用不等式及余弦函数是偶函数

$$\sum_{i=1}^{n} x_i x_{i+1}\cos\varphi_i \leqslant \left(\cos\frac{\pi}{n}\right)\sum_{i=1}^{n} x_i^2$$

$$\Rightarrow \sum_{i=1}^{n} x_i x_{i+1}\cos(\pi - 2\theta_i) \leqslant \left(\cos\frac{\pi}{n}\right)\sum_{i=1}^{n} x_i^2$$

$$\Rightarrow -\sum_{i=1}^{n} x_i x_{i+1}\cos 2\theta_i \leqslant \left(\cos\frac{\pi}{n}\right)\sum_{i=1}^{n} x_i^2$$

$$\Rightarrow -\sum_{i=1}^{n} x_i x_{i+1}(1 - 2\sin^2\theta_i) \leqslant \left(\cos\frac{\pi}{n}\right)\sum_{i=1}^{n} x_i^2$$

$$\Rightarrow \sum_{i=1}^{n} x_i x_{i+1}\sin^2\theta_i \leqslant M$$

$$= \frac{1}{2}\left[\left(\cos\frac{\pi}{n}\right)\left(\sum_{i=1}^{n} x_i^2\right) + \sum_{i=1}^{n} x_i x_{i+1}\right]$$

$$\Rightarrow M\left(\sum_{i=1}^{n}\frac{\lambda_i^2}{x_i x_{i+1}}\right) \geqslant \left(\sum_{i=1}^{n}\frac{\lambda_i^2}{x_i x_{i+1}}\right)\left(\sum_{i=1}^{n} x_i x_{i+1}\sin^2\theta_i\right)$$

（应用柯西不等式）

$$\geqslant \left(\sum_{i=1}^{n}\lambda_i\sin\theta_i\right)^2$$

$$\Rightarrow \sum_{i=1}^{n}\lambda_i\sin\theta_i \leqslant \sqrt{M\left(\sum_{i=1}^{n}\frac{\lambda_i^2}{x_i x_{i+1}}\right)}$$

等号成立当且仅当

$$\begin{cases} x_1 x_2\sin\varphi_1 = x_2 x_3\sin\varphi_2 = \cdots = x_n x_1\sin\varphi_n \\ \dfrac{x_1 x_2\sin\theta_1}{\lambda_1} = \dfrac{x_2 x_3\sin\theta_2}{\lambda_2} = \cdots = \dfrac{x_n x_1\sin\theta_n}{\lambda_n} \end{cases}$$

$$\Rightarrow \begin{cases} x_1 x_2\sin 2\theta_1 = x_2 x_3\sin 2\theta_2 = \cdots = x_n x_1\sin 2\theta_n \\ \dfrac{\cos\theta_1}{\lambda_1} = \dfrac{\cos\theta_2}{\lambda_2} = \cdots = \dfrac{\cos\theta_n}{\lambda_n} \end{cases}$$

特别地,当取 $n = 3$ 时

$$M = \frac{1}{4}\Big(\sum_{i=1}^{3} x_i^2 + 2 \sum_{i=1}^{3} x_i x_{i+1} \Big) = \frac{1}{4}(x_1 + x_2 + x_3)^2$$

$$\Rightarrow \lambda_1 \sin \theta_1 + \lambda_2 \sin \theta_2 + \lambda_3 \sin \theta_3$$

$$\leqslant \Big(\frac{x_1 + x_2 + x_3}{2} \Big) \sqrt{ \frac{\lambda_1^2}{x_2 x_3} + \frac{\lambda_2^2}{x_3 x_1} + \frac{\lambda_3^2}{x_1 x_2} }$$

这与前面定理 5 中的式（K）等价.

国庆诗赞（笔者）

长天瑞气乐融融，万里飞歌畅咏中.
善政施民排大难，雄才治国建奇功.
招商充电工夫见，减负兴农政策通.
海宇同欢无限意，金瓯永固有清风.

5. Garfunkel—Bankoff 不等式的研究

（1）名题来历

1983 年，Garfunkel 曾在 *Crux Mathematicorum* 上问："能否将两个熟知的反向三角不等式（其中 A,B,C 为 $\triangle ABC$ 的三内角）

$$\tan^2 \frac{A}{2} + \tan^2 \frac{B}{2} + \tan^2 \frac{C}{2} \geqslant 1 \tag{a}$$

$$8 \sin \frac{A}{2} \sin \frac{B}{2} \sin \frac{C}{2} \leqslant 1 \tag{b}$$

统一成一个更强的不等式

$$\tan^2 \frac{A}{2} + \tan^2 \frac{B}{2} + \tan^2 \frac{C}{2} \geqslant 2 - 8 \sin \frac{A}{2} \sin \frac{B}{2} \sin \frac{C}{2} \tag{A}$$

呢？"

这种将一对"冤家"配对成"夫妻"，和睦相处在一起是有难度的，也是有趣、有意义的.

放眼观察，不等式（A）的外观优美，结构对称，让人喜欢，其证明有一定难度，却非常奇妙！

证法 1 我们知道，对于任意实数与任意 $\triangle ABC$ 有著名而用途广泛的三角母不等式

$$x^2 + y^2 + z^2 \geqslant 2yz\cos A + 2zx\cos B + 2xy\cos C \tag{1}$$

等号成立当且仅当

$$x:y:z = \sin A : \sin B : \sin C \qquad (2)$$

利用三角恒等式

$$\begin{cases} \sum \tan \dfrac{B}{2}\tan \dfrac{C}{2} = 1 \\ \sum \sin A = 4 \prod \cos \dfrac{A}{2} \end{cases}$$

并在式(1)中作代换,令

$$(x,y,z) = \left(\tan \frac{A}{2}, \tan \frac{B}{2}, \tan \frac{C}{2} \right)$$

$$\Rightarrow \sum \tan^2 \frac{A}{2} \geqslant 2 \sum \left(\tan \frac{B}{2}\tan \frac{C}{2}\cos A \right)$$

$$= 2 \sum \left[\tan \frac{B}{2}\tan \frac{C}{2}\left(1 - 2\sin^2 \frac{A}{2} \right) \right]$$

$$= 2 \sum \tan \frac{B}{2}\tan \frac{C}{2} - 4 \sum \sin^2 \frac{A}{2}\tan \frac{B}{2}\tan \frac{C}{2}$$

$$= 2 - 4\left(\prod \sin \frac{A}{2} \right) \sum \left(\frac{\sin \dfrac{A}{2}}{\cos \dfrac{B}{2}\cos \dfrac{C}{2}} \right)$$

$$= 2 - 4\left(\prod \sin \frac{A}{2} \right) \frac{\sum \sin A}{2\prod \cos \dfrac{A}{2}}$$

$$= 2 - 8 \prod \sin \frac{A}{2}$$

$$\Rightarrow \sum \tan^2 \frac{A}{2} \geqslant 2 - 8 \prod \sin \frac{A}{2}$$

即式(A)成立,等号成立当且仅当

$$\frac{\tan \dfrac{A}{2}}{\sin A} = \frac{\tan \dfrac{B}{2}}{\sin B} = \frac{\tan \dfrac{C}{2}}{\sin C}$$

$$\Rightarrow \left(\cos \frac{A}{2} \right)^2 = \left(\cos \frac{B}{2} \right)^2 = \left(\cos \frac{C}{2} \right)^2$$

$$\Rightarrow A = B = C = \frac{\pi}{3}$$

证法 2　设 $s = \dfrac{1}{2}(a + b + c)$,则有恒等式

$$\tan^2 \frac{A}{2} = \frac{(s-b)(s-c)}{s(s-a)}, \sin^2 \frac{A}{2} = \frac{(s-b)(s-c)}{bc}$$

等等. 再引入三个正数

$$\begin{cases} b + c - a = x > 0 \\ c + a - b = y > 0 \Rightarrow \\ a + b - c = z > 0 \end{cases} \begin{cases} a = \dfrac{y + z}{2} \\ b = \dfrac{z + x}{2} \\ c = \dfrac{x + y}{2} \end{cases}$$

代入式(A)得

$$\frac{\dfrac{yz}{x} + \dfrac{zx}{y} + \dfrac{xy}{z}}{x + y + z} \geq 2 - \frac{8xyz}{(y + z)(z + x)(x + y)} \tag{3}$$

由于式(3)关于 x, y, z 完全对称, 不妨设 $x \geq y \geq z$, 将上式移项, 通分并配方得

$$\frac{1}{M} \left\{ x^2 (y - z)^2 \left[(x^2 - yz)(y + x) + x(y^2 + z^2) \right] + \right.$$
$$\left. y^2 z^2 (y + z)(x - y)(x - z) \right\} \geq 0 \tag{4}$$

其中
$$M = xyz \left(\sum x \right) \prod (y + x) > 0$$

所以式(4)成立, 从而逆推之, 式(A)成立, 等号成立当且仅当

$$x = y = z \Leftrightarrow a = b = c$$

即 $\triangle ABC$ 为正三角形.

证法 3 应用三角恒等式及均值不等式可得

$$1 = \sum \tan \frac{B}{2} \tan \frac{C}{2} \geq 3 \left(\prod \tan \frac{B}{2} \tan \frac{C}{2} \right)^{\frac{1}{3}}$$

$$= 3 \left(\prod \tan \frac{A}{2} \right)^{\frac{2}{3}}$$

$$\Rightarrow \sum \tan \frac{A}{2} \geq 3 \left(\prod \tan \frac{A}{2} \right)^{\frac{1}{3}} \geq 3 \left(\prod \tan \frac{A}{2} \right)^{\frac{2}{3}} \cdot 3 \left(\prod \tan \frac{A}{2} \right)^{\frac{1}{3}}$$

$$\Rightarrow \sum \tan \frac{A}{2} \geq 9 \prod \tan \frac{A}{2} \tag{5}$$

又由
$$\sum \tan \frac{B}{2} \tan \frac{C}{2} = 1$$

$$\Rightarrow \sum \tan \frac{A}{2} - \prod \tan \frac{A}{2}$$

$$= \left(\sum \tan \frac{A}{2} \right) \left(\sum \tan \frac{B}{2} \tan \frac{C}{2} \right) - \prod \tan \frac{A}{2}$$

$$= \prod \left(\tan \frac{B}{2} + \tan \frac{C}{2} \right)$$

$$= \prod \left(\frac{\sin \frac{B}{2} \cos \frac{C}{2} + \cos \frac{B}{2} \sin \frac{C}{2}}{\cos \frac{B}{2} \cos \frac{C}{2}} \right)$$

$$= \prod \left(\frac{\sin \frac{B+C}{2}}{\cos \frac{C}{2} \cos \frac{B}{2}} \right)$$

$$= \prod \left(\frac{\cos \frac{A}{2}}{\cos \frac{B}{2} \cos \frac{C}{2}} \right) = \prod \sec \frac{A}{2}$$

$$\Rightarrow \sum \tan \frac{A}{2} = \prod \tan \frac{A}{2} + \prod \sec \frac{A}{2} \tag{6}$$

又式(A)等价于

$$\left(\sum \tan^2 \frac{A}{2} - 2 \right) + 8 \prod \sin \frac{A}{2} \geq 0$$

$$\Leftrightarrow P = \left(\sum \tan^2 \frac{A}{2} - 2 \right) \prod \sec \frac{A}{2} + 8 \prod \tan \frac{A}{2} \geq 0 \tag{7}$$

则

$$P = \left(\sum \tan \frac{A}{2} - \prod \tan \frac{A}{2} \right)\left(\sum \tan^2 \frac{A}{2} - 2 \right) + 8 \prod \tan \frac{A}{2}$$

$$\geq 8 \left(\prod \tan \frac{A}{2} \right)\left(\sum \tan^2 \frac{A}{2} - 2 \right) + 8 \prod \tan \frac{A}{2}$$

$$= 8 \left(\sum \tan^2 \frac{A}{2} - 1 \right) \prod \tan \frac{A}{2} \geq 0$$

即式(7)成立,因此逆推之,式(A)成立,等号成立当且仅当 $\triangle ABC$ 为正三角形.

以上三种证法各具特色,特别是证法 1,它巧用三角母不等式,倍显优美自然.

(2) 加强

和许多趣味优美的不等式一样,式(A)也可以加强.

加强 1 对于任意 $\triangle ABC$,有

$$\sum \tan^2 \frac{A}{2} + 8(1 - Q) \prod \sin \frac{A}{2} \geq 2 \tag{B}$$

其中

$$Q = \frac{1}{2} \sum \left(\tan \frac{B}{2} - \tan \frac{C}{2} \right)^2 \geq 0$$

在上面的证法 3 中注意到

377

$$\left(\sum \tan \frac{A}{2} - \tan \frac{A}{2} \right) \left(\sum \tan^2 \frac{A}{2} - 2 \right) + 8 \prod \tan \frac{A}{2}$$

$$\geqslant 4 \sum \left(\tan \frac{B}{2} - \tan \frac{C}{2} \right)^2 \cdot \prod \tan \frac{A}{2} \geqslant 0$$

$$\Leftrightarrow \frac{\sum \tan^2 \frac{A}{2} - 2}{\prod \cos \frac{A}{2}} + \frac{8 \prod \sin \frac{A}{2}}{\prod \cos \frac{A}{2}}$$

$$\geqslant 4 \sum \left(\tan \frac{B}{2} - \tan \frac{C}{2} \right)^2 \cdot \frac{\prod \sin \frac{A}{2}}{\prod \cos \frac{A}{2}}$$

$$\Leftrightarrow \sum \tan^2 \frac{A}{2} + 8(1 - \theta) \prod \sin \frac{A}{2} \geqslant 2$$

等号成立当且仅当 $\triangle ABC$ 为正三角形.

式(A)还有一个加强便是:

加强 2　对任意 $\triangle ABC$, 有

$$\sum \tan^2 \frac{A}{2} + 8 \prod \sin \frac{A}{2} \geqslant 2 + M \tag{C}$$

其中
$$M = \frac{1}{3} \sum \left(\tan \frac{B}{2} \sin C - \tan \frac{C}{2} \sin B \right)^2 \geqslant 0$$

证明　设 $x, y, z \in \mathbf{R}$, 关于 x 的二次函数为

$$f(x) = \sum x^2 - 2 \sum yz\cos A$$
$$= x^2 - 2(y\cos C + z\cos B)x + (y^2 + z^2 - 2yz\cos A)$$

求导得

$$f'(x) = 2x - 2(y\cos C + z\cos B)$$
$$f''(x) = 2 > 0$$

因此函数 $f(x)$ 有最小值, 解方程 $f'(x) = 0$, 求驻点

$$f'(x) = 0 \Rightarrow x_0 = y\cos C + z\cos B$$

$$\Rightarrow f_{\min}(x) = f(x_0)$$

$$= (y\cos C + z\cos B)^2 - 2(y\cos C + z\cos B)^2 + \left[y^2 + z^2 + 2yz\cos(B + C) \right]$$

$$= -(y^2\cos^2 C + 2yz\cos C + z^2\cos^2 B) + y^2 + z^2 + 2yz(\cos B\cos C - \sin B\sin C)$$

$$= (1 - \cos^2 C)y^2 + (1 - \cos^2 B)z^2 - 2yz\sin B\sin C$$

$$= y^2\sin^2 C - 2yz\sin B\sin C + z^2\sin^2 B$$

$$= (y\sin C - z\sin B)^2$$

$$\Rightarrow f(x) \geqslant f_{\min}(x) = f(x_0) = (y\sin C - z\sin B)^2$$

$$\Rightarrow P(x, y, z) = \sum x^2 - 2 \sum yz\cos A$$

$$\geqslant (y\sin C - z\sin B)^2 \tag{1}$$

同理可得

$$P(x,y,z) \geqslant (z\sin A - x\sin C)^2 \tag{2}$$

$$P(x,y,z) \geqslant (x\sin B - y\sin A)^2 \tag{3}$$

$[(1)+(2)+(3)] \div 3$ 得

$$P(x,y,z) \geqslant M = \frac{1}{3}\sum (y\sin C - z\sin B)^2 \tag{4}$$

在式(4)中令

$$(x,y,z) = \left(\tan\frac{A}{2}, \tan\frac{B}{2}, \tan\frac{C}{2}\right)$$

并利用前面证法 1 的结论,立即得到

$$\sum \tan^2\frac{A}{2} + 8\prod \sin\frac{A}{2} \geqslant 2 + M$$

等号成立当且仅当 $\triangle ABC$ 为正三角形.

(3) 完善

有些美妙迷人的不等式,不仅可以加强,而且还可以完善成漂亮的双向不等式,壮如雄鹰展翅,美如春燕双飞!

在 20 世纪 80 年代,简超老师建立了漂亮的完善式:

完善 1(简超) 在 $\triangle ABC$ 中,记

$$\begin{cases} T = \tan^2\dfrac{A}{2} + \tan^2\dfrac{B}{2} + \tan^2\dfrac{C}{2} - 1 \geqslant 0 \\ S = 1 - 8\sin\dfrac{A}{2}\sin\dfrac{B}{2}\sin\dfrac{C}{2} \geqslant 0 \end{cases}$$

若

$$\begin{cases} M = \max\left\{\cos\dfrac{A}{2}, \cos\dfrac{B}{2}, \cos\dfrac{C}{2}\right\} \\ m = \min\left\{\cos\dfrac{A}{2}, \cos\dfrac{B}{2}, \cos\dfrac{C}{2}\right\} \end{cases}$$

则有

$$M^2 \cdot T \geqslant S \geqslant m^2 \cdot T \tag{D}$$

显然,当 $\triangle ABC$ 为锐角三角形时

$$m \geqslant \cos\frac{\pi}{4} = \frac{1}{\sqrt{2}} \Rightarrow S \geqslant m^2 T \geqslant \frac{1}{2}T$$

$$\Rightarrow 1 - 8\prod \sin\frac{A}{2} \geqslant \frac{1}{2}\left(\sum \tan^2\frac{A}{2} - 1\right)$$

$$\Rightarrow \sum \tan^2\frac{A}{2} \leqslant 3 - 16\prod \sin\frac{A}{2}$$

因此，当 $\triangle ABC$ 为锐角三角形时，式（A）可以完善成

$$3 - 16 \prod \sin \frac{A}{2} \geqslant \sum \tan^2 \frac{A}{2} \geqslant 2 - 8 \prod \sin \frac{A}{2} \qquad (\text{E})$$

式（A）的第二个完善式为：

完善2 对于锐角 $\triangle ABC$ 有

$$\frac{1}{8} \prod \sec A \geqslant \sum \tan^2 \frac{A}{2} \geqslant 2 - 8 \prod \sin \frac{A}{2} \qquad (\text{F})$$

证法1 我们证明更广泛的结论：对于任意 $\triangle ABC$，有

$$\left(\sum \tan^2 \frac{A}{2} \right) \prod \cos A \leqslant \frac{1}{8} \qquad (1)$$

显然，当

$$\frac{\pi}{2} \leqslant \max\{A, B, C\} < \pi \Leftrightarrow \prod \cos A \leqslant 0$$

时，式（1）成立.

当 $\triangle ABC$ 为锐角三角形时，注意到

$$\tan^2 \frac{A}{2}, \tan^2 \frac{B}{2}, \tan^2 \frac{C}{2} \in (0, 1)$$

$$\cos 2\theta = (1 - \tan^2 \theta) \cos^2 \theta$$

运用平均值不等式有

$$\prod \left(1 - \tan^2 \frac{A}{2} \right) \leqslant \left[\frac{1}{3} \sum \left(1 - \tan^2 \frac{A}{2} \right) \right]^3$$

$$= \left(1 - \frac{1}{3} \sum \tan^2 \frac{A}{2} \right)^3$$

$$\Rightarrow \left(\sum \tan^2 \frac{A}{2} \right) \prod \cos A = \left(\sum \tan^2 \frac{A}{2} \right) \prod \left(1 - \tan^2 \frac{A}{2} \right) \prod \cos^2 \frac{A}{2}$$

$$\leqslant \left(\frac{3}{2} \prod \cos^2 \frac{A}{2} \right) \left(\frac{2}{3} \sum \tan^2 \frac{A}{2} \right) \left(1 - \frac{1}{3} \sum \tan^2 \frac{A}{2} \right)^3$$

$$\leqslant \left(\frac{3}{2} \prod \cos^2 \frac{A}{2} \right) \left[\frac{\frac{2}{3} \sum \tan^2 \frac{A}{2} + 3 \left(1 - \frac{1}{3} \sum \tan^2 \frac{A}{2} \right)}{4} \right]^4$$

$$= \frac{3}{2} \left(\prod \cos \frac{A}{2} \right)^2 \cdot \left(\frac{3}{4} - \frac{1}{12} \sum \tan^2 \frac{A}{2} \right)^4$$

$$\leqslant \frac{3}{2} \left(\frac{\sqrt{3}}{2} \right)^6 \cdot \left(\frac{3}{4} - \frac{1}{12} \right)^4 = \frac{1}{8}$$

即式（1）成立，等号成立当且仅当 $\triangle ABC$ 为正三角形.

证法2 注意到

$$\theta \in \left(0, \frac{\pi}{2} \right) \Rightarrow (1 - \cos \theta) \cos \theta \leqslant \frac{1}{4}$$

$$\Rightarrow \left(\tan^2 \frac{A}{2} \right) \prod \cos A = \left(\frac{1 - \cos A}{1 + \cos A} \right) \prod \cos A$$

$$= \frac{\cos B \cos C}{1 + \cos A} (1 - \cos A) \cos A$$

$$\leqslant \frac{\cos B \cos C}{4(1 + \cos A)} \leqslant \frac{\cos B \cos C}{4 [\cos(B - C) - \cos(B + C)]}$$

$$= \frac{\cos B \cos C}{8 \sin B \sin C} = \frac{1}{8} \cot B \cot C$$

$$\Rightarrow \left(\sum \tan^2 \frac{A}{2} \right) \prod \cos A = \sum \left(\tan^2 \frac{A}{2} \prod \cos A \right)$$

$$\leqslant \frac{1}{8} \sum \cot B \cot C = \frac{6}{8}$$

即式(1)成立,等号成立当且仅当△ABC 为正三角形. 我们知道,应用恒等式

$$8 \prod \sin \frac{A}{2} = \frac{2r}{R}, \quad \sum \tan \frac{B}{2} \tan \frac{C}{2} = 1$$

可将式(A)化为等价的

$$\sum \tan^2 \frac{A}{2} \geqslant 2 - \frac{2r}{R} \Leftrightarrow \left(\sum \tan \frac{A}{2} \right)^2 \geqslant 4 - \frac{2r}{R}$$

$$\Leftrightarrow \sum \tan \frac{A}{2} \geqslant \sqrt{4 - \frac{2r}{R}} \qquad (A')$$

式(A)的第三个完善式为:

完善3 设△ABC 的外接圆半径为 R,内切圆半径为 r,面积为 Δ,则有

$$\left(\frac{9Rr}{4\Delta^2} \right)^2 - 2 \geqslant \sum \tan^2 \frac{A}{2} \geqslant 2 - \frac{2r}{R} \qquad (G)$$

证明 设 x, y, z > 0,并令

$$(a, b, c) = (y + z, z + x, x + y)$$

注意到

$$\Delta = \frac{1}{2} (a + b + c) r = \frac{abc}{4R}$$

$$\Rightarrow Rr = \frac{abc}{2(a + b + c)} = \frac{\prod (y + z)}{4 \sum x} \qquad (1)$$

$$\Delta = \sqrt{xyz(x + y + z)} \qquad (2)$$

$$\tan \frac{A}{2} = \frac{a^2 - (b - c)^2}{4\Delta} \qquad (3)$$

等等. 我们只需证

$$\sum \tan \frac{A}{2} \leqslant \frac{9Rr}{4\Delta^2} \qquad (4)$$

381

$$\Leftrightarrow 4 \sum yz \leqslant \frac{9}{2} \prod \frac{y+z}{\sum x}$$

$$\Leftrightarrow 8 \left(\sum yz \right) \sum x \leqslant 9 \prod (y+z)$$

$$\Leftrightarrow \sum x(y^2 + z^2) \geqslant 6xyz \Leftrightarrow \sum x(y-z)^2 \geqslant 0$$

即式(4)成立,故

$$\left(\sum \tan \frac{A}{2} \right)^2 \leqslant \left(\frac{9Rr}{4\Delta^2} \right)^2$$

$$\Leftrightarrow \sum \tan^2 \frac{A}{2} + 2 \leqslant \left(\frac{9Rr}{4\Delta^2} \right)^2$$

$$\Leftrightarrow \sum \tan^2 \frac{A}{2} \leqslant \left(\frac{9Rr}{4\Delta^2} \right)^2 - 2$$

等号成立当且仅当

$$x = y = z \Leftrightarrow a = b = c$$

式(A)的第四个完善式结构更紧凑,外观更精致:

完善 4　对任意 $\triangle ABC$,有

$$\left(\frac{R}{2r} \right)^2 \geqslant \sum \tan^2 \frac{A}{2} \geqslant 2 - \frac{2r}{R} \tag{H}$$

证明　由三角恒等式有(其中 $s = \frac{1}{2}(a+b+c)$)

$$\sum \tan^2 \frac{A}{2} = \frac{(4R+r)^2 - 2s^2}{s^2}$$

知,式(H)左边不等式等价于

$$\left(\frac{R}{2r} \right)^2 s^2 \geqslant (4R+r)^2 - 2s^2 \tag{1}$$

$$\Leftrightarrow 4r^2 \left[(4R+r)^2 - 2s^2 \right] \leqslant s^2 R^2$$

$$\Leftrightarrow s^2(R^2 + 8r^2) \geqslant 4r^2(4R+r)^2 \tag{2}$$

由 Gerretsen 不等式

$$s^2 \geqslant 16Rr - r^2 \tag{3}$$

知,欲证式(2),只需证

$$(16Rr - 5r^2)(R^2 + 8r^2) \geqslant 4r^2(4R+r)^2 \tag{4}$$

$$\Leftrightarrow (16R - 5r)(R^2 + 8r^2) \geqslant 4r(4R+r)^2$$

$$\Leftrightarrow 16R^3 - 69R^2 r + 96Rr^2 - 44r^3 > 0$$

$$\Leftrightarrow (R-2r)^2(16R - 5r) + 12r^2(R-2r) \geqslant 0 \tag{5}$$

由欧拉不等式 $R \geqslant 2r$ 知,式(5)成立,故逆推之式(H)成立,等号成立当且仅当 $R = 2r$,即 $\triangle ABC$ 为正三角形.

不等式(A)太美,太迷人,它还有第五个完善式:

完善 5 对任意 $\triangle ABC$ 有

$$\left(\frac{9}{4}\right)^2 \left(\sum \sin B\sin C\right)^{-1} \geqslant \sum \tan^2 \frac{A}{2} \geqslant 2 - 8 \prod \sin \frac{A}{2} \qquad (\text{I})$$

证明 应用恒等式

$$\sum \tan^2 \frac{A}{2} = \frac{1}{s^2}\left[(4R+r)^2 - 2s^2\right]$$

$$\sum \sin B\sin C = \left(\frac{s^2 + 4Rr + r^2}{4R^2}\right)^2$$

知式(I)左边等价于 $\left(s = \frac{1}{2}(a+b+c)\right)$

$$\left(\sum \tan^2 \frac{A}{2}\right)\left(\sum \sin B\sin C\right) \leqslant \left(\frac{9}{4}\right)^2 \qquad (1)$$

$$\Leftrightarrow \left[(4R+r) - 2s^2\right](s^2 + 4Rr + r^2)^2 \leqslant (9sR^2)^2$$

$$\Leftrightarrow H(s^2) = 2s^6 - (16R^2 - 8Rr - 3r^2)s^4 +$$
$$\left[81R^4 - 8Rr(4R+r)^2\right]s^2 - r^2(4R+r)^4 \geqslant 0 \qquad (2)$$

由于 $\quad H(s^2) - (2s^2 + 63r^2)(s^2 - 4R^2 + 2Rr - 15r^2)^2$

$$= s^2(49R^4 - 96R^3r + 192R^2r^2 - 140Rr^2 + 1440r^4) -$$
$$4r^2(316R^4 - 188R^3r + 1977R^2r^2 - 941Rr^3 + 3544r^2) = G(s^2) \qquad (3)$$

再用 Gerretsen 不等式推出

$$H(s^2) \geqslant G(s^2) \geqslant G(16Rr - 5r^2)$$
$$= r(R - 2r)^2(784R^3 + 91R^2r + 1532Rr^2 - 5344r^3)$$
$$\geqslant 0$$

即式(2)成立,从而式(1)成立,故式(I)成立,等号成立当且仅当 $R = 2r$,即 $\triangle ABC$ 为正三角形.

从上述证法知,式(I)的证法具有相当难度,富有挑战性和趣味性,此外,由 A. Bager 不等式链

$$8 \prod \cos A \leqslant \frac{4}{9} \sum \sin 2B\sin 2C \leqslant \frac{4}{27}\left(\sum \sin 2A\right)^2$$

$$= \frac{64}{27}\left(\prod \sin A\right)^2 \leqslant 64\left(\prod \sin \frac{A}{2}\right)^2$$

$$\leqslant \frac{16}{18}\left(\sum \sin B\sin C\right)^2 \qquad (4)$$

可知,式(I)要比式(F)强许多,且比式(F)的加强式

$$\left(\sum \tan^2 \frac{A}{2}\right)\left(\sum \cos B\cos C\right) \leqslant \frac{3}{4} \qquad (5)$$

还要强.

(4) 指数推广

许多美妙迷人的不等式,都可以从指数方面进行推广,为它锦上添花,更加千娇百媚!

推广 1 设指数 $k \geqslant \dfrac{3}{2}$,则对任意 $\triangle ABC$ 有

$$\sum \left(\tan \frac{A}{2} \right)^{2k} \geqslant 3^{1-k} \left(2 - 8 \prod \sin \frac{A}{2} \right) \tag{J}$$

如果我们在式(J)中取 $k=1$,就立刻得到式(A).

证明 我们记 $t = 8 \prod \sin \dfrac{A}{2}$,注意到

$$k \geqslant \frac{3}{2} \Rightarrow 2(k-1) \geqslant 1$$

设

$$(x,y,z) = \left(\tan \frac{A}{2}, \tan \frac{B}{2}, \tan \frac{C}{2} \right)$$

$$\Rightarrow \sum yz = yz + zx + xy = 1$$

由对称性,不妨设

$$x \geqslant y \geqslant z > 0 \Rightarrow \begin{cases} x^2 \geqslant y^2 \geqslant z^2 \\ x^{2(k-1)} \geqslant y^{2(k-1)} \geqslant z^{2(k-1)} \end{cases}$$

$$\Rightarrow \frac{1}{3} \sum x^{2k} = \frac{1}{3} \sum \left(x^2 \cdot x^{2(k-1)} \right)$$

(利用切比雪夫不等式)

$$\geqslant \left(\frac{\sum x^2}{3} \right) \left(\frac{\sum x^{2(k-1)}}{3} \right) \geqslant \frac{1}{3} \left(\sum x^2 \right) \left(\frac{\sum x}{3} \right)^{2(k-1)}$$

$$\geqslant \frac{1}{3} \left(\sum x^2 \right) \left(\frac{\sum yz}{3} \right)^{k-1} = \frac{1}{3} \left(\sum x^2 \right) \cdot \left(\frac{1}{3} \right)^{k-1}$$

(应用式(A))

$$\geqslant \frac{1}{3} (2-t) \left(\frac{1}{3} \right)^{k-1}$$

$$\Rightarrow \sum x^{2k} \geqslant 3^{1-k} (2-t)$$

即式(J)成立,等号成立当且仅当 $\triangle ABC$ 为正三角形.

式(A)的第二个指数推广是:

推广 2 设指数 $k \geqslant 1$,则对任意 $\triangle ABC$ 有

$$\sum \left(\tan \frac{A}{2} \right)^{2k} \geqslant 3^{1-k} \left(1 + k - 8k \prod \sin \frac{A}{2} \right) \qquad (\text{K})$$

显然,当 $k = 1$ 时,式(K)化为式(A).

证明 记 $m = 1 - 8 \prod \sin \frac{A}{2} \geqslant 0$,于是

$$\begin{cases} m \geqslant 0 \\ k \geqslant 1 \end{cases} \Rightarrow (1 + m)^k \geqslant 1 + km$$

$$\Rightarrow \frac{1}{3} \sum \left(\tan \frac{A}{2} \right)^{2k} \geqslant \left(\frac{\sum \tan^2 \frac{A}{2}}{3} \right)^k$$

$$\geqslant \left(\frac{2 - 8 \prod \sin \frac{A}{2}}{3} \right)^k = \left(\frac{1 + m}{3} \right)^k$$

$$\geqslant \frac{1 + km}{3^k} = \frac{1 + k \left(1 - 8 \prod \sin \frac{A}{2} \right)}{3^k}$$

$$\Rightarrow \sum \left(\tan \frac{A}{2} \right)^{2k} \geqslant 3^{1-k} \left(1 + k - 8k \prod \sin \frac{A}{2} \right)$$

等号成立当且仅当 $\triangle ABC$ 为正三角形.

式(A)的第三个指数推广是:

推广 3 设指数 $k \geqslant 1$,则对任意 $\triangle ABC$ 有

$$\sum \left(\tan \frac{A}{2} \right)^{2k} \geqslant 2 \times 3^{1-k} - 3 \left(\frac{8}{3} \prod \sin \frac{A}{2} \right)^k \qquad (\text{L})$$

特别地,当取 $k = 1$ 时,式(L)化为式(A).

证明 记 $$t = \frac{8}{3} \prod \sin \frac{A}{2}$$

$$P(k) = \sum \left(\tan \frac{A}{2} \right)^{2k} + 3t^k \ (\text{应用幂平均不等式})$$

$$\geqslant 6 \left(\frac{\sum \tan^2 \frac{A}{2} + 3t}{6} \right)^k$$

$$= 6 \left(\frac{\sum \tan^2 \frac{A}{2} + 8 \prod \sin \frac{A}{2}}{6} \right)^k (\text{应用式}(\text{A}))$$

$$\geqslant 6 \left(\frac{2}{6} \right)^k$$

$$\Rightarrow P(k) \geqslant 2 \times 3^{1-k}$$

这即为式(L),等号成立当且仅当 $\triangle ABC$ 为正三角形.

令人欣喜的是,式(A)还有第四个指数推广,而且这个指数推广最美妙优

雅,令人偏爱:

推广 4 设指数 $k \geqslant 1$,则对任意 $\triangle ABC$ 有

$$\sum \left(\tan \frac{A}{2}\right)^{2k} \geqslant 3^{1-k} + 8^{1-k} - 8\left(\prod \sin \frac{A}{2}\right)^k \tag{M}$$

显然,当取 $k = 1$ 时,式(M)化为式(A),纵观前面的四个指数推广,它们各具特色,各有秋千,恰如"四季花开",且式(M)最自然,最可爱,最令人满意!

证法 1 简记 $t = \prod \sin \dfrac{A}{2} \leqslant \dfrac{1}{8}$,$s = 3 + 8\left(\dfrac{3}{8}\right)^k$,式(A)化为

$$\sum \tan^2 \frac{A}{2} \geqslant 2 - 8t \tag{1}$$

$$P(k) = \sum \left(\tan^2 \frac{A}{2}\right)^k + 8t^k$$

$$= \sum \left(\tan^2 \frac{A}{2}\right)^k + 8\left(\frac{3}{8}\right)^k \cdot \left(\frac{8}{3}t\right)^k$$

$$\Rightarrow \frac{P(k)}{s} = \frac{1}{s}\left[\sum \left(\tan^2 \frac{A}{2}\right)^k + 8\left(\frac{3}{8}\right)^k \cdot \left(\frac{8}{3}t\right)^k\right]$$

（应用加权幂平均不等式）

$$\geqslant \left\{\frac{1}{s}\left[\sum \tan^2 \frac{A}{2} + 8\left(\frac{3}{8}\right)^k \cdot \left(\frac{8}{3}t\right)\right]\right\}^k$$

（应用式(1)）

$$\geqslant \left\{\frac{1}{s}\left[(2 - 8t) + 8\left(\frac{3}{8}\right)^k \cdot \left(\frac{8}{3}t\right)\right]\right\}^k$$

$$= \left\{\frac{2 - 8t\left[1 - \left(\frac{3}{8}\right)^{k-1}\right]}{s}\right\}$$

$$\geqslant \left\{\frac{2 - \left[1 - \left(\frac{3}{8}\right)^{k-1}\right]}{s}\right\} = \left[\frac{1 + \left(\frac{3}{8}\right)^{k-1}}{s}\right]^k$$

$$\Rightarrow P(k) \geqslant \frac{\left[1 + \left(\frac{3}{8}\right)^{k-1}\right]^k}{s^{k-1}} = \frac{\left[1 + \left(\frac{3}{8}\right)^{k-1}\right]^k}{\left[3 + 8\left(\frac{3}{8}\right)^k\right]^{k-1}}$$

$$= \left(\frac{3^{1-k} + 8^{1-k}}{3^{k-1}}\right)^k \cdot \frac{(3^k)^{k-1}}{(3^{1-k} + 8^{1-k})^{k-1}} = 3^{1-k} + 8^{1-k}$$

$$\Rightarrow P(k) \geqslant 3^{1-k} + 8^{1-k}$$

$$\Rightarrow \sum \left(\tan \frac{A}{2}\right)^{2k} + 8\left(\prod \sin \frac{A}{2}\right)^k \geqslant 3^{1-k} + 8^{1-k}$$

等号成立当且仅当 $\triangle ABC$ 为正三角形.

    证法 2   我们记

$$t = \frac{8}{3} \sin \frac{A}{2} \sin \frac{B}{2} \sin \frac{C}{2} \leqslant \frac{1}{3}$$

注意到 $k \geqslant 1$,应用幂平均不等式有

$$\frac{1}{6} \left[\sum \left(\tan^2 \frac{A}{2} \right)^k + 3t^k \right] \geqslant \left[\frac{\sum \tan^2 \frac{A}{2} + 3t}{6} \right]^k$$

$$= \left[\frac{1}{6} \left(\sum \tan^2 \frac{A}{2} + 8 \prod \sin \frac{A}{2} \right) \right]^k \geqslant \left(\frac{2}{6} \right)^k = \left(\frac{1}{3} \right)^k$$

$$\Rightarrow \sum \left(\tan^2 \frac{A}{2} \right)^k + 3t^k \geqslant \frac{2}{3^{k-1}}$$

$$\Rightarrow \sum \left(\tan^2 \frac{A}{2} \right)^k + 3 \left(\frac{8}{3} \right)^k \prod \left(\sin \frac{A}{2} \right)^k \geqslant \frac{2}{3^{k-1}}$$

$$\Rightarrow \sum \left(\tan^2 \frac{A}{2} \right)^k + 8 \left(\prod \sin \frac{A}{2} \right)^k$$

$$\geqslant \frac{2}{3^{k-1}} - \left[3 \left(\frac{8}{3} \right)^k - 8 \right] \left(\prod \sin \frac{A}{2} \right)^k$$

$$\left(\text{注意到 } k \geqslant 1 \Rightarrow 3 \left(\frac{8}{3} \right)^k - 8 \geqslant 0 \text{ 及 } \prod \sin \frac{A}{2} \leqslant \frac{1}{8} \right)$$

$$\geqslant \frac{2}{3^{k-1}} - \left[3 \left(\frac{8}{3} \right)^k - 8 \right] \left(\frac{1}{8} \right)^k$$

$$= \frac{2}{3^{k-1}} - \frac{3}{3^k} + \frac{8}{8^k}$$

$$\Rightarrow \sum \left(\tan \frac{A}{2} \right)^{2k} + 8 \left(\prod \sin \frac{A}{2} \right)^k \geqslant 3^{1-k} + 8^{1-k}$$

等号成立当且仅当 $\triangle ABC$ 为正三角形.

    证法 3   仍然记

$$t = \frac{8}{3} \prod \sin \frac{A}{2} \leqslant \frac{1}{3}$$

由于 $k \geqslant 1$,应用幂平均不等式有

$$\sum \left[\left(\tan^2 \frac{A}{2} \right)^k + t^k \right] \geqslant \sum 2 \left(\frac{t + \tan^2 \frac{A}{2}}{2} \right)^k$$

$$= \frac{1}{2^{k-1}} \sum \left(t + \tan^2 \frac{A}{2} \right)^k$$

$$\geqslant \frac{3}{2^{k-1}} \left[\frac{\sum \left(t + \tan^2 \frac{A}{2} \right)}{3} \right]^k$$

$$= \frac{3}{2^{k-1}} \left(\frac{3t + \sum \tan^2 \frac{A}{2}}{3} \right)^k$$

$$= \frac{3}{2^{k-1}} \left(\frac{\sum \tan^2 \frac{A}{2} + 8 \prod \sin \frac{A}{2}}{3} \right)^k （利用式（A））$$

$$\geqslant \frac{3}{2^{k-1}} \cdot \left(\frac{2}{3} \right)^k = 2 \cdot 3^{1-k}$$

$$\Rightarrow \sum \left(\tan \frac{A}{2} \right)^{2k} + 3t^k \geqslant 2 \cdot 3^{1-k}$$

$$\Rightarrow \sum \left(\tan \frac{A}{2} \right)^{2k} + 3 \left(\frac{8}{3} \prod \sin \frac{A}{2} \right)^k \geqslant 2 \cdot 3^{1-k}$$

以下过程同证法 2.

（5）系数推广

有许多优美的不等式,通过努力后我们都可从系数方面建立它们的系数推广（又名加权推广）,但由于三角不等式（A）包括了两个三角不等式

$$\sum \tan^2 \frac{A}{2} + 8 \prod \sin \frac{A}{2} \geqslant 2 \qquad\qquad （A）$$

它的外形结构自然特别.最近几年,笔者多次尝试建立式（A）的系数推广,均未成功,只有当指数 $k > 1$ 时可建立式（J）,（K）,（L）,（M）的系数推广,但不令人满意.

不过,我们可建立两个不错的相关结论:

结论 1 设正数 λ, μ, ν 满足 $\lambda\mu + \mu\nu + \nu\lambda = 3$,则对任意 $\triangle ABC$ 有

$$\begin{aligned} &\lambda \left(\tan \frac{A}{2} \right)^2 + \mu \left(\tan \frac{B}{2} \right)^2 + \nu \left(\tan \frac{C}{2} \right)^2 + \\ &\frac{8}{3} \lambda\mu\nu \sin \frac{A}{2} \sin \frac{B}{2} \sin \frac{C}{2} \geqslant \frac{4}{3} \lambda\mu\nu \end{aligned} \qquad （a）$$

等号成立当且仅当 $\triangle ABC$ 为正三角形,且 $\lambda = \mu = \nu = 1$.

当取 $\lambda = \mu = \nu = 1$ 时,式（a）化为

$$\sum \tan^2 \frac{A}{2} + \frac{8}{3} \prod \sin \frac{A}{2} \geqslant \frac{4}{3}$$

这一结果明显比式（A）弱，并非我们朝思暮想的"梦中情人"，但它还算一个较好的结论.

证明 我们记 $m = 8 \prod \sin \dfrac{A}{2} \leqslant 1$，式（A）化为

$$\sum \tan^2 \frac{A}{2} \geqslant 2 - m \tag{1}$$

应用三角恒等式

$$\sum \tan \frac{B}{2} \tan \frac{C}{2} = 1$$

有
$$\sum \tan^2 \frac{A}{2} + 2 \sum \tan \frac{B}{2} \tan \frac{C}{2} \geqslant 4 - m$$

$$\Rightarrow \left(\sum \tan \frac{A}{2} \right)^2 \geqslant 4 - m \quad \text{（利用柯西不等式）} \tag{2}$$

$$\Rightarrow \left(\sum \mu\nu \right) \left(\sum \lambda \tan^2 \frac{A}{2} \right)$$

$$\geqslant \lambda\mu\nu \left(\sum \tan \frac{A}{2} \right)^2 \geqslant \lambda\mu\nu(4 - m)$$

$$\Rightarrow \sum \lambda \tan^2 \frac{A}{2} + \frac{1}{3} \lambda\mu\nu m \geqslant \frac{4}{3} \lambda\mu\nu$$

$$\Rightarrow \sum \lambda \tan^2 \frac{A}{2} + \frac{8\lambda\mu\nu}{3} \prod \sin \frac{A}{2} \geqslant \frac{4}{3} \lambda\mu\nu$$

等号成立当且仅当 $\lambda = \mu = \nu = 1$，且 $\triangle ABC$ 为正三角形.

还有一个更佳的结果便是：

结论 2 设正数 $k, \lambda, \mu, \nu, x, y, z$ 满足条件：$k\lambda + \mu\nu = 2x, k\mu + \nu\lambda = 2y, k\nu + \lambda\mu = 2z$，则对任意 $\triangle ABC$ 有

$$\sum x\tan^2 \frac{A}{2} + 8\left(\sqrt[3]{xyz} \right) \prod \sin \frac{A}{2} \geqslant \sqrt{k\lambda\mu\nu} \tag{b}$$

显然，当取 $\lambda = \mu = \nu = x = y = z = k = 1$ 时，式（b）化为式（A），这点让我们倍感欣喜，因此我们可视式（b）为式（A）的一个系数推广.

证明 由于

$$8xyz = (k\lambda + \mu\nu)(k\mu + \nu\lambda)(k\nu + \lambda\mu) \geqslant 8(k\lambda\mu\nu)^{\frac{3}{2}}$$

$$\Rightarrow \sqrt{k\lambda\mu\nu} \leqslant \sqrt[3]{xyz} \tag{1}$$

记 $m = 8 \prod \sin \dfrac{A}{2} \leqslant 1$，式（A）即为

$$\sum \tan^2 \frac{A}{2} \geqslant 2 - m \tag{2}$$

于是
$$2 \sum x\tan^2 \frac{A}{2} = \sum (k\lambda + \mu\nu) \tan^2 \frac{A}{2}$$

$$\geq 2 \sum \sqrt{k\lambda\mu\nu} \tan^2 \frac{A}{2}$$

$$= 2 \sqrt{k\lambda\mu\nu} \sum \tan^2 \frac{A}{2}$$

$$\geq 2 \sqrt{k\lambda\mu\nu} (2 - m)$$

$$= 2 (2 \sqrt{k\lambda\mu\nu} - m \sqrt{k\lambda\mu\nu})$$

$$\geq 2 (2 \sqrt{k\lambda\mu\nu} - m \sqrt[3]{xyz})$$

$$\Rightarrow \sum x\tan^2 \frac{A}{2} + m \sqrt[3]{xyz} \geq 2 \sqrt{k\lambda\mu\nu}$$

$$\Rightarrow \sum x\tan^2 \frac{A}{2} + 8 \sqrt[3]{xyz} \left(\prod \sin \frac{A}{2} \right) \geq 2 \sqrt{k\lambda\mu\nu}$$

即式(b)成立,等号成立当且仅当 $\lambda = \mu = \nu = k, x = y = z = k^2$,且 $\triangle ABC$ 为正三角形.

进一步地,我们还可将式(b)加强为

$$\sum x\tan^2 \frac{A}{2} + 8\sqrt{k}\theta \prod \sin \frac{A}{2} \geq 2 \sqrt{k\lambda\mu\nu} \tag{c}$$

其中

$$\theta = \left(\frac{\sqrt{k^2 + 8 \sqrt[3]{xyz}} - 1}{2} \right)^{\frac{3}{2}}$$

证明 我们记 $\sqrt[3]{xyz} = e, \sqrt[3]{\lambda\mu\nu} = f$,应用赫尔德不等式有

$$8xyz = (k\lambda + \mu\nu)(k\mu + \nu\lambda)(k\nu + \lambda\mu)$$

$$\geq \left[k \sqrt[3]{\lambda\mu\nu} + \sqrt[3]{(\lambda\mu\nu)^2} \right]^3$$

$$\Rightarrow 2 \sqrt[3]{xyz} \geq k \sqrt[3]{\lambda\mu\nu} + \sqrt[3]{(\lambda\mu\nu)^2}$$

$$\Rightarrow 2e \geq kf + f^2 \Rightarrow 0 < f \leq \frac{\sqrt{k^2 + 8e} - 1}{2}$$

$$\Rightarrow 0 < \sqrt[3]{\lambda\mu\nu} \leq \frac{1}{2}(\sqrt{k^2 + 8e} - 1)$$

$$\Rightarrow \sqrt{\lambda\mu\nu} \leq \left(\frac{\sqrt{k^2 + 8e} - 1}{2} \right)^{\frac{3}{2}} = \theta$$

（应用前面的结论）

$$\Rightarrow \sum x\tan^2 \frac{A}{2} \geq 2 \sqrt{k\lambda\mu\nu} - m \sqrt{k\lambda\mu\nu}$$

$$\geq 2 \sqrt{k\lambda\mu\nu} - m\theta\sqrt{k}$$

$$\Rightarrow \sum x\tan^2 \frac{A}{2} + m\theta\sqrt{k} \geq 2 \sqrt{k\lambda\mu\nu}$$

$$\Rightarrow \sum x\tan^2 \frac{A}{2} + 8\theta\sqrt{k} \prod \sin \frac{A}{2} \geqslant 2 \sqrt{k\lambda\mu\nu}$$

即式(c)成立,等号成立的条件与式(b)一致.

(6) 等价形式

有些不等式,虽然外形结构不同,但在本质上它们也是等价的,如不等式

$$\sum \tan^2 \frac{A}{2} + 8 \prod \sin \frac{A}{2} \geqslant 2$$

就有两个等价形式,真是大千世界,无奇不有.

等价 1 设 R,r,S 分别表示 $\triangle ABC$ 的外接圆半径,内切圆半径,半周长,则有

$$R(4R+r)^2 \geqslant 2S^2(2R-r) \tag{N}$$

证明 用 Δ 表示 $\triangle ABC$ 的面积,那么

$$\frac{r}{R} = \frac{\Delta}{RS} = \frac{2\prod \sin A}{\sum \sin A} = 4 \prod \sin \frac{A}{2}$$

$$\left(\sum \tan \frac{A}{2} \right)^2 = \sum \tan^2 \frac{A}{2} + 2 \sum \tan \frac{B}{2}\tan \frac{C}{2}$$

$$= \sum \tan^2 \frac{A}{2} + 2 \geqslant 4 - 8 \prod \sin \frac{A}{2}$$

$$\Rightarrow \left(\sum \tan \frac{A}{2} \right)^2 + 2 \geqslant 4 - 8 \prod \sin \frac{A}{2}$$

$$\Rightarrow \left(\sum \tan \frac{A}{2} \right)^2 \geqslant 4 - 2\left(\frac{r}{R} \right) \tag{1}$$

但

$$\sum \tan \frac{A}{2} = \left(\sum \sin \frac{A}{2}\cos \frac{B}{2}\cos \frac{C}{2} \right) \prod \sec \frac{A}{2}$$

$$= \sum (1 + \cos B + \cos C - \cos A) \cdot \prod \sec \frac{A}{2}$$

$$= (3 + \sum \cos A) \prod \sec \frac{A}{2}$$

$$= \left(4 + 4\prod \sin \frac{A}{2} \right) \prod \sec \frac{A}{2}$$

$$= \left(4 + \frac{r}{R} \right) \prod \sec \frac{A}{2}(代入式(1))$$

$$\Rightarrow \left(4 + \frac{r}{R} \right)^2 \left(\prod \sec \frac{A}{2} \right)^2 \geqslant 4 - 2\left(\frac{r}{R} \right)$$

$$\Rightarrow \left(\prod \cos \frac{A}{2} \right)^2 \leqslant \left(4 + \frac{r}{R} \right)^2 \Big/ \left(4 - \frac{2r}{R} \right) \tag{2}$$

但
$$S = R\sum \sin A = 4R\prod \cos \frac{A}{2}$$

与式(2)结合得

$$\left(\frac{S}{4R}\right)^2 \leqslant \left(4 + \frac{r}{R}\right)^2 \Big/ \left(4 - \frac{2r}{R}\right)$$

$$\Rightarrow R(4R + r)^2 \geqslant 2S^2(2R - r)$$

即式(N)与式(A)等价,等号成立当且仅当$\triangle ABC$为正三角形.

式(A)的第二个等价式为:

等价 2 对于任意$\triangle ABC$,有

$$\left(\frac{\cos A}{\cos \dfrac{A}{2}}\right)^2 + \left(\frac{\cos B}{\cos \dfrac{B}{2}}\right)^2 + \left(\frac{\cos C}{\cos \dfrac{C}{2}}\right)^2 \geqslant 1 \tag{O}$$

式(O)的结构紧凑,外形优美,讨人喜欢,它也有两个等价外形

$$\frac{\cos^2 A}{1 + \cos A} + \frac{\cos^2 B}{1 + \cos B} + \frac{\cos^2 C}{1 + \cos C} \geqslant \frac{1}{2} \tag{O_1}$$

$$\frac{1 + \cos 2A}{1 + \cos A} + \frac{1 + \cos 2B}{1 + \cos B} + \frac{1 + \cos 2C}{1 + \cos C} \geqslant 1 \tag{O_2}$$

2005 年我国高中联赛加试第二题为:

题目:设正数a,b,c,x,y,z满足

$$cy + bz = a, az + cx = b, bx + ay = c$$

求函数

$$f(x,y,z) = \frac{x^2}{1 + x} + \frac{y^2}{1 + y} + \frac{z^2}{1 + z}$$

的最小值.

事实上,如果a,b,c为$\triangle ABC$的三边长,从已知条件解出

$$\begin{cases} x = \dfrac{b^2 + c^2 - a^2}{2bc} = \cos A \\[2mm] y = \dfrac{c^2 + a^2 - b^2}{2ca} = \cos B \\[2mm] z = \dfrac{a^2 + b^2 - c^2}{2ab} = \cos C \end{cases}$$

$$\Rightarrow f(x,y,z) = \frac{\cos^2 A}{1 + \cos A} + \frac{\cos^2 B}{1 + \cos B} + \frac{\cos^2 C}{1 + \cos C}$$

$$\geqslant \frac{1}{2}$$

$$\Rightarrow f(x,y,z)_{\min} = \frac{1}{2}$$

可见,此题目与式(O)有"血缘关系",真是有趣!

下面我们证明式(O)与式(A)等价.

证法1 我们令

$$(x,y,z) = \left(\tan \frac{A}{2}, \tan \frac{B}{2}, \tan \frac{C}{2} \right)$$

$$\Rightarrow yz + zx + xy = 1$$

$$\Rightarrow 1 + x^2 = yz + zx + xy + x^2 = (x+y)(x+z)$$

$$\Rightarrow (y+z)(z+x)(x+y) = (y+z)(1+x^2)$$

$$= y + z + (yx + zx)x$$

$$= y + z + (1 - yz)x = x + y + z - xyz$$

$$\Rightarrow xyz = x + y + z - \prod (y+z)$$

又式(A)等价于

$$x^2 + y^2 + z^2 \geq 2 - \frac{8xyz}{\sqrt{(1+x^2)(1+y^2)(1+z^2)}}$$

$$= 2 - 8 \left[\frac{\sum x - \prod (y+z)}{\prod (y+z)} \right]$$

$$= 10 - \frac{4 \sum (y+z)}{\prod (x+y)}$$

$$= 10 - 4 \sum \frac{1}{(x+y)(x+z)}$$

$$= 10 - 4 \sum \left(\frac{1}{1+x^2} \right)$$

$$\Leftrightarrow \sum x^2 - 4 \sum \left(\frac{1}{1+x^2} \right) \geq 10$$

$$\Leftrightarrow \sum \left(x^2 - 3 + \frac{4}{1+x^2} \right) \geq 1$$

$$\Leftrightarrow \sum \frac{(1-x^2)^2}{1+x^2} \geq 1$$

$$\Leftrightarrow \sum \frac{\left(1 - \tan^2 \frac{A}{2}\right)^2}{1 + \tan^2 \frac{A}{2}} \geq 1$$

$$\Leftrightarrow \sum \left(\frac{\cos A}{\cos \frac{A}{2}} \right)^2 \geq 1$$

即式(O)与式(A)等价,等号成立当且仅当△ABC为正三角形.

证法2 利用三角恒等式

393

$$\begin{cases} \sum \cos A = 1 + 4 \prod \sin \dfrac{A}{2} \\ \tan^2 \dfrac{\theta}{2} = \dfrac{1 - \cos \theta}{1 + \cos \theta} = \dfrac{2}{1 + \cos \theta} - 1 \end{cases}$$

将式(A)化为

$$\sum \left(\frac{2}{1 + \cos A} - 1 \right) \geqslant 2 + 2\left(1 - \sum \cos A \right)$$

$$\Leftrightarrow \sum \left(\cos A + \frac{1}{1 + \cos A} \right) \geqslant \frac{7}{2}$$

$$\Leftrightarrow \sum \left(1 + \cos A - \frac{\cos A}{1 + \cos A} \right) \geqslant \frac{7}{2}$$

$$\Leftrightarrow \sum \left[1 + \left(1 - \frac{1}{1 + \cos A} \right) \cos A \right] \geqslant \frac{7}{2}$$

$$\Leftrightarrow \sum \left(1 + \frac{\cos^2 A}{1 + \cos A} \right) \geqslant \frac{7}{2}$$

$$\Leftrightarrow \sum \frac{\cos^2 A}{1 + \cos A} \geqslant \frac{1}{2} \Leftrightarrow \sum \left(\frac{\cos A}{\cos \dfrac{A}{2}} \right)^2 \geqslant 1$$

关于式(O)的直接证法较多,约近十种方法,限于篇幅,不再一一列举,但从它下面的推广式的证明即可领会.

(7)加权推广

如此优美迷人的式(O),定有奇妙的加权推广:

推广 5 设正数 λ, μ, ν 满足 $\lambda\mu\nu \geqslant 1$,那么对于锐角 $\triangle ABC$ 有(a, b, c 为 $\triangle ABC$ 三边的长)

$$\lambda \left(\frac{\cos A}{\cos \dfrac{A}{2}} \right)^2 + \mu \left(\frac{\cos B}{\cos \dfrac{B}{2}} \right)^2 + \nu \left(\frac{\cos C}{\cos \dfrac{C}{2}} \right)^2$$

$$\geqslant \left(\frac{a^2 + b^2 + c^2}{\lambda a^2 + \mu b^2 + \nu c^2} \right)^2 \tag{P}$$

显然,当 $\lambda = \mu = \nu = 1$ 时,式(P)化为式(O).

证明 式(P)等价于

$$P_\lambda = \frac{\lambda \cos^2 A}{1 + \cos A} + \frac{\mu \cos^2 B}{1 + \cos B} + \frac{\nu \cos^2 C}{1 + \cos C}$$

$$\geqslant \frac{1}{2} \left(\frac{a^2 + b^2 + c^2}{\lambda a^2 + \mu b^2 + \nu c^2} \right)^2 \tag{1}$$

应用已知条件 $\lambda \geqslant \dfrac{1}{\mu\nu}$ 和余弦定理有

$$P_\lambda = \sum \frac{\lambda \cos^2 A}{1 + \cos A} = \sum \frac{\lambda (b^2 + c^2 - a^2)^2}{4b^2 c^2 + 2bc(b^2 + c^2 - a^2)}$$

$$\geqslant \sum \frac{(b^2 + c^2 - a^2)^2}{4\mu\nu b^2 c^2 + 2\mu\nu bc(b^2 + c^2 - a^2)}$$

（应用柯西不等式）

$$\geqslant \frac{\left[\sum (b^2 + c^2 - a^2)\right]^2}{\sum \left[4\mu\nu b^2 c^2 + 2\mu\nu bc(b^2 + c^2 - a^2)\right]}$$

$$\Rightarrow P_\lambda \geqslant \frac{1}{m}(a^2 + b^2 + c^2)^2 \tag{2}$$

其中

$$m = \sum \left[4\mu\nu b^2 c^2 + 2\mu\nu bc(b^2 + c^2 - a^2)\right]$$

$$= 4 \sum \mu\nu b^2 c^2 + 4 \sum (\mu b^2)(\nu c^2)\cos A$$

（应用三角母不等式）

$$\leqslant 4 \sum \mu\nu b^2 c^2 + 2 \sum (\lambda a^2)^2$$

$$= 2\left(\sum \lambda a^2\right)^2 = 2(\lambda a^2 + \mu b^2 + \nu c^2)^2$$

$$\Rightarrow P_\lambda \geqslant \frac{1}{2}\left(\frac{a^2 + b^2 + c^2}{\lambda a^2 + \mu b^2 + \nu c^2}\right)^2$$

即式(P)成立,等号成立当且仅当 $\lambda = \mu = \nu = 1$,且 $\triangle ABC$ 为正三角形.

进一步地,我们还有:

推广6 设 λ,μ,ν,x,y,z 均为正数,且满足 $x + y + z \geqslant 3$,则对锐角 $\triangle ABC$ 有

$$\frac{x^2}{\mu\nu}\left(\frac{\cos A}{\cos \dfrac{A}{2}}\right)^2 + \frac{y^2}{\nu\lambda}\left(\frac{\cos B}{\cos \dfrac{B}{2}}\right)^2 + \frac{z^2}{\lambda\mu}\left(\frac{\cos C}{\cos \dfrac{C}{2}}\right)^2$$

$$\geqslant \left[\frac{(3 - 2x)a^2 + (3 - 2y)b^2 + (3 - 2z)c^2}{\lambda a^2 + \mu b^2 + \nu c^2}\right]^2 \tag{Q}$$

特别地,当 $\lambda = \mu = \nu$ 时,式(Q)化为一个漂亮的推论

$$x^2\left(\frac{\cos A}{\cos \dfrac{A}{2}}\right)^2 + y^2\left(\frac{\cos B}{\cos \dfrac{B}{2}}\right)^2 + z^2\left(\frac{\cos C}{\cos \dfrac{C}{2}}\right)^2$$

$$\geqslant \left(\frac{pa^2 + qb^2 + rc^2}{a^2 + b^2 + c^2}\right)^2 \tag{Q_1}$$

其中 $p = y + z - x, q = z + x - y, r = x + y - z$,当 $x = y = z$ 时,式(Q_1)立刻化为式(A).

略证 由前面的证法可知

395

$$T_\lambda = \sum \left(\frac{\frac{x^2}{\mu\nu}\cos^2 A}{1 + \cos A} \right) = \sum \frac{\frac{x^2}{\mu\nu}(b^2 + c^2 - a^2)^2}{4b^2c^2 + 2bc(b^2 + c^2 - a^2)}$$

$$= \sum \frac{[x(b^2 + c^2 - a^2)]^2}{\mu\nu[4b^2c^2 + 2bc(b^2 + c^2 - a^2)]}$$

（应用柯西不等式）

$$\geq \frac{[\sum x(b^2 + c^2 - a^2)]^2}{\sum \mu\nu[4b^2c^2 + 2bc(b^2 + c^2 - a^2)]}$$

$$\geq \frac{[\sum x(b^2 + c^2 - a^2)]^2}{2(\sum \lambda a^2)^2}$$

（应用 $m \leq 2(\sum \lambda a^2)^2$）

$$= \frac{[\sum (y + z - x)a^2]^2}{2(\sum \lambda a^2)^2} \geq \frac{[\sum (3 - 2x)a^2]^2}{2(\sum \lambda a^2)^2}$$

$$\Rightarrow \sum \frac{x^2}{\mu\nu}\left(\frac{\cos A}{\cos \frac{A}{2}} \right)^2 \geq \left[\frac{\sum (3 - 2x)a^2}{\sum \lambda a^2} \right]^2$$

即式（Q）成立,等号成立当且仅当 $x = y = z = 1$, $\lambda = \mu = \nu$, 且 $\triangle ABC$ 为正三角形.

（8）指数推广

如果我们应用幂平均不等式,就可轻松地将式（O）指数推广为

$$\left(\frac{\cos A}{\cos \frac{A}{2}} \right)^{2k} + \left(\frac{\cos B}{\cos \frac{B}{2}} \right)^{2k} + \left(\frac{\cos C}{\cos \frac{C}{2}} \right)^{2k} \geq 3^{1-k} \qquad (*)$$

其中 $k \geq 1$, 等号成立当且仅当 $\triangle ABC$ 为正三角形.

但我们觉得上式虽然结构对称简洁,外形美观漂亮,但它略显单调,不尽人意,更美更好是我们永恒的追求,只要我们不畏艰辛,走遍"天涯海角",就能寻觅到理想的"梦中情人".

推广 7 设指数 α, β 满足 $2\beta \geq 2\alpha \geq 1 + \beta$, $\triangle ABC$ 为锐角三角形,则有

$$\frac{(\cos A)^{2\alpha}}{\left(\cos \frac{A}{2} \right)^{2\beta}} + \frac{(\cos B)^{2\alpha}}{\left(\cos \frac{B}{2} \right)^{2\beta}} + \frac{(\cos C)^{2\alpha}}{\left(\cos \frac{C}{2} \right)^{2\beta}}$$

$$\geq 3^{1-\beta} \cdot 2^{2(\beta-\alpha)} \qquad (R)$$

等号成立当且仅当 $\triangle ABC$ 为正三角形.

显然,由已知条件有 $\beta \geqslant \alpha \geqslant 1$,当取 $\alpha = \beta = k \geqslant 1$ 时,式(R)化为式(*),如此简洁美妙的式(R),我们多么爱它呀!

证明 记 $\qquad \theta = \dfrac{2\alpha}{1+\beta} \geqslant 1, 0 < \varphi = \dfrac{\alpha}{\beta} \leqslant 1,$ 且 $\beta \geqslant \alpha \geqslant 1$

$$P = \sum \frac{(\cos A)^{2\alpha}}{\left(\cos \dfrac{A}{2}\right)^{2\beta}}, S = a^2 + b^2 + c^2$$

应用余弦倍角公式及余弦定理有

$$\frac{P}{2^\beta} = \sum \frac{(\cos A)^{2\alpha}}{\left(2\cos^2 \dfrac{A}{2}\right)^\beta} = \sum \frac{(\cos A)^\alpha}{(1+\cos A)^\beta}$$

$$= \sum \frac{\left(\dfrac{b^2+c^2-a^2}{2bc}\right)^{2\alpha}}{(1+\cos A)^\beta}$$

$$= \left(\frac{1}{2}\right)^{2\alpha} \sum \frac{(b^2+c^2-a^2)^{2\alpha}}{\left[(bc)^{2\varphi}+(bc)^{2\varphi}\cos A\right]^\beta}$$

$$= \left(\frac{1}{2}\right)^{2\alpha} \cdot \sum \frac{\left[(b^2+c^2-a^2)^\theta\right]^{1+\beta}}{\left[(bc)^{2\varphi}+(bc)^{2\varphi}\cos A\right]^\beta}$$

（应用权方和不等式）

$$\geqslant \left(\frac{1}{2}\right)^{2\beta} \cdot \frac{M^{1+\beta}}{m^\beta}$$

$$\Rightarrow P \geqslant 2^{\beta-2\alpha} \cdot \frac{M^{1+\beta}}{m^\beta} \qquad (1)$$

其中

$$\begin{cases} M = \sum (b^2+c^2-a^2)^\theta \\ m = \sum \left[(bc)^{2\varphi}+(bc)^{2\varphi}\cos A\right] \end{cases}$$

注意到 $0 < \varphi = \dfrac{\alpha}{\beta} \leqslant 1$,应用三角母不等式和幂平均不等式,有

$$m = \sum (bc)^{2\varphi} + \sum (bc)^{2\varphi}\cos A$$

$$\leqslant \sum (bc)^{2\varphi} + \frac{1}{2} \sum a^{4\varphi} = \frac{1}{2}\left(\sum a^{2\varphi}\right)^2$$

$$\leqslant \frac{1}{2}\left\{3\left(\frac{\sum a^2}{3}\right)^\varphi\right\}^2 = \frac{1}{2} \cdot 3^{2(1-\varphi)} \cdot S^{2\varphi}$$

$$\Rightarrow m^\beta \leqslant 2^{-\beta} \cdot 3^{2(\beta-\alpha)} \cdot S^{2\alpha} \qquad (2)$$

注意到 $\theta = \dfrac{2\alpha}{1+\beta} \geqslant 1$,应用幂平均不等式有

$$M = \sum \left(b^2 + c^2 - a^2 \right)^{\theta} \geq 3 \left[\frac{\sum \left(b^2 + c^2 - a^2 \right)}{3} \right]^{\theta}$$

$$= 3 \left(\frac{S}{3} \right)^{\theta}$$

$$\Rightarrow M^{1+\beta} \geq \left[3 \left(\frac{S}{3} \right)^{\theta} \right]^{1+\beta} = \left[3 \left(\frac{S}{3} \right)^{\frac{2\alpha}{1+\beta}} \right]^{1+\beta}$$

$$= 3^{(1+\beta-2\alpha)} \cdot S^{2\alpha} \tag{3}$$

由式 $(1),(2),(3)$ 得

$$P \geq 2^{\beta-2\alpha} \cdot \frac{3^{(1+\beta-2\alpha)} \cdot S^{2\alpha}}{2^{-\beta} \cdot 3^{2(\beta-\alpha)} \cdot S^{2\alpha}} = 3^{1-\beta} \cdot 2^{2(\beta-\alpha)}$$

即式 (R) 成立, 等号成立当且仅当 $\triangle ABC$ 为正三角形.

(9)"系数—指数"推广

如果我们能从系数和指数两个方面, 进行联合推广, 那就两全其美, 趣味无穷了!

推广 8 设指数 α,β 满足 $2\beta \geq 2\alpha \geq 1+\beta$, 正权系数 x,y,z,λ,μ,ν 满足 $x+y+z \geq 3$, $\lambda+\mu+\nu = 3$, 则对于锐角 $\triangle ABC$ 有

$$\frac{\left(\frac{x^2}{\mu\nu} \cos^2 A \right)^{\alpha}}{\left(\cos \frac{A}{2} \right)^{2\beta}} + \frac{\left(\frac{y^2}{\nu\lambda} \cos^2 B \right)^{\alpha}}{\left(\cos \frac{B}{2} \right)^{2\beta}} + \frac{\left(\frac{z^2}{\lambda\mu} \cos^2 C \right)^{\alpha}}{\left(\cos \frac{C}{2} \right)^{2\beta}}$$

$$\geq 3^{1-\beta} \cdot 2^{2(\beta-\alpha)} \cdot t^{2\alpha} \tag{S}$$

$$\frac{(x\cos A)^{2\alpha}}{\left(\sqrt{\mu\nu} \cos \frac{A}{2} \right)^{2\beta}} + \frac{(y\cos B)^{2\alpha}}{\left(\sqrt{\nu\lambda} \cos \frac{B}{2} \right)^{2\beta}} + \frac{(z\cos C)^{2\alpha}}{\left(\sqrt{\lambda\mu} \cos \frac{C}{2} \right)^{2\beta}}$$

$$\geq 3^{1-\beta} \cdot 2^{2(\beta-\alpha)} \cdot t^{2\alpha} \tag{J}$$

其中 $t = \dfrac{(3-2x)a^2 + (3-2y)b^2 + (3-2z)c^2}{\lambda a^2 + \mu b^2 + \nu c^2}$.

观察可见, 式 (T) 与式 (S) 左边相异, 右边相同, 它们鸳鸯并举, 比翼双飞. 如果令

$$(\lambda,\mu,\nu) = (3-2x,3-2y,3-2z)$$

$$\Rightarrow t = 1 \Rightarrow \lambda+\mu+\nu = 3$$

式 (S) 与式 (T) 分别简化为

$$\sum \frac{(x\cos A)^{2\alpha}}{\left[\sqrt{(3-2y)(3-2z)} \cos \frac{A}{2} \right]^{2\beta}} \geq \frac{4^{\beta-\alpha}}{3^{\beta-1}} \tag{T'}$$

$$\sum \left[\frac{\left[\dfrac{(3-\lambda)\cos A}{\sqrt{\mu\nu}} \right]^{2\alpha}}{\left(\cos \dfrac{A}{2} \right)^{2\beta}} \right] \geqslant 3\left(\frac{A}{3} \right)^{\beta} \qquad (S')$$

其中

$$x,y,z \in \left(0,\frac{3}{2} \right), x+y+z=3$$

$$\lambda,\mu,\nu \in (0,3), \lambda+\mu+\nu=3$$

若令 $x=y=z=1$，$\lambda=\mu=\nu=1$，则以上四式均化为式（O）.

若 $\triangle ABC$ 为正三角形（此时 $a=b=c$），那么式（T）化为一个代数不等式

$$\frac{x^{2\alpha}}{(\mu\nu)^{\beta}} + \frac{y^{2\alpha}}{(\nu\lambda)^{\beta}} + \frac{z^{2\alpha}}{(\lambda\mu)^{\beta}}$$

$$\geqslant 3\left(\frac{x+y+z}{3} \right)^{2\alpha} \cdot \left(\frac{\lambda+\mu+\nu}{3} \right)^{-2\beta}$$

限于篇幅，我们只需证明式（T），式（S）同理可证.

证明 设 $\theta=\dfrac{2\alpha}{1+\beta} \geqslant 1$，$0<\varphi=\dfrac{\alpha}{\beta} \leqslant 1$（因为 $2\beta \geqslant 2\alpha \geqslant 1+\beta$）

$$P_{\lambda} = \sum \frac{(x\cos A)^{2\alpha}}{\left(\mu\nu\cos^2 \dfrac{A}{2} \right)^{\beta}}$$

应用余弦倍角公式和余弦定理有

$$\frac{P_{\lambda}}{2^{\beta}} = \sum \frac{(x\cos A)^{2\alpha}}{\left(2\mu\nu\cos^2 \dfrac{A}{2} \right)^{\beta}}$$

$$= \sum \frac{\left[\dfrac{x(b^2+c^2-a^2)}{2bc} \right]^{2\alpha}}{\left[\mu\nu(1+\cos A) \right]^{\beta}}$$

$$\Rightarrow 2^{2\alpha-\beta} \cdot P_{\lambda} = \sum \frac{\left\{ \left[x(b^2+c^2-a^2) \right]^{\theta} \right\}^{1+\beta}}{\left[\mu\nu(bc)^{2\varphi} + \mu\nu(bc)^{2\varphi}\cos A \right]^{\beta}}$$

$$\geqslant \frac{M^{1+\beta}}{m^{\beta}} \text{（应用权方和不等式）} \qquad (1)$$

其中

$$m = \sum \left[\mu\nu(bc)^{2\varphi} + \mu\nu(bc)^{2\varphi}\cos A \right]$$

$$M = \sum \left[x(b^2+c^2-a^2) \right]^{\theta} \qquad (2)$$

于是，应用三角母不等式有

$$m = \sum \mu\nu(bc)^{2\varphi} + \sum \mu\nu(bc)^{2\varphi}\cos A$$

$$= \sum (\mu b^{2\varphi})(\mu\nu^{2\varphi}) + \sum (\mu b^{2\varphi})(\nu c^{2\varphi})\cos A$$

$$\leqslant \sum \ (\mu b^{2\varphi})(\nu c^{2\varphi}) + \frac{1}{2} \sum \ (\lambda a^{2\varphi})^2$$

$$= \frac{1}{2} (\ \sum \ \lambda a^{2\varphi})^2$$

注意到 $\lambda + \mu + \nu = 3, 0 < \varphi \leqslant 1$,再应用加权幂平均不等式有

$$m \leqslant \frac{9}{2} \left(\frac{\sum \lambda a^{2\varphi}}{3} \right)^2 \leqslant \frac{9}{2} \left(\frac{\sum \lambda a^2}{3} \right)^{2\varphi}$$

$$\Rightarrow m \leqslant \frac{1}{2} \cdot 3^{2(1-\varphi)} \cdot (\ \sum \ \lambda a^2)^{2\varphi}$$

$$\Rightarrow m^{\beta} \leqslant \left(\frac{1}{2} \right)^{\beta} \cdot 3^{2(\beta-\alpha)} \cdot (\ \sum \ \lambda a^2)^{2\alpha} \tag{3}$$

再注意到 $\theta = \dfrac{2\alpha}{1+\beta} \geqslant 1$,应用幂平均不等式有

$$M = \sum \ [x(b^2 + c^2 - a^2)]^{\theta}$$

$$\geqslant 3 \left[\frac{\sum x(b^2 + c^2 - a^2)}{3} \right]^{\theta}$$

$$= 3^{1-\theta} \cdot [\ \sum \ (y+z-x)a^2]^{\theta}$$

$$= 3^{\left(1 - \frac{2\alpha}{1+\beta}\right)} \cdot [\ \sum \ (3-2x)a^2]^{\frac{2\alpha}{1+\beta}}$$

$$\Rightarrow M^{1+\beta} \geqslant 3^{(1+\beta-2\alpha)} \cdot [\ \sum \ (3-2x)a^2]^{2\alpha} \tag{4}$$

将上述式(1)—(4)结合得

$$2^{2\alpha-\beta} \cdot P_{\lambda} \geqslant \frac{M^{1+\beta}}{m^{\beta}} \geqslant \frac{3^{(1+\beta-2\alpha)} \cdot [\ \sum \ (3-2x)a^2]^{2\alpha}}{\left(\frac{1}{2} \right)^{\beta} \cdot 3^{2(\beta-\alpha)} \cdot (\ \sum \ \lambda a^2)^{2\alpha}}$$

$$\Rightarrow P_{\lambda} = \sum \ \frac{(x\cos A)^{2\alpha}}{\left(\sqrt{\mu\nu} \cos \dfrac{A}{2} \right)^{2\beta}} \geqslant 3^{1-\beta} \cdot 2^{2(\beta-\alpha)} \cdot t^{2\theta}$$

即式(T)成立,等号成立当且仅当 $\triangle ABC$ 为正三角形,且 $x = y = z = \lambda = \mu = \nu = 1$.

(10)综合推广

前面的所有推广均只涉及一个 $\triangle ABC$ 的情形,为了将它们"欲穷千里目,更上一层楼",推广得更美更妙更完善,现在我们将颇具代表性的式(T)推广到"高天彩云间".

推广9 设指数 α, β 满足 $2\beta \geqslant 2\alpha \geqslant 1 + \beta$,正系数 x, y, z, p, q, r 满足 $x, y, z \in$

$\left(0,\dfrac{3}{2}\right)$，$\lambda,\mu,\nu\in(0,3)$，且 $x+y+z=\lambda+\mu+\nu=3$，$\triangle A_1B_1C_1$，$\triangle A_2B_2C_2$，$\cdots$，$\triangle A_nB_nC_n$ 均为锐角三角形，且所有对应内角大小同序，那么有

$$P_n(\lambda)=p\prod_{i=1}^{n}\frac{(\cos A_i)^{2\alpha}}{\left(\cos\dfrac{A_i}{2}\right)^{2\beta}}+q\prod_{i=1}^{n}\frac{(\cos B_i)^{2\alpha}}{\left(\cos\dfrac{B_i}{2}\right)^{2\beta}}+$$

$$r\prod_{i=1}^{n}\frac{(\cos C_i)^{2\alpha}}{\left(\cos\dfrac{C_i}{2}\right)^{2\beta}}\geqslant k\left(\prod_{i=1}^{n}t_i\right)^{2\alpha}\qquad(\text{U})$$

其中 $t_i=\dfrac{(3-2x)a_i^2+(3-2y)b_i^2+(3-2z)c_i^2}{\lambda a_i^2+\mu b_i^2+\nu c_i^2}$ $(i=1,2,\cdots,n;n\in\mathbf{N}_+)$

$$k=s^{1-n}\cdot(3^{1-\beta}\cdot2^{2(\beta-\alpha)})^n,s=p+q+r$$

$$(p,q,r)=\left(\frac{x^{2\alpha}}{(\mu\nu)^{\beta}},\frac{y^{2\alpha}}{(\nu\lambda)^{\beta}},\frac{z^{2\alpha}}{(\lambda\mu)^{\beta}}\right)$$

显然，当 $n=1$ 时，式(U)等价于式(T)，当 $n>1$，且 $\triangle A_1B_1C_1\backsim\triangle A_2B_2C_2\backsim$ $\triangle A_3B_3C_3\backsim\cdots\backsim\triangle ABC$ 时，式(U)化为

$$p\left[\frac{(\cos A)^{\alpha}}{\left(\cos\dfrac{A}{2}\right)^{\beta}}\right]+q\left[\frac{(\cos B)^{\alpha}}{\left(\cos\dfrac{B}{2}\right)^{\beta}}\right]+r\left[\frac{(\cos C)^{\alpha}}{\left(\cos\dfrac{C}{2}\right)^{\beta}}\right]^2$$

$$\geqslant s^{1-n}(3^{1-\beta}\cdot2^{2(\beta-\alpha)}\cdot t^{2\alpha})^n\qquad(\text{V})$$

其中 $$t=\frac{(3-2x)a^2+(3-2y)b^2+(3-2z)c^2}{\lambda a^2+\mu b^2+\nu c^2}$$

关于式(V)，应用式(T)与加权幂平均不等式即可证明.

略证 注意到 $\dfrac{p}{s},\dfrac{q}{s},\dfrac{r}{s}\in(0,1)$，及 $\dfrac{p}{s}+\dfrac{q}{s}+\dfrac{r}{s}=1$，根据题意不妨设

$$0<A_i\leqslant B_i\leqslant C_i<\frac{\pi}{2}\quad(i=1,2,\cdots,n)$$

注意到 $$\frac{\cos\theta}{\cos\dfrac{\theta}{2}}=2\cos\frac{\theta}{2}-\frac{1}{\cos\dfrac{\theta}{2}}$$

有 $$\frac{(\cos A_i)^{2\alpha}}{\left(\cos\dfrac{A_i}{2}\right)^{2\beta}}\geqslant\frac{(\cos B_i)^{2\alpha}}{\left(\cos\dfrac{B_i}{2}\right)^{2\beta}}\geqslant\frac{(\cos C_i)^{2\alpha}}{\left(\cos\dfrac{C_i}{2}\right)^{2\beta}}>0$$

应用切比雪夫不等式的加权推广有

$$\frac{P_n(\lambda)}{s}=\sum\frac{p}{s}\prod_{i=1}^{n}\frac{(\cos A_i)^{2\alpha}}{\left(\cos\dfrac{A_i}{2}\right)^{2\beta}}$$

$$\geq \prod_{i=1}^{n} \left[\sum \frac{p}{s} \frac{(\cos A_i)^{2\alpha}}{\left(\cos \dfrac{A_i}{2}\right)^{2\beta}} \right]$$

$$= \frac{1}{s^n} \prod_{i=1}^{n} \left[\sum \frac{(x\cos A_i)^{2\alpha}}{\left(\mu\nu\cos^2 \dfrac{A_i}{2}\right)^{\beta}} \right] (应用式(T))$$

$$\geq \frac{1}{s^n} \prod_{i=1}^{n} \left[3^{1-\beta} \cdot 2^{2(\beta-\alpha)} \cdot t_i^{2\alpha} \right]$$

$$= \frac{1}{s^n} (3^{1-\beta} \cdot 2^{2(\beta-\alpha)})^n \cdot \left(\prod_{i=1}^{n} t_i \right)^{2\alpha}$$

$$\Rightarrow P_n(\lambda) \geq k \left(\prod_{i=1}^{n} t_i \right)^{2\alpha}$$

即式(U)成立,等号成立当且仅当$\triangle A_i B_i C_i (1 \leq i \leq n)$均为正三角形,及$x = y = z = \lambda = \mu = \nu = 1$.

不等式(A)优美奇妙,吸引我们对它下功夫研究揭秘,使它露出了庐山真面目——原来它妙趣无穷,优美无限!

天安门(笔者)

气势雄浑举世尊,巍然肃穆立乾坤.
龙鳞凤羽镶楼阁,砥柱阶犀嵌国琛.
璀璀琉璃光彩耀,隆隆礼炮焰纷呈.
星移物焕兴衰史,夏胤腾飞革鼎新.

6. 一对"雌雄"三角不等式的风采与欣赏

(1)抛砖引玉

早春二月,蜂飞蝶舞,鸟语花香,山清水秀,风光迷人,自然心情舒畅,不妨"摆弄"数学以此为乐.

我们知道,最常用的三角母不等式为:

设x,y,z为任意实数,则对任意$\triangle ABC$有(三角母不等式)

$$2yz\cos A + 2zx\cos B + 2xy\cos C \leq x^2 + y^2 + z^2 \tag{a}$$

式(a)因用途广泛而著名,其等号成立的条件是

$$\frac{x}{\sin A} = \frac{y}{\sin B} = \frac{z}{\sin C}$$

让我们增加约束条件:设 x, y, z 均为正数,$\triangle ABC$ 为锐角三角形,作代换,令

$$(\alpha, \beta, \gamma) = (yz, zx, xy)$$

则

$$(x, y, z) = \left(\sqrt{\frac{\beta\gamma}{\alpha}}, \sqrt{\frac{\gamma\alpha}{\beta}}, \sqrt{\frac{\alpha\beta}{\gamma}} \right)$$

于是,式(a)化为

$$\alpha\cos A + \beta\cos B + \gamma\cos C \leqslant \frac{\beta^2\gamma^2 + \gamma^2\alpha^2 + \alpha^2\beta^2}{2\alpha\beta\gamma} \qquad (b)$$

当 $\alpha\sin A = \beta\sin B = \gamma\sin C$ 时,等号成立.

如果我们再令 $\alpha + \beta + \gamma = 1$,那么在式(b)中利用加权不等式有

$$(\cos A)^\alpha \cdot (\cos B)^\beta \cdot (\cos C)^\gamma$$

$$\leqslant \alpha\cos A + \beta\cos B + \gamma\cos C$$

$$\leqslant \frac{\beta^2\gamma^2 + \gamma^2\alpha^2 + \alpha^2\beta^2}{2\alpha\beta\gamma}$$

$$\Rightarrow (\sec A)^\alpha \cdot (\sec B)^\beta \cdot (\sec C)^\gamma$$

$$\geqslant \frac{2\alpha\beta\gamma}{\beta^2\gamma^2 + \gamma^2\alpha^2 + \alpha^2\beta^2} \qquad (c)$$

等号成立当且仅当 $\triangle ABC$ 为正三角形,且 $\alpha = \beta = \gamma = \frac{1}{3}$.

虽然式(c)没有式(b)强,但我们可利用它建立优美的结论.

结论 1 设 $k, \lambda, \mu, \nu > 0$,正数 α, β, γ 满足 $\alpha + \beta + \gamma = 3$,$\triangle A_i B_i C_i$ $(i = 1, 2, \cdots, n; n \in \mathbf{N}_+)$ 为锐角三角形,记

$$P_\lambda = \left[\left(\prod_{i=1}^n \sec A_i \right)^k + \lambda \right]^\alpha \cdot \left[\left(\prod_{i=1}^n \sec B_i \right)^k + \mu \right]^\beta \cdot \left[\left(\prod_{i=1}^n \sec C_i \right)^k + \nu \right]^\gamma$$

则有不等式

$$P_\lambda \geqslant \left[M^{kn} + \sqrt[3]{\lambda^\alpha \mu^\beta \nu^\gamma} \right]^3 \qquad (A)$$

其中

$$M = \frac{6\alpha\beta\gamma}{\beta^2\gamma^2 + \gamma^2\alpha^2 + \alpha^2\beta^2}$$

证明 利用赫尔德不等式,令

$$(\alpha, \beta, \gamma) = (3\alpha_1, 3\beta_1, 3\gamma_1)$$

$$\Rightarrow \alpha_1 + \beta_1 + \gamma_1 = 1$$

$$\Rightarrow P_\lambda \geqslant \left\{ \prod_{i=1}^n \left[(\sec A_i)^{\alpha_1} \cdot (\sec B_i)^{\beta_1} \cdot (\sec C_i)^{\gamma_1} \right]^k + \lambda^{\alpha_1} \mu^{\beta_1} \nu^{\gamma_1} \right\}^3$$

(利用式(c))

$$\geq \left(\prod_{i=1}^{n} M^k + \lambda^{\alpha_1}\mu^{\beta_1}\nu^{\gamma_1} \right)^3$$

$$= \left(M^{nk} + \sqrt[3]{\lambda^\alpha \mu^\beta \nu^\gamma} \right)^3$$

$$\Rightarrow P_\lambda \geq \left(M^{nk} + \sqrt[3]{\lambda^\alpha \mu^\beta \nu^\gamma} \right)^3$$

其中

$$M = \frac{2\alpha_1 \beta_1 \gamma_1}{\beta_1^2 \gamma_1^2 + \gamma_1^2 \alpha_1^2 + \beta_1^2 \gamma_1^2} = \frac{6\alpha\beta\gamma}{\beta^2\gamma^2 + \gamma^2\alpha^2 + \alpha^2\beta^2}$$

等号成立当且仅当 $\alpha = \beta = \gamma = 1$,且 $\triangle A_i B_i C_i (1 \leq i \leq n)$ 均为正三角形.

特别地,当取 $n = 1$,$\lambda = \mu = \nu = 1$,$\alpha = \beta = \gamma = 1$,$\triangle A_1 B_1 C_1 \backsim \triangle ABC$(锐角三角形)时,式(A)化为特例

$$(\sec^k A + 1)(\sec^k B + 1)(\sec^k C + 1) \geq (2^k + 1)^3 \qquad (A_1)$$

再取 $k = 1$ 时,式(A_1)又化为

$$(\sec A + 1)(\sec B + 1)(\sec C + 1) \geq 3^3 \qquad (A_2)$$

式(A_1),(A_2)等号成立当且仅当 $\triangle ABC$ 为正三角形.

(2)"鸳鸯"配对

从美学上讲,式(A_1)与式(A_2)的结构紧凑对称,外观优美漂亮,显得"英俊潇洒""风度翩翩",自然不会"孤单寂寞""孤守空房",那么,它的"鸳鸯配对"又是谁呢?

其实,式(A_2)的配对"如花似玉,貌若天仙".

结论 2 对于任意锐角 $\triangle ABC$,有不等式

$$(\sec A - 1)(\sec B - 1)(\sec C - 1) \geq 1 \qquad (B)$$

证法 1 我们设

$$(x, y, z) = \left(\tan\frac{A}{2}, \tan\frac{B}{2}, \tan\frac{C}{2} \right)$$

$$\Rightarrow xy + yz + zx = 1$$

由于

$$A, B, C \in \left(0, \frac{\pi}{2} \right) \Rightarrow x, y, z \in (0, 1)$$

$$4x^2 yz = x^2 \left[(y + z)^2 - (y - z)^2 \right]$$

$$= (xy + zx)^2 - x^2(y - z)^2$$

$$= (1 - yz)^2 - x^2(y - z)^2$$

$$= (1 - 2yz + y^2 z^2) - x^2(y - z)^2$$

$$= (1 - y^2 - z^2 + y^2 z^2) + (y^2 - 2yz + z^2) - x^2(y - z)^2$$

$$\Rightarrow 4x^2 yz = (1 - y^2)(1 - z^2) + (y - z)^2 - x^2(y - z)^2$$

$$= (1 - y^2)(1 - z^2) + (1 - x^2)(y - z)^2$$

$$\Rightarrow 4x^2 yz \geqslant (1 - y^2)(1 - z^2)$$

同理 $\begin{cases} 4y^2 zx \geqslant (1 - z^2)(1 - x^2) \\ 4z^2 xy \geqslant (1 - x^2)(1 - y^2) \end{cases}$

$$\Rightarrow 4^3 (x^2 y^2 z^2)^2 \geqslant [(1 - x^2)(1 - y^2)(1 - z^2)]^2$$

$$\Rightarrow 8x^2 y^2 z^2 \geqslant (1 - x^2)(1 - y^2)(1 - z^2)$$

$$\Rightarrow \left(\frac{2x^2}{1 - x^2}\right)\left(\frac{2y^2}{1 - y^2}\right)\left(\frac{2z^2}{1 - z^2}\right) \geqslant 1$$

$$\Rightarrow \prod \left(\frac{2\tan^2 \frac{A}{2}}{1 - \tan^2 \frac{A}{2}}\right) = \prod \left(\frac{2\sin^2 \frac{A}{2}}{\cos^2 \frac{A}{2} - \sin^2 \frac{A}{2}}\right) \geqslant 1$$

$$\Rightarrow \left(\frac{1 - \cos A}{\cos A}\right)\left(\frac{1 - \cos B}{\cos B}\right)\left(\frac{1 - \cos C}{\cos C}\right) \geqslant 1$$

$$\Rightarrow (\sec A - 1)(\sec B - 1)(\sec C - 1) \geqslant 1$$

等号成立当且仅当

$$x = y = z \Rightarrow \tan \frac{A}{2} = \tan \frac{B}{2} = \tan \frac{C}{2}$$

$$\Rightarrow A = B = C \Rightarrow \triangle ABC \text{ 为正三角形}$$

证法 2 应用三角恒等式和均值不等式有

$$2 = 2 \sum \cot B \cot C = \sum (\cot B + \cot C) \cot A$$

$$\geqslant 3 \left[\prod (\cot B + \cot C) \cot A \right]^{\frac{1}{3}}$$

$$= 3 \left[\prod \frac{\sin(B + C)}{\sin B \sin C} \cdot \frac{\cos A}{\sin A} \right]^{\frac{1}{3}}$$

$$= 3 \left[\prod \left(\frac{\cos A}{\sin B \sin C}\right) \right]^{\frac{1}{3}}$$

$$\Rightarrow \prod \cos A \leqslant \left(\frac{2}{3}\right)^3 \prod (\sin B \sin C)$$

$$= \left(\frac{2}{3}\right)^3 \prod \sin^2 A = \left(\frac{2}{3}\right)^3 \prod (1 - \cos^2 A)$$

$$= \left(\frac{2}{3}\right)^3 \prod (1 - \cos A) \cdot \prod (1 + \cos A)$$

$$\leqslant \left(\frac{2}{3}\right)^3 \prod (1 - \cos A) \cdot \left[\frac{\sum (1 + \cos A)}{3}\right]^3$$

$$\leqslant \left(\frac{2}{3}\right)^3 \prod (1 - \cos A) \cdot \left[1 + \cos\left(\frac{\sum A}{3}\right)\right]^3$$

$$= \left(\frac{2}{3}\right)^3 \left(1 + \frac{1}{2}\right)^3 \cdot \prod (1 - \cos A)$$

$$\Rightarrow \prod (\sec A - 1) = \prod \left(\frac{1 - \cos A}{\cos A}\right) = \frac{\prod (1 - \cos A)}{\prod \cos A} \geqslant 1$$

等号成立当且仅当 $\triangle ABC$ 为正三角形.

证法 3 由三角恒等式

$$4 \prod \sin A = \sum \sin 2A \geqslant 3 \left(\prod \sin 2A\right)^{\frac{1}{3}}$$

$$= 6 \left(\prod \sin A\right)^{\frac{1}{3}} \cdot \left(\prod \cos A\right)^{\frac{1}{3}}$$

$$\Rightarrow 8 \prod \sin^2 A \geqslant 27 \prod \cos A$$

$$\Rightarrow 27 \prod \cos A \leqslant 8 \prod (1 + \cos A) \prod (1 - \cos A)$$

（利用证法 2 的结果）

$$\leqslant 8 \left(1 + \frac{1}{2}\right)^3 \prod (1 - \cos A)$$

$$\Rightarrow \prod (\sec A - 1) = \frac{\prod (1 - \cos A)}{\prod \cos A} \geqslant 1$$

等号成立当且仅当 $\triangle ABC$ 为正三角形.

证法 4 设关于 $x \in \left(0, \frac{\pi}{2}\right)$ 的函数为

$$f(x) = \ln(\sec x - 1)$$

求导得

$$f'(x) = \frac{\sin x \sec^2 x}{\sec x - 1} = \frac{2 \tan x}{1 - \cos x} > 0$$

知 $f(x)$ 为中凸函数, 故有

$$f(A) + f(B) + f(C) \geqslant 3f\left(\frac{A + B + C}{3}\right)$$

$$= 3f\left(\frac{\pi}{3}\right) = 3\ln\left(\sec \frac{\pi}{3} - 1\right) = 3\ln(2 - 1) = 0$$

$$\Rightarrow \ln(\sec A - 1) + \ln(\sec B - 1) + \ln(\sec C - 1) \geqslant 0$$

$$\Rightarrow \ln[(\sec A - 1)(\sec B - 1)(\sec C - 1)] \geqslant 0$$

$$\Rightarrow (\sec A - 1)(\sec B - 1)(\sec C - 1) \geqslant 1$$

等号成立当且仅当 $\triangle ABC$ 为正三角形.

证法 5 设 $x, y \in \left(0, \frac{\pi}{2}\right), \theta = \frac{1}{2}(x + y) \in \left(0, \frac{\pi}{2}\right)$, 我们先证明

$$(\sec x - 1)(\sec y - 1) \geqslant (\sec \theta - 1)^2 \tag{1}$$

$$\Leftrightarrow (\sec x)(\sec y) - \sec x - \sec y$$

$$\geqslant \sec^2\theta - 2\sec\theta$$

$$\Leftrightarrow \frac{p}{q} = \frac{1 - \cos x - \cos y}{\cos x\cos y} \geqslant \frac{1 - 2\cos\theta}{\cos^2\theta} \tag{2}$$

其中

$$p = 1 - \cos x - \cos y \geqslant 1 - 2\cos\left(\frac{x+y}{2}\right)$$

$$= 1 - 2\cos\theta$$

$$q = \cos x\cos y \leqslant \left(\frac{\cos x + \cos y}{2}\right)^2$$

$$\leqslant \cos^2\left(\frac{x+y}{2}\right) = \cos^2\theta$$

故式(2)成立,逆推之式(1)成立,我们设关于 x 的函数为

$$f(x) = \ln(\sec x - 1)$$

由式(1)知

$$f(x) + f(y) \geqslant 2f\left(\frac{x+y}{2}\right) \tag{3}$$

因此 $f(x)$ 为凸函数,于是有

$$f(A) + f(B) + f(C) \geqslant 3f\left(\frac{A+B+C}{3}\right) = 3f\left(\frac{\pi}{3}\right)$$

$$\Rightarrow \ln(\sec A - 1) + \ln(\sec B - 1) + \ln(\sec C - 1)$$

$$\geqslant 3\ln\left(\sec\frac{\pi}{3} - 1\right) = 3\ln(2 - 1) = 0$$

$$\Rightarrow \ln[(\sec A - 1)(\sec B - 1)(\sec C - 1)] \geqslant 0$$

$$\Rightarrow (\sec A - 1)(\sec B - 1)(\sec C - 1) \geqslant 1$$

等号成立当且仅当 $\triangle ABC$ 为正三角形.

证法 6 记 $\qquad \theta = \frac{1}{2}(A + B) \in \left(0, \frac{\pi}{2}\right)$

由证法 5 有

$$\begin{cases} (\sec A - 1)(\sec B - 1) \geqslant (\sec\theta - 1)^2 \\ (\sec C - 1)\left(\sec\frac{\pi}{3} - 1\right) \geqslant \left[\sec\left(\frac{C}{2} + \frac{\pi}{6}\right) - 1\right]^2 \end{cases}$$

$$\Rightarrow \prod (\sec A - 1) \cdot \left(\sec\frac{\pi}{3} - 1\right)$$

$$\geqslant \left\{(\sec\theta - 1)\left[\sec\left(\frac{C}{2} + \frac{\pi}{6}\right) - 1\right]\right\}^2$$

$$\geqslant \left\{\sec\frac{1}{2}\left[\theta + \left(\frac{C}{2} + \frac{\pi}{6}\right)\right] - 1\right\}^2$$

$$= \left[\sec\left(\frac{A + B + C + \frac{\pi}{3}}{4}\right) - 1\right]^4$$

$$= \left[\sec\left(\frac{\pi + \frac{\pi}{3}}{4}\right) - 1\right]^4 = \left(\sec\frac{\pi}{3} - 1\right)^4$$

$$\Rightarrow \prod (\sec A - 1) \geq \left(\sec\frac{\pi}{3} - 1\right)^3 = 1$$

等号成立当且仅当 $\triangle ABC$ 为正三角形.

(3) 加强

式(B)可以加强为:

加强　对于锐角 $\triangle ABC$,有

$$(\sec A - 1)(\sec B - 1)(\sec C - 1) \geq (1+\theta)^{\frac{3}{2}} \tag{C}$$

其中　　　　　　　　$\theta = \frac{8}{3}\left[\prod \sin\left(\frac{B-C}{2}\right)\right]^{\frac{2}{3}} \geq 0$

证明　由前面的证法 1 有

$$\begin{cases} 4x^2yz = (1-y^2)(1-z^2) + (1-x^2)(y-z)^2 \\ 4y^2zx = (1-z^2)(1-x^2) + (1-y^2)(z-x)^2 \\ 4z^2xy = (1-x^2)(1-y^2) + (1-z^2)(x-y)^2 \end{cases}$$

$$\Rightarrow \prod (4x^2yz) = \prod \left[(1-y^2)(1-z^2) + (1-x^2)(y-z)^2\right]$$

$$= \prod \left\{(1-y^2)(1-z^2)\left[1 + \frac{(1-x^2)(y-z)^2}{(1-y^2)(1-z^2)}\right]\right\}$$

$$\Rightarrow \left(\prod 2x^2\right)^2 = \left[\prod (1-x^2)\right]^2 \prod \left[1 + \frac{(1-x^2)(y-z)^2}{(1-y^2)(1-z^2)}\right]$$

$$\Rightarrow \left[\prod \left(\frac{2x^2}{1-x^2}\right)\right]^2 = \prod \left[1 + \frac{(1-x^2)(y-z)^2}{(1-y^2)(1-z^2)}\right]$$

（应用赫尔德不等式）

$$\geq \left\{1 + \left[\prod \frac{(1-x^2)(y-z)^2}{(1-y^2)(1-z^2)}\right]^{\frac{1}{3}}\right\}^3$$

$$= \left\{1 + \left[\prod \frac{(y-z)^2}{1-x^2}\right]^{\frac{1}{3}}\right\}^3$$

$$= \left\{1 + \left[\prod \frac{\left(\tan\frac{B}{2} - \tan\frac{C}{2}\right)^2}{1 - \tan^2\frac{A}{2}}\right]^{\frac{1}{3}}\right\}^3$$

$$= \left\{ 1 + \left[\frac{\prod \sin^2\left(\dfrac{B-C}{2}\right)}{\prod \left(\cos A \cos^2 \dfrac{A}{2}\right)} \right]^{\frac{1}{3}} \right\}^3 \qquad (1)$$

易证

$$\prod \left(\cos A \cos^2 \frac{A}{2}\right) = \left(\prod \cos A\right)\left(\prod \cos \frac{A}{2}\right)^2$$

$$\leqslant \left(\frac{\sum \cos A}{3}\right)^2 \cdot \left(\frac{\sum \cos \dfrac{A}{2}}{3}\right)^6$$

$$\leqslant \left(\cos \frac{\sum A}{3}\right)^3 \cdot \left(\cos \frac{\sum A}{6}\right)^6$$

$$= \left(\cos \frac{\pi}{3}\right)^3 \cdot \left(\cos \frac{\pi}{6}\right)^6 = \left(\frac{1}{2}\right)^3 \cdot \left(\frac{\sqrt{3}}{2}\right)^6 = \left(\frac{3}{8}\right)^3$$

$$\Rightarrow \left(\prod \frac{2x^2}{1-x^2}\right) = \left[\prod (\sec A - 1)\right]^2$$

$$\geqslant \left[1 + \frac{8}{3}\left(\prod \sin \frac{B-C}{2}\right)^{\frac{2}{3}}\right]^3$$

$$\Rightarrow \prod (\sec A - 1) \geqslant (1 + \theta)^{\frac{2}{3}}$$

等号成立当且仅当 $\triangle ABC$ 为正三角形.

（4）完善

简洁紧凑、奇妙优美的不等式（B）不仅可以加强，还可以完善成漂亮的双向不等式.

完善 1 对于任意锐角 $\triangle ABC$，有

$$(1 + M)^{\frac{3}{2}} \geqslant T(A,B,C) \geqslant (1 + \theta)^{\frac{3}{2}} \qquad (D)$$

其中

$$T = T(A,B,C) = (\sec A - 1)(\sec B - 1)(\sec C - 1)$$

$$\theta = \frac{8}{3}\left(\prod \sin \frac{B-C}{2}\right)^{\frac{2}{3}} \geqslant 0$$

$$M = \frac{1}{3} \sum \frac{\sin^2\left(\dfrac{B-C}{2}\right)}{\cos B \cos C} \geqslant 0$$

证明 由前面的证法 1 有

$$4x^2 yz = (1 - y^2)(1 - z^2) + (y - z)^2 - x^2(y - z)^2$$

$$\Rightarrow 4x^2 yz \leqslant (1 - y^2)(1 - z^2) + (y - z)^2$$

同理 $\begin{cases} 4y^2 zx \leqslant (1 - z^2)(1 - x^2) + (z - x)^2 \\ 4z^2 xy \leqslant (1 - x^2)(1 - y^2) + (x - y)^2 \end{cases}$

$$\Rightarrow \prod (4x^2yz) \leqslant \prod \left[(1-y^2)(1-z^2) + (y-z)^2 \right]$$

$$\Rightarrow \prod \left(\frac{2x^2}{1-x^2} \right)^2 \leqslant \prod \left[1 + \frac{(y-z)^2}{(1-y^2)(1-z^2)} \right]$$

$$\leqslant \left[1 + \frac{1}{3} \sum \frac{(y-z)^2}{(1-y^2)(1-z^2)} \right]^3$$

$$= \left[1 + \frac{1}{3} \sum \frac{\left(\tan \dfrac{B}{2} - \tan \dfrac{C}{2} \right)}{\left(1 - \tan^2 \dfrac{B}{2} \right)\left(1 - \tan^2 \dfrac{C}{2} \right)} \right]^3$$

$$= \left[1 + \frac{1}{3} \sum \frac{\sin^2 \left(\dfrac{B-C}{2} \right)}{\cos B \cos C} \right]^3$$

$$\Rightarrow \left[\prod (\sec A - 1) \right]^2 \leqslant (1+M)^3$$

$$\Rightarrow \prod (\sec A - 1) \leqslant (1+M)^{\frac{3}{2}}$$

等号成立当且仅当 $\triangle ABC$ 为正三角形.

其实，应用平均值不等式，我们有

$$\prod (\sec A - 1) \leqslant \left[\frac{1}{3} \sum (\sec B - 1)(\sec C - 1) \right]^{\frac{3}{2}}$$

$$\leqslant \left[\frac{1}{3} \sum (\sec A - 1) \right]^3 = \left(\frac{1}{3} \sum \sec A - 1 \right)^3$$

并且，我们还可以得到更优的结果：

完善 2 对于任意锐角 $\triangle ABC$，有

$$\prod (\sec A - 1) \leqslant \frac{1}{3} \sum (\sec A - 1) \tag{E}$$

证明 根据对称性，不妨设

$$0 < A \leqslant B \leqslant C < \frac{\pi}{2}$$

$$\Rightarrow \begin{cases} \cos A \geqslant \cos B \geqslant \cos C > 0 \\ \tan \dfrac{A}{2} \leqslant \tan \dfrac{B}{2} \leqslant \tan \dfrac{C}{2} \end{cases}$$

（应用三角恒等式）

$$\Rightarrow \begin{cases} \sec A \leqslant \sec B \leqslant \sec C \\ \tan \dfrac{B}{2} \tan \dfrac{C}{2} \geqslant \tan \dfrac{C}{2} \tan \dfrac{A}{2} \geqslant \tan \dfrac{A}{2} \tan \dfrac{B}{2} \end{cases}$$

又　　　$\tan A \tan B \tan C = \tan A + \tan B + \tan C$

$$\Rightarrow \prod \left(\frac{2\tan \frac{A}{2}}{1 - \tan^2 \frac{A}{2}} \right) = \sum \left(\frac{2\tan \frac{A}{2}}{1 - \tan^2 \frac{A}{2}} \right)$$

$$\Rightarrow \prod \left(\frac{2\tan^2 \frac{A}{2}}{1 - \tan^2 \frac{A}{2}} \right) = \sum \left[\left(\frac{2\tan^2 \frac{A}{2}}{1 - \tan^2 \frac{A}{2}} \right) \tan \frac{B}{2} \tan \frac{C}{2} \right]$$

$$\Rightarrow \prod \left(\frac{2\sin^2 \frac{A}{2}}{\cos^2 \frac{A}{2} - \sin^2 \frac{A}{2}} \right) = \sum \left[\left(\frac{2\sin^2 \frac{A}{2}}{\cos^2 \frac{A}{2} - \sin^2 \frac{A}{2}} \right) \tan \frac{B}{2} \tan \frac{C}{2} \right]$$

$$\Rightarrow \prod \left(\frac{1 - \cos A}{\cos A} \right) = \sum \left[\left(\frac{1 - \cos A}{\cos A} \right) \tan \frac{B}{2} \tan \frac{C}{2} \right]$$

$$\Rightarrow \prod \left(\sec A - 1 \right) = \sum \left(\sec A - 1 \right) \tan \frac{B}{2} \tan \frac{C}{2}$$

$$= \sum \sec A \tan \frac{B}{2} \tan \frac{C}{2} - \sum \tan \frac{B}{2} \tan \frac{C}{2}$$

$$= \sum \sec A \tan \frac{B}{2} \tan \frac{C}{2} - 1 \tag{1}$$

$$\Rightarrow \prod \left(\sec A - 1 \right) + 1 = \sum \sec A \tan \frac{B}{2} \tan \frac{C}{2}$$

（应用切比雪夫不等式）

$$\leqslant \frac{1}{3} \left(\sum \sec A \right) \left(\sum \tan \frac{B}{2} \tan \frac{C}{2} \right)$$

$$= \frac{1}{3} \sum \sec A$$

$$\Rightarrow \prod \left(\sec A - 1 \right) \leqslant \frac{1}{3} \left(\sum \sec A - 3 \right) = \frac{1}{3} \sum \left(\sec A - 1 \right)$$

等号成立当且仅当 $\triangle ABC$ 为正三角形.

（5）等价形式

有些命题,表达形式或外形结构虽不同,但本质却是一样的,如式（B）的第一个等价形式为:

等价 1　对任意锐角 $\triangle ABC$,有

$$\frac{1}{3}(\sec A + \sec B + \sec C)$$

411

$$\geqslant \frac{\tan\frac{B}{2}\tan\frac{C}{2}}{\cos A} + \frac{\tan\frac{C}{2}\tan\frac{A}{2}}{\cos B} + \frac{\tan\frac{A}{2}\tan\frac{C}{2}}{\cos C}$$

$$\geqslant 2 \tag{F}$$

证明　由式(E)的证明可知,利用切比雪夫不等式有

$$\sum \sec A\tan\frac{B}{2}\tan\frac{C}{2}$$

$$\leqslant \frac{1}{3}\left(\sum \sec A\right)\left(\sum \tan\frac{B}{2}\tan\frac{C}{2}\right) = \frac{1}{3}\left(\sum \sec A\right)$$

由前文知

$$\sum (\sec A - 1)\tan\frac{B}{2}\tan\frac{C}{2} = \prod (\sec A - 1) \geqslant 1$$

$$\Rightarrow \sum \sec A\tan\frac{B}{2}\tan\frac{C}{2} - \sum \tan\frac{B}{2}\tan\frac{C}{2} \geqslant 1$$

$$\Rightarrow \sum \sec A\tan\frac{B}{2}\tan\frac{C}{2} - 1 \geqslant 1$$

$$\Rightarrow \sum \left(\frac{\tan\frac{B}{2}\tan\frac{C}{2}}{\cos A}\right) \geqslant 2$$

即式(F)成立,等号成立当且仅当$\triangle ABC$为正三角形.

式(B)的第二个等价形式为:

等价2　设锐角$\triangle ABC$的三边长依次为a,b,c,则有

$$\left[\prod (b+c-a)\right]^2 \geqslant \prod (b^2+c^2-a^2) \tag{G}$$

其实,在式(B)中应用余弦定理有

$$\prod (\sec A - 1) \geqslant 1$$

$$\Leftrightarrow \prod \left(\frac{2bc}{b^2+c^2-a^2} - 1\right) \geqslant 1$$

$$\Leftrightarrow \prod [a^2 - (b-c)^2] \geqslant \prod (b^2+c^2-a^2)$$

$$\Leftrightarrow \left[\prod (b+c-a)\right]^2 \geqslant \prod (b^2+c^2-a^2)$$

所以,式(G)与式(B)是等价的,且从外形结构上讲,式(G)更具有趣味性.

下面我们利用代数变换证明式(G),相当于对式(B)给出了第七种证法,真是大快人心!

证法7　设$x,y,z>0$,那么

$$x^2(y-z)^2 + y^2(z-x)^2 + z^2(x-y)^2 \geqslant 0$$

$$\Rightarrow (xy)^2 + (yz)^2 + (zx)^2 \geqslant xyz(x+y+z)$$

$$\Rightarrow (xy+yz+zx)^2 \geqslant 3xyz(x+y+z) \tag{1}$$

设 $\triangle A_1 B_1 C_1$ 的三边长为 a_1, b_1, c_1，面积为 Δ_1（利用海伦公式），且令

$$\left\{\begin{array}{l} b_1 + c_1 - a_1 = 2x > 0 \\ c_1 + a_1 - b_1 = 2y > 0 \\ a_1 + b_1 - c_1 = 2z > 0 \end{array}\right. \Rightarrow \left\{\begin{array}{l} a_1 = y + z \\ b_1 = z + x \\ c_1 = x + y \end{array}\right.$$

$$\Rightarrow 16\Delta_1^2 = (a_1 + b_1 + c_1) \prod (b_1 + c_1 - a_1)$$

$$= 16xyz(x + y + z) \text{（代入式（1））}$$

$$\Rightarrow \left[\sum (c_1 + a_1 - b_1)(a_1 + b_1 - c_1)\right]^2 \geqslant 3(4\Delta_1)^2 \qquad (2)$$

由于 $\quad \sum (c_1 + a_1 - b_1)(a_1 + b_1 - c_1)$

$$= 2\sum b_1 c_1 - \sum a_1^2$$

$$= (2\sqrt{b_1 c_1})^2 - (b_1 + c_1 - a_1)^2$$

$$= \left[(\sqrt{b_1} + \sqrt{c_1})^2 - (\sqrt{a_1})^2\right] \cdot \left[(\sqrt{a_1})^2 - (\sqrt{b_1} - \sqrt{c_1})^2\right]$$

$$= (\sqrt{a_1} + \sqrt{b_1} + \sqrt{c_1}) \prod (\sqrt{b_1} + \sqrt{c_1} - \sqrt{a_1}) \geqslant 3(4\Delta_1)^2$$

$$= 3(a_1 + b_1 + c_1) \prod (b_1 + c_1 - a_1) \qquad (3)$$

由于 $\triangle ABC$ 为锐角三角形，因此以 a^2, b^2, c^2 为边可以构成新的 $\triangle A_1 B_1 C_1$，即我们可以在式（3）中作置换（结合式（2））

$$(a_1, b_1, c_1) = (a^2, b^2, c^2)$$

$$\Rightarrow \left[(a + b + c)^2 \prod (b + c - a)\right]^2$$

$$\geqslant 3(a^2 + b^2 + c^2) \prod (b^2 + c^2 - a^2) \qquad (4)$$

$$\geqslant (a + b + c)^2 \prod (b^2 + c^2 - a^2)$$

$$\Rightarrow \left[\prod (b + c - a)\right]^2 \geqslant \prod (b^2 + c^2 - a^2)$$

这正好是式（G），等号成立当且仅当

$$\left.\begin{array}{l} x = y = z \\ a = b = c \end{array}\right\} \Rightarrow \triangle ABC \text{ 为正三角形}$$

如果我们再细心一点，从上面的式（4）变形得

$$\prod (\sec A - 1) = \frac{\left[\prod (b + c - a)\right]^2}{\prod (b^2 + c^2 - a^2)}$$

$$\geqslant \frac{3(a^2 + b^2 + c^2)}{(a + b + c)^2} = 1 + \frac{\sum (b - c)^2}{(\sum a)^2}$$

$$= 1 + \frac{\sum (\sin B - \sin C)^2}{(\sum \sin A)^2}$$

$$\geqslant 1 + \frac{4}{27} \sum (\sin B - \sin C)^2$$

$$\Rightarrow \prod (\sec A - 1) \geqslant 1 + \frac{4}{27} \sum (\sin B - \sin C)^2 \tag{H}$$

这是式(B)的第二个加强,我们的意外收获——为式(B)锦上添花!

此外,对于锐角 $\triangle ABC$,如果我们设 λ, μ, ν 为正系数,并记

$$M = \sum \frac{(b+c-a)(c+a-b)}{\sqrt{(b^2+c^2-a^2)(c^2+a^2-b^2)}}$$

应用平均值不等式和式(G)有

$$M \geqslant 3 \left[\prod \frac{(b+c-a)(c+a-b)}{\sqrt{(b^2+c^2-a^2)(c^2+a^2-b^2)}} \right]^{\frac{1}{3}}$$

$$= 3 \left[\prod \frac{(b+c-a)^2}{b^2+c^2-a^2} \right]^{\frac{1}{3}} \geqslant 3$$

再应用我们常用的杨克昌不等式

$$(\mu+\nu)x + (\nu+\lambda)y + (\lambda+\mu)z$$
$$\geqslant 2\sqrt{(\mu\nu+\nu\lambda+\lambda\mu)(yz+zx+xy)} \tag{5}$$

(其中 $\lambda, \mu, \nu, x, y, z > 0$,等号成立当且仅当 $\frac{x}{\lambda} = \frac{y}{\mu} = \frac{z}{\nu}$),有

$$\sum \left[(\mu+\nu) \frac{b+c-a}{\sqrt{b^2+c^2-a^2}} \right] \geqslant 2\sqrt{M(\sum \mu\nu)}$$

$$\geqslant 2\sqrt{3\sum \mu\nu}$$

$$\Rightarrow \sum \left[(\mu+\nu) \frac{b+c-a}{\sqrt{b^2+c^2-a^2}} \right] \geqslant 2\sqrt{3\sum \mu\nu}$$

这是一个不错的新结论,等号成立当且仅当 $\triangle ABC$ 为正三角形,且 $\lambda = \mu = \nu$.

(6) 指数推广

我们刚才完成了对式(A_2)的配对式(B)的初步探讨,而对于式(A_1),只要我们将指数 k 的定义 $k \in \mathbf{R}_+$(即 $k>0$)改进为 $k \in \mathbf{N}_+$,就可建立式(A_1)的配对式,且将它们"鸳鸯并举"为优美无限的:

推广1 设 $k \in \mathbf{N}_+$,$\triangle ABC$ 为锐角三角形,则有

$$(\sec^k A \pm 1)(\sec^k B \pm 1)(\sec^k C \pm 1) \geqslant (2^k \pm 1)^3 \tag{I}$$

自然,我们只需证明式(B)的"内指推广"

$$(\sec^k A - 1)(\sec^k B - 1)(\sec^k C - 1) \geqslant (2^k - 1)^3 \tag{B_1}$$

证法 1 当 $k = 1$ 时，式 (B_1) 化为式 (B)，成立，现记

$$T_k = \prod (\sec^k A - 1)$$

$$(x, y, z) = (\sec A, \sec B, \sec C)$$

则
$$T_1 = (x-1)(y-1)(z-1) \geqslant 1, xyz \geqslant 8$$

假设对于 k 时，式 (B_1) 成立，即

$$T_k = (x^k - 1)(y^k - 1)(z^k - 1) \geqslant (2^k - 1)^3$$

那么对于 $k+1$ 时，注意到 $x, y, z > 1$，有

$$T_{k+1} = (x^{k+1} - 1)(y^{k+1} - 1)(z^{k+1} - 1)$$
$$= [(x-1) + x(x^k - 1)] \cdot [(y-1) + y(y^k - 1)] \cdot [(z-1) + z(z^k - 1)]$$

（应用赫尔德不等式）

$$\geqslant [\sqrt[3]{(x-1)(y-1)(z-1)} + \sqrt[3]{xyz(x^k-1)(y^k-1)(z^k-1)}]^3$$
$$\geqslant [1 + \sqrt[3]{8(2^k-1)^3}]^3$$
$$\Rightarrow T_{k+1} \geqslant (2^{k+1} - 1)^3$$

即对 $k+1$ 式 (B_1) 仍然成立.

因此，对任意 $k \in \mathbf{N}_+$，式 (B_1) 也成立，等号成立当且仅当 $\triangle ABC$ 为正三角形.

证法 2 记

$$(x, y, z) = (\sec A, \sec B, \sec C)$$
$$T_k = (x^k - 1)(y^k - 1)(z^k - 1)$$

则
$$x, y, z > 1, t = \sqrt[3]{xyz} \geqslant 2$$

当 $k = 1$ 时，显然有

$$T_1 = (x-1)(y-1)(z-1) \geqslant 1$$

当 $k \geqslant 2$ 时，应用赫尔德不等式有

$$T_k = (x^k - 1)(y^k - 1)(z^k - 1)$$
$$= T_1 \Big(\sum_{i=1}^{k-1} x^{k-i} + 1 \Big) \Big(\sum_{i=1}^{k-1} y^{k-i} + 1 \Big) \Big(\sum_{i=1}^{k-1} z^{k-i} + 1 \Big)$$
$$\geqslant T_1 \Big(1 + \sum_{i=1}^{k-1} t^i \Big)^3 \geqslant T_1 \Big(1 + \sum_{i=1}^{k-1} 2^i \Big)^3$$
$$= T_1 \cdot \Big(\frac{2^k - 1}{2 - 1} \Big)^3 \geqslant (2^k - 1)^3$$
$$\Rightarrow T_k \geqslant (2^k - 1)^3$$

等号成立当且仅当 $\triangle ABC$ 为正三角形.

(7) 参数推广

往下，我们重点研究式 (B_1)，且先建立它的参数推广.

415

推广 2 设 $k \in \mathbf{N}_+$，$\triangle ABC$ 为锐角三角形，参数 $\lambda,\mu,\nu \in (0,1]$，锐角 θ 使得 $\theta+A,\theta+B,\theta+C$ 均为锐角，则有

$$T_k^{(\theta)} = \left[\sec^k(\theta+A) - \lambda\right] \cdot \left[\sec^k(\theta+B) - \mu\right] \cdot \left[\sec^k(\theta+C) - \nu\right]$$

$$\geq \left[\sec^k\left(\theta + \frac{\pi}{3}\right) - 1 + Q\right]^3 \tag{J}$$

其中

$$Q = \sqrt[3]{(1-\lambda)(1-\mu)(1-\nu)} \geq 0$$

特别地，当取 $\theta=0,\lambda=\mu=\nu=1$ 时，式（J）化为式（I）.

证明 仿照式（B）中证法 4 – 6 的方法技巧，易证

$$T_1^{(\theta)} = \prod \left[\sec(\theta+A) - 1\right] \geq \left[\sec\left(\theta + \frac{\pi}{3}\right) - 1\right]^3$$

记

$$x = \sec(\theta+A), y = \sec(\theta+B) \tag{1}$$

$$z = \sec(\theta+C), t = \sqrt[3]{xyz}, m = \sec\left(\theta + \frac{\pi}{3}\right)$$

且易证

$$t \geq m = \sec\left(\theta + \frac{\pi}{3}\right)$$

于是，应用赫尔德不等式有（当 $k \geq 2$ 时）

$$T_k^{(\theta)} = \prod \left[\sec^k(\theta+A) - 1\right] = T_1^{(\theta)} \cdot M$$

其中

$$M = (x^{k-1} + x^{k-2} + \cdots + x + 1) \cdot (y^{k-1} + y^{k-2} + \cdots + y + 1) \cdot$$
$$(z^{k-1} + z^{k-2} + \cdots + z + 1)$$
$$\geq (t^{k-1} + t^{k-2} + \cdots + t + 1)^3$$
$$\geq (m^{k-1} + m^{k-2} + \cdots + m + 1)^3$$

又 $T_1^{(\theta)} \geq (m-1)^3$，所以

$$T_k^{(\theta)} = T_1(\theta) \cdot M \geq \left[(m-1)(m^{k-1} + m^{k-2} + \cdots + m + 1)\right]^3$$
$$= (m^k - 1)^3$$
$$\Rightarrow \prod \left[\sec^k(\theta+A) - \lambda\right] = (x^k - \lambda)(y^k - \mu)(z^k - \nu)$$
$$= \prod \left[(x^k - 1) + (1-\lambda)\right] \cdot \left[(y^k - 1) + (1-\mu)\right] \cdot \left[(z^k - 1) + (1-\nu)\right]$$
$$\geq \left[\sqrt[3]{\prod(x^k - 1)} + \sqrt[3]{\prod(1-\lambda)}\right]^3$$
$$\geq (m^k - 1 + Q)^3$$

即式（J）成立，等号成立当且仅当 $\triangle ABC$ 为正三角形，且

$$\lambda = \mu = \nu \in (0,1], \theta \in \left[0, \frac{\pi}{6}\right)$$

（8）指数推广

我们在前面建立了式（B）的内指数推广

$$(\sec^k A - 1)(\sec^k B - 1)(\sec^k C - 1) \geqslant (2^k - 1)^3 \qquad (B_1)$$

现在,我们建立它的外指数推广.

推广 3 设 $\triangle ABC$ 为锐角三角形,指数 $\alpha,\beta,\gamma \in \left(0, \dfrac{3}{2}\right)$,且 $\alpha + \beta + \gamma = 3$,则

$$(\sec A - 1)^\alpha \cdot (\sec B - 1)^\beta \cdot (\sec C - 1)^\gamma$$

$$\geqslant m\left[\prod (\cos A)^{1-\theta}\right]^3 \qquad (K)$$

其中

$$m = 9^3 \prod (3 - 2\alpha)^{2\alpha-3} \cdot \left(6 + \sum \frac{\beta\gamma}{\alpha}\right)^{-3}$$

显然,当 $\alpha = \beta = \gamma = 1$ 时,$m = 1$,式(K)化为式(B).

证法 1 令 $\alpha_1,\beta_1,\gamma_1 \in (0,1)$,且 $\alpha_1 + \beta_1 + \gamma_1 = 1$,$n = \left(\prod \alpha_1^{\alpha_1}\right)^{-1}$,应用三角恒等式

$$2 = 2\sum \cot B \cot C = \sum (\cot B + \cot C)\cot A$$

$$= \sum \alpha_1 \left[\frac{(\cot B + \cot C)\cot A}{\alpha_1}\right] \text{(应用加权不等式)}$$

$$\geqslant \prod \left[\frac{(\cot B + \cot C)\cot A}{\alpha_1}\right]^{\alpha_1}$$

$$= n\prod \left(\frac{\cot B + \cot C}{\tan A}\right)^{\alpha_1} = \frac{\sin(B + C)}{\sin A} \cdot \frac{\cos A}{\sin B \sin C}$$

$$= n\prod \left(\frac{\cos A}{\sin B \sin C}\right)^{\alpha_1}$$

$$= n\prod (\cos A)^{\alpha_1} \cdot \prod (\sin B \sin C)^{-\alpha_1}$$

$$= n\prod (\cos A)^{\alpha_1} \cdot \prod (\sin^2 A)^{\alpha_1-1}$$

$$\Rightarrow \prod (\cos A)^{2\alpha_1} \leqslant \left(\frac{2}{n}\right)^2 \cdot \prod (\sin^2 A)^{1-\alpha_1}$$

$$= \left(\frac{2}{n}\right)^2 \cdot \prod (1 + \cos A)^{1-\alpha_1} \cdot \prod (1 - \cos A)^{1-\alpha_1} \qquad (1)$$

由于

$$\prod (1 + \cos A)^{1-\alpha_1} = \left[\prod (1 + \cos A)^{\frac{1-\alpha_1}{2}}\right]^2$$

注意到 $\sum \dfrac{1}{2}(1 - \alpha_1) = 1$,应用加权不等式有

$$\prod (1 + \cos A)^{1-\alpha_1} \leqslant \left[\sum \frac{1-\alpha_1}{2}(1 + \cos A)\right]^2$$

$$= \left[\sum \frac{1-\alpha_1}{2} + \frac{1}{2}\sum (1 - \alpha_1)\cos A\right]^2$$

$$= \left[1 + \frac{1}{2}\sum (1 - \alpha_1)\cos A\right]^2 \qquad (2)$$

记 $t = \prod (1 + \cos A)^{1-\alpha_1}$，由式（1）得

$$\prod (\cos A)^{2\alpha_1} \leqslant \left(\frac{2}{n}\right)^2 \cdot t \cdot \prod (1 - \cos A)^{1-\alpha_1}$$

$$\Rightarrow \prod \left(\frac{1 - \cos A}{\cos A}\right)^{1-\alpha_1} \geqslant \left(\frac{n}{2}\right)^2 \cdot \frac{1}{t} \prod (\cos A)^{3\alpha_1 - 1}$$

$$\Rightarrow \prod (\sec A - 1)^{\frac{3}{2}(1-\alpha_1)} \geqslant \left(\frac{1}{t}\right)^{\frac{3}{2}} \left(\frac{n}{2}\right)^3 \prod (\cos A)^{\frac{3}{2}(3\alpha_1 - 1)} \qquad (3)$$

令

$$\alpha = \frac{3}{2}(1 - \alpha_1), \beta = \frac{3}{2}(1 - \beta_1), \gamma = \frac{3}{2}(1 - \gamma_1)$$

则 $\alpha, \beta, \gamma \in \left(0, \frac{3}{2}\right)$，且 $\alpha + \beta + \gamma = 3$.

式（3）化为

$$\prod (\sec A - 1)^{\alpha} \geqslant \left(\frac{1}{t}\right)^{\frac{3}{2}} \left(\frac{n}{2}\right)^3 \left[\prod (\cos A)^{1-\alpha}\right]^3 \qquad (4)$$

又

$$t = \prod (1 + \cos A)^{1-\alpha_1} \leqslant \left(1 + \frac{1}{3}\sum \alpha \cos A\right)^2$$

$$\leqslant \left(1 + \frac{1}{6}\sum \frac{\beta\gamma}{\alpha}\right)^2 \cdot n = \prod \alpha_1^{-\alpha_1}（利用三角母不等式）$$

$$= \prod \left(1 - \frac{2}{3}\alpha\right)^{-(1-\frac{2}{3})\alpha}$$

代入式（4），即得式（K）.

证法2 应用三角恒等式有

$$4 \prod \sin A = \sum \sin 2A = \sum \alpha_1 \left(\frac{\sin 2A}{\alpha_1}\right)$$

其中记号 $\alpha_1, \beta_1, \gamma_1, \alpha, \beta, \gamma$ 同证法1，由于 $\triangle ABC$ 为锐角三角形，那么 $\sin 2A$，$\sin 2B, \sin 2C$ 均为正数，利用加权不等式有

$$4 \prod \sin A \geqslant \prod \left(\frac{\sin 2A}{\alpha_1}\right)^{\alpha_1} = \prod \left(\frac{2\sin A \cos A}{\alpha_1}\right)^{\alpha_1}$$

$$\Rightarrow 2\left(\prod \alpha_1^{\alpha_1}\right) \prod (\sin A)^{1-\alpha_1} \geqslant \prod (\cos A)^{\alpha_1}$$

$$\Rightarrow \left[\prod (\cos A)^{\alpha_1}\right]^2 \leqslant 4\left(\prod \alpha_1^{\alpha_1}\right) \cdot \prod (\sin^2 A)^{1-\alpha_1}$$

以下过程同证法1，等号成立当且仅当 $\triangle ABC$ 为正三角形，且 $\alpha = \beta = \gamma = 1$.

（9）加强性推广

相应地，式（B）的加强可以推广为

推广4 设 $k \in \mathbf{N}_+$，$\triangle ABC$ 为锐角三角形，则有

$$(\sec^k A - 1)(\sec^k B - 1)(\sec^k C - 1)$$

$$\geq \begin{cases} (1+Q)^{\frac{3}{2}}(2^k - 1) \\ (1+R)(2^k - 1) \end{cases} \tag{L}$$

其中

$$Q = \frac{8}{3}\Big[\prod \sin\Big(\frac{B-C}{2}\Big)\Big]^{\frac{3}{2}} \geq 0$$

$$R = \frac{4}{27}\sum (\sin B - \sin C)^2 \geq 0$$

提示 注意到

$$\prod \sec A = \sec A\sec B\sec C \geq 2^3$$

$$H = \prod \big[(\sec A)^{k-1} + (\sec A)^{k-2} + \cdots + \sec A + 1\big]$$

（应用赫尔德不等式）

$$\geq \Big[\big(\prod \sec A\big)^{\frac{k-1}{3}} + \big(\prod \sec A\big)^{\frac{k-2}{3}} + \cdots + \big(\prod \sec A\big)^{\frac{1}{3}} + 1\Big]^3$$

$$\geq (2^{k-1} + 2^{k-2} + \cdots + 2 + 1)^3 = (2^k - 1)^3$$

$$\Rightarrow \prod (\sec^k A - 1) = H \cdot \prod (\sec A - 1)$$

$$\geq (2^k - 1)^3 \cdot \prod (\sec A - 1)$$

（应用式（D）与式（H））

$$\geq \begin{cases} (1+Q)^{\frac{3}{2}} \cdot (2^k - 1)^3 \\ (1+R)(2^k - 1) \end{cases}$$

等号成立当且仅当△ABC 为正三角形. 相应地,我们还有

推广5 设△ABC 为锐角三角形,指数 $\alpha, \beta, \gamma > 0$,且 $\alpha + \beta + \gamma = 3$,则有

$$(\sec A - 1)^\alpha (\sec B - 1)^\beta (\sec C - 1)^\gamma$$

$$\geq t^2 \Big[\prod \Big(1 - \tan^2 \frac{A}{2}\Big)^{1-\alpha}\Big]^3 \tag{M}$$

其中

$$t = (1 + \theta')^3$$

$$\theta' = \left[\prod \frac{\Big(\tan \frac{B}{2} - \tan \frac{C}{2}\Big)^{\alpha - 6}}{\Big(1 - \tan^2 \frac{A}{2}\Big)^{9 - 8\alpha}}\right]^{\frac{1}{3}}$$

略证 设 $p, q, r > 0$,令

$$\begin{cases} 2p + q + r = 4\alpha \\ 2q + r + p = 4\beta \Rightarrow \\ 2r + p + q = 4\gamma \end{cases} \begin{cases} p = 3\alpha - \beta - \gamma \\ q = 3\beta - \gamma - \alpha \\ \gamma = 3\gamma - \alpha - \beta \end{cases}$$

$$(x, y, z) = \Big(\tan \frac{A}{2}, \tan \frac{B}{2}, \tan \frac{C}{2}\Big)$$

由前面式(B)的证法 1 有

$$\prod (4x^2yz)^p$$

$$= \prod \left[(1-y^2)(1-z^2) + (1-x^2)(y-z)^2 \right]^p$$

$$= X \cdot \prod \left[(1-y^2)(1-z^2) \right]^p$$

$$= X \cdot \prod (1-x^2)^{q+r} \qquad (1)$$

其中
$$X = \prod \left[1 + \frac{(1-x^2)(y-z)^2}{(1-y^2)(1-z^2)} \right]^p \qquad (2)$$

再设 $s = p+q+r = 3$, 应用赫尔德不等式有

$$X \geq \left\{ 1 + \prod \left[\frac{(1-x^2)(y-z)^2}{(1-y^2)(1-z^2)} \right]^{\frac{p}{s}} \right\}^s$$

$$= \left\{ 1 + \left[\prod \frac{(y-z)^{3p}}{(1-x^2)^{q+r-p}} \right]^{\frac{1}{s}} \right\}^s$$

$$= \left\{ 1 + \left[\prod \frac{(y-z)^{2(4\alpha-3)}}{(1-x^2)^{9-8\alpha}} \right]^{\frac{1}{3}} \right\}^3 = t$$

$$\Rightarrow X \geq t$$

又由式(1)有

$$4^s \cdot \prod (x^{2p+q+r}) \geq X \cdot \prod (1-x^2)^{q+r}$$

$$\Rightarrow 2^{4s} \cdot \left(\prod x^{2(2p+q+r)} \right) \geq X^2 \cdot \prod (1-x^2)^{2(q+r)}$$

$$\Rightarrow \prod \left(\frac{2x^2}{1-x^2} \right)^{2p+q+r} \geq X^2 \cdot \prod (1-x^2)^{q+r-2p}$$

$$\Rightarrow \prod (\sec A - 1)^{2p+q+r} \geq X^2 \cdot \prod (1-x^2)^{q+r-2p}$$

$$\Rightarrow \prod (\sec A - 1)^{\alpha} \geq X^2 \cdot \left[\prod (1-x^2)^{1-\alpha} \right]^3$$

$$\geq t^2 \cdot \left[\prod (1-x^2)^{1-\alpha} \right]^3$$

即式(M)成立,等号成立当且仅当 $\triangle ABC$ 为正三角形,且 $\alpha = \beta = \gamma = 1$.

进一步,我们不难将式(M)再推"上一层楼".

推广 6 设 $\triangle ABC$ 为锐角三角形,指数 $k \in \mathbf{N}_+, \alpha, \beta, \gamma > 0$, 且 $\alpha + \beta + \gamma = 3$, 则有

$$\prod (\sec^k A - 1)^{\alpha} \geq t^2 m^3 \left[\prod \left(1 - \tan^2 \frac{A}{2} \right)^{1-\alpha} \right]^3 \qquad (N)$$

其中
$$m = \frac{e^k - 1}{e - 1}, \quad e = 2(\alpha^{\alpha} \beta^{\beta} \gamma^{\gamma})^{-1}$$

t 的表达式同上.

提示 简记 $(\alpha_1, \beta_1, \gamma_1) = \left(\dfrac{\alpha}{3}, \dfrac{\beta}{3}, \dfrac{\gamma}{3}\right)$

则 $\alpha_1 + \beta_1 + \gamma_1 = 1$, 再记 $T_k^{(\alpha)} = \prod (\sec^k A - 1)^\alpha$, 式(M)即为

$$T_1^{(\alpha)} = \prod (\sec A - 1)^\alpha \geqslant t^2 \left[\prod \left(1 - \tan^2 \frac{A}{2}\right)^{1-\alpha} \right]^3$$

再记 $\quad f = \prod (\sec^{k-1} A + \sec^{k-2} A + \cdots + \sec A + 1)^{\alpha_1}$

利用赫尔德不等式有

$$f \geqslant \left(\prod \sec^{\alpha_1} A \right)^{k-1} + \left(\prod \sec^{\alpha_1} A \right)^{k-2} + \cdots + \prod \sec^{\alpha_1} A + 1$$

$$\geqslant e^{k-1} + e^{k-2} + \cdots + e + 1 = \frac{e^k - 1}{e - 1}$$

于是
$$T_k^{(\alpha)} = \prod (\sec^k A - 1)^\alpha$$
$$= \left[\prod (\sec A - 1)^\alpha \right] \cdot f^3$$
$$\geqslant t^2 m^3 \left[\prod \left(1 - \tan^2 \frac{A}{2}\right)^{1-\alpha} \right]^3$$

等号成立当且仅当 $\triangle ABC$ 为正三角形, 且 $\alpha = \beta = \gamma = 1$.

(10) 多边形推广

为了将不等式(B)的内指数推广

$$(\sec^k A - 1)(\sec^k B - 1)(\sec^k C - 1) \geqslant (2^k - 1)^3 \qquad (\text{B}_1)$$

从一个三角形推广到多个三角形, 我们先建立:

引理 设 $x_i > 1, \alpha_i \in (0,1)(i = 1, 2, \cdots, n; n \in \mathbf{N}_+)$, 且 $\displaystyle\sum_{i=1}^n \alpha_i = 1$, 则有

$$\prod_{i=1}^n x_i^{\alpha_i} - 1 \geqslant \prod_{i=1}^n (x_i - 1)^{\alpha_i}$$

特别地, 当取 $\alpha_1 = \alpha_2 = \cdots = \alpha_n = 1$ 时, 得到特例

$$\sqrt[n]{\prod_{i=1}^n x_i} - 1 \geqslant \sqrt[n]{\prod_{i=1}^n (x_i - 1)} \qquad (1)$$

证明 利用赫尔德不等式有

$$\prod_{i=1}^n x_i^{\alpha_i} = \prod_{i=1}^n \left[(x_i - 1) + 1 \right]^{\alpha_i} \geqslant \prod_{i=1}^n (x_i - 1)^{\alpha_i} + 1$$

$$\Rightarrow \prod_{i=1}^n x_i^{\alpha_i} - 1 \geqslant \prod_{i=1}^n (x_i - 1)^{\alpha_i}$$

等号成立当且仅当 $x_1 = x_2 = \cdots = x_n > 1$.

推广7 设指数 $k \in \mathbf{N}_+$, $\triangle A_1 B_1 C_1, \triangle A_2 B_2 C_2, \cdots, \triangle A_n B_n C_n$ 均为锐角三角

形,记

$$T_n(k) = \prod \left[\left(\prod_{i=1}^{n} \sec A_i \right)^{\frac{k}{n}} - 1 \right]$$

$$= \left[\left(\prod_{i=1}^{n} \sec A_i \right)^{\frac{k}{n}} - 1 \right] \cdot \left[\left(\prod_{i=1}^{n} \sec B_i \right)^{\frac{k}{n}} - 1 \right] \cdot \left[\left(\prod_{i=1}^{n} \sec C_i \right)^{\frac{k}{n}} - 1 \right]$$

则有

$$T_n^{(k)} \geqslant (2^k - 1)^3 \tag{O}$$

显然,当 $n = 1$ 时,式(O)与式(B_1)等价.

证明 利用式(I)有

$$T_n^{(k)} \geqslant \left[\prod_{i=1}^{n} (\sec^k A_i - 1) \cdot \prod_{i=1}^{n} (\sec^k B_i - 1) \cdot \prod_{i=1}^{n} (\sec^k C_i - 1) \right]^{\frac{1}{n}}$$

$$= \left[\prod_{i=1}^{n} (\sec^k A_i - 1)(\sec^k B_i - 1)(\sec^k C_i - 1) \right]^{\frac{1}{n}}$$

（利用式(B_1)）

$$\geqslant \left[\prod_{i=1}^{n} (2^k - 1)^3 \right]^{\frac{1}{n}} = (2^k - 1)^3$$

$$\Rightarrow T_n^{(k)} \geqslant (2^k - 1)^3$$

等号成立当且仅当 $\triangle A_i B_i C_i (i = 1, 2, \cdots, n)$ 均为正三角形.

下面我们将不等式

$$\prod \left[\sec^k (\theta + A) - 1 \right] \geqslant \left[\sec^k \left(\theta + \frac{\pi}{3} \right) - 1 \right]^3$$

拓展到凸 n 边形的情形.

推广 8 设指数 $k \in \mathbf{N}_+$，$n \in \mathbf{N}_+$，$n \geqslant 3$，参数 $0 \leqslant \theta_i < \dfrac{\pi}{2}$，$A_1 A_2 \cdots A_n$ 为凸 n 边形,使得 $\left(\theta_i + \dfrac{A_i}{2} \right) \in \left(0, \dfrac{\pi}{2} \right) (1 \leqslant i \leqslant n)$,则有

$$\prod_{i=1}^{n} \left[\sec^k \left(\theta_i + \frac{A_i}{2} \right) - 1 \right] \geqslant \left[\csc^k \left(\frac{\pi}{n} - \theta \right) - 1 \right]^n \tag{P}$$

其中 $\theta = \dfrac{1}{n} \sum_{i=1}^{n} \theta_i$. 特别地,当 $n = 3$ 时,我们作置换 $(A_1, A_2, A_3) \rightarrow (A, B, C)$（约定 $\triangle ABC$ 为锐角三角形）,再令 $(\theta_1, \theta_2, \theta_3) = \left(\dfrac{A}{2}, \dfrac{B}{2}, \dfrac{C}{2} \right)$,则式(P)化为我们偏爱的式

$$(\sec^k A - 1)(\sec^k B - 1)(\sec^k C - 1) \geqslant (2^k - 1)^3 \tag{B_1}$$

证法 1 (1)设 $\varphi_i = \theta_i + \dfrac{A_i}{2} \in \left(0, \dfrac{\pi}{2} \right)$ $(1 \leqslant i \leqslant n)$

$$\Rightarrow \varphi = \frac{1}{n} \sum_{i=1}^{n} \varphi_i = \theta + \frac{1}{2n} \sum_{i=1}^{n} A_i = \theta + \left(\frac{n-2}{2n} \right) \pi$$

$$= \frac{\pi}{2} - \left(\frac{\pi}{n} - \theta \right) \Rightarrow \sec \varphi = \csc \left(\frac{\pi}{n} - \theta \right)$$

由于 $\varphi_i \in \left(0, \frac{\pi}{2} \right)$ $(1 \leqslant i \leqslant n)$

$$\Rightarrow \prod_{i=1}^{n} \cos \varphi_i \leqslant \left(\frac{1}{n} \sum_{i=1}^{n} \cos \varphi_i \right)^n \leqslant \left[\cos \left(\frac{\sum_{i=1}^{n} \varphi_i}{n} \right) \right]^n$$

$$= (\cos \varphi)^n$$

$$\Rightarrow t = \left(\prod_{i=1}^{n} \sec \varphi_i \right)^{\frac{1}{n}} \geqslant \sec \varphi \tag{1}$$

（2）我们再证下面的不等式成立

$$\prod_{i=1}^{n} (\sec \varphi_i - 1) \geqslant (\sec \varphi - 1)^n \tag{2}$$

当 $n = 2$ 和 3 时，我们已知式（2）成立.

假设当 $n = m$ 时，式（2）成立，那么当 $n = m + 1$ 时，设

$$\varphi = \frac{1}{m+1} \sum_{i=1}^{m+1} \varphi_i, \alpha = \frac{1}{m} \sum_{i=1}^{m} \varphi_i$$

$$\beta = \frac{1}{m} \left[\varphi_{m+1} + (m - 1) \varphi \right]$$

于是 $$\frac{\alpha + \beta}{2} = \frac{1}{2m} \left[\sum_{i=1}^{m} \varphi_i + \varphi_{m+1} + (m - 1) \varphi \right]$$

$$= \frac{1}{2m} \left[(m + 1) \varphi + (m - 1) \varphi \right] = \varphi$$

由归纳假设有

$$\begin{cases} \prod_{i=1}^{m} (\sec \varphi_i - 1) \geqslant (\sec \alpha - 1)^m \\ (\sec \varphi_{m+1} - 1) (\sec \varphi - 1)^{m-1} \geqslant (\sec \beta - 1)^m \end{cases}$$

$$\Rightarrow (\sec \varphi - 1)^{m-1} \cdot \prod_{i=1}^{m+1} (\sec \varphi_i - 1)$$

$$\geqslant \left[(\sec \alpha - 1) (\sec \beta - 1) \right]^m$$

$$\geqslant \left[\sec \left(\frac{\alpha + \beta}{2} \right) - 1 \right]^{2m} = (\sec \varphi - 1)^{2m}$$

$$\Rightarrow \prod_{i=1}^{m+1} (\sec \varphi_i - 1) \geqslant (\sec \varphi - 1)^{m+1} \tag{3}$$

即当 $n = m + 1$ 时，式（2）仍然成立.

综合上述，当 $n \in \mathbf{N}_+, n \geqslant 2$ 时，式（2）成立，等号成立当且仅当 $\varphi_1 = \varphi_2 = \cdots = \varphi_n$.

(3)我们记

$$T_k = \prod_{i=1}^{n} (\sec^k \varphi_i - 1)$$

则

$$T_1 = \prod_{i=1}^{n} (\sec \varphi_i - 1) \geqslant (\sec \varphi - 1)^n$$

当 $k \geqslant 2$ 时,利用赫尔德不等式有

$$T_k = \prod_{i=1}^{n} \Big[(\sec \varphi_i - 1) \Big(\sum_{i=1}^{k-1} \sec^k \varphi_i + 1 \Big) \Big]$$

$$= T_1 \prod_{i=1}^{n} \Big(\sum_{i=1}^{k-1} \sec^i \varphi_i + 1 \Big) \geqslant T_1 \cdot \Big(\sum_{i=1}^{k-1} t^i + 1 \Big)^n$$

$$\geqslant T_1 \cdot \Big[\sum_{i=1}^{k-1} (\sec \varphi)^i + 1 \Big]^n$$

$$\geqslant (\sec \varphi - 1)^n \cdot \Big[\sum_{i=1}^{k-1} (\sec \varphi)^i + 1 \Big]^n$$

$$= (\sec^k \varphi - 1)^n = \Big[\csc^k \Big(\frac{\pi}{n} - \theta \Big) - 1 \Big]^n$$

即式(P)成立,等号成立当且仅当 $\varphi_1 = \varphi_2 = \cdots = \varphi_n = \varphi$, $A_1 = A_2 = \cdots = A_n = \frac{n-2}{n} \pi$.

证法2 记号同前,设关于 $\varphi \in \Big(0, \frac{\pi}{2} \Big)$ 的函数为

$$f(\varphi) = \ln(\sec \varphi - 1) \tag{1}$$

求导得

$$f'(\varphi) = \frac{2\tan \varphi}{1 - \cos \varphi} > 0$$

则 $f(\varphi)$ 为中凸函数,由琴生不等式

$$\sum_{i=1}^{n} f(\varphi_i) \geqslant nf\Bigg(\frac{\sum_{i=1}^{n} \varphi_i}{n} \Bigg) = nf(\varphi)$$

$$\Rightarrow \sum_{i=1}^{n} \ln(\sec \varphi_i - 1) \geqslant n \cdot \ln(\sec \varphi - 1)$$

$$\Rightarrow \ln \prod_{i=1}^{n} (\sec \varphi_i - 1) \geqslant \ln(\sec \varphi - 1)^n$$

$$\Rightarrow \prod_{i=1}^{n} (\sec \varphi_i - 1) \geqslant (\sec \varphi - 1)^n \tag{2}$$

等号成立当且仅当 $\varphi_1 = \varphi_2 = \cdots = \varphi_n = \varphi$.

我们再记 $x_i = \sec \varphi_i > 1 \quad (1 \leqslant i \leqslant n)$

$$t = \Big(\prod_{i=1}^{n} \sec \varphi_i \Big)^{\frac{1}{n}} = \Big(\prod_{i=1}^{n} x_i \Big)^{\frac{1}{n}} \geqslant \sec \varphi = x > 0$$

$$T_k = \prod_{i=1}^{n} (\sec^k \varphi_i - 1) = \prod_{i=1}^{n} (x_i^k - 1)$$

当 $k = 1$ 时，由式（2）知

$$T_1 = \prod_{i=1}^{n} (x_i - 1) \geqslant (x - 1)^n$$

成立，假设对于 k，有

$$T_k = \prod_{i=1}^{n} (x_i^k - 1) \geqslant (x^k - 1)^n \tag{3}$$

那么对于 $k + 1$，由于

$$T_{k+1} = \prod_{i=1}^{n} (x_i^{k+1} - 1)$$

$$= \prod_{i=1}^{n} \left[(x_i - 1) + x_i(x_i^k - 1) \right]$$

$$\geqslant \left[\sqrt[n]{\prod_{i=1}^{n} (x_i - 1)} + \sqrt[n]{\prod_{i=1}^{n} x_i(x_i^k - 1)} \right]^n$$

$$= (\sqrt[n]{T_1} + t \cdot \sqrt[n]{T_k})^n \geqslant \left[(x - 1) + x(x^k - 1) \right]^n$$

$$\Rightarrow T_{k+1} \geqslant (x^{k+1} - 1)^n \tag{4}$$

即对于 $k + 1$ 仍然成立. 所以对一切 $k \in \mathbf{N}_+$，式（3）成立，即

$$T_k = \prod_{i=1}^{n} (\sec^k \varphi_i - 1) \geqslant (\sec^k \varphi - 1)^n$$

$$= \left[\csc^k \left(\frac{\pi}{n} - \theta \right) - 1 \right]^n$$

等号成立的条件同证法 1.

进一步地，如果我们增设 $0 < \lambda_i \leqslant 1 (1 \leqslant i \leqslant n)$，并记 $Q = \sqrt[n]{\prod_{i=1}^{n} (1 - \lambda_i)}$，那么我们可以从参数方面将式（P）推广为

$$\prod_{i=1}^{n} \left[\sec^k \left(\theta_i + \frac{A_i}{2} \right) - \lambda_i \right] \geqslant \left[\csc^k \left(\frac{\pi}{n} - \theta \right) - 1 + Q \right]^n \tag{P$_1$}$$

其实，式（P）还可以推广到任意多个多边形中.

推广 9 设 $k \in \mathbf{N}_+$，$m \in \mathbf{N}_+$，$n \in \mathbf{N}_+$，$n \geqslant 3$，$0 \leqslant \theta_i < \frac{\pi}{2}$，使得 $0 < \theta_i + \frac{A_{ij}}{2} < \frac{\pi}{2}$ $(1 \leqslant i \leqslant n, 1 \leqslant j \leqslant m)$，则有

$$\prod_{i=1}^{n} \left\{ \left[\prod_{j=1}^{m} \sec \left(\theta_i + \frac{A_{ij}}{2} \right) \right]^{\frac{k}{m}} - 1 \right\} \geqslant \left[\csc^k \left(\frac{\pi}{n} - \theta \right) - 1 \right]^n \tag{Q}$$

提示 由前面的引理，并令

$$\varphi_{ij} = \theta_i + \frac{A_{ij}}{2}, x_{ij} = \sec \varphi_{ij}$$

$$\left(\prod_{j=1}^{m} x_{ij}^k \right)^{\frac{1}{m}} - 1 \geqslant \left[\prod_{j=1}^{m} (x_{ij}^k - 1) \right]^{\frac{1}{m}}$$

$$\Rightarrow \prod_{i=1}^{n} \left[\left(\prod_{j=1}^{m} x_{ij}^k \right)^{\frac{1}{m}} - 1 \right] \geqslant \prod_{i=1}^{n} \left[\prod_{j=1}^{m} (x_{ij}^k - 1) \right]^{\frac{1}{m}}$$

$$= \left[\prod_{j=1}^{m} \prod_{i=1}^{n} (x_{ij}^k - 1) \right]^{\frac{1}{m}} \geqslant \left[\prod_{j=1}^{m} (x^k - 1)^n \right]^{\frac{1}{m}}$$

$$= (x^k - 1)^n = \left[\csc^k \left(\frac{\pi}{n} - \theta \right) - 1 \right]^n$$

此即为式(Q).

(11) 新花绽放

我们在前面有结论(△ABC 为锐角三角形)

$$\prod (\sec A - 1)(\sec B - 1) \geqslant \prod \left[\sec \left(\frac{A+B}{2} \right) - 1 \right]^2$$

$$= \prod \left(\csc \frac{C}{2} - 1 \right)^2$$

$$\Rightarrow \prod (\sec A - 1)^2 \geqslant \prod \left(\csc \frac{A}{2} - 1 \right)^2$$

$$\Rightarrow \prod (\sec A - 1) \geqslant \prod \left(\csc \frac{A}{2} - 1 \right) \tag{1}$$

又在式

$$\prod (\sec A - 1) \geqslant 1 \tag{B}$$

作置换

$$(A, B, C) \rightarrow \left(\frac{\pi}{2} - \frac{A}{2}, \frac{\pi}{2} - \frac{B}{2}, \frac{\pi}{2} - \frac{C}{2} \right)$$

得

$$\prod \left[\sec \left(\frac{\pi}{2} - \frac{A}{2} \right) - 1 \right] \geqslant 1$$

$$\Rightarrow \prod \left(\csc \frac{A}{2} - 1 \right) \geqslant 1$$

$$\Rightarrow \prod (\sec A - 1) \geqslant \prod \left(\csc \frac{A}{2} - 1 \right) \geqslant 1 \tag{R}$$

同理可得

$$\prod (\csc A - 1) \geqslant \prod \left(\sec \frac{A}{2} - 1 \right) \geqslant \left(\frac{2}{\sqrt{3}} - 1 \right)^3 \tag{S}$$

这真是一个有趣的现象.

下面我们先建立新的配对:

新配对 设 $\triangle ABC$ 为锐角三角形,$0 \leqslant \theta < \dfrac{\pi}{2}$,使得 $\theta + A$,$\theta + B$,$\theta + C$ 均为锐角,则有

$$[\csc(\theta + A) - 1][\csc(\theta + B) - 1][\csc(\theta + C) - 1]$$
$$\geqslant \left[\csc\left(\theta + \dfrac{\pi}{3}\right) - 1\right]^3 \qquad (\text{T})$$

证明 设 $(x,y,z) = (\theta + A, \theta + B, \theta + C) \in \left(0, \dfrac{\pi}{2}\right)$,则有

$$\sin x \sin y \leqslant \left(\dfrac{\sin x + \sin y}{2}\right)^2 \leqslant \sin^2\left(\dfrac{x+y}{2}\right)$$

$$\Rightarrow \begin{cases} 1 - \sin x - \sin y \geqslant 1 - 2\sin\left(\dfrac{x+y}{2}\right) \\[2mm] \dfrac{1}{\sin x \sin y} \geqslant \dfrac{1}{\sin^2\left(\dfrac{x+y}{2}\right)} \end{cases}$$

$$\Rightarrow \dfrac{1 - \sin x - \sin y}{\sin x \sin y} + 1 \geqslant \dfrac{1 - 2\sin\left(\dfrac{x+y}{2}\right)}{\sin^2\left(\dfrac{x+y}{2}\right)} + 1$$

$$\Rightarrow \dfrac{(1 - \sin x)(1 - \sin y)}{\sin x \sin y} \geqslant \dfrac{\left(1 - \sin\dfrac{x+y}{2}\right)^2}{\sin^2\left(\dfrac{x+y}{2}\right)}$$

$$\left. \begin{aligned} & \Rightarrow (\csc x - 1)(\csc y - 1) \geqslant \left(\csc\dfrac{x+y}{2} - 1\right)^2 \\ & \text{同理}(\csc z - 1)(\csc \varphi - 1) \geqslant \left(\csc\dfrac{z+\varphi}{2} - 1\right)^2 \end{aligned} \right\}$$

$$\left(\text{其中}\ \varphi = \dfrac{1}{3}(x + y + z) = \theta + \dfrac{\pi}{3}\right)$$

$$\Rightarrow \prod (\csc x - 1) \cdot (\csc \varphi - 1)$$
$$\geqslant \left[\left(\csc\dfrac{x+y}{2} - 1\right)\left(\csc\dfrac{z+\varphi}{2} - 1\right)\right]^2$$
$$\geqslant \left[\csc\dfrac{1}{4}(x + y + z + \varphi) - 1\right]^4 = (\cos\varphi - 1)^4$$

$$\Rightarrow \prod (\csc x - 1) \geqslant (\csc\varphi - 1)^3$$

$$\Rightarrow \prod [\csc(\theta + A) - 1] \geqslant \left[\csc\left(\theta + \dfrac{\pi}{3}\right) - 1\right]^3$$

等号成立当且仅当 $A = B = C = \dfrac{\pi}{3}$.

当然,式(Q)有配对式

$$\prod_{i=1}^{n} \left\{ \left[\prod_{j=1}^{m} \csc\left(\theta_i + \frac{A_{ij}}{2} \right) \right]^{\frac{k}{m}} - 1 \right\}$$

$$\geqslant \left[\sec^k \left(\frac{\pi}{n} - \theta \right) - 1 \right]^n \tag{U}$$

使得式(Q)与式(U)"珠联璧合",交相辉映!

7. 关于一个三角不等式的研究

(一)

沈文选老师所著的《平面几何证明方法全书》(哈尔滨工业大学出版社)第 50 页例 2 是:

例 2 在 $\triangle ABC$ 中,三内角用 A, B, C 表示,则

$$\left(\csc \frac{A}{2} + \csc \frac{B}{2} + \csc \frac{C}{2} \right)^2 \geqslant 9 + \left(\cot \frac{A}{2} + \cot \frac{B}{2} + \cot \frac{C}{2} \right)^2 \tag{A}$$

其中等号当且仅当 $\triangle ABC$ 为正三角形时成立.

显然,式(A)是一个结构对称,外形优美的三角不等式,在证明式(A)前,沈老师指出:"此不等式的证法很多,我们选择用割补法证明,这种证法的确可让人大开眼界."

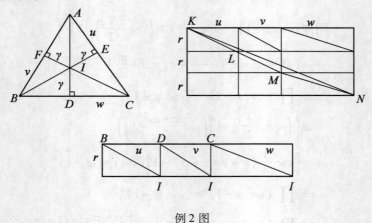

例 2 图

证明 如图,设 I 为 $\triangle ABC$ 的内心,内切圆半径为 r,依次记 AE,BF,CD 为 u,v,w,沿 AI,BI,CI,DI,EI,FI 割开,由此可把 $\triangle ABC$ 拆拼成一矩形,将此三个全等的矩形拼成一个大矩形. 显见,折线段 $KLMN$ 之长应不小于对角线 KN 之长,即

$$AI + BI + CI \geqslant \sqrt{(3r)^2 + (u + v + w)^2}$$

上式两端平方并除以 r^2,得

$$\left(\frac{AI}{r} + \frac{BI}{r} + \frac{CI}{r} \right)^2 \geqslant 9 + \left(\frac{u}{r} + \frac{v}{r} + \frac{w}{r} \right)^2$$

此即为欲证的不等式,且等号成立的充要条件是图中对角线 KN 与折线 $KLMN$ 重合,即需 $u = v = w$,也即需 $A = B = C$,因此,即证.

上述神奇优美的证法,充分显示了数形结合的美妙性,确实让人大开眼界,赞叹不已. 而且,应用此法,不难将式(A)推广为:

推广 1 设凸 $n(3 \leqslant n \in \mathbf{N})$ 边形 $A_1 A_2 \cdots A_n$ 有内切圆,那么有

$$\left(\sum_{i=1}^{n} \csc \frac{A_i}{2} \right)^2 \geqslant n^2 + \left(\sum_{i=1}^{n} \cot \frac{A_i}{2} \right)^2 \tag{B}$$

等号成立当且仅当 $A_1 A_2 \cdots A_n$ 为正 n 边形.

下面,我们先用一种简洁的三角法证明式(A).

另证 注意到在 $\left(0, \dfrac{\pi}{2} \right)$ 内,函数 $f(x) = \tan x$ 是凸函数,于是有

$$\left(\sum \csc \frac{A}{2} \right)^2 - \left(\sum \cot \frac{A}{2} \right)^2$$

$$= \left(\sum \csc \frac{A}{2} + \sum \cot \frac{A}{2} \right)\left(\sum \csc \frac{A}{2} - \sum \cot \frac{A}{2} \right)$$

$$= \sum \left(\csc \frac{A}{2} + \cot \frac{A}{2} \right) \cdot \sum \left(\csc \frac{A}{2} - \cot \frac{A}{2} \right)$$

（应用柯西不等式）

$$\geqslant \left[\sum \sqrt{\left(\csc \frac{A}{2} + \cot \frac{A}{2} \right)\left(\csc \frac{A}{2} - \cot \frac{A}{2} \right)} \right]^2$$

$$= \left(\sum \sqrt{\csc^2 \frac{A}{2} - \cot^2 \frac{A}{2}} \right)^2$$

$$= 3^2$$

$$\Rightarrow \left(\sum \csc \frac{A}{2} \right)^2 \geqslant 9 + \left(\sum \cot \frac{A}{2} \right)^2$$

即式(A)成立,等号成立当且仅当

$$\frac{\csc \dfrac{A}{2} + \cot \dfrac{A}{2}}{\csc \dfrac{A}{2} - \cot \dfrac{A}{2}} = \frac{\csc \dfrac{B}{2} + \cot \dfrac{B}{2}}{\csc \dfrac{B}{2} - \cot \dfrac{B}{2}}$$

$$= \frac{\csc \dfrac{C}{2} + \cot \dfrac{C}{2}}{\csc \dfrac{C}{2} - \cot \dfrac{C}{2}}$$

$$\Rightarrow \frac{1 + \cos \dfrac{A}{2}}{1 - \cos \dfrac{A}{2}} = \frac{1 + \cos \dfrac{B}{2}}{1 - \cos \dfrac{B}{2}} = \frac{1 + \cos \dfrac{C}{2}}{1 - \cos \dfrac{C}{2}}$$

$$\Rightarrow \left(\cot \frac{A}{4} \right)^2 = \left(\cot \frac{B}{4} \right)^2 = \left(\cot \frac{C}{4} \right)^2$$

$$\Rightarrow A = B = C = \frac{\pi}{3}$$

（二）

为了更好地研究式（A），我们先分别从系数和指数两个方面推广漂亮的式（B）.

推广 2 设系数 $\lambda_i > 0$，$\theta_i \in \left(0, \dfrac{\pi}{2} \right) (i = 1, 2, \cdots, n; 2 \leqslant n \in \mathbf{N})$，记 $\varphi = \dfrac{1}{n} \displaystyle\sum_{i=1}^{n} \theta_i \in \left(0, \dfrac{\pi}{2} \right)$，$1 \leqslant k \in \mathbf{N}$，那么有

$$\left(\sum_{i=1}^{n} \lambda_i \csc \theta_i \right)^2 \geqslant \left(\sum_{i=1}^{n} \lambda_i \right)^2 + \left(\sum_{i=1}^{n} \lambda_i \cot \theta_i \right)^2 \tag{C}$$

$$\left(\sum_{i=1}^{n} \csc \theta_i \right)^k \geqslant m + \left(\sum_{i=1}^{n} \cot \theta_i \right)^k \tag{D}$$

其中

$$m = n^k \left[(\csc \varphi)^k - (\cot \varphi)^k \right] \tag{1}$$

特别地，当 $\lambda_1 = \lambda_2 = \cdots = \lambda_n$，$\theta_1 = \dfrac{A_1}{2}$，$\theta_2 = \dfrac{A_2}{2}$，$\cdots$，$\theta_n = \dfrac{A_n}{2}$ 时，式（C）化为式（B）；当 $k = 2$，$\theta_i = \dfrac{A_i}{2} (1 \leqslant i \leqslant n)$ 时，式（D）化为式（B）.

证明 （1）先证式（C）

$$\left(\sum_{i=1}^{n} \lambda_i \csc \theta_i \right)^2 - \left(\sum_{i=1}^{n} \lambda_i \cot \theta_i \right)^2$$

$$= \left(\sum_{i=1}^{n} \lambda_i \csc \theta_i + \sum_{i=1}^{n} \lambda_i \cot \theta_i \right) \cdot \left(\sum_{i=1}^{n} \lambda_i \csc \theta_i - \sum_{i=1}^{n} \lambda_i \cot \theta_i \right)$$

$$= \sum_{i=1}^{n} \lambda_i (\csc \theta_i + \cot \theta_i) \cdot \sum_{i=1}^{n} \lambda_i (\csc \theta_i - \cot \theta_i)$$

（应用柯西不等式）

$$\geqslant \Big[\sum_{i=1}^{n} \lambda_i \sqrt{(\csc \theta_i + \cot \theta_i)(\csc \theta_i - \cot \theta_i)} \Big]^2$$

$$= \Big[\sum_{i=1}^{n} \lambda_i \sqrt{(\csc^2 \theta_i - \cot^2 \theta_i)} \Big]^2$$

$$= \Big(\sum_{i=1}^{n} \lambda_i \Big)^2$$

$$\Rightarrow \Big(\sum_{i=1}^{n} \lambda_i \csc \theta_i \Big)^2 \geqslant \Big(\sum_{i=1}^{n} \lambda_i \Big)^2 + \Big(\sum_{i=1}^{n} \lambda_i \cot \theta_i \Big)^2$$

即式（C）成立，等号成立当且仅当

$$\frac{\csc \theta_1 + \cot \theta_1}{\csc \theta_1 - \cot \theta_1} = \frac{\csc \theta_2 + \cot \theta_2}{\csc \theta_2 - \cot \theta_2} = \cdots = \frac{\csc \theta_n + \cot \theta_n}{\csc \theta_n - \cot \theta_n}$$

$$\Rightarrow \frac{1 + \cos \theta_1}{1 - \cot \theta_1} = \frac{1 + \cos \theta_2}{1 - \cot \theta_2} = \cdots = \frac{1 + \cos \theta_n}{1 - \cot \theta_n}$$

$$\Rightarrow \Big(\cot \frac{\theta_1}{2} \Big)^2 = \Big(\cot \frac{\theta_2}{2} \Big)^2 = \cdots = \Big(\cot \frac{\theta_n}{n} \Big)^2$$

$$\Big(\text{注意 } \theta \in \Big(0, \frac{\pi}{2} \Big), 1 \leqslant i \leqslant n \Big)$$

$$\Rightarrow \theta_1 = \theta_2 = \cdots = \theta_n$$

（2）再证明式（D），注意到函数 $f(x) = \tan x$ 在 $\Big(0, \frac{\pi}{2} \Big)$ 内是凸函数，当 $k = 1$ 时

$$\sum_{i=1}^{n} \csc \theta_i - \sum_{i=1}^{n} \cot \theta_i = \sum_{i=1}^{n} (\csc \theta_i - \cot \theta_i)$$

$$= \sum_{i=1}^{n} \Big(\frac{1 - \cos \theta_i}{\sin \theta_i} \Big) = \sum_{i=1}^{n} \tan \frac{\theta_i}{2}$$

$$\geqslant n \tan \Big(\frac{\sum_{i=1}^{n} \theta_i}{2n} \Big) = n \tan \frac{\varphi}{2}$$

$$\Rightarrow \sum_{i=1}^{n} \csc \theta_i \geqslant n (\csc \varphi - \cot \varphi) + \sum_{i=1}^{n} \cot \theta_i$$

即当 $k = 1$ 时，式（D）成立；

当 $k = 2$ 时，从式（C）知，式（D）显然成立；

当 $3 \leqslant k \in \mathbf{N}$ 时，简记

$$x = \sum_{i=1}^{n} \csc \theta_i, y = \sum_{i=1}^{n} \cot \theta_i$$

从上面的证明知有

$$x - y \geq n\tan \frac{\varphi}{2} \tag{2}$$

且由于在 $\left(0, \frac{\pi}{2}\right)$ 内 $\sin x$ 为凹函数, $\cot x$ 为凸函数, 应用琴生不等式有

$$y = \sum_{i=1}^{n} \cot \theta_i \geq n\cot \left(\frac{\sum_{i=1}^{n} \theta_i}{n}\right) = n\cot \varphi \tag{3}$$

$$\sum_{i=1}^{n} \sin \theta_i \leq n\sin \left(\frac{\sum_{i=1}^{n} \theta_i}{n}\right) = n\sin \varphi$$

$$\Rightarrow n\sin \varphi \cdot x \geq \left(\sum_{i=1}^{n} \sin \theta_i\right)\left(\sum_{i=1}^{n} \frac{1}{\sin \theta_i}\right)$$

（应用柯西不等式）

$$\geq n^2$$

$$\Rightarrow x \geq n\csc \varphi \tag{4}$$

因此, 当 $3 \leq k \in \mathbf{N}$ 时, 有

$$x^k - y^k = (x - y)(x^{k-1} + x^{k-2}y + \cdots + xy^{k-2} + y^{k-1})$$

$$\geq \left(n\tan \frac{\varphi}{2}\right) \cdot n^{k-1}\left[(\csc \varphi)^{k-1} + (\csc \varphi)^{k-2} \cdot \cot \varphi + \cdots +\right.$$

$$\csc \varphi \cdot [(\cot \varphi)^{k-2} + (\cot \varphi)^{k-1}]$$

$$= n^k\tan \frac{\varphi}{2} \cdot \frac{(\csc \varphi)^k - (\cot \varphi)^k}{\csc \varphi - \cot \varphi}$$

（注意 $\tan \frac{\varphi}{2} = \csc \varphi - \cot \varphi$）

$$= n^k[(\csc \varphi)^k - (\cot \varphi)^k] = m$$

$$\Rightarrow \left(\sum_{i=1}^{n} \csc \theta_i\right)^k \geq m + \left(\sum_{i=1}^{n} \cot \theta_i\right)^k$$

即式（D）成立, 等号成立当且仅当 $\theta_1 = \theta_2 = \cdots = \theta_n = \varphi$.

综合上述（1）和（2）知,（C）,（D）两式成立, 且两式等号成立的条件均为 $\theta_1 = \theta_2 = \cdots = \theta_n = \varphi$.

（三）

从上述证法知, 我们不难建立（C）,（D）两式从外形结构、三角意义上的配对式.

配对 1 设指数 $1 \leq k \in \mathbf{N}, \lambda_1, \lambda_2, \cdots, \lambda_n$ 均为正系数, $\theta_1, \theta_2, \cdots, \theta_n(2 \leq n \in$

$\mathbf{N})$ 均为锐角,记 $\varphi = \dfrac{1}{n} \sum\limits_{i=1}^{n} \theta_i \in \left(0, \dfrac{\pi}{2}\right)$,那么有

$$\left(\sum_{i=1}^{n} \lambda_i \sec \theta_i \right)^2 \geqslant \left(\sum_{i=1}^{n} \lambda_i \right)^2 + \left(\sum_{i=1}^{n} \lambda_i \tan \theta_i \right)^2 \qquad (\mathrm{E})$$

$$\left(\sum_{i=1}^{n} \lambda_i \sec \theta_i \right)^k \geqslant M + \left(\sum_{i=1}^{n} \lambda_i \tan \theta_i \right)^k \qquad (\mathrm{F})$$

其中 $\qquad M = n^k [(\sec \varphi)^k - (\tan \varphi)^k]$

无独有偶,式(D)还有第 2 个配对式.

配对 2 设指数 $1 \leqslant k \in \mathbf{N}, \theta_i \in \left(0, \dfrac{\pi}{4}\right) (i = 1, 2, \cdots, n; 2 \leqslant n \in \mathbf{N})$,则有

$$\left(\sum_{i=1}^{n} \cot \theta_i \right)^k \geqslant Q + \left(\sum_{i=1}^{n} \tan \theta_i \right)^k \qquad (\mathrm{G})$$

其中 $\qquad Q = n^k [(\cot \varphi)^k - (\tan \varphi)^k]$

$$\varphi = \frac{1}{n} \sum_{i=1}^{n} \theta_i \in \left(0, \frac{\pi}{4}\right)$$

证明 由于在区间 $\left(0, \dfrac{\pi}{2}\right)$ 内函数 $\cot x, \tan x$ 均为凸函数,因此应用琴生不等式有

$$x = \sum_{i=1}^{n} \cot \theta_i \geqslant n \cot \varphi$$

$$y = \sum_{i=1}^{n} \tan \theta_i \geqslant n \tan \varphi$$

当 $k = 1$ 时

$$x - y = \sum_{i=1}^{n} \cot \theta_i - \sum_{i=1}^{n} \tan \theta_i$$

$$= \sum_{i=1}^{n} (\cot \theta_i - \tan \theta_i) = \sum_{i=1}^{n} \left(\frac{\cos^2 \theta_i - \sin^2 \theta_i}{\sin \theta_i \cos \theta_i} \right)$$

$$= 2 \sum_{i=1}^{n} \frac{\cos 2\theta_i}{\sin 2\theta_i} = 2 \sum_{i=1}^{n} \cot 2\theta_i \quad (\text{注意 } 0 < 2\theta_i < \frac{\pi}{2})$$

$$\geqslant 2n \cot \left(\frac{2}{n} \sum_{i=1}^{n} \theta_i \right) = 2n \cot 2\varphi$$

$$= n(\cot \varphi - \tan \varphi)$$

$$\Rightarrow \sum_{i=1}^{n} \cot \theta_i \geqslant n(\cot \varphi - \tan \varphi) + \sum_{i=1}^{n} \tan \theta_i \qquad (1)$$

即当 $k = 1$ 时,式(G)成立.

当 $k = 2$ 时,由于

$$x^2 - y^2 = (x - y)(x + y)$$

$$\geqslant n^2 (\cot \varphi - \tan \varphi)(\cot \varphi + \tan \varphi)$$
$$= n^2 (\cot^2 \varphi - \tan^2 \varphi)$$
$$\Rightarrow \Big(\sum_{i=1}^n \cot \theta_i \Big)^2 \geqslant n^2 (\cot^2 \varphi - \tan^2 \varphi) + \Big(\sum_{i=1}^n \tan \theta_i \Big)^2 \quad (2)$$

即当 $k = 2$ 时,式(G)也成立.

当 $3 \leqslant k \in \mathbf{N}$ 时,由于

$$x^k - y^k = (x - y)(x^{k-1} + x^{k-2}y + \cdots + xy^{k-2} + y^{k-1})$$
$$\geqslant (x - y)n^{k-1}[(\cot \varphi)^{k-1} + (\cot \varphi)^{k-2} \cdot \tan \varphi + \cdots +$$
$$\cot \varphi \cdot (\tan \varphi)^{k-2} + (\tan \varphi)^{k-1}]$$
$$= n^{k-1}(x - y) \frac{(\cot \varphi)^k - (\tan \varphi)^k}{\cot \varphi - \tan \varphi}$$
$$\geqslant n^k (\cot \varphi - \tan \varphi) \cdot \frac{(\cot \varphi)^k - (\tan \varphi)^k}{\cot \varphi - \tan \varphi}$$
$$= n^k [(\cot \varphi)^k - (\tan \varphi)^k] = Q$$
$$\Rightarrow \Big(\sum_{i=1}^n \cot \theta_i \Big)^k \geqslant Q + \Big(\sum_{i=1}^n \tan \theta_i \Big)^k$$

即此时式(G)也成立.

综上所述,对于任意 $1 \leqslant k \in \mathbf{N}$,式(G)成立,等号成立当且仅当 $\theta_1 = \theta_2 = \cdots = \theta_n = \varphi$.

我们知道,应用三角恒等式($1 \leqslant i \leqslant n$)
$$\csc^2 \theta_i - \cot^2 \theta_i = 1$$
$$\sec^2 \theta_i - \tan^2 \theta_i = 1$$

可得

$$\sum_{i=1}^n \csc^2 \theta_i = n + \sum_{i=1}^n \cot^2 \theta_i \quad (1)$$

$$\sum_{i=1}^n \sec^2 \theta_i = n + \sum_{i=1}^n \tan^2 \theta_i \quad (2)$$

有趣的是,在式(G)中取 $k = 2$ 有

$$\Big(\sum_{i=1}^n \cot \theta_i \Big)^2 \geqslant n^2 (\cot^2 \varphi - \tan^2 \varphi) + \Big(\sum_{i=1}^n \tan \theta_i \Big)^2$$

相应地,上式也有一个非常漂亮的配对式

$$\sum_{i=1}^n \cot^2 \theta_i \geqslant n(\cot^2 \varphi - \tan^2 \varphi) + \sum_{i=1}^n \tan^2 \theta_i \quad (3)$$

证明 由于

$$\cot^2 \theta - \tan^2 \theta = \frac{\cos^4 \theta - \sin^4 \theta}{(\sin \theta \cos \theta)^2}$$

$$= \frac{(\cos^2\theta + \sin^2\theta)(\cos^2\theta - \sin^2\theta)}{(\sin\theta\cos\theta)^2}$$

$$= \frac{\cos^2\theta - \sin^2\theta}{(\sin\theta\cos\theta)^2} = \frac{4\cos 2\theta}{\sin^2 2\theta}$$

$$= 4\cot 2\theta\csc 2\theta$$

$$\Rightarrow \cot^2\theta - \tan^2\theta = 4\cot 2\theta\csc 2\theta \tag{4}$$

根据对称性,不妨设

$$0 < \theta_1 \leqslant \theta_2 \leqslant \cdots \leqslant \theta_n \leqslant \frac{\pi}{4}$$

$$\Rightarrow \begin{cases} \cot 2\theta_1 \geqslant \cot 2\theta_2 \geqslant \cdots \geqslant \cot 2\theta_n > 0 \\ \csc 2\theta_1 \geqslant \csc 2\theta_2 \geqslant \cdots \geqslant \csc 2\theta_n > 1 \end{cases}$$

（应用切比雪夫不等式）

$$\Rightarrow \sum_{i=1}^{n} \cot^2\theta_i - \sum_{i=1}^{n} \tan^2\theta_i = \sum_{i=1}^{n} (\cot^2\theta_i - \tan^2\theta_i)$$

$$= 4 \sum_{i=1}^{n} \cot 2\theta_i\csc 2\theta_i$$

$$\geqslant \frac{4}{n} \Big(\sum_{i=1}^{n} \cot 2\theta_i \Big) \Big(\sum_{i=1}^{n} \csc 2\theta_i \Big)$$

（应用琴生不等式和前面的结论）

$$\geqslant \frac{4}{n} \cdot n\cot \left(\frac{\sum_{i=1}^{n} 2\theta_i}{n} \right) \cdot n\csc \left(\frac{\sum_{i=1}^{n} 2\theta_i}{n} \right)$$

$$= 4n\cot 2\varphi \cdot \csc 2\varphi$$

$$= n(\cot^2\varphi - \tan^2\varphi)$$

$$\Rightarrow \sum_{i=1}^{n} \cot^2\theta_i \geqslant n(\cot^2\varphi - \tan^2\varphi) + \sum_{i=1}^{n} \tan^2\theta_i$$

即式(3)成立,等号成立当且仅当 $\theta_1 = \theta_2 = \cdots = \theta_n = \varphi$.

令人欣喜的是,式(G)自身也有配对式.

配对 3 设 $1 \leqslant m \in \mathbf{N}, 2 \leqslant n \in \mathbf{N}, \varphi = \Big(\sum_{i=1}^{n} \theta_i \Big)/n$,且

$$\lambda(m) = \sqrt{\left(\frac{m}{2} \right)^{3-(-1)^m} - \frac{1-(-1)^m}{8}} \tag{1}$$

那么,当 $\theta_i \in \Big(0, \frac{\pi}{4} \Big] (i = 1, 2, \cdots, n)$ 时

$$\sum_{i=1}^{n} (\cot\theta_i)^m \geqslant H + \sum_{i=1}^{n} (\tan\theta_i)^m \tag{H}$$

435

当 $\theta_i \in \left[\dfrac{\pi}{4},\dfrac{\pi}{2}\right)(i=1,2,\cdots,n)$ 时

$$\sum_{i=1}^{n}(\tan\theta_i)^m \geqslant H + \sum_{i=1}^{n}(\cot\theta_i)^m$$

其中 $\qquad H = n\lambda(m)(\cot^2\varphi - \tan^2\varphi) + \dfrac{n}{2}(1+(-1)^m)(\cot\varphi - \tan\varphi)$ $\qquad(2)$

证明 我们只需证明当 $\theta_i \in \left(0,\dfrac{\pi}{4}\right](i=1,2,\cdots,n)$ 时,式(H)成立即可.

(1)为了简便起见,我们记 $a_i = \cot\theta_i, b_i = \tan\theta_i$,则当 $\theta_i \in \left(0,\dfrac{\pi}{4}\right]$ 时

$$0 < b_i \leqslant 1 \leqslant a_i, a_i b_i = 1 \quad (1 \leqslant i \leqslant n)$$

且 $\qquad\qquad\qquad a_i + b_i \geqslant 2\sqrt{a_i b_i} = 2$

当 $m \geqslant 2$ 时

$$a_i^m - b_i^m = (a_i - b_i)(a_i^{m-1} + a_i^{m-2}b_i + \cdots + a_i b_i^{m-2} + b_i^{m-1})$$
$$\geqslant (a_i - b_i)(a_i^{m-1} \cdot a_i^{m-2}b_i \cdots \cdot a_i b_i^{m-2} \cdot b_i^{m-1})^{\frac{1}{m}}$$
$$= m(a_i - b_i)(a_i b_i)^{\frac{1}{2}(m-1)}$$
$$= m(a_i - b_i)$$
$$\Rightarrow a_i^m - b_i^m \geqslant m(a_i - b_i)$$

当 m 为偶数时,设 $m = 2k(1 \leqslant k \in \mathbf{N})$,则有

$$\sum_{i=1}^{n}(a_i^m - b_i^m) = \sum_{i=1}^{n}[(a_i^2)^k - (b_i^2)^k]$$
$$\geqslant k\sum_{i=1}^{n}(a_i^2 - b_i^2) \text{(应用前面的结论有)}$$
$$\geqslant nk(\cot^2\varphi - \tan^2\varphi)$$
$$\Rightarrow \sum_{i=1}^{n}(\cot\theta_i)^m \geqslant \dfrac{n}{2}m(\cot^2\varphi - \tan^2\varphi) + \sum_{i=1}^{n}(\tan\theta_i)^m \qquad(3)$$

注意到,当 m 为偶数时

$$\lambda(m) = \dfrac{m}{2}, H = \dfrac{nm}{2}(\cot^2\varphi - \tan^2\varphi)$$

$$\dfrac{n}{2}[1-(-1)^m] = 0$$

此时,式(H)成立;

(2)当 m 为奇数时,当 $m=1$ 时,由于

$$\lambda(m) = \left(\dfrac{1}{2}\right)^2 - \dfrac{2}{8} = 0$$

$$\dfrac{n}{2}[1-(-1)^1] = n, H = n(\cot\varphi - \tan\varphi)$$

此时式(H)化为

$$\sum_{i=1}^{n} \cot \theta_i \geq n(\cot \varphi - \tan \varphi) + \sum_{i=1}^{n} \tan \theta_i \qquad (4)$$

这正是前面式(G)在 $k=1$ 时的特例,此时式(H)成立.

当 $m \geq 3$ 时,设 $m = 2k+1(1 \leq k \in \mathbf{N})$ 由于

$$\begin{aligned}
a_i^{2k+1} - b_i^{2k+1} &= (a_i + b_i)(a_i^{2k} - b_i^{2k}) + a_i b_i (a_i^{2k-1} - b_i^{2k-1}) \\
&= (a_i + b_i)(a_i^{2k} - b_i^{2k}) + (a_i^{2k-1} - b_i^{2k-1}) \\
&\geq 2(a_i^{2k} - b_i^{2k}) + (a_i^{2k-1} - b_i^{2k-1}) \\
&\geq 2k(a_i^2 - b_i^2) + (a_i^{2k-1} - b_i^{2k-1}) \\
\Rightarrow a_i^{2k+1} - b_i^{2k+1} &\geq 2k(a_i^2 - b_i^2) + (a_i^{2k-1} - b_i^{2k-1})
\end{aligned}$$

依此类推,有

$$a_i^{2k-1} - b_i^{2k-1} \geq 2(k-1)(a_i^2 - b_i^2) + (a_i^{2k-3} - b_i^{2k-3})$$

$$\vdots$$

$$a_i^3 - b_i^3 \geq 2(a_i^2 - b_i^2) + (a_i - b_i)$$

将上面的 k 个不等式相加得

$$\begin{aligned}
a_i^{2k+1} - b_i^{2k+1} &\geq 2(1+2+\cdots+k)(a_i^2 - b_i^2) + (a_i - b_i) \\
&= k(k+1)(a_i^2 - b_i^2) + (a_i - b_i)
\end{aligned}$$

$$\begin{aligned}
\Rightarrow \sum_{i=1}^{n}(a_i^{2k+1} - b_i^{2k+1}) &\geq k(k+1)\sum_{i=1}^{n}(a_i^2 - b_i^2) + \sum_{i=1}^{n}(a_i - b_i) \\
&\geq nk(k+1)(\cot^2\varphi - \tan^2\varphi) + n(\cot\varphi - \tan\varphi)
\end{aligned}$$

$$\Rightarrow \sum_{i=1}^{n}(\cot\theta_i)^{2k+1} \geq H + \sum_{i=1}^{n}(\tan\theta_i)^{2k+1} \qquad (5)$$

由于当 $m = 2k+1$ 为奇数时

$$\begin{aligned}
\lambda(m) &= \sqrt{\left(\frac{m}{2}\right)^{\sqrt{3-(-1)^m}} - \frac{1-(-1)^m}{8}} \\
&= \left(\frac{m}{2}\right)^2 - \frac{1}{4} = \frac{(2k+1)^2}{4} - \frac{1}{4} \\
&= k(k+1)
\end{aligned}$$

$$\begin{aligned}
H &= n\lambda(m)(\cot^2\varphi - \tan^2\varphi) + \frac{n}{2}(1-(-1)^m)(\cot\varphi - \tan\varphi) \\
&= nk(k+1)(\cot^2\varphi - \tan^2\varphi) + n(\cot\varphi - \tan\varphi)
\end{aligned}$$

即此时式(H)仍然成立.

综上所述,式(H)成立,等号成立当且仅当 $\theta_1 = \theta_2 = \cdots = \theta_n = \varphi = \dfrac{\pi}{4}$.

顺便推出:

应用我们在前面建立的结论有

$$a_i^m - b_i^m \geqslant m(a_i - b_i) \quad (1 \leqslant i \leqslant n)$$

$$\Rightarrow \sum_{i=1}^{n} (a_i^m - b_i^m) \geqslant m \sum_{i=1}^{n} (a_i - b_i)$$

$$\geqslant mn(\cot \varphi - \tan \varphi)$$

$$\Rightarrow \sum_{i=1}^{n} (\cot \theta_i)^m \geqslant mn(\cot \varphi - \tan \varphi) + \sum_{i=1}^{n} (\tan \theta_i)^m$$

这一结果虽然显得简洁,但却比式(H)要弱,这是因为:

(1)当 m 为偶数时

$$H = \frac{nm}{2}(\cot^2 \varphi - \tan^2 \varphi)$$

$$= \frac{nm}{2}(\cot \varphi + \tan \varphi)(\cot \varphi - \tan \varphi)$$

$$\geqslant nm \sqrt{\cot \varphi \tan \varphi}(\cot \varphi - \tan \varphi)$$

$$= nm(\cot \varphi - \tan \varphi)$$

(2)当 $m = 2k + 1$ 为奇数时

$$H = nk(k+1)(\cot^2 \varphi - \tan^2 \varphi) + n(\cot \varphi - \tan \varphi)$$

$$\geqslant 2nk(k+1)(\cot \varphi - \tan \varphi) + n(\cot \varphi - \tan \varphi)$$

$$= n(\cot \varphi - \tan \varphi)[2k^2 + (2k+1)]$$

$$\geqslant n(2k+1)(\cot \varphi - \tan \varphi)$$

$$= mn(\cot \varphi - \tan \varphi)$$

这充分表明这一结论比式(H)弱,所以我们的心血没有白流,我们的付出的努力是值得的.

令人精神振奋的是:配对 2 中的式(G)还有一个配对式是:

配对 4 设 $1 \leqslant k \in \mathbf{N}, \theta_i \in \left(0, \dfrac{\pi}{4}\right)(i = 1, 2, \cdots, n; 2 \leqslant n \in \mathbf{N})$,则有

$$\left(\sum_{i=1}^{n} \cos \theta_i\right)^k \leqslant n^k [(\cos \varphi)^k - (\sin \varphi)^k] + \left(\sum_{i=1}^{n} \sin \theta_i\right)^k \qquad (\mathrm{I})$$

其中

$$\varphi = \frac{1}{n} \sum_{i=1}^{n} \theta_i \in \left(0, \frac{\pi}{4}\right)$$

证明 简记

$$x = \sum_{i=1}^{n} \cos \theta_i, y = \sum_{i=1}^{n} \sin \theta_i$$

当 $k = 1$ 时

$$x - y = \sum_{i=1}^{n} \cos \theta_i - \sum_{i=1}^{n} \sin \theta_i$$

$$= \sum_{i=1}^{n} (\cos \theta_i - \sin \theta_i)$$

$$= \sqrt{2} \sum_{i=1}^{n} \sin\left(\frac{\pi}{4} - \theta_i\right)$$

$$\leqslant \sqrt{2} n \sin\left[\frac{1}{n} \sum_{i=1}^{n} \left(\frac{\pi}{4} - \theta_i\right)\right]$$

$$= \sqrt{2} n \sin\left(\frac{\pi}{4} - \varphi\right)$$

$$= n(\cos \varphi - \sin \varphi)$$

$$\Rightarrow \sum_{i=1}^{n} \cos \theta_i \leqslant n(\cos \varphi - \sin \varphi) + \sum_{i=1}^{n} \sin \theta_i$$

此时式(I)成立.

当 $k = 2$ 时

$$x^2 - y^2 = (x + y)(x - y)$$

$$= \left(\sum_{i=1}^{n} \cos \theta_i + \sum_{i=1}^{n} \sin \theta_i\right)\left(\sum_{i=1}^{n} \cos \theta_i - \sum_{i=1}^{n} \sin \theta_i\right)$$

$$= \sum_{i=1}^{n} (\cos \theta_i + \sin \theta_i) \cdot \sum_{i=1}^{n} (\cos \theta_i - \sin \theta_i)$$

$$= 2 \sum_{i=1}^{n} \sin\left(\frac{\pi}{4} + \theta_i\right) \cdot \sum_{i=1}^{n} \sin\left(\frac{\pi}{4} - \theta_i\right)$$

$$\leqslant 2n^2 \sin \frac{1}{n} \sum_{i=1}^{n} \left(\frac{\pi}{4} + \theta_i\right) \cdot \sin \frac{1}{n} \sum_{i=1}^{n} \left(\frac{\pi}{4} - \theta_i\right)$$

$$= 2n^2 \sin\left(\frac{\pi}{4} + \varphi\right) \sin\left(\frac{\pi}{4} - \varphi\right)$$

$$= n^2 (\cos \varphi + \sin \varphi)(\cos \varphi - \sin \varphi)$$

$$= n^2 (\cos^2 \varphi - \sin^2 \varphi)$$

$$\Rightarrow \left(\sum_{i=1}^{n} \cos \theta_i\right)^2 \leqslant n^2 (\cos^2 \varphi - \sin^2 \varphi) + \left(\sum_{i=1}^{n} \sin \theta_i\right)^2$$

此时式(I)成立.

当 $3 \leqslant k \in \mathbf{N}$ 时, 注意到

$$x = \sum_{i=1}^{n} \cos \theta_i \leqslant n \cos \varphi$$

$$y = \sum_{i=1}^{n} \sin \theta_i \leqslant n \sin \varphi$$

于是有

$$x^k - y^k = (x - y)(x^{k-1} + x^{k-2} y + \cdots + xy^{k-2} + y^{k-1})$$

$$\leqslant (x - y) n^{k-1} [(\cos \varphi)^{k-1} + (\cos \varphi)^{k-2} \cdot \sin \varphi + \cdots +$$

$$(\cos \varphi) \cdot (\sin \varphi)^{k-2} + (\sin \varphi)^{k-1}]$$

$$= n^{k-1}(x-y)\left(\frac{\cos^k\varphi - \sin^k\varphi}{\cos\varphi - \sin\varphi}\right)$$

$$\leqslant n^k(\cos^k\varphi - \sin^k\varphi)$$

$$\Rightarrow \left(\sum_{i=1}^{n}\cos\theta_i\right)^k \leqslant n^k(\cos^k\varphi - \sin^k\varphi) + \left(\sum_{i=1}^{n}\sin\theta_i\right)^k$$

此时式(I)成立.

综上所述,对一切 $1 \leqslant k \in \mathbf{N}$, 式(I)成立,等号成立当且仅当 $\theta_1 = \theta_2 = \cdots = \theta_n = \varphi \in \left(0, \dfrac{\pi}{4}\right)$.

事实上,当 $\theta_i \in \left(\dfrac{\pi}{4}, \dfrac{\pi}{2}\right)(1 \leqslant i \leqslant n)$ 时,式(I)反向.

(四)

我们在前面从纵向在元数上与指数上推广探讨了不等式(A),如果取其特例,我们又可得到一系列漂亮的基本三角不等式

$$\csc\frac{A}{2} + \csc\frac{B}{2} + \csc\frac{C}{2} \geqslant 3(2-\sqrt{3}) + \cot\frac{A}{2} + \cot\frac{B}{2} + \cot\frac{C}{2}$$

$$\left(因为 3\cot\frac{\pi}{12} = 3(2-\sqrt{3})\right) \tag{a}$$

$$\left(\sum\csc\frac{A}{2}\right)^k \geqslant 3^k(2^k - \sqrt{3^k}) + \left(\sum\cot\frac{A}{2}\right)^k$$

$$(其中 1 \leqslant k \in \mathbf{N}) \tag{b}$$

$$\sec\frac{A}{2} + \sec\frac{B}{2} + \sec\frac{C}{2} \geqslant \sqrt{3} + \tan\frac{A}{2} + \tan\frac{B}{2} + \tan\frac{C}{2} \tag{c}$$

$$\left(\lambda\csc\frac{A}{2} + \mu\csc\frac{B}{2} + \nu\csc\frac{C}{2}\right)^2 \geqslant (\lambda+\mu+\nu)^2 + \left(\lambda\cot\frac{A}{2} + \mu\cot\frac{B}{2} + \nu\cot\frac{C}{2}\right)^2$$

$$(其中 \lambda, \mu, \nu \in \mathbf{R}_+) \tag{d}$$

$$\csc A + \csc B + \csc C \geqslant 3\tan\frac{\pi}{12} + \cot A + \cot B + \cot C$$

$$(其中 \triangle ABC 为锐角三角形) \tag{e}$$

$$\left(\sum\cos\frac{A}{2}\right)^k \leqslant \left(\frac{3}{2}\right)^k(\sqrt{3^k} - 1) + \left(\sum\sin\frac{A}{2}\right)^k \tag{f}$$

(五)

如果我们仔细研究,就会发现,上面有些基本三角不等式,可以从系数、指

数上横向推广它,使之妙不可言,优美无限.

比如,将式(b)与式(d)和谐统一,就可综合推广为:

推广3 设指数 $2 \leqslant k \in \mathbf{N}$,正权系数 $\lambda, \mu, \nu \in (0, 3)$ 满足 $\lambda + \mu + \nu = 3$,则对于任意 $\triangle ABC$ 有

$$\left(\lambda \csc \frac{A}{2} + \mu \csc \frac{B}{2} + \nu \csc \frac{C}{2}\right)^{2k}$$

$$\geqslant m + \left(\lambda \cot \frac{A}{2} + \mu \cot \frac{B}{2} + \nu \cot \frac{C}{2}\right)^{2k} \qquad (J)$$

其中

$$\frac{p^{2k} - q^{2k}}{p^2 - q^2} = \frac{m}{9} \qquad (1)$$

$$p = \frac{2}{3}(\sqrt{\lambda} + \sqrt{\mu} + \sqrt{\nu})^2 \qquad (2)$$

$$q = 3\sqrt{4(\mu\nu + \nu\lambda + \lambda\mu) - 9} \qquad (3)$$

证明 简记

$$\begin{cases} x = \sum \lambda \csc \dfrac{A}{2} = \lambda \csc \dfrac{A}{2} + \mu \csc \dfrac{B}{2} + \nu \csc \dfrac{C}{2} \\ y = \sum \lambda \cot \dfrac{A}{2} = \lambda \cot \dfrac{A}{2} + \mu \cot \dfrac{B}{2} + \nu \cot \dfrac{C}{2} \end{cases}$$

应用式(d)有

$$x^2 - y^2 \geqslant \left(\sum \lambda\right)^2 = 9 \qquad (4)$$

应用柯西不等式有

$$\frac{3}{2}x \geqslant \left(\sum \sin \frac{A}{2}\right)\left(\sum \frac{\lambda}{\sin \frac{A}{2}}\right) \geqslant \left(\sum \sqrt{\lambda}\right)^2$$

$$\Rightarrow x \geqslant \frac{2}{3}\left(\sum \sqrt{\lambda}\right)^2 \qquad (5)$$

$$\sum \cot \frac{B}{2} \cot \frac{C}{2} = \left(\sum \tan \frac{B}{2} \tan \frac{C}{2}\right)\left(\sum \cot \frac{B}{2} \cot \frac{C}{2}\right)$$

$$(应用柯西不等式)$$

$$\geqslant 3^2 = 9 \qquad (6)$$

应用杨克昌不等式有

$$y = \sum \lambda \cot \frac{A}{2} \geqslant \delta \left(\sum \cot \frac{B}{2} \cot \frac{C}{2}\right)^{\frac{1}{2}}$$

$$\geqslant 3\sqrt{S} = q \qquad (7)$$

其中 $\qquad \delta = \lambda(\mu\nu + \nu\lambda + \lambda\mu) - (\lambda^2 + \mu^2 + \nu^2)$

$$= 4(\mu\nu + \nu\lambda + \lambda\mu) - (\lambda + \mu + \nu)^2$$
$$= 4(\mu\nu + \nu\lambda + \lambda\mu) - 9 \tag{8}$$

当 $2 \leqslant k \in \mathbf{N}$ 时

$$x^{2k} - y^{2k} = (x^2 - y^2)(x^{2(k-1)} + x^{2(k-2)}y^2 + \cdots + x^2 y^{2(k-2)} + y^{2(k-1)})$$

$$\geqslant (x^2 - y^2)(p^{2(k-1)} + p^{2(k-2)}q^2 + \cdots + p^2 q^{2(k-2)} + q^{2(k-1)})$$

$$= (x^2 - y^2)\left(\frac{p^{2k} - q^{2k}}{p^2 - q^2}\right)$$

$$\geqslant 9\left(\frac{p^{2k} - q^{2k}}{p^2 - q^2}\right) = m$$

$$\Rightarrow x^{2k} \geqslant m + y^{2k}$$

$$\Rightarrow \left(\sum \lambda \csc \frac{A}{2}\right)^2 \geqslant m + \left(\sum \lambda \cot \frac{A}{2}\right)^{2k} \tag{9}$$

即式(J)成立,等号成立当且仅当 $\lambda = \mu = \nu = 1$,且 $\triangle ABC$ 为正三角形.

式(J)还有一个平行的漂亮的配对形式.

推广 4 设指数 $1 \leqslant k \in \mathbf{N}$,正权系数 $\lambda, \mu, \nu \in (0,3)$ 满足 $\lambda + \mu + \nu = 3$,则对任意 $\triangle ABC$ 有

$$\left(\lambda \cot \frac{A}{2} + \mu \cot \frac{B}{2} + \nu \cot \frac{C}{2}\right)^k$$

$$\geqslant Q + \left(\lambda \tan \frac{A}{2} + \mu \tan \frac{B}{2} + \nu \tan \frac{C}{2}\right)^k \tag{K}$$

其中

$$Q = (3^k - 1)\left[4(\mu\nu - \nu\lambda + \lambda\mu) - 9\right]^{\frac{k}{2}} \tag{1}$$

证明 我们简记

$$\delta = 2(\mu\nu + \nu\lambda + \lambda\mu) - (\lambda^2 + \mu^2 + \nu^2)$$
$$= 4(\mu\nu + \nu\lambda + \lambda\mu) - (\lambda + \mu + \nu)^2$$
$$= 4(\mu\nu + \nu\lambda + \lambda\mu) - 9 \tag{2}$$

$$x = \sum \lambda \cot \frac{A}{2} = \lambda \cot \frac{A}{2} + \mu \cot \frac{B}{2} + \nu \cot \frac{C}{2} \tag{3}$$

$$y = \sum \lambda \tan \frac{A}{2} = \lambda \tan \frac{A}{2} + \mu \tan \frac{B}{2} + \nu \tan \frac{C}{A} \tag{4}$$

那么应用前面的结论有

$$x = \sum \lambda \cot \frac{A}{2} \geqslant 3\sqrt{\delta} \tag{5}$$

$$y = \sum \lambda \tan \frac{A}{2} \geqslant \sqrt{\delta}\left(\sum \tan \frac{B}{2} \tan \frac{C}{2}\right)^{\frac{1}{2}} = \sqrt{\delta} \tag{6}$$

注意到
$$\sum \cot B \cot C = 1 \tag{7}$$

当 $k = 1$ 时

$$x - y = \sum \lambda \cot \frac{A}{2} - \sum \lambda \tan \frac{A}{2}$$

$$= \sum \lambda \left(\cot \frac{A}{2} - \tan \frac{A}{2} \right)$$

$$= \sum \lambda \left(\frac{\left(\cos \frac{A}{2} \right)^2 - \left(\sin \frac{A}{2} \right)^2}{\cos \frac{A}{2} \sin \frac{A}{2}} \right)$$

$$= 2 \sum \left(\frac{\lambda \cos A}{\sin A} \right) = 2 \sum \lambda \cot A$$

（应用杨克昌不等式）

$$\geqslant 2\sqrt{\delta} \left(\sum \cot B \cot C \right)^{\frac{1}{2}} = 2\sqrt{\delta}$$

$$\Rightarrow \sum \lambda \cot \frac{A}{2} \geqslant 2\sqrt{\delta} + \sum \lambda \tan \frac{A}{2} \qquad (8)$$

此时式（K）成立.

当 $K = 2$ 时,由于

$$x^2 - y^2 = (x + y)(x - y)$$

$$\geqslant (3\sqrt{\delta} + \sqrt{\delta}) \cdot 2\sqrt{\delta} = 8\delta$$

$$\Rightarrow \left(\sum \lambda \cot \frac{A}{2} \right)^2 \geqslant 8\delta + \left(\sum \lambda \tan \frac{A}{2} \right)^2 \qquad (9)$$

此时式（K）也成立.

当 $3 \leqslant k \in \mathbf{N}$ 时

$$x^k - y^k = (x - y)(x^{k-1} + x^{k-2}y + \cdots + xy^{k-2} + y^{k-1})$$

$$\geqslant 2\sqrt{\delta} [(3\sqrt{\delta})^{k-1} + (3\sqrt{\delta})^{k-2} \cdot \sqrt{\delta} + \cdots + (3\sqrt{\delta}) \cdot (\sqrt{\delta})^{k-2} + (\sqrt{\delta})^{k-1}]$$

$$= 2(\sqrt{\delta})^k (3^{k-1} - 3^{k-2} + \cdots + 3 + 1)$$

$$= 2\sqrt{\delta^k} \left(\frac{3^k - 1}{3 - 1} \right) = 2(3^k - 1)\sqrt{\delta^k} = Q$$

$$\Rightarrow x^k \geqslant Q + y^k$$

$$\Rightarrow \left(\sum \lambda \cot \frac{A}{2} \right)^k \geqslant Q + \left(\sum \lambda \tan \frac{B}{2} \right)^k \qquad (10)$$

即此时式（K）仍然成立.

综上所述,式（K）成立,等号成立当且仅当 $\lambda = \mu = \nu = 1$,及 $\triangle ABC$ 为正三角形.

有趣的是,如果将式（J）与式（K）结合,又可得到一个漂亮的推论

$$\left(\sum \lambda \csc \frac{A}{2} \right)^k \geqslant M + \left(\sum \lambda \tan \frac{A}{2} \right)^k \qquad (L)$$

其中 $1 \leqslant k \in \mathbf{N}, p = \dfrac{2}{3}\left(\sum \sqrt{\lambda}\right)^2, \delta$ 同上

$$M = 3\sqrt{\delta}\left(\frac{p^k - (\sqrt{\delta})^k}{p - \sqrt{\delta}}\right)$$

提示 记

$$x = \sum \lambda \csc \frac{A}{2} \geqslant \frac{2}{3}\left(\sum \sqrt{\lambda}\right)^2 = p$$

$$y = \sum \lambda \tan \frac{A}{2} \geqslant \sqrt{\delta}$$

当 $k = 1$ 时

$$x - y = \sum \lambda\left(\csc \frac{A}{2} - \tan \frac{A}{2}\right)$$

$$= \sum \lambda\left(\frac{1 - \left(\sin \frac{A}{2}\right)^2}{\sin \frac{A}{2} \cos \frac{A}{2}}\right) = \sum \lambda \cot \frac{A}{2}$$

$$\geqslant 3\sqrt{\delta}$$

当 $k = 2$ 时

$$x^2 - y^2 = (x + y)(x - y) \geqslant 3\sqrt{\delta}\left[\frac{2}{3}\left(\sum \sqrt{\lambda}\right)^2 + \sqrt{\delta}\right]$$

当 $3 \leqslant k \in \mathbf{N}$ 时

$$x^k - y^k = (x - y)(x^{k-1} + x^{k-2}y + \cdots + xy^{k-2} + y^{k-1})$$

$$\geqslant 3\sqrt{\delta}\left[p^{k-1} + p^{k-2}(\sqrt{\delta}) + \cdots + p(\sqrt{\delta})^{k-2} + (\sqrt{\delta})^{k-1}\right]$$

$$= 3\sqrt{\delta}\left(\frac{p^k - (\sqrt{\delta})^k}{p - \sqrt{\delta}}\right)$$

（六）

我们知道，如果设 $k > 0$，系数 $\lambda, \mu, \nu \in (0,3)$，且 $\lambda + \mu + \nu = 3$，那么对于任意 $\triangle ABC$，不妨设

$$0 < A \leqslant B \leqslant C < \pi$$

$$\Rightarrow \begin{cases} 0 < \left(\sin \dfrac{A}{2}\right)^k \leqslant \left(\sin \dfrac{B}{2}\right)^k \leqslant \left(\sin \dfrac{C}{2}\right)^k \\ 0 < \left(\sec \dfrac{A}{2}\right)^k \leqslant \left(\sec \dfrac{B}{2}\right)^k \leqslant \left(\sec \dfrac{C}{2}\right)^k \end{cases}$$

$$\Rightarrow \sum \left(\tan \frac{A}{2}\right)^k = \sum \frac{\lambda\left(\sin \dfrac{A}{2}\right)^k}{\left(\cos \dfrac{A}{2}\right)^k}$$

（应用切比雪夫不等式的加权推广）

$$\geqslant \frac{\sum \lambda \left(\sin \dfrac{A}{2} \right)^{k}}{\sum \lambda} \cdot \sum \frac{\lambda}{\left(\cos \dfrac{A}{2} \right)^{k}}$$

（应用柯西不等式）

$$\geqslant \frac{1}{3} \sum \lambda \left(\sin \frac{A}{2} \right)^{k} \cdot \frac{\left(\sum \lambda \right)^{2}}{\sum \lambda \left(\cos \dfrac{A}{2} \right)^{k}}$$

$$= \frac{3 \sum \lambda \left(\sin \dfrac{A}{2} \right)^{k}}{\sum \lambda \left(\cos \dfrac{A}{2} \right)^{k}}$$

$$\Rightarrow \frac{\sum \lambda \left(\sin \dfrac{A}{2} \right)^{k}}{\sum \lambda \left(\cos \dfrac{A}{2} \right)^{k}} \leqslant \frac{1}{3} \sum \lambda \left(\tan \frac{A}{2} \right)^{k} \qquad (\text{M})$$

同理可得

$$\frac{\sum \lambda \left(\cos \dfrac{A}{2} \right)^{k}}{\sum \lambda \left(\sin \dfrac{A}{2} \right)^{k}} \leqslant \frac{1}{3} \sum \lambda \left(\cot \frac{A}{2} \right)^{k} \qquad (\text{N})$$

从外观结构上看,(M),(N)两式恰似"天生一对,地配一双",美得"如花似玉,貌若天仙".

如此绝美的一对,自然诱得"彩云追月",其实式(L)就是它俩的一个配对推广,取其推论,便有($1 \leqslant k \in \mathbf{N}$)

$$\left(\sum \cos \frac{A}{2} \right)^{k} - \left(\sum \sin \frac{A}{2} \right)^{k} \leqslant \left(\frac{3}{2} \right)^{k} (\sqrt{3}^{k} - 1) \qquad (\text{O})$$

如果我们能再从系数方面推广式(O),那就再好不过了,但是却"关山重重阻春风".

推广5 设正系数 $\lambda, \mu, \nu \in (0,3)$ 满足 $\lambda + \mu + \nu = 3, 1 \leqslant k \in \mathbf{N}$,则对任意 $\triangle ABC$,则有

$$\left(\lambda \cos \frac{A}{2} + \mu \cos \frac{B}{2} + \nu \cos \frac{C}{2} \right)^{2k}$$

$$\leqslant Q + \left(\lambda \sin \frac{A}{2} + \mu \sin \frac{B}{2} + \nu \sin \frac{C}{2} \right)^{2} \qquad (\text{P})$$

其中

$$Q = \frac{9^{k} - t^{k}}{9 - t} \left(\frac{t}{4} \right)^{k-1} \cdot \frac{3}{2} m$$

445

$$t = \frac{\mu\nu}{\lambda} + \frac{\nu\lambda}{\mu} + \frac{\lambda\mu}{\nu}$$

$$m = \left(\frac{\mu\nu}{\lambda}\right)^2 + \left(\frac{\nu\lambda}{\mu}\right)^2 + \left(\frac{\lambda\mu}{\nu}\right)^2$$

等号成立当且仅当 $\lambda = \mu = \nu = 1$，且 $\triangle ABC$ 为正三角形.

证明 （1）应用平均值不等式有

$$\sum \left(\frac{\lambda\mu}{\nu} + \frac{\nu\lambda}{\mu}\right) \geqslant 2 \sum \lambda$$

$$\Rightarrow \sum \lambda \leqslant \sum \frac{\mu\nu}{\lambda} \tag{1}$$

三角母不等式不仅用途广泛,且有两个漂亮的外观

$$\lambda\cos A + \mu\cos B + \nu\cos C \leqslant \frac{1}{2}\left(\frac{\mu\nu}{\lambda} + \frac{\nu\lambda}{\mu} + \frac{\lambda\mu}{\nu}\right) \tag{2}$$

$$2(\mu\nu\cos A + \nu\lambda\cos B + \lambda\mu\cos C) \tag{3}$$

$$\leqslant \lambda^2 + \mu^2 + \nu^2$$

应用余弦倍角公式有

$$2\sum \mu\nu\left(2\cos^2\frac{A}{2} - 1\right) \leqslant \sum \lambda^2$$

$$\Rightarrow 4\sum \mu\nu\cos^2\frac{A}{2} \leqslant \left(\sum \lambda^2 + 2\sum \mu\nu\right)$$

$$\Rightarrow \sum \left(\frac{\cos^2\frac{A}{2}}{\lambda}\right) \leqslant \frac{(\lambda + \mu + \nu)^2}{4\lambda\mu\nu} \tag{4}$$

作置换

$$(\lambda, \mu, \nu) \rightarrow \left(\frac{1}{\lambda}, \frac{1}{\mu}, \frac{1}{\nu}\right)$$

$$\Rightarrow \sum \lambda\cos^2\frac{A}{2} \leqslant \frac{\left(\sum \mu\nu\right)^2}{4\lambda\mu\nu} \tag{5}$$

在式（2）中作置换

$$(A, B, C) \rightarrow \left(\frac{\pi}{2} - \frac{A}{2}, \frac{\pi}{2} - \frac{B}{2}, \frac{\pi}{2} - \frac{C}{2}\right)$$

$$\Rightarrow \sum \lambda\cos\left(\frac{\pi}{2} - \frac{A}{2}\right) \leqslant \frac{1}{2} \sum \frac{\mu\nu}{\lambda}$$

$$\Rightarrow \sum \lambda\sin\frac{A}{2} \leqslant \frac{1}{2} \sum \frac{\mu\nu}{\lambda} \tag{6}$$

（2）现在简记

$$\begin{cases} x = \sum \lambda \cos \dfrac{A}{2} = \lambda \cos \dfrac{A}{2} + \mu \cos \dfrac{B}{2} + \nu \cos \dfrac{C}{2} \\[2mm] y = \sum \lambda \sin \dfrac{A}{2} = \lambda \sin \dfrac{A}{2} + \mu \sin \dfrac{B}{2} + \nu \sin \dfrac{C}{2} \\[2mm] t = \sum \dfrac{\mu\nu}{\lambda} = \dfrac{\mu\nu}{\lambda} + \dfrac{\nu\lambda}{\mu} + \dfrac{\lambda\mu}{\nu} \end{cases}$$

应用柯西不等式有

$$\frac{3}{4}\left(\sum \frac{\mu\nu}{\lambda} \right) = \frac{3\sum (\mu\nu)^2}{4\lambda\mu\nu} \geqslant \frac{\left(\sum \mu\nu \right)^2}{4\lambda\mu\nu} \geqslant \sum \lambda \left(\cos \frac{A}{2} \right)^2$$

$$\left(\frac{3}{4} \sum \frac{\mu\nu}{\lambda} \right) \left(\sum \lambda \right) \geqslant \left(\sum \lambda \cos^2 \frac{A}{2} \right) \left(\sum \lambda \right)$$

$$\geqslant \left(\sum \lambda \cos \frac{A}{2} \right)^2$$

$$\Rightarrow \sum \lambda \cos \frac{A}{2} = x \leqslant \frac{3}{2}\sqrt{t} \tag{7}$$

（3）当 $k=1$ 时

$$x^2 - y^2 = \left(\sum \lambda \cos \frac{A}{2} \right)^2 - \left(\sum \lambda \sin \frac{A}{2} \right)^2$$

$$= \sum \lambda^2 \left(\cos^2 \frac{A}{2} - \sin^2 \frac{A}{2} \right) + 2 \sum \mu\nu \left(\cos \frac{B}{2} \cos \frac{C}{2} - \sin \frac{B}{2} \sin \frac{C}{2} \right)$$

$$= \sum \lambda^2 \cos A + 2 \sum \mu\nu \cos \left(\frac{B}{2} + \frac{C}{2} \right)$$

$$= \sum \lambda^2 \cos A + 2 \sum \mu\nu \sin \frac{A}{2}$$

$$\leqslant \frac{1}{2} \sum \left(\frac{\mu\nu}{\lambda} \right)^2 + \sum \lambda^2$$

$$\leqslant \frac{1}{2} \sum \left(\frac{\mu\nu}{\lambda} \right)^2 + \sum \left(\frac{\mu\nu}{\lambda} \right)^2$$

$$\Rightarrow x^2 - y^2 \leqslant \frac{3}{2} \sum \left(\frac{\mu\nu}{\lambda} \right)^2 = \frac{3}{2}m \tag{8}$$

此时式（P）成立.

当 $2 \leqslant k \in \mathbf{N}$ 时

$$x^{2k} - y^{2k} = (x^2 - y^2)(x^{2(k-1)} + x^{2(k-2)}y^2 + \cdots + x^2 y^{2(k-2)} + y^{2(k-1)})$$

$$\leqslant (x^2 - y^2)\left[\left(\frac{3}{2}\sqrt{t} \right)^{2(k-1)} + \left(\frac{3}{2}\sqrt{t} \right)^{2(k-2)} \cdot \left(\frac{t}{2} \right) + \cdots + \right.$$

$$\left. \left(\frac{3}{2}\sqrt{t} \right) \cdot \left(\frac{t}{2} \right)^{2(k-2)} + \left(\frac{t}{2} \right)^{2(k-1)} \right]$$

$$= (x^2 - y^2) \frac{\left(\frac{3}{2}\sqrt{t}\right)^{2k} - \left(\frac{t}{2}\right)^{2k}}{\left(\frac{3}{2}\sqrt{t}\right)^2 - \left(\frac{t}{2}\right)^2}$$

$$= (x^2 - y^2) \frac{t^{k-1}(9^k - t^k)}{4^{k-1}(9 - t)}$$

$$\leqslant \frac{9^k - t^k}{9 - t}\left(\frac{t}{4}\right)^{k-1} \cdot \frac{3}{2} \sum \left(\frac{\mu\nu}{\lambda}\right)^2 = Q$$

$$\Rightarrow \left(\sum \lambda \cos \frac{A}{2}\right)^{2k} \leqslant Q + \left(\sum \lambda \sin \frac{A}{2}\right)^{2k}$$

此时式(P)仍然成立.

综合上述,对于 $1 \leqslant k \in \mathbf{N}$,式(P)成立,等号成立当且仅当 $\lambda = \mu = \nu = 1$,且 $\triangle ABC$ 为正三角形.

从三角意义及结构上讲,式(P)有配对式

配对 5 设指数 $1 \leqslant k \in \mathbf{N}$,系数 $\lambda, \mu, \nu \in (0, 3)$,且满足 $\lambda + \mu + \nu = 3$,则对锐角 $\triangle ABC$ 有

$$\left(\lambda \csc \frac{A}{2} + \mu \csc \frac{B}{2} + \nu \csc \frac{C}{2}\right)^{2k}$$

$$\geqslant M + \left(\lambda \sec \frac{A}{2} + \mu \sec \frac{B}{2} + \nu \sec \frac{C}{2}\right)^{2k} \tag{Q}$$

其中
$$M = (m + n)\left(\frac{p^{2k} - q^{2k}}{p^2 - q^2}\right)$$

$$p = \frac{2}{3}(\sqrt{\lambda} + \sqrt{\mu} + \sqrt{\nu})^2$$

$$q = \frac{2}{9}\sqrt{3}(\sqrt{\lambda} + \sqrt{\mu} + \sqrt{\nu})^2$$

$$m = 16(\lambda\mu\nu)^{\frac{2}{3}}, n = \frac{8\sqrt{3\delta}}{\lambda^2 + \mu^2 + \nu^2}$$

$$\delta = 2 \sum \mu^2\nu^2 - \sum \lambda^4$$

分析 我们仍然记

$$\begin{cases} x = \sum \lambda \csc \dfrac{A}{2} = \lambda \csc \dfrac{A}{2} + \mu \csc \dfrac{B}{2} + \nu \csc \dfrac{C}{2} \\ y = \sum \lambda \sec \dfrac{A}{2} = \lambda \sec \dfrac{A}{2} + \mu \sec \dfrac{B}{2} + \nu \sec \dfrac{C}{2} \end{cases}$$

那么
$$x^2 - y^2 = (x + y)(x - y)$$

$$= \left(\sum \lambda \csc \frac{A}{2} + \sum \lambda \sec \frac{A}{2}\right)\left(\sum \lambda \csc \frac{A}{2} - \sum \lambda \sec \frac{A}{2}\right)$$

$$= \sum \lambda \left(\csc \frac{A}{2} + \sec \frac{A}{2} \right) \cdot \sum \lambda \left(\csc \frac{A}{2} - \sec \frac{A}{2} \right)$$

（应用柯西不等式）

$$\geqslant \left[\sum \lambda \sqrt{ \left(\csc \frac{A}{2} \right)^2 - \left(\sec \frac{A}{2} \right)^2 } \right]^2$$

$$= \left[\sum \lambda \frac{ \sqrt{ \left(\cos \frac{A}{2} \right)^2 - \left(\sin \frac{A}{2} \right)^2 } }{ \sin \frac{A}{2} \cos \frac{A}{2} } \right]^2$$

$$= 4 \left(\sum \lambda \frac{ \sqrt{\cos A} }{ \sin A } \right)^2 \tag{1}$$

现设
$$0 < A \leqslant B \leqslant C < \frac{\pi}{2}$$

$$\Rightarrow \begin{cases} \sqrt{\cos A} \geqslant \sqrt{\cos B} \geqslant \sqrt{\cos C} \\ \dfrac{1}{\sin A} \geqslant \dfrac{1}{\sin B} \geqslant \dfrac{1}{\sin C} \end{cases}$$

（应用切比雪夫不等式的加权推广）

$$\Rightarrow x^2 - y^2 \geqslant 4 \left(\sum \lambda \frac{ \sqrt{\cos A} }{ \sin A } \right)^2$$

$$\geqslant \left(\frac{2}{\sum \lambda} \right)^2 \left(\sum \lambda \sqrt{\cos A} \right)^2 \left(\sum \frac{\lambda}{\sin A} \right)^2$$

（应用柯西不等式）

$$\geqslant \frac{4}{9} \left(\sum \lambda \sqrt{\cos A} \right)^2 \cdot \left[\frac{ \left(\sum \sqrt{\lambda} \right)^2 }{ \sum \sin A } \right]^2$$

$$\geqslant \frac{4}{9} \left(\sum \lambda \sqrt{\cos A} \right)^2 \cdot \left[\frac{ \left(\sum \sqrt{\lambda} \right)^2 }{ \frac{3}{2} \sqrt{3} } \right]^2$$

$$= \frac{16}{3^5} \left(\sum \sqrt{\lambda} \right)^4 \left(\sum \lambda \sqrt{\cos A} \right)^2 \tag{2}$$

但应用柯西不等式有

$$\left(\sum \lambda \sqrt{\cos A} \right)^2 \leqslant \left(\sum \lambda^2 \right) \left(\sum \cos A \right) \leqslant \frac{3}{2} \sum \lambda^2 \tag{3}$$

这表明运用此种方法不能证明式（Q）. 为此，我们必须抓紧时间，调整方向，改变技巧.

证明 （1）应用前面的结论有

$$\begin{cases} x = \sum \lambda \csc \dfrac{A}{2} \geqslant p = \dfrac{2}{3} \Big(\sum \sqrt{\lambda} \Big)^2 & (4) \\[4mm] y = \sum \lambda \sec \dfrac{A}{2} \geqslant q = \dfrac{2}{9} \sqrt{3} \Big(\sum \sqrt{\lambda} \Big)^2 & (5) \end{cases}$$

$$x^2 - y^2 = \Big(\sum \lambda \csc \dfrac{A}{2} \Big)^2 - \Big(\sum \lambda \sec \dfrac{A}{2} \Big)^2$$
$$= a + b \tag{6}$$

其中

$$a = \sum \lambda^2 \Big(\csc^2 \dfrac{A}{2} - \sec^2 \dfrac{A}{2} \Big)$$

$$= \sum \lambda^2 \left[\dfrac{\cos^2 \dfrac{A}{2} - \sin^2 \dfrac{A}{2}}{\Big(\sin \dfrac{A}{2} \cos \dfrac{A}{2} \Big)^2} \right]$$

$$= 4 \sum \Big(\lambda^2 \dfrac{\cos A}{\sin^2 A} \Big) = 4 \sum \lambda^2 \Big(\dfrac{\cot A}{\sin A} \Big)$$

即
$$a = 4 \sum \lambda^2 \Big(\dfrac{\cot A}{\sin A} \Big) \tag{7}$$

$$b = 2 \sum \mu\nu \Big(\csc \dfrac{B}{2} \csc \dfrac{C}{2} - \sec \dfrac{B}{2} \sec \dfrac{C}{2} \Big)$$

$$= 2 \sum \mu\nu \left(\dfrac{\cos \dfrac{B}{2} \cos \dfrac{C}{2} - \sin \dfrac{B}{2} \sin \dfrac{C}{2}}{\sin \dfrac{B}{2} \cos \dfrac{B}{2} \sin \dfrac{C}{2} \cos \dfrac{C}{2}} \right)$$

$$= 8 \sum \mu\nu \left(\dfrac{\cos \Big(\dfrac{B}{2} + \dfrac{C}{2} \Big)}{\sin B \sin C} \right)$$

$$= 8 \sum \left(\mu\nu \dfrac{\sin \dfrac{A}{2}}{\sin B \sin C} \right) \tag{8}$$

（2）应用平均值不等式有

$$b \geqslant 24 (\lambda\mu\nu)^{\frac{2}{3}} \left(\prod \dfrac{\sin \dfrac{A}{2}}{\sin B \sin C} \right)^{\frac{1}{3}}$$

$$= 24 (\lambda\mu\nu)^{\frac{2}{3}} \cdot \Big(\prod \sin \dfrac{A}{2} \Big)^{\frac{1}{3}} \cdot \Big(\prod \sin A \Big)^{-\frac{2}{3}}$$

$$= 6 (\lambda\mu\nu)^{\frac{2}{3}} \cdot \Big(\prod \sin \dfrac{A}{2} \Big)^{-\frac{1}{3}} \cdot \prod \Big(\cos \dfrac{A}{2} \Big)^{-\frac{2}{3}}$$

$$\geqslant 6(\lambda\mu\nu)^{\frac{2}{3}} \cdot \left(\frac{1}{2}\right)^{-1} \cdot \left(\frac{\sqrt{3}}{2}\right)^{-2}$$

$$\Rightarrow b \geqslant 16(\lambda\mu\nu)^{\frac{2}{3}} \tag{9}$$

我们设

$$0 < A \leqslant B \leqslant C < \frac{\pi}{2}$$

$$\Rightarrow \begin{cases} \cot A \geqslant \cot B \geqslant \cot C > 1 \\ \dfrac{1}{\sin A} \geqslant \dfrac{1}{\sin B} \geqslant \dfrac{1}{\sin C} > 0 \end{cases}$$

（应用切比雪夫不等式的加权推广）

$$\Rightarrow a = 4 \sum \lambda^2\left(\frac{\cot A}{\sin A}\right)$$

$$\geqslant \frac{4}{\sum \lambda^2}\left(\sum \lambda^2 \cot A\right)\left(\sum \frac{\lambda^2}{\sin A}\right) \tag{10}$$

应用杨克昌不等式有

$$\sum \lambda^2 \cot A \geqslant \sqrt{\delta}\left(\sum \cot B \cot C\right)^{\frac{1}{2}} = \sqrt{\delta} \tag{11}$$

其中

$$\delta = 2(\mu^2\nu^2 + \nu^2\lambda^2 + \lambda^2\mu^2) - (\lambda^4 + \mu^4 + \nu^4) \tag{12}$$

应用柯西不等式有

$$\frac{3}{2}\sqrt{3}\left(\sum \frac{\lambda^2}{\sin A}\right) \geqslant \left(\sum \sin A\right)\left(\sum \frac{\lambda^4}{\sin A}\right)$$

$$\geqslant \left(\sum \lambda\right)^2 = 9$$

$$\Rightarrow \sum \frac{\lambda^2}{\sin A} \geqslant 2\sqrt{3} \tag{13}$$

结合式(10) - (13)得

$$a \geqslant \frac{8\sqrt{3\delta}}{\sum \lambda^2} \tag{14}$$

将以上(6),(9),(14)三式结合得

$$x^2 - y^2 \geqslant a + b \geqslant 16(\lambda\mu\nu)^{\frac{2}{3}} + \frac{8\sqrt{3\delta}}{\sum \lambda^2} \tag{15}$$

这表明当 $k = 1$ 时,式(Q)成立.

（3）当 $2 \leqslant k \in \mathbf{N}$ 时,注意到应用式(4)和式(5)得

$$x^{2k} - y^{2k} = (x^2 - y^2)[(x^2)^{k-1} + (x^2)^{k-2} \cdot y^2 + \cdots + (x^2)(y^2)^{k-2} + (y^2)^{k-1}]$$

$$\geqslant (x^2 - y^2)[(p^2)^{k-1} + (p^2)^{k-2} \cdot q^2 + \cdots + (p^2) \cdot (q^2)^{k-2} + (q^2)^{k-1}]$$

$$= (x^2 - y^2)\left(\frac{p^{2k} - q^{2k}}{p^2 - q^2}\right)$$

$$\geqslant (m + n)\left(\frac{p^{2k} - q^{2k}}{p^2 - q^2}\right)$$

$$\Rightarrow \left(\sum \lambda \csc \frac{A}{2}\right)^{2k} - \left(\sum \lambda \sec \frac{A}{2}\right)^{2k} \geqslant (m + n)\left(\frac{p^{2k} - q^{2k}}{p^2 - q^2}\right) \tag{16}$$

即式（Q）仍然成立.

综合上述知,对任意 $1 \leqslant k \in \mathbf{N}$,式（Q）成立,等号成立当且仅当 $\lambda = \mu = \nu = 1$,且 $\triangle ABC$ 为正三角形.

（七）

最后,我们指出:

（1）如果记 $t = \sqrt{\lambda} + \sqrt{\mu} + \sqrt{\nu}$,那么

$$M = (m + n)\left(\frac{p^{2k} - q^{2k}}{p^2 - q^2}\right)$$

$$= (m + n)\left[\frac{\left(\frac{2}{3}t^2\right)^{2k} - \left(\frac{2}{9}\sqrt{3}t^2\right)^{2k}}{\left(\frac{2}{3}t^2\right)^2 - \left(\frac{2}{9}\sqrt{3}t^2\right)^2}\right]$$

$$= (m + n)t^{4(k-1)} \cdot \left(\frac{2}{3}\right)^{2k-3} \cdot \left(1 - \frac{1}{3^k}\right) \tag{17}$$

这样,表达式 M 得到了简化.

特别地,当 $k = 1$ 时,$M = m + n$.

（2）我们在前面的证明中,建立了结论

$$a = 4 \sum \lambda^2 \left(\frac{\cot A}{\sin A}\right) \geqslant n = \frac{8\sqrt{3}\delta}{\lambda^2 + \mu^2 + \nu^2}$$

这是一本研究初等数学中的一个小但富有挑战和趣味的专题——三角不等式的研究著作. 从一个有高等数学教育背景的人眼中看,它的内容是简单的,但对其他人而言它是有点难度的.

有一篇报道曾写道:袁隆平院士的初中数学老师上课教乘法"负负得正",他想不通为什么,就问原因,老师说:"你只需要记住就行了!"袁隆平对这种教育方式耿耿于怀,直到2001年获首届国家最高科学技术奖时,还和一同获奖的数学家吴文俊说起这段往事. 毕业后,他报考西南农学院,其一是因农学数学少,其二更是因年少时一次参观园艺场的美好经历. 多年后,他在一次演讲中笑言,当时园艺场展现的花卉嫩草并非真实的农村,"如果当时看到的是农村的真实情况,我肯定就不学农了".

本书的亮点不在于其内容,而在其作者,他是一位早年因高考落榜而挣扎于社会底层的农民.

中国青年政治学院教授梁鸿的访问记中有这样一段:

这个曾天天写日记的女孩梦想着成为作家,但她对风花雪月、心灵鸡汤保持着一种警惕,因为那"对一个人的思考来说是有限的". 她更像一个冷静的思考者,"我希望自己对事物有思考,有多方面的看法. "说到对她影响最大的人,她说:"我没有分析过这个问题,父亲的影响也不是完全积极的,我没有楷模. "在谈到理想时,她说:"理想情怀成为现实生活中的绊脚石,是个普遍的状态,因为生活会压抑我们的理想. 尤其对一个普通农村孩子来说,理想主义更不好,我属于侥幸的.但大部分怀揣理想的青年在乡村底层挣扎,并且可能会生活得更艰难,就像菊秀."

"理想本身是好的,我讲的是通道问题.没有了上升渠道,你所有的理想都变成了毒药.一旦成为农民,你就不能抱着理想了,甚至连一般的诗情画意都达不到,因为你的道路非常窄,你的理想也许就变成可笑的东西了."说这话时,她面前拿铁咖啡上的奶泡正渐渐模糊."一个城市小青年可以这样坐着喝个咖啡,但要是个农民进来喝咖啡,你就会觉得怪怪的.但农民为什么不能喝咖啡?!因为社会没有给他提供这个空间,他只能疲于奔命去挣钱."

所以笔者认为要想真正地帮助农民兄弟,送吃送喝,盖房帮扶都是一时的.要让他们有空间,有实现梦想的可能,要打破知识和文化垄断,让有才华的农民兄弟也能著书立说.

当前并不是出版的黄金时代,这有技术进步的原因.随着时代的发展,读书的形式也在变化.从古至今,文字从青铜铭器、青简竹帛、白绢薄纸,到如今的电子荧屏,文字载体在不断变化的同时带来了传播方式的嬗变,这让知识的传播也发生了巨大改变.一方面,数字化文本的庞大信息量使传统的厚重书本黯然失色,碎片化的阅读方式也割裂了传统阅读的厚重感;另一方面,在当今高速运转的时代,简洁明了的信息获取成了人们的共识,数字化的知识在带给人们便捷的同时,某种程度上也给予了人们更多便利.这种高效率的便捷使人们越来越少地接触纸质书本.

本书作者与笔者年龄相仿,习惯也相仿,偏爱纸质的东西.写作拒绝用电脑(尽管它可以给我们带来高效率).给编辑部的来稿都是用钢笔一笔一划整整齐齐地抄写在学生练习册上,颇有几十年前的感觉.

"网红"张鸣老师曾吐槽说:现在老师就不读书,也不会读书.他说:

小学老师我没打过交道,但是,有关部门能不能调查一下,现在的中学老师,包括所谓的高级、特级教师的家里,有没有藏书?问一下,他们平时都看什么书,一年看几本?我想,调查的结果,不会很乐观的.据说,学校老师,每年都面临各种考核,但为何读书这一项,没有人考一考呢?

大学老师的状况,照样不乐观.不读书的博士研究生背后,就是不读书的教授博导.以前,一个很著名的经济学家跟我说,在他们经济学界,一个人一旦出名,就不读书了. 我说,其他的学界也差不多,好些人还没出名,就已经不读书了. 甚至可以说,他们压根就不会读书. 在人文社科学界,有一类文章,是根本不用读书,也不用查资料就能写出来的,只要随时紧跟,发表没有问题. 有这样的文章,就可以评职称.

中学大部分老师不读书,大学大部分老师还不读书,那么,教出来不读书,不会读书的学生奇怪吗? 也许,在不久的将来,喜欢读书的大学生,倒成了稀罕物了.

今天的社会像邓寿才这样痴迷数学,热衷于写书的农民更稀罕!

刘培杰
2020 年 9 月 7 日
于哈工大

刘培杰数学工作室
已出版(即将出版)图书目录——初等数学

书　名	出版时间	定　价	编号
新编中学数学解题方法全书(高中版)上卷(第2版)	2018—08	58.00	951
新编中学数学解题方法全书(高中版)中卷(第2版)	2018—08	68.00	952
新编中学数学解题方法全书(高中版)下卷(一)(第2版)	2018—08	58.00	953
新编中学数学解题方法全书(高中版)下卷(二)(第2版)	2018—08	58.00	954
新编中学数学解题方法全书(高中版)下卷(三)(第2版)	2018—08	68.00	955
新编中学数学解题方法全书(初中版)上卷	2008—01	28.00	29
新编中学数学解题方法全书(初中版)中卷	2010—07	38.00	75
新编中学数学解题方法全书(高考复习卷)	2010—01	48.00	67
新编中学数学解题方法全书(高考真题卷)	2010—01	38.00	62
新编中学数学解题方法全书(高考精华卷)	2011—03	68.00	118
新编平面解析几何解题方法全书(专题讲座卷)	2010—01	18.00	61
新编中学数学解题方法全书(自主招生卷)	2013—08	88.00	261
数学奥林匹克与数学文化(第一辑)	2006—05	48.00	4
数学奥林匹克与数学文化(第二辑)(竞赛卷)	2008—01	48.00	19
数学奥林匹克与数学文化(第二辑)(文化卷)	2008—07	58.00	36′
数学奥林匹克与数学文化(第三辑)(竞赛卷)	2010—01	48.00	59
数学奥林匹克与数学文化(第四辑)(竞赛卷)	2011—08	58.00	87
数学奥林匹克与数学文化(第五辑)	2015—06	98.00	370
世界著名平面几何经典著作钩沉——几何作图专题卷(上)	2009—06	48.00	49
世界著名平面几何经典著作钩沉——几何作图专题卷(下)	2011—01	88.00	80
世界著名平面几何经典著作钩沉(民国平面几何老课本)	2011—03	38.00	113
世界著名平面几何经典著作钩沉(建国初期平面三角老课本)	2015—08	38.00	507
世界著名解析几何经典著作钩沉——平面解析几何卷	2014—01	38.00	264
世界著名数论经典著作钩沉(算术卷)	2012—01	28.00	125
世界著名数学经典著作钩沉——立体几何卷	2011—02	28.00	88
世界著名三角学经典著作钩沉(平面三角卷Ⅰ)	2010—06	28.00	69
世界著名三角学经典著作钩沉(平面三角卷Ⅱ)	2011—01	38.00	78
世界著名初等数论经典著作钩沉(理论和实用算术卷)	2011—07	38.00	126
发展你的空间想象力(第2版)	2019—11	68.00	1117
空间想象力进阶	2019—05	68.00	1062
走向国际数学奥林匹克的平面几何试题诠释. 第1卷	2019—07	88.00	1043
走向国际数学奥林匹克的平面几何试题诠释. 第2卷	2019—09	78.00	1044
走向国际数学奥林匹克的平面几何试题诠释. 第3卷	2019—03	78.00	1045
走向国际数学奥林匹克的平面几何试题诠释. 第4卷	2019—09	98.00	1046
平面几何证明方法全书	2007—08	35.00	1
平面几何证明方法全书习题解答(第2版)	2006—12	18.00	10
平面几何天天练上卷·基础篇(直线型)	2013—01	58.00	208
平面几何天天练中卷·基础篇(涉及圆)	2013—01	28.00	234
平面几何天天练下卷·提高篇	2013—01	58.00	237
平面几何专题研究	2013—07	98.00	258

书　　名	出版时间	定　价	编号
最新世界各国数学奥林匹克中的平面几何试题	2007—09	38.00	14
数学竞赛平面几何典型题及新颖解	2010—07	48.00	74
初等数学复习及研究(平面几何)	2008—09	58.00	38
初等数学复习及研究(立体几何)	2010—06	38.00	71
初等数学复习及研究(平面几何)习题解答	2009—01	48.00	42
几何学教程(平面几何卷)	2011—03	68.00	90
几何学教程(立体几何卷)	2011—07	68.00	130
几何变换与几何证题	2010—06	88.00	70
计算方法与几何证题	2011—06	28.00	129
立体几何技巧与方法	2014—04	88.00	293
几何瑰宝——平面几何500名题暨1000条定理(上、下)	2010—07	138.00	76,77
三角形的解法与应用	2012—07	18.00	183
近代的三角形几何学	2012—07	48.00	184
一般折线几何学	2015—08	48.00	503
三角形的五心	2009—06	28.00	51
三角形的六心及其应用	2015—10	68.00	542
三角形趣谈	2012—08	28.00	212
解三角形	2014—01	28.00	265
三角学专门教程	2014—09	28.00	387
图天下几何新题试卷·初中(第2版)	2017—11	58.00	855
圆锥曲线习题集(上册)	2013—06	68.00	255
圆锥曲线习题集(中册)	2015—01	78.00	434
圆锥曲线习题集(下册·第1卷)	2016—10	78.00	683
圆锥曲线习题集(下册·第2卷)	2018—01	98.00	853
圆锥曲线习题集(下册·第3卷)	2019—10	128.00	1113
论九点圆	2015—05	88.00	645
近代欧氏几何学	2012—03	48.00	162
罗巴切夫斯基几何学及几何基础概要	2012—07	28.00	188
罗巴切夫斯基几何初步	2015—06	28.00	474
用三角、解析几何、复数、向量计算解数学竞赛几何题	2015—03	48.00	455
美国中学几何教程	2015—04	88.00	458
三线坐标与三角形特征点	2015—04	98.00	460
平面解析几何方法与研究(第1卷)	2015—05	18.00	471
平面解析几何方法与研究(第2卷)	2015—06	18.00	472
平面解析几何方法与研究(第3卷)	2015—07	18.00	473
解析几何研究	2015—01	38.00	425
解析几何学教程.上	2016—01	38.00	574
解析几何学教程.下	2016—01	38.00	575
几何学基础	2016—01	58.00	581
初等几何研究	2015—02	58.00	444
十九和二十世纪欧氏几何学中的片段	2017—01	58.00	696
平面几何中考.高考.奥数一本通	2017—07	28.00	820
几何学简史	2017—08	28.00	833
四面体	2018—01	48.00	880
平面几何证明方法思路	2018—12	68.00	913
平面几何图形特性新析.上篇	2019—01	68.00	911
平面几何图形特性新析.下篇	2018—06	88.00	912
平面几何范例多解探究.上篇	2018—04	48.00	910
平面几何范例多解探究.下篇	2018—12	68.00	914
从分析解题过程学解题:竞赛中的几何问题研究	2018—07	68.00	946
从分析解题过程学解题:竞赛中的向量几何与不等式研究(全2册)	2019—06	138.00	1090
二维、三维欧氏几何的对偶原理	2018—12	38.00	990
星形大观及闭折线论	2019—03	68.00	1020
圆锥曲线之设点与设线	2019—05	60.00	1063
立体几何的问题和方法	2019—11	58.00	1127

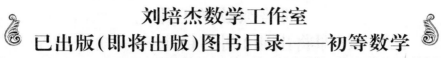

刘培杰数学工作室
已出版(即将出版)图书目录——初等数学

书　名	出版时间	定　价	编号
俄罗斯平面几何问题集	2009—08	88.00	55
俄罗斯立体几何问题集	2014—03	58.00	283
俄罗斯几何大师——沙雷金论数学及其他	2014—01	48.00	271
来自俄罗斯的5000道几何习题及解答	2011—03	58.00	89
俄罗斯初等数学问题集	2012—05	38.00	177
俄罗斯函数问题集	2011—03	38.00	103
俄罗斯组合分析问题集	2011—01	48.00	79
俄罗斯初等数学万题选——三角卷	2012—11	38.00	222
俄罗斯初等数学万题选——代数卷	2013—08	68.00	225
俄罗斯初等数学万题选——几何卷	2014—01	68.00	226
俄罗斯《量子》杂志数学征解问题100题选	2018—08	48.00	969
俄罗斯《量子》杂志数学征解问题又100题选	2018—08	48.00	970
俄罗斯《量子》杂志数学征解问题	2020—05	48.00	1138
463个俄罗斯几何老问题	2012—01	28.00	152
《量子》数学短文精粹	2018—09	38.00	972
用三角、解析几何等计算解来自俄罗斯的几何题	2019—11	88.00	1119
谈谈素数	2011—03	18.00	91
平方和	2011—03	18.00	92
整数论	2011—05	38.00	120
从整数谈起	2015—10	28.00	538
数与多项式	2016—01	38.00	558
谈谈不定方程	2011—05	28.00	119
解析不等式新论	2009—06	68.00	48
建立不等式的方法	2011—03	98.00	104
数学奥林匹克不等式研究(第2版)	2020—07	68.00	1181
不等式研究(第二辑)	2012—02	68.00	153
不等式的秘密(第一卷)(第2版)	2014—02	38.00	286
不等式的秘密(第二卷)	2014—01	38.00	268
初等不等式的证明方法	2010—06	38.00	123
初等不等式的证明方法(第二版)	2014—11	38.00	407
不等式·理论·方法(基础卷)	2015—07	38.00	496
不等式·理论·方法(经典不等式卷)	2015—07	38.00	497
不等式·理论·方法(特殊类型不等式卷)	2015—07	48.00	498
不等式探究	2016—03	38.00	582
不等式探秘	2017—01	88.00	689
四面体不等式	2017—01	68.00	715
数学奥林匹克中常见重要不等式	2017—09	38.00	845
三正弦不等式	2018—09	98.00	974
函数方程与不等式:解法与稳定性结果	2019—04	68.00	1058
同余理论	2012—05	38.00	163
[x]与{x}	2015—04	48.00	476
极值与最值.上卷	2015—06	28.00	486
极值与最值.中卷	2015—06	38.00	487
极值与最值.下卷	2015—06	28.00	488
整数的性质	2012—11	38.00	192
完全平方数及其应用	2015—08	78.00	506
多项式理论	2015—10	88.00	541
奇数、偶数、奇偶分析法	2018—01	98.00	876
不定方程及其应用.上	2018—12	58.00	992
不定方程及其应用.中	2019—01	78.00	993
不定方程及其应用.下	2019—02	98.00	994

刘培杰数学工作室

已出版（即将出版）图书目录——初等数学

书　名	出版时间	定　价	编号
历届美国中学生数学竞赛试题及解答(第一卷)1950—1954	2014—07	18.00	277
历届美国中学生数学竞赛试题及解答(第二卷)1955—1959	2014—04	18.00	278
历届美国中学生数学竞赛试题及解答(第三卷)1960—1964	2014—06	18.00	279
历届美国中学生数学竞赛试题及解答(第四卷)1965—1969	2014—04	28.00	280
历届美国中学生数学竞赛试题及解答(第五卷)1970—1972	2014—06	18.00	281
历届美国中学生数学竞赛试题及解答(第六卷)1973—1980	2017—07	18.00	768
历届美国中学生数学竞赛试题及解答(第七卷)1981—1986	2015—01	18.00	424
历届美国中学生数学竞赛试题及解答(第八卷)1987—1990	2017—05	18.00	769
历届中国数学奥林匹克试题集(第2版)	2017—03	38.00	757
历届加拿大数学奥林匹克试题集	2012—08	38.00	215
历届美国数学奥林匹克试题集:1972～2019	2020—04	88.00	1135
历届波兰数学竞赛试题集.第1卷,1949～1963	2015—03	18.00	453
历届波兰数学竞赛试题集.第2卷,1964～1976	2015—03	18.00	454
历届巴尔干数学奥林匹克试题集	2015—05	38.00	466
保加利亚数学奥林匹克	2014—10	38.00	393
圣彼得堡数学奥林匹克试题集	2015—01	38.00	429
匈牙利奥林匹克数学竞赛题解.第1卷	2016—05	28.00	593
匈牙利奥林匹克数学竞赛题解.第2卷	2016—05	28.00	594
历届美国数学邀请赛试题集(第2版)	2017—10	78.00	851
全国高中数学竞赛试题及解答.第1卷	2014—07	38.00	331
普林斯顿大学数学竞赛	2016—06	38.00	669
亚太地区数学奥林匹克竞赛题	2015—07	18.00	492
日本历届(初级)广中杯数学竞赛试题及解答.第1卷(2000～2007)	2016—05	28.00	641
日本历届(初级)广中杯数学竞赛试题及解答.第2卷(2008～2015)	2016—05	38.00	642
360个数学竞赛问题	2016—08	58.00	677
奥数最佳实战题.上卷	2017—06	38.00	760
奥数最佳实战题.下卷	2017—05	58.00	761
哈尔滨市早期中学数学竞赛试题汇编	2016—07	28.00	672
全国高中数学联赛试题及解答:1981—2019(第4版)	2020—07	138.00	1176
20世纪50年代全国部分城市数学竞赛试题汇编	2017—07	28.00	797
国内外数学竞赛题及精解:2018～2019	2020—08	45.00	1192
许康华竞赛优学精选集.第一辑	2018—08	68.00	949
天问叶班数学问题征解100题.Ⅰ,2016—2018	2019—05	88.00	1075
天问叶班数学问题征解100题.Ⅱ,2017—2019	2020—07	98.00	1177
美国初中数学竞赛:AMC8准备(共6卷)	2019—07	138.00	1089
美国高中数学竞赛:AMC10准备(共6卷)	2019—08	158.00	1105
高考数学临门一脚(含密押三套卷)(理科版)	2017—01	45.00	743
高考数学临门一脚(含密押三套卷)(文科版)	2017—01	45.00	744
高考数学题型全归纳:文科版.上	2016—05	53.00	663
高考数学题型全归纳:文科版.下	2016—05	53.00	664
高考数学题型全归纳:理科版.上	2016—05	58.00	665
高考数学题型全归纳:理科版.下	2016—05	58.00	666

刘培杰数学工作室
已出版(即将出版)图书目录——初等数学

书　名	出版时间	定　价	编号
王连笑教你怎样学数学:高考选择题解题策略与客观题实用训练	2014—01	48.00	262
王连笑教你怎样学数学:高考数学高层次讲座	2015—02	48.00	432
高考数学的理论与实践	2009—08	38.00	53
高考数学核心题型解题方法与技巧	2010—01	28.00	86
高考思维新平台	2014—03	38.00	259
30分钟拿下高考数学选择题、填空题(理科版)	2016—10	39.80	720
30分钟拿下高考数学选择题、填空题(文科版)	2016—10	39.80	721
高考数学压轴题解题诀窍(上)(第2版)	2018—01	58.00	874
高考数学压轴题解题诀窍(下)(第2版)	2018—01	48.00	875
北京市五区文科数学三年高考模拟题详解:2013～2015	2015—08	48.00	500
北京市五区理科数学三年高考模拟题详解:2013～2015	2015—09	68.00	505
向量法巧解数学高考题	2009—08	28.00	54
高考数学解题金典(第2版)	2017—01	78.00	716
高考物理解题金典(第2版)	2019—05	68.00	717
高考化学解题金典(第2版)	2019—05	58.00	718
我一定要赚分:高中物理	2016—01	38.00	580
数学高考参考	2016—01	78.00	589
2011～2015年全国及各省市高考数学文科精品试题审题要津与解法研究	2015—10	68.00	539
2011～2015年全国及各省市高考数学理科精品试题审题要津与解法研究	2015—10	88.00	540
新课程标准高考数学解答题各种题型解法指导	2020—08	78.00	1196
2011年全国及各省市高考数学试题审题要津与解法研究	2011—10	48.00	139
2013年全国及各省市高考数学试题解析与点评	2014—01	48.00	282
全国及各省市高考数学试题审题要津与解法研究	2015—02	48.00	450
高中数学章节起始课的教学研究与案例设计	2019—05	28.00	1064
新课标高考数学——五年试题分章详解(2007～2011)(上、下)	2011—10	78.00	140,141
全国中考数学压轴题审题要津与解法研究	2013—04	78.00	248
新编全国及各省市中考数学压轴题审题要津与解法研究	2014—05	58.00	342
全国及各省市5年中考数学压轴题审题要津与解法研究(2015版)	2015—04	58.00	462
中考数学专题总复习	2007—04	28.00	6
中考数学较难题常考题型解题方法与技巧	2016—09	48.00	681
中考数学难题常考题型解题方法与技巧	2016—09	48.00	682
中考数学中档题常考题型解题方法与技巧	2017—08	68.00	835
中考数学选择填空压轴好题妙解365	2017—05	38.00	759
中考数学:三类重点考题的解法例析与习题	2020—04	48.00	1140
中小学数学的历史文化	2019—11	48.00	1124
初中平面几何百题多思创新解	2020—01	58.00	1125
初中数学中考备考	2020—01	58.00	1126
高考数学之九章演义	2019—08	68.00	1044
化学可以这样学:高中化学知识方法智慧感悟疑难辨析	2019—07	58.00	1103
如何成为学习高手	2019—09	58.00	1107
高考数学:经典真题分类解析	2020—04	78.00	1134
从分析解题过程学解题:高考压轴题与竞赛题之关系探究	2020—08	88.00	1179

刘培杰数学工作室
已出版(即将出版)图书目录——初等数学

书　名	出版时间	定　价	编号
中考数学小压轴汇编初讲	2017—07	48.00	788
中考数学大压轴专题微言	2017—09	48.00	846
怎么解中考平面几何探索题	2019—06	48.00	1093
北京中考数学压轴题解题方法突破(第5版)	2020—01	58.00	1120
助你高考成功的数学解题智慧:知识是智慧的基础	2016—01	58.00	596
助你高考成功的数学解题智慧:错误是智慧的试金石	2016—04	58.00	643
助你高考成功的数学解题智慧:方法是智慧的推手	2016—04	68.00	657
高考数学奇思妙解	2016—04	38.00	610
高考数学解题策略	2016—05	48.00	670
数学解题泄天机(第2版)	2017—10	48.00	850
高考物理压轴题全解	2017—04	48.00	746
高中物理经典问题25讲	2017—05	28.00	764
高中物理教学讲义	2018—01	48.00	871
中学物理基础问题解析	2020—08	48.00	1183
2016年高考文科数学真题研究	2017—04	58.00	754
2016年高考理科数学真题研究	2017—04	78.00	755
2017年高考理科数学真题研究	2018—01	58.00	867
2017年高考文科数学真题研究	2018—01	48.00	868
初中数学、高中数学脱节知识补缺教材	2017—06	48.00	766
高考数学小题抢分必练	2017—10	48.00	834
高考数学核心素养解读	2017—09	38.00	839
高考数学客观题解题方法和技巧	2017—10	38.00	847
十年高考数学精品试题审题要津与解法研究.上卷	2018—01	68.00	872
十年高考数学精品试题审题要津与解法研究.下卷	2018—01	58.00	873
中国历届高考数学试题及解答.1949—1979	2018—01	38.00	877
历届中国高考数学试题及解答.第二卷,1980—1989	2018—10	28.00	975
历届中国高考数学试题及解答.第三卷,1990—1999	2018—10	48.00	976
数学文化与高考研究	2018—03	48.00	882
跟我学解高中数学题	2018—07	58.00	926
中学数学研究的方法及案例	2018—05	58.00	869
高考数学抢分技能	2018—07	68.00	934
高一新生常用数学方法和重要数学思想提升教材	2018—06	38.00	921
2018年高考数学真题研究	2019—01	68.00	1000
2019年高考数学真题研究	2020—05	88.00	1137
高考数学全国卷16道选择、填空题常考题型解题诀窍.理科	2018—09	88.00	971
高考数学全国卷16道选择、填空题常考题型解题诀窍.文科	2020—01	88.00	1123
高中数学一题多解	2019—06	58.00	1087

新编640个世界著名数学智力趣题	2014—01	88.00	242
500个最新世界著名数学智力趣题	2008—06	48.00	3
400个最新世界著名数学最值问题	2008—09	48.00	36
500个世界著名数学征解问题	2009—06	48.00	52
400个中国最佳初等数学征解老问题	2010—01	48.00	60
500个俄罗斯数学经典老题	2011—01	28.00	81
1000个国外中学物理好题	2012—04	48.00	174
300个日本高考数学题	2012—05	38.00	142
700个早期日本高考数学试题	2017—02	88.00	752
500个前苏联早期高考数学试题及解答	2012—05	28.00	185
546个早期俄罗斯大学生数学竞赛题	2014—03	38.00	285
548个来自美苏的数学好问题	2014—11	28.00	396
20所苏联著名大学早期入学试题	2015—02	18.00	452
161道德国工科大学生必做的微分方程习题	2015—05	28.00	469
500个德国工科大学生必做的高数习题	2015—06	28.00	478
360个数学竞赛问题	2016—08	58.00	677
200个趣味数学故事	2018—02	48.00	857
470个数学奥林匹克中的最值问题	2018—10	88.00	985
德国讲义日本考题.微积分卷	2015—04	48.00	456
德国讲义日本考题.微分方程卷	2015—04	38.00	457
二十世纪中叶中、英、美、日、法、俄高考数学试题精选	2017—06	38.00	783

刘培杰数学工作室
已出版（即将出版）图书目录——初等数学

书　　名	出版时间	定　价	编号
中国初等数学研究　2009 卷(第 1 辑)	2009—05	20.00	45
中国初等数学研究　2010 卷(第 2 辑)	2010—05	30.00	68
中国初等数学研究　2011 卷(第 3 辑)	2011—07	60.00	127
中国初等数学研究　2012 卷(第 4 辑)	2012—07	48.00	190
中国初等数学研究　2014 卷(第 5 辑)	2014—02	48.00	288
中国初等数学研究　2015 卷(第 6 辑)	2015—06	68.00	493
中国初等数学研究　2016 卷(第 7 辑)	2016—04	68.00	609
中国初等数学研究　2017 卷(第 8 辑)	2017—01	98.00	712
初等数学研究在中国.第 1 辑	2019—03	158.00	1024
初等数学研究在中国.第 2 辑	2019—10	158.00	1116
几何变换(Ⅰ)	2014—07	28.00	353
几何变换(Ⅱ)	2015—06	28.00	354
几何变换(Ⅲ)	2015—01	38.00	355
几何变换(Ⅳ)	2015—12	38.00	356
初等数论难题集(第一卷)	2009—05	68.00	44
初等数论难题集(第二卷)(上、下)	2011—02	128.00	82,83
数论概貌	2011—03	18.00	93
代数数论(第二版)	2013—08	58.00	94
代数多项式	2014—06	38.00	289
初等数论的知识与问题	2011—02	28.00	95
超越数论基础	2011—03	28.00	96
数论初等教程	2011—03	28.00	97
数论基础	2011—03	18.00	98
数论基础与维诺格拉多夫	2014—03	18.00	292
解析数论基础	2012—08	28.00	216
解析数论基础(第二版)	2014—01	48.00	287
解析数论问题集(第二版)(原版引进)	2014—05	88.00	343
解析数论问题集(第二版)(中译本)	2016—04	88.00	607
解析数论基础(潘承洞,潘承彪著)	2016—07	98.00	673
解析数论导引	2016—07	58.00	674
数论入门	2011—03	38.00	99
代数数论入门	2015—03	38.00	448
数论开篇	2012—07	28.00	194
解析数论引论	2011—03	48.00	100
Barban Davenport Halberstam 均值和	2009—01	40.00	33
基础数论	2011—03	28.00	101
初等数论 100 例	2011—05	18.00	122
初等数论经典例题	2012—07	18.00	204
最新世界各国数学奥林匹克中的初等数论试题(上、下)	2012—01	138.00	144,145
初等数论(Ⅰ)	2012—01	18.00	156
初等数论(Ⅱ)	2012—01	18.00	157
初等数论(Ⅲ)	2012—01	28.00	158

刘培杰数学工作室
已出版(即将出版)图书目录——初等数学

书　名	出版时间	定　价	编号
平面几何与数论中未解决的新老问题	2013—01	68.00	229
代数数论简史	2014—11	28.00	408
代数数论	2015—09	88.00	532
代数、数论及分析习题集	2016—11	98.00	695
数论导引提要及习题解答	2016—01	48.00	559
素数定理的初等证明.第2版	2016—09	48.00	686
数论中的模函数与狄利克雷级数(第二版)	2017—11	78.00	837
数论:数学导引	2018—01	68.00	849
范氏大代数	2019—02	98.00	1016
解析数学讲义.第一卷,导来式及微分、积分、级数	2019—04	88.00	1021
解析数学讲义.第二卷,关于几何的应用	2019—04	68.00	1022
解析数学讲义.第三卷,解析函数论	2019—04	78.00	1023
分析・组合・数论纵横谈	2019—04	58.00	1039
Hall 代数:民国时期的中学数学课本:英文	2019—08	88.00	1106
数学精神巡礼	2019—01	58.00	731
数学眼光透视(第2版)	2017—06	78.00	732
数学思想领悟(第2版)	2018—01	68.00	733
数学方法溯源(第2版)	2018—08	68.00	734
数学解题引论	2017—05	58.00	735
数学史话览胜(第2版)	2017—01	48.00	736
数学应用展观(第2版)	2017—08	68.00	737
数学建模尝试	2018—04	48.00	738
数学竞赛采风	2018—01	68.00	739
数学测评探营	2019—05	58.00	740
数学技能操握	2018—03	48.00	741
数学欣赏拾趣	2018—02	48.00	742
从毕达哥拉斯到怀尔斯	2007—10	48.00	9
从迪利克雷到维斯卡尔迪	2008—01	48.00	21
从哥德巴赫到陈景润	2008—05	98.00	35
从庞加莱到佩雷尔曼	2011—08	138.00	136
博弈论精粹	2008—03	58.00	30
博弈论精粹.第二版(精装)	2015—01	88.00	461
数学 我爱你	2008—01	28.00	20
精神的圣徒　别样的人生——60位中国数学家成长的历程	2008—09	48.00	39
数学史概论	2009—06	78.00	50
数学史概论(精装)	2013—03	158.00	272
数学史选讲	2016—01	48.00	544
斐波那契数列	2010—02	28.00	65
数学拼盘和斐波那契魔方	2010—07	38.00	72
斐波那契数列欣赏(第2版)	2018—08	58.00	948
Fibonacci 数列中的明珠	2018—06	58.00	928
数学的创造	2011—02	48.00	85
数学美与创造力	2016—01	48.00	595
数海拾贝	2016—01	48.00	590
数学中的美(第2版)	2019—04	68.00	1057
数论中的美学	2014—12	38.00	351

刘培杰数学工作室
已出版(即将出版)图书目录——初等数学

书　名	出版时间	定　价	编号
数学王者　科学巨人——高斯	2015—01	28.00	428
振兴祖国数学的圆梦之旅:中国初等数学研究史话	2015—06	98.00	490
二十世纪中国数学史料研究	2015—10	48.00	536
数字谜、数阵图与棋盘覆盖	2016—01	58.00	298
时间的形状	2016—01	38.00	556
数学发现的艺术:数学探索中的合情推理	2016—07	58.00	671
活跃在数学中的参数	2016—07	48.00	675
数学解题——靠数学思想给力(上)	2011—07	38.00	131
数学解题——靠数学思想给力(中)	2011—07	48.00	132
数学解题——靠数学思想给力(下)	2011—07	38.00	133
我怎样解题	2013—01	48.00	227
数学解题中的物理方法	2011—06	28.00	114
数学解题的特殊方法	2011—06	48.00	115
中学数学计算技巧	2012—01	48.00	116
中学数学证明方法	2012—01	58.00	117
数学趣题巧解	2012—03	28.00	128
高中数学教学通鉴	2015—05	58.00	479
和高中生漫谈:数学与哲学的故事	2014—08	28.00	369
算术问题集	2017—03	38.00	789
张教授讲数学	2018—07	38.00	933
陈永明实话实说数学教学	2020—04	68.00	1132
中学数学学科知识与教学能力	2020—06	58.00	1155
自主招生考试中的参数方程问题	2015—01	28.00	435
自主招生考试中的极坐标问题	2015—04	28.00	463
近年全国重点大学自主招生数学试题全解及研究.华约卷	2015—02	38.00	441
近年全国重点大学自主招生数学试题全解及研究.北约卷	2016—05	38.00	619
自主招生数学解证宝典	2015—09	48.00	535
格点和面积	2012—07	18.00	191
射影几何趣谈	2012—04	28.00	175
斯潘纳尔引理——从一道加拿大数学奥林匹克试题谈起	2014—01	28.00	228
李普希兹条件——从几道近年高考数学试题谈起	2012—10	18.00	221
拉格朗日中值定理——从一道北京高考试题的解法谈起	2015—10	18.00	197
闵科夫斯基定理——从一道清华大学自主招生试题谈起	2014—01	28.00	198
哈尔测度——从一道冬令营试题的背景谈起	2012—08	28.00	202
切比雪夫逼近问题——从一道中国台北数学奥林匹克试题谈起	2013—04	38.00	238
伯恩斯坦多项式与贝齐尔曲面——从一道全国高中数学联赛试题谈起	2013—03	38.00	236
卡塔兰猜想——从一道普特南竞赛试题谈起	2013—06	18.00	256
麦卡锡函数和阿克曼函数——从一道前南斯拉夫数学奥林匹克试题谈起	2012—08	18.00	201
贝蒂定理与拉姆贝克莫斯尔定理——从一个拣石子游戏谈起	2012—08	18.00	217
皮亚诺曲线和豪斯道夫分球定理——从无限集谈起	2012—08	18.00	211
平面凸图形与凸多面体	2012—10	28.00	218
斯坦因豪斯问题——从一道二十五省市自治区中学数学竞赛试题谈起	2012—07	18.00	196

刘培杰数学工作室
已出版(即将出版)图书目录——初等数学

书　名	出版时间	定　价	编号
纽结理论中的亚历山大多项式与琼斯多项式——从一道北京市高一数学竞赛试题谈起	2012—07	28.00	195
原则与策略——从波利亚"解题表"谈起	2013—04	38.00	244
转化与化归——从三大尺规作图不能问题谈起	2012—08	28.00	214
代数几何中的贝祖定理(第一版)——从一道 IMO 试题的解法谈起	2013—08	18.00	193
成功连贯理论与约当块理论——从一道比利时数学竞赛试题谈起	2012—04	18.00	180
素数判定与大数分解	2014—08	18.00	199
置换多项式及其应用	2012—10	18.00	220
椭圆函数与模函数——从一道美国加州大学洛杉矶分校(UCLA)博士资格考题谈起	2012—10	28.00	219
差分方程的拉格朗日方法——从一道 2011 年全国高考理科试题的解法谈起	2012—08	28.00	200
力学在几何中的一些应用	2013—01	38.00	240
从根式解到伽罗华理论	2020—01	48.00	1121
康托洛维奇不等式——从一道全国高中联赛试题谈起	2013—03	28.00	337
西格尔引理——从一道第 18 届 IMO 试题的解法谈起	即将出版		
罗斯定理——从一道前苏联数学竞赛试题谈起	即将出版		
拉克斯定理和阿廷定理——从一道 IMO 试题的解法谈起	2014—01	58.00	246
毕卡大定理——从一道美国大学数学竞赛试题谈起	2014—07	18.00	350
贝齐尔曲线——从一道全国高中联赛试题谈起	即将出版		
拉格朗日乘子定理——从一道 2005 年全国高中联赛试题的高等数学解法谈起	2015—05	28.00	480
雅可比定理——从一道日本数学奥林匹克试题谈起	2013—04	48.00	249
李天岩—约克定理——从一道波兰数学竞赛试题谈起	2014—06	28.00	349
整系数多项式因式分解的一般方法——从克朗耐克算法谈起	即将出版		
布劳维不动点定理——从一道前苏联数学奥林匹克试题谈起	2014—01	38.00	273
伯恩赛德定理——从一道英国数学奥林匹克试题谈起	即将出版		
布查特—莫斯特定理——从一道上海市初中竞赛试题谈起	即将出版		
数论中的同余数问题——从一道普特南竞赛试题谈起	即将出版		
范·德蒙行列式——从一道美国数学奥林匹克试题谈起	即将出版		
中国剩余定理:总数法构建中国历史年表	2015—01	28.00	430
牛顿程序与方程求根——从一道全国高考试题解法谈起	即将出版		
库默尔定理——从一道 IMO 预选试题谈起	即将出版		
卢丁定理——从一道冬令营试题的解法谈起	即将出版		
沃斯滕霍姆定理——从一道 IMO 预选试题谈起	即将出版		
卡尔松不等式——从一道莫斯科数学奥林匹克试题谈起	即将出版		
信息论中的香农熵——从一道近年高考压轴题谈起	即将出版		
约当不等式——从一道希望杯竞赛试题谈起	即将出版		
拉比诺维奇定理	即将出版		
刘维尔定理——从一道《美国数学月刊》征解问题的解法谈起	即将出版		
卡塔兰恒等式与级数求和——从一道 IMO 试题的解法谈起	即将出版		
勒让德猜想与素数分布——从一道爱尔兰竞赛试题谈起	即将出版		
天平称重与信息论——从一道基辅市数学奥林匹克试题谈起	即将出版		
哈密尔顿—凯莱定理:从一道高中数学联赛试题的解法谈起	2014—09	18.00	376
艾思特曼定理——从一道 CMO 试题的解法谈起	即将出版		

刘培杰数学工作室
已出版(即将出版)图书目录——初等数学

书　名	出版时间	定　价	编号
阿贝尔恒等式与经典不等式及应用	2018—06	98.00	923
迪利克雷除数问题	2018—07	48.00	930
幻方、幻立方与拉丁方	2019—08	48.00	1092
帕斯卡三角形	2014—03	18.00	294
蒲丰投针问题——从2009年清华大学的一道自主招生试题谈起	2014—01	38.00	295
斯图姆定理——从一道"华约"自主招生试题的解法谈起	2014—01	18.00	296
许瓦兹引理——从一道加利福尼亚大学伯克利分校数学系博士生试题谈起	2014—08	18.00	297
拉姆塞定理——从王诗宬院士的一个问题谈起	2016—04	48.00	299
坐标法	2013—12	28.00	332
数论三角形	2014—04	38.00	341
毕克定理	2014—07	18.00	352
数林掠影	2014—09	48.00	389
我们周围的概率	2014—10	38.00	390
凸函数最值定理:从一道华约自主招生题的解法谈起	2014—10	28.00	391
易学与数学奥林匹克	2014—10	38.00	392
生物数学趣谈	2015—01	18.00	409
反演	2015—01	28.00	420
因式分解与圆锥曲线	2015—01	18.00	426
轨迹	2015—01	28.00	427
面积原理:从常庚哲命的一道CMO试题的积分解法谈起	2015—01	48.00	431
形形色色的不动点定理:从一道28届IMO试题谈起	2015—01	38.00	439
柯西函数方程:从一道上海交大自主招生的试题谈起	2015—02	28.00	440
三角恒等式	2015—02	28.00	442
无理性判定:从一道2014年"北约"自主招生试题谈起	2015—01	38.00	443
数学归纳法	2015—03	18.00	451
极端原理与解题	2015—04	28.00	464
法雷级数	2014—08	18.00	367
摆线族	2015—01	38.00	438
函数方程及其解法	2015—05	38.00	470
含参数的方程和不等式	2012—09	28.00	213
希尔伯特第十问题	2016—01	38.00	543
无穷小量的求和	2016—01	28.00	545
切比雪夫多项式:从一道清华大学金秋营试题谈起	2016—01	38.00	583
泽肯多夫定理	2016—03	38.00	599
代数等式证题法	2016—01	28.00	600
三角等式证题法	2016—01	28.00	601
吴大任教授藏书中的一个因式分解公式:从一道美国数学邀请赛试题的解法谈起	2016—06	28.00	656
易卦——类万物的数学模型	2017—08	68.00	838
"不可思议"的数与数系可持续发展	2018—01	38.00	878
最短线	2018—01	38.00	879
幻方和魔方(第一卷)	2012—05	68.00	173
尘封的经典——初等数学经典文献选读(第一卷)	2012—07	48.00	205
尘封的经典——初等数学经典文献选读(第二卷)	2012—07	38.00	206
初级方程式论	2011—03	28.00	106
初等数学研究(Ⅰ)	2008—09	68.00	37
初等数学研究(Ⅱ)(上、下)	2009—05	118.00	46,47

刘培杰数学工作室
已出版(即将出版)图书目录——初等数学

书 名	出版时间	定 价	编号
趣味初等方程妙题集锦	2014—09	48.00	388
趣味初等数论选美与欣赏	2015—02	48.00	445
耕读笔记(上卷):一位农民数学爱好者的初数探索	2015—04	28.00	459
耕读笔记(中卷):一位农民数学爱好者的初数探索	2015—05	28.00	483
耕读笔记(下卷):一位农民数学爱好者的初数探索	2015—05	28.00	484
几何不等式研究与欣赏.上卷	2016—01	88.00	547
几何不等式研究与欣赏.下卷	2016—01	48.00	552
初等数列研究与欣赏·上	2016—01	48.00	570
初等数列研究与欣赏·下	2016—01	48.00	571
趣味初等函数研究与欣赏.上	2016—09	48.00	684
趣味初等函数研究与欣赏.下	2018—09	48.00	685
三角不等式研究与欣赏	2020—10	68.00	1197
火柴游戏	2016—05	38.00	612
智力解谜.第1卷	2017—07	38.00	613
智力解谜.第2卷	2017—07	38.00	614
故事智力	2016—07	48.00	615
名人们喜欢的智力问题	2020—01	48.00	616
数学大师的发现、创造与失误	2018—01	48.00	617
异曲同工	2018—09	48.00	618
数学的味道	2018—01	58.00	798
数学千字文	2018—10	68.00	977
数贝偶拾——高考数学题研究	2014—04	28.00	274
数贝偶拾——初等数学研究	2014—04	38.00	275
数贝偶拾——奥数题研究	2014—04	48.00	276
钱昌本教你快乐学数学(上)	2011—12	48.00	155
钱昌本教你快乐学数学(下)	2012—03	58.00	171
集合、函数与方程	2014—01	28.00	300
数列与不等式	2014—01	38.00	301
三角与平面向量	2014—01	28.00	302
平面解析几何	2014—01	38.00	303
立体几何与组合	2014—01	28.00	304
极限与导数、数学归纳法	2014—01	38.00	305
趣味数学	2014—03	28.00	306
教材教法	2014—04	68.00	307
自主招生	2014—05	58.00	308
高考压轴题(上)	2015—01	48.00	309
高考压轴题(下)	2014—10	68.00	310
从费马到怀尔斯——费马大定理的历史	2013—10	198.00	I
从庞加莱到佩雷尔曼——庞加莱猜想的历史	2013—10	298.00	II
从切比雪夫到爱尔特希(上)——素数定理的初等证明	2013—07	48.00	III
从切比雪夫到爱尔特希——素数定理100年	2012—12	98.00	III
从高斯到盖尔方特——二次域的高斯猜想	2013—10	198.00	IV
从库默尔到朗兰兹——朗兰兹猜想的历史	2014—01	98.00	V
从比勃巴赫到德布朗斯——比勃巴赫猜想的历史	2014—02	298.00	VI
从麦比乌斯到陈省身——麦比乌斯变换与麦比乌斯带	2014—02	298.00	VII
从布尔到豪斯道夫——布尔方程与格论漫谈	2013—10	198.00	VIII
从开普勒到阿诺德——三体问题的历史	2014—05	298.00	IX
从华林到华罗庚——华林问题的历史	2013—10	298.00	X

刘培杰数学工作室
已出版(即将出版)图书目录——初等数学

书　名	出版时间	定　价	编号
美国高中数学竞赛五十讲.第 1 卷(英文)	2014—08	28.00	357
美国高中数学竞赛五十讲.第 2 卷(英文)	2014—08	28.00	358
美国高中数学竞赛五十讲.第 3 卷(英文)	2014—09	28.00	359
美国高中数学竞赛五十讲.第 4 卷(英文)	2014—09	28.00	360
美国高中数学竞赛五十讲.第 5 卷(英文)	2014—10	28.00	361
美国高中数学竞赛五十讲.第 6 卷(英文)	2014—11	28.00	362
美国高中数学竞赛五十讲.第 7 卷(英文)	2014—12	28.00	363
美国高中数学竞赛五十讲.第 8 卷(英文)	2015—01	28.00	364
美国高中数学竞赛五十讲.第 9 卷(英文)	2015—01	28.00	365
美国高中数学竞赛五十讲.第 10 卷(英文)	2015—02	38.00	366
三角函数(第 2 版)	2017—04	38.00	626
不等式	2014—01	38.00	312
数列	2014—01	38.00	313
方程(第 2 版)	2017—04	38.00	624
排列和组合	2014—01	28.00	315
极限与导数(第 2 版)	2016—04	38.00	635
向量(第 2 版)	2018—08	58.00	627
复数及其应用	2014—08	28.00	318
函数	2014—01	38.00	319
集合	2020—01	48.00	320
直线与平面	2014—01	28.00	321
立体几何(第 2 版)	2016—04	38.00	629
解三角形	即将出版		323
直线与圆(第 2 版)	2016—11	38.00	631
圆锥曲线(第 2 版)	2016—09	48.00	632
解题通法(一)	2014—07	38.00	326
解题通法(二)	2014—07	38.00	327
解题通法(三)	2014—05	38.00	328
概率与统计	2014—01	28.00	329
信息迁移与算法	即将出版		330
IMO 50 年.第 1 卷(1959—1963)	2014—11	28.00	377
IMO 50 年.第 2 卷(1964—1968)	2014—11	28.00	378
IMO 50 年.第 3 卷(1969—1973)	2014—09	28.00	379
IMO 50 年.第 4 卷(1974—1978)	2016—04	38.00	380
IMO 50 年.第 5 卷(1979—1984)	2015—04	38.00	381
IMO 50 年.第 6 卷(1985—1989)	2015—04	58.00	382
IMO 50 年.第 7 卷(1990—1994)	2016—01	48.00	383
IMO 50 年.第 8 卷(1995—1999)	2016—06	38.00	384
IMO 50 年.第 9 卷(2000—2004)	2015—04	58.00	385
IMO 50 年.第 10 卷(2005—2009)	2016—01	48.00	386
IMO 50 年.第 11 卷(2010—2015)	2017—03	48.00	646

刘培杰数学工作室
已出版(即将出版)图书目录——初等数学

书　名	出版时间	定　价	编号
数学反思(2006—2007)	2020—09	88.00	915
数学反思(2008—2009)	2019—01	68.00	917
数学反思(2010—2011)	2018—05	58.00	916
数学反思(2012—2013)	2019—01	58.00	918
数学反思(2014—2015)	2019—03	78.00	919
历届美国大学生数学竞赛试题集.第一卷(1938—1949)	2015—01	28.00	397
历届美国大学生数学竞赛试题集.第二卷(1950—1959)	2015—01	28.00	398
历届美国大学生数学竞赛试题集.第三卷(1960—1969)	2015—01	28.00	399
历届美国大学生数学竞赛试题集.第四卷(1970—1979)	2015—01	18.00	400
历届美国大学生数学竞赛试题集.第五卷(1980—1989)	2015—01	28.00	401
历届美国大学生数学竞赛试题集.第六卷(1990—1999)	2015—01	28.00	402
历届美国大学生数学竞赛试题集.第七卷(2000—2009)	2015—08	18.00	403
历届美国大学生数学竞赛试题集.第八卷(2010—2012)	2015—01	18.00	404
新课标高考数学创新题解题诀窍:总论	2014—09	28.00	372
新课标高考数学创新题解题诀窍:必修1～5分册	2014—08	38.00	373
新课标高考数学创新题解题诀窍:选修2—1,2—2,1—1,1—2分册	2014—09	38.00	374
新课标高考数学创新题解题诀窍:选修2—3,4—4,4—5分册	2014—09	18.00	375
全国重点大学自主招生英文数学试题全攻略:词汇卷	2015—07	48.00	410
全国重点大学自主招生英文数学试题全攻略:概念卷	2015—01	28.00	411
全国重点大学自主招生英文数学试题全攻略:文章选读卷(上)	2016—09	38.00	412
全国重点大学自主招生英文数学试题全攻略:文章选读卷(下)	2017—01	58.00	413
全国重点大学自主招生英文数学试题全攻略:试题卷	2015—07	38.00	414
全国重点大学自主招生英文数学试题全攻略:名著欣赏卷	2017—03	48.00	415
劳埃德数学趣题大全.题目卷.1:英文	2016—01	18.00	516
劳埃德数学趣题大全.题目卷.2:英文	2016—01	18.00	517
劳埃德数学趣题大全.题目卷.3:英文	2016—01	18.00	518
劳埃德数学趣题大全.题目卷.4:英文	2016—01	18.00	519
劳埃德数学趣题大全.题目卷.5:英文	2016—01	18.00	520
劳埃德数学趣题大全.答案卷:英文	2016—01	18.00	521
李成章教练奥数笔记.第1卷	2016—01	48.00	522
李成章教练奥数笔记.第2卷	2016—01	48.00	523
李成章教练奥数笔记.第3卷	2016—01	38.00	524
李成章教练奥数笔记.第4卷	2016—01	38.00	525
李成章教练奥数笔记.第5卷	2016—01	38.00	526
李成章教练奥数笔记.第6卷	2016—01	38.00	527
李成章教练奥数笔记.第7卷	2016—01	38.00	528
李成章教练奥数笔记.第8卷	2016—01	48.00	529
李成章教练奥数笔记.第9卷	2016—01	28.00	530

刘培杰数学工作室
已出版(即将出版)图书目录——初等数学

书　名	出版时间	定　价	编号
第19~23届"希望杯"全国数学邀请赛试题审题要津详细评注(初一版)	2014—03	28.00	333
第19~23届"希望杯"全国数学邀请赛试题审题要津详细评注(初二、初三版)	2014—03	38.00	334
第19~23届"希望杯"全国数学邀请赛试题审题要津详细评注(高一版)	2014—03	28.00	335
第19~23届"希望杯"全国数学邀请赛试题审题要津详细评注(高二版)	2014—03	38.00	336
第19~25届"希望杯"全国数学邀请赛试题审题要津详细评注(初一版)	2015—01	38.00	416
第19~25届"希望杯"全国数学邀请赛试题审题要津详细评注(初二、初三版)	2015—01	58.00	417
第19~25届"希望杯"全国数学邀请赛试题审题要津详细评注(高一版)	2015—01	48.00	418
第19~25届"希望杯"全国数学邀请赛试题审题要津详细评注(高二版)	2015—01	48.00	419
物理奥林匹克竞赛大题典——力学卷	2014—11	48.00	405
物理奥林匹克竞赛大题典——热学卷	2014—04	28.00	339
物理奥林匹克竞赛大题典——电磁学卷	2015—07	48.00	406
物理奥林匹克竞赛大题典——光学与近代物理卷	2014—06	28.00	345
历届中国东南地区数学奥林匹克试题集(2004~2012)	2014—06	18.00	346
历届中国西部地区数学奥林匹克试题集(2001~2012)	2014—07	18.00	347
历届中国女子数学奥林匹克试题集(2002~2012)	2014—08	18.00	348
数学奥林匹克在中国	2014—06	98.00	344
数学奥林匹克问题集	2014—01	38.00	267
数学奥林匹克不等式散论	2010—06	38.00	124
数学奥林匹克不等式欣赏	2011—09	38.00	138
数学奥林匹克超级题库(初中卷上)	2010—01	58.00	66
数学奥林匹克不等式证明方法和技巧(上、下)	2011—08	158.00	134,135
他们学什么:原民主德国中学数学课本	2016—09	38.00	658
他们学什么:英国中学数学课本	2016—09	38.00	659
他们学什么:法国中学数学课本.1	2016—09	38.00	660
他们学什么:法国中学数学课本.2	2016—09	28.00	661
他们学什么:法国中学数学课本.3	2016—09	38.00	662
他们学什么:苏联中学数学课本	2016—09	28.00	679
高中数学题典——集合与简易逻辑·函数	2016—07	48.00	647
高中数学题典——导数	2016—07	48.00	648
高中数学题典——三角函数·平面向量	2016—07	48.00	649
高中数学题典——数列	2016—07	58.00	650
高中数学题典——不等式·推理与证明	2016—07	38.00	651
高中数学题典——立体几何	2016—07	48.00	652
高中数学题典——平面解析几何	2016—07	78.00	653
高中数学题典——计数原理·统计·概率·复数	2016—07	48.00	654
高中数学题典——算法·平面几何·初等数论·组合数学·其他	2016—07	68.00	655

书　名	出版时间	定价	编号
台湾地区奥林匹克数学竞赛试题.小学一年级	2017－03	38.00	722
台湾地区奥林匹克数学竞赛试题.小学二年级	2017－03	38.00	723
台湾地区奥林匹克数学竞赛试题.小学三年级	2017－03	38.00	724
台湾地区奥林匹克数学竞赛试题.小学四年级	2017－03	38.00	725
台湾地区奥林匹克数学竞赛试题.小学五年级	2017－03	38.00	726
台湾地区奥林匹克数学竞赛试题.小学六年级	2017－03	38.00	727
台湾地区奥林匹克数学竞赛试题.初中一年级	2017－03	38.00	728
台湾地区奥林匹克数学竞赛试题.初中二年级	2017－03	38.00	729
台湾地区奥林匹克数学竞赛试题.初中三年级	2017－03	28.00	730
不等式证题法	2017－04	28.00	747
平面几何培优教程	2019－08	88.00	748
奥数鼎级培优教程.高一分册	2018－09	88.00	749
奥数鼎级培优教程.高二分册.上	2018－04	68.00	750
奥数鼎级培优教程.高二分册.下	2018－04	68.00	751
高中数学竞赛冲刺宝典	2019－04	68.00	883
初中尖子生数学超级题典.实数	2017－07	58.00	792
初中尖子生数学超级题典.式、方程与不等式	2017－08	58.00	793
初中尖子生数学超级题典.圆、面积	2017－08	38.00	794
初中尖子生数学超级题典.函数、逻辑推理	2017－08	48.00	795
初中尖子生数学超级题典.角、线段、三角形与多边形	2017－07	58.00	796
数学王子——高斯	2018－01	48.00	858
坎坷奇星——阿贝尔	2018－01	48.00	859
闪烁奇星——伽罗瓦	2018－01	58.00	860
无穷统帅——康托尔	2018－01	48.00	861
科学公主——柯瓦列夫斯卡娅	2018－01	48.00	862
抽象代数之母——埃米·诺特	2018－01	48.00	863
电脑先驱——图灵	2018－01	58.00	864
昔日神童——维纳	2018－01	48.00	865
数坛怪侠——爱尔特希	2018－01	68.00	866
传奇数学家徐利治	2019－09	88.00	1110
当代世界中的数学.数学思想与数学基础	2019－01	38.00	892
当代世界中的数学.数学问题	2019－01	38.00	893
当代世界中的数学.应用数学与数学应用	2019－01	38.00	894
当代世界中的数学.数学王国的新疆域（一）	2019－01	38.00	895
当代世界中的数学.数学王国的新疆域（二）	2019－01	38.00	896
当代世界中的数学.数林撷英（一）	2019－01	38.00	897
当代世界中的数学.数林撷英（二）	2019－01	48.00	898
当代世界中的数学.数学之路	2019－01	38.00	899

书　　名	出版时间	定　价	编号
105 个代数问题:来自 AwesomeMath 夏季课程	2019—02	58.00	956
106 个几何问题:来自 AwesomeMath 夏季课程	2020—07	58.00	957
107 个几何问题:来自 AwesomeMath 全年课程	2020—07	58.00	958
108 个代数问题:来自 AwesomeMath 全年课程	2019—01	68.00	959
109 个不等式:来自 AwesomeMath 夏季课程	2019—04	58.00	960
国际数学奥林匹克中的 110 个几何问题	即将出版		961
111 个代数和数论问题	2019—05	58.00	962
112 个组合问题:来自 AwesomeMath 夏季课程	2019—05	58.00	963
113 个几何不等式:来自 AwesomeMath 夏季课程	2020—08	58.00	964
114 个指数和对数问题:来自 AwesomeMath 夏季课程	2019—09	48.00	965
115 个三角问题:来自 AwesomeMath 夏季课程	2019—09	58.00	966
116 个代数不等式:来自 AwesomeMath 全年课程	2019—04	58.00	967
紫色彗星国际数学竞赛试题	2019—02	58.00	999
数学竞赛中的数学:为数学爱好者、父母、教师和教练准备的丰富资源.第一部	2020—04	58.00	1141
数学竞赛中的数学:为数学爱好者、父母、教师和教练准备的丰富资源.第二部	2020—07	48.00	1142
澳大利亚中学数学竞赛试题及解答(初级卷)1978~1984	2019—02	28.00	1002
澳大利亚中学数学竞赛试题及解答(初级卷)1985~1991	2019—02	28.00	1003
澳大利亚中学数学竞赛试题及解答(初级卷)1992~1998	2019—02	28.00	1004
澳大利亚中学数学竞赛试题及解答(初级卷)1999~2005	2019—02	28.00	1005
澳大利亚中学数学竞赛试题及解答(中级卷)1978~1984	2019—03	28.00	1006
澳大利亚中学数学竞赛试题及解答(中级卷)1985~1991	2019—03	28.00	1007
澳大利亚中学数学竞赛试题及解答(中级卷)1992~1998	2019—03	28.00	1008
澳大利亚中学数学竞赛试题及解答(中级卷)1999~2005	2019—03	28.00	1009
澳大利亚中学数学竞赛试题及解答(高级卷)1978~1984	2019—05	28.00	1010
澳大利亚中学数学竞赛试题及解答(高级卷)1985~1991	2019—05	28.00	1011
澳大利亚中学数学竞赛试题及解答(高级卷)1992~1998	2019—05	28.00	1012
澳大利亚中学数学竞赛试题及解答(高级卷)1999~2005	2019—05	28.00	1013
天才中小学生智力测验题.第一卷	2019—03	38.00	1026
天才中小学生智力测验题.第二卷	2019—03	38.00	1027
天才中小学生智力测验题.第三卷	2019—03	38.00	1028
天才中小学生智力测验题.第四卷	2019—03	38.00	1029
天才中小学生智力测验题.第五卷	2019—03	38.00	1030
天才中小学生智力测验题.第六卷	2019—03	38.00	1031
天才中小学生智力测验题.第七卷	2019—03	38.00	1032
天才中小学生智力测验题.第八卷	2019—03	38.00	1033
天才中小学生智力测验题.第九卷	2019—03	38.00	1034
天才中小学生智力测验题.第十卷	2019—03	38.00	1035
天才中小学生智力测验题.第十一卷	2019—03	38.00	1036
天才中小学生智力测验题.第十二卷	2019—03	38.00	1037
天才中小学生智力测验题.第十三卷	2019—03	38.00	1038

刘培杰数学工作室
已出版(即将出版)图书目录——初等数学

书 名	出版时间	定 价	编号
重点大学自主招生数学备考全书:函数	2020—05	48.00	1047
重点大学自主招生数学备考全书:导数	2020—08	48.00	1048
重点大学自主招生数学备考全书:数列与不等式	2019—10	78.00	1049
重点大学自主招生数学备考全书:三角函数与平面向量	2020—08	68.00	1050
重点大学自主招生数学备考全书:平面解析几何	2020—07	58.00	1051
重点大学自主招生数学备考全书:立体几何与平面几何	2019—08	48.00	1052
重点大学自主招生数学备考全书:排列组合·概率统计·复数	2019—09	48.00	1053
重点大学自主招生数学备考全书:初等数论与组合数学	2019—08	48.00	1054
重点大学自主招生数学备考全书:重点大学自主招生真题.上	2019—04	68.00	1055
重点大学自主招生数学备考全书:重点大学自主招生真题.下	2019—04	58.00	1056
高中数学竞赛培训教程:平面几何问题的求解方法与策略.上	2018—05	68.00	906
高中数学竞赛培训教程:平面几何问题的求解方法与策略.下	2018—06	78.00	907
高中数学竞赛培训教程:整除与同余以及不定方程	2018—01	88.00	908
高中数学竞赛培训教程:组合计数与组合极值	2018—04	48.00	909
高中数学竞赛培训教程:初等代数	2019—04	78.00	1042
高中数学讲座:数学竞赛基础教程(第一册)	2019—06	48.00	1094
高中数学讲座:数学竞赛基础教程(第二册)	即将出版		1095
高中数学讲座:数学竞赛基础教程(第三册)	即将出版		1096
高中数学讲座:数学竞赛基础教程(第四册)	即将出版		1097

联系地址:哈尔滨市南岗区复华四道街 10 号　哈尔滨工业大学出版社刘培杰数学工作室
网　　址:http://lpj.hit.edu.cn/
邮　　编:150006
联系电话:0451—86281378　　13904613167
E-mail:lpj1378@163.com